AF538112

Stammdatenmanagement mit SAP Master Data Governance®

SAP PRESS ist eine gemeinschaftliche Initiative von SAP SE und der Rheinwerk Verlag GmbH. Unser Ziel ist es, Ihnen als Anwendern qualifiziertes SAP-Wissen zur Verfügung zu stellen. SAP PRESS vereint das Know-how der SAP und die verlegerische Kompetenz von Rheinwerk. Die Bücher bieten Ihnen Expertenwissen zu technischen wie auch zu betriebswirtschaftlichen SAP-Themen.

Damit Sie nach weiteren Titeln Ihres Interessengebiets nicht lange suchen müssen, haben wir eine kleine Auswahl zusammengestellt.

Oliver Lauffer, Jan Rauscher, René Zimmermann

Stammdatenmanagement mit SAP Master Data Governance®

Rheinwerk
Publishing

Liebe Leserin, lieber Leser,

mit einem gut sortierten Kleiderschrank kann man sich viel Ärger ersparen. Pullover gehören zu Pullovern und T-Shirts zu T-Shirts. So finden Sie morgens immer, was Sie suchen und behalten den Überblick. Ähnlich ist es mit dem Stammdatenmanagement: eine gute Stammdatenstrategie kann Ihrer Organisation dabei helfen, das meiste aus Ihren Daten herauszuholen.

In diesem Buch zeigen unsere Autoren Oliver Lauffer, Jan Rauscher und René Zimmermann Ihnen, worauf es beim Stammdatenmanagement ankommt und wie Sie SAP Master Data Governance richtig einsetzen. Dabei erhalten Sie nicht nur einen Überblick über die Funktionen von SAP MDG, sondern auch hilfreiche Praxisbeispiele aus verschiedenen Branchen.

Mithilfe dieses Buchs finden Sie das richtige Maß an Kontrolle und bringen Ordnung in Ihre Stammdaten.

Wir freuen uns stets über Lob, aber auch über konstruktive kritische Anmerkungen, die uns helfen, unsere Bücher zu verbessern. Scheuen Sie sich nicht, mich zu kontaktieren. Ihre Fragen und Anmerkungen sind jederzeit willkommen.

Ihre Nicole Hohmann
Lektorat SAP PRESS

nicole.hohmann@rheinwerk-verlag.de
www.rheinwerk-verlag.de
Rheinwerk Verlag · Rheinwerkallee 4 · 53227 Bonn

Auf einen Blick

Wir hoffen, dass Sie Freude an diesem Buch haben und sich Ihre Erwartungen erfüllen. Ihre Anregungen und Kommentare sind uns jederzeit willkommen. Bitte bewerten Sie doch das Buch auf unserer Website unter **www.rheinwerk-verlag.de/feedback**.

An diesem Buch haben viele mitgewirkt, insbesondere:

Lektorat Nicole Hohmann
Korrektorat Monika Klarl, Köln
Herstellung Stefanie Meyer
Typografie und Layout Vera Brauner
Einbandgestaltung Bastian Illerhaus
Coverbilder Shutterstock: 1802388268 © patpitchaya
Satz SatzPro, Krefeld
Druck Beltz Grafische Betriebe, Bad Langensalza

Dieses Buch wurde gesetzt aus der TheAntiquaB (9,35/13,7 pt) in FrameMaker.
Gedruckt wurde es mit mineralölfreien Farben auf chlorfrei gebleichtem, FSC®-zertifiziertem Offsetpapier (90 g/m²).
Hergestellt in Deutschland.

Bibliografische Information der Deutschen Nationalbibliothek:
Die Deutsche Nationalbibliothek verzeichnet diese Publikation in der Deutschen Nationalbibliografie; detaillierte bibliografische Daten sind im Internet über *http://dnb.dnb.de* abrufbar.

ISBN 978-3-8362-9409-6

2., aktualisierte und erweiterte Auflage 2023

Informationen zu unserem Verlag und Kontaktmöglichkeiten finden Sie auf unserer Verlagswebsite **www.rheinwerk-verlag.de**. Dort können Sie sich auch umfassend über unser aktuelles Programm informieren und unsere Bücher und E-Books bestellen.

Inhalt

5 SAP Master Data Governance im Zusammenspiel mit komplementären SAP-Werkzeugen 293

6 Ein SAP-Master-Data-Governance-Projekt aufsetzen und umsetzen 341

Vorwort

Daten als Schlüsselressource

Daten sind die Schlüsselressource der Digitalisierung – sie ermöglichen innovative Geschäftsmodelle und durchgängige Kundenerlebnisse, sorgen für effiziente globale Lieferketten und den zuverlässigen Betrieb von Anlagen. Ohne Daten sind auch die zentralen Herausforderungen unserer Zeit wie die ökologisch nachhaltige Umgestaltung von Unternehmen und Gesellschaft nicht zu meistern.

Da immer mehr Daten gesammelt und genutzt werden, ist es sinnvoll, diese unternehmensweit zu planen und zu bewirtschaften. Stammdaten kommt dabei eine besondere Bedeutung zu: Sie beschreiben die Kerngeschäftsobjekte, wie Kunden, Mitarbeiter, Lieferanten, oder Produkte, und werden vielfach wiederverwendet. Sind Stammdaten unvollständig, inkonsistent, fehlerhaft oder veraltet, erzeugt dies nicht nur Probleme in den Geschäftsprozessen und Entscheidungen. Auch innovative Ansätze wie maschinelles Lernen und künstliche Intelligenz hängen von der Qualität der zugrunde liegenden Daten ab.

Herausforderungen im Stammdatenmanagement

Das Stammdatenmanagement erfordert es, über organisatorische und technische Silos hinweg zu agieren und ist daher oft herausfordernd. Einerseits müssen Mitarbeiter datenbezogene Aufgaben entlang des Stammdatenlebenszyklus übernehmen und benötigen dafür geeignete Workflows und Methoden. Andererseits sind Stammdaten über verschiedene IT-Systeme zu integrieren und zu verteilen. Genau hierbei können technische Stammdatenmanagementlösungen unterstützen – wenn sie richtig eingesetzt werden.

Das vorliegende Buch ist von Praktikern geschrieben und verfolgt einen integrierten Ansatz zum Stammdatenmanagement mit strategischen, organisatorischen und technischen Aspekten. Es liefert einen fundierten Leitfaden für das Stammdatenmanagement in SAP-Landschaften mit *SAP Master Data Governance*. Damit leistet es einen unverzichtbaren Beitrag für jedes Unternehmen, das eine solide Basis für die Digitalisierung schaffen möchte – ein wirksames Stammdatenmanagement.

Prof. Dr. Christine Legner
Leiterin Competence Center Corporate Data Quality (CC CDQ),
Universität Lausanne

Einleitung

Als langjährige Stammdaten-Praktiker besuchen wir immer wieder Konferenzen zum Thema Stammdatenmanagement. Diese werden dankenswerterweise von den Softwareherstellern stark unterstützt. Der Schwerpunkt der Vorträge auf diesen Konferenzen und in den Diskussionen der Teilnehmer untereinander liegt jedoch fast immer auf der Technologie, die verwendet wird, um dem Thema Herr zu werden.

Eine ähnliche Fokussierung erleben wir auch während der Stammdatenprojekte in unserem Alltag. Wir sehen dabei immer wieder, dass sich die Umfangsbeschreibung der Projekte zunächst mit den technischen Komponenten befasst. Nachdem alle Instrumente, die möglicherweise zum Einsatz kommen, benannt und beschrieben wurden, stellt sich meist die Frage, wie diese intelligent integriert werden können und warum es scheinbar Überlappungen gibt. Diese Fragen sind zwar wichtig, genau wie die Technologie, verstellen allerdings den Blick auf andere Komponenten, die ebenfalls wichtig sind, wenn Sie sich erfolgreich mit dem Thema Stammdatenmanagement auseinandersetzen möchten. Leider führt die starke Konzentration auf technische Aspekte oft zu Konfusion und Missverständnissen, wenn es um das Thema Stammdatenmanagement geht.

Zielsetzung

Wir haben es uns daher im vorliegenden Buch zur Aufgabe gemacht, das Thema Stammdatenmanagement umfassender darzustellen, als es oft diskutiert wird. Wir wollen *gerade* die Balance zwischen Technik, Organisation, Prozessen, Methodik und Datenqualität beschreiben, die Sie aus unserer Sicht benötigen, um langfristig erfolgreich zu sein. Unserer Überzeugung nach stellt das Meistern der Stammdatenherausforderung eine Kernvoraussetzung dar, um den unausweichlichen und mächtigen Wirkungen der digitalen Transformation in allen Lebensbereichen – vor allem aber in den unternehmerischen – Stand zu halten. Ohne nachhaltig gute Stammdaten wird der Erfolg der digitalen Initiativen schwer zu erreichen sein.

Da die Begriffe *Master Data Governance* (MDG) und *Master Data Management* (MDM) zu den zentralen Themen dieses Buches gehören und in jedem Kapitel immer wieder auftauchen, möchten wir hier eine zentrale Unterscheidung der beiden Begriffe vornehmen.

Master Data Management

Unter MDM, also Stammdatenmanagement, verstehen wir alle Aktivitäten rund um den konzeptionellen Aufbau der Stammdaten Ihres Unternehmens. Dies beinhaltet strategische, taktische und organisatorische Aspekte, außerdem die Entscheidung für das technologische Umfeld sowie die Auswahl geeigneter Methoden zur Verbesserung und zum Erhalt der Stammdatenqualität. Prinzipiell ist MDM zunächst technologieneutral zu verstehen, also nicht auf ein bestimmtes Werkzeug begrenzt. Stammdatenmanagement setzt sich aus der Definition von Prozessen, Organisationen, Betriebsrichtlinien und einer systemunterstützten Benutzerführung zusammen. Das Management kann nach Aufstellung der Konzepte mit unterschiedlichen technischen Ansätzen umgesetzt werden.

SAP MDG

In Abgrenzung zum generischen MDM-Ansatz widmet sich dieses Buch speziell der Umsetzung des MDM-Ansatzes mit SAP MDG. Hierbei handelt es sich um ein konkretes Werkzeug von SAP, das speziell zur Unterstützung von MDM-Konzepten entwickelt wurde. Im Vordergrund steht hier der Governance-Aspekt. Unter dem Begriff *Governance* verstehen wir einen durch das Unternehmen definierten Prozess zum Anlegen neuer oder zum Pflegen von bestehenden Daten, inklusive Verfahrensanweisung, technologischer Umsetzung und organisatorischer Einbettung. Governance dient zum einen der Benutzerführung (z. B. durch Workflows), zum anderen stellt sie den Anwendern Werkzeuge bereit, die es ihnen ermöglichen, ihre Aufgaben mit aller notwendigen Freiheit, aber auch gleichzeitig mit dem angebrachten Maß an Kontrolle zu erfüllen.

Aufbau

In diesem Abschnitt stellen wir nun den Inhalt der Kapitel vor, damit Sie sich einen Überblick verschaffen können, welche Bandbreite an Themen im vorliegenden Buch behandelt wird. Darüber hinaus helfen Ihnen der **Index** des Buches sowie das **Inhaltsverzeichnis,** sich im Buch zu orientieren.

Die Kapitel

In **Kapitel 1**, »Warum ist Stammdatenmanagement wichtig für Ihre Organisation?«, klären wir zunächst, warum Sie sich überhaupt mit dem Thema Stammdaten beschäftigen sollten. Wir werden darstellen, welche Bedeutung Stammdaten für die Organisation haben, und bieten eine erste Struktur an, in der Stammdateninitiativen konzeptionell gedacht werden können. Darüber hinaus stellen wir die Frage: Wem im Unternehmen sind welche Stammdaten wichtig und aus welchem Grund?

Außerdem stellen wir Definitionen der zentralen Stammdatenobjekte bereit und bestimmen die Kernbereiche guter Stammdaten-Governance, bevor wir typische Ausgangssituationen von Stammdatenprogrammen darstellen. Darüber hinaus schauen wir uns auch noch die Erfolgsfaktoren guter Stammdatenprojekte an, die über den Go-Live hinausgehen.

In **Kapitel 2**, »Einsatz und Design von SAP Master Data Governance«, widmen wir uns der Frage, was Sie beim Start der Planung und Implementierung Ihrer Stammdateninitiative beachten sollten. Wir geben Ihnen wichtige Entscheidungshilfen, mit denen Sie das für Sie passende Stammdatenimplementierungsszenario finden: Hub- oder Co-Deployment bzw. ein Hybridszenario. Darüber hinaus beschreiben wir zentrale Elemente guter Stammdaten-Governance. Insbesondere schauen wir uns das Zusammenspiel zwischen Stammdatenstrategie und Stammdaten-Roadmap an. Außerdem beleuchten wir wichtige Aspekte der Strategie in einer Cloud-Umgebung bzw. mit der SAP-Cloud-Lösung SAP MDG, Cloud Edition. Dabei betrachten wir auch, wie viel Governance ein Unternehmen braucht und was gutes Datenqualitätsmanagement bedeutet. Schließlich beschreiben wir Datenharmonierungs- und Migrationskonzepte und das MDM-Change- und Stakeholder-Management.

Kapitel 3, »SAP Master Data Governance und seine Funktionsweise als Grundlage der Stammdatenstrategie«, bietet Ihnen einen ausführlicheren Einblick in die Standardfunktionen des zentralen Werkzeugs dieses Buches: *SAP Master Data Governance*. SAP MDG ist die SAP-Stammdatenplattform, mit deren Hilfe wir die meisten unserer Stammdatenprojekte absolviert haben. Die Plattform ist standardmäßig für die Objekte Material, Kunden, Lieferant und Finanzen einsetzbar. Darüber hinaus bietet sie auch die Möglichkeit, kundeneigene Objekte zu verwalten. Wir gehen in dieser Neuauflage selbstverständlich auf die Neuerungen der bestehenden Lösungen ein, schauen uns aber auch die Cloud-Lösung SAP MDG, Cloud Edition zusammen mit der ergänzenden Komponenten Master Data Integration und ihrer Funktionen genauer an. Wir stellen Ihnen zuerst alle Objekte im Detail vor und gehen dann auf die zentralen Eigenschaften der MDG-Lösungen ein. Dazu zählen unter anderem die Konzepte von Active und Staging Area, die Objekte des Change Requests, die Debitoren-Kreditoren-Integration, das Replication and Business Rule Framework, Hierarchien und Editionen.

Kapitel 4, »Konsolidierung und Massenverarbeitung mit SAP Master Data Governance«, gibt einen umfassenden Überblick über die innovativen und hilfreichen Funktionen zur Konsolidierung und Massenpflege mit SAP MDG. Hier wollen wir uns den Mehrwert und den Nutzen dieser Funktionen für die Stammdatenpflege und -integration anschauen, aber auch wie der Endanwender mit diesen Werkzeugen effizient arbeiten kann. Schließlich soll ein kurzer Blick in das Customizing die Konfigurationsmöglichkeiten dieser neuen Komponenten genauer beleuchten.

In **Kapitel 5**, »SAP Master Data Governance im Zusammenspiel mit komplementären SAP-Werkzeugen«, widmen wir uns dem Zusammenspiel mit Komponenten, die mit MDM verwandt sind. Dabei handelt es sich um Komponenten, die komplementär mit SAP MDG eingesetzt werden. Wir beschreiben, welche Vorteile die Werkzeuge im Zusammenspiel mit SAP MDG haben und welche Use Cases dadurch abgedeckt werden können. Die Werkzeuge stellen aus unserer Sicht eine gute Ergänzung zu SAP MDG in den Bereichen User Interface, Analytik, Regeldefinition, Integration und Governance-Erweiterung bereit. Wir betrachten die folgenden Werkzeuge: SAP HANA, SAP Fiori inklusiver die aus Stammdatensicht interessanten Neuerungen seit der ersten Auflage dieses Buchs, SAP Data Services und SAP Information Steward, SAP Process Orchestration (PO), SAP Business Process Management (BPM), SAP Business Workflow (BWF), SAP Lumira sowie dessen Nachfolger die SAP Analytics Cloud.

Wie Sie ein Projekt mit SAP MDG aufsetzen, erfahren Sie in **Kapitel 6**, »Ein SAP-Master-Data-Governance-Projekt aufsetzen und umsetzen«. Hier werden Sie sehen, welche Komponenten in Stammdatenprojekten besonders wichtig sind. Der spezifische Charakter von Stammdatenherausforderungen wird hier besonders beleuchtet. Neben Rollen und Verantwortlichkeiten im Projekt betrachten wir auch konkrete Ausgangssituationen und stellen mögliche Herangehensweisen vor. Ebenso bekommen Sie eine Checkliste und konkrete Werkzeuge für die ersten 100 Tage im Projekt, die Ihnen helfen werden, Ihr Projekt zu verwalten. Die Zeit nach dem Projekt mit dem Fokus auf der Rolle des Governance-Boards und der Ausweitung des Governance-Umfangs wird ebenso beschrieben wie die agilen Projektmethoden SAFe und SAP Activate.

In **Kapitel 7**, »Implementierungsbeispiele für verschiedene Stammdatentypen«, bieten wir Ihnen vier spannende Fallstudien zum Thema Stammdatenmanagement an. Sie beruhen allesamt auf unseren Erfahrungen. Dabei bedienen wir uns der bis dahin vorgestellten Instrumente und Konzepte und zeigen Ihnen den Einsatz im »wahren Leben«. Jede Fallstudie hat eine andere Stammdatendomäne zum Thema, konzentriert sich auf eine bestimmte Ausgangssituation und hat bestimmte Schwerpunkte. Während an einigen Stellen konkrete Implementierungsanleitungen gegeben werden, werden an anderen Stellen konzeptionelle Aspekte in den Vordergrund gestellt. Damit decken wir insgesamt eine starke Bandbreite an verschiedenen Themen ab, die grundsätzlich für alle Stammdatendomänen relevant sind.

Die Materialstamm-Fallstudie behandelt die Herausforderung der fehlenden Steuerungs- und Messmöglichkeiten sowie Lücken in der Produkteinführungsstrategie und der Verantwortlichkeitsprofile. Bei der Fallstudie zum Kundenstamm diskutieren wir im Speziellen die Konsolidierung des Kundenstamms, die Verbesserung der laufenden Operation durch die Konsolidierungsergebnisse und durch das integrierte Design des Lead-to-Cash-Prozesses. Die Fallstudie zu den Stücklisten zeigt insbesondere die Fähigkeit von SAP MDG, auch im kundeneigenen Bereich erfolgreiche Lösungen zu implementieren. Die Finanzstamm-Fallstudie stellt die finanzstammeigenen Themen in den Vordergrund und gibt praktische Implementierungshilfen.

Stammdaten als Resilienz- und Ermöglichungspraxis in Zeiten der vielfältigen Krisen der letzten Jahre sind das Thema von **Kapitel 8**, »Stammdaten als Resilienz- und Ermöglichungspraxis«. Nach einem knappen Rückblick auf die Entwicklung der Praxis der letzten 20 Jahre, schauen wir auf die gewachsene Bedeutung von Stammdaten in jüngster Vergangenheit. Basierend darauf wagen wir zum Schluss einen thesenartigen Ausblick auf die nächsten fünf Jahre unserer Praxis.

Icons

Um Sie auf wichtige Informationen hinzuweisen und Ihnen so die Arbeit mit diesem Buch zu erleichtern, verwenden wir im Text Kästen mit folgenden Icons:

[+]

Tipp
Kästen mit diesem Icon geben Ihnen Empfehlungen zu Einstellungen oder Tipps aus der Berufspraxis.

[«]

Hinweis
Dieses Icon weist Sie auf zusätzliche Informationen hin.

[!]

Achtung
Mit diesem Icon haben wir Warnungen oder Fallen gekennzeichnet.

Auf der Website zum Buch *www.sap-press.de/5665* finden Sie reichhaltigen Online-Content, z. B. Checklisten und Excel-Dateien, die Sie bei Ihrer Stammdateninitiative tatkräftig unterstützen sollen.

Wir hoffen, dass wir mit diesem Buch eine anregende Lektüre vorgelegt haben, mit der Sie Ihre eigene Stammdateninitiative vorantreiben können.

Danksagung

Oliver Lauffer: Ich danke meiner Frau Chanelle, meiner Tochter und meiner Familie, die durch den Verzicht auf private Stunden am Wochenende und am Abend die Entstehung dieses Buches ermöglicht haben. Außerdem möchte ich mich bei allen Kunden und Kollegen bedanken, welche in vielen Diskussionen und Lösungen innerhalb der unterschiedlichsten Projekte neue Denkansätze ausgelöst haben.

Jan Rauscher: Vielen Dank für die zahlreichen Anregungen und gute Ideen von Kollegen und Kunden zu wichtigen Aspekten und Themen, die ihren Weg ins Buch gefunden haben. Auch in dieser Neuauflage sind wertvolle Erfahrungen, Kommentare und wichtige Aspekte aus der täglichen Beratungsarbeit dankenswerterweise von Implementierungspartnern, Kollegen und nicht zuletzt Kunden mit eingeflossen.

René Zimmermann: Ich bedanke mich im Besonderen bei meiner Frau Kristin, meiner Tochter Martha und meinem Sohn Jakob für ihre geduldige Unterstützung während der Entstehungsgeschichte des Textes. Mein Dank gilt auch meinen Kollegen für ihre Dienste als Sparringspartner für so manche Idee, die sich im Buch wiederfindet. Nicht zuletzt möchte ich mich bei meinen Mitautoren und dem Team des Verlags für die gegenseitige Unterstützung, Motivation und Zusammenarbeit bedanken.

Ihre Autoren
Oliver Lauffer, **Jan Rauscher** und **René Zimmermann**

Kapitel 1
Warum ist Stammdatenmanagement wichtig für Ihre Organisation?

Informationen und Daten werden als das Erdöl des 21. Jahrhunderts bezeichnet. Folgerichtig möchten Organisationen dieses Öl erschließen, veredeln und gewinnbringend nutzen. Dieses Kapitel beleuchtet vor diesem Hintergrund insbesondere die Rolle der Stammdaten.

Es reicht nicht aus, Daten zu besitzen, um einen Mehrwert zu erzielen – ähnlich wie beim Rohöl, um bei diesem Bild zu bleiben. Vielmehr müssen wir lernen, Daten zu fördern, zu erforschen und wichtige von unwichtigen Daten zu unterscheiden. Zudem müssen wir den richtigen Umgang mit Daten erlernen und sie »an den Markt« bringen, um Gewinne zu erzielen. Dabei sind Gewinne nicht nur finanzieller Natur, sondern sie werden auch in Form von Compliance, sicheren und wiederholbaren Produktionsabläufen, effizienter Arbeitsorganisation oder verbesserten Entscheidungsgrundlagen realisiert.

Besondere Aufgabe der Stammdaten

Stammdaten stellen einen besonderen Bereich der Informationen innerhalb einer Organisation dar. Sie haben wesentlichen Anteil daran, dass komplexe Organisationen überhaupt funktionieren und haben damit sehr starken Einfluss auf die Leistungsfähigkeit der gesamten Organisation, egal ob es sich nun um global agierende Unternehmen, um Regierungen oder um Behörden handelt.

Produktnummern, Anschriften von Kunden, Kfz-Kennzeichen, Hinweise auf Medikamentenbeipackzetteln, Haltbarkeitsbedingungen für verderbliche Produkte, Fahrpläne von öffentlichen Verkehrsmitteln, die Reifenbreite und der Geschwindigkeitsindex bei Autoreifen – das alles sind Stammdaten, wie sie uns im täglichen Leben begegnen. Wir produzieren sie beim Einkaufen im Internet, wenn wir ein Kundenkonto beim Online-Versand anlegen. Auch nutzen wir sie, wenn wir Inhaltsstoffe auf Lebensmittelverpackungen im Supermarkt lesen, um uns über Nährwerte zu informieren.

Vertrauen in die Datenqualität

All diese Beispiele machen nicht nur deutlich, dass wir diese Informationen brauchen, um sinnvoll und effektiv in der Welt zu handeln. Noch wichtiger ist, dass wir auf diese Informationen vertrauen müssen, um sinnvoll handeln zu können.

Sollte das Vertrauen in die Richtigkeit, die Aktualität oder in die Vollständigkeit beschädigt werden oder die Information gar nicht vorliegen – also die *tatsächliche* Informationsqualität nicht mit der *erwarteten* Informationsqualität übereinstimmen – kann es zu ungewollten Folgen kommen. Die Folgen reichen dann von verärgerten Kunden, die die Zuginformationen nicht wie gewohnt von der elektronischen Anzeige lesen können, bis hin zu Gesundheitsbeeinträchtigungen bei Patienten, weil z. B. Lagerbedingungen von Medikamenten nicht richtig interpretiert wurden.

Hier wird deutlich, dass Ihre Antworten auf die folgenden initialen Fragen in hohem Maße bestimmen, wie gut in Ihrer Organisation mit den Stammdaten umgegangen wird.

Erste wichtige Fragen

Folgende Fragen sollten Sie sich immer stellen:

- Wer erstellt die Informationen über die Produkte, die Sie verkaufen?
- Nach welchen Standards werden diese Informationen erstellt?
- Wer ist verantwortlich, sollte die Informationsqualität nicht dem Standard entsprechen?
- Wie werden die Informationen über Ihre Lieferanten gehalten, und wie werden sie zwischen den Abteilungen im Unternehmen geteilt, die diese Informationen nutzen?
- Bekommen alle Beteiligten die wesentlichen Informationen über Ihre Kunden in der Qualität, in der sie diese benötigen?
- Stehen den Beteiligten die Informationen zur richtigen Zeit zur Verfügung?

Im weiteren Verlauf des Buches stellen wir viele zusätzliche Fragen und stellen dar, wie Sie sie beantworten können und worauf Sie achten müssen.

In diesem Kapitel wollen wir herausstellen, welche Bedeutung Stammdaten für eine Organisation haben (siehe Abschnitt 1.1, »Bedeutung von Stammdaten für die Organisation«) und für wen in der Organisation welche Stammdaten wichtig sind (siehe Abschnitt 1.2, »Welche Stammdaten sind wem wichtig und warum?«). Darüber hinaus wollen wir Sie in Abschnitt 1.3, »Grundlegende Konzepte des Stammdatenmanagements: Definitionen und Objekte«, in die grundlegenden Konzepte und Definitionen des Stammdatenmanagements und guter Stammdaten-Governance einführen, bevor wir uns den verschiedenen Ausgangssituationen widmen, in denen die Stammdateninitiativen beginnen können.

1.1 Bedeutung von Stammdaten für die Organisation

Wenn Daten wirklich das neue Erdöl sind, sollte die Bedeutung der Daten und des Umgangs mit ihnen auf der Hand liegen. Dennoch haben viele Organisationen Schwierigkeiten, den eigentlichen Wert von Daten zu erkennen und für sich zu nutzen. Wir wollen zeigen, warum es wichtig ist, Stammdatenprozesse nicht nur unter Kontrolle zu bekommen, sondern sie auch zu meistern. Später stellen wir außerdem dar, in welchen Situationen sich Organisationen befinden, wenn sie Stammdateninitiativen starten, um sich den Herausforderungen und Schwierigkeiten des Themas zu stellen (siehe Abschnitt 1.3.3, »Ausgangssituation und Erfolgsfaktoren«).

Risiken

Abbildung 1.1 illustriert sehr gut, wo die Risiken liegen, wenn das Thema Stammdatenmanagement vernachlässigt wird. Der grundlegende Charakter dieser Informationen und der unterstützenden Prozesse, Technologien und Organisationen wird hier sehr deutlich.

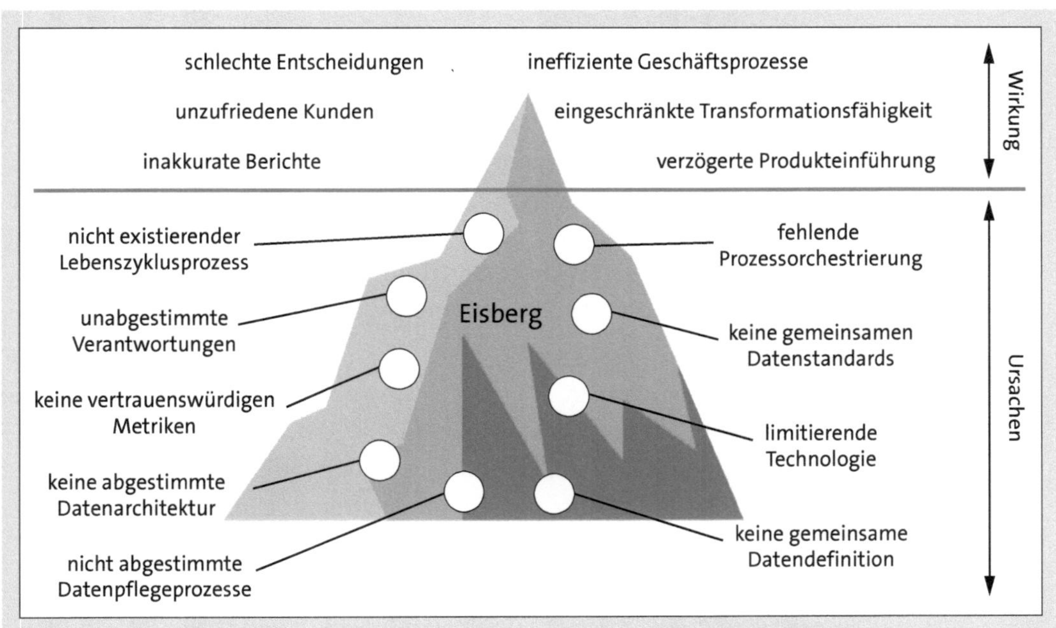

Abbildung 1.1 Beispielhafte Darstellung des Einflusses von schlechten Stammdaten und Stammdatenprozessen analog zum Eisbergmodell

Im Folgenden zeigen wir Ihnen, für welche Bereiche gutes Stammdatenmanagement und Stammdaten-Governance von zentraler Bedeutung sind.

1.1.1 Effiziente und sichere Prozessabläufe gewährleisten

Für die meisten Organisationen und Unternehmen ist es Realität, dass Arbeitsabläufe mittels elektronischem Datenaustausch über Abteilungsgrenzen und damit meist auch über System- und Ländergrenzen hinweg gesteuert und kontrolliert werden müssen. Stillschweigend wird hierbei oft vorausgesetzt, dass zwischen den beteiligten Abteilungen und Systemen bereits ein gemeinsames inhaltliches Verständnis über die Informationen besteht, das hilft, Informationen zwischen den Abteilungen zu bewegen. Zudem wird meist auch ein gemeinsames Interesse dieser Abteilungen daran, Informationen konsistent und richtig zu pflegen, vorausgesetzt.

Definition der Inhalte

Dieses gemeinsame Verständnis über die auszutauschenden Informationen ist eine der grundlegenden Voraussetzungen dafür, dass Abläufe zwischen Abteilungen und über Systemgrenzen hinweg effizient vonstattengehen. Zu Beginn sollte also eine gemeinsame Definition der Inhalte der auszutauschenden Informationen stehen. Wie es unten im Beispiel im Kasten gezeigt wird, ist dies nicht immer eine einfache Aufgabe! Abteilungen sind organisatorisch unterschiedlich verankert und operieren nach unterschiedlichen Maßgaben. Handlungsleitend ist oft nicht ein gemeinsames Verständnis oder ein unternehmensweiter Standard, nach dem Informationen zu behandeln sind. Vielmehr existieren innerhalb der Abteilungen jeweils eigene Verfahrensanweisungen und verschiedene Maßstäbe, nach denen Leistungen bewertet werden, und unterschiedliche Managementphilosophien, die eine gute Datenhaltung fördern oder behindern können. Meist gibt es keine über Abteilungsgrenzen hinweg geteilten Leistungskennzahlen, die eine verbindende und verbindliche Datenhaltung fördern.

Darüber hinaus ist es wahrscheinlich, dass die Systeme, die von den Abteilungen genutzt werden, auch durch unterschiedliche IT-Abteilungen betreut werden. Unter Umständen handelt es sich um Systeme verschiedener Hersteller oder mit unterschiedlichen Releaseständen, die über manuelle oder technische Schnittstellen verbunden werden müssen.

Um sicherzustellen, dass zwischen den Abteilungen, Systemen usw. ein reibungsloser Ablauf besteht, muss Ihnen klar sein, wie die ausgetauschte Information definiert ist. Das Teilen der Informationsinhalte setzt ein Mindestmaß an geteiltem Verständnis voraus.

[+]

Unterschiedliche Kundenbegriffe

Was ein Kunde ist, unterscheidet sich stark danach, welchen Blickwinkel man einnimmt:

- Die Finanzabteilung sieht einen Kunden primär als eine Organisation an, an die eine Rechnung gestellt wird. Wichtige Informationen sind hier die Steuernummer und die Bankverbindung der Organisation, um gewährleisten zu können, dass steuerrechtlichen Verpflichtungen nachgekommen wird und dass Zahlungen zügig vorgenommen werden können.
- Für die E-Commerce-Abteilung ist es weniger die Organisation, sondern eher die Person, die sie als Kunden bezeichnet. Diese Person schaut sich Produkte an, lädt Informationsmaterial aus dem Online-Shop herunter und bestellt Ware. Essenzielle Information und Identifikationsmerkmal ist hier die E-Mail-Adresse, um festzustellen, welche Produkte sich der Kunde ansieht, und um gezielt Marketingmaterial zu platzieren.

Bestandteile der Definition

Konkret bedeutet dies, dass eine gute Stammdaten-Governance effiziente Prozessabläufe vor allem ermöglicht, indem sichergestellt wird, dass einheitliche und allgemein zugängliche Stammdatendefinitionen existieren, zur Anwendung kommen und langfristig erweitert werden können. Diese können dann als Basis für die Integration von Geschäftsprozessen und Systemen gelten. Die Definitionen schließen u. a. die Nennung der folgenden Bestandteile ein:

- Wie kann das Stammdatenobjekt beschrieben werden?
- Welche Felder gehören zum Stammdatenobjekt?
- Wer ist hauptverantwortlich für dieses Stammdatenobjekt?
- Wer ist verantwortlich für die Feldinhalte?
- Wie ist das Feld technisch und inhaltlich definiert?
- Wer muss bzw. darf dieses Feld pflegen und wer nicht?
- Gibt es eine Anleitung zur Pflege des Feldes?
- Welche Geschäftsprozesse nutzen dieses Feld?
- Welche Geschäftsregeln bestehen für dieses Feld?
- Welches ist das führende System für dieses Feld?
- Welche Datensicherheitsstufe gilt für dieses Feld?
- Welche Datenqualitätsindikatoren gelten für dieses Feld?
- Welche Datenqualitätsindikatoren nutzen dieses Feld?

- Bestehen Abhängigkeiten zwischen diesem und anderen Feldern?
- Besteht ein Geschäftsrisiko, falls dieses Feld nicht dem erwarteten Maß an Qualität entsprechen sollte? Wie wird dieses Risiko bewertet und behandelt?

Eine ausführlichere Liste der Definitionsbestandteile können Sie sich als Tabelle von der Website zum Buch *www.sap-press.de/5665* herunterladen.

Fokus bei der Stammdatenpflege

Auch die Interessen verschiedener Abteilungen, die Teil eines abgestimmten Geschäftsprozesses sind, können sehr unterschiedlich sein. Ähnlich wie die Definitionen der Informationsinhalte leiten sich deren Ziele vom Zweck der jeweiligen Organisation ab. Um diesem Zweck gerecht zu werden, müssen wohl oder übel Stammdaten erzeugt und genutzt werden, um z. B. Produkte auf den Markt zu bringen, Rechnungen oder Aufträge zu erstellen und Bestellungen aufzunehmen.

Der Fokus bei diesen Aufgaben liegt verständlicherweise jeweils auf dem unmittelbaren, erfolgreichen und zügigen Abschließen der Transaktion. Operative Abteilungen werden meist unter der Verwendung vermeintlich industriebewährter Leistungskennzahlen beurteilt. Bekannt sind hier vor allem Kennzahlen, die die durchschnittlichen Transaktionen pro Mitarbeiter berechnen, wie z. B. Aufträge pro Mitarbeiter pro Woche. Wenn die so zusammenarbeitenden Abteilungen nach exklusiven Kennzahlen operieren – also nicht abteilungsübergreifenden und prozessorientierten Kennzahlen –, fördert dies gerade unterschiedliche Definitionen und eine in gewissem Maße eindimensionale und organisationsspezifische Datenpflege.

[»]

Unterschiedlicher Fokus bei der Stammdatenpflege

Die Finanzbuchhaltungsabteilung achtet darauf, dass eine Rechnung, sobald sie eingegangen ist, so schnell wie möglich im System verbucht und abgeschlossen werden kann. Der Fokus liegt nicht darauf, Lieferantenstammdaten wie Name und Adresse zu prüfen oder gegebenenfalls konsistent sowie dublettenfrei aufzunehmen. Im Gegenteil: Existiert bereits ein Lieferant, bei dem nicht zweifelsfrei zu erkennen ist, ob es der gleiche Lieferant ist oder ob der Eintrag noch aktiv ist, wird im Zweifel ein neuer Lieferanteneintrag erstellt. Die operative Einkaufsabteilung hat aber bei der Bestellung schon den korrekten Lieferanten angelegt, und eine Anreicherung der Stammdaten hätte in diesem Fall ausgereicht, um diesen Eintrag nutzen zu können.

Die Kundenauftragsabwicklung konzentriert sich hingegen stark auf die Erfassung von Aufträgen. Sollte ein neuer Kunde einen Auftrag platzieren wollen, wird oft ein Antrag mit nur spärlichen Informationen an die dafür zuständige Abteilung übergeben, obwohl die Chance im direkten Gespräch mit dem Kunden besteht, unklare oder fehlende Informationen einzuholen. Die im Geschäftsprozess nachgelagerte Abteilung hat dann meist Schwierigkeiten, auf schmaler Informationsbasis Kunden zweckgemäß im System anzulegen.

Gemeinsame Leistungskennzahlen

Gute Stammdaten-Governance kann hier positiv einwirken, indem Kennzahlen gemeinsam mit allen am Prozess beteiligten Organisationen entwickelt werden. Die Kennzahlen sollten für die beteiligten Abteilungen oder sogar für gesamte Geschäftsbereiche einen Nutzen darstellen und Sinn ergeben. Am besten identifizieren Sie die beteiligten Organisationen, indem Sie dem Lebenszyklus eines Stammdatenobjekts nachgehen – angefangen bei der Erstellung über die Nutzung bis zur Inaktivierung. Auf die Gestaltung der organisatorischen Aspekte guter Stammdaten-Governance gehen wir in Abschnitt 7.1, »Fallstudie: Materialstammdaten«, und in Abschnitt 7.3, »Fallstudie: Kundenstammdaten«, noch genauer ein.

Typische Fragen

Im Folgenden nennen wir Fragen, die bei der Suche nach verbindenden Kennzahlen behilflich sind:

- Inwieweit tragen qualitativ hochwertige Kundeninformationen dazu bei, On-Time-in-Full-Kennzahlen in der Auftragsabwicklung positiv zu beeinflussen?
- Inwieweit kann man durch aktuell gehaltene Lieferanteninformationen das Verhältnis der Anzahl der Lieferanten zur Menge der eingekauften Materialien in einer für das Unternehmen optimalen Balance halten?
- Wie kann durch einen abgestimmten Prozess der Produktneueinführung die Time-to-Market-Kennzahl beeinflusst werden?

Dass die Erstellung verbindender Kennzahlen keine leichte Aufgabe ist und wie man sich ihr annähert, beschreiben wir in Abschnitt 2.6, »Bedeutung eines guten Datenqualitätsmanagements«.

Arbeitsschritte orchestrieren

Ein weiterer zentraler Baustein, den ein effektives Stammdatenmanagement für das effiziente Funktionieren von Geschäftsprozessen liefert, ist die Verknüpfung von einzelnen Geschäftsprozessschritten. Die Orchestrierung von Geschäftsprozessschritten ist notwendig, um den Informationsfluss, der die Geschäftsprozesse treibt, sicher, effektiv und wiederholbar zu gestalten und um Brüche, insbesondere Medienbrüche, in diesem Fluss zu minimieren. Im Zusammenhang mit dem zuvor Erwähnten wird deutlich, dass Brüche im Prozess- und Informationsfluss oftmals mit unterschiedlichen Abteilungen, unterschiedlichen Systemen und unterschiedlichen Inhaltsdefinitionen einhergehen.

[»]

Auswirkungen einer fehlenden Prozessintegration

Nehmen wir nochmals unser zuvor genanntes Beispiel der Kundenauftragsabwicklung zur Hand. Die Auftragsabwicklung nutzt wahrscheinlich eine Anwendung, die eine Best-of-Breed-Lösung ist und genau für diese Aufgabe bereitgestellt wurde. Allerdings kommt es im Ablauf oft zu Auftragseingängen neuer Kunden. In diesem Fall wird nur ein sehr rudimentäres Kundendatenformular mit wenigen Geschäftsregeln verwendet. Einige wichtige Attribute für Logistikabläufe und Buchhaltungsprozesse (wie Adressinformationen und Steuernummer) sind keine Pflichtfelder und werden daher kaum gepflegt. Das Formular wird anschließend über die Anwendung der Auftragsabwicklung weitergeleitet.

Die Gruppe, die für die Pflege der Kundenstamminformationen zuständig ist, muss dann die spärlichen Inhalte aus einer Anwendung ohne umfassende Geschäftsregelprüfung in ihre eigene Anwendung eingeben. Hier allerdings werden dann die Regeln für Logistik und Buchhaltungsprozesse geprüft. Die Folge ist, dass sich der nachgelagerte Pflegeprozess verzögert, da dort die Informationen nicht mehr unmittelbar beschafft werden können, die notwendig sind, um z. B. Logistikprozesse zu unterstützen. Die Beschaffung und Verifizierung dieser Informationen kann unter Umständen sehr aufwendig sein, da kein strukturierter Sammlungsprozess für diese Informationen zur Verfügung steht.

Das Verknüpfen von Prozessschritten ermöglicht zum einen das prozessschrittübergreifende Teilen von Geschäftsregeln – Informationen können hier unabhängig von den Abteilungen oder Prozessschritten gleich behandelt werden. Zum anderen ergibt sich durch die Verbindung einzelner Schritte auch die prozessschrittübergreifende Messung eines Gesamtprozesses. Durch diese Messungen kann Transparenz über die Leistungskraft ganzer Prozessketten geschaffen werden, und Engpässe können beim Informationsdurchlauf zügig identifiziert werden.

Die Beispiele zeigen auf, wie eng die Stammdatenpflegeprozesse mit den internen Unternehmensabläufen verwoben sind und welchen Einfluss sie auf die Effizienz der Geschäftsprozesse haben. Bei der Betrachtung wird deutlich, dass das Bestehen gemeinsamer Informationsdefinitionen zum einen die Verknüpfung von Geschäftsprozessschritten ermöglicht. Zum anderen wird das Messen von Kennzahlen genau auf der Basis von gemeinsamen Definitionen und durch eine Prozessschrittverknüpfung ermöglicht.

Governance stärkt die Prozesskontrolle

Für viele Organisationen ist es nicht nur wichtig, Prozesse effizient zu gestalten, sondern auch, ein hohes Maß an Kontrolle und Nachhaltigkeit zu gewährleisten, um z. B. gesetzlichen Anforderungen oder industriespezifischen Standards nachzukommen. Nachhaltigkeit bedeutet hier, dass die Prozesse so gestaltet werden, dass sie sicher und wiederholbar den gestellten Anforderungen nachkommen können.

Darüber hinaus möchte man hiermit auch die Effektivität und Effizienz von unterstützenden Prozessen (wie Geschäftsprozessänderungen) verbessern. Die genannten Punkte, die für die effiziente Gestaltung von Geschäftsprozessen gelten, tragen ebenso zur besseren Kontrolle von sensitiven Prozessen bei. So ist es nicht nur wichtig, wiederholbare Prozessabläufe zu schaffen, sondern auch, die Prozessstruktur stets zu beobachten. Dazu gehört zum einen sicherzustellen, dass Änderungen an Informationen transparent sind. Dies schließt die folgenden Aspekte ein:

- Wer hat die Informationen geändert und genehmigt?
- Welches ist der alte und welches der neue Wert für ein Feld?
- Auf welchem Wege wurde die Information geändert: über einen Standard-Workflow, eine Massenänderung usw.?
- Wann wurde die Information geändert?

Zum anderen ist auch die Kontrolle der Prozessstruktur selbst integraler Bestandteil guter Stammdaten-Governance. Hiermit ist vor allem gemeint, inwieweit eine Organisation strukturell über die Pflege einzelner Datenelemente hinaus sicherstellen kann, dass Stammdatenprozesse den Geschäftsanforderungen und legalen Vorgaben entsprechend entwickelt werden.

In diesem Buch legen wir deshalb großen Wert darauf, diese übergreifenden Aspekte stets im Blick zu haben. Zweifellos ist es ein Kernbestandteil des Stammdatenmanagements, technische Grundlagen für das Bearbeiten von Stammdatenanforderungen zu etablieren und weiterzuentwickeln. Darüber hinaus ist es aber stets wichtig, die Entwicklung der dazugehörigen Organisation und die Daten- und Prozessarchitektur zu steuern und deren Reife zu voranzutreiben. Sofern nur einer dieser Themenbereiche isoliert betrachtet wird, wird ein Stammdatenprogramm auf Dauer nicht erfolgreich sein. An dieser Stelle skizzieren wir die Kernpunkte der Stammdaten-Governance anhand exemplarischer Fragen, auf die wir später detailliert eingehen.

1.1.2 Stammdaten-Governance und Organisation

Typische Fragen für die Stammdaten-Governance und Organisation sind z. B.:

- Kommen die wichtigsten am Stammdatenprozess beteiligten Organisationen (sie sind entweder als Ersteller oder Konsument von Informationen bekannt) regelmäßig zusammen, um sich über laufende und kommende Initiativen auszutauschen und Synergien zu identifizieren?
- Wie werden Änderungen am existierenden Stammdatenprozessmodell oder System verwaltet? Findet eine Abstimmung mit den teilhabenden Organisationen statt, und wissen diese um ihre Rolle im Prozess?
- Existieren anerkannte Rollenbeschreibungen für die Beteiligten im Governance- und Stammdatenpflegeprozess nach dem RACI-Prinzip?
- Besteht eine umfassende Strategie, die Komponenten wie kontinuierliche Verbesserung, Organisationsentwicklung und Technologieveränderungen einbezieht? Lässt sich die Stammdatenstrategie aus der Geschäftsstrategie herleiten?

1.1.3 Prozessarchitektur

Typische Fragen zur Prozessarchitektur sind z. B.:

- Finden Geschäftsregeln konsistent über verschiedene Geschäftsprozesse hinweg Anwendung und wird deren Einhaltung konsequent gemessen?
- Sind Prozessschrittarten (Einzelanlage, Massenänderung usw.), Prozesskonfigurationen (Parallelisierung, Empfängersteuerung usw.) und Prozessfunktionen (Duplikatsprüfung, Regelprüfung usw.) sauber dokumentiert und implementiert?
- Existiert ein Konzept zum Informationslebenszyklus, das Sie dabei unterstützt, Informationen schrittweise aus den sie nutzenden Prozessen und Systemen auszuphasen, um so die Relevanz der Informationen sicherzustellen?

1.1.4 Datenstruktur und Datenqualität

Zu Datenstruktur und -qualität können Sie sich z. B. die folgenden Fragen stellen:

- Werden regelmäßig die mit dem Geschäft vereinbarten Daten- und Prozessmessungen durchgeführt, in einem Data Governance Board besprochen und gegebenenfalls korrektive und präventive Maßnahmen gemeinsam vereinbart?

- Besteht eine eindeutige Definition dessen, was einen Kunden/Lieferanten oder ein Material auszeichnet, und ist diese Definition zwischen den beteiligten Organisationseinheiten anerkannt?
- Existiert ein einheitliches Metadatenmodell, das hilft, wichtige Definitionen festzuhalten, transparent zu machen und somit die Prozessintegration zu fördern?

1.1.5 Technologie

Typische Fragen zur Technologie sind z. B.:

- Existiert eine Stammdatenarchitektur- und Applikationsstrategie, die das Stammdatenmanagement unterstützt und sich aus der IT-Strategie herleiten lässt?
- Besteht Transparenz über geplante Neuerungen der genutzten Stammdatenplattform, und wird ein regelmäßiger Austausch mit dem Plattformanbieter betrieben?
- Wie wird mit systembedingten Änderungen in Stammdatenempfängersystemen umgegangen?

1.1.6 Informationsbasis verbessern

Abschließend wollen wir auf einen zentralen Nutzen eingehen, der viele Organisationen überhaupt erst auf das Thema Stammdatenmanagement aufmerksam werden lässt: eine verbesserte Informationsbasis, um Entscheidungsfindungen zu unterstützen.

Bessere Entscheidungen durch bessere Informationsbasis

Eine verbesserte Informationsbasis resultiert meist aus systemübergreifend und organisationsumfassend harmonisierten Kategorisierungen, wie z. B. der Einkaufswarengruppe bei zugekauften Produkten und Rohmaterialien oder Kundensegmentierungen. Wie wir es bereits beschrieben haben, besteht aber gerade bei diesen übergeordneten Kategorisierungen oft keine Einigkeit über deren Definition und Geltungsbereich. Hinzu kommt, dass in diesem Bereich auch sehr komplexe Datenstrukturen zum Einsatz kommen können, z. B. Kundenhierarchien. Die Erstellung von Hierarchien und deren nachhaltige Pflege stellen Organisationen vor große Herausforderungen. Wie Sie in Kapitel 2, »Einsatz und Design von SAP Master Data Governance«, sehen werden, ist gerade die Gruppe des C-Level-Managements stark davon abhängig, wie akkurat – also realitätsnah – diese Informationen sind, um das Geschäft zu steuern.

Nachfolgend nennen wir exemplarisch Fragen, die deutlich machen, welchen zentralen Platz das Thema Stammdatenmanagement in der Informationsstrategie jeder Organisation einnehmen muss. Um die organisationsinterne Informationsbasis zu stärken, sollten Sie sich mit den folgenden Fragen beschäftigen:

- Wer sind die wichtigsten Kunden der Organisation?
- Für welches Einkaufssegment gibt die Organisation am meisten Geld aus?
- Kann sichergestellt werden, dass ein Kunde das gleiche harmonisierte Kreditlimit über Systeme/Organisationen hinweg hat, um so das Risiko konsistent und sicher zu verwalten?
- Wo werden Produkte noch nicht im ausreichenden Maße verkauft?

Neben der Stärkung der internen Informationsbasis kann man zunehmend beobachten, dass dem Austausch von Informationen über Unternehmensgrenzen hinweg größerer Wert beigemessen wird. Hier steht es im Vordergrund, dem Endkunden umfassendere Informationen über Produkte zur Verfügung zu stellen, damit dieser in seiner Kaufentscheidung unterstützt wird. In diesem Zusammenhang werden Informationen über Produktionsweisen wichtiger. Beispielsweise werden Fragen wie, wo und unter welchen Bedingungen das Produkt erzeugt wurde, beantwortet.

Informationen teilen

Zudem werden zunehmend auch Informationen, die über den herkömmlichen Umfang hinausgehen, mit Geschäftskunden geteilt. Dies betrifft teilweise auch bislang als vertraulich behandelte Informationen. Hintergrund ist hier eine engere Bindung des Kunden an das eigene Unternehmen, da kundenseitige Herstellungsprozesse besser auf vorgelagerte externe Herstellungsprozesse abgestimmt werden können. *Lieferantenverwaltete Inventare* sind eine schon länger bekannte Form dieser Zusammenarbeit.

Auf den vorangegangenen Seiten konnten wir exemplarisch deutlich machen, warum Stammdatenmanagement und Stammdaten-Governance essenziell sind, um in den Bereichen Prozesseffizienz und -kontrolle sowie Informationstransparenz grundlegende Strukturen und Verbesserungen zu ermöglichen. Wir konnten zeigen, dass es sich bei dem Thema keineswegs nur um eine weitere technische Implementierung eines weiteren Systems handelt. Vielmehr wird deutlich, dass gutes Stammdatenmanagement im Zentrum eines effektiven und umfassenden Programms zum Informationsmanagement stehen muss. Die grundlegende Bedeutung des Themas Stammdaten-Governance haben wir hier nochmals zusammengefasst:

[«]

Zentrale Bedeutung der Stammdaten-Governance

Eine gemeinsame Definition der Informationsinhalte ermöglicht die Integration von Prozessschritten über System- und Abteilungsgrenzen hinweg und leistet somit einen Beitrag zur Erhöhung der Prozesseffizienz. Eine Orchestrierung des Informationsflusses über Workflows erlaubt die Messung umfassender Kennzahlen zur Informations- und Prozessqualität. Übergreifend genutzte Kennzahlen fördern die konsistente Informationshaltung und gemeinsame Orientierung an einer Informationsqualitätsverbesserung.

Die Etablierung einer Governance-Funktion in der Organisation ermöglicht einen nachhaltigen Zugang zu den Kernprozessen Organisation, Prozessarchitektur, Datenstruktur sowie zur Technologie.

1.2 Welche Stammdaten sind wem wichtig und warum?

Betrachtete Governance-Objekte

Nachdem wir bereits darauf eingegangen sind, welche Bedeutung Stammdaten in der heutigen Zeit haben, geht es nun darum, auch innerhalb der eigenen Organisation die richtigen Stakeholder zu identifizieren. Dies ist extrem wichtig, um für zukünftige Projekte und Initiativen einen starken Sponsor und Fürsprecher zu erhalten. Grundsätzlich sind Stammdaten ein recht trockenes Thema und ihr Nutzen ist oftmals auch nicht auf den ersten Blick erkennbar. Problematisch ist, dass viele Mitarbeiter Stammdaten als großes schwarzes Loch wahrnehmen, in das viel Arbeit und auch Budget fließt. Im Gegensatz zu anderen Themenbereichen, wie z. B. modernen Reporting-Tools oder Informationscockpits, die durch ihre sichtbaren Oberflächen für sich sprechen, ist es bei der Stammdatenpflege etwas mehr Aufwand, den Nutzen darzulegen. Obwohl all die schönen Oberflächen ohne die passende Datenbasis keinen Nutzen haben, fällt es oftmals schwer, diese Verbindung zu erkennen. Zuerst stellt sich also die Frage, welche Arten von Stammdaten für wen im Vordergrund stehen und wie sich hier der praktisch zeigbare Nutzen darstellt. Um hier die richtigen Prioritäten zu setzen, wollen wir uns auf drei Hauptobjekte konzentrieren, die innerhalb von *SAP Master Data Governance* (SAP MDG) unter Governance gestellt werden können. Das heißt, dass es für diese Objekte einen kontrollierten Anlage- und Pflegeprozess gibt, der sowohl den gesetzlichen als auch den organisatorischen Anforderungen gerecht wird. Es handelt sich dabei z. B. um die folgenden Objekte:

- Kunden
- Lieferanten
- Materialien

Natürlich gibt es noch eine Vielzahl weiterer Objekte, die wir in den anderen Kapiteln des Buches aufgreifen, die hier jedoch nicht im Vordergrund stehen sollen.

Rolle der Stakeholder

Wenn wir uns den Stakeholdern widmen, sollten wir zuerst die Beweggründe betrachten, weshalb sie sich mit dem Thema Stammdatenmanagement auseinandersetzen. Niemand investiert hier Zeit und Geld zum reinen Selbstzweck, sondern es wird immer ein messbarer Business Case gefordert. Je besser dieser ausgearbeitet ist und je besser dieser die Bedürfnisse des Gegenübers abdeckt, umso leichter fällt es, das Thema gut zu platzieren und einen Sponsor zu finden.

Grundsätzlich unterscheidet man zwischen Einflussfaktoren von innerhalb und von außerhalb der Organisation. Ein typisches extern ausgelöstes Ereignis sind z. B. die Anforderungen einer Wirtschaftsprüfungsgesellschaft.

Anforderungen einer Wirtschaftsprüfungsgesellschaft

Die Wirtschaftsprüfungsgesellschaft fordert das Unternehmen auf, in Zukunft die Intercompany-Margen pro Produkt der gesamten Unternehmensgruppe vom Rohstoff bis hin zum Fertigprodukt auflisten zu können. Alle Veredelungsvorgänge sowie gruppeninterne Umsätze sollen transparent dargestellt werden, um keine Gewinne innerhalb der Unternehmensgruppe verschieben zu können. Ohne diese Informationen werden in Zukunft keine Jahresabschlüsse und Bilanzen mehr von der Wirtschaftsprüfungsgesellschaft abgenommen.

CFO als Stakeholder

In diesem Fall wird der CFO (Chief Financial Officer, kaufmännischer Geschäftsführer oder Finanzvorstand) fordern, dass man den Material- und Wertefluss innerhalb der Unternehmensgruppe nachverfolgen können muss. Dies ist jedoch nur möglich, wenn die Datenbasis dafür auch verlässliche Informationen liefert. In diesem konkreten Fall heißt das, dass die materialrelevanten Informationen, wie z. B. Materialnummer und Basismengeneinheit, über die Systemlandschaft der gesamten Unternehmensgruppe harmonisiert sein müssen. Schauen wir uns hierzu einmal zwei vereinfachte schematische Grafiken an.

In Abbildung 1.2 sehen Sie eine Situation, die leider in vielen Unternehmen vorkommt. In verschiedenen Systemen der Unternehmensgruppe wird die eigentlich gleiche Information in unterschiedlichen Datensätzen abgelegt (Materialnummer), oder ein Attribut unterscheidet sich (Mengeneinheit). In diesem Fall ist es keinem System möglich, den Materialfluss automatisiert nachzuverfolgen und auf Knopfdruck die gewünschten Informationen zur Verfügung zu stellen. Sollte hier solch eine Auswertung notwendig werden, ist dies nur durch einen sehr hohen Einsatz von Ressourcen und Zeit möglich, um den Materialfluss manuell über die Produktbeschreibung nachzuvollziehen. Auch die generische Information über z. B. einhundert Einheiten führt hier zu keinem verwertbaren Ergebnis, da in Gesellschaft A die Einheit Kilogramm (KG) und in Gesellschaft B die Einheit Gramm (G) ist.

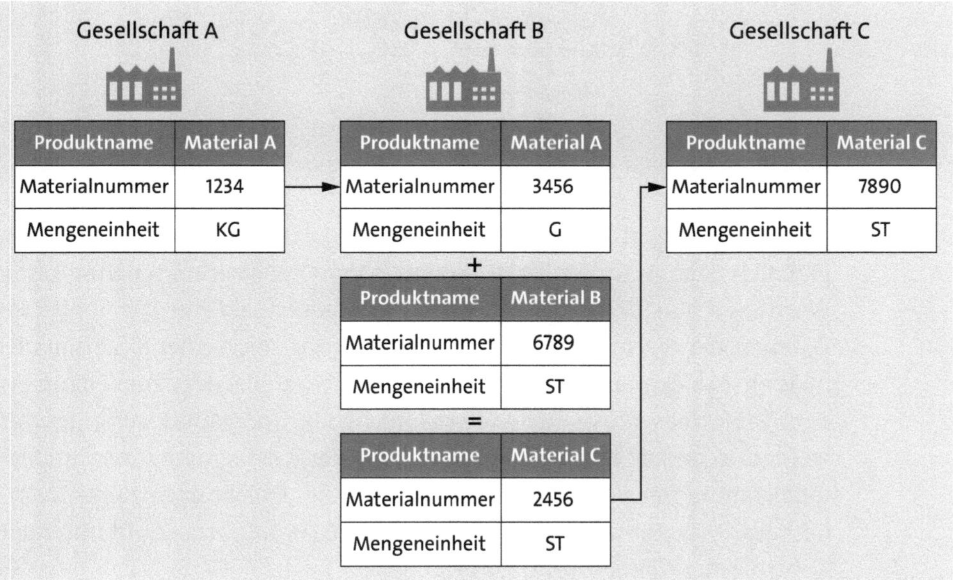

Abbildung 1.2 Material- und Wertefluss bei nicht harmonisierten Stammdaten

Harmonisierte Information

Betrachten wir hingegen die Situation in Abbildung 1.3, findet sich in den Systemen aller Gesellschaften eine harmonisierte Information wieder. Das identische Material hat auch immer die gleiche Materialnummer sowie die gleiche Mengeneinheit. In solch einer Umgebung lässt sich die diesem Beispiel zugrundeliegende Anforderung recht einfach erfüllen. Durch ein entsprechendes Reporting-Tool können die Daten automatisiert ausgelesen und dem CFO zur Verfügung gestellt werden.

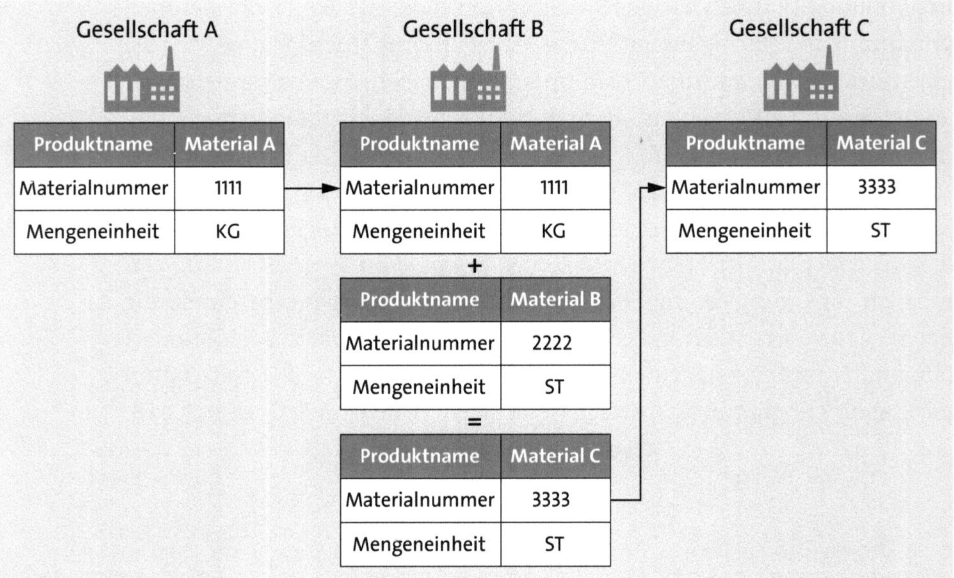

Abbildung 1.3 Material- und Wertefluss bei harmonisierten Stammdaten

Auswirkungen

Dieses Fallbeispiel zeigt deutlich, dass eine Anforderung von außerhalb plötzlich neue Anforderungen innerhalb der Organisation schaffen kann. Wurde hier nun nicht schon im Vorfeld konsequent auf eine harmonisierte Datenanlage geachtet, bedeutet die Bereinigung solch einer Situation oftmals ein Projekt, das über mehrere Jahre läuft. Parallel dazu muss dann bis zum Projektabschluss für eine entsprechende Übergangslösung gesorgt werden. In diesem Beispiel hat der Stakeholder vor allem Interesse am Materialstamm. Der Vorteil ist hierbei, dass dieses Objekt normalerweise innerhalb des Unternehmens gepflegt wird und somit ziemlich gut unter der Kontrolle der eigenen Mitarbeiter steht.

Schauen wir uns nun nach diesem konkreten Beispiel weitere Bereiche und Stakeholder innerhalb des Unternehmens an.

1.2.1 Vertrieb und Marketing

Mögliche Stakeholder sind hier die Leitung des Customer Service und der Marketingabteilung. In diesem Bereich liegt das Hauptaugenmerk auf den Kundendaten, meist jedoch auch mit einer gewissen Abhängigkeit zum Materialstamm. Wenn es z. B. um Verkaufskonditionen geht, sind diese meist von der Kombination »Kunde und Material« abhängig.

Folgende Themen können hier für die Stakeholder interessant sein:

Themen in Vertrieb und Marketing

- **Transparenz des Kundengeschäfts in allen Marketingaktivitäten**
  Egal ob bei Massen-Mailings oder sonstigen Kundenbindungsaktionen, es ist wenig effektiv, den gleichen Kunden mehrfach anzuschreiben, nur weil der Kunde mit unterschiedlichen Kundennummern mehrmals im System existiert. Auf der einen Seite ist dies eine Kostenfrage, auf der anderen Seite entsteht hierdurch auch der Eindruck, seine eigenen Prozesse nicht im Griff zu haben.
- **Kundenserviceaktivitäten bei Reklamationen oder sonstigen Kundenanfragen**
  Alle Informationen sollten konsistent und schnell verfügbar sein. Müssen hier Informationen zuerst aus mehreren Kundenkonten zusammengestellt werden, kostet dies unnötig Zeit und sorgt für Kundenunzufriedenheit.
- **Verhandlung von Kundenkonditionen**
  Nur wenn alle Aktivitäten eines Zeitraums beim Kunden direkt gebündelt werden, ist das wahre Handelsvolumen transparent erkennbar, und nur dann lassen sich angemessene Konditionen aushandeln.
- **Auswertung und Identifikation der Top-Kunden**
  Für Vertrieb und Marketing muss erkennbar sein, welche Kunden in welchem Produktbereich zu den Top-Kunden gehören.
- **Transparenz**
  In der Zusammenarbeit mit Partnern im Vertrieb, in der Werbeplanung oder auch in der Produktentwicklung ist Transparenz von hoher Wichtigkeit.

Nur wenn all diese Informationen konsistent verfügbar sind, kann das Kundengeschäft effektiv gesteuert werden. Aktivitäten der Vertriebsmitarbeiter können zielgerichtet geplant und Marketingkosten minimiert werden.

Extern kontrollierte Objekte

Im Gegensatz zum Materialstamm handelt es sich bei den Kundendaten um Stammdatenobjekte, die nicht der alleinigen Kontrolle der eigenen Organisation unterliegen. In der heutigen Zeit des Online-Shoppings agieren Kunden autark und legen ihre Kundendaten über verschiedene Kanäle selbst im System an. Außerdem gibt es meist noch weitere Datenquellen, aus denen sich der Kundenstamm eines Unternehmens zusammensetzt. Schauen Sie sich hierzu einmal die Übersicht in Abbildung 1.4 an. Hier zeigen wir nur einige von vielen Kanälen, über die die Kundendaten in die Organisation gelangen können.

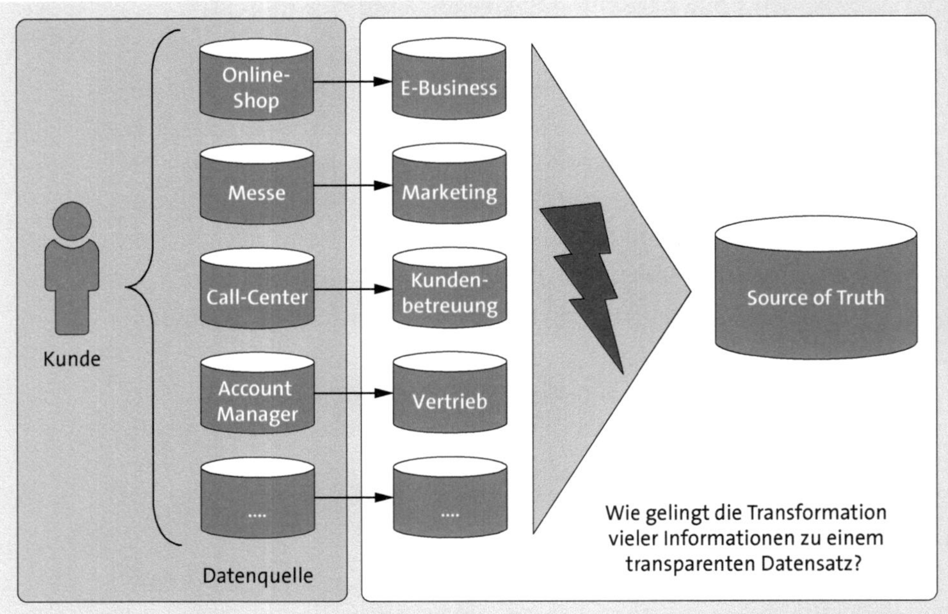

Abbildung 1.4 Bündelung vieler Quellen zu einem Masterdatensatz

Die Kunst ist es nun, aus dieser Vielzahl von Informationen einen eindeutigen und vollständigen Datensatz zu generieren, mit dem alle Bedürfnisse der verschiedenen Bereiche bedient werden können. Während für den einen Bereich schon eine E-Mail für Marketingzwecke ausreicht, benötigt eine andere Abteilung detaillierte Kontodaten sowie eine Rechnungs- und Lieferadresse. Hier setzt dann SAP MDG an, worin Sie mithilfe von Workflows einen kontrollierten Pflegeprozess aller Daten initiieren können (siehe Abschnitt 3.2, »Datenmanagement in SAP Master Data Governance«).

Sensibilisierung der Mitarbeiter

Hier zeigt sich bereits, welche Komplexität, aber auch welche Möglichkeiten in der Erstellung eines zentralen Referenzdatensatzes liegen. Wenn ein Unternehmen es schafft, alle Mitarbeiter dafür zu sensibilisieren, auch über ihren eigenen Tellerrand hinaus zu blicken, kann ein enormes Potenzial geschaffen werden. Ein Beispiel hierzu ist der Messebesucher, der sich für einen bestimmten Produktbereich interessiert. Werden diese Produktinformationen mit einem bereits bestehenden Kundenstammsatz verknüpft, kann der verantwortliche Key Account Manager dies für eine gezielte Ansprache und Angebotspräsentation beim nächsten Termin verwenden.

Neben diesen proaktiven Tätigkeiten kann jedoch auch schon eine regelmäßige Auswertung und Konsolidierung der bestehenden Datensätze Vorteile mit sich bringen. Auch wenn ein Kunde im Online-Shop sein Passwort vergessen hat und daher einen zweiten Account anlegt, sollten dem Unternehmen alle Daten konsolidiert zur Verfügung stehen. Dies kann natürlich nur im Nachhinein erfolgen, da das Unternehmen nicht die Kontrolle über die Handlungen des Kunden hat.

Behält man all diese Themen im Blick, wird deutlich, dass es auch im Bereich Marketing und Vertrieb Stakeholder für dieses Thema und die damit verbundenen Möglichkeiten gibt. Tabelle 1.1 fasst dies kurz zusammen.

Thema	Betroffener Inhalt oder Mitarbeiter
Master-Data-Governance-Domäne	Kunden, Material
Kernprozesse	Kundenservice, Logistik, Order-to-Cash
Ziele	Kundenzufriedenheit, schnelle Lieferkette, Liefertreue, Lieferqualität, effizientes Order Handling
Stakeholder/Sponsor	Leiter Marketing, Kundenservice, E-Commerce
Fachexperten	Bestelleingang, Rechnungsstellung, Logistik

Tabelle 1.1 Stakeholder im Vertrieb

1.2.2 Einkauf

Nachdem wir uns in Abschnitt 1.2.1, »Vertrieb und Marketing«, den Vertriebsbereich angeschaut haben, widmen wir uns nun dem Einkauf innerhalb der Organisation. Auch hier haben wir es jeden Tag mit einer Vielzahl von Stammdaten und Entscheidungen zu tun, die auf Basis der Stammdaten getroffen werden müssen. Im Einkauf liegt das Hauptaugenmerk sicher auf den Lieferantendaten, aber auch hier besteht häufig eine Abhängigkeit zum Materialstamm. Erst durch diese Kombination aus Lieferant und Material lassen sich mögliche Fragestellungen im Tagesgeschäft abschließend beantworten. Die vorrangige Aufgabe der Einkaufsabteilung ist es, alle Anforderungen an externe Ressourcen von außerhalb der Organisation zu erfüllen. Dies können für die Produktion benötigte Rohstoffe sein, aber auch Dienstleistungen oder Verbrauchsmaterialien. Allen gemein ist das Ziel, diese zur richtigen Zeit in der richtigen Menge und zum bestmöglichen Preis zu beziehen.

Themen im Einkauf

Für einen Stakeholder ergeben sich also die folgenden Themenbereiche:

- **Transparenz über bestehende Lieferantenbeziehungen und in der letzten Zeit getätigte Umsätze**
  Es wird ein klares Bild benötigt, bei welchen Lieferanten welche Produktkategorien in welcher Menge und in welchem Zeitraum bezogen werden.
- **Schnelle Reaktionszeiten und Entscheidungen für den passenden Lieferanten bei benötigten Ressourcen innerhalb der Organisation**
  Neben der strategischen Bedarfsplanung mit einem gewissen Vorlauf kommt es immer wieder vor, dass auch spontan (und dann meist auch dringend) zusätzliche Ressourcen benötigt werden.
- **Transparenz über mögliche Alternativlieferanten bei Lieferengpässen oder Qualitätsproblemen**
  Sollte einmal der Fall eintreten, dass ein Lieferant die Produkte nicht mehr in der benötigten Menge oder der definierten Qualität liefern kann, muss schnell klar sein, welche alternativen Quellen den Engpass abdecken können.
- **Verhandlungen von neuen Einkaufskonditionen und möglichen Mengenrabatten pro Lieferant oder pro Produktkategorie**
  Der Einkauf übernimmt die Kommunikation nach außen, muss sich seiner Verhandlungsposition jederzeit bewusst sein und sich auf die zugrundeliegenden Informationen verlassen können.
- **Vollständige und konsistente Auswertungsmöglichkeiten zur Planung des strategischen Einkaufs und für zukünftige Bedarfsanalysen**
  Hier ist eine klare Zuweisung der Verantwortlichkeiten hinsichtlich dessen erforderlich, für welchen Unternehmensbereich der Lieferant relevant ist.
- **Einfache Möglichkeit der Klassifizierung von Lieferanten oder Materialien**
  Je nachdem, welche Informationsfelder in einem SAP-ERP-System genutzt werden, können im Einkauf direkt passende oder dringend benötigte Gruppierungen abgeleitet werden.

Effiziente Prozesse und Einsparungen als Ziel

Bei all diesen Punkten geht es auf der einen Seite um möglichst effiziente Arbeitsprozesse, aber auf der anderen Seite vor allem um potenzielle Einsparungen. Letztendlich muss jeder EUR, der bereits im Einkauf eingespart werden konnte, nicht im Verkauf verdient werden. Aus diesem Grund findet sich im Einkauf auch meist ein Stakeholder, bei dem mit konkreten Zahlen argumentiert werden kann.

Zwei Lieferanten

Schauen wir uns zu diesem Zweck in Abbildung 1.5 einmal ein konkretes Beispiel an. Hier befindet sich auf der linken Seite der Datenbestand innerhalb der eigenen Organisation, auf den die Mitarbeiter im Einkauf zugreifen. Im ersten Teil links oben sehen Sie, dass der gleiche Lieferant für dasselbe Produkt unter zwei verschiedenen Lieferantennummern doppelt im System existiert.

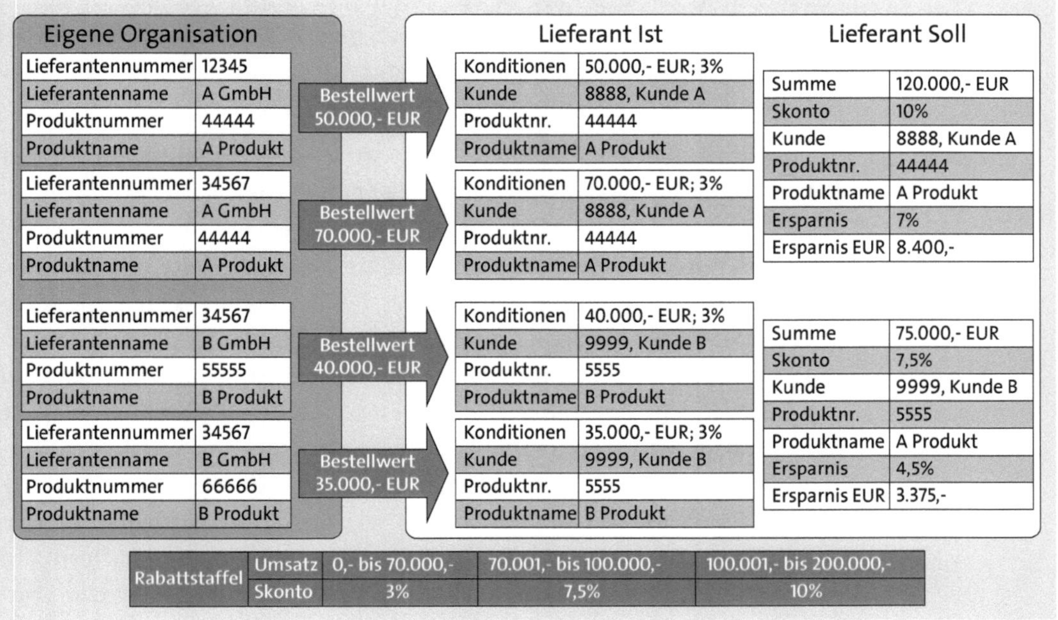

Abbildung 1.5 Einkaufspotenzial bei harmonisierten Stammdaten

Auswirkungen

Dies kann dazu führen, dass von unterschiedlichen Mitarbeitern zwei Bestellungen bei vermeintlich unterschiedlichen Lieferanten ausgelöst werden. Auf der Bestelleingangsseite beim Lieferanten ergeben sich daraus zwei separate Bestellungen von demselben Kunden. Das heißt, dass das Volumen jeder Bestellung separat betrachtet wird. Wenn man sich die Rabattstaffel ansieht, wird ersichtlich, dass beide Bestellungen mit dem geringsten Satz von 3 % Nachlass ausgeführt werden. Würde es den Lieferanten nur einmal im Quellsystem geben und würde anstatt zweier getrennter Bestellungen eine konsolidierte Bestellung über das gesamte Volumen ausgeführt, würden 10 % Nachlass erreicht, und es würde eine entsprechende Einsparung erzielt.

Zwei Materialnummern

Die zweite dargestellte Situation zeigt zwar einen eindeutigen Lieferanten im System, es existieren jedoch zwei Materialnummern für das zu bestellende Produkt. Dies führt in der Konsequenz zur gleichen Situation wie bei zwei unterschiedlichen Lieferantenummern: Auch hier wird das Potenzial für mögliche Einsparungen verschenkt. Natürlich sind dies nur exemplarische Beispiele, aber sie zeigen, dass bereits eine fehlende Harmonisierung auf der obersten Ebene entsprechende Konsequenzen hat. In solchen Fällen sprechen wir noch nicht einmal von einer inhaltlichen Harmonisierung der Datensätze. Betrachtet man auch die Inhalte etwas genauer, stellt man fest, dass hier noch jede Menge weiteres Konfliktpotenzial existiert. Gerade in der Kommunikation nach außen können inkonsistente Informationen bei den hinterlegten Ansprechpartnern oder Adressen weitere Probleme bedeuten und für ineffiziente Arbeitsprozesse sorgen.

Daten direkt vom Lieferanten

Denken wir aber noch einen Schritt weiter, denn bisher haben wir nur Abläufe und Prozesse innerhalb der eigenen Organisation betrachtet. Eigentlich wäre es der effizienteste Weg, Daten direkt aus der Quelle des Lieferanten nutzen zu können. Dies stellt auf der einen Seite eine absolute Konsistenz bei der Kommunikation mit dem Lieferanten sicher und reduziert auf der anderen Seite Aufwände und Fehleranfälligkeit bei der Erfassung von Daten durch die eigenen Mitarbeiter. Solch ein Modell kann auf unterschiedliche Art und Weise umgesetzt werden. Da wäre einmal die Möglichkeit eines regelmäßigen Datenaustausches auf der Dateiebene. Hierzu müsste ein gemeinsam genutztes Format für den Export und Import definiert werden, um die Daten direkt im System einspielen zu können. Eine andere Variante wäre der Aufbau einer Datenpflegeplattform, auf die auch der Lieferant Zugriff hat und die Daten direkt eingeben oder übertragen kann. Jede dieser Initiativen bedarf eines sorgfältig und realistisch geplanten Projekts, wofür wiederum der passende Sponsor im Unternehmen benötigt wird.

Also gibt es auch im Einkaufsbereich meist sehr viel Verbesserungspotenzial, das sich direkt monetär bemessen lässt – entweder rein innerhalb der eigenen Organisation oder durch den Aufbau einer passenden Systemumgebung, die den standardisierten Austausch mit außenstehenden Informationsquellen zulässt. Gerade bei solch größeren Projekten ist es umso wichtiger, die passenden Supporter und Stakeholder mit ins Boot zu holen. Tabelle 1.2 zeigt eine Zusammenfassung der interessierten Personenkreise.

Thema	Betroffener Inhalt oder Mitarbeiter
MDG-Domäne	Lieferanten, Material
Kernprozesse	Einkauf, strategische Planung
Ziele	effiziente Einkaufsprozesse, Kosteneinsparung, Bereitstellung der Ressourcen zur richtigen Zeit im richtigen Umfang, kurze Reaktionszeiten bei Lieferantenausfall

Tabelle 1.2 Stakeholder im Einkauf

Thema	Betroffener Inhalt oder Mitarbeiter
Stakeholder/Sponsor	Leiter Einkauf
Fachexperten	Einkäufer

Tabelle 1.2 Stakeholder im Einkauf (Forts.)

1.2.3 Produktionsplanung und Fertigungssteuerung

In der heutigen Zeit verändern sich die Anforderungen an die Produktionsplanung und Fertigungssteuerung in einem Unternehmen stetig. Es wird eine immer höhere Flexibilität bezüglich der Auftragsgröße, Lieferzeiten oder auch Produktpalette erwartet. Dies bedeutet, dass der Genauigkeit der Planung eine immer größere Bedeutung zukommt. Auf der einen Seite müssen die Auftragsbestände und Produktionsabläufe geplant werden, auf der anderen Seite jedoch auch auf mögliche Störungen im Produktionsprozess reagiert werden. Zur Unterstützung dieser Planung werden häufig *Manufacturing Execution Systems* (MES) eingesetzt. Diese benötigen, genauso wie das klassische *Enterprise Ressource Planning* (ERP), eine saubere Datenbasis, um die erwarteten Ergebnisse zu erzielen. Jede Planung kann nur so gut sein wie die Qualität der zugrundeliegenden Informationen. Letztendlich geht es darum, dass die erzeugten Prozesspläne der tatsächlichen Produktion möglichst nahe kommen. Hierbei liegt das Hauptaugenmerk auf der Optimierung des Ressourceneinsatzes. Dies sind auf der einen Seite die Belegungs- und Durchlaufzeiten der benötigen Maschinen, der Personalbedarf sowie Transportmittel und Werkzeuge. Neben diesen Themen innerhalb der eigenen Organisation sollte jedoch auch die Kommunikation gegenüber dem Kunden eine möglichste realistische Terminbestätigung beinhalten.

Themen

Für den Stakeholder in diesem Bereich ergeben sich also die folgenden Themen, bei denen er von einer verbesserten Stammdatenqualität profitiert:

- **Sicherstellung der Umsetzbarkeit von Planungsprozessen in der Produktion**
  Es muss immer gewährleistet sein, dass die in der Planung verwendete Datenbasis auch tatsächlich der Realität entspricht und sich die Ergebnisse auch so umsetzen lassen.
- **Vermeidung von Fehlproduktion**
  Stimmen Produkteigenschaften von eingesetzten Rohstoffen nicht, kann dadurch die komplette Produktionscharge unbrauchbar sein. Im schlimmsten Fall kann das sogar zur Beschädigung der genutzten Maschinen führen.

- **Vermeidung falscher Produktionsmengen**
  Die Information über Größenangaben sowie die Zusammensetzung der Stückliste bezüglich der Einsatzmaterialien muss akkurat im System abgebildet sein.
- **Vermeidung falscher Terminzusagen gegenüber dem Kunden**
  Können im System keine verlässlichen Informationen bezüglich Durchlaufzeiten, Lagerbeständen und zur Verfügung stehenden Ressourcen gefunden werden, ist es schwierig bis nahezu unmöglich, dem Kunden gegenüber belastbare Liefertermine zu nennen.
- **Vermeidung von falschen Kapazitätszusagen**
  Eine verlässliche Zusage bezüglich möglicher Produktionskapazitäten lässt sich nur bei sauber gepflegten Stammdaten zu Material, Stückliste, Arbeitsplätzen und Arbeitsplänen geben.
- **Vermeidung von zu niedrigen oder zu hohen Beständen**
  Zu niedrige Bestände an entsprechend benötigten Eingangsmaterialien verhindern eine reibungslose Produktion. Zu hohe Bestände binden hingegen Kapital in unnötigem Umfang bis hin zur Vernichtung von überschüssigem und nicht mehr nutzbarem Bestand.
- **Vermeidung fehlerhafter Kalkulationen**
  Letztendlich basiert jede Produktkalkulation auf der Planung und den vorhandenen Informationen zu Material, Stückliste und Arbeitsplänen. Sind hier also Informationen wie der Standardpreis, die Einsatzmengen oder die benötigten Arbeitsschritte nicht fehlerfrei abgebildet, wird auch die Kalkulation niemals der Realität entsprechen.

MDG als zentrale Quelle

Gerade in der Produktionsplanung und Fertigungssteuerung sieht man, dass es neben den drei Hauptobjekten im Master-Data-Governance-Bereich (Material, Kunden, Lieferanten) noch viele weitere Objekte gibt, die ebenfalls im Sinne einer ganzheitlichen Stammdatenstrategie betrachtet werden müssen. Dies zeigt auch, dass die entsprechenden Verantwortlichen in ihrem Bereich viel schneller auf ernstere Probleme stoßen können, da die Komplexität zunimmt. Aus diesem Grund ist der Leiter der Produktionsplanung auch immer ein wertvoller Stakeholder, den es ins Boot zu holen gilt. Außerdem bauen auf diesem Bereich sehr viele weitere Bereiche auf, die ihre Arbeit nicht zufriedenstellend erledigen können, wenn die Produktion innerhalb der eigenen Organisation auf Probleme stößt. Gerade hier zeigt sich auch, dass SAP MDG immer im Zusammenspiel mit anderen Systemen zu sehen ist und als zentrale Quelle der Informationsbereitstellung für diese fungiert. So wird hier neben dem ERP-System auch das Manufacturing Execution System mit den passenden Daten versorgt. Gleichzeitig fungiert das Manufacturing Execution System dann wieder als Instrument zur Feinplanung des gesamten Produktionsprozesses. Hier zeigt sich wieder die direkte Verlinkung der verschiedenen Funktionsbereiche (siehe Tabelle 1.3).

Thema	Betroffener Inhalt oder Mitarbeiter
MDG-Domäne	Material, Lieferanten, Kunden
Kernprozesse	Produktionsplanung, Fertigungssteuerung, Produktkalkulation
Ziele	Termineinhaltung, Optimierung von Durchlaufzeiten, Optimierung von Beständen, Einhaltung der Qualitätskriterien
Stakeholder/Sponsor	Leiter Produktion, Leiter Controlling
Fachexperten	Produktionsplaner, Controller

Tabelle 1.3 Stakeholder in der Produktionsplanung

1.2.4 Entscheidungsträger (C-Level)

Bisher sind wir vor allem auf die Fachbereiche eingegangen. Diese nehmen eine wichtige Funktion innerhalb des Unternehmens ein, aber die hilfreichsten Stakeholder, die es zu gewinnen gilt, sind die Entscheidungsträger auf der Managementebene. Sie sind es, die jeden Tag Entscheidungen im Sinne des Unternehmens treffen müssen. Sie werden niemals die Zeit haben, sich in alle Details und Hintergründe eines Themenbereichs einzuarbeiten. Trotzdem müssen sie die zukünftige Richtung des Unternehmens vorgeben. Aus diesem Grund sind sie auf die Ergebnisse der *Management Information Systems* (MIS) angewiesen. Hierbei handelt es sich meist um bestimmte Arten von Reports, in denen aggregierte Umsatzzahlen oder sonstige relevante Informationen dargestellt werden. Auch diese Systeme können nur so genau sein wie die in den darunterliegenden Systemen enthaltenen Datensätze. Neben der Genauigkeit der Daten spielt für das Management auch die Aktualität der Daten sowie die Abrufgeschwindigkeit eine entscheidende Rolle.

Themen im Management

Zu Beginn des Kapitels hatten wir bereits den CFO als potenziellen Stakeholder im Fallbeispiel gesehen. Neben diesem Beispiel stehen auch die folgenden Themen im Vordergrund:

- **Ausreichende Datenbasis für das Treffen von strategischen Entscheidungen**
  Hierbei geht es um Themen, die die zukünftige Ausrichtung der Organisation bestimmen. Dies können z. B. das Produktportfolio oder Akquisitionen sein. Es muss also klar sein, welche Produktgruppen positiv zum Gruppenumsatz beitragen und ob es eventuell nötig ist, sich in schwachen Bereichen durch Zukäufe zu verstärken.
- **Reporting-Funktionen als Informationsquelle für Gruppenumsätze und bilanzrelevante Zahlen**
  Es müssen auf einen Blick alle wichtigen Zahlen verfügbar sein.
- **Forecast-Genauigkeit für zukünftige Geschäftsperioden**
  Die strategische Steuerung eines Unternehmens ist nur möglich, wenn auch nach außen hin konkrete Aussagen getroffen werden können, so z. B. bei börsennotierten Gesellschaften, die in der Hauptversammlung den passenden Ausblick für die Aktionäre und Analysten geben müssen. Dieser Ausblick muss zutreffen, um Turbulenzen bei den Aktienkursen zu vermeiden.
- **Reduzierung des manuellen Aufwands, um finanzrelevante Informationen aus den lokalen Finanzsystemen zu konsolidieren**
  Natürlich lassen sich immer alle Informationen aus den Systemen von Hand zusammentragen. Dies ist jedoch ein sehr großer Aufwand und mit Kosten sowie einer hohen Fehleranfälligkeit beim Sammeln der Daten verbunden.
- **Vermeidung des Risikos, gesetzliche Anforderungen (z. B. SOX oder IRFS) nicht zu erfüllen**
  Börsennotierte Unternehmen unterliegen einer sehr strengen Aufsicht. Das heißt, dass es garantiert sein muss, dass alle benötigten Informationen auch wirklich bereitgestellt werden können, und es muss sichergestellt werden, dass die verfügbaren Informationen korrekt und vollständig sind.
- **Schnelle Monats-, Quartals- und Jahresabschlüsse innerhalb der Firmengruppe**
  Auch hier spielen verschiedene Aspekte eine Rolle: Zum einen muss innerhalb der eigenen Organisation der Abschluss zur Kontrolle des Erfolgs in der vergangenen Periode möglichst zügig zu Verfügung stehen. Zum anderen warten, gerade bei börsennotierten Unternehmen, die Anteilseigner und Analysten auf die jeweiligen Quartalszahlen. Gleichzeitig bindet der jeweilige Abschluss wichtige Ressourcen, die zu dieser Zeit nicht für weitere Aufgaben zur Verfügung stehen.

- **Notwendige Transparenz über Veränderungen innerhalb des Produktportfolios, der Produktionsstrukturen usw.**
  In jedem Unternehmen kommt es zu Veränderungen wegen der Marktnachfrage oder Aktivitäten von Mitbewerbern. Entsprechend schnell müssen diese Informationen verfügbar sein, um die notwendigen Maßnahmen einleiten zu können, z. B. eine Verlagerung der Produktion oder der Umbau des Produktkatalogs.

All diese Punkte zeigen, wie abhängig das Management eigentlich von der Verfügbarkeit der richtigen Daten ist. Die Manager treffen alle Entscheidungen, verfügen aber als Grundlage nur über einige Tabellen oder über eine kurze Übersicht mit aggregierten Zahlen. In einem großen Unternehmen mit Tausenden von Mitarbeitern und Standorten in allen Ländern dieser Welt ist dies nicht viel. Gleichzeitig ist es aber anders auch gar nicht möglich: Auch wenn der Manager sich noch so gern mit mehr Details befassen möchte, ist dies in der heutigen Zeit und bei der Masse der verfügbaren Informationen keine Option.

Man hört heute vermehrt den Begriff *Big Data*. Hierbei handelt es sich um Datenmengen, die zu komplex und zu umfangreich sind, um sie von Hand oder mit einfachen EDV-Systemen zu verarbeiten. Innerhalb eines Unternehmens ist es daher oft eine Art Kaskade der Informationsverarbeitung, bis die finalen Informationen beim Management ankommen. Betrachten wir hierzu einmal Abbildung 1.6.

Big Data

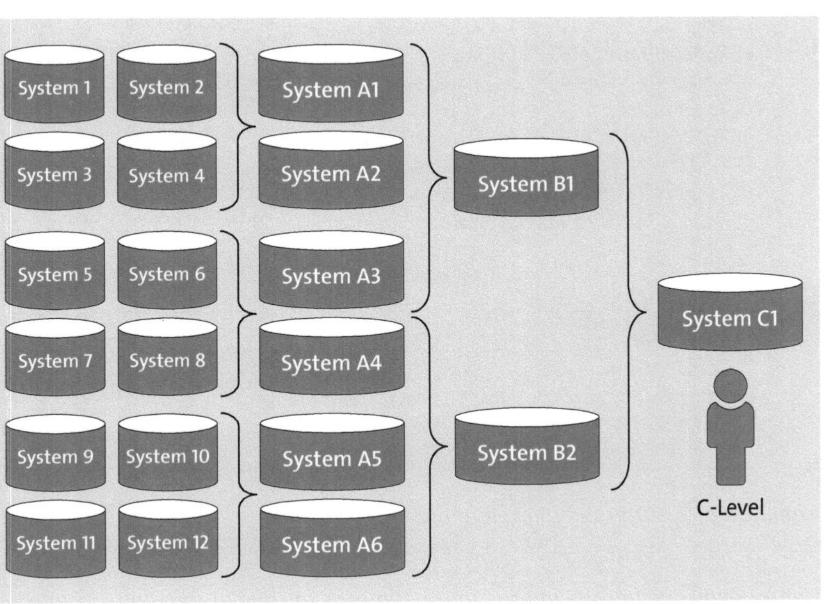

Abbildung 1.6 Aggregation der Informationen bis zum Entscheidungsträger

Hier sehen Sie eine schematische Darstellung des Daten- und Informationsflusses, bevor die Daten beim jeweiligen Entscheidungsträger ankommen. Es beginnt mit vielen kleinen, oft auch lokalen Systemen, aus denen die Informationen zusammengetragen werden.

Gefahr von sich multiplizierenden Fehlern

Im schlechtesten Fall geschieht dies manuell, um die nächste Ebene der Reporting-Systeme zu füttern, und im besten Fall vollautomatisiert. Auf jeder Stufe werden die Daten für neue Zwecke verwendet und auch um weitere Daten angereichert. So ergibt sich Schritt für Schritt ein Bild mit einer Aussagekraft für die gesamte Firmengruppe. Auch hier wird wieder sehr schnell sichtbar, welche Folgen inakkurate Daten haben. Auf der einen Seite gehen von Stufe zu Stufe Detailinformationen verloren, und auf der anderen Seite setzt sich ein Fehler entsprechend fort. Je nach Art und Umfang der Falschinformation kann sich solch ein fortlaufender Fehler von System zu System vergrößern und damit am Ende eine falsche Entscheidungsbasis darstellen.

Nachdem wir nun einige ausgewählte Bereiche des Unternehmens betrachtet haben, sehen Sie in Abbildung 1.7 eine kurze Zusammenfassung.

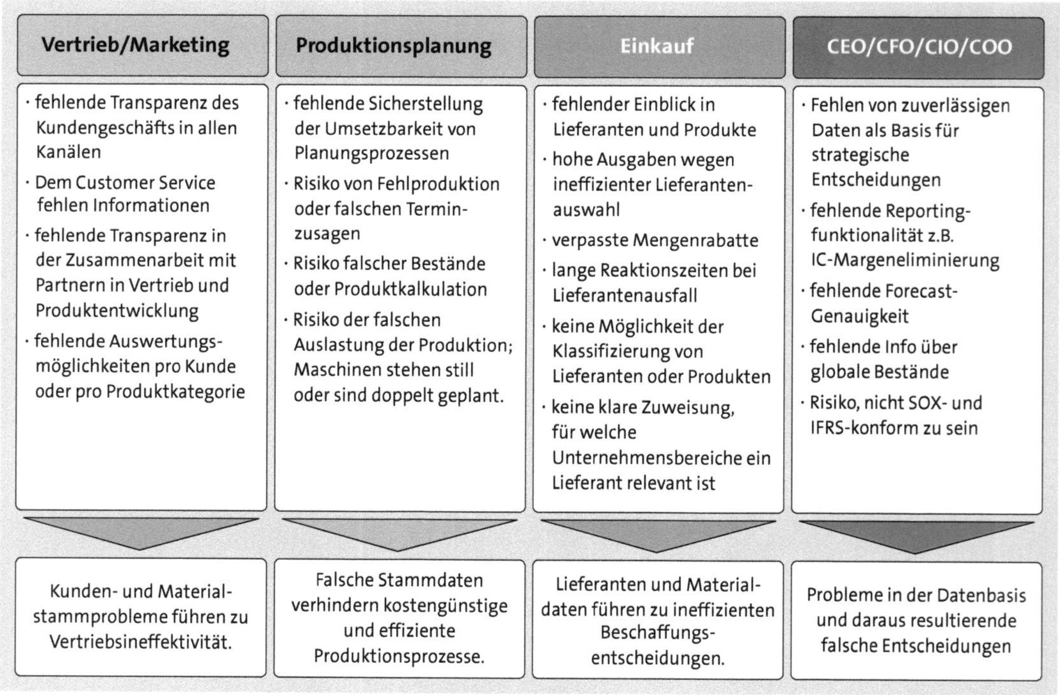

Vertrieb/Marketing	Produktionsplanung	Einkauf	CEO/CFO/CIO/COO
· fehlende Transparenz des Kundengeschäfts in allen Kanälen · Dem Customer Service fehlen Informationen · fehlende Transparenz in der Zusammenarbeit mit Partnern in Vertrieb und Produktentwicklung · fehlende Auswertungsmöglichkeiten pro Kunde oder pro Produktkategorie	· fehlende Sicherstellung der Umsetzbarkeit von Planungsprozessen · Risiko von Fehlproduktion oder falschen Terminzusagen · Risiko falscher Bestände oder Produktkalkulation · Risiko der falschen Auslastung der Produktion; Maschinen stehen still oder sind doppelt geplant.	· fehlender Einblick in Lieferanten und Produkte · hohe Ausgaben wegen ineffizienter Lieferantenauswahl · verpasste Mengenrabatte · lange Reaktionszeiten bei Lieferantenausfall · keine Möglichkeit der Klassifizierung von Lieferanten oder Produkten · keine klare Zuweisung, für welche Unternehmensbereiche ein Lieferant relevant ist	· Fehlen von zuverlässigen Daten als Basis für strategische Entscheidungen · fehlende Reporting-funktionalität z.B. IC-Margeneliminierung · fehlende Forecast-Genauigkeit · fehlende Info über globale Bestände · Risiko, nicht SOX- und IFRS-konform zu sein
Kunden- und Materialstammprobleme führen zu Vertriebsineffektivität.	Falsche Stammdaten verhindern kostengünstige und effiziente Produktionsprozesse.	Lieferanten und Materialdaten führen zu ineffizienten Beschaffungsentscheidungen.	Probleme in der Datenbasis und daraus resultierende falsche Entscheidungen

Abbildung 1.7 Stakeholder im Überblick

Am Ende ist eigentlich jeder im Unternehmen auf eine vollständige und korrekte Stammdaten angewiesen. Außerdem stellen sie einen immensen Wert dar, der sich durch verschiedene Einsparpotenziale oder effizientere Arbeitsprozesse bemessen lässt. Leider ist dies meist nicht auf den ersten Blick ersichtlich, und das Bewusstsein dafür muss erst geschaffen werden. Erst wenn die Stammdatenpflege nicht mehr als Aufwandstreiber und schwarzes Loch im Bereich der Kosten gesehen wird, lassen sich auch erfolgreiche Stammdatenorganisationen und Projekte im Unternehmen dafür aufsetzen.

[«]

Kurz zusammengefasst

Im Folgenden finden Sie eine stichpunktartige Zusammenfassung:

- Stammdaten betreffen jeden.
- Stammdaten bieten Potenzial für Einsparungen und Prozessoptimierung.
- Stakeholder müssen informiert werden, und der Mehrwert muss demonstriert werden.
- Alle Unternehmensbereiche sollten in ein Projekt eingebunden sein.
- Stammdatenprojekte benötigen Stakeholder auf der richtigen Ebene.
- Stammdaten bilden die Schnittstelle nach außen.
- Stakeholder sind auf richtigen Informationen angewiesen.

1.3 Grundlegende Konzepte des Stammdatenmanagements: Definitionen und Objekte

Nachdem wir darauf eingegangen sind, welche generelle Bedeutung das Thema Stammdatenmanagement für die Steuerung von Informationsflüssen und Informationsqualität hat, und zudem erläutert haben, für wen welche Stammdaten wichtig sind, wollen wir uns nun den grundlegenden Konzepten und Definitionen widmen, wie wir sie im weiteren Verlauf des Buches verwenden.

1.3.1 Definitionen

In den vorangehenden Abschnitten haben wir immer wieder den Begriff *Stammdaten* verwendet, ohne ihn hinreichend zu beschreiben. Dies holen wir jetzt nach: Stammdaten stellen die zentralen Informationsobjekte einer

Organisation dar – Produkte, Kunden, Lieferanten, Finanzobjekte (z. B. Kontenplan), Mitarbeiter, Stücklisten und Rezepte. Charakteristisch für Stammdaten ist, dass sie überwiegend unabhängig von Ort, Abteilung und System geteilt werden können. Egal, wo auf der Welt der Lieferanteneintrag genutzt wird, die Anschrift, die Lieferantennummer und die Steuernummer sind immer gleich.

Oft wird in diesem Zusammenhang erwähnt, dass sich Stammdatenobjekte vor allem dadurch auszeichnen, dass sie sich nicht häufig ändern. Dass die Messgröße der Häufigkeit der Änderung ein relatives Kriterium darstellt, ist offensichtlich. Wenn man dieses Kriterium als sinnvoll erachten will, sollte der erwarteten die tatsächliche Häufigkeit gegenübergestellt werden. Aber selbst dann muss man sagen, dass dieses Merkmal auch auf andere Informationsobjekte angewendet werden kann und es nicht spezifisch für Stammdaten ist.

Rückgrat für Transaktionen und Berichte

Ein zentrales Merkmal von Stammdaten ist hingegen, dass sie die Kernobjekte bilden, mit denen Geschäftstransaktionen ausgeführt werden und dass sie deshalb immer wieder bei jeder Transaktion verwendet werden. Konkret bedeutet das, dass die Lebenszyklusspanne eines Stammdatenobjekts weit über die einer einzelnen Transaktion hinausgeht. Werden beispielsweise die spezifischen Transaktionen eines Purchase-to-Pay-Prozesses von der Bestellanforderung bis hin zur Auszahlung an den Lieferanten in den allermeisten Fällen nur einmal durchgeführt, werden die benutzen Stammdatenobjekte wie z. B. der Lieferant oder das eingekaufte Material bei der nächsten Gelegenheit wiederverwendet. Anhand dieses Beispiels wird deutlich, dass die Qualität dieser Informationen (hier Lieferant oder Material) wesentlichen Anteil daran hat, wie gut die Geschäftsprozesse (hier eine Bestellung) ausgeführt werden können. Sollten z. B. im Lieferanteneintrag im System nicht die mit dem Lieferanten vereinbarten Zahlungsbedingungen hinterlegt sein, wird es immer wieder zu Schwierigkeiten beim Zahlungsablauf kommen. Zentrale Leistungskennzahlen des Einkaufs, wie z. B. die Zahlungsrückstandquote (*Days Payments Outstanding*, DPO), können somit dauerhaft negativ beeinflusst werden, sollten Lieferantenstammdaten nicht korrekt gepflegt worden sein.

Ein weiteres wichtiges Stammdatencharakteristikum ist, dass die Stammdaten die Dimensionen aussagekräftiger Geschäftsberichte bilden. Sie werden genutzt, um Einsicht in die Transaktionshistorie einer Organisation zu gewinnen. In den Berichten findet sich dann beides wieder: Stammdaten und Transaktionsdaten. Typische Berichte lassen dann etwa folgende Aussagen zu:

- Welche Kunden (Stammdatum, kurz: S) haben welches Produkt (S) in welchem Umfang (Transaktionsdaten, kurz: T) gekauft?
- Von welchen Produkten (S) gibt es wie viel Vorrat (T) in welcher unternehmensinternen Organisationseinheit (S)?
- Für welches Einkaufssegment (S) wurde mit welchem Lieferanten (S) wie viel Geld (T) ausgegeben?

Was sind Stammdaten?

Kurz zusammengefasst:

- Stammdaten sind die zentralen Informationsobjekte einer Organisation.
- Stammdaten können in der Organisation unabhängig von Systemen und Prozessen geteilt werden.
- Die Lebenszykluspanne von Stammdaten geht weit über die Lebenszykluspanne von Transaktionsdaten hinaus.
- Bedingt durch den universellen Charakter der Stammdaten beeinflusst die Stammdatenqualität unmittelbar die Geschäftsprozesse, die die Daten nutzen.
- Stammdaten bilden einen zentralen Bestandteil der Berichtsdimensionen.

Weitere Definitionen

Wir haben häufig die Begriffe *Kunde*, *Material* und *Lieferant* verwendet, wenn wir über Beispiele geredet haben. Hier eine einheitliche Definition zu finden, die nicht industrie- und organisationsspezifisch ist, ist ein umfangreiches Unterfangen. Selbst innerhalb einer Organisation wird es unterschiedliche Sichtweisen geben, was ein Produkt ist und was ein Produkt eindeutig identifiziert. Deshalb sollen in knapper Form Eckpunkte und Herausforderungen einer Definition der wesentlichen Stammdatenobjekte skizziert werden.

Materialstammdaten

Abhängig von der jeweiligen Industrie kann der Begriff *Materialstammdaten* verschiedene Inhalte umfassen. Bei einem Softwarehersteller sind hier vor allem Lizenzen gemeint; Chemie und Pharmahersteller zählen hier in erster Linie direkte Materialien wie Rohstoffe, Fertigwaren und Handelswaren mit hinzu. Für Öl- und Gasfirmen sind neben den direkten auch indirekte Materialien interessant, die zum Erhalt der Produktionsmittel dienen oder zur essenziellen Ausrüstung der Produktion gehören. Diese Beispiele machen deutlich, dass es keine industrieübergreifende Definition zu geben scheint.

Selbst innerhalb einer Industrie besteht oft keine Einigkeit über die Definition dessen, was ein Material oder Produkt ist. Die Definition des Begriffs ist also sehr wahrscheinlich eine organisationsspezifische. Zudem wandelt sich die Definition über die Zeit und muss angepasst werden. Dies kann etwa der Fall sein, wenn eine Erweiterung des Geschäftsfeldes ansteht, wenn etwa Dienstleistungen zu einem herstellenden Unternehmen hinzukommen und diese auch als Teil des Materialstamms behandelt werden sollen.

Merkmale der Definitionsfindung

An dieser Stelle sollen einige wichtige Merkmale einer Definitionsfindung des Materialstammes benannt werden:

- chemische Zusammensetzung
- Beschreibung
- Packungsgröße eines Produkts
- Verpackungstyp
- Hersteller
- kundenspezifische Produkte
- Unterschiede in wesentlichen Eigenschaften, z. B. Farben und Größe
- industriespezifische Merkmale

Um eine Definition dessen zu finden, was als Material zu bezeichnen ist, ist einiger Aufwand erforderlich. Am Ende wird dann aber eine Kombination aus den genannten und weiteren Merkmalen stehen. Diese gilt es dann in den Stammdatenprozessen, -rollen und -berichten usw. nachzuvollziehen. Hier ist noch zu erwähnen, dass die eineindeutige Kombination der genannten Merkmale dann gleichzeitig die Grundlage für die Ermittlung von Duplikaten ist.

Kundenstammdaten

Die Beschreibung dessen, was ein Kunde ist, scheint zunächst einfacher zu sein als die eines Materials. Oft kann man lesen, ein Kunde sei eine Person oder Organisation, die ein Produkt oder eine Dienstleistung kauft. Sofort daraufhin wird dann erwähnt werden, dass ein Kunde nicht nur zahlt, sondern auch Waren oder Dienstleistungen an einem bestimmten Ort erhält oder von einem bestimmten Ort aus die Ware bestellt. Darüber hinaus werden die Vertriebsmitarbeiter auch sagen, dass selbst derjenige ein Kunde ist, der noch nicht kauft, sondern zunächst lediglich ein Angebot erhält. Außerdem werden Mitarbeiter der Marketingabteilung sagen, dass es sich doch beim Kunden um den Mitarbeiter in der Einkaufsorganisation der Kundenorganisation handelt – schließlich werde an Menschen verkauft, nicht an Organisationen.

Standardisierte Konzepte

Die Beispiele zeigen deutlich, dass es sich um eine relationale Definition handeln kann, je nachdem, wie komplex die Beziehung zu einem Kunden ist. Standardisierte Partnerfunktionskonzepte stehen z. B. in SAP MDG zur Verfügung, um diesen verschiedenen Arten von Kunden und Kundenbeziehungen Rechnung zu tragen. Darüber hinaus kann es aber auch noch zu einer weiteren Komplexität kommen, wenn z. B. alle Organisationen einer Gruppe als ein Kunde bezeichnet werden. Hierbei handelt es sich dann um Kundenhierarchien. Wenn man sich im Klaren darüber ist, welche Arten von Kunden man gern besser verwalten möchte, muss man sich dennoch weiterer Definitionsarbeit stellen.

Definitionsmerkmale

An dieser Stelle nennen wir nur eine Auswahl von Merkmalen einer Kundendefinition:

- Art der Kundenbeziehung (Besteller, Lieferpunkt, Zahler, Anwärterkunde)
- Konventionen für die Pflege von Namen und Adressen
- externe Referenz-ID (z. B. DUNS-Number oder Bureau-van-Dijk-ID)
- Steuer- oder Registrierungsnummer
- Sprache von Name und Adresse
- Detailtiefe der Anschrift (Werksgelände, Gebäude, Stockwerk, Büro, Schreibtisch)

Lieferantenstammdaten

Wie beim Kundenstamm kann man auch beim Lieferantenstamm sagen, dass hier eine beziehungsorientierte Definition hilfreich ist. Schließlich kann man je nach Komplexitätsgrad der Organisation auch verschiedene Beziehungen zu einem Lieferanten haben. So bestellt oder bezahlt man beispielsweise einen Lieferanten, und je nach Beziehung kann man verschiedene Standards festlegen. So benötigen Sie z. B. von einem Lieferanten, bei dem Sie bestellen, gegebenenfalls eine E-Mail-Adresse. Bei einem Lieferanteneintrag, den Sie hauptsächlich nutzen, um Zahlungstransaktionen auszuführen, ist eine bestätigte Bankverbindung hilfreich.

Man kann aber diese beziehungsorientierte Definition noch weiter fassen, indem man sagt, dass eine andere Organisation in erster Linie ein Geschäftspartner ist, unabhängig von der jeweiligen Beziehung. Als Organisation entscheide ich mich dann, unterschiedliche Beziehungen mit dieser anderen Organisation zu pflegen, entweder als Lieferant oder als Kunde. Innerhalb einer Beziehungsrichtung kann ich dies dann weiter spezifizieren. Auch ein Geschäftspartnermodell steht mit SAP MDG zur Verfügung.

Definitionsmerkmale

Ähnlich wie beim Kunden können wir auch beim Lieferantenstamm die folgenden Definitionsmerkmale benennen:

- Art der Lieferantenbeziehung (Scheckempfänger, Bestellungsempfänger, Anwärterlieferant)
- Konventionen für die Pflege von Namen und Adressen
- externe Referenz-ID (z. B. DUNS-Number oder Bureau-van-Dijk-ID)
- Steuer- oder Registrierungsnummer
- Sprache von Name und Adresse
- Detailtiefe der Anschrift (Werksgelände, Gebäude, Stockwerk, Büro, Schreibtisch)

Finanzstammdaten

Unter den Finanzstammdaten verstehen wir die wesentlichen Informationsobjekte des Finanzwesens und Controllings. Zentral ist hier der Kontenplan, der alle unternehmensinternen Konten zur Abwicklung finanzieller Transaktionen beinhaltet. Ein weiteres Finanzobjekt ist die Finanzberichtsstruktur. Dazu gehören auch die zentralen Controllingobjekte der Kostenstelle, Kostenart, Profit-Center und die dazugehörigen Hierarchien. Allokationen und Innenaufträge sind weitere Controllingobjekte.

Umfassendes Konzept

Über die reine Verwendung der einzelnen Begriffe hinaus haben wir in den vorangegangenen Seiten herausgestellt, dass es sich bei den Stammdaten nicht nur um eine Sammlung von Informationsobjekten handelt. Basierend auf der übergeordneten Bedeutung der Objekte ist vielmehr ein umfassendes Konzept notwendig, um der Analogie des Erdöls gerecht zu werden. Im Weiteren werden wir hier den Begriff *Stammdaten-Governance* verwenden, um die Gesamtheit des Konzepts zu benennen.

Was ist Stammdaten-Governance?

Stammdaten-Governance bezeichnet die Gesamtheit aller Maßnahmen organisatorischer, prozesshafter oder technischer Art, die eine zweckmäßige und bestmögliche Stammdatenqualität zum Ziel haben.

Sie ist ferner eine übergeordnete organisatorische Funktion, die von anderen Organisationen, die an der Erzeugung und Nutzung von Stammdaten beteiligt sind, unterschieden werden muss.

Aspekte der Definition

Lassen Sie uns nun diese Definition im Einzelnen betrachten:

1. Alle Maßnahmen im Stammdatenumfeld – egal welcher Art – sind als Teil der *Gesamtheit der Maßnahmen* zu verstehen und müssen als solche auch aufeinander abgestimmt sein.
2. Die Maßnahmen schließen die Bereiche *Organisation, Technologie* und *Prozesse* ein.
3. Die Maßnahmen sollen auf die *zweckmäßige* Stammdatenqualität abzielen. Es geht also nicht darum, Qualität um jeden Preis zu erzeugen, sondern sie muss auf einen Zweck hin ausgerichtet sein. Im späteren Verlauf werden wir vom richtigen Maß an Governance sprechen. Der Zweck wird hier ganz wesentlich von den verantwortlich zeichnenden Organisationen mitbestimmt.
4. Die Maßnahmen sollen auf die *bestmögliche* Stammdatenqualität hinwirken. Es geht also nicht um eine hundertprozentige Datenqualität, sondern um die jeweils für die Organisation erreichbare und angestrebte Qualität. Das Ziel kann nach dem Erreichen oder bei sich verändernden Ansprüchen angepasst werden. Hier sollten Sie auch an einen kontinuierlichen Verbesserungsprozess denken.
5. Die Stammdaten-Governance ist eine eigenständige Funktion, die häufig übergreifende Ziele verfolgt. Hierzu benötigt man ein entsprechendes Mandat, um die am Prozess beteiligten Funktionen richtungsweisend unterstützen zu können.

Stammdatenqualität

Betrachten wir zunächst den Hinweis, dass es Ziel von guter Stammdaten-Governance sei, auf die Stammdatenqualität hinzuwirken. Mit dem, was wir bisher bezüglich der Bedeutung von Stammdaten für eine Organisation (Abschnitt 1.1) gesagt haben, und mit der Darstellung, wem im Unternehmen welche Stammdaten wichtig sind (Abschnitt 1.2), haben Sie eine gute Basis, um sich auf dieses grundlegende Prinzip mit den teilhabenden Organisationen zu einigen. Können Sie sich in Ihrer Organisation nicht hierauf einigen, wird jede weitere Maßnahme früher oder später infrage gestellt. Wie man damit umgehen kann und dass dies keine untypische Ausgangssituation darstellt, besprechen wir in Abschnitt 1.3.3, »Ausgangssituation und Erfolgsfaktoren«.

Zweck und Maßnahme

Ein weiterer wichtiger Punkt stellt auf den Zweck ab, für den Datenqualität erzeugt werden soll. Der Zweck kann im engeren Sinne definiert werden als beispielsweise die Möglichkeit, Waren an Kunden zu verkaufen. Meist werden Zwecke aber kombiniert und aggregiert. Um weiter bei unserem Beispiel zu bleiben, soll nun nicht mehr »bloß« verkauft werden, sondern es soll nun auch sicher und schnellstmöglich verkauft werden. Oft besteht auch die Anforderung, den Verkaufsprozess wiederholbar und effizient zu gestalten. Diese Aneinanderreihung von Anforderungen soll deutlich machen, dass je nach Zweck andere Maßnahmen getroffen oder kombiniert werden müssen (siehe Tabelle 1.4).

Zweck	Maßnahmen
Möglichkeit, Produkte an einen Kunden zu verkaufen	Es reicht aus, die Informationen zu Produkten und Kunden ad hoc zusammenzusuchen und dann auf einem Bestellformular festzuhalten.
Möglichkeit, Produkte *sicher* und *zügig* an einen Kunden zu verkaufen. Der Prozess soll zudem *wiederholbar* sein.	Hier wird zum einen implizit die Prüfung der Informationen gefordert, um die Logistikprozesse sicherer zu machen. Zum anderen wird eine zügige Abwicklung gefordert. Beides legt nahe, dass Informationen über Workflows (also ohne erneute Eingabe von Informationen) ausgetauscht werden und Informationsänderungen nachvollziehbar sein müssen. Die Involvierung mehrerer Organisationsteile muss gut koordiniert sein, und gegebenenfalls müssen *Service Level Agreements* (SLAs) vereinbart werden. Zudem muss die Prozesslaufzeit gemessen werden, um sicher sein zu können, dass der Forderung nach Geschwindigkeit genüge getan wird.

Tabelle 1.4 Unterschiedliche Zwecke und unterschiedliche Maßnahmen

Das richtige Maß finden

Bevor wir uns die Kernbereiche guter Stammdaten-Governance etwas genauer anschauen, müssen wir noch auf einen wesentlichen Punkt eingehen, der meist übersehen oder missverstanden wird. Governance bedeutet nicht, dass alle Prozesse, Datendomänen oder Datenattribute unter demselben Maß an Governance oder Kontrolle stehen! Gute Stammdaten-Governance unterscheidet, welche Aspekte mit weniger Governance auskommen und welche mehr benötigen, um einen bestimmten Zweck zu erfüllen.

Wir nutzen ein Beispiel aus einem anderen Lebensbereich, um den Aspekt des richtigen Maßes an Governance deutlich zu machen: Leitungswasser hat in vielen westlichen Ländern eine sehr hohe Qualität und kann ohne Weiteres als Trinkwasser für Menschen genutzt werden. Um diese Qualität sicherzustellen, wird hoher Aufwand betrieben, und Menschen sind bereit, hierzu einen bestimmten Preis zu zahlen. Damit wird sichergestellt, dass die Infrastruktur bereitsteht, Reinigungsprozesse durchgeführt werden und Angestellte angemessene Qualität sicherstellen. Um hingegen Pflanzen im Garten bewässern zu können, nutzen Privatleute in den meisten Fällen ihre Regentonne, also eine Wasserquelle, die deutlich geringeren Qualitätsansprüchen genügt. Hier wird eine simple Infrastruktur in Form einer Dachrinne und einer Regentonne vorgehalten, die Reinigung geschieht durch ein Sieb, und es gibt keine Angestellten, die sich um die Wasserqualität kümmern. Würde man nun Leitungswasser zum Bewässern der Pflanzen nutzen, entstehen höhere Kosten, die dem zu erwartenden Nutzen nicht angemessen sind. Dieses Ungleichgewicht zwischen Aufwand und Nutzen ist Ausdruck für das falsche Maß an Governance.

Ungleichgewicht vermeiden

Wird diese Unterscheidung nicht vollzogen, kann es zu negativen Konsequenzen kommen. Zunächst kann es zu einer »Überforderung« des so unter Governance gestellten Prozesses kommen, da über das zweckmäßige Maß hinaus Mehraufwand generiert wird, der in keinem Verhältnis steht: Hier wird sprichwörtlich ein Mückenproblem mit einer Elefantenlösung bedacht. Ein solches Vorgehen kann unmittelbar zum Ansehensverlust der Governance-Funktion führen, da die Zweckmäßigkeit nicht gewahrt ist. Gelingt es über längere Zeit nicht, den Eindruck eines Ungleichgewichts zu vermeiden, wird hier der wiederum sprichwörtliche Wasserkopf wahrgenommen. Die Kunst guter Governance besteht also darin zu entscheiden, für welche Bereiche Sie mehr und für welche Sie weniger Governance benötigen. Wesentlich für die Bestimmung des richtigen Maßes ist der Zweck – Trinkwasser vs. Gießwasser. Wie es gelingen kann, hier ein Gleichgewicht herzustellen, und warum dies ein immer wiederkehrendes Thema darstellt, lesen Sie in Abschnitt 2.5, »Wie viel Master Data Governance braucht mein Unternehmen?«.

1.3.2 Kernbereiche der Stammdaten-Governance

Aus unserer Sicht lassen sich die Kernbereiche guter Stammdaten-Governance wie in Abbildung 1.8 zusammenfassen. Das dargestellte Rahmenwerk ist natürlich für Ihre Zwecke erweiterbar und nicht auf spezifische Stammdatendomänen bezogen. Vielmehr bilden die benannten Bereiche immer wiederkehrende Bestandteile guter Stammdaten-Governance, die man nicht isoliert betrachten darf.

Governance-Strategien

Elementarer Teil des Rahmenwerks ist zunächst der Bereich *Governance*. Zunächst wird hier festgelegt, was traditionell mit dem Begriff Governance in Verbindung gebracht wird – also vor allem, *wie* mit bestimmten Themen umgegangen werden soll. Beispielsweise kann definiert werden, *wie* mit Prozessänderungsanträgen umgegangen werden soll, *wie* man sich mit dem Thema der kontinuierlichen Verbesserung auseinandersetzt, *wie* Dokumentationen zu erstellen sind und *wie* der Modus Operandi von Entscheidungsgremien aussieht.

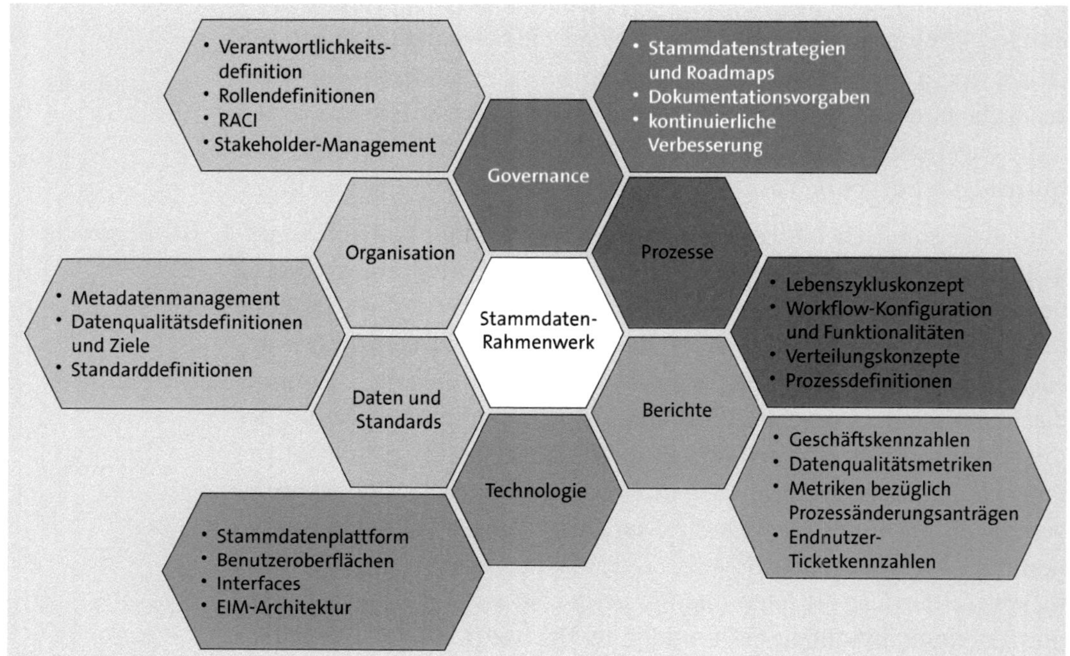

Abbildung 1.8 Stammdatenrahmenwerk

Stammdaten-strategie

Über diese Konzepte hinaus werden aber hier auch grundlegende Elemente festgelegt, die die unmittelbare Zukunft eines Stammdatenprogramms wesentlich beeinflussen. Dies sind vor allem die *Stammdatenstrategie* und die damit zusammenhängenden Roadmaps. Eine Stammdatenstrategie mag z. B. vorsehen, nur die Kopfdaten eines Stammdatenobjekts unter Governance zu stellen, solange die Organisation noch eine Vielzahl von verschiedenen, nicht harmonisierten ERP-Systemen besitzt. Diese Strategie kann zusätzlich vorsehen, weitere Bereiche unter Governance zu stellen, sobald die Breite der SAP-ERP-Systemlandschaft durch eine zunehmende Harmonisierung abnimmt. In engem Zusammenhang zur Governance steht die Stammdaten-Roadmap. In unserem Beispiel könnte die Roadmap festlegen, dass in den nächsten beiden Geschäftsjahren die wichtigsten SAP-ERP-Systeme auf der Kopfdatenebene integriert werden sollen.

Kommunikations-strategie

Eine weitere wichtige Komponente der Governance ist die *Kommunikationsstrategie*. Diese legt fest, wer wann und wie mit welchen Informationen versorgt wird. Wie wichtig die Ausführung dieser Strategiekomponente und deren Pflege ist, sehen Sie in einem späteren Teil des Buches (siehe Abschnitt 2.8, »Change und Stakeholder-Management im Projekt«), wenn es darum geht, die wichtigsten Partner auf dem Laufenden zu halten und neue Projekte zu akquirieren.

Verantwortungsbereiche klären

Ebenso wesentlich wie Strategie und Roadmap ist es, *Verantwortungsbereiche* und *Ownerships* als Teil der Organisation zu bearbeiten. Hier ist vor allem von Bedeutung, die Verantwortlichkeiten klar zu definieren und für alle Beteiligten transparent zu machen. Für gewöhnlich wird dies mithilfe einer RACI-Matrix ermöglicht. So wird z. B. festgelegt, wer Lücken zwischen dem definierten Datenqualitätsziel und dem gegenwärtigen Ist-Zustand identifiziert, und daran anschließend, wer erforderliche korrektive oder präventive Aktivitäten (Corrective and Preventive Actions, CAPA) initiiert.

Eine Kernfrage im Bereich der Organisation ist folgende: Wem gehören welche Daten? Ohne an dieser Stelle weiter ins Detail zu gehen, können zur Beantwortung folgende Überlegungen angestellt werden: Wem schadet es am meisten, wenn die Produktstammdaten nicht das erforderliche Maß an Qualität erreichen? (Qualität bedeutet in diesem Zusammenhang u. a. Konsistenz, Verfügbarkeit und Rechtzeitigkeit.) Die Antwort scheint offensichtlich: dem jeweiligen Geschäftsbereich. Nun, wenn man damit die Frage beantwortet, wem diese Daten gehören, stellt sich die Frage nach den Auswirkungen. Dies kann z. B. bedeuten, dass dieser Geschäftsbereich wesentliche Investitionen tätigen wird, um seiner Verantwortung gerecht zu werden. Eventuell schafft er Geschäftsfunktionen, die dieser Verantwortung nachkommen, die zuvor angesprochenen korrektiven Aktivitäten einleiten und sicherstellen, dass diese auch durchgeführt werden. Dies kann ferner auch bedeuten, dass dieser Geschäftsbereich wesentlichen Anteil an der Definition der Anforderungen an eine Stammdatenlösung und auch an der Entwicklung der zugehörigen Roadmap hat. Auch die Mitbestimmung bei der Festlegung der entsprechenden Leistungskennzahlen spielt hier eine Rolle.

Im Zusammenhang mit dem Bereich der Organisation steht der Begriff des *Stakeholder-Managements*. Dies ist während neuralgischer Projektphasen besonders wichtig, z. B. nach einer erfolgreichen Implementierung und vor der Initiierung eines neuen Projekts. Aber auch außerhalb von Projekten sollten Sie die relevanten Stakeholder über die aktuellen Zahlen zur Einhaltung der SLAs bzw. über Datenqualitätsziele informieren. Es ist sinnvoll, diese Informationen regelmäßig abzurufen und zu verschicken. In den Download-Materialien zum Buch (*www.sap-press.de/5665*) finden Sie hierzu eine Vorlage, mit der Sie diese Termine planen können.

Prozesse

Der nächste wichtige Bereich des Stammdaten-Governance-Rahmenwerks sind die *Stammdatenprozesse* selbst. Im Folgenden listen wir die wesentlichen Merkmale der Stammdatenprozessdefinition auf:

- Anzahl der Prozessschritte
- Prozessschrittsequenz oder Prozessschrittparallelität
- Prozesskonfiguration, z. B., für welche Lieferantenarten bestimmte Prozessschritte ausgelassen werden sollen
- Prozessrouting: Hier geht es darum, anhand welcher Kriterien entschieden wird, welcher Gruppe der Organisation welche Schritte zur Bearbeitung vorgelegt werden?

Lebenszykluskonzept

Ein weiterer wichtiger Punkt ist das *Lebenszykluskonzept*. Hier wird beispielsweise beschrieben, wie ein Produkt schrittweise aus dem Gebrauch innerhalb der Organisation entfernt wird. Dies ist ein oft stark vernachlässigter Prozessschritt, der bei Nicht-Beachtung zu substanziellen Mehraufwänden führen kann. Zu diesem Konzept gehören dann auch die Methoden, die definieren, wie ein neues Produkt oder ein neuer Kunde eingeführt werden kann. Hier stehen Fragen im Vordergrund wie:

- Welche Systeme dürfen neue Objekte anlegen?
- Gelten gegebenenfalls »leichtere«, also weniger anspruchsvolle Standards, solange noch keine wesentlichen Transaktionen durchgeführt werden?
- Wie überführen Sie später die Produktstammeinträge von einer leichteren zu einer strikteren Governance?

Hier sollten auch alle Funktionen betrachtet werden, die für den reibungslosen Ablauf der Prozesse entscheidend sind. Dies ist ein sehr breites Feld, das u. a. die folgenden Punkte umfasst:

- Identifizieren von Duplikaten durch Matching-Logiken
- Funktionsweise von Massenpflegetransaktionen
- spezifische Verhaltensweisen von Nutzeroberflächen
- sicherheitsrelevante Verhaltensweisen von Anwendungen

Dass dieses Feld sehr dynamisch ist, wird deutlich, wenn man bedenkt, dass durch Software-Upgrades und ständige Weiterentwicklung neue und nützliche Funktionen zur Verfügung stehen. Sie werden mithilfe der angesprochenen Roadmaps eingeplant und über die Kommunikationsstrategie mit den wichtigen Stakeholdern geteilt.

Berichte und Kennzahlen

Neben den Bereichen Governance und Organisation sowie den Stammdatenprozessen bilden *Berichte und Kennzahlen* einen weiteren zentralen

Aspekt. Gelegentlich wird die Bedeutung dieses Bereichs jedoch stark unterschätzt. Bei großen Implementierungsprojekten werden umfangreiche Stammdatensysteme häufig schrittweise eingeführt. Hier besteht aber die Gefahr, die folgenden Punkte zu vernachlässigen:

- Kennzahlen und Berichte sind natürlich kein Selbstzweck. Vielmehr sind sie Werkzeuge zur Kontrolle, ob man sich seinem Ziel nähert oder ob der eingeschlagene Weg nicht zum Erfolg führt. In diesem Zusammenhang sind die Ziele z. B. die Beschleunigung von Arbeitsabläufen, das Erreichen bestimmter Qualitätsziele usw. Eine wichtige Voraussetzung ist, dass sich die beteiligten Organisationen auf relevante Kennzahlen einigen konnten. Insofern sollten die Kennzahlen auch bei der Erstellung der Strategie und der Gestaltung der Stammdaten-Roadmap Berücksichtigung finden.
- Das Erreichen der Kennzahlen spielt eine entscheidende Rolle, um zu zeigen, dass sich die Investitionen in die Stammdaten-Governance lohnen. Ohne positive Kennzahlen und nur mit dem Verweis auf die strategische Bedeutung des Themas ergeben sich mittel- und langfristig Probleme im Stakeholdermanagement, in der Projektakquise und letztlich bei der Sicherstellung der Nachhaltigkeit des gesamten Programms.
- Zusätzlich können die Kennzahlen aber auch darauf hinweisen, in welchen Bereichen noch Investitionen notwendig sind, um die Ergebnisse zu verbessern.

Technologie

Der Bereich *Technologie* ist ein weiterer wesentlicher Teil des Rahmenwerks. Neben der engen Betreuung der existierenden Plattformen (u. a. durch Erarbeitung und Abstimmung einer Releasestrategie und deren Einfluss auf angeschlossene Systeme und Prozesse) gilt es hier, auch die aktuellen Entwicklungen des genutzten Produkts mitzuverfolgen. SAP bietet hier u. a. im Rahmen der Customer-Engagement-Initiativen oder des EIM Customer Advisory Councils relevante Optionen an, sowohl für die verwendete Plattform und die verwendeten Nutzeroberflächentechnologien als auch für weitere Technologiekomponenten.

Zum Bereich der Technologie gehört auch die *Integration*. Dies schließt zum einen die Definition der Interfaces zu den vor- oder nachgelagerten Systemen auf der Feldebene ein. Zum anderen schließt dies aber auch die Beschreibung der verwendeten Interface-Technologien ein, wie Application Link Enabling (ALE), SAP Process Integration (SAP PI), SAP Process Orchestration (SAP PO), SAP Cloud Integration, RFC, Webservices usw. Vor allem in stammdatensystemnahen Applikationen, wie z. B. der Datenqualitätsmessung oder der Darstellung von Stammdatenkontexten (beispielsweise von

Transaktionsdaten), herrscht eine hohe Dynamik, sodass eine Integrationsstrategie von zentraler Bedeutung ist. Nicht zuletzt ist es, wie zuvor beschrieben, ein Wesensmerkmal von Stammdaten, dass sie geteilt werden. Somit wird auch die Bedeutung einer soliden und innovativen Integrationsstrategie unterstrichen.

Daten und Standards

Wir haben schon auf die Bedeutung gemeinsamer *Datenstandards* und *-definitionen* hingewiesen. Diese fest- und aktuell zu halten ist Kernbestandteil der Arbeit eines Stammdaten-Governance-Teams. Hierzu gehört auch das Meta Data Management (MDM). Wenn wir den Begriff weit fassen, dann geht dies weit über die angesprochenen Definitionen hinaus. So sind z. B. auch Geschäftsregeln, verantwortliche Organisationen für die jeweiligen Felder, die Datenqualitätsziele auf der Feldebene sowie die Relevanz des jeweiligen Feldes für die Ermittlung von Kennzahlen von Bedeutung. Darüber hinaus muss hier auch auf die Klassifizierung von Datenattributen hingewiesen werden, die z. B. für den Datenschutz bei der Gestaltung von Autorisierungskonzepten und Interfaces relevant ist: Wer darf was sehen, und wo werden die Informationen geteilt?

Weitere Themen in diesem Zusammenhang sind *Data Lineage* (Datenherkunft) und *Reference Data Management*. Reference Data Management bezeichnet die Verwaltung der für die Geschäftsprozesssteuerung relevanten Referenzdaten, beispielsweise welche Produkthierarchiewerte in der laufenden oder nächsten Periode gültig sind. Data Lineage beschreibt hingegen, wo ein Datenfeld herkommt, welches das führende System für dieses Feld ist und wo dieses Feld genutzt wird. Dies ist vor allem dann wichtig, wenn es zu Änderungen an Gestalt oder Inhalt des Feldes kommt. Hier kann somit sicherer und effizienter bestimmt werden, welche Auswirkungen diese Änderungen haben. Außerdem können betroffene Prozesse aktiver unterstützt werden.

1.3.3 Ausgangssituation und Erfolgsfaktoren

Natürlich hängt die Antwort auf die Frage nach der Ausgangsposition davon ab, wo Sie hin wollen und was Sie vorher gemacht haben. Manche Organisationen beginnen erst mit einer MDM-Initiative, manche haben bereits erste Schritte unternommen, und einige versuchen, eine etablierte Praxis auszuweiten oder eine fehlgeschlagene oder lahmende Initiative wieder in die Spur zu bringen. Im Folgenden wollen wir die unterschiedlichen Ausgangslagen strukturieren.

Dimensionen zur Charakterisierung

Anhand der folgenden vier Dimensionen charakterisieren wir verschiedene Ausgangslagen (siehe Abbildung 1.9):

- Geschäftsbezug darstellen
- organisatorische Herausforderungen verstehen
- Prozessreife analysieren
- Technologien analysieren

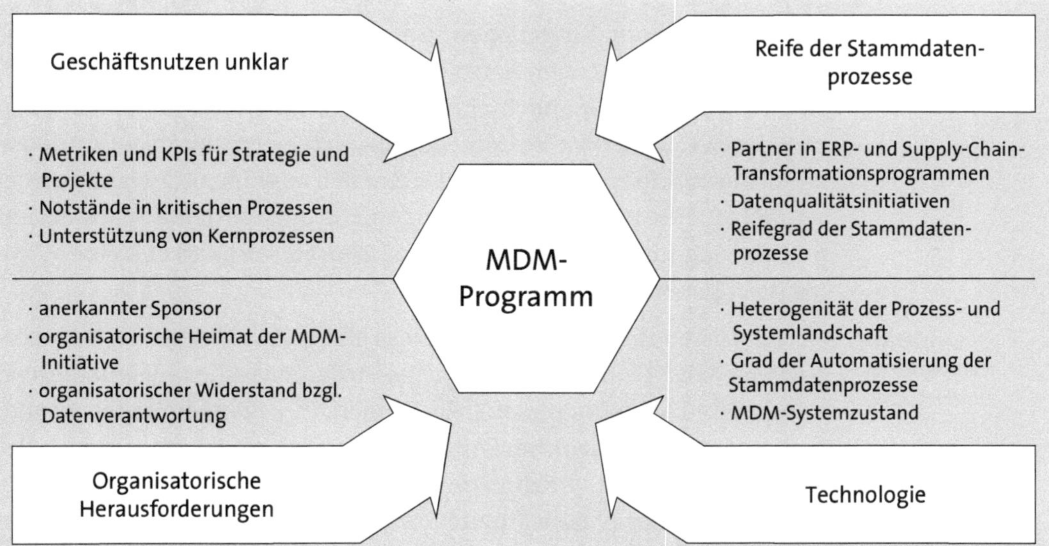

Abbildung 1.9 Allgemeine Dimensionen der Ausgangslagen für eine MDM-Initiative

Dabei ist zu beachten, dass die aufgeführten Dimensionen wohl nie allein die Ausgangslage bestimmen werden und dass sich fast immer eine gemischte Situation darbieten wird. Das Gesamtbild wird je nach Unternehmen unterschiedlich ausfallen. Dennoch ist es wertvoll, sich den Dimensionen einzeln zu nähern, da es sich hier um die Schwerpunkte handelt, die später auch in der Formulierung der Strategie und deren Umsetzung eine Rolle spielen werden.

Faktor 1: Geschäftsnutzen unklar

In vielen Organisationen, in denen noch keine MDM-Initiative etabliert ist, und auch in einigen Organisationen, in denen schon ein mehrjähriges Programm besteht, ist der Nutzen und Zweck des Programms nicht immer transparent oder wird wiederholt infrage gestellt. Einer der kritischen

Punkte ist die hier schon mehrfach angesprochene Bedeutung von Metriken, die verdeutlichen, was das Programm zu leisten imstande ist und in welchen Bereichen noch Verbesserungen zu erwarten sind. Diese Metriken sind nicht nur auf Datenqualitätskennzahlen oder Prozessleistungskennzahlen beschränkt. Ebenso sollten die Fähigkeiten in den Bereichen Organisation, Governance, Strategie und Projektlieferung sowohl qualitativ als auch quantitativ erfasst und publik gemacht werden. Dies fällt natürlich leichter, wenn der Bezug der MDM-Leistung zum Geschäftsnutzen bereits hergestellt ist.

Problematischer sind Situationen, in denen der Nutzen so lange nicht anerkannt wird, bis es zu einem Notstand kommt. Ein Notstand kann z. B. durch einen Produktrückruf, durch eine nicht rechtskonforme Dokumentation oder durch eine extreme Verzögerung im internen Prozessablauf eintreten, die sich möglicherweise auch auf die Kunden auswirkt. Diesen und weiteren Notständen können nicht zweckgemäße und effiziente Stammdatenprozesse zugrunde liegen. Die Behebung kann als Startpunkt für eine MDM-Initiative genutzt werden.

Geschäftstransaktionen unterstützen

Neben risikomotivierten Ansatzpunkten gibt es auch Gelegenheiten, in denen eine MDM-Initiative wichtige Geschäftstransaktionen grundlegend unterstützen kann. An dieser Stelle werden oft Unternehmensakquisitionen genannt. In der Tat kann SAP MDM bei Produktaktivierungen in Systemen zugekaufter Unternehmen wesentliche Beiträge leisten, indem z. B. Produktportfolios präzise ermittelt und nach entsprechender Integration effizient an die neu hinzugekommenen ERP-Systeme und Webshops weiterverteilt werden können. Die Produktportfoliosteuerung wird dann wesentlich durch die MDM-Fähigkeiten unterstützt. Auch Funktionen im MDM-nahen Umfeld, wie z. B. der Abgleich der Kunden- und Lieferantenstammdaten, unterstützen bei der Akquisition; beispielsweise kann hier schnell die Überlappung der beiderseitig bestehenden Geschäftspartner ermittelt werden.

Die beschriebenen Punkte zeigen Ansatzpunkte, wie Sie den Geschäftsnutzen transparent machen. Eine MDM-Initiative wird sich möglicherweise schwerpunktmäßig mit diesen Punkten auseinandersetzen, um z. B. die Notstände abzustellen, Risiken zu verwalten oder in Einzelfällen große Geschäftstransaktionen zu unterstützen. Deutlich wird hier aber auch, dass es nicht ausreicht, den Nutzen mithilfe von Metriken darzustellen und gelegentliche Dienste anzubieten, um Notstände zu beheben. Um die benannten Situationen als Gelegenheiten wahrzunehmen und um ein zum einen stetiges und zum anderen erfolgreiches Programm zu etablieren, müssen Sie auch weitere Punkte der Ausgangslage anerkennen und adressieren.

Faktor 2: Prozesse

Egal ob es sich um laufende oder um neue MDM-Projekte handelt: Oft spielen umfassende Transformationen wie die Etablierung effizienter Supply-Chain-Prozesse oder die Neuordnung der SAP-ERP-Landschaft eine entscheidende Rolle in der Förderung von und bei der Forderung nach MDM-Projekten. Die genannten Programme erfordern in der Regel solide Stammdaten und starke Ansprechpartner. SAP MDM liefert dann die grundlegende Unterstützung, ohne die die Programme ihre Ziele nicht oder nicht im gleichen Maße erreichen können.

Prozessablauf verbessern

In vielen Organisationen werden jedoch Datenqualitätsinitiativen gestartet, um fehlschlagende Prozesse zu verbessern, oft nach dem Auftreten eines der genannten Notstände. Hier wird häufig sehr hoher Aufwand betrieben, um korrektive Aktivitäten durchzuführen, nicht selten mit starker temporärer Unterstützung von außen. Der Aufwand ist auch gerechtfertigt, um die teils gravierenden Missstände zu beheben und die Qualitätslücken zu schließen. Dies ist besonders wichtig, wenn es sich um Compliance-Probleme handelt. Gelegentlich finden sich die Organisationen dann aber mittelfristig erneut in derselben Lage und widmen sich wieder der aufwendigen Problemlösung. Die meisten Organisationen werden allerdings präventive, langfristig orientierte Maßnahmen ergreifen, die die Datenqualität in den wichtigsten Bereichen nachhaltig verbessern. Dies ist zugleich eine hervorragende Gelegenheit, um ein stetiges MDM-Programm zu initiieren. Sozusagen ist es nebenbei möglich, durch die Betrachtung der Aufwände, die für die Behebung der Missstände notwendig sind, den Nutzen der MDM-Initiative darzustellen. Hier kann argumentiert werden, dass durch eine Investition in solide, unter Governance gestellte MDM-Prozesse langfristig eine Aufwandsreduktion betrieben wird, da der Umfang der korrektiven Aktivitäten deutlich sinkt. So haben Sie umgehend eine erste belastbare Metrik, die den Mehrwert des Programms zeigt.

Reife ermitteln

Sollte eine Organisation schon Fortschritte mit grundlegenden MDM-Prozessen erzielt haben, kann bei wichtigen Stakeholdern durchaus der Wunsch entstehen, diese Prozesse weiter wachsen zu lassen und den Umfang des MDM-Programms auszudehnen, sei es in der Breite, um weitere Stammdatendomänen unter Governance zu stellen, oder in der Tiefe, um Prozesse auch in den konsumierenden Systemen möglichst umfassend steuern zu können. In der Industrie gibt es hierzu einige gute Rahmenwerke, um zum einen die Reife der Stammdatenprozesse zu messen und diese zum anderen mit anderen Organisationen zu vergleichen. Die SAP-interne Stammdaten-Governance-Abteilung selbst stellt hierzu ein erprobtes Rahmenwerk öffentlich zur Verfügung, Gartner sowie die Universität

St. Gallen erlauben auch Vergleiche mit anderen Unternehmen und Organisationen. Unabhängig vom Reifegrad der Stammdatenprozesse bieten diese Werkzeuge starke Möglichkeiten, um zum einen die Ausgangsposition zu bestimmen und zum anderen den Fortschritt des Programms zu messen und mit anderen Organisationen zu vergleichen. Um eine nachhaltige Initiative zu starten, sollten Sie zu Beginn des Programms eine Standortbestimmung durchführen, anhand derer Sie Richtungspunkte verstehen und setzen. Dies ist auch eine gute Gelegenheit, um Ihre Zielwerte mit den Sponsoren und Stakeholdern gemeinsam zu bestätigen, und bietet die Grundlage für spätere Fortschrittsberichte in Lenkungsausschüssen.

Faktor 3: Technologie

Neben Problemen bei der Darstellung der Relevanz und Reife der Stammdatenprozesse spielen auch *Technologien* eine entscheidende Rolle. Viele Organisationen sind sehr schnell durch Akquisitionen gewachsen. Wenn keine effizient orchestrierte Integration durchgeführt wird, ist die Technologielandschaft dieser Unternehmen meist sehr divers. Vor allem für ein MDM-Programm bietet dies zahlreiche Chancen, aber auch einige Risiken.

Priorisierung

Zum einen muss bei hoher Diversität eine Entscheidung getroffen werden, welche ERP-Systeme (und gegebenenfalls weiteren Systeme) zuerst an das MDM-System angebunden werden und welche später folgen. Diese Priorisierung sollte sich am zu erwartenden Nutzen über die Zeit orientieren. Gleichzeitig muss auch der Lebenszyklus dieser Systeme in Betracht gezogen werden: Wann werden diese Systeme außer Betrieb genommen (*Sunset*), oder wann steht gegebenenfalls eine Standardschnittstelle zur Verfügung? Des Weiteren spielt auch die technische Komplexität einer solchen Anbindung eine Rolle. Fragen nach der Schnittstellentechnologie sowie nach zu erwarteten, durchführbaren und sinnvollen Änderungen im Empfänger- und MDM-System sind hier ebenso zu beantworten und zu bewerten.

Chancen

Zum anderem bietet die Diversität der Systemlandschaft aber auch Chancen. Gerade weil MDM-Lösungen es ermöglichen, diverse Systeme anzubinden und nach unterschiedlichen Mustern mit homogenen Informationen zu versorgen, können Sie mit einer MDM-Lösung die Aufwände für Prozessharmonisierungen in weniger wichtigen Systemen steuern und kontrollieren. Konkret kann das bedeuten, dass gegebenenfalls in einem MDM-versorgten Empfängersystem mittelfristig weniger in die Prozessharmonisierung investiert werden muss, da Kerninformationsobjekte (wie der Material- und Kundenstamm) in dieses System konsistent verteilt und damit aktuell gehalten werden können. Die Geschäftsprozesse müssen also nicht aus diesem System in ein anderes System migriert werden. Der Umfang der geteilten Informationen hängt hier vor allem von den Möglichkeiten und Einschränkungen in den jeweiligen Empfängersystemen ab. Dennoch können selbst bei eingeschränktem Umfang eine Reihe von Vorteilen erzielt werden. So kann z. B. mit der Einführung von Workflows oder Key Mappings ein wertvoller Grundstein gelegt werden, der die spätere Umstellung des Legacy-Prozesses auf den neuen Standard deutlich erleichtert.

Bei einer heterogenen Systemlandschaft ohne ein MDM-System kann es sein, dass Systeme sehr gut für sich funktionieren und den benötigten Funktionsumfang abdecken, aber zwischen den Systemen und auf übergeordneter Ebene nicht reibungsfrei zusammenarbeiten. Ein Beispiel sind autonom laufende ERP-Systeme, die denselben Materialstamm nutzen sollten, diesen aber nicht konsistent vorliegen haben, was zu Problemen bei beiderseitigen Bestellungen oder Rechnungsvorgängen führen kann. Möglicherweise werden hier bei derselben Materialnummer nicht dieselben Basismengeneinheiten benutzt. Im Berichtssystem führt dies häufig zu Problemen, da es keine anerkannte Referenzquelle nutzen kann. Hier kann man oft beobachten, dass eine erweiterte Logik im Berichtssystem geschaffen wird, um mit dieser Komplexität umzugehen – an dieser Stelle werden dann spezifische MDM-Fähigkeiten eigens im Berichtssystem implementiert. Dies ist ein klassisches Szenario, in dem eine MDM-Nutzung in heterogenen Prozessen und Technologielandschaften aufgebaut werden kann, um gegebenenfalls Fehlinvestitionen in stammdatenfremde Anwendungen zu kontrollieren.

Aktualität der Versionen

Neben der komplexen Systemlandschaft um SAP MDM kann auch das MDM-System selbst technologisch eine Herausforderung darstellen, z. B. wenn die betriebene MDM-Plattform nicht dem neusten Releasestand entspricht. Auch wenn bewusst entschieden wurde, nicht auf das letzte Release zu wechseln, besteht die Gefahr, dass neue technische Möglichkeiten ungenutzt bleiben und dadurch Nachteile für angebundene Prozesse und wichtige Stakeholder entstehen. Im Laufe der Zeit kommt es zu Funktionslücken, und es besteht das Risiko, dass man weitere Upgrades ebenso verschiebt und dass Investitionen in die MDM-Plattform langfristig eingestellt werden. Eine Folge dessen kann dann sein, dass die Betreuer der Anwendung Schwierigkeiten haben, auf der Höhe der technischen Entwicklung zu bleiben und so die MDM-Disziplin im Unternehmen organisatorisch nachhaltig Schaden nimmt. Am Ende einer solchen Kette stehen dann eventuell eine teure Re-Implementierung einer neuen MDM-Plattform und der Wiederaufbau von Kompetenzen.

Auslaufender Support

Auch kommt es vor, dass der Softwareanbieter die MDM-Lösung aus dem Support nimmt und die Organisation eine funktionierende Plattform mit etablierten und anerkannten MDM-Prozessen auf eine andere Plattform migrieren muss. Die Herausforderung besteht hier darin, die entstehenden Kosten für einen solchen Umzug mit einem entsprechenden Nutzen zu verbinden. Dies ist bei einem reinen Plattform-für-Plattform-Tausch schwierig. Es lohnt sich daher, Lösungen zu betrachten, die weitere Funktionen anbieten, wie z. B. in-memory-fähige Suchfunktionen und Duplikatsprüfungen.

Automatisierungsgrad

Der Grad der Automatisierung ist sowohl ein Merkmal der technischen Dimension als auch der angesprochenen Prozessverbesserung und steigenden Reife der Stammdatenprozesse. Hier können MDM-nahe Werkzeuge – z. B. SAP PO, SAP Business Process Management (SAP BPM), SAP Integration Suite und andere Lösungen – einen starken Beitrag leisten, da in ihnen anknüpfende Prozesse sehr gut angebunden werden können. Hinzuzuzählen sind hier auch die Verbesserungen im Bereich der Massenladeprozesse, die bislang meist umständlich und zu mächtig sind.

Kurz zusammengefasst, spielen die folgenden Faktoren eine entscheidende Rolle bei der Betrachtung der technischen Ausgangssituation:

- die Systemheterogenität und die damit oft verbundene »Silohaftigkeit« dieser Systeme
- die fehlende Konnektivität und Interoperabilität zwischen den Systemen
- die fehlende Reife der MDM-Lösung einerseits sowie der verbundenen Systeme andererseits

Faktor 4: Organisatorische Herausforderungen

Sponsoren

Neben den bisher besprochenen Dimensionen kommt noch die Dimension der organisatorischen Herausforderungen hinzu. Diese Dimension ist für viele Unternehmen die schwierigste, denn es beginnt schon mit der Notwendigkeit, einen in der Organisation sehr angesehenen und anerkannten Fürsprecher oder Sponsor zu finden. Diese Persönlichkeit sollte die Bedeutung des Themas unterstreichen und entsprechend in der Organisation priorisieren sowie sicherstellen, dass das Thema auch in den benachbarten Bereichen auf Anerkennung stößt. Da der MDM-Themenbereich fast immer transversal, d. h. über alle Abteilungen hinweg, zu betrachten ist, ist der Erfolg des Programms in einem hohen Maße von der wortwörtlichen Präsenz eines anerkannten Sponsors abhängig.

In engem Zusammenhang damit steht die Verfügbarkeit eines robusten und belastbaren Mandats für die MDM-Aktivitäten. Konkret wird hier die Frage beantwortet, welche Person oder welches Gremium entscheidet, dass sich eine Abteilung mit dem Thema befasst. Relevant wird die Mandatsfrage, wenn sich mehrere Initiativen um dieselben Stammdatendomänen bemühen. Diese Art von Fragen ohne klaren Sponsor zu klären ist sehr aufwendig, bringt die Initiative kaum voran und kann daher zu Frustrationen beim MDM-Team sowie bei wichtigen Stakeholdern führen.

Organisatorische Einbettung

Ebenso wichtig wie der Sponsor ist die organisatorische Verankerung der Initiative. Sofern die Initiative von einer IT-Abteilung vorangetrieben wird, ist in vielen Fällen die Wahrnehmung teils vorurteilsbehaftet. Es werden dann Gedanken laut, dass sich die IT-Mitarbeiter lieber mit technischen Lösungen als mit Geschäftsproblemen befassen. Manche Mitarbeiter befürchten, dass ein weiteres System bereitgestellt werden muss, das wiederum Pflegeaufwand durch Geschäftsnutzer erfordert, und wiederum andere Mitarbeiter äußern die Vorstellung, dass zudem umständliche IT-Prozesse durchlaufen werden müssen, um Änderungen am MDM-System zu erwirken. Dies sind allesamt wichtige Punkte, die aufgenommen und angemessen beantwortet werden müssen, um die Wahrnehmung der Partner im Geschäft zu beeinflussen. Dies kann in der Anfangsphase eine der wichtigsten Aufgaben der MDM-Programmleitung sein. Gerade zu Beginn eines MDM-Programms ist es wichtig, im Geschäft Verbündete zu finden und zu pflegen, indem das Programm genau ihre Bedürfnisse und Anforderungen adressiert. Ein Weg kann hier die zuvor angesprochene Co-Eignerschaft von geschäftskritischen Metriken darstellen. Nur wenn alle am Geschäftsprozess Beteiligten ihre Leistung erbringen, stellt sich der erhoffte Nutzen ein. Ebenso effektiv ist es, die strategischen Ziele mit den Sponsoren zu teilen.

Die organisatorische Heimat der MDM-Initiative ist auch außerhalb der IT-Abteilung ein Thema. Erneut stellt der transversale Charakter von Stammdaten eine Herausforderung dar. Egal ob die Finanz-, die Vertriebs- und Marketing- oder Einkaufsorganisation betroffen ist, immer wird hier nur ein Teil – wenn auch ein wichtiger – des Charakters der jeweiligen Stammdatendomäne prominent vertreten. Darüber hinaus kann auch der dezentrale Charakter eines Unternehmens für die organisatorische Verankerung des MDM-Programms eine Herausforderung darstellen.

Datenverantwortung

Ein letzter wichtiger Punkt ist die Verortung der *Datenverantwortung* in der Organisation. Sicher gilt es hier zu unterscheiden, auf welcher Ebene man nach Verantwortung sucht: Betrachtet man die Inhalte von Wertetabellen, die Verantwortung für Feldgruppen oder Sichten in SAP ERP oder die gesamte Domäne (z. B. den Materialstamm)? Die organisatorische Bestimmung dieser Verantwortung kann je nach Ausgangssituation einige Zeit in Anspruch nehmen. Beispielsweise kann, bedingt durch die mangelnde Reife der Stammdatenprozesse, zunächst noch gar nicht ausgemacht werden, welche Organisationen überhaupt die Rolle der Datenverantwortlichen übernehmen können. Auch die Definition dessen, was die Verantwortung ausmacht, kann mitunter sehr aufwendig sein. Hier muss dann u. a. bestimmt werden, welche Aufgaben diese Verantwortung einschließt, auf welche Leistungen anderer Bereiche man angewiesen ist, welche Vorgaben man wem machen kann und wie man die Erfüllung der Verantwortung messen kann.

Erfolgsfaktoren

Fortschritte messen

Nach der gründlichen Analyse der Ausgangslage und der Dimensionen, bei der Sie Ihre aktuellen Fähigkeiten und Entwicklungsbereiche bestimmen, sollten Sie Ihre Strategie und die korrespondierenden Ziele formulieren. Ob bei den unmittelbar nächsten Schritten oder bei der Fokussierung auf das langfristige Ziel des MDM-Programms – bei beiden ist es wichtig zu verstehen, ob und inwieweit Fortschritte gemacht werden. Deshalb wollen wir uns nun mit den Faktoren beschäftigen, die aus unserer Sicht den Erfolg einer MDM-Initiative kennzeichnen.

Abbildung 1.10 zeigt in einer Übersicht die wichtigsten Erfolgsfaktoren, die wir im Folgenden betrachten. Wichtig ist, dass ähnlich wie bei den Ausgangssituationsdimensionen auch die Erfolgsfaktoren nicht isoliert zu betrachten sind: Sie bedingen sich und verstärken sich durchaus gegenseitig.

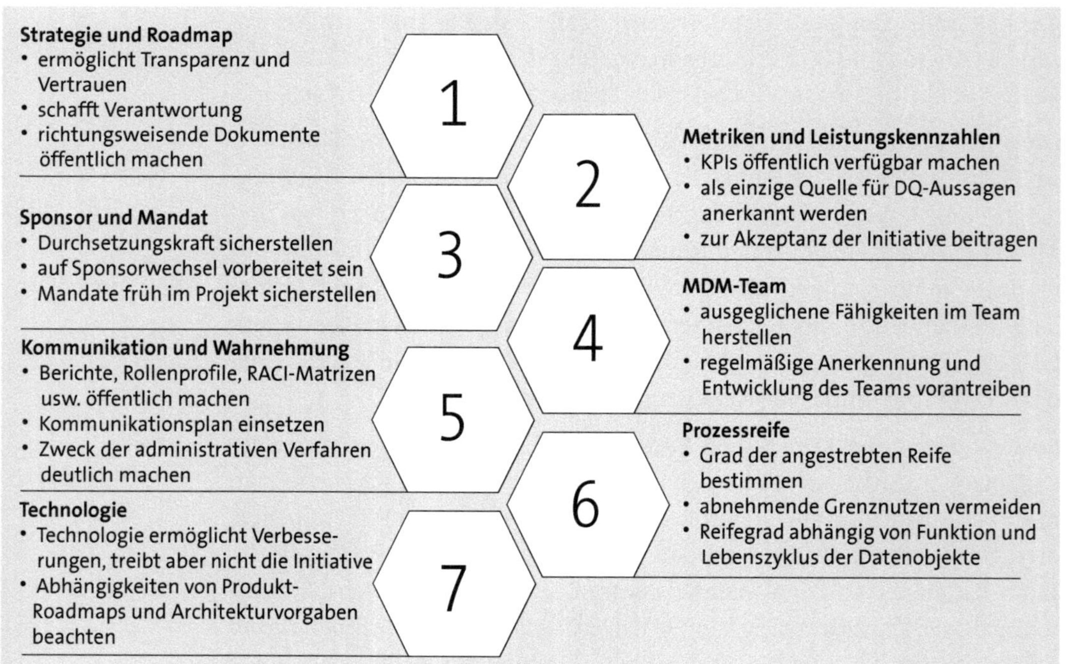

Abbildung 1.10 Kritische Erfolgsfaktoren einer MDM-Initiative

Erfolgsfaktor: Strategie und Roadmap

Die *Stammdatenstrategie* stellt den Zusammenhang zwischen der Erfassung der Ausgangslage, der Formulierung der Ziele sowie der Messung des Erfolgs der MDM-Initiative her. Sie stellt die notwendige Kohärenz bereit, um das MDM-Programm nachhaltig und effektiv zum Erfolg zu führen. Die Strategie legt fest, was man mit dem Programm erreichen will und zu welchem Zweck die Anstrengungen unternommen werden. Sie soll zusammen mit der *Roadmap*, die darüber informiert, wann man bestimmte Ziele erreichen will, als Kompass für das Projektteam dienen. Die Priorisierung der Aufgaben, die Besetzung der Teams, eventuelle Beschaffungsmaßnahmen sowie die Bewertung von Änderungsanforderungen müssen im Einklang mit diesen beiden Kerndokumenten stehen. Tun sie das nicht, ist die Richtung des Programms infrage zu stellen.

Strategie und Roadmap sollen natürlich nicht nur Orientierung für das Projektteam bieten, sondern für die gesamte Organisation. So sehen z. B. Stakeholder, nach welchen Maßgaben Entscheidungen getroffen werden, und können dann ihre eigenen Initiativen besser steuern. Eine transparente Roadmap macht Resultate erwartbar und kalkulierbar und sorgt damit für Vertrauen. Darüber hinaus ermöglicht sie es, den Erfolg der Stammdateninitiative zu messen.

Ohne ausgearbeitete Strategie und Roadmap besteht die Gefahr, dass das Programm über gelegentliche taktische Erfolge hinaus nicht ernst genommen wird. Daher ist es wichtig, beides zu erstellen, regelmäßig zu prüfen, zu aktualisieren und mit den wichtigsten Stakeholdern abzustimmen. Änderungen in der übergeordneten Geschäftsstrategie oder in der IT-Strategie, technologische Innovationen sowie neue Anforderungen an das Programm machen dies ohnehin notwendig.

Erfolgsfaktor: Metriken und Leistungskennzahlen

Wir haben bereits mehrfach das Thema der Leistungskennzahlen angesprochen. Was macht diese zu einem zentralen Erfolgsfaktor? Eine Kennzahl, die einen Bezug zu einem dem Geschäft wichtigen Prozessergebnis herstellt – beispielsweise die Information, wie viele Produkte tatsächlich so gepflegt sind, dass sie verkauft werden können –, hat sehr viel mehr Wert als die bloße Messung der Datenqualität. Änderungen und Verbesserungen in den Stammdatenprozessen können daraufhin überprüft und dazu bewertet werden, wie viel Einfluss sie auf diese Metriken haben.

Von besonderer Bedeutung ist nicht nur, dass die Kennzahlen gemeinsam definiert und benutzt, sondern auch, dass die aktuellen Zahlen auch unternehmensintern zur Verfügung gestellt werden. Anders ausgedrückt: Die Metriken können noch so imposant sein; wenn die Zahlen nicht öffentlich zugänglich sind, ist ihre Bedeutung und Wirkmächtigkeit im besten Fall sehr stark eingeschränkt, und sie tragen nicht zum Erfolg bei. Das Ziel ist es, die einzig anerkannte Quelle für Aussagen zur Datenqualität im Unternehmen zu sein. Zusätzlich bedeutet das aber auch, offen für die Anpassung der existierenden Metriken sowie für die gemeinsame Entwicklung neuer Metriken zu sein, die z. B. durch die Anbindung neuer Systeme, die Bereitstellung neuer Felder oder die Weiterentwicklung von Geschäftsprozessen notwendig werden.

Erfolgsfaktor: Sponsor und Mandat

An dieser Stelle möchten wir nochmals die Bedeutung des *Sponsors* unterstreichen. Der große Wert dieser Person für den Erfolg der Initiative ist schwer zu beziffern, und deshalb ist es unabdingbar, regen Austausch zu betreiben und ihn regelmäßig über den Fortschritt im Projekt und bei den Kennzahlen zu informieren. Die regelmäßigen Berichte ermöglichen dem Sponsor nicht nur Kontrolle und Einflussnahme, sondern ermöglichen auch einen Wechsel des Sponsors, der in den meisten Projekten irgendwann ansteht. Früher oder später wollen sich Führungspersonen verändern, und dann müssen Sie den neuen Sponsor schnell in die Lage versetzen, aktiv zu werden und Einfluss auszuüben. Darüber hinaus kann es durchaus sinnvoll sein, ein Netzwerk von Sponsoren zu bilden, gegebenenfalls aufgestellt nach Stammdatendomäne.

Für das *Mandat* gilt das Gleiche wie für den Sponsor: Ohne Mandat wird es sehr schwierig, dauerhaft Erfolg zu haben. Es ist eine der ersten Aufgaben des MDM-Programmleiters, dieses Mandat sicherzustellen.

Erfolgsfaktor: MDM-Team

Ein entscheidender Erfolgsfaktor ist das *Team*. Die Mitarbeiter des MDM-Teams müssen neben Programm- und Projektleitung weitere Fähigkeiten besitzen. Sie sind z. B. für die Governance-Funktion zuständig, müssen also sicherstellen, dass die Initiative langfristig die angebrachten Standards und Methoden nutzt. Im Wesentlichen schreiben sie vor, wie gearbeitet wird. Das Technikteam stellt sicher, dass die Anwendung, die Infrastruktur und die technischen Interfaces einsetzbar sind. Das setzt u. a. die Kenntnis des gegenwärtigen Technikstands voraus. Darüber hinaus erfolgt hier die Koordination des Entwicklerteams. Das Operationsteam stellt sicher, dass Endanwendern ein solider Unterstützungsprozess zur Verfügung steht. Das Team schließt aber auch Kollegen aus dem Geschäft mit ein. Diese gewährleisten, dass Anforderungen richtig erfasst, priorisiert und zweckgemäß umgesetzt werden.

Neben der richtigen Zusammensetzung und Balance im Team ist es wichtig, dem Team zum einen regelmäßig Anerkennung zu zeigen und es zu entwickeln, um die Motivation und Fähigkeiten hoch zu halten.

Erfolgsfaktor: Kommunikation und Wahrnehmung

Offenheit und Transparenz sind auch für den Erfolg der MDM-Initiative in der Organisation von zentraler Bedeutung. Nicht nur die Kerndokumente und Kennzahlen sollten zugänglich sein (z. B. im Intranet), sondern auch die Projektfortschrittsberichte, die Ideen-Backlogs, die Feldlisten, die Regelwerke, die Rollenbeschreibungen und die Verantwortungsteilung der Beteiligten. Dies erleichtert nicht nur die Arbeit aller an der Initiative beteiligten Personen, sondern es schafft auch mehr Vertrauen in die Initiative.

Zudem muss in der Arbeitsweise und in der Kommunikation darauf geachtet werden, dass vor allem die Governance-Funktion nicht als Flaschenhals wahrgenommen wird. Der Zweck und die Notwendigkeit bestimmter administrativer Schritte und Verfahren müssen transparent gemacht werden. Beispielsweise kann ein Verfahren für einen Änderungsantrag im System oder für einen bestimmten Prozess als lästige Übung betrachtet werden, was eine schnelle Umsetzung der Änderung verzögert. Wichtig ist es hier, die Bedeutung von vornherein deutlich zu machen, denn natürlich ist ein solches Verfahren kein Selbstzweck. Es dient vielmehr der effizienten Kanalisierung der Anforderungen von der Anfragerseite zur Umsetzungsseite. Die Erfassung von Ist- und Sollsituation, von erwartetem Nutzen und von Risikobewertungen dient letztlich nicht nur dazu, eine Entscheidung herbeizuführen und im Nachgang nachvollziehbar zu machen. Diese Parameter dienen auch dazu, den Antragsteller bei der Betrachtung des Änderungswunsches zu unterstützen und Argumentationsstrukturen bereitzustellen. Erinnern Sie sich an die Beschreibung der Ausgangssituation, in der genau das Fehlen solcher Verfahren zu einer Situation führt, in der unkontrolliert Prozess- und Feldänderungen im System durchgeführt werden, ohne dass die Gründe für diese Änderungen später noch nachvollzogen werden können.

Außerdem ist es wichtig, alle relevanten Stakeholder strukturiert zu informieren. Hierzu sollten Sie einen Kommunikationsplan erstellen, der festlegt, wer wie oft durch wen mit welchen Informationen und auf welchem Wege versorgt wird. Der Plan sollte zusätzlich auch Informationen zu den jeweiligen Stakeholdern enthalten, wie den vermutlichen Informationsbedarf sowie ihre mutmaßliche Positionierung (Befürworter vs. Skeptiker).

Ein letzter Punkt, der erheblich zum Erfolg beiträgt, ist die Veröffentlichung von Erfolgsgeschichten, die vom Geschäftsbereich bestätigt wurden. In diesen Geschichten sollte die erfolgreiche Zusammenarbeit des MDM-Teams mit den Kunden thematisiert werden, denn sie sollen das Vertrauen und die Wertschätzung der Beteiligten stärken.

Erfolgsfaktor: Prozessreife

Der Erfolgsfaktor *Prozessreife* ist uns schon als Dimension zur Beschreibung der Ausgangssituation begegnet. Hier geht es stets darum, das richtige Maß der Reife zu erreichen, bei dem die Balance zwischen Nutzen und Investition gewährleistet ist. Die Bestimmung des angebrachten Reifegrades von einem stark organisatorisch geprägten und gegebenenfalls auf

E-Mails basierenden Prozess hin zur vollautomatisierten Lösung muss gemeinsam mit dem Sponsor und den wichtigen Stakeholdern erfolgen. Hier werden häufig besonders umfangreiche Investitionen getätigt, die gut ausbalanciert werden müssen, um einen drastisch abnehmenden Grenznutzen zu vermeiden.

Der Grad der Prozessreife kann sich durchaus bewusst von Funktion zu Funktion unterscheiden. Beispielsweise kann der Lebenszyklusprozess der Produkteinführung sehr reif und automatisiert sein, wohingegen der Prozess der Ausphasung von Materialien stark auf organisatorische Lösungen setzt. Diese Entscheidung mag durch verschiedene Gründe motiviert sein, z. B. weil eine technische Lösung noch nicht verfügbar ist oder durch fehlende Notwendigkeit, da der Wert des Ausphasens von Produktstammdaten noch nicht erkannt wurde. Auch die komplementären MDM-Prozesse (wie Datenbereinigung oder Datenqualitätsmessungen) können unterschiedliche Reifegrade haben.

Erfolgsfaktor: Technologien

Die Technologie ist der letzte Erfolgsfaktor, den wir an dieser Stelle betrachten. Wie wir bei der Beschreibung der Ausgangssituation gesehen haben, ist sie aus einer Reihe von Gründen sehr wichtig. Hier werden technologische Abhängigkeiten und gelegentlich Grenzen deutlich; hier werden aber vor allem Chancen offenbar. Aus unserer Sicht ist es von zentraler Bedeutung, dass die MDM-Initiative Herr der eingesetzten Technologien ist und dass nicht die Technologie die Initiative steuert und kontrolliert. Die Technologie sollte also nicht im Vordergrund stehen. Dennoch ist sie ein Erfolgsfaktor, da sie viele der anderen Erfolgsfaktoren mit beeinflusst. Zu nennen sind hier vor allem die Prozessreife durch den Grad der Automatisierung, die Metriken durch das Erschließen von Datenquellen und das Messen von Datenpunkten sowie die Erstellung von Roadmaps mithilfe neuer Funktionen.

Der Abgleich der Produkt-Roadmaps der Hersteller mit den organisationsinternen Architekturvorgaben ermöglicht es dem MDM-Programm, im Einklang mit den strategischen Zielvorgaben eine eigene MDM-Roadmap zu gestalten. Eine solide Planung unter der Maßgabe der zu erreichenden Ergebnisse resultiert dann in einer eigenen Technologie-Roadmap für das MDM-Programm. Diese sagt dann aus, welche technischen Änderungen wann vorgenommen werden. Im Zweifelsfall kann das bedeuten, dass eine technische Änderung (z. B. der Umzug der MDM-Lösung in eine Cloud) zunächst warten muss, bis dringendere Anforderungen erfüllt sind.

Kapitel 2

Einsatz und Design von SAP Master Data Governance

In diesem Kapitel betrachten wir die wesentlichen strategischen Entscheidungen, die die Grundlage für den Einsatz von SAP MDG bilden, sowie die wesentlichen Eckpunkte der Lösung. Die Fragestellungen aus diesem Kapitel begleiten Sie während der gesamten Laufzeit eines MDG-Projekts.

Wenn Sie sich im Unternehmen dafür entschieden haben, ein Projekt im Bereich des Stammdatenmanagements anzugehen, sind die nächsten Schritte die Definition der Ziele und die Auswahl der dafür geeigneten Tools. Wie wir im Vorfeld gesehen haben, gibt es bei den unterschiedlichen möglichen Stakeholdern auch die unterschiedlichsten Beweggründe, Budget für solch ein Projekt freizugeben. Aus diesem Grund ist es entscheidend, hier einen klaren Umfang und das Ziel des Projekts festzulegen. Hierzu sehen wir uns in diesem Kapitel verschiedene Themenbereiche an, die auf jeden Fall mit allen Stakeholdern zusammen definiert werden müssen. Alle diese Punkte sollten auch in einem *Projekthandbuch* beschrieben und akzeptiert werden. Basierend auf diesen Grundsatzdefinitionen der Stakeholder wird der Arbeitsauftrag an das spätere Projektteam erteilt.

2.1 Zielsetzung und Tools definieren

Gründe

Bevor wir jedoch in die Details einsteigen, sollten wir uns einmal vor Augen führen, welche Gründe es für solch ein Projekt geben könnte, da diese dann auch das Projekt-Setup entsprechend beeinflussen:

- Übernahme eines weiteren Unternehmens und damit bedingte Zusammenlegung und Harmonisierung der Stammdaten
- Einführung eines neuen zentralen SAP-ERP- oder SAP-S/4HANA-Systems (On-Premise- oder Cloud-System) in einer Unternehmensgruppe und Abschaltung der unterschiedlichen bisherigen SAP-ERP-Systeme

- Anforderungen von außerhalb des Unternehmens, die mit der bisherigen Stammdatenqualität in dieser Form nicht erfüllt werden können
- identifizierte Einsparpotenziale innerhalb des Unternehmens, die durch harmonisierte Stammdaten erreicht werden sollen

Umfang und Detaillierungsgrad

Der Grund für das Projekt bestimmt auch dessen Umfang und Detaillierungsgrad. In Abbildung 2.1 finden Sie eine Übersicht möglicher Reifegrade der weltweiten Harmonisierung und Integration innerhalb des Unternehmens. Aus diesen drei Stufen lassen sich auch bereits die Anforderungen für die Zukunft und Themengebiete innerhalb des Projekts erkennen. Während sich die Themen auf der ersten Stufe noch ziemlich autark betrachten und auch bearbeiten lassen, steigt bereits bei Stufe zwei der Aufwand für die Integration deutlich an. Auf der dritten Stufe endet er in völlig integrierten End-to-End-Prozessen.

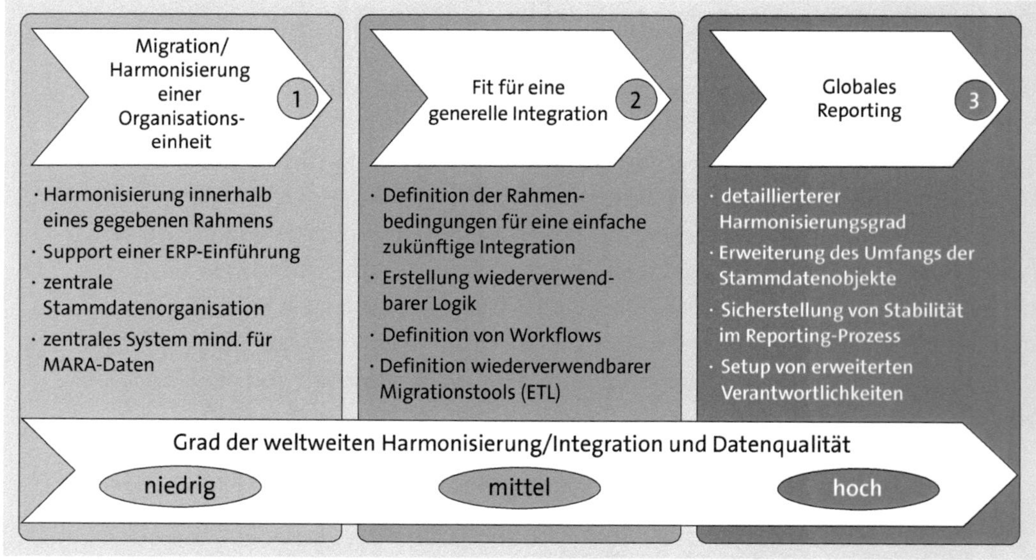

Abbildung 2.1 Anspruch an die eigene Organisation: Reifegrad A

Genau diese Integration ist auch der hauptsächliche Treiber für den Gesamtaufwand im Projekt. Dieser Aspekt muss in der Projektplanung entsprechend berücksichtigt werden, geht leider aber viel zu oft verloren. Aus diesem Grund müssen Sie hier unbedingt darauf achten, dass solch ein Projekt eben deutlich mehr als eine reine technische Systemumstellung ist.

Umfang festlegen

Nachdem Grund und Anforderung definiert worden sind, geht es auch darum, den Umfang der zu harmonisierenden Stammdaten festzulegen. Sie müssen also angeben, welche Stammdatenobjekte in welcher Tiefe bearbeitet werden sollen. Die Objekte selbst ergeben sich normalerweise schon aus dem Grund für das Projekt. Hierbei wird sehr schnell klar, ob z. B. Materialstamm, Kunden, Lieferanten oder weitere Objekte bearbeitet werden sollen. Allerdings muss auch noch die Tiefe der Bearbeitung festgelegt werden. Sie müssen also definieren, ob z. B. nur Nummernkreise harmonisiert oder ob eine komplette inhaltliche Harmonisierung der Datensätze durchgeführt werden soll. Abhängig von diesen Ergebnissen erfolgt die Entscheidung für das zentrale Tool, also welche Domänen von SAP MDG eingesetzt werden sollen. In Abbildung 2.2 sehen Sie, dass neben dem zentralen Tool noch viele weitere Aspekte und Tools in Betracht kommen und auch mit den jeweiligen Verantwortlichen diskutiert werden sollten. Auf den ersten Blick sehen Sie vier Hauptthemenblöcke, auf die wir im Folgenden genauer eingehen:

- Strategie und Governance
- Technologie und System
- Prozesse
- Organisation

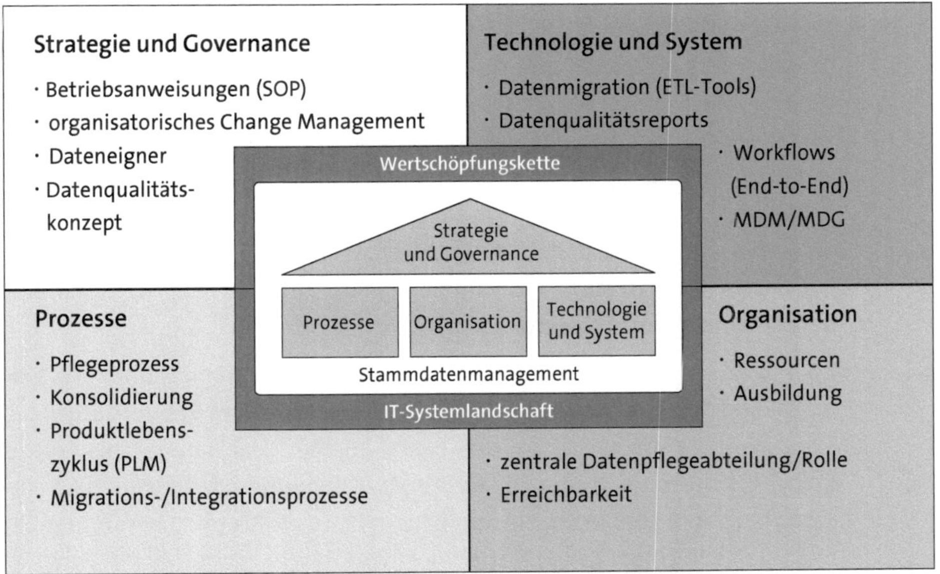

Abbildung 2.2 Zusammenspiel der Bereiche für die Zieldefinition

2.1.1 Strategie und Governance

Während des Projekts sollten Sie immer im Blick behalten, wie das Projekt auch nachhaltig zum Erfolg des Unternehmens beitragen kann, damit die geleistete Arbeit nicht nach einiger Zeit wieder hinfällig ist. Denn was hilft eine erfolgreiche Harmonisierung der Daten, wenn direkt danach die Anlage und Pflege neuer Daten wieder willkürlich und ohne klare Anweisung erfolgt? Unser Ziel ist es also, Konzepte zu entwickeln, mit denen Sie die Datenqualität auf nachhaltige Art und Weise sicherstellen. Typische Instrumente hierzu sind z. B. Betriebsanweisungen (*Standard Operating Procedures*), mit denen den zukünftigen Benutzern ein Handbuch für die tägliche Arbeit an die Hand gegeben wird, in dem die einzelnen Arbeitsschritte sowie klare Regeln dokumentiert sind. Diese Anweisungen sind die Basis für eine weltweit einheitliche Arbeitsweise innerhalb des Unternehmens. Um überprüfen zu können, ob dadurch die Datenqualität stabil bleibt oder sich verbessert hat, wird auch ein entsprechendes Datenqualitätskonzept benötigt. Schließlich lässt sich Qualität nur dann messen und vergleichen, wenn auch definiert ist, was Datenqualität bedeutet, und wenn Vergleichswerte vorhanden sind. Weitere Informationen zu diesen Themen finden Sie in Abschnitt 2.4, »Bedeutung der Stammdaten-Roadmap«.

2.1.2 Technologie und System

Neben der Entscheidung für den Umfang von SAP MDG gibt es weitere technologische Entscheidungen. So wird kein Stammdatenprojekt ohne entsprechende Tools zur Harmonisierung der Daten sowie eine entsprechende Datenmigration auskommen. Detaillierte Informationen zur Datenmigration finden Sie in Abschnitt 2.7, »Datenmigration und Datenharmonisierung im Projekt«. Auch das Thema Datenqualität findet sich auf der technischen Seite wieder. Hier sollten gemäß der Definition im Datenqualitätskonzept verschiedene Reports und Auswertungstools zur Verfügung gestellt werden, mit denen in regelmäßigen Abständen die Qualität der im System vorhandenen Daten überprüft werden kann.

Datenpflegeprozess

Zu den technischen Aspekten gehört auch der technische Aufbau des Datenpflegeprozesses. Wie muss ein geführter Workflow im System aufgebaut sein, damit er umgesetzt werden kann? Hierbei sind hauptsächlich zwei Entscheidungen zu treffen. Die erste Entscheidung ist die *Bearbeiterfindung*, bei der die Benutzer, einzeln oder in Benutzergruppen zusammengefasst, den verschiedenen Schritten des Workflows zugeordnet werden. Gemäß dieser Zuordnung werden dann die einzelnen Benachrichtigungen und Arbeitsschritte den jeweiligen Gruppen zugeteilt. Hier müssen Sie sich also auch organisatorisch darüber im Klaren sein, welche Mitarbeiter in den Datenpflegeprozess eingebunden werden und für welche Bereiche sie zuständig sein sollen. Der zweite Punkt ist erst seit SAP MDG 7.0 relevant, denn seit dieser Version können gewisse Schritte innerhalb eines Workflows parallelisiert werden.

Aufgaben parallelisieren

In Abbildung 2.3 sehen Sie solch eine Unterscheidung. Bei den parallelen Schritten werden mehrere Bearbeiter zeitgleich über die für sie bereitstehenden Aufgaben benachrichtigt und können diese entsprechend abarbeiten. Allerdings handelt es sich hier nicht um eine komplette Parallelität, und es ist nur möglich, zeitgleich mit mehreren Änderungsanträgen an einem Datensatz zu arbeiten, wenn man sich auf unterschiedlichen Entitäten und damit auch unterschiedlichen Änderungsantragstypen befindet. Weitere Informationen zu diesem Thema finden Sie in Abschnitt 3.2, »Datenmanagement in SAP Master Data Governance«.

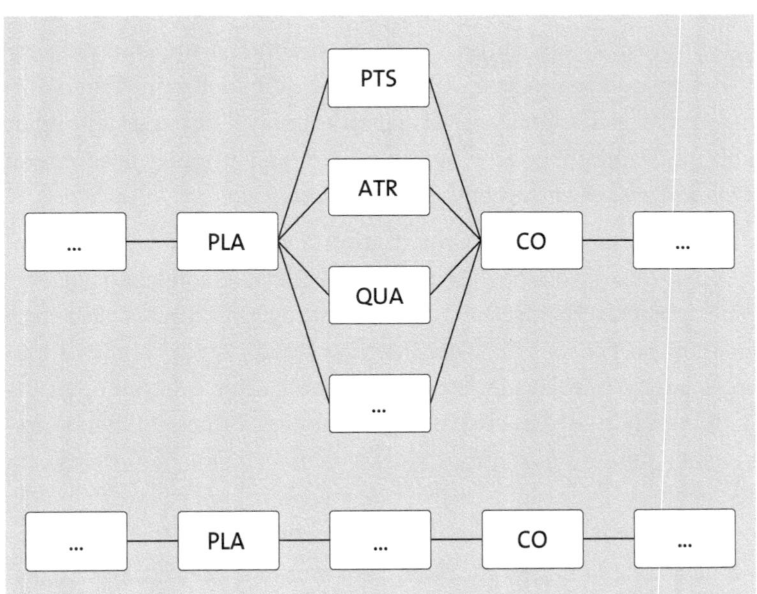

Abbildung 2.3 Paralleler vs. sequenzieller Workflow

2.1.3 Prozesse

Auch für die Prozesse müssen Sie einige Entscheidungen treffen und Ziele innerhalb des Projekts definieren. Dies fängt bei den im Projekt benötigten Prozessen zur Harmonisierung und Migration der Daten an. Hierzu müssen Sie, passend zum verwendeten Tool, die Abläufe festlegen. Über die Projektlaufzeit hinaus sind dann vor allem die Prozesse zur Datenpflege entscheidend. Hierbei sollte auch schon an das *Product Lifecycle Management* (PLM) gedacht werden. Dabei geht es darum, auch einen Prozess zum Ausphasen von nicht mehr benötigten Materialien zu definieren. Hierzu bieten sich die im SAP-Datenmodell vorhandenen Materialstatusfelder an. Hier lassen sich nach festgelegten Regeln die Werte beim Erreichen bestimmter

Zustände in SAP MDG setzen. Basierend auf diesen Zuständen lässt sich auch im Standard-ERP-System bzw. in SAP S/4HANA ein Customizing einrichten. Wir empfehlen Ihnen, diese Themen bereits frühzeitig im Projekt mit den bisherigen und zukünftigen Prozessverantwortlichen in Workshops anzugehen.

2.1.4 Organisation

Auch wenn wir uns bisher hauptsächlich mit den technischen Themen beschäftigt haben, geht es bei solch einem Projekt aber auch um die zukünftige organisatorische Ausrichtung des Unternehmens im Stammdatenbereich. Dies ist von besonderer Bedeutung, da die hier getroffenen Entscheidungen weitreichenden Einfluss haben können. Eine Fragestellung ist hierbei, ob die Datenpflege in einer zentralen oder in einer dezentralen Stammdatenorganisation vorgenommen werden soll.

Zentrale oder dezentrale Datenpflege

Während bei einer dezentralen Organisation die Hoheit über die Datenpflege in den unterschiedlichen Ländern oder Funktionsbereichen liegt, bedeutet eine zentrale Organisation, dass nur wenige Mitarbeiter an einem zentralen Standort für die Pflege der Daten zuständig sind. Bei dieser Entscheidung sollten Sie auch die Personalabteilung oder eventuell den Betriebsrat einbeziehen. Sie hat auch entsprechenden Einfluss auf den Workflow: Entweder müssen dezentral mehrere unterschiedliche Bereiche im Datenpflegeprozess miteinander verbunden werden, oder es muss ein Weg gefunden werden, auf dem alle benötigten Informationen für einen Datensatz bei der zentralen Pflegeorganisation ankommen. Allein an diesen beiden Fragestellungen sieht man bereits, dass das Thema Organisation eine zentrale Rolle in solch einem Projekt spielen sollte. Weitere Informationen hierzu finden Sie in Abschnitt 2.8, »Change und Stakeholder-Management im Projekt«. In diesen Bereich fallen auch Entscheidungen zu Ausbildung und Training der Benutzer.

Zusammenfassung

Sie haben in diesem Abschnitt gesehen, dass in einem solchen Projekt sehr viele Entscheidungen zu treffen und Ziele zu definieren sind, die auf den ersten Blick nicht sichtbar sind. Genau dies zeigt auch wieder die zentrale Bedeutung der Stammdaten in einem integrierten System und verdeutlicht, warum viele Projekte in diesem Bereich das geplante Budget überschreiten, falls diese Themen nicht von Anfang an berücksichtigt werden.

2.2 Implementierungsszenarien

Ist die Entscheidung für den Einsatz von SAP MDG einmal getroffen worden, müssen Sie weitere technische Fragen beantworten. Hierbei ist die enge Zusammenarbeit der IT-Abteilung und der Prozessverantwortlichen auf der Business-Seite extrem wichtig. Im Endeffekt ist in allen Projekten dieser Art die IT-Abteilung eines Unternehmens der Dienstleister und das Business der interne Kunde. Für die Kollegen aus der IT geht es am Ende darum, wie das neue SAP-System aus einer technischen Perspektive aus aufgebaut werden soll. Hier spielen sicher sehr viele technische Aspekte eine Rolle, und es gibt auch eine Vielzahl von Entscheidungen, die intern in der IT-Abteilung getroffen werden können. Auf der anderen Seite hat aber gerade das Design der Prozesse und deren Anforderungen entscheidenden Einfluss.

Hub Deployment oder Co-Deployment

Die Grundsatzfrage besteht darin, ob das MDG-System auf dem gleichen Server wie die operative Komponente SAP ERP bzw. SAP S/4HANA installiert werden (Co-Deployment) oder ob hier eine Trennung der Systeme vorgenommen werden soll (Hub Deployment). Beide Varianten haben durchaus ihre Daseinsberechtigung und je nach Anforderung auch entscheidende Vor- oder Nachteile. Es gibt kein generelles Richtig oder Falsch, sondern jedes Unternehmen sollte unbedingt die Zeit investieren, dies in Workshops mit allen Beteiligten auszuarbeiten. Leider werden hier auch oft Zeit und Aufwand gescheut, um alle Leute an einen Tisch zu holen, oder man konzentriert sich viel zu sehr auf die IT-Sichtweise und vergisst dabei die Business-Verantwortlichen. Dies kann fatale Folgen haben, da dies eine Entscheidung darstellt, die nicht einfach schnell rückgängig gemacht werden kann, wenn die ersten Probleme auftauchen. Die Entscheidung für eine Systemarchitektur stellt das Fundament dar.

Die Frage, ob ein Hub- oder Co-Deployment gewählt werden soll, stellt sich im Übrigen unabhängig davon, ob die Systemarchitektur vollständig oder teilweise cloudbasiert aufgesetzt ist. Zwar hat der Einsatz der Cloud-Lösung von SAP MDG – SAP MDG, Cloud Edition – durchaus Auswirkungen auf die Stammdatenstrategie und die Systemarchitektur (z. B. durch den Einsatz von SAP Master Data Integration (SAP MDI) anstelle von SAP Process Orchestration (SAP PO), siehe Abschnitt 2.3.3 und Abschnitt 2.3.4). Dies ändert aber nichts an den grundsätzlichen Eigenschaften der Hub- oder Co-Deployment-Ansätze.

Bei der Entscheidungsfindung sollte auch berücksichtigt werden, welche SAP-MDG-Domänen im Unternehmen eingesetzt werden sollen. So hat z. B. MDG-M für die Pflege des Materialstammes andere Anforderungen aus

Business-Sicht als MDG-BP zur Pflege der Kunden- und Lieferantendaten. Weitere Details zu den Unterschieden innerhalb der MDG-Domänen finden Sie in Abschnitt 3.2, »Datenmanagement in SAP Master Data Governance«.

Typische Einsatzszenarien

Schauen wir uns hier also einmal zuerst die möglichen Szenarien genauer an. Es gibt auf der einen Seite die beiden Hauptszenarien Hub Deployment und Co-Deployment, die auch am verbreitetsten sind. Zusätzlich ist es auch möglich, die beiden Szenarien zu mischen. Darauf gehen wir nur kurz ein, da diese Möglichkeit nur selten genutzt wird. Wenn Sie dann die technischen Unterschiede verstanden haben, beschäftigen wir uns noch mit den Fragen, die sich jeder Projektbeteiligte zum Zeitpunkt der Systemvorbereitung und vor der Architekturentscheidung stellen sollte.

2.2.1 Hub Deployment

In Abbildung 2.4 sehen Sie den typischen Aufbau eines Hub-Deployment-Szenarios. Auf der einen Seite läuft SAP MDG als eigenes System auf einem eigenen Server. Auf der anderen Seite sehen Sie die Applikationsebene mit SAP ERP bzw. SAP S/4HANA und weiteren Systemen. In solch einem Szenario kann SAP MDG direkt über eine Standard-ALE-Verteilung angebunden werden. Diese Variante benötigt kein SAP PO, ist jedoch weniger flexibel. Das heißt, dass die Daten einfach 1:1 aus dem Hub in das empfangende System übertragen werden. Wird hier eine gewisse Flexibilität benötigt, sollte auf SAP PO zurückgegriffen werden.

SAP-PO-Mapping und Prozesssteuerung

SAP PO ist der Nachfolger von *SAP Process Integration* (SAP PI; davor SAP XI). Dies ist eine zentrale Schnittstelle, über die die gesamte Datenverteilung gesteuert wird. Innerhalb dieser Schnittstelle können z. B. verschiedene Mappings vorgenommen werden. Dies wird vor allem dann interessant, wenn nicht nur SAP ERP bzw. SAP S/4HANA, sondern auch ein Drittsystem versorgt werden soll. Neben dem Mapping von Daten ist SAP PO auch das zentrale Steuerelement, in dem alle Informationen über den Prozessablauf definiert und hinterlegt werden.

SAP Master Data Integration statt SAP Process Orchestration bei SAP MDG, Cloud Edition

Wenn Sie sich dafür entscheiden oder überlegen, Ihre Stammdatenverwaltung in Zukunft mithilfe von SAP MDG, Cloud Edition, cloudbasiert zu realisieren, hat dies Auswirkungen auf die verwendeten Integrationskomponenten. Wenn statt der On-Premise-Variante von SAP MDG nun die Cloud Edition zum Einsatz kommt, ist eine Verwendung der cloudbasierten Middleware SAP MDI zusätzlich zu SAP PO zu empfehlen.

In einigen Fällen kann SAP MDI SAP PO sogar gänzlich ersetzen. SAP MDI ist üblicherweise bei Stammdatenverteilungsszenarien mit der Cloud Edition von SAP MDG ohnehin im Einsatz und kann gegebenenfalls bestehende Integrationsmodule wie SAP PO ersetzen. Dies gilt unabhängig davon, ob Sie Hub- oder Co-Deployment-Architekturen verwenden. Mehr dazu lesen Sie in Abschnitt 2.3.3, »Die Stammdatenstrategie in der Cloud-Umgebung: Federated MDG«.

Kommen wir wieder zurück zu SAP PO und dessen Rolle im Zusammenspiel mit SAP MDG, speziell bei der Wahl des Hub Deployments (siehe Abbildung 2.4).

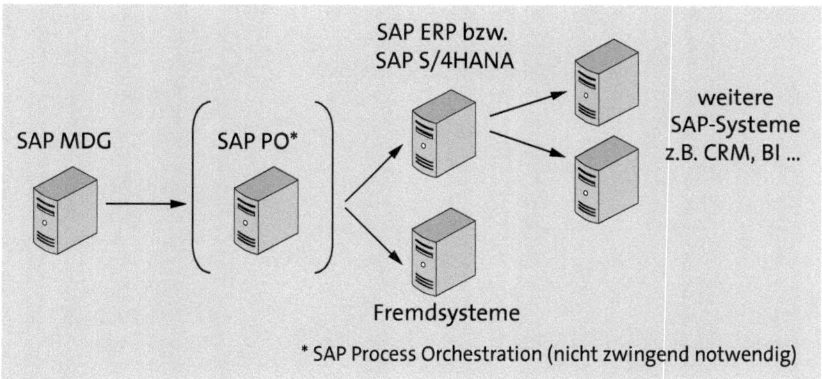

Abbildung 2.4 Systemlandschaft beim Hub Deployment

Anwendungsfälle

Folgende Anwendungsfälle lassen sich typischerweise in SAP PO abbilden:

- **Mapping von einzelnen Feldern**
  Das Feld-Mapping ist für die Verbindung der Datenmodelle entscheidend. Die Informationen, die es in einem sendenden System gibt, müssen nicht zwingend an gleicher Stelle im empfangenden System abgelegt sein. Dies ist hauptsächlich der Fall, wenn es sich nicht bei allen Systemen um SAP-Systeme, sondern auch um Systeme von Drittanbietern handelt. Ein klassisches Beispiel hierzu sind die Adressdaten. Die Ablage von Namen, Ansprechpartnern oder auch Zusatzinformationen ist oft auf unterschiedliche Art und Weise gelöst. Durch das passende Feld-Mapping in SAP PO kann so jederzeit der Wert aus Feld A in System 1 an Feld B in System 2 verteilt werden.
- **Werte-Mapping**
  Eine weitere typische Anforderung bei der Verteilung von Daten ist das *Werte-Mapping*. Das heißt, dass die Information zwar schon in einer gewissen Form vorliegt, die Werte in den verwendeten Prüftabellen der

Systeme jedoch nicht identisch sind. Dies bezieht sich meist auf das verwendete Schlüsselattribut. Nehmen wir als Beispiel die Situation, dass die Information »Ja« aus dem einen System in das andere System übermittelt werden soll. »Ja« kann jetzt »Ja«, »J«, »Yes«, »Y« oder einfach nur ein Flag »X« sein. Sind die Werte in den zur Validierung der Daten verwendeten Prüftabellen unterschiedlich, gibt das System immer einen Fehler bei der Übertragung der Daten aus; also wird hier eine entsprechende Übersetzung der Daten benötigt.

In Abbildung 2.5 ist ein Aufbau für die beschriebenen Feld- bzw. Werte-Mappings grafisch dargestellt. Hierbei ist auch ersichtlich, dass viele unterschiedliche Systeme mit verschiedensten Regeln für ein und dasselbe Feld aus dem sendenden System hinterlegt werden können.

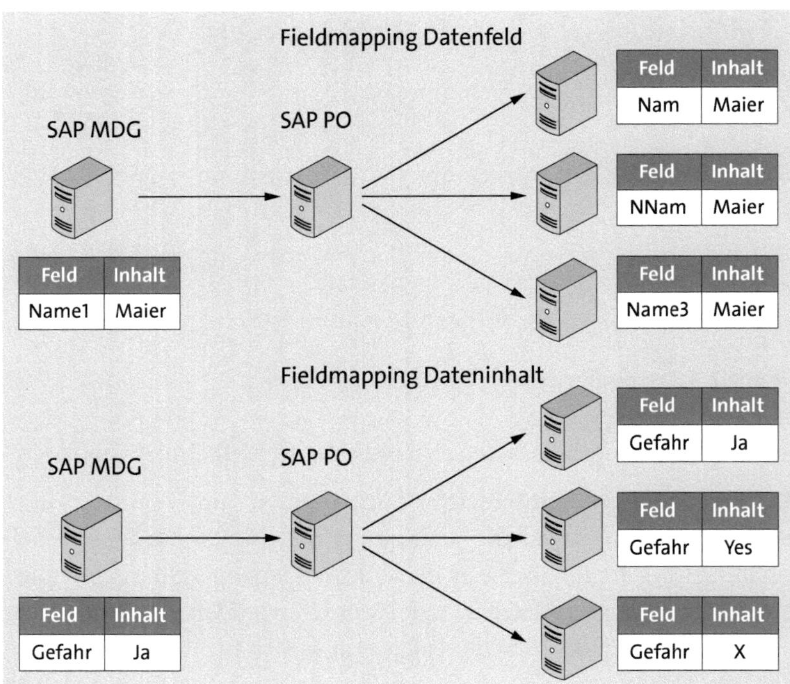

Abbildung 2.5 SAP Process Orchestration: Mapping für Feld und Daten

SAP Process Orchestration und Hub Deployment

Schauen wir uns noch ein paar weitere typische Anwendungen innerhalb von SAP PO und deren Verwendung in Kombination mit einem Hub Deployment an:

- Es ist nicht immer zwingend notwendig oder oftmals sogar explizit nicht gewünscht, alle Daten aus dem zentralen Stammdatensystem auch in allen empfangenden Systemen zur Verfügung zu stellen. Dies lässt sich durch SAP PO in Kombination mit dem Hub Deployment sehr einfach steuern. Zunächst werden alle Daten aus dem MDG-System an SAP PO übermittelt und dort zur weiteren Verarbeitung zur Verfügung gestellt. Innerhalb von SAP PO kann nun definiert werden, welche Systeme welche Daten in welchem Umfang empfangen sollen. Dies erfolgt dann natürlich auch immer in Kombination mit eventuellen inhaltlichen Mappings.

- Neben der selektiven Verteilung an ausgesuchte Systeme ist auch eine Verteilung mit Bedingungen möglich. Das heißt, dass eine Verteilung der Daten in Abhängigkeit des Erfüllungsgrades bestimmter Regelwerke stattfindet, die sich flexibel definieren lassen. Diese Regelwerke können entweder in SAP PO oder aber schon innerhalb von SAP MDG eingerichtet werden. Auch hier lassen sich diese Regeln beliebig kombinieren. So kann z. B. die Verteilung auf ausgewählte Systeme nicht nur durch Festwerte beschrieben, sondern auch abhängig von Pflegegrad oder Qualität eines Datensatzes bestimmt werden. Ein typisches Beispiel ist die Verwendung des globalen oder werksübergreifenden Materialstatus. Über dieses Feld ist es möglich, bestimmte Prozesse in der operativen Komponente SAP ERP bzw. SAP S/4HANA zu blockieren oder mit Warnungen zu versehen. So haben Produktions-, Einkaufs- und Vertriebsprozesse unterschiedliche Anforderungen an den Pflegegrad eines Datensatzes. In SAP MDG bietet sich nun die Möglichkeit, solche Etappenziele im Pflegeprozess mit einem bestimmten Materialstatus zu verbinden. Jedes Mal, wenn solch ein Ziel erreicht wird, wird der Statuswert im Materialstamm entsprechend nach oben gesetzt. Erst wenn im Vorfeld definierte Werte erreicht werden, erfolgt eine Verteilung an die in der Regel hinterlegten empfangenden Systeme.
- Eine weitere Option ist die Definition von zeitlichen Abläufen. Oftmals wird gewünscht, den Zeitraum zur Pflege der Datensätze und deren produktiven Einsatz zeitlich voneinander zu trennen. Die unterschiedlichen Domänen von SAP MDG bieten hier einen unterschiedlichen Funktionsumfang. Details hierzu finden Sie in Abschnitt 3.2, »Datenmanagement in SAP Master Data Governance«. Schauen wir uns aber hierzu einmal zwei typische Beispiele aus dem Alltag an:
  - Im ersten Beispiel geht es um den Finanzbereich (Domäne MDG-F). In Ihrem Unternehmen soll für das nächste Jahr eine neue Kontenplanstruktur eingerichtet werden. Dies kann z. B. durch innerbetriebliche Optimierungen oder durch die Integration einer weiteren Firma notwendig werden. Diese neue Struktur soll ab dem 01.01. des Folgejahres gültig sein. Je nach Größe des Unternehmens kann solch eine Kontenplanstruktur sehr groß werden, muss aber am 01.01. für den produkti-

ven Einsatz zur Verfügung stehen. Es ist nicht sinnvoll, dass diese Daten jeweils genau an diesem Tag angelegt werden müssen, abgesehen davon, dass es in den meisten Fällen weder zeitlich noch personell zu bewerkstelligen ist.

– In der zweiten Situation kündigt ein Großkunde oder Lieferant Ihrer Firma einen Umzug des Firmensitzes an. In unserem System finden sich einige Hundert oder sogar Tausend Datensätze für Liefer- oder Rechnungsadressen sowie die dazugehörigen Ansprechpartner. Natürlich besteht nun auch hier der Wunsch, diese Datensätze schon im Vorfeld im System pflegen zu können, sie aber erst am Tag des Geschäftsbeginns am neuen Firmensitz produktiv zu schalten.

In beiden Beispielen geht es also darum, die Daten zur richtigen Zeit in der notwendigen Qualität zur Verfügung zu stellen, gleichzeitig aber die Arbeitslast entsprechend im Vorfeld zu verteilen. In MDG-F gibt es dazu schon eine spezielle Standardfunktionalität, die wir in Abschnitt 3.8.2, »MDG-Financial: Editionen«, detailliert beschreiben. Steht uns diese Funktionalität in den anderen MDG-Domänen nicht zur Verfügung, bestehen zwei weitere Möglichkeiten: eine kundenspezifische Entwicklung in SAP MDG, mit der die speziellen Anforderungen abgedeckt werden können, oder SAP PO mit einem Hub Deployment. In Abbildung 2.6 sehen Sie, wie man mit SAP PO eine zeitgesteuerte Verteilung gestaltet.

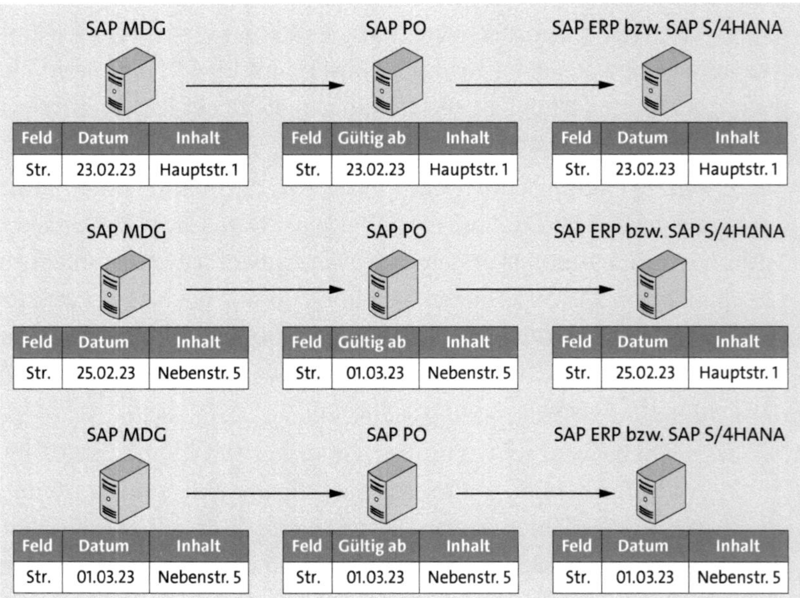

Abbildung 2.6 Zeitgesteuerte Verteilung mit SAP Process Orchestration als Workaround

Hier gibt es jedoch ein paar Einschränkungen, die Sie im Vorfeld kennen sollten. Schauen wir uns daher noch einmal das Beispiel der zu ändernden Adressdaten an. Diese Datensätze können nun im Vorfeld bereits in MDG-BP überarbeitet werden. Solange noch keine Verteilung der Daten durch SAP PO erfolgt, hat dies erst einmal keinen Einfluss auf die produktiv genutzten Daten in SAP ERP bzw. SAP S/4HANA. Das heißt, dass hier SAP PO als Gateway benutzt werden kann, um die Daten erst zum gewünschten Datum an die operative Komponente SAP ERP bzw. SAP S/4HANA zu verteilen. Hierbei muss aber unbedingt beachtet werden, dass dann in dem Zeitfenster zwischen der Pflege und der gewünschten Verteilung kein weiteres Update des Datensatzes aus SAP MDG gemacht werden kann. Im Normalfall ist es eher selten, dass an diesen Datensätzen vor dem Update auf die neue Adresse nun noch weitere Änderungen notwendig sind. Aber auch über diese Wahrscheinlichkeit ist es lohnend nachzudenken. Denn ansonsten würde die neue Adresse schon bereits mit der nächsten Änderung an weiteren Datenfeldern in die operative Komponente SAP ERP bzw. SAP S/4HANA laufen, da der Datensatz nicht explizit gesperrt ist.

IDoc oder Webservice

Haben Sie sich in einem Hub Deployment für den Einsatz von SAP PO entschieden, müssen Sie entscheiden, ob die Daten über SAP PO direkt per IDoc oder per Webservice verteilt werden sollen. Bei beiden Technologien handelt es sich um Standardfunktionalitäten von SAP, wobei das IDoc die ältere, aber auch sehr stabile Technologie darstellt. Schauen wir uns auch hier zuerst einmal die Unterschiede an, bevor wir auf die jeweiligen Vor- und Nachteile eingehen.

Bei einem IDoc handelt es sich im Endeffekt um eine elektronisch auswertbare einfache ASCII-Textdatei in einem definierten Format. Die Idee dahinter war es, Transaktionen zu beschleunigen, Transaktionskosten zu verringern und Medienbrüche zu vermeiden. Gleichzeitig werden bei einem IDoc auch Statusinformationen zum Datensatz selbst übermittelt. Das heißt, dass sich sowohl in einem sendenden als auch in einem empfangenden System immer sehen lässt, ob der Datensatz übertragen bzw. in der Datenbank verbucht werden konnte. Hierbei werden bei der automatisierten Verbuchung die gleichen Prüfungen durchlaufen wie bei einer manuellen Eingabe der Daten.

Der Webservice ist die neuere Technologie. Es handelt sich dabei um ein XML-basiertes Protokoll für den Informationsaustausch in einer dezentralen verteilten Umgebung. In Tabelle 2.1 finden sich die Vor- und Nachteile beider Technologien.

IDoc	Webservice
+ stabile Technologie	– Service benötigt eigenes Designtool
+ Fachkenntnis weit verbreitet	– Fachkenntnis nicht so weit verbreitet
+ IDoc für alle MDG-Domänen verfügbar	– Service nicht für alle MDG-Domänen verfügbar
+ recht einfaches Handling beim Aufbau und Monitoring	– Service nicht für alle MDG-Domänen verfügbar
– Anbindung an Drittsysteme benötigt IDoc-Konverter	+ einfachere Anbindung an Nicht-SAP-Systeme
– pro Datenelement ein IDoc, Risiko falscher Reihenfolge bei Problemen	+ mehrere Datenelemente in einem Service, z. B. bei Adressdaten

Tabelle 2.1 IDoc vs. Webservice

Vor- und Nachteile des Hub Deployments

Nachdem wir nun das Thema Hub Deployment und die wichtigsten damit verbundenen technischen Bereiche ausführlich betrachtet haben, schauen wir uns nachfolgend die Vorteile und Nachteile nochmals in der Zusammenfassung an.

Vorteile

- Da SAP MDG im Hub über eigene Datenbanktabellen verfügt, gibt es eine Trennung der Stammdaten von den in SAP ERP bzw. SAP S/4HANA direkt verwendeten Daten. So sind Daten, die nur für Drittsysteme benötigt werden, nicht in SAP ERP bzw. SAP S/4HANA sichtbar und tauchen auch nicht in allen Transaktionen oder Reports als mögliche Daten- oder sogar Fehlerquellen auf.
- Die Entwicklungszeiten von SAP MDG und SAP ERP bzw. SAP S/4 HANA sind nicht identisch. Es ist damit zu rechnen, dass die Patch-Level zwischen SAP MDG und SAP ERP bzw. SAP S/4HANA nicht 100%ig synchronisiert sind. Durch das Hub Deployment können die Releasezyklen und Wartungsfenster der Systeme getrennt gesteuert werden, und das SAP-ERP- bzw. SAP-S/4HANA-System ist nicht von einem Update des MDG-Systems betroffen.
- SAP bietet verschiedene Wartungsverträge mit unterschiedlichen Reaktionszeiten. Je schneller die Reaktionszeit ist, desto höher ist auch der Preis. Für ein produktives SAP-ERP- bzw. SAP-S/4HANA-System ist eine schnelle Lösung absolut essenziell. Für SAP MDG reicht eventuell jedoch ein niedrigerer Support-Level aus.

- Durch die Trennung der beiden Systeme (SAP ERP bzw. SAP S/4HANA und SAP MDG) können Aktivitäten wie Daten-Mappings usw. auf der Schnittstelle (z. B. SAP PO) ausgeführt werden.
- Gerade in Projektphasen gibt es zeitliche Restriktionen, die durch die verschiedenen Testzyklen vorgegeben werden. Durch zwei unabhängige Systeme können auch hier MDG-spezifische Entwicklungen getrennt von SAP-ERP- bzw. SAP-S/4HANA-System umgesetzt werden.

Nachteile

- Jedes zusätzliche System verursacht erheblichen Zusatzaufwand für Unterhalt und Wartung, wie weitere Hardwarekosten, aber auch zusätzliche Lizenzen und Arbeitsaufwand bei der IT-Basis.
- Es muss sichergestellt sein, dass das Customizing und die Prüftabellen auf beiden Systemen identisch sind. Dies bedeutet entweder sehr viel manuelle Arbeit oder den Einsatz eines weiteren Tools zur synchronen Verteilung aller Einstellungen. Hier sollte der *SAP Solution Manager* zum Einsatz kommen.
- Die Schnittstellen zwischen den beiden Systemen bieten zwar viele Vorteile, bringen jedoch wieder zusätzlichen Aufwand mit sich. Hierzu muss das entsprechende Know-how vorhanden sein. Außerdem muss jede existente Schnittstelle auch gewartet werden und bei möglichen Updates ebenfalls auf die weitere Funktionalität hin geprüft werden.
- Das SAP-ERP- bzw. SAP-S/4HANA-System bietet bereits im Standard verschiedene Validierungsregeln, d. h., dass abhängig von einem bestehenden Customizing nur bestimmte Werte zulässig sind. Außerdem lassen sich steuernde Inhalte, wie z. B. eine Basismengeneinheit oder ein Chargenkennzeichen, nicht mehr ändern, wenn auf einem Material schon einmal eine Warenbewegung stattgefunden hat. Diese Informationen über Warenbewegungen sind im MDG-Hub-System jedoch nicht verfügbar. Das heißt, dass eine Validierung hier auf eine andere Art und Weise gelöst werden muss. Dies kann auf der organisatorischen Ebene sein, sodass solche steuernden Felder nur von bestimmten Personen gepflegt werden können, oder technisch muss die bereits im Standard von SAP ERP bzw. SAP S/4HANA existierende Lösung im MDG-Hub nachgebaut werden.

2.2.2 Co-Deployment

Nachdem wir uns im vorangehenden Abschnitt ausführlich mit dem Setup als Hub Deployment beschäftigt haben, schauen wir uns hier nun einmal die Installation von SAP MDG im Co-Deployment an. In solch einem Szenario wird die operative Komponente SAP ERP bzw. SAP S/4HANA und SAP MDG auf dem gleichen Server installiert. In Abbildung 2.7 sehen Sie solch eine Systemlandschaft.

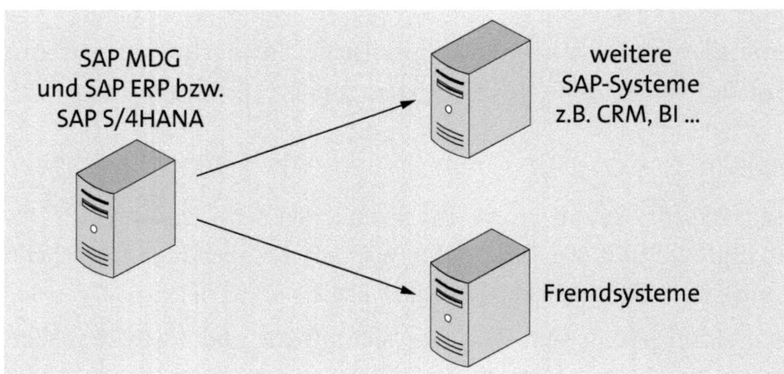

Abbildung 2.7 Systemlandschaft beim Co-Deployment

Tabellenteilung

Da sowohl SAP ERP bzw. SAP S/4HANA als auch SAP MDG auf dem gleichen Server laufen, teilen sich diese Systeme auch die entsprechenden Datenbanktabellen. Dies ist ein entscheidender Unterschied zu der Systemlandschaft, in der SAP MDG als Hub installiert ist, und bringt auch entsprechende technische Vorgaben mit sich. Da die Datenbank geteilt wird, liegt die Staging Area von SAP MDG ebenfalls direkt auf diesem Server (Details dazu finden Sie in Abschnitt 3.2, »Datenmanagement in SAP Master Data Governance«). Dadurch ist eine Verteilung der Daten von SAP MDG in das SAP-ERP- bzw. SAP-S/4HANA-System über eine Middleware wie SAP PO nicht notwendig. Genau dies nimmt einem aber auch all die flexiblen Möglichkeiten aus Abschnitt 2.2.1, »Hub Deployment«. Hier ist es also auch wichtig, sich über Einschränkungen im Klaren zu sein. Speziell im Hinblick auf die zukünftige Strategie des Unternehmens kann eine Entscheidung für ein Co-Deployment aktuell zwar einige Vorteile bieten, aber langfristig zu statisch sein. Je nachdem, wie das Unternehmen organisatorisch aufgestellt ist, sollte man sich auch sehr genau überlegen, ob wirklich alle Daten, die über den Governance-Prozess in SAP MDG angelegt und gepflegt werden, auch in den Tabellen, Transaktionen und Reports des SAP-ERP- bzw. SAP-S/4HANA-Systems sichtbar oder sogar benutzbar sein sollen. Dies ist vor allem dann kritisch, wenn es im Unternehmen viele unterschiedliche IT-Systeme gibt, die zwar mit Stammdaten aus dem MDG-System versorgt werden sollen, selbst jedoch keinen Bezug zum SAP-ERP- bzw. SAP-S/4HANA-System haben. Dies hat dann zur Folge, dass alle Daten, die z. B. nur für spezielle Prozesse oder in Gesellschaften, die noch ihr eigenes SAP-ERP- bzw.

SAP-S/4HANA-System betreiben, benötigt werden, auch in den Stammdatentabellen des SAP-ERP- bzw. SAP-S/4-HANA-Systems verfügbar sind, obwohl sie in diesem System niemals für einen operativen Prozess eingesetzt werden. Dies ist für User verwirrend; außerdem müssen Auswertungen von diesen Daten bereinigt werden.

Datensicherheit

Hier spielen auch die Datensicherheit und Berechtigungen eine Rolle: Während Daten in Tabellen, die einer Organisationseinheit wie Werk, Lagerort, Buchungskreis usw. durch entsprechende Berechtigungen den passenden Usern zugänglich gemacht werden können, lässt sich dies in den organisationseinheitenübergreifenden Tabellen nicht so einfach realisieren; diese Daten sind für jeden Benutzer zugänglich.

Vorteile

- SAP MDG und SAP ERP bzw. SAP S/4HANA auf nur einem System reduzieren zunächst die Kosten für die Systemlandschaft. Es wird kein separater Server für SAP MDG benötigt. Außerdem ist auch der Wartungsaufwand für die SAP-Basis des Unternehmens geringer.
- Customizing-Einstellungen in SAP ERP bzw. SAP S/4HANA sind automatisch auch für den MDG-Bereich gültig. Es müssen keine spezielle Umgebung und kein Prozess zur Harmonisierung und zum Transport der Customizing-Einstellungen zwischen SAP ERP bzw. SAP S/4HANA und SAP MDG eingerichtet werden.
- Standardvalidierungsregeln von SAP ERP bzw. SAP S/4HANA können auch direkt im MDG-System verwendet werden. Auch Validierungen, die auf transaktionalen Daten wie Beständen oder Bestellungen basieren, sind durch den direkten Zugriff auf die SAP-ERP- bzw. SAP-S/4HANA-Daten möglich.

Nachteile

- Alle in SAP MDG gepflegten Daten werden in den gemeinsam genutzten Tabellen des SAP-ERP- bzw. SAP-S/4HANA-Systems gespeichert und tauchen damit in Transaktionen und Reports im SAP-ERP- bzw. SAP-S/4HANA-System auf, auch wenn diese Materialien, Kunden, Lieferanten usw. nur in Umsystemen benötigt werden.
- Es ist nicht möglich, flexibel auf unterschiedliche Wartungsfenster des SAP-ERP- bzw. SAP-S/4HANA- und des MDG-Systems einzugehen. Gerade dies kann aber durch den unterschiedlichen Innovationsgrad der beiden Produkte von großem Vorteil sein. Im Co-Deployment heißt dies aber, dass ein häufigeres System-Upgrade von SAP MDG auch direkten

Einfluss hat und eine daraus resultierende Systemwartung von SAP ERP bzw. SAP S/4HANA bedingt.

- Es sind keine getrennten Entwicklungszyklen in einer Projektumgebung möglich. Auch gekapselte Entwicklungen im MDG-Umfeld finden auf dem SAP-ERP- bzw. SAP-S/4HANA-Server statt und bedingen somit auch jeweils ein passendes Zeitfenster für Test und Transport. Auch ein entsprechender Regressionstest in den SAP-ERP- bzw. SAP-S/4HANA-Prozessen wird damit notwendig.
- Ein möglicherweise notwendiges Feld oder Inhalts-Mapping für unterschiedliche empfangende Systeme lässt sich nicht so einfach implementieren. Natürlich kann auch hier SAP PO zur Verteilung der Daten an Drittsysteme eingesetzt werden, allerdings im Gegensatz zum Hub Deployment erst, wenn die Datensätze bereits in den gemeinsam genutzten Tabellen des SAP-ERP- bzw. SAP-S/4HANA-Systems vorhanden sind.
- Unterschiedliche Standardfunktionalitäten der verschiedenen MDG-Domänen lassen sich nicht durch Workarounds innerhalb der Process Orchestration zwischen dem MDG- und SAP-ERP- bzw. SAP-S/4HANA-System ausgleichen.

2.2.3 Hybrid-Hub- und Co-Deployment

Neben den beiden klar voneinander getrennten Szenarien aus Abschnitt 2.2.1 und Abschnitt 2.2.2 gibt es auch ein Hybridszenario, also eine Vermischung der beiden Konzepte. Solch einen Fall sehen Sie in Abbildung 2.8.

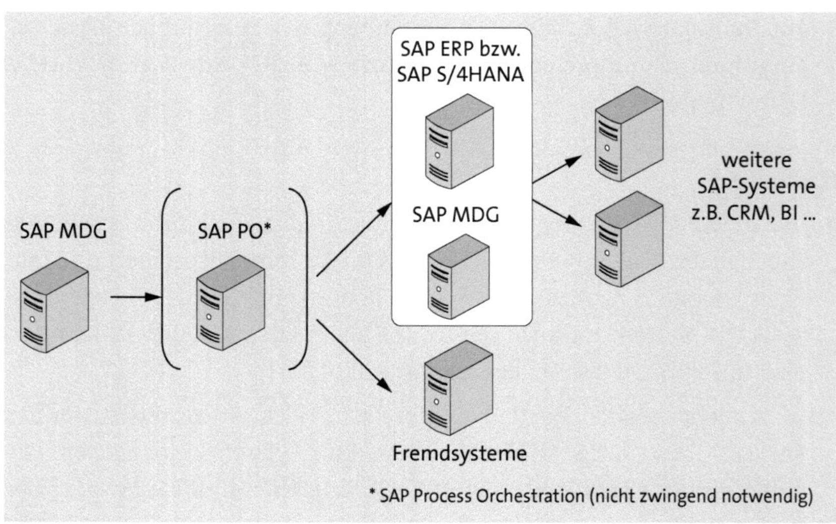

Abbildung 2.8 Systemlandschaft als Hybrid-Deployment

Hier werden zwei Installationen von SAP MDG verwendet. Die erste Installation läuft auf einem eigenen Server als Hub-Umgebung, und die zweite Installation befindet sich auf dem gleichen Server wie SAP ERP bzw. SAP S/4HANA und teilt sich damit auch die darunterliegenden Datenbanken.

Vor- und Nachteile

Die Idee hinter solch einer Systemlandschaft ist es, die Vorteile beider Szenarien zu vereinen und quasi das Beste aus beiden Welten zu generieren. Hierbei sind ebenfalls wieder verschiedene Konstellationen möglich, z. B. nach MDG-Domänen unterschiedene Installationen. So könnte MDG-BP für Kunden und Lieferanten getrennt im Hub laufen, während MDG-M für den Materialstamm auf dem SAP-ERP- bzw. SAP-S/4HANA-Server aufsetzt und somit in den Validierungsregeln auch auf Bewegungsdaten von SAP ERP bzw. SAP S/4HANA zurückgreifen kann. Neben solch einer Trennung gemäß den MDG-Domänen ist aber auch eine Trennung innerhalb einer Domäne denkbar. Nehmen wir einmal MDG-M für den Materialstamm als Beispiel. Wie wir zuvor gesehen haben, bietet die gemeinsame Verwendung der Tabellen einige Vorteile in Bezug auf die Datenvalidierung im Anlage- oder Update-Prozess. Gleichzeitig ist es aber von großem Nachteil, wenn alle Materialstammdaten auf einem System verfügbar sind und jeder User auch die Basisdaten einsehen kann. In solch einem Fall wäre es denkbar, die Basisdaten (im SAP-System die MARA-Daten) in einem Hub-System zu pflegen, während die organisationseinheitsspezifischen Daten (z. B. MARC- und MARD-Datentabellen) in dem Co-Deployment-MDG in einem Folge-Workflow gepflegt und ergänzt werden. Dies hat den Vorteil, dass wirklich nur die Basisdaten im SAP-ERP- bzw. SAP-S/4HANA-System vorhanden sind, die dann später in den jeweiligen Werken bzw. Lagerorten im täglichen Produktivbetrieb benötigt werden. Solch ein Setup einer Systemlandschaft ist also durchaus möglich und bietet auch für spezielle Anforderungen sehr flexible Möglichkeiten. Allerdings ist sie eher theoretischer Natur und in der Realität ein wirklicher Exot.

Vorteile

- Datentrennung über unterschiedliche Systeme und trotzdem Validierungsmöglichkeiten auf transaktionalen Daten
- flexible und vielseitige Aufteilung in unterschiedliche Domänen oder innerhalb einer Domäne

Nachteile

- hohe Kosten durch mehrere MDG-Installationen und damit verbundene Lizenzkosten

- erhöhter Wartungsaufwand für die SAP-Basis-IT
- komplexe Schnittstellen und Workflow-Steuerung zur Verknüpfung der unterschiedlichen Systeme und Pflegeprozesse
- höherer Schulungsaufwand für komplexe Datenanlage- und Datenpflegeprozesse bei den betroffenen Usern
- komplexes Berechtigungskonzept

2.2.4 Fragestellungen zur Entscheidung für eine Architektur

Entscheidende Fragen

Nach diesem Überblick über die möglichen Implementierungen wollen wir uns nun noch den zentralen Fragestellungen widmen, die vor der finalen Entscheidung für ein Szenario unbedingt genau durchdacht und mit allen Stakeholdern diskutiert werden sollten:

- Sollen nur die für das jeweilige SAP-ERP- bzw. SAP-S/4HANA-System relevanten Datensätze (Materialien, Kunden, Lieferanten) sichtbar sein oder immer alle Datensätze, auch wenn diese zu Nicht-SAP-Systemen oder -Organisationseinheiten gehören?
- Soll es eine Möglichkeit zu einer zeitgesteuerten Verteilung der Stammdaten geben, auch wenn dies nicht im Standard der jeweiligen MDG-Domäne unterstützt wird?
- Soll es möglich sein, unterschiedliche Archivierungsanforderungen pro System handhaben zu können (wobei SAP MDG weiterhin alle Daten vorhält)?
- Soll es eine getrennte Releasefähigkeit zwischen SAP MDG und dem Standard-ERP- bzw. SAP-S/4HANA-System geben?
- Werden unterschiedliche Service Level Agreements (SLAs) für das Standard-SAP-ERP- und das MDG-System benötigt oder gewünscht?
- Welche MDG-Domänen sollen eingesetzt werden?
- Welche Anforderungen bestehen an Governance-Level und -Berechtigungskonzept?
- Ist bereits eine Middleware wie SAP PO im Einsatz, oder soll die Standard-ALE-Verteilung genutzt werden?
- Sollen komplexe Validierungsregeln genutzt werden, die auch Informationen aus transaktionalen Daten benötigen?
- Sollen Customizing-Einstellungen von SAP ERP bzw. SAP S/4HANA auch direkt in SAP MDG verwendbar sein, ohne Einsatz eines Systems zur synchronen Verteilung?

Empfehlungen zum System-Setup

Hier gibt es keine pauschal gültige Empfehlung: Jedes Unternehmen hat spezielle Anforderungen, unterschiedliche Ausgangssituationen und einen anderen Anspruch an das Level der Governance. Aus unserer Erfahrung lässt sich jedoch sagen, dass das Setup als *Hub Deployment* für die meisten Unternehmen und Anforderungen die ausgewogenste Variante darstellt. Dies ist also ein guter Startpunkt für die Diskussion. Identifizieren Sie dann z. B. in Workshops mit IT und Business Process Ownern explizite Themen, die mit einem Hub Deployment nicht abgedeckt werden können. Diese Themen können dann weiter vertieft betrachtet werden. In den meisten Fällen müssten jedoch sehr gewichtige Gründe vorliegen, um die Systemlandschaft auf eine andere Art und Weise aufzusetzen.

2.3 Die Stammdatenstrategie

Bisher haben wir Sie schon an verschiedenen Stellen auf die Wichtigkeit einer Stammdatenstrategie hingewiesen und sie als Kernelement des Governance-Rahmenwerks bezeichnet. Jetzt wollen wir uns das Thema Stammdatenstrategie genauer anschauen und zeigen, dass sie nicht vom unternehmensstrategischen Rahmen losgelöst existieren kann.

2.3.1 Unternehmensstrategie und Stammdatenstrategie

Zusammenspiel mit der Unternehmensstrategie

Eine Unternehmensstrategie drückt aus, was das Unternehmen erreichen und wie es wahrgenommen werden möchte. Dabei kann es je nach Industrie und Marktposition des jeweiligen Unternehmens zu unterschiedlichen Schwerpunkten kommen. Ist ein Unternehmen im Bereich der öffentlichen Dienstleistungen tätig, liegt der Fokus z. B. auf einer planbaren und effektiveren Lieferung von Dienstleistungen mit effizientem Einsatz der zumindest zum Teil öffentlichen Mittel. Zudem geht es auch darum, diese Dienstleistungen in einer sicheren und umweltbeachtenden Weise zu erbringen, um den Beitrag zu Erhalt und Entwicklung der öffentlichen Ordnung glaubhaft darstellen zu können. Ist ein Unternehmen hingegen im biotechnischen oder hochtechnologischen Bereich tätig, kann der Fokus auf Innovationen liegen, mit hohen Investitionen im Forschungs- und Entwicklungsbereich, um die jeweilige Markposition zu verbessern oder zu verteidigen. Tabelle 2.2 stellt Beispiele für unternehmensstrategische Positionen dar und zeigt dabei gleichzeitig, was dies für ein MDM-Programm im Sinne der Bereitstellung bestimmter Fähigkeiten bedeuten kann.

Unternehmensstrategien	Mögliche MDM-Fähigkeiten
öffentliche Dienstleister in Versorgung oder Verkehr mit Fokus auf eine sichere und effektive Bereitstellung öffentlicher Dienste bei einer effizienten Nutzung der Mittel	▪ stabile Prozessarchitektur ▪ solider Standard mit Anpassungsfähigkeit
Hochtechnologie- und Biotech-Unternehmen mit Fokus auf Produktführerschaft durch Innovation	▪ starke Integrationsfähigkeit in Bezug auf Produktlebenszyklus (von F&E durch die gesamte Lieferkette) ▪ innovationsorientierte Integration mit Kunden und Lieferanten vor allem im F&E-Bereich ▪ Time-to-Market-Optimierung für neue Produkte ▪ hohe Prozessadaptationsrate und Flexibilität ▪ Einsatz innovationstreibender digitaler Technologien
internetbasierter Konsumgüterhändler mit Fokus auf eine optimale Kundenorientierung	▪ 360-Grad-Blick auf den Kunden bei der Nutzung fortgeschrittener digitaler Technologien mit multiplen Kundendatenquellen ▪ starke Kontrolle und Orchestrierung des online präsentierten Inhalts ▪ starke Lieferkettenintegration

Tabelle 2.2 Ziele und Strategien

Anhand der Tabelle ist einfach zu sehen, warum Sie die MDM-Strategie mit den Unternehmenszielen in Einklang bringen müssen. Stellen Sie diesen Einklang nicht her oder können Sie ihn nicht glaubhaft darstellen, kann man zugespitzt formulieren, dass Sie zwar eine möglicherweise gute Stammdatenlösung erschaffen haben, dass aber die dazu passende Problemstellung fehlt. Beispielsweise steht die Forcierung eines 360-Grad-Kundenaufrisses im öffentlichen Dienst möglicherweise nicht an erster Stelle der notwendigen Fähigkeiten, da hier zunächst die stabile Bereitstellung von effizienten Dienstleistungen wichtiger ist. Langfristig kann das Fehlen des Zusammenhangs zum Problem Ihres MDM-Programms werden, da Fragen nach dem Nutzen und Beitrag zu den unternehmerischen Zielen nicht schlüssig beantwortet werden können und die Unterstützung der Initiative nicht dauerhaft aufrechterhalten werden kann.

Fazit

Der Zusammenhang der übergeordneten Unternehmensstrategie mit der MDM-Strategie drückt also aus, dass man die Ziele des Unternehmens mit den MDM-Aktivitäten inhärent unterstützt und das Handeln im MDM-Programm in Bezug auf Investitionen, Organisations- und Prozessgestaltung daran ausrichtet.

2.3.2 Stammdatenstrategie entwickeln

MDG-Strategie abstimmen

Wie wir in Kapitel 1, »Warum ist Stammdatenmanagement wichtig für Ihre Organisation?«, mehrfach erwähnt haben, ist das Thema Stammdatenmanagement nicht auf eine einzige Organisation innerhalb des Unternehmens beschränkt, sondern das Gegenteil ist der Fall: Es geht darum, alle wesentlichen Bereiche so zu involvieren, dass ein abgestimmtes Vorgehen erfolgt und ein nachhaltiges Resultat erreicht werden kann. Dies trifft auch auf den Aspekt der Stammdatenstrategie zu. Abbildung 2.9 zeigt idealtypisch, wie die Konzernstrategie in den einzelnen Geschäftsbereichen und Abteilungen umgesetzt wird.

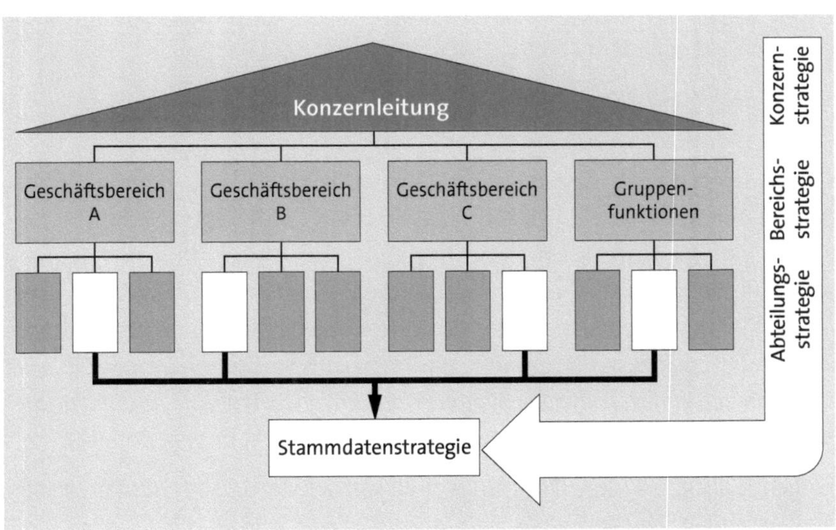

Abbildung 2.9 Zusammenhang zwischen Stammdatenstrategie und Konzernstrategie über Abteilungen hinweg

Zum anderen zeigt sie auch, dass sich in den jeweiligen Abteilungen voneinander losgelöst unterschiedliche Interpretationen der Strategie ergeben können, wenn hier keine Abstimmung stattfindet. Wie bei den anderen Kernelementen des Governance-Rahmenwerks auch sollten die Strategien der einzelnen Abteilungen nicht isoliert nebeneinander stehen. Eine abteilungsübergreifend angeglichene Stammdatenstrategie erhöht die Glaubwürdigkeit der Initiative und auch deren Effektivität. Die Abstimmung wird durch das Governance Board durchgeführt (siehe hierzu Abschnitt 6.5.1, »Die Rolle des Stammdaten-Governance-Boards«).

MDM-Fähigkeiten als Kern der Strategie

Wie soll eine Stammdatenstrategie aussehen? Aus unserer Sicht ist die Stammdatenstrategie eine Beschreibung eines MDM-Zielzustandes und der für dessen Erreichung notwendigen strategischen MDM-Fähigkeiten. Dies sind genau die Fähigkeiten, die Sie schon als Teil des Governance-Rahmenwerks kennengelernt haben. Genau diese Fähigkeiten in ihrer zielgemäßen Ausprägung werden benötigt, um die Unternehmensstrategie und -ziele zu unterstützen. Dieser Zusammenhang kann dann in der folgenden, sehr simplen Syntax dargestellt werden.

Syntax der MDM-Strategie

Um die Unternehmensstrategie *[...]* zu unterstützen, wird ein MDM-Ökosystem erschaffen, das *[...]* Stammdatenprozesse bereitstellt, die wiederum *[...]* Stammdaten erzeugen.

Folgende strategische MDM-Fähigkeiten werden dazu in der beschriebenen Ausprägung entwickelt:

1. *[...]*, um zu *[...]*

n. *[...]*, um zu *[...]*

Beispiel

Angewandt auf ein Beispiel, kann diese Syntax dann folgendermaßen aussehen: Um die Unternehmensstrategie *der Entwicklung und Verteidigung der Produktführerschaft im Technologiebereich XYZ* zu unterstützen, wird ein MDM-Ökosystem erschaffen, das *automatisierte und flexibel gestaltbare* Stammdatenprozesse bereitstellt, die wiederum *vertrauenswürdige, allseits und jederzeit zugängliche, konsistente und verantwortete Kunden- und Materialstammdaten* erzeugen.

Folgende strategische MDM-Fähigkeiten werden dazu in der beschriebenen Ausprägung entwickelt:

1. anpassbare Prozesse, um innovationsgetriebene Geschäftsabläufe und Kundeninteraktionen zu unterstützen
2. einfache und automatisierte Ende-zu-Ende-Prozesse, um aggressive Time-to-Market-Metriken zu unterstützen
3. umfassende Datenqualitätsanalytik im Planungs- und Auftragsabwicklungsverfahren, um frühzeitig negativen Kundeneinfluss zu entdecken und zu beheben

4. kurze Systemreleasezyklen, um mögliche Prozessanpassungen mit Kundenerwartungen in Einklang zu bringen
5. klares Rollenverständnis aller Beteiligten und anerkannte Verantwortung für Datenpflege und Qualität im Geschäft, um interne Ineffizienzen zu minimieren
6. zweckgemäße, schlanke und nachhaltige Entscheidungsprozesse, um einen stabilen und effizienten Stammdatenbetrieb sicherzustellen

Zu beachten ist, dass die MDM-Fähigkeiten immer mit einer Begründung angegeben werden. Hiermit wird dargestellt, dass es sich um Fähigkeiten handelt, die mit einem unmittelbaren Nutzen im Zusammenhang stehen. Ist kein unmittelbarer Nutzen ersichtlich, sollten Sie überlegen, ob diese Fähigkeit Teil Ihres Fokus sein sollte.

Fähigkeiten im Gleichgewicht halten

Bei der Betrachtung dieser exemplarischen Stammdatenstrategie fällt auf, dass alle Elemente des Governance-Rahmenwerks tangiert werden. Dies ist wichtig, da es um eine konzertierte Aktion geht und sich die Elemente des Rahmenwerks möglichst mit gleichmäßiger Geschwindigkeit und Richtung entwickeln müssen. Geschieht dies nicht, kommt es zu einem Ungleichgewicht, und die Fähigkeit des gesamten Programms, zu liefern, wird beeinträchtigt. Wenn Sie nicht den Anspruch haben, einfache und möglichst automatisierte Datenpflegeprozesse zu entwickeln, hat das einen unmittelbaren Effekt auf den Bereich der innovativen Geschäftsabläufe und bedeutet zusätzlich einen höheren manuellen und daher fehleranfälligeren Arbeitsablauf. Beides zusammen kann wiederum Einfluss auf die mögliche Produktführerschaft des Unternehmens im Ganzen nehmen. Sie sehen also, dass die strategischen Fähigkeiten abgestimmt sein müssen. Darüber hinaus wird anhand dieser Beispiele deutlich, dass es mittelbar und unmittelbar einen Einfluss auf die Gesamtleistung des MDM-Programms und des Unternehmens hat, falls einzelne Fähigkeiten nicht ausgebildet oder weiterentwickelt werden. Wenn genau diese Aspekte der Strategie transparent und glaubhaft dargestellt werden können – der Beitrag der MDM-Fähigkeiten zum Unternehmensziel und das Gleichgewicht dieser Fähigkeiten –, bedeutet dies einen entscheidenden Vorteil, da hier Sinn und Zweck der Initiative greifbar werden.

Spezifische Strategie entwickeln

Das genannte Strategiebeispiel ist stammdatenobjektspezifisch. In unserem Fall handelt es sich um Kunden- und Materialstammdaten. Es ist wichtig, den Umfang so genau wie möglich zu beschreiben, z. B., ob es sich um spezifische Objekte, bestimmte Geschäftsbereiche oder um bestimmte Geografien handelt. Neben dem Nutzen macht auch dies die Strategie greifbarer.

Ambitionierte Strategie formulieren

Zudem fällt bei unserem Strategiebeispiel auf, dass die strategischen Fähigkeiten ambitioniert formuliert sind. Dies ist ebenfalls wichtig, da es sich hier um eine Zielzustandsbeschreibung handelt. Würde lediglich der Status quo beschrieben, verliert die Strategie ihr Potenzial, handlungsleitend zu wirken, und die Initiative verliert an Fahrt. Auf dem Weg zur vollständigen Ausprägung der Fähigkeiten sollte es Meilensteine geben, die die Entwicklung strukturieren. Mit den Meilensteinen können Sie auch die strategischen Fähigkeiten messen. Diese Messbarkeit trägt dazu bei, dass der geplante Fortschritt bei der Entwicklung der strategischen Fähigkeiten nachvollzogen werden kann, und fördert so das Vertrauen in die Initiative.

Der folgende Kasten zeigt einen Überblick über die wesentlichen Bestandteile der Stammdatenstrategie sowie deren Bedeutung für die Initiative als Ganzes.

Merkmale der Stammdatenstrategie

So sollte Ihre Stammdatenstrategie aussehen:

- Die Stammdatenstrategie sollte einer simplen Syntax folgen und den Zusammenhang mit der Unternehmensstrategie transparent machen.
- Strategische Stammdatenfähigkeiten spiegeln die Kernmerkmale des Governance-Rahmenwerks wider.
- Der Einfluss der strategischen Stammdatenfähigkeiten auf die Unternehmensleistung muss greifbar dargestellt werden.
- Die Stammdatenstrategie muss mit den beteiligten Abteilungen abgestimmt werden.
- Die Zieldefinition der strategischen Fähigkeiten muss ein Gleichgewicht erzeugen.
- Die Stammdatenstrategie muss spezifisch und ambitioniert formuliert sein.

Abschließend ist zu unterstreichen, dass die Definition des Zielzustands und der strategischen Fähigkeiten in Verbindung mit der Unternehmensstrategie die Grundlage bildet, um die Ausgangslage einzuschätzen und darauf aufbauend den Abstand zum Zielzustand zu bewerten (Fit-Gap-Analyse). Wie Sie das Ergebnis im Anschluss operationalisieren, beschreiben wir in Abschnitt 2.4 über die Stammdaten-Roadmap.

2.3.3 Die Stammdatenstrategie in der Cloud-Umgebung: Federated MDG

SAP MDG, Cloud Edition (seit 2021 verfügbar)

Schon seit einigen Jahren bietet SAP verschiedene Lösungen auch in Cloud-Varianten an, darunter auch Lösungen rund um das Thema Stammdatenverwaltung (*SAP MDG, Cloud Edition*, seit 2021). Stammdatenverwaltung zusätzlich oder ganz in einer Cloud-Umgebung zu betreiben, eröffnet zahlreiche Aspekte, die deutlichen Mehrwert bringen, sei es in Bezug auf Funktionen, Architekturansätze oder aber auch auf Implementierungsvorteile.

Mit der Einführung von Cloud-Lösungen auch in der Stammdatenverwaltung eröffnet sich ein neuer Ansatz von Lösungsarchitekturen. Diese Lösungsarchitekturen werden als *verbundene Stammdatenverwaltung* oder auf Englisch als *Federated Master Data Management* (Federated MDM) bezeichnet. Was genau damit gemeint ist, möchten wir Ihnen hier erklären.

Federated MDM

Einer der Hauptaspekte dieses Ansatzes ist das Abrücken von der Idee, alle Attribute eines Stammdatums in einem und nur in einem zentralen System zu verwalten. Bei Einsatz des Federated-Ansatzes gibt es nach wie vor ein zentrales Stammdatensystem. Dieses kümmert sich aber nur um die Kernattribute eines Objekts (z. B. nur um die Adresse eines Geschäftspartners), während anwendungsspezifische Attribute (z. B. die Zahlungsbedingungen) an der Stelle verwaltet werden, an der es am sinnvollsten ist (z. B. in einem regionalen lokalen System). Eine weitere, von der Stammdatenverwaltung getrennte Komponente übernimmt die Integration der Kern- und Anwendungsdaten eines Objekts. Eine solche Herangehensweise kann effizient durch die Cloud-Technologie umgesetzt werden und erhöht massiv die Flexibilität und Anpassbarkeit an sich verändernde Anforderungen. Weitere Details finden Sie im weiteren Verlauf dieses Abschnitts.

Cloud-Ansatz in der Stammdatenverwaltung

Bevor wir aber noch tiefer in die technischen Aspekte dieser weiteren, sehr sinnvollen Option der Stammdatenverwaltung eingehen, betrachten wir die Charakteristika des Cloud-Ansatzes im Allgemeinen. Die Entscheidung, eine Cloud-Lösung zu verwenden, bringt einen klaren Geschwindigkeitsvorteil in Bezug auf Implementierung, Systemaufbau und die organisatorischen Fragestellungen. Es ist nicht notwendig, wie bei der traditionellen Einführung einer zentralen Stammdatenlösung, viele Abteilungen des Unternehmens einzubinden, das gesamte Stammdatenobjekt zu analysieren, alle Prozessbearbeiter vorab zu definieren oder andere zeit- und ressourcenaufwendige Vorplanungen durchzuführen.

Bei einer Cloud-Lösung für die Stammdatenverwaltung, speziell bei dem Vorgehen, das SAP hier vorschlägt, gelingt ein rascher, gut vorbereiteter

Einstieg mit schnellen, konkreten Ergebnissen. Cloud-Lösungen sind gut vorbereitet, benötigen keine oder nur sehr wenig Systemeinrichtungsarbeiten und verwenden bewährtes, vorkonfiguriertes Customizing und weitere vorgefertigte Strukturen, die einen schnellen Start ermöglichen. Damit kann sehr zügig mit vorzeigbaren Versionen Feedback von Anwendern und Entscheidern eingeholt und damit die oft nicht immer selbstverständliche Akzeptanz für Stammdatenprojekte im Unternehmen erhöht werden. Ebenso ist es möglich, zunächst nur dedizierte Funktionen zu implementieren und trotzdem produktiv einsetzbare Lösungen zu erhalten, die zügig den erwünschten Return of Investment (RoI) liefern.

Eine solche schrittweise Einführung einer Stammdatenverwaltung bringt den Vorteil, sich anfangs auf die dringlichsten Themen konzentrieren zu können und im weiteren Projektverlauf die weiteren, nicht weniger wichtigen, aber vielleicht nicht so drängenden Anforderungen zu implementieren. Natürlich ist die Implementierungsgeschwindigkeit anpassbar, nicht nur an die gestellten Anforderungen, sondern auch an die Verfügbarkeit der Ressourcen und an andere essenzielle Faktoren eines erfolgreichen IT-Projekts.

Optimierung der Ressourcen durch die Cloud

Ein weiterer, nicht zu unterschätzender Pluspunkt der Cloud-Technologie ist die optimale Skalierbarkeit der benötigten Infrastruktur. Auch hier kann man »klein anfangen« und je nach Bedarf (Datenmenge, Rechenleistung) die notwendige Hardware mitwachsen lassen – oder auch wieder zurückfahren, um beispielsweise Energie- und nicht zuletzt Budgetaufwände zu optimieren.

Neben der effizienten Hardwareauslegung gilt dieser Vorteil des Cloud-Ansatzes auch für die Optimierung des Softwarefundaments, d. h. für Produktaktualisierungen, für Upgrades auf das nächste Release und für die Produktpflege (speziell für Fehlerkorrekturen), aber auch funktionale Erweiterungen werden in der Regel vom Cloud-Anbieter organisiert und durchgeführt. Der Cloud-Nutzer erfährt dadurch deutliche Einsparungen hinsichtlich der Infrastrukturressourcen und damit schließlich auch von Zeit und Geld.

Verbesserung der Budgetplanbarkeit

Neben der reinen TCO-Optimierung (TCO = Total Cost of Ownership) erhöht der Einsatz einer cloudbasierten Lösung ganz erheblich die Budgetplanbarkeit. Die finanziellen Aufwände können im Allgemeinen über die Nutzungszeit besser verteilt werden, gehen einher mit dem Effizienzgewinn der Stammdatenlösung und erhöhen die Akzeptanz speziell bei den Entscheidern, eine innovative IT-Lösung für das Unternehmen bereitzustellen.

Schauen wir uns nun die verschiedenen Architekturen für *Stammdatenlösungen* im Detail an. Nicht selten entwickelt sich in den Unternehmen eine Stammdatenverwaltung über die Zeit, ohne jemals eine konkrete Strategie zugrunde gelegt zu haben. Dies resultiert daraus, dass die verschiedenen IT-Lösungen innerhalb der Unternehmenslandschaft das Stammdatenmanagement übernehmen, wo und wie es gerade notwendig ist. Damit entstehen Doppelstrukturen, Zuständigkeitsüberschneidungen oder gar -lücken, Datenqualitätsprobleme und viele weitere Nachteile. Schließlich fehlt schlicht der Überblick, wo welche Stammdaten mit welchen Attributen wie verwaltet werden. Eine solche *gewachsene Stammdatenarchitektur* könnte aussehen wie in Abbildung 2.10.

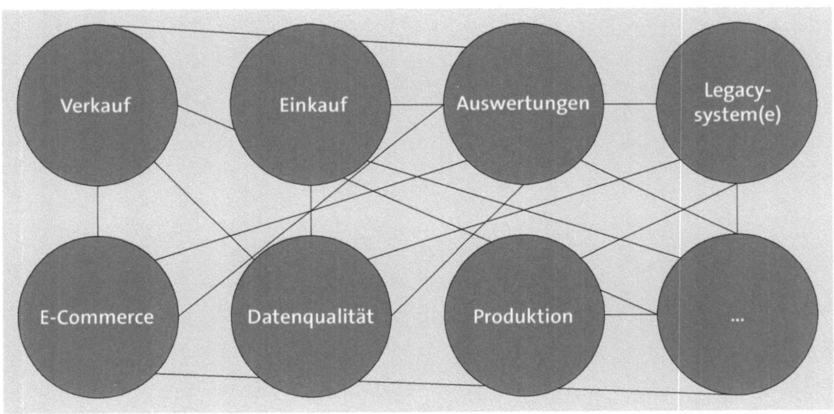

Abbildung 2.10 Gewachsene Stammdatenarchitektur

Die IT-Komponenten der verschiedenen Abteilungen, die Stammdaten nutzen oder auch verwalten, kommunizieren kreuz und quer und tauschen mit den ebenfalls an der Stammdatenverwaltung beteiligten IT-Lösungen Stammdaten aus. Erstaunlicherweise funktioniert das oft lange Jahre, aber die Effizienz leidet, die Datenqualität verringert sich massiv, und die Prozesse sind unklar. Änderungen oder Erweiterungen werden immer aufwendiger und erhöhen die Komplexität einer solchen Lösung noch weiter, bis sie schließlich an die Grenzen der Wartbarkeit stößt.

Entzerrung durch Middleware

Ein möglicher Ausweg, um zumindest den Datenaustausch effizienter zu gestalten, ist es, eine Kommunikationskomponente in die Landschaft aufzunehmen. Diese sogenannte *Middleware* kümmert sich dann ausschließlich um den Datenaustausch. Reicht das noch nicht aus, könnte auch eine zentrale Komponente – nennen wir sie Master Data Management, kurz MDM – eingesetzt werden, die neben dem Datenaustausch auch weitere Aufgaben übernimmt, wie etwa die Prozesssteuerung oder Datenqualitätsmaßnahmen. Wie eine Systemarchitektur, inklusive einer zwischengeschalteten MDM-Komponente, aussehen könnte, sehen Sie in Abbildung 2.11. Wir sprechen dann von einer *MDM-Architektur*.

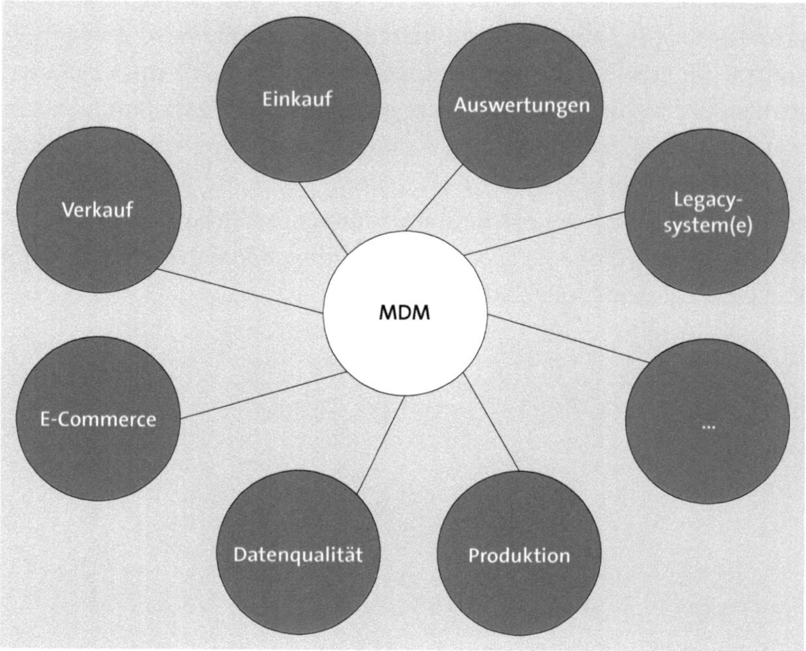

Abbildung 2.11 MDM-Architektur

MDM-Architektur

Wie Sie sehen, ist hier durchaus eine Ähnlichkeit mit dem »klassischen« zentralen Architekturansatz zur Stammdatenverwaltung auszumachen. Ein zentrales System kümmert sich um die Stammdaten, steuert Prozesse, nimmt Daten entgegen, triggert Datenqualitätsmaßnahmen und verteilt schließlich die Stammdaten an die Zielsysteme. Im Vergleich zur gewachsenen Stammdatenverwaltung (siehe Abbildung 2.10) stellt dies bereits einen erheblichen Fortschritt zum effizienteren Umgang mit Stammdaten dar, nicht nur mit Hinblick auf die Anzahl der Kommunikationsstrecken.

Aufgaben des zentralen MDM-Systems

Beim Einsatz eines MDM-Systems müssen Sie entscheiden, welche Aufgaben dieses zentrale System übernehmen soll. Neben der Steuerung des Stammdatenaustausches könnten das typische Stammdatenverwaltungsaufgaben sein, d. h. Prozesssteuerung, Validierungen (Datenqualitätsverbesserungen, z. B. Dublettenprüfung), Bearbeiterermittlung usw. Dies hängt von den Anforderungen Ihres jeweiligen Projekts ab und muss individuell entschieden werden.

Ein weiteres wichtiges Thema ist, in welchem Umfang das Stammdatenobjekt vom zentralen MDM-System verwaltet werden soll. Müssen alle Attribute des Stammdatenobjekts zentral verwaltet werden, oder ist es vielleicht sogar sinnvoller, nur bestimmte Attribute zentral zu verwalten? Diese besonders wichtigen Attribute werden auch *Kernattribute* genannt. Und in der Tat: Nicht selten wird in einer solchen MDM-Architektur der Aufbau des Stammdatenobjekts ganz genau analysiert – mit dem Ergebnis, dass tatsächlich nur die Kernattribute zentral und die weiteren Stammdatenattribute außerhalb des zentralen MDM-Systems – verwaltet werden sollen.

MDM-Architektur in der Cloud

Dieser Ansatz kann mit *Cloud-Technologie* effizient umgesetzt werden, indem nicht nur die Attribute des Stammdatenobjekts, sondern auch die Aufgaben der Stammdatenverwaltung intelligent getrennt und in den IT-Lösungen realisiert werden, die am besten dafür geeignet sind. Diese beiden IT-Lösungen befinden sich im SAP-Umfeld von SAP MDG als MDM-System und von *SAP MDI* als zusätzliches System, das sich gezielt um die integrativen Aufgaben innerhalb der Stammdatenverwaltung kümmert. Die sich dadurch ergebende *MDM-Cloud-Architektur* könnte wie in Abbildung 2.12 aufgebaut sein.

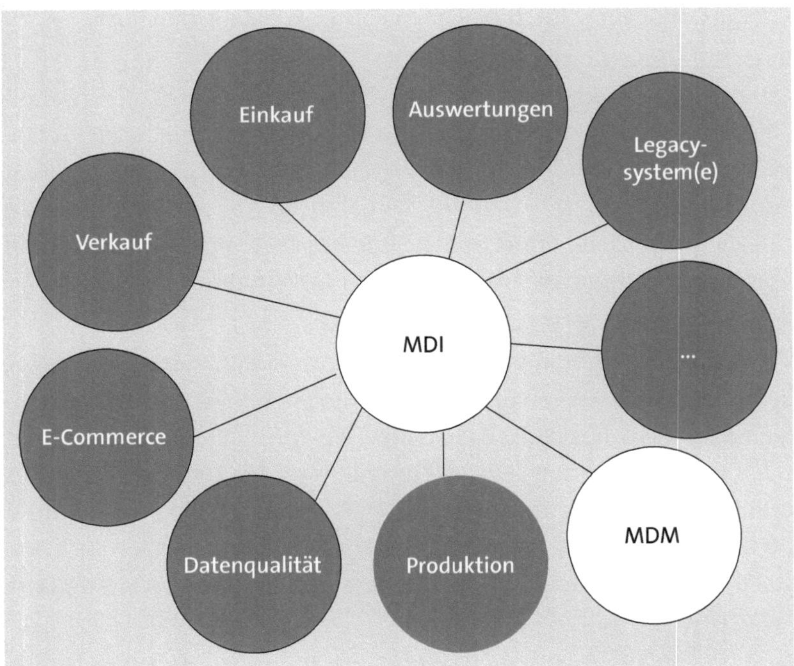

Abbildung 2.12 MDM-Cloud-Architektur

Auch wenn die Cloud-Architektur in Abbildung 2.12 gar nicht so anders aussieht als die MDM-Architektur in Abbildung 2.11, gibt es doch einen entscheidenden Unterschied: Wir befinden uns hier in einer Cloud-Umgebung. Zumindest die beiden Stammdatenkomponenten SAP MDG, Cloud Edition, und SAP MDI sind Cloud-Lösungen. Durch die Aufteilung der Stammdatenverwaltung in SAP MDG, Cloud Edition, und SAP MDI unterscheidet sich auch SAP MDG, Cloud Edition, in einigen Punkten von der On-Premise-Lösung SAP MDG. Beispielsweise werden Integrationsfunktionen von SAP MDI statt wie bisher von SAP MDG (bzw. vom Data Replication Framework) abgedeckt.

Beide Komponenten betrachten wir nun genauer:

- SAP Master Data Governance, Cloud Edition
- SAP Master Data Integration

SAP MDG, Cloud Edition

SAP MDG, Cloud Edition, deckt die folgenden Bereiche der Stammdatenverwaltung ab:

- **Governance**
  Der klassische Anwendungsbereich einer Stammdatenverwaltung, also Prozessmodellierung und Durchführung mit Benutzerfindung, Notification Service, mit leichterer Anpassbarkeit, anwenderorientierten UIs, Logging und Tracing für durchgehende Nachvollziehbarkeit usw.
- **Konsolidierung (Consolidation)**
  Stammdaten werden unter der Verwendung der Konsolidierung mithilfe von Prozessen zusammengeführt und dabei verschiedenen Verfahren unterzogen, z. B. für die Datenbereinigung, Standardisierung, Best Record Calculation und weitere Maßnahmen. Weitere Informationen zum Thema Konsolidierung finden Sie in Kapitel 4, »Konsolidierung und Massenverarbeitung mit SAP Master Data Governance«.
- **Massenbearbeitung (Mass Changes)**
  Wie es der Name schon andeutet, erlaubt diese Funktion das Anlegen, Ändern und Löschen von mehreren Stammdatenobjekten in einem einzigen Prozess, d. h., dass z. B. 500 Materialien in einem Workflow mit einer Genehmigung angelegt oder geändert werden können. Hier gibt es noch die Unterscheidung zwischen *Multi-Record Processing* (bis max. 100 Objekte) und *Mass Processing*. Weitere Details dazu finden Sie in Kapitel 4, »Konsolidierung und Massenverarbeitung mit SAP Master Data Governance«.
- **Datenqualitätsmaßnahmen (Data Quality Management, DQM)**
  Dies ist Teil von SAP MDG, Cloud Edition, der u. a. ein zentrales Repository zur Verwaltung von Qualitätsregeln zur Verfügung stellt. Diese Regeln können in verschiedenen Bereichen der Stammdatenbearbeitung verwendet werden, z. B. bei der Konsolidierung, aber auch bei der Governance. Diese Wiederverwendbarkeit erhöht die Effizienz bei Validierungsaufgaben beim Einsatz von SAP MDG, Cloud Edition, erheblich.

- **Felderweiterungen**
  Hier unterscheidet sich die Cloud-Variante von SAP MDG deutlich von der On-Premise-Variante, denn die Cloud Edition verwendet das *SAP One Domain Model*, um das jeweilige Stammdatenobjekt abzubilden, während die On-Premise-Lösung mit einem Datenmodell arbeitet, das nur in SAP MDG selbst Sichtbarkeit hat. Das SAP One Domain Model ist jedoch im gesamten Umfeld als sogenannte Lingua franca der SAP Business Technology Platform anwendbar und kann auch erweitert werden (ähnlich wie das MDG-Datenmodell). Allerdings ist das SAP One Domain Model eher dazu gedacht, nur Kernattribute abzudecken und als Grundlage für eine Komplettabdeckung eines gesamten Stammdatenobjekts nicht geeignet.

[«]

Verfügbare MDG-Lösungen

Bevor wir uns das SAP One Domain Model und dessen Bedeutung in der SAP Business Technology Platform (SAP BTP) und für die Stammdatenverwaltung im Detail anschauen, erhalten Sie kurz zur Einordnung einen Überblick der verschiedenen MDG-Produktlösungen:

- **SAP MDG, On-Premise-Variante**
  Sowohl SAP MDG als auch SAP S/4HANA, das als Fundament für SAP MDG fungiert, sind als klassische On-Premise-Installation vorhanden. Das heißt, dass keine Komponente dieser Landschaft cloudbasiert ist. Hier bietet SAP MDG die schon bekannten Funktionen auf der Basis von SAP S/4HANA, verwendet das MDG-dedizierte Datenmodell und bietet die bekannte Integration in das SAP-S/4HANA-System. Eine Verwendung von SAP MDG, Cloud Edition, in dieser Umgebung ist eher nicht vorgesehen, aber möglich. Allerdings wäre dies ohnehin nur möglich, wenn eine cloudbasierte Infrastruktur zur Verfügung stünde (also SAP BTP).
- **SAP MDG in SAP S/4HANA Cloud (Extended und Essential Edition)**
  Diese SAP-MDG-Variante hat in der Ausführung als Private Cloud and Extended Edition den gleichen Funktionsumfang wie die On-Premise-Variante von SAP MDG, basiert aber auf einer SAP-S/4HANA-Cloud-Installation bzw. der SAP BTP. SAP MDG, Essential Edition, in der SAP S/4HANA Cloud erlaubt die Verwaltung lokaler Daten von SAP S/4HANA Cloud.
- **SAP MDG, Cloud Edition**
  Dies ist schließlich die SAP-MDG-Variante, die für den Federated-Ansatz in der Stammdatenverwaltung gedacht ist und dessen Datengrundlage auf dem SAP One Domain Model basiert. Die Cloud Edition wird häufig zusammen mit SAP MDI eingesetzt.

SAP One Domain Model

Kommen wir nun zum SAP One Domain Model. Das SAP One Domain Model ist als unternehmensweites, nicht kanonisches Datenmodell zur umfassenden Beschreibung der im Unternehmen verwendeten Daten vorgesehen. Es ist Teil der Cloud-Integrationsstrategie von SAP.

Die Idee ist, dass dieses Modell speziell die auszutauschenden Attribute beschreibt. Dies ergibt ein schlankes, in der Struktur sehr statisches Modell. Dadurch beschränkt sich das SAP One Domain Model auf die Beschreibung der Kernattribute eines Objekts, z. B. eines Kunden bzw. Geschäftspartners. Das Modell bzw. dessen Aufbau wird dadurch sehr stabil und unabhängig von den IT-Lösungen, die es verwenden.

Unterscheidung zwischen Stamm- und Transaktionsdaten

Es wird beim SAP One Domain Model zwischen Stamm- und Transaktionsdaten unterschieden; im Rahmen unserer Betrachtungen sind primär die Stammdaten relevant. Der Aufbau des SAP One Domain Models unterliegt dem Paradigma *Domain Driven Design* (DDD). Dies bedeutet, dass die Domäne, also z. B. die Produktplanung oder die Abteilung Vertrieb, ganz entscheidend bestimmt, welche Attribute sich im SAP One Domain Model wiederfinden.

SAP verwendet das SAP One Domain Model als zentrales Modell, um mithilfe von SAP MDI innerhalb der *Integrated Intelligent Suite* auf der technischen Grundlage SAP-BTP-Daten effizient auszutauschen. Abbildung 2.13 verdeutlicht die Zuordnung von IT-Komponenten zu den verschiedenen Domänen einer Unternehmensarchitektur.

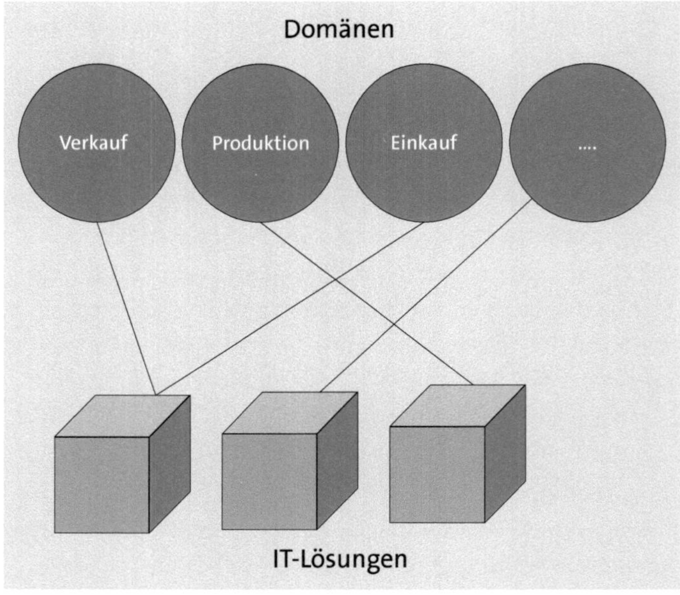

Abbildung 2.13 Domänengetriebenes Design

Unabhängig davon, welche Domäne und welche IT-Lösung verwendet wird, ist das SAP One Domain Model die zentrale Objektstrukturbeschreibung. Dies erleichtert die Realisierung wohldefinierter, stabiler Interfaces sowie generell den Datenaustausch und erhöht schließlich die Effizienz in der Systemlandschaft.

SAP Graph

Das SAP One Domain Model verfügt über eine API, die *SAP Graph* genannt wird, und über die eine Erweiterung des SAP One Domain Models möglich ist. Eine der Hauptanwendungen des SAP One Domain Models sind die End-to-End-Prozesse innerhalb der *Intelligent Suite*:

- Recruit-to-Retire (Prozesse bezüglich interner und externer Mitarbeiter)
- Lead-to-Cash (kundenorientierte Prozesse)
- Source-to-Pay (Einkaufsprozesse)
- Design-to-Operate (Herstellungsprozesse, Services)

Typische Objekte, die über das SAP One Domain Model beschrieben werden, sind z. B. Kostenstelle, Mitarbeiter oder Geschäftspartner. Für die Stammdatenverwaltung mithilfe von SAP MDG, Cloud Edition, bedeutet dies, dass das SAP One Domain Model eine etwas andere systemlandschaftsweite austauschbare Datengrundlage zur Verfügung stellt, als es bei der On-Premise-Lösung von SAP MDG der Fall ist, bei der ein Datenmodell zugrunde liegt, dessen Sichtbarkeit nur innerhalb von SAP MDG gegeben ist.

Damit geht einher, dass das SAP One Domain Model – wie schon erläutert – nicht das gesamte Stammdatenobjekt beschreiben kann, auch wenn es anpassbar bzw. erweiterbar ist. Damit jedoch mithilfe von SAP MDG, Cloud Edition, auch in einer Cloud-Umgebung eine flexible und vollständige Stammdatenverwaltung ermöglicht wird, bietet sich die Komponente *SAP Master Data Integration* an, die wir hier näher beleuchten.

SAP Master Data Integration

SAP MDI ist eine Cloud-Komponente, die – wie der Name schon sagt – primär Integrationsaufgaben wahrnimmt. SAP MDI arbeitet auf der Grundlage der SAP BTP und ist in der Lage, mithilfe des SAP One Domain Models den Datenaustausch innerhalb der Systemlandschaft, seien es Cloud- oder On-Premise-Komponenten, zu koordinieren. Dabei übernimmt SAP MDI wesentliche Aufgaben, die für die Stammdatenverwaltung wichtig sind:

- Suche und Dublettenprüfung
- Schlüssel-Mapping
- Werte-Mapping
- Replikation
- Kombination von Kern- und Applikationsattributen

Die *Suche und Dublettenprüfung* wird nicht in SAP MDG, Cloud Edition, durchgeführt, sondern in SAP MDI, weil SAP MDI den Zugriff zu allen Datenquellen hat, in dem sich ein Stammdatenobjekt bzw. dessen Attribute befinden können. Dies ist ein etwas anderer Ansatz als bei der On-Premise-Variante von SAP MDG. Bei der On-Premise-Variante kann die Suche und die Dublettenprüfung zwar auch ausgelagert werden (z.B. zur Enterprise Search), wird aber doch von der On-Premise-Version von SAP MDG kontrolliert.

Das *Schlüssel- und Werte-Mapping* als integrative Aufgabe wird ebenso nur in SAP MDI durchgeführt, um SAP MDG, Cloud Edition, zu entlasten, und auch weil SAP MDG, Cloud Edition, nicht über den Zugriff auf alle dafür notwendigen Daten verfügt.

Replikation durch SAP Master Data Integration

Ganz ähnlich verhält sich bei den Aufgaben der Replikation. Nur SAP MDI kann alle Datenquellen und auch -ziele erreichen, die für die Verteilung von Daten erreicht werden müssen.

Das DRF bleibt verfügbar

Auch wenn SAP MDI das Schlüssel- und Werte-Mapping sowie die Replikationsaufgaben übernimmt, bleibt das *Data Replication Framework* (DRF) in der On-Premise-Variante von SAP MDG weiterhin verfügbar – schon allein aus Kompatibilitätsgründen.

Unter der *Kombination von Kern- und Applikationsattributen* ist die Aufgabe zu verstehen, die Kernattribute eines Stammdatenobjekts, das im SAP One Domain Model beinhaltet ist, mit den applikationsspezifischen Attributen zusammenzubringen, um das vollständige Stammdatenobjekt, z. B. für die Replikation, für die Suche oder für andere Prozesse zur Verfügung zu stellen. Diese Aufgabe ist nun notwendig, weil SAP MDG, Cloud Edition, lediglich die Kernattribute des SAP One Domain Models verwaltet und nicht wie die On-Premise-Variante von SAP MDG Zugriff auf das gesamte Stammdatenobjekt hat.

Hoheit über das Stammdatenobjekt

SAP MDI übernimmt damit eine sehr wichtige Funktion in der Stammdatenverwaltung, es ist der »Eigentümer« und hat die Hoheit über das Stammdatenobjekt. Das Objekt steht unter der Verantwortung von SAP MDI, und damit ist die immer wieder in Projekten lange diskutierte Frage geklärt, wem denn das Stammdatenobjekt gehört. Das heißt, dass SAP MDI wichtige Validierungen übernimmt, z. B. die Dublettenprüfung, aber auch wichtige Aufgaben, z. B. die Verteilung des Stammdatenobjektes, wenn es geändert wurde. SAP MDI hat immer den besten Überblick über das Stammdatenobjekt, seinen Verteilungsstatus, seine Datenqualität und weitere wesentliche Eigenschaften.

Anbindung von Drittanbieterkomponenten

Speziell bei Integrationsthemen stellt sich nicht selten die Frage, ob auch Drittanbieterlösungen angebunden werden können. Bei SAP MDI ist dies jedoch nicht möglich. Falls Sie Drittanbietersoftware integrieren möchten, erfolgt dies über die SAP Integration Suite, die Teil der SAP BTP ist.

Kurz zusammengefasst ähneln sich die On-Premise- und die Cloud-Versionen von SAP MDG in ihrem Funktionsumfang. Wesentlicher Unterschied ist jedoch, dass SAP MDG, Cloud Edition, das SAP One Domain Model als Datengrundlage verwendet, während SAP MDG in der On-Premise-Variante mit einem dedizierten Datenmodell arbeitet. Außerdem wurden einige Funktionen aus der On-Premise-Variante in die Lösung SAP MDI verschoben.

Cloud Edition als Ersatz?

Trotz der großen Ähnlichkeiten sollten Sie jedoch nicht davon ausgehen, dass SAP MDG, Cloud Edition, eine schon bestehende SAP-MDG-On-Premise-Lösung vollkommen ersetzen oder als dessen Nachfolger fungieren sollte. Weitere Aspekte hinsichtlich der Stammdatenstrategie in einer Cloud-Umgebung haben wir in diesem Abschnitt schon näher beleuchtet.

2.3.4 Zusammenspiel zwischen der On-Premise-Variante von SAP MDG und SAP MDG, Cloud Edition

Nachdem wir im letzten Abschnitt die Eigenschaften der Cloud-Stammdatenlösungen näher angeschaut und mit der On-Premise-Lösung in Relation gesetzt haben, beleuchten wir nun mögliche *Strategien* mit und ohne Cloud-Umgebung näher. Dazu knüpfen wir an der Aussage an, dass SAP MDG, Cloud Edition, die On-Premise-Variante von SAP MDG nicht ersetzen soll. SAP MDG, Cloud Edition, ist nicht das neue Release, das der On-Premise-Variante von SAP MDG nachfolgt, sondern eine weitere Option, um die Stammdaten zu verwalten. Diese weitere Option, eben der Federated-Ansatz, ist mithilfe von SAP MDG, Cloud Edition, (in Kooperation mit SAP MDI) einfach zu implementieren.

Erweiterung des Lösungsportfolios durch die Cloud Edition

Damit erweitert SAP MDG, Cloud Edition, zusammen mit SAP MDI das SAP-Lösungsportfolio, erleichtert u. a. aufgrund der Cloud-Technologie den schrittweisen Einstieg in die Stammdatenverwaltung und ist primär dafür gedacht, eine verbundene (*federated*) Stammdatenverwaltung zu ermöglichen. Das bedeutet aber auch: Für Unternehmen, die einen solchen Ansatz nicht anwenden wollen oder können, ist das klassische SAP MDG weiterhin am besten geeignet, unabhängig davon, ob nun Cloud-Technologie als Fundament eingesetzt wird oder nicht.

Treten wir einen Schritt zurück, und betrachten wir diesen Paradigmenwechsel mit der Einführung der Cloud-Technologie aus der Vogelperspektive im Hinblick auf die Stammdaten.

Modularität durch Cloud-Lösungen

Es ist deutlich auszumachen, dass die Softwarelandschaften mit der (schrittweisen) Einführung von Cloud-Lösungen granularer und modularer werden. Diese Eigenschaft spiegelt sich auch in der SAP BTP wider, die SAP als Fundament für die Cloud-Lösungen vorsieht. Auf diesem Fundament werden die Applikationen der *Intelligent Suite* eingesetzt. Diese Applikationen zeichnen sich eben durch eine erhöhte Modularität aus, und dadurch wird die Flexibilität der Systemlandschaft stark erhöht. Diese Flexibilität ist mehr als gewollt, denn das *intelligente Unternehmen* benötigt eine leicht modifizierbare und intelligent anpassbare Systemlandschaft. Durch die SAP BTP wird sichergestellt, dass auch Drittanbieter mit Nicht-SAP-Schnittstellenformaten einfach eingebunden werden können. Dies erhöht nochmals die Flexibilität und die leichte Integration von SAP- als auch Nicht-SAP-Lösungen.

SAP One Domain Model als wichtiger Baustein für das intelligente Unternehmen

Was bedeutet dies nun aus Stammdatensicht? Zur Beantwortung dieser Frage schauen wir zunächst auf das SAP One Domain Model und SAP MDI. Diese spielen hierbei wesentliche Rollen, primär um die Integrationsaufwände – sowohl zwischen SAP-Lösungen als auch Nicht-SAP-Anwendungen – niedrig zu halten. Dies gelingt sehr gut, denn die Integration der Stammdaten übernehmen genau die Komponenten, die dafür optimal ausgelegt sind. Jedoch wird die Verwaltung der Stammdaten durch Lösungen sichergestellt, die genau dies am besten können, nämlich eben MDM-Lösungen (seien es die On-Premise-Variante von MDG, SAP MDG, Cloud Edition, oder andere MDM-Applikationen). Damit kann sich die MDM-Lösung auf die Bereiche konzentrieren, in denen tatsächlich eine Stammdatenverwaltung echten Mehrwert bringt, d. h., dass diese Aufteilung einen Effizienz- und Flexibilitätsschub in die IT-Landschaft mit sich bringt und eine weitere wichtige Eigenschaft eines intelligenten Unternehmens ist.

Federated-Ansatz ermöglicht MDM-Netzwerk

Damit wird nun auch klar, dass SAP MDG, Cloud Edition, die On-Premise-Variante von SAP MDG nicht ersetzt, sondern ergänzt. Die Aufgabenverteilung ändert sich nicht, aber was sich ändert, sind die Möglichkeiten, wie man die Stammdatenverwaltung in die IT-Landschaft implementiert. Die beiden Ansätze SAP MDG, On-Premise-Variante/Private Cloud, oder SAP

MDG in SAP S/4HANA Cloud werden durch den Federated-Ansatz zudem noch erweitert. Durch diese Ergänzung ergibt sich eine Systemlandschaft mit einem Netzwerk von mehreren MDG-Systemen, die sich um genau die Attribute kümmern, für die sie am besten geeignet sind.

Ein weiterer wichtiger Aspekt ist die Tatsache, dass Investitionen in die On-Premise-Variante des klassischen SAP MDG leicht in SAP MDG, Cloud Edition, übernommen werden können, da – wie beschrieben – die Cloud Edition über einen sehr ähnlichen Funktionsumfang verfügt.

SAP MDG, Cloud Edition, einführen

Lassen Sie uns abschließend noch diskutieren, auf welchen Wegen ein Unternehmen SAP MDG, Cloud Edition, einführen kann. Es ist zu unterscheiden, ob im Unternehmen bereits eine MDG-Lösung (meist als On-Premise-Variante) vorhanden ist oder nicht:

- **Im Unternehmen gibt es noch keine MDG-Stammdatenlösung**
  Mit dem Ansatz *Software-as-a-Service* (SaaS) kann SAP MDG, Cloud Edition, schnell, einfach – da stark vorkonfiguriert – und schrittweise, auf der Grundlage eines Multi-Tenant-Ansatzes eingeführt werden. Wird die Stammdatenlösung erweitert, kann auf Single-Tenant umgestellt werden – bis hin zu einem *Platform-as-a-Service-Ansatz* (PaaS-Ansatz). SAP MDI kann nach Bedarf eingeführt werden.
- **Im Unternehmen gibt es schon eine MDG-Lösung**
  Hierbei wird SAP MDG, Cloud Edition, zusätzlich parallel zur On-Premise-Variante SAP MDG eingesetzt. Konfigurationen aus dem On-Premise-System können einfach in die Cloud Edition übernommen und dort entweder parallel oder ersetzend weitergeführt werden. Zusätzlich dazu kann SAP MDG, Cloud Edition, weitere Funktionen zur Verfügung stellen, um z. B. weitere Geschäftsfelder oder Geografien in die Stammdatenverwaltung einzubeziehen.

[«]

Die verschiedenen Stufen von Cloud-Services

Es gibt verschiedene Arten von Cloud-Services, die wir Ihnen hier kurz erläutern möchten:

- **Infrastructure-as-a-Service (IaaS)**
  Der Cloud-Anbieter stellt Hardware, Rechenleistung, Server, Sicherheitsinfrastruktur (z. B. Firewall), Speicherplatz, jedoch z. B. keine Betriebssysteme oder Datenbanken zur Verfügung.
- **Platform-as-a-Service (PaaS)**
  Zusätzlich zu den Komponenten, die im Rahmen von IaaS zugänglich gemacht werden, liefert eine PaaS-Lösung auch das Betriebssystem,

Entwicklungsplattformen und -werkzeuge, Analyse-Frameworks, Datenbanken und gegebenenfalls weitere notwendige Elemente, auf deren Fundament der Kunde seine Softwareapplikation(en) betreiben kann.

- **Software-as-a-Service (SaaS)**
  Dies umfasst das umfangreichste Angebot von Cloud-Diensten, denn die unter PaaS genannten Module werden nun durch konkrete Softwareanwendungen, z. B. Apps, Webanwendungen (wie etwa Online-Shops), Produktionsplanungs- oder Order-to-Cash-Anwendungen und vieles mehr vervollständigt. Der Cloud-Kunde kann hier die Software sofort nutzen, um die gewünschten Geschäftsfunktionen erledigen zu können – im Idealfall ohne aufwendige Konfiguration, aber in jedem Fall ohne eigene Programmierungen (was z. B. bei einer PaaS-Lösung notwendig wäre).

Allen Angeboten ist gemein, dass nicht nur der Server oder die Softwareapplikation zur Verfügung gestellt wird, sondern auch die notwendigen Dienstleistungen, damit der Server bzw. die Softwareanwendung problemlos betrieben werden kann – also z. B. Installationsservices, die Sicherstellung der Systemverfügbarkeit, das Einspielen von Updates, die Fehlerbehebung, die Steuerung der Systemauslastung usw. Dies entlastet den Kunden erheblich im Hinblick auf die sonst aufwendigen IT-Aufgaben.

2.4 Bedeutung der Stammdaten-Roadmap

Nachdem wir die Stammdatenstrategie beschrieben und auch ihre Bedeutung hervorgehoben haben, widmen wir uns nun dem Operationalisieren eben dieser Strategie mithilfe der Stammdaten-Roadmap. In diesem Abschnitt beleuchten wir das Zusammenspiel zwischen Strategie und Roadmap, gehen auf die Rolle der Roadmap ein und erklären, welche Punkte Sie bei ihrer Erstellung beachten sollten.

2.4.1 Zusammenhang zwischen Strategie und Roadmap

Zunächst betrachten wir den Zusammenhang zwischen Roadmap und Strategie, um so die Wichtigkeit beider Elemente für das MDM-Programm herauszuarbeiten (siehe Abbildung 2.14). Die Zielbeschreibungen der strategischen MDM-Fähigkeiten bilden die Messlatte für eine *Fit-Gap-Analyse*. Hier wird mithilfe von Interviews, Umfrageergebnissen, Reifegradeinschätzungen oder gegebenenfalls Studien zu den gegenwärtigen Prozessen die Ist-Situation der Zielsituation gegenübergestellt.

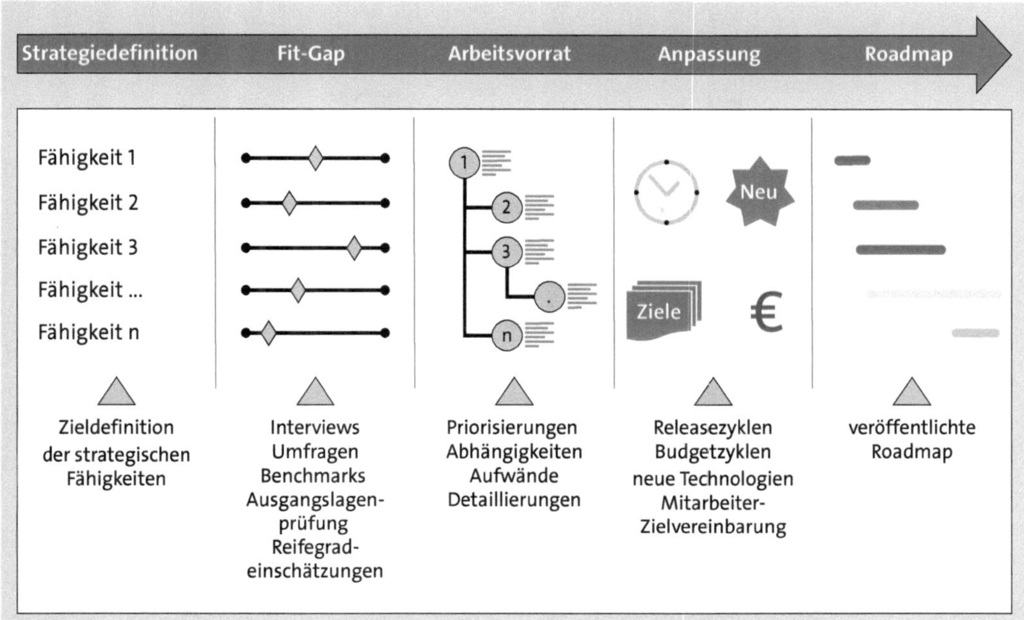

Abbildung 2.14 Zusammenhang zwischen MDM-Strategiedefinition und MDM-Roadmap

Der Abstand zwischen Ist-Situation und Ziel wird dann als Lücke (Gap) in den Arbeitsvorrat überführt. Der Zusammenhang zwischen Strategie und Roadmap ist also die Beziehung zwischen Ist- und Sollzustand, wobei die Roadmap Aussagen über den Weg ermöglicht. Das bedeutet, dass die Artefakte für sich allein genommen keine Kraft haben, da weder eine Zielerklärung ohne Vorstellung, wie man das Ziel erreichen will, noch eine Navigationsanleitung ohne Zielangabe sinnvoll ist. Die Roadmap ist also der Fahrplan zur Erreichung der Ziele.

Fit-Gap-Analyse und Arbeitsvorrat

Als Resultat aus der Fit-Gap-Analyse ergeben sich zunächst lose zusammenhängende Aufgaben. An dieser Stelle sollten Sie den Arbeitsvorrat kritisch prüfen. Vor allem sollten Sie bei den im Arbeitsvorrat enthaltenen Einträgen auf die erwarteten Aufwände, gegebenenfalls zu tätigenden Anschaffungen (z. B. Lizenzen oder Hardware) und auf die Abhängigkeiten unter den Anforderungen achten. Sobald Sie diese in Erfahrung gebracht und aufeinander abgestimmt haben, können Sie eine Priorisierung der Tätigkeiten vornehmen, die die zur Verfügung stehenden finanziellen Mittel und Personentage berücksichtigt.

Bei der Priorisierung sollten Sie die beteiligten Geschäftsbereiche mit einbeziehen. Wenn Sie technische oder governanceorientierte Anforderungen in den Vordergrund stellen, wird dies eher nicht akzeptiert. Eine gute Methode, um die Wichtigkeit der Aufgaben festzulegen, finden Sie in Abschnitt 2.5, »Wie viel Master Data Governance braucht mein Unternehmen?«.

Anpassung an Rahmenbedingungen

Ist der Arbeitsvorrat kritisch geprüft und gemeinsam mit dem Geschäft priorisiert, müssen Sie ihn im nächsten Schritt an die Rahmenbedingungen anpassen. Dieser Schritt ist durchaus umfangreich und bedarf einer behutsamen Betrachtung. Wie schon angesprochen, betreffen MDM-Initiativen verschiedene Abteilungen; deshalb ist es oft schwierig, die notwendigen Ressourcen und Personentage zu bekommen. Hier sind alle beteiligten Geschäftsbereiche in der Verantwortung. Wenn es kein fest zugeteiltes Budget für Ihre MDM-Initiative gibt, werden Sie sich gezwungen sehen, die benötigten Mittel einzuholen. Nutzen Sie auch die vorgestellten Methoden der Stammdatenanalytik, um gute und messbare Argumente vorweisen zu können.

Allerdings ist es entscheidend zu verstehen, dass in den meisten Fällen entsprechende Gelder nicht »über Nacht« zur Verfügung gestellt werden können. So findet die von Ihnen vorgeschlagene Initiative vielleicht Anklang, und die Sponsoren würden Sie gerne unterstützen. Sie teilen Ihnen dann allerdings mit, dass Sie den *Budgetzyklus* gerade um zwei Monate verpasst haben. Sie könnten mit der Initiative starten; allerdings konkurrieren Sie dann mit Projekten, deren Budgets zuvor schon genehmigt wurden. Dies ist keine gute Ausgangsposition für Ihr Projekt. Identifizieren Sie also die Zeiten, zu denen ein Budget für die Planung des nächsten Finanzjahres in Ihrer Organisation eingestellt werden muss. Kalkulieren Sie ebenso die Zeit, die Sie aufwenden müssen, um Sponsoren von Ihrer Initiative zu überzeugen, und rechnen Sie dann rückwärts, um den Zeitpunkt zu bestimmen, wann Sie anfangen müssen, Teil des anstehenden Budgetzyklus zu werden. Berücksichtigen Sie bei umfangreicheren Projekten auch die Vorgaben aus den Finanz- und Controllingabteilungen. Kalkulieren Sie auch organisatorische Trägheiten mit ein.

Abstimmung der Ressourcenthemen

In gleicher Weise ist es von Vorteil, wenn Sie den Planungshorizont der wichtigsten Teilnehmer Ihrer MDM-Initiative kennen. Auch hier werden Sie vielleicht Zustimmung für Ihr Vorhaben ernten. Sollte die Ressourcenplanung aber schon abgeschlossen sein, wird es schwierig, die von Ihnen benötigten Mitarbeiter im erforderlichen Umfang beteiligen zu können.

Darüber hinaus sollten Sie die Planung auch als Chance nutzen und für die individuelle Zielsetzung der Mitarbeiter berücksichtigen. So können Sie dafür Sorge tragen, dass die Erreichung der MDM-Projektziele direkt mit den individuellen Zielen der Mitarbeiter verbunden ist. Auch die Vorgesetzten anderer Abteilungen werden dies als gute Gelegenheit erkennen, um ihre

Mitarbeiter zu fördern und zu entwickeln. In die idealerweise quartalsweise stattfindenden Mitarbeiterzielgespräche können dann jeweils die entsprechenden Projektmeilensteine mit einbezogen werden.

2.4.2 Stakeholder-Feedback und Reifegradanalysen

Ein interessanter Punkt bei der Gestaltung der MDM-Roadmap ist auch die Einbeziehung von regelmäßigem Feedback der wichtigsten *MDM-Stakeholder* (wer Ihre wichtigsten Stakeholder sind, lesen Sie in Abschnitt 1.2, »Welche Stammdaten sind wem wichtig und warum?«). In die gleiche Kategorie kann man auch wiederkehrende *Reifegradstudien* mit einbeziehen. Diese können unter Umständen in interessante Richtungen weisen und »blinde Flecken« identifizieren, also Themen, die Ihnen bislang nicht bewusst waren. Wir empfehlen, die Lieferung der Resultate entsprechender Reifegradanalysen und des Stakeholder-Feedbacks so zu planen, dass die Ergebnisse auch für die Erstellung der MDM-Roadmap berücksichtigt werden können. Wichtiges Feedback und Analysen sollten beispielsweise nach Möglichkeit nicht nach Abschluss der Budgetphase eintreffen, damit sie noch entsprechend berücksichtigt werden können. Andernfalls verpassen Sie hier eine Gelegenheit, um auf kritische Punkte zeitnah reagieren zu können.

Neue Technologien und Releasezyklen

Schließlich kann es von Bedeutung sein, dass Sie die Releasezyklen Ihres Unternehmens in die Planung mit einbeziehen. Je nach Industrie haben manche Unternehmen nur zwei Releases pro Jahr. Wenn Sie dies nicht beachten, kann dies eine ungeplante Verzögerung für das Programm bedeuten und gegebenenfalls den erwarteten Nutzen erheblich schmälern. Dies kann beispielsweise dann der Fall sein, wenn es um die Reduzierung von Softwarelizenzkosten geht, die dann möglicherweise nicht wie geplant realisiert werden können oder schlimmstenfalls doppelt gezahlt werden müssen, da die alte und die neue Anwendung wegen der Verzögerung parallel laufen.

Neue Technologien können ebenfalls eine Rolle spielen und Ihre Planung beeinflussen. Ein neues Softwarerelease zur rechten Zeit kann taktisch durchaus nützlich sein, da dadurch mögliche Aufwände für ein Upgrade entweder in der Planung berücksichtigt oder gar vermieden werden können. Hier empfiehlt es sich, nachdem die Entscheidung für eine Software gefallen ist, mit dem Anbieter in engem Kontakt zu bleiben, um über mögliche Änderungen in der Produktpipeline des Anbieters informiert zu bleiben. Abbildung 2.15 zeigt, wie mögliche Planungsschritte der MDM-Roadmap aussehen können und wie die zuvor beschriebenen Aspekte hier Berücksichtigung finden. Die Darstellung zeigt auch deutlich, dass es sich hier um eine periodisch wiederkehrende Übung handelt. Wenn Sie in diesem Prozess eine Routine entwickeln, kann dies die MDM-Initiative sehr effizient machen und den Nutzen konstant hochhalten, da mögliche administrative Trägheiten komplexer Organisationen gut antizipiert und berücksichtigt werden können.

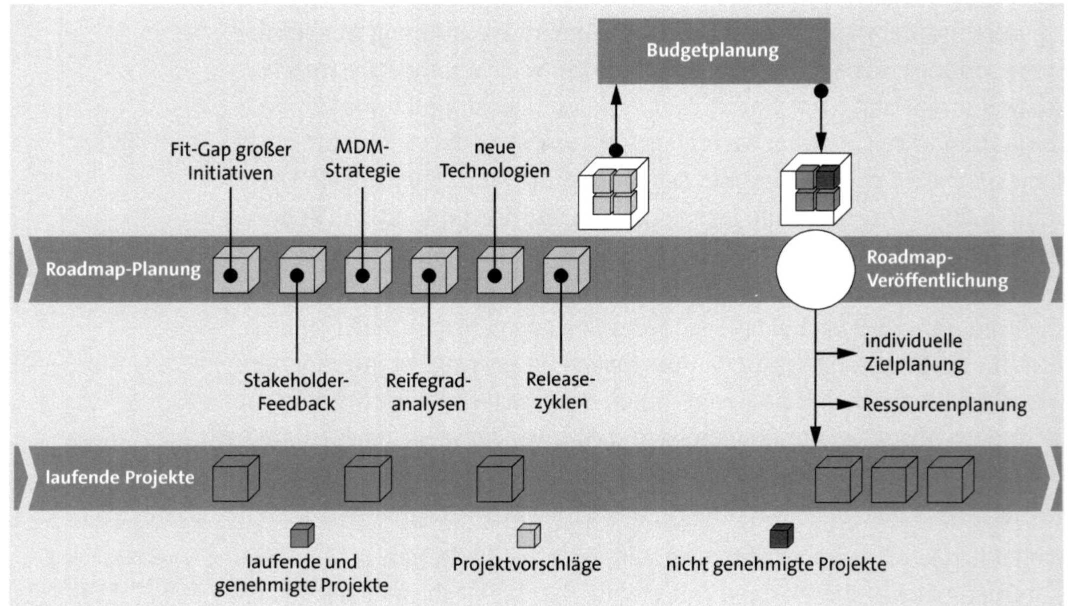

Abbildung 2.15 Roadmap-Zyklus mit wichtigen Abhängigkeiten

2.4.3 Roadmap als Mittel der Kommunikation

Wenn Sie nun die Roadmap mit den wichtigsten Vorhaben für das nächste Jahr fertiggestellt haben, haben Sie ein großes Stück Arbeit geleistet. Allerdings ist es nun von elementarer Bedeutung, diese Roadmap auch zu veröffentlichen. Die Bedeutung der Roadmap als Kommunikationsmittel Ihrer MDM-Initiative ist kaum zu überschätzen. So ist sie nach der Übersicht des zu erwartenden Nutzens das Dokument schlechthin, um mit Ihren Stakeholdern zu kommunizieren.

Planungssicherheit schaffen

Die Roadmap informiert Ihre Stakeholder, wann das Programm welche Bestandteile liefert, und schafft somit Erwartbarkeit aufseiten der Hauptnutznießer Ihres Programms. Darüber hinaus können Sie auch die Erwartungen anderer Initiativen steuern, die gegebenenfalls von Ihrer Initiative abhängen oder daran anschließen sollen. Ein weiterer Effekt nach außen ist, dass Sie nach Vollendung eines Quartals, Halbjahres oder eines ganzen Jahres die Roadmap auch als Dokumentation des gelieferten Umfangs betrachten können. Das Dokument kann also stark zur Vertrauensbildung genutzt werden – wenn nämlich das eingetreten ist, was in der Roadmap vor Jahresbeginn ausgesagt wurde. Für die an der Initiative Beteiligten hat die Roadmap vor allem den Effekt, dass sie die Klarheit über den geplanten Umfang und vor allem die erwarteten Zeitlinien stärkt.

Nachdem wir die Effekte schlaglichtartig beschrieben haben, stellen Sie sich nun vor, was passiert, wenn Sie die Roadmap nicht veröffentlichen. Dann würden die zuvor beschriebene Effekte nicht in der Form eintreten, und Sie müssten versuchen, sie über Umwege und andere Mittel zu erreichen.

Merkmale der Stammdaten-Roadmap

Hier sind noch einmal die wichtigsten Merkmale der Roadmap kurz zusammengefasst:

- Es besteht ein inhärenter Zusammenhang zwischen der Stammdatenstrategie und der Stammdaten-Roadmap, die beide einander bedingen.
- Interne Releasezyklen und das Erscheinen neuer Technologien sollten in der Planung berücksichtigt werden.
- Berücksichtigen Sie den Budgetzyklus Ihrer Organisation, um die Planung Ihrer MDM-Initiative effektiver zu machen.
- Die Roadmap sollte jährlich geprüft und erneuert werden.
- Die Roadmap muss öffentlich zugänglich sein und dient als eines der wesentlichen Kommunikationselemente.
- Nutzen Sie regelmäßiges Stakeholder-Feedback und Resultate aus den Reifegradanalysen als Input für Ihre Roadmap-Planung.

2.5 Wie viel Master Data Governance braucht mein Unternehmen?

Zugegeben, die Frage in der Überschrift für diesen Abschnitt ist etwas provokant gewählt, spielt sie doch mit dem Vorurteil, Governance sei eine Sammlung von unzähligen und komplexen Regeln sowie von langwierigen Entscheidungsprozessen, die in intransparenten Dokumenten festgehalten werden müssen. Kurz gesagt: Bürokratie. Dass dieses Bild nicht der Wahrheit entspricht, wollen wir im Folgenden zeigen. Wir haben uns in Kapitel 1, »Warum ist Stammdatenmanagement wichtig für Ihre Organisation?«, schon etwas eingehender damit beschäftigt, was Master Data Governance ist. Dazu haben wir Definitionen analysiert, das Rahmenwerk präsentiert und definiert sowie die Motivation für das Thema klar herausgestellt. Von dieser Basis aus gehen wir jetzt darauf ein, welches Maß an Governance eigentlich gut ist und bei welchen Objekten sich Governance lohnt.

2.5.1 Standard-Governance-Modelle

Zur Orientierung wollen wir grundsätzlich zwischen drei typischen *Governance-Modellen* unterscheiden (siehe Tabelle 2.3). Man kann sich entsprechend weitere Mischformen vorstellen. Prinzipiell kann man zwischen eher invasiven, hybriden und weniger invasiven Governance-Modellen unterscheiden.

	Nicht invasiv	Hybrid	Invasiv
Organisation	▪ Jeder Geschäftsbereich unterhält seine eigene Organisation. ▪ wenig Koordination untereinander	Matrixorganisation mit Schwerpunkt auf Koordination und gegebenenfalls Steuerung der einzelnen Funktionen	Zentralorganisation, gegebenenfalls mit regionaler Struktur, um globales Service-Level anzubieten
Governance	▪ Jeder Geschäftsbereich verantwortet und setzt Datenstandards für sich. ▪ maximal beratende Rolle einer Governance-Abteilung	strukturierte Kollaboration mit Geschäften, orientiert an Best-Practice-Modellen	Zentralorganisation verantwortet und setzt Standards.
Prozessdesign	je nach Geschäftsbereich eigene Prozesslandschaft	angepasste Prozessarchitektur nach Bewertung des erforderlichen Levels an Governance	stark zentral orchestrierte Stammdatenprozesse mit Harmonisierungsfokus
Systemarchitektur	▪ geschäftsspezifische Systemarchitektur, sehr eingeschränkte Harmonisierung ▪ eher konsolidierungsorientierte MDM-Modelle	▪ gegebenenfalls domainspezifische Systemarchitektur nach erforderlichem Grad der Harmonisierung ▪ domänenspezifische Mischformen der Konsolidierung und Harmonisierung	▪ zentrales Stammdatenmanagementsystem mit konsumierenden Satelliten ▪ eher harmonisierungsorientierte MDM-Modelle

Tabelle 2.3 Eigenschaften der verschiedenen Governance-Modelle

	Nicht invasiv	Hybrid	Invasiv
Supportkonzept	parallel existierende Support-Organisationen mit ähnlichem Zuschnitt	funktional geteiltes Support-Konzept: ▪ Datenqualität und -inhalt mit dem Geschäft ▪ Prozess und Technologie mit der Zentralorganisation	zentral orchestriertes Support-Konzept
Datenverantwortung	fragmentierte Datenverantwortung je nach Geschäftsbereich, inklusive Datenpflege und Verantwortung für Datenqualität	▪ Datenpflege und Datenqualitätsverantwortung mit dem Geschäft, gestützt durch umfassendes Datenqualitätsmanagement ▪ überfunktionale Inhalte zentral verantwortet oder koordiniert	umfassende zentrale Datenverantwortung, inklusive Datenpflege und Datenqualität
Vorteile	großer Autonomieumfang bei den Geschäftsbereichen	▪ dem Umfeld angepasste Form der Governance, mit dem Ziel der richtigen Balance ▪ Datenverantwortung dort, wo der Nutzen entsteht	▪ klare Verantwortung bei der zentralen Funktion ▪ maximale Kontrolle
Nachteile	▪ Überfunktionale Datenprobleme werden schwerlich adressiert. ▪ Das Teilen von Informationen wird erschwert.	Herausforderungen einer Matrixorganisation	Die Verantwortung für die Daten liegt nicht bei der Organisation mit dem größten Nutzen; Verbindlichkeit und Vertrauen im Geschäft könnten reduziert sein.
Rahmenbedingungen	heterogene Organisationen mit starkem geschäftsspezifischem Mandat und eingeschränkten überfunktionalen Anforderungen	▪ geteiltes Mandat für Geschäft und Governance-Abteilung ▪ kollaborative Organisationskultur	▪ starkes Mandat ▪ zentralorientierte Organisationskultur

Tabelle 2.3 Eigenschaften der verschiedenen Governance-Modelle (Forts.)

Unterschiede Die Governance-Modelle unterscheiden sich in den folgenden Punkten:

- Invasive Modelle gehen von einer sehr stark orchestrierten zentralen Kontrolle der Stammdatenprozesse und -inhalte aus. Genau dieses Wesensmerkmal des Modells trifft dann auf alle Dimensionen des Rahmenwerks zu. Diesem Anspruch folgend, ist die Organisationsform hier sehr stark an einer zentralen Verantwortung orientiert. Dezentrale Organisationsbestandteile sind stets von der Abteilung abhängig, die die zentrale Verantwortung hat. Dies betrifft dann die Bereiche Datenpflege, Verantwortung für Dateninhalte sowie für deren Qualität: Alles wird in einer zentralen Organisation bestimmt. Darüber hinaus werden Standards und Strategien sehr stark zentral gesteuert und kontrolliert. Es ist unschwer zu erkennen, dass das invasive Modell eine ganze Reihe von Voraussetzungen und Rahmenbedingungen benötigt. Vor allem aus organisatorischer und organisationskultureller Sicht wird eine hohe Akzeptanz dieser zentralen Governance-Form vorausgesetzt. Ein starkes Harmonisierungsmandat geht mit diesem Ansatz in der Regel Hand in Hand.
- Bei nicht invasiven Modellen sind Umfang und Tiefe der zentralen Steuerung und Kontrolle tendenziell geringer. In Bezug auf die Dimensionen des Rahmenwerks bedeutet das vor allem, dass die Datenverantwortung im Sinne der Datenpflege und Datenqualität eher in den Geschäftsbereichen und Funktionen zu finden ist als in einer alles umfassenden Zentralfunktion. Ebenso ist der Umfang der Harmonisierung deutlich eingeschränkter und fokussiert eher auf die vertikale *Harmonisierung* innerhalb einzelner Geschäftsbereiche und weniger auf die einen Geschäftsbereich übergreifende horizontale Harmonisierung. Wenn überhaupt ein horizontaler Harmonisierungsbedarf besteht, kann sich dieser auf den kleinsten gemeinsamen Nenner beschränken. Hierunter sind dann vor allem gesetzliche und *Compliance-Anforderungen* zu verstehen. Dem folgend werden auch Datenstandards und deren Kontrolle eher geschäftsbereichsspezifisch ausgeprägt.
- Das Hybridmodell stellt eine Mischform beider Modelle dar, bei der Elemente der anderen Modelle verwendet werden. Dieses Modell beschreiben wir detailliert in Abschnitt 2.5.3.

Wie gesagt, dienen die hier aufgeführten Modelle Ihrer Orientierung. Die Mehrzahl der Unternehmen wird sich zumindest zeitweise in einer hybriden Form organisieren. Eine Ausprägung der Extreme in Reinform ist selten.

2.5.2 Governance-Umfang bestimmen

Bei der Bestimmung des *Governance-Umfangs* entscheiden Sie, was Sie unter zentrale Governance stellen und was nicht. Mögliche Ansatzpunkte sind z. B. Prozessdesign, Organisation, Datenstandards oder Verantwortung für Dateninhalte.

Wie wir in der Definition schon deutlich gemacht haben, geht es bei Stammdaten-Governance, so wie wir sie vertreten, darum, *zweckmäßige* Prozesse, Technologien oder Organisationen herzustellen. Dabei ist es nicht das Ziel, eine hundertprozentige Datenqualität in allen Bereichen zu erlangen. Auch wenn das Thema Stammdatenmanagement noch so prominent und etabliert scheint, sind Investitionen im Sinne von Zeit, Aufwänden und finanziellen Mitteln wie bei anderen Initiativen auch hier begrenzt. Um die zur Verfügung stehenden Mittel für die Erreichung der in der Strategie beschriebenen Ziele effektiv und effizient einsetzen zu können, müssen Sie einen Rahmen identifizieren und definieren, innerhalb dessen Sie tätig werden möchten.

In Anlehnung an das Hybridmodell werden wir im Folgenden einen zentralen Aspekt einer Stammdateninitiative beschreiben, anhand dessen deutlich wird, dass nur in Zusammenarbeit mit dem Geschäft eine tragfähige und nachhaltige Plattform erarbeitet werden kann: die *Fokusmatrix*. Bei bestehenden Initiativen und erst recht bei neu startenden Programmen ist nicht immer klar, warum bestimmte Inhalte bei der Bestimmung des Geltungsbereichs der Stammdaten-Governance berücksichtigt werden und andere nicht. Bei neuen Programmen kann man sich an existierenden Best Practices orientieren. Anwendungen wie SAP MDG bieten einen erprobten Standardumfang des Daten- und Prozessmodells als guten Startpunkt. Einblick in die Erfahrungen anderer Organisationen beim Aufbau Ihrer Stammdateninitiative können Sie für gewöhnlich auf entsprechenden Konferenzen erhalten. Um jedoch zu bestimmen, was sich für eine eigene Organisation empfiehlt, unter Governance zu stellen, verweisen wir auf die Nutzung des Fokusmodells. Das Modell lässt sich dank seiner generischen Natur an die jeweilige Organisation anpassen. Die Struktur kann auf alle Stammdatenobjekte angewandt werden, dennoch empfiehlt es sich, pro Objekt eine eigene Übersicht zu erstellen, handelt es sich doch meist nicht um dieselben Stakeholder.

Fokusmatrix

Im Folgenden beschreiben wir das *Fokusmodell* mithilfe von Beispielen. Das Modell kann Sie nicht nur bei der initialen Bestimmung des Umfangs unterstützen, sondern soll vor allem auch dafür verwendet werden, Änderungen an Umfang und Inhalt des Programms kritisch zu prüfen und zu beurteilen, nachdem das MDM-Programm erfolgreich eingeführt worden ist. Der Inhalt der Matrix wird sich also über die Zeit entwickeln. Dies betrifft sowohl den Umfang als auch die Bedeutung, die einem Datenelement beigemessen wird. Die fortlaufende Prüfung und Anpassung dieser Matrix ist entscheidend für den Erfolg der Initiative und kann auch Teil der Bestimmung der Stammdaten-Roadmap sein.

Dimension »Geschäftseinfluss«

Schauen wir uns also zunächst die beiden Dimensionen des Modells an. Zum einen haben wir die Dimension, die den Einfluss auf das Geschäft beschreibt. Hier wird eingeschätzt, welchen Einfluss schlechte Stammdatenprozesse sowie fehlende oder nicht rechtzeitig vorhandene, inkonsistente und inkorrekte Stammdaten auf die Erreichung der Geschäftsziele haben. Je schwerwiegender der Grad des negativen Einflusses auf das Geschäft ist, desto wichtiger ist es, eine passende Form der Governance für diesen Bereich zu wählen. Beachten Sie, dass es hier darum geht zu bestimmen, was unter Governance stehen soll; die Ausrichtung der Governance (invasiv oder nicht invasiv) wird hier noch nicht bestimmt. Dies geschieht in Abstimmung mit dem jeweiligen Governance-Modell. Schließlich gilt: Je weniger wichtig ein Datenelement erscheint, desto weniger steht es im Fokus der Aufmerksamkeit der Stammdateninitiative.

Dimension »Geltungsbereich«

Die zweite Dimension beschreibt Umfang und Grad des *Geltungsbereichs* eines Stammdatenelements. Wird ein Stammdatenelement nur in einem sehr spezifischen Geschäftsbereich oder nur in einem geografisch sehr begrenzten Raum genutzt und ist hier auch von nur geringer Relevanz, hat es einen lokalen Geltungsbereich. Wird hingegen ein Stammdatenelement über mehrere Funktionen (Einkauf, Finanzwesen usw.), Geschäftsbereiche und Regionen hinweg genutzt, und ist es dort auch relevant, bezeichnen wir es als global. Die Dimension können Sie an dieser Stelle auch noch weiter fassen, indem Sie über die eigene Unternehmensorganisation hinausgehen und externe Organisationen und Personen hinzunehmen, beispielsweise Kunden, Patienten, Lieferanten, Aufsichts-, Steuerbehörden usw.

Bei der Betrachtung beider Dimensionen ist nochmals zu unterstreichen, dass es unbedingt erforderlich ist, dass das Geschäft bzw. die Funktionen und die Governance-Abteilung dieses Kerndokument gemeinsam erstellen und wiederkehrend auf Aktualität hin prüfen. Die Governance-Abteilung allein kann die Verortung nicht durchführen, da sie nicht ausreichend mit den Geschäfts- und Funktionsprioritäten vertraut ist. Das Geschäft und der Funktionsbereich auf der anderen Seite können die Übung ebenfalls nicht eigenständig durchführen, da in den meisten Fällen die erforderlichen Detailkenntnisse über die im System abgebildeten Datenflüsse und Prozesse nicht vorhanden sind.

Je nach Notwendigkeit der Detailtiefe kann nun ein beliebig komplex ausgestalteter Raum zwischen den beiden Dimensionen erstellt werden, um zu definieren, welche Datenelemente welchem Bereich zuzuordnen sind – je nach Verortung auf beiden Dimensionen. Abbildung 2.16 zeigt eine simplere Variante mit einigen Beispielen.

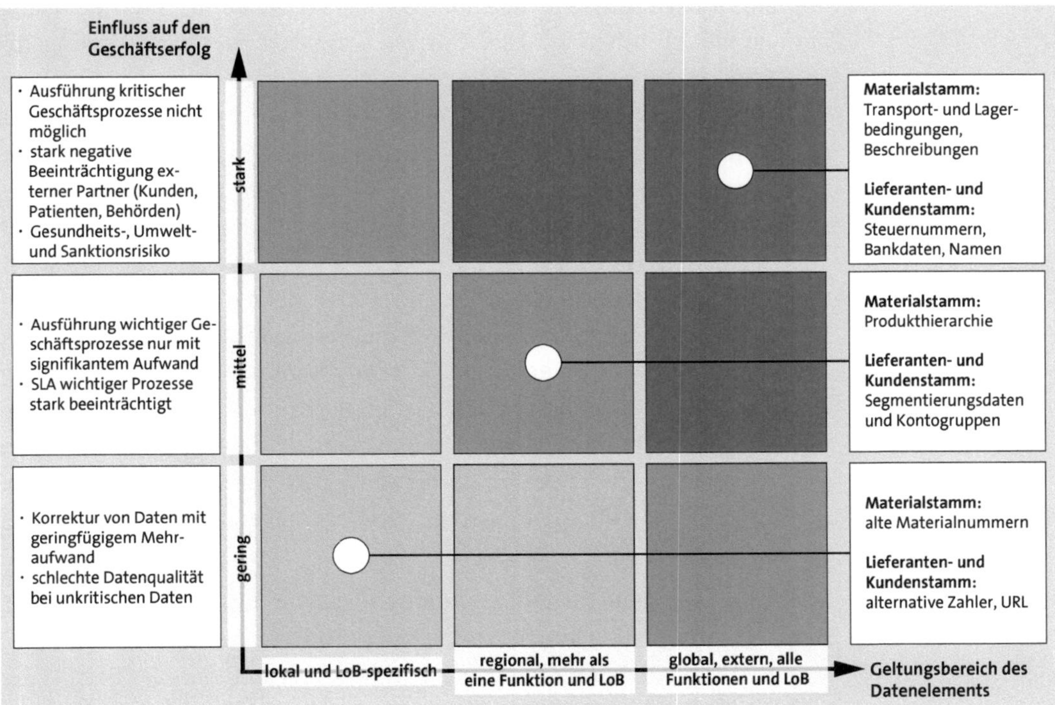

Abbildung 2.16 Fokusmatrix zur Bestimmung und Bewertung des Governance-Umfangs

Bereiche der Fokusmatrix

Der Fokus der Stammdateninitiative sollte sich naturgemäß zum rechten oberen Bereich hin orientieren. Hier ist der Bedarf an Stammdaten-Governance am größten, denn hier treffen Bedeutung und Relevanz aus Geschäfts- und Funktionssicht mit dem größten Harmonisierungsumfang aufeinander. Treten in diesen Bereichen Probleme auf, hat dies einen sowohl umfassenden als auch kritischen Einfluss auf das Ergebnis der Organisation als Ganzes. Als Beispiel dienen hier die in der Abbildung genannten transport- und lagerbezogenen Stammdatenelemente: Kommt es hier zu inkorrekten Informationen, z. B. durch die Verwendung unzutreffender Temperaturbedingungen, kann dies drastische Auswirkungen auf das Wohlbefinden von Menschen haben. Je nach dem Industriezweig, zu dem das Unternehmen gehört, werden sich hier die kritischsten Stammdatenelemente der Organisation wiederfinden.

Je weiter wir uns in Richtung des Achsenschnittpunkts bewegen, desto weniger prominent werden die Stammdatenelemente. Bei schlechten Stammdatenprozessen und schlechter Stammdatenqualität ist die Ausführung der Geschäftsprozesse immer noch möglich, wenn auch nicht mehr effizient oder zeitgerecht. Es kann im Tagesgeschäft erheblichen Mehraufwand bedeuten, die Stammdatenprobleme zu umgehen. Nicht nur interne Abläufe können hier betroffen sein, sondern auch die externe Wahrnehmung. Intern können beispielsweise fehlende oder ungültige Produkthierarchien die Abläufe stark verzögern oder erschweren. Aus organisationsexterner Sicht könnte es zu Ansehensverlust kommen, da Informationen zu angebotenen Produkten auf der Website nicht korrekt oder unvollständig dargestellt werden. Wie bereits erwähnt, ist die Einschätzung der Bedeutung der Stammdatenelemente immer nur eine Momentaufnahme und erfordert eine wiederkehrende Prüfung. Beispielsweise steht die soeben genannte Darstellung auf der Website in der Wahrnehmung des Geschäfts anfänglich gegebenenfalls nicht an erster Stelle Ihrer Prioritäten. Über die Zeit mag sich diese Einschätzung jedoch ändern und Stammdatenelemente, die die Darstellung der Produkte online steuern, werden relevanter und bewegen sich nach rechts oben. Der umgekehrte Weg ist natürlich auch möglich. Allerdings gilt es hier, die möglicherweise schon getätigten Investitionen im Auge zu behalten.

Betrachten wir schließlich die Felder in der linken unteren Ecke: Befindet sich ein Stammdatenelement in diesen Quadranten, sollten Aufwände gering gehalten oder zumindest kritisch hinterfragt werden. Dies betrifft die Einbeziehung in die Datenqualitätsaktivitäten, beispielsweise das Bereinigen bestimmter Felder, oder auch in Implementierungsinitiativen, beispielsweise das Hinzufügen neuer Felder in das Stammdatensystem. Selbst bei einer sich verbessernden Daten- und Prozessqualität ist hier mit wenig Geschäftsnutzen zu rechnen.

Ergebnis: organisationsspezifisches Modell

Wenn wir nun beide Punkte zusammenbringen – die Einordnung des Governance-Modells und die Erstellung der Fokusmatrix –, muss sich ein organisationsspezifisches Governance-Modell mit definierten Schwerpunkten ergeben. Wir wollen uns daher anhand eines Beispiels dem Zusammenspiel eines hybriden Governance-Modells und einer gegebenen Fokusmatrix zuwenden und dabei beschreiben, wie die Definition des angemessenen Governance-Maßes aussehen kann. Dabei bedienen wir uns wiederum der Kernelemente der Stammdaten-Governance, die wir im Eingangskapitel beschrieben haben.

2.5.3 Das Hybridmodell

Verantwortlichkeiten bestimmen

Ein Wesensmerkmal des hybriden Governance-Modells ist, dass es organisatorisch durch eine Form der *Matrixorganisation* geprägt ist. Es existieren Bereiche mit zentraler transversaler Verantwortung neben Bereichen mit geschäftssektoren- und gruppenfunktionsorientierter Verantwortung. Im Zusammenhang mit der beschriebenen Fokusmatrix kann dies bedeuten, dass Bereiche von hoher Kritikalität (Quadrate rechts oben in Abbildung 2.16) in geteilter Verantwortung betreut werden, sowohl vom Geschäft oder von der Gruppenfunktion als auch von der Governance-Abteilung. Eine mögliche Variante ist die Teilung der Aufgaben nach dateninhaltlicher Verantwortung (Geschäft und Gruppenfunktion) und prozess- und systemorientierter Verantwortung (Governance-Abteilung). Dies bedeutet, dass sich das Geschäft für die Richtigkeit der Dateninhalte verantwortlich zeichnet. Die Governance-Abteilung übernimmt hingegen Verantwortung für die Bereitstellung eines Prozess- und Governance-Rahmenwerks, bei dem die Geschäftseinheiten als zentrale Abstimmpartner und gleichrangige Entscheidungsträger mitwirken. Bereiche in der Fokusmatrix mit geringerer Kritikalität (Quadranten links unten in Abbildung 2.16) können dann gegebenenfalls in anderen Formen der Kollaboration oder auch jeweils eigenständig durch das Geschäft oder die Gruppenfunktion übernommen werden, ganz ohne Einbeziehung der zentralen Governance-Abteilung.

Prozessdesign im Hybridmodell

In Bezug auf das Prozessdesign sehen wir hier eine angepasste Prozessarchitektur. Das bedeutet, dass in Bereichen hoher Kritikalität das Maß an erforderlicher Governance sehr genau bestimmt ist. Das bedeutet jedoch nicht, dass dieses Maß besonders hoch sein muss und durch ausgedehnte Workflow-Ketten und tendenziell längere Bearbeitungszeit gekennzeichnet ist. Im Gegenteil sind sowohl sehr ausgedehnte Bearbeitungs-Workflows, die Schritt für Schritt die Anreicherung des Stammdatenobjekts gewährleisten, als auch knappe Workflows, gepaart mit einer retrospektiven Qualitätssicherstellung, valide Mittel, um das angemessene Governance-Maß sicherzustellen. Egal, ob der Geschäftsfokus eher auf einer Compliance-getriebenen Sicherstellung der Informationsqualität oder eher auf einer beschleunigten Vermarktung liegt, können beide Konzepte in derselben SAP-MDG-Lösung realisiert und verwaltet werden.

Systemarchitektur im Hybridmodell

Anhand des Beispiels der Systemarchitektur kann gut nachvollzogen werden, dass auch bei der Verwaltung mehrerer Stammdatenobjekte innerhalb einer Organisation diese durchaus unterschiedlichen Modellen folgen können. Tabelle 2.4 zeigt hierzu verschiedene Beispiele. In einer Organisation kann z. B. der Materialstammbereich sehr umfassend unter zentraler Governance stehen, und sowohl die Kopfdaten als auch die werksspezifischen Daten können in SAP MDG verwaltet werden. Dies kann vor allem dann der Fall sein, wenn es sich um eine Organisation handelt, in der vor allem Compliance-, Gesundheits- und Sicherheitsaspekte eine Rolle spielen und ein höherer horizontaler Harmonisierungsbedarf besteht. In dieser Situation treffen wir besonders viele Datenelemente im rechten oberen Bereich der Fokusmatrix an. Im Gegensatz dazu mag beispielsweise der Lieferantenstamm zwar ebenfalls unter zentraler Governance stehen, allerdings sind hier die Stammdatenelemente im kritischen rechten oberen Quadranten (siehe Abbildung 2.16) sehr reduziert und spiegeln nur ein Subset der Kopfdaten wider. Zwar ist die zentrale Steuerung der Pflege der Lieferantennamen, Adressen und Hierarchien über Workflows sowie deren Kontrolle von zentraler Bedeutung, eine Steuerung der weiteren Lieferantenstammattribute auf Einkaufsorganisations- und Buchungskreisebene ist allerdings laut Fokusmatrix nicht erforderlich (siehe Tabelle 2.4).

Schließlich können z. B. die Kundenstammprozesse sehr stark *lokal* organisiert, verwaltet und verantwortet werden, und ein zentrales Kundenstammmanagement kann von untergeordneter Priorität oder schlicht nicht praktikabel sein. Hier treffen wir auf einen sehr starken Drang hin zu nicht invasiven Governance-Konzepten. Dennoch ist es auch hier möglich, einen schlanken Ansatz mit SAP MDG zu wählen, der keinen ungebührlichen Aufwand für die disparat operierenden Geschäfte nach sich ziehen muss.

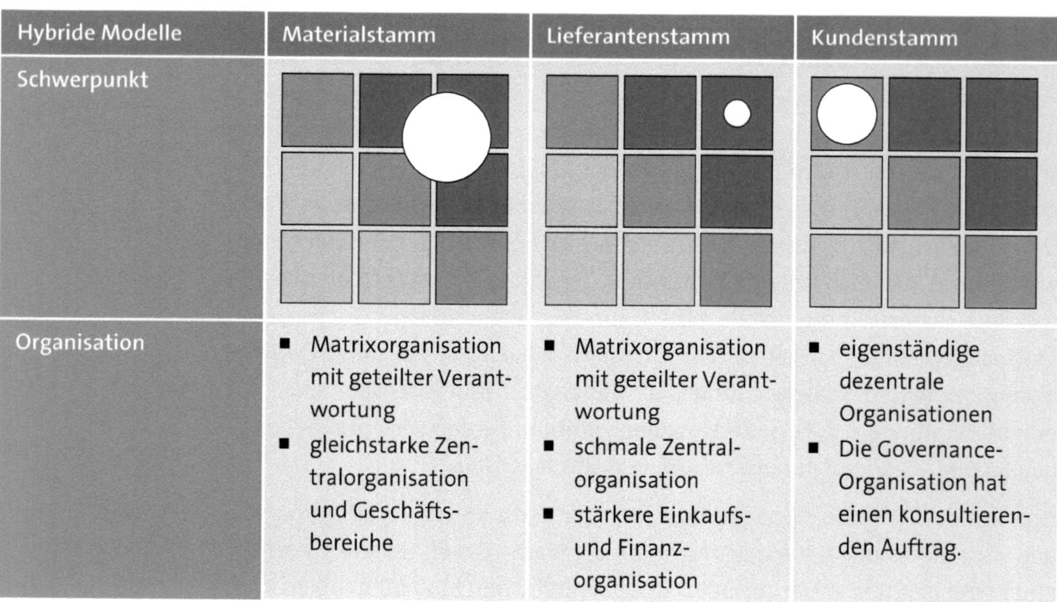

Hybride Modelle	Materialstamm	Lieferantenstamm	Kundenstamm
Schwerpunkt			
Organisation	▪ Matrixorganisation mit geteilter Verantwortung ▪ gleichstarke Zentralorganisation und Geschäftsbereiche	▪ Matrixorganisation mit geteilter Verantwortung ▪ schmale Zentralorganisation ▪ stärkere Einkaufs- und Finanzorganisation	▪ eigenständige dezentrale Organisationen ▪ Die Governance-Organisation hat einen konsultierenden Auftrag.

Tabelle 2.4 Beispiele für hybride Governance-Modelle unter Einbeziehung der Fokusmatrix

Hybride Modelle	Materialstamm	Lieferantenstamm	Kundenstamm
Governance	▪ umfassende Koordination der Matrixorganisation ▪ Die geltenden Standards sind breit abgestimmt.	▪ Abstimmung und Koordinationsaufwand beschränken sich auf wenige Datenelemente. ▪ darüber hinaus nicht koordinierte Dateninhalte	▪ minimale Abstimmung zu Datenstandards über LoB und Regionen hinweg ▪ darüber hinaus eigenständige Hoheit zu Standards und Prozessen
Prozessdesign	▪ umfassende Harmonisierung des Materialstamms ▪ gegebenenfalls geschäftsspezifische Workflows	▪ nur Harmonisierung der Kopfdaten ▪ lokale Daten ohne Harmonisierungsfokus	▪ lokale Pflegeprozesse bleiben autonom ▪ Konsolidierung und Kreuzreferenz zentral
Systemarchitektur	umfassendes zentrales Stammdatenmanagementsystem	schmales zentrales Stammdatenmanagementsystem	nur Konsolidierung
Datenverantwortung	dateninhaltliche Verantwortung mit den Geschäftsbereichen	▪ Dateneingabe durch Einkauf und Finanzabteilung ▪ überfunktionale Inhalte (Name, Adresse, Hierarchie usw.), zentral verantwortet ▪ zentrales Datenqualitäts-Monitoring	mehrere parallel operierende Datenverantwortungsbereiche, teilweise in Konkurrenz

Tabelle 2.4 Beispiele für hybride Governance-Modelle unter Einbeziehung der Fokusmatrix (Forts.)

Hier könnte daher ein Kundenstammkonsolidierungsansatz zum Einsatz kommen, der die Informationen aus den jeweils autonom operierenden SAP-ERP- bzw. SAP-S/4HANA- und Customer-Relationship-Management-Systemen (CRM) ingestiert und dann zentral und in hohem Maße automatisiert konsolidiert. Nach der Konsolidierung der Kundenstammdaten und der Erstellung der Kreuzverweise auf Kundenstammduplikate wird dann lediglich eine Referenz an das Quellsystem übertragen, ohne die Originaldaten zu ändern. Mit diesen Referenzen können Sie dann aggregierte Analysen erstellen oder weitere Schritte einleiten, z. B. die Erstellung einer Hierarchie.

Ziele Wie die Beispiele in diesem Abschnitt zeigen, gilt es, die beschriebenen Komponenten – die Fokusmatrix und das Governance-Modell – Stück für Stück zu integrieren und mit den Stakeholdern weiterzuentwickeln. Dies muss ein entscheidender Teil der Strategie und der Roadmap jeder MDM-Initiative sein. Sollte es zur Neuausrichtung des Governance-Modells kommen und sollte den jeweiligen Stammdatenelementen eine neue Bedeutung zugemessen werden, ist es darüber hinaus von Vorteil, die gegenwärtige Definition beider Komponenten zur Verfügung zu haben: als Basis für mögliche Änderungsbestrebungen. Wenn etwa die etablierte Balance beider Komponenten durch den Zukauf eines Unternehmens aus dem Gleichgewicht geraten sollte, empfiehlt es sich, mit den beschriebenen Modellen den Wandel zu steuern und damit den neuen Zielzustand zu bestimmen.

Governance-Level und Governance-Modell

Kurz zusammengefasst: Folgendes ist bei der Bestimmung des Governance-Levels und des Governance-Modells entscheidend:

- Wir unterscheiden zwischen invasiven und nicht invasiven Governance-Modellen. Meist treten jedoch Hybridmodelle auf.
- Das Wesen des angewandten Governance-Modells tritt in den Dimensionen des Governance-Rahmenwerks wieder hervor.
- Die Fokusmatrix ist einer der Kernartefakte jeder MDM-Initiative. Sie muss regelmäßig auf Aktualität hin geprüft werden.
- Die Fokusmatrix ist in Zusammenarbeit mit dem Geschäft und den Gruppenfunktionen zu bestimmen.
- Hybridmodelle können sich je nach Stammdatendomäne stark voneinander unterscheiden.

2.6 Bedeutung eines guten Datenqualitätsmanagements

Nachdem wir uns eingehender damit auseinandergesetzt haben, was das richtige Governance-Level auszeichnet, wollen wir uns nun der Bedeutung eines guten Datenqualitätsmanagements widmen, genauer gesagt, der Bedeutung von Metriken. Wir gehen darauf ein, warum dieses Thema unverzichtbar ist und was gutes *Datenqualitätsmanagement* ausmacht, und wir werden schließlich der Frage nachgehen, wie man sich dem Thema annähern kann.

[«]

Bereiche des Datenqualitätsmanagements

Dem Thema *Datenqualität* kann man sich aus verschiedenen Perspektiven nähern. Sowohl die Eingabevalidierung eines oder mehrerer Datensätze während der Datenpflegetransaktion als auch die retrospektive Prüfung des Gesamtdatenbestands sind beides valide Wege. Während die Eingabevalidierung im technisch orientierten Kapitel beschrieben wird (siehe Abschnitt 3.3.3, »Stammdatenprozesssteuerung mit einem Workflow«), behandeln wir die retrospektive Prüfung in diesem Abschnitt. Es gilt aber, beide Bereiche sinnvoll zu verknüpfen und nicht als isolierte Themenbereiche zu behandeln. Besondere Herausforderungen bestehen speziell in der gemeinsamen Nutzung und Verwaltung der Datenqualitätsregeln, wenn dies nicht als Teil eines umfassenden Metadatenmanagements adressiert wird.

2.6.1 Problemorientierter Ansatz

Zunächst schauen wir uns aus verschiedenen Blickwinkeln an, warum das *Stammdatenqualitätsmanagement* unverzichtbar ist. Anknüpfend an die Beschreibung der Ausgangssituationen von MDM-Initiativen können wir sagen, dass gerade bei neuen Stammdateninitiativen die Herausforderung darin besteht zu definieren, welche Ziele und Verbesserungen erreicht werden sollen. Viele Fragestellungen – z. B. welche *Datenmissstände* es gibt, welche Prozesse verbessert werden müssen oder wie groß das Problem ist – sind ohne Kernmetriken, die Aussagen zum vermuteten Problem zulassen, schwer zu beantworten. Die erahnten Datenmissstände messen zu können und sie der erwarteten Datenqualität gegenüberzustellen, macht erst den Umfang des Problems deutlich und erlaubt es, Ziele zu formulieren und diese dann Schritt für Schritt zu verfolgen. Darüber hinaus helfen die Messungen, das Problem besser zu verstehen. Dieser problemgetriebene Ansatz erlaubt es, greifbare Aussagen für die beteiligten Geschäfte und Funktionen zu liefern. Die Aussage, dass 80 % der Lieferantenstammduplikate reduziert werden, ist für die Einkaufs- und Finanzbuchhaltungsorganisation sehr viel relevanter als die banale Aussage, dass die Datenqualität in diesem Stammdatenbereich verbessert wird.

Die Gestaltung neuer oder die Anpassung existierender MDM-Prozesse kann ebenfalls über entsprechende *Metriken* effektiver gestaltet werden. Diese datenanalysengetriebene Prozessgestaltung als Teil des problemorientierten Ansatzes kann beispielsweise zu der Aussage führen, dass bestimmte *Datenkorrelationen* bei der Nutzung eines spezifischen Materialtyps so gut wie gar nicht vorkommen und eher auf ungenutzte Prozesse oder sehr starke Ausnahmen hindeuten. Dies wiederum kann den Aufwand der Prozessgestaltung signifikant reduzieren, da man hier entscheiden kann, diese Ausnahmeprozesse nicht mit einer komplexen und zeitaufwendigen technischen Lösung zu versehen. Eine gut formierte Datenanalysefähigkeit stärkt also das MDM-Programm gerade in explorativen Prozessgestaltungsphasen zu Beginn, aber auch bei anstehenden umfangreichen Änderungen bereits etablierter Prozessarchitekturen.

2.6.2 Kontrollorientierter Ansatz

Ein Datenqualitätsmanagement, das relevante Aussagen liefert, ist auch zur Kontrolle der einmal erstellten Prozesse unabdingbar. Wir nutzen ein Beispiel aus einem anderen Lebensbereich, um unseren Blickwinkel hier deutlicher zu machen.

Datenqualitätsmessungen als »Radarkontrollen«

Stellen Sie sich eine neu gebaute Straße in einem Wohngebiet vor. Die Planung und Gestaltung dieser Straße hat eine gewisse Zeit in Anspruch genommen, u. a. durch die Beteiligung der Anwohner und der zuständigen Kommune.

Nach einem Kompromiss der Beteiligten, der das der Kommune zur Verfügung stehende Budget und die Belange der Bürger in Einklang bringt, wird nach der Ausschreibung des Projekts der Bau abgeschlossen. Eine wesentliche Anforderung an die Gestaltung der Straße ist, dass sie verkehrsberuhigend wirken soll. Ganz konkret stellte sich die Frage, wie diese Eigenschaft sichergestellt werden kann. Gemeinhin wird dies durch eine Kombination von Straßenführung, Straßenbeschilderung und Radarkontrollen erreicht. In Bezug auf unser Thema stellen Straßenführung und -beschilderung die Prozessgestaltung dar, und die Radarkontrollen sind die Kontrollen (Messungen), ob die Vorgaben eingehalten werden.

In Abbildung 2.17 stellen wir diesen Punkt etwas ausführlicher dar. In der Darstellung wird deutlich, dass nicht nur die Prozessgestaltung und deren tagtägliche Ausführung zentral für das Gelingen von Stammdateninitiativen sind. Es ist eben auch die funktionsgemäße Messung der Gestaltung und der auf ihr beruhenden Ausführung, die darüber informiert, wie erfolgreich die Prozesseinführung und letztlich die Prozessausführung ist.

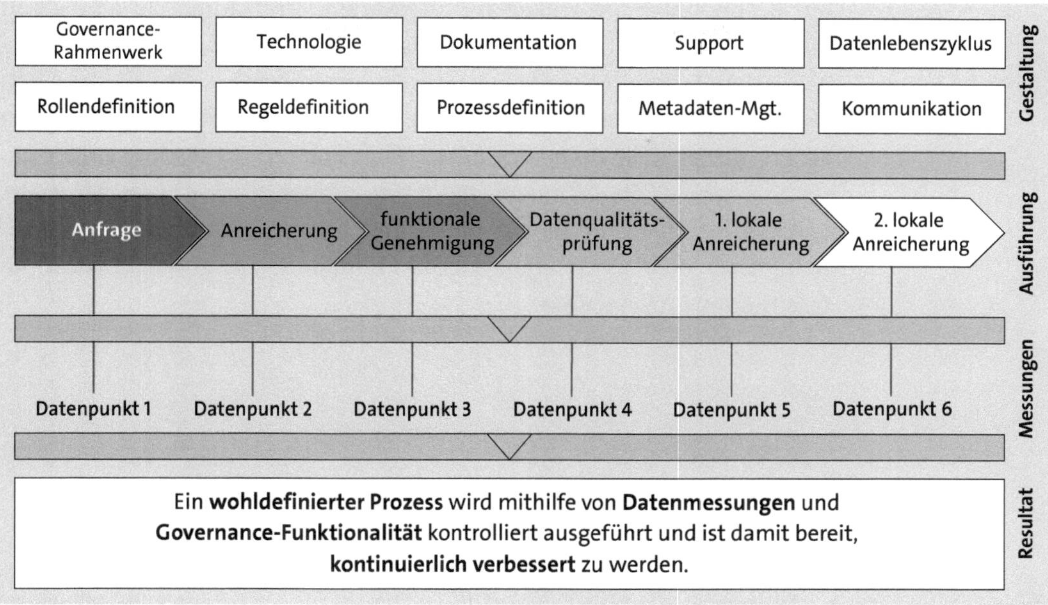

Abbildung 2.17 Zusammenhang zwischen Prozessgestaltung, -ausführung und Messung

Messungen einplanen

Oft wird die Domäne der Messungen weniger stark beachtet, und der Schwerpunkt wird stattdessen auf die Prozessdefinition, -gestaltung und -implementierung gelegt. Vernachlässigt man aber die fortlaufende Kontrolle des geschaffenen Stammdatenprozesses, läuft man Gefahr, seine Investitionen unbeschützt zu lassen. Dieser kontrollgetriebene Ansatz bedeutet konkret: Wenn keine Daten- und *Prozessqualitätskontrollen* durchgeführt werden, können auch nur wenig belastbare Aussagen über den Erfolg des gesamten Governance-Rahmenwerks, der Rollenbeschreibungen, der Verantwortlichkeitsmatrizen, der Regeldefinitionen, der Erstellung des *Support-Konzepts* usw. gemacht werden. Alle Aufwände, die in diese wichtigen Konzepte geflossen sind, und die Organisation, die das Rahmenwerk betreut, werden also durch regelmäßige Kontrollmessungen »beschützt«. Was nützt ein sehr wohldefinierter und implementierter Prozess, wenn er dann nicht befolgt wird oder wenn man nicht sagen kann, ob er befolgt wird? Die wesentliche Aufgabe des kontrollorientierten Ansatzes ist es demnach, die erstellten Prozesse zu untermauern und zu prüfen, ob die aufgestellten Standards befolgt werden. Letztlich trägt er dazu bei, das Vertrauen in die Prozessarchitektur im Speziellen und das Governance-Rahmenwerk im Ganzen zu stärken.

Kontinuierliche Verbesserung

Ein Kernpunkt jeder größeren prozessorientierten Initiative und damit auch Ihres Stammdatenprogramms ist die kontinuierliche Verbesserung. Auch dieser Bereich wird durch einen entsprechend gut aufgestellten *Datenqualitätsmanagementprozess* gestützt. Die angestrebte Verbesserung zielt an dieser Stelle auf beides: auf die Stammdaten selbst sowie auf die Geschäftsprozesse, die sie nutzen, denn hier wird ein großer Teil des Nutzens von Stammdaten generiert. An die vorangehende Grafik anknüpfend, stellt Abbildung 2.18 die Verstetigung des in Abbildung 2.17 gezeigten kontrollorientierten Prozesses dar.

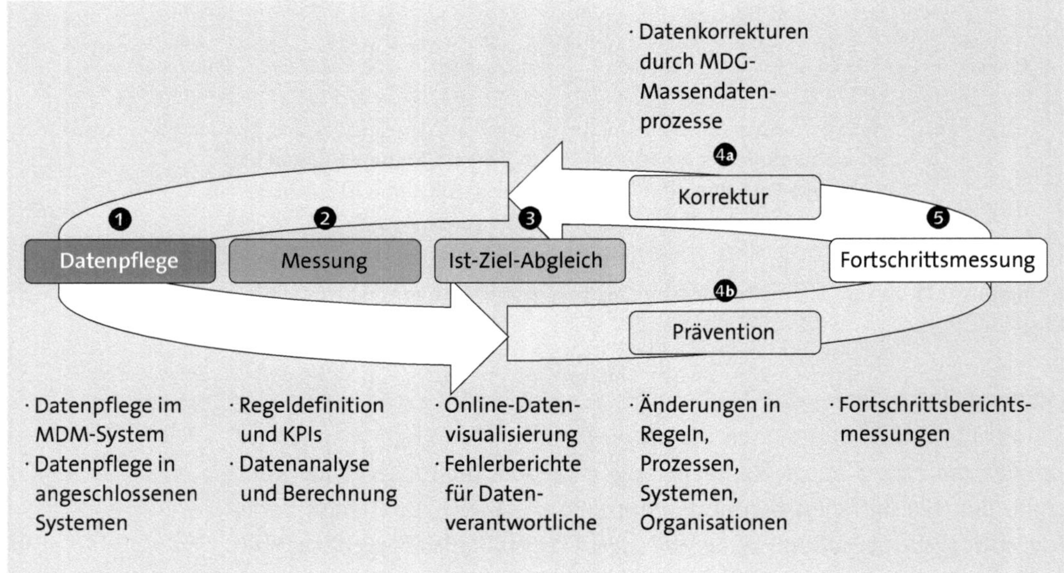

Abbildung 2.18 Kontinuierlicher Verbesserungszyklus

Egal welcher Ansatz im Datenqualitätsmanagement gewählt wird, ob problemgetrieben oder kontrollgetrieben, dieser Zyklus gilt für beide Ansätze. Der Stammdatenprozess ❶ generiert Stammdaten, deren Beitrag zur Prozessermöglichung im Anschluss gemessen werden kann ❷. Unmittelbar danach kann das Messergebnis dann mit dem angestrebten Zielwert verglichen und der Abstand zum Zielwert beurteilt werden ❸. Je nach Wesen des festgestellten Missstandes (Unterschied zwischen Ist- und Zielwert) können nun korrektive ❹a oder präventive Maßnahmen eingeleitet werden ❹b. Nach Beginn dieser Maßnahmen werden dann in regelmäßigen Abständen Messungen durchgeführt, die über den Fortschritt informieren ❺. Dieser Zyklus lässt sich beliebig oft wiederholen.

Für das Datenqualitätsmanagement wesentlich sind die Bereiche ❷, ❸ und ❺. Die Bereiche der Korrektur ❹a und der Prävention ❹b sind ohne die skizzierten vor- und nachgelagerten Schritte nicht sinnvoll denkbar oder effektiv orchestrierbar. Die Korrektur ist nur dann erfolgreich, wenn man weiß, welche Daten zu korrigieren sind und wenn man die richtige Priorisierung hat. Die präventiven Maßnahmen speisen sich stark aus der Analyse, aus der dann auf Änderungen im Prozess, an der Organisation, an *Datenqualitätsregeln* oder auf systemseitige Änderungen geschlossen werden kann.

2.6.3 Zweckorientierte Datenanalyse

In Bezug auf die Messung sowie die Zielbestimmung ist es von zentraler Bedeutung, dass in erster Linie nutzenbringende Messungen für das Geschäft oder die Gruppenfunktion durchgeführt werden. Wie wir in Kapitel 1, »Warum ist Stammdatenmanagement wichtig für Ihre Organisation?«, bei der Definition des Begriffs der Stammdaten-Governance beschrieben haben, geht es nicht darum, um jeden Preis eine hundertprozentige Datenqualität zu erreichen, sondern um eine zweckmäßige und angemessene Qualität. Der Nutzen für das Geschäft basiert nicht allein auf Aussagen zur Stammdatenqualität. Es muss eine Verbindung hergestellt werden zwischen der Qualität von Stammdaten und der Qualität, Effektivität und Effizienz der sie nutzenden Geschäftsprozesse und letztlich der daraus resultierenden Ergebnisse für das Geschäft.

Je nach Situation der Geschäftsbereiche können die relevanten Stammdatenkennzahlen risiko-, problembasiert oder chancenorientiert sein. Unabhängig davon, welche Orientierung für ein spezifisches Geschäft Priorität hat, ist es primär wichtig, dass die Kennzahlen einen eindeutigen Bezug zur jeweiligen Geschäftsstrategie haben.

Zweckorientierte vs. traditionelle Datenqualitätsansätze

Wir propagieren an mehreren Stellen dieses Buches einen zweckorientierten Datenqualitätsansatz. Traditionelle Ansätze fokussieren stark auf die grundlegenden Datenqualitätsdimensionen wie Vollständigkeit, Konsistenz usw. Diese sind zwar hilfreich, um das Thema zu verstehen, stellen für sich allein betrachtet aber nur einen Teil des relevanten Umfangs dar.

Es gilt vielmehr, diese Dimensionen zum einen zu operationalisieren und sie zum anderem mit einem Zweck zu verbinden. Simpel ausgedrückt, weckt die Aussage, dass Informationsobjekte allein vollständig gepflegt sind, nur geringes Vertrauen in die Informationsqualität und deren Beitrag zum Geschäftserfolg. Operationalisiert man für das gleiche Objekt noch die weiteren Qualitätsdimensionen, wie z. B. Konsistenz (die Information ist an mehreren Stellen identisch) oder Gültigkeit (der Informationsstand ist Teil des sanktionierten Inhalts), dann wächst das Vertrauen.

Entscheidend ist auch der Zweck: Ohne diesen mag zwar das Vertrauen in ein bestimmtes Informationsobjekt hoch sein, aber der Wert ist eingeschränkt. Womöglich ist der Aufwand, um dieses Vertrauen herzustellen, unverhältnismäßig, wenn man es dem Zweck gegenüberstellt.

Zweckorientierte KPIs

Gegenwärtig lassen sich in der Industrie keine Standardstammdaten-KPIs (Key Performance Indicators) identifizieren, weder industriespezifische noch industrieübergreifende. In Anbetracht der allgemeinen Natur von Stammdaten und schlichtweg ihrer Notwendigkeit in jedem Unternehmen verwendet vermutlich jedes Unternehmen unternehmensspezifische *KPIs*. In Tabelle 2.5 nennen wir einige Beispiele für *Metriken*, die wir in unserer Praxis erfolgreich implementiert haben. Diese Liste kann natürlich noch beliebig ergänzt werden.

Nutzenfokus	Metrik	Annahme
effektive Produktportfoliokontrolle (Produktaktivierungsindex)	■ Anzahl der verkaufbaren Produkte pro Land ■ Anzahl der zum Verkauf vorgesehenen Produkte pro Land	Nicht alle für den Verkauf vorgesehenen Produkte sind verkaufsfähig, z. B. aufgrund von fehlerhaften Informationen.
zeitgemäße Produkteinführung (Time-to-Market-Index)	■ Anzahl der rechtzeitig prozessierten Produkte ■ Anzahl aller prozessierten Produkte	Nicht alle Produkte werden zeitgerecht eingeführt.
schlankes Produktportfolio (Produktaktivitätsindex)	■ Anzahl der tatsächlich aktiven Produkte ■ Anzahl aller als aktiv gekennzeichneten Produkte	Aktiv sind nur Produkte, wenn sie in den letzten x Monaten verkauft, produziert usw. wurden.
Kundenstammkonsistenzindex	■ Anzahl der Kunden mit mindestens einer Inkonsistenz ■ Anzahl aller Kunden	Nicht alle Kunden sind in SAP MDG, SAP CRM und SAP ERP konsistent.

Tabelle 2.5 Auswahl von möglichen Metriken

Nutzenfokus	Metrik	Annahme
Lieferantenstamm-konsistenzindex	▪ Anzahl der Lieferanten mit mindestens einer Inkonsistenz ▪ Anzahl aller Lieferanten	Nicht alle Lieferanten sind in SAP MDG, SAP SRM und SAP ERP konsistent.
Materialstamm-konsistenzindex	▪ Anzahl der Materialien mit mindestens einer Inkonsistenz ▪ Anzahl aller Materialien	Nicht alle Materialien sind in SAP MDG, SAP ERP, E-Shop, Pricing und EHS konsistent.
Finanzstamm-konsistenzindex	▪ Anzahl der Finanzobjekte mit mindestens einer Inkonsistenz ▪ Anzahl aller Finanzobjekte	Nicht alle Finanzstammsätze sind in SAP MDG, SAP ERP und Konsolidierung konsistent.

Tabelle 2.5 Auswahl von möglichen Metriken (Forts.)

Der Fokus hängt unserer Erfahrung nach stark von der jeweiligen Industrie des Unternehmens ab, außerdem auch von der Marktsituation der einzelnen Geschäftsbereiche sowie von der Reife der Informationsmanagementprozesse, die MDM-Prozesse eingeschlossen. Wenn ein Geschäftsbereich bei der Bereitstellung seines Produktportfolios im globalen Maßstab Schwierigkeiten hat, bestimmt dies den Projektschwerpunkt, und man wird hier investieren, um entsprechende KPIs zu identifizieren. Ist der Prozess gut etabliert, aber stellt die Geschwindigkeit eine Herausforderung dar, ändert sich der Fokus hin zu *Time-to-Market-Metriken*, die die Zeitabstände zwischen Transaktionen messen. Wie diese Beispiele zeigen, kann es sinnvoll sein, für jeden Geschäftsbereich eigene KPI-Schwellenwerte festzulegen, gegebenenfalls auch eigene KPIs.

Produktbezogene Metriken

Für die drei erstgenannten Metriken (Produktaktivierungsindex, Time-to-Market-Index, Produktaktivitätsindex) lässt sich der Nutzen für das Geschäft klar herausstellen. Hier wird auch der Übergang von reinen *Stammdatenmetriken* zu geschäftsrelevanten KPIs deutlich. Auch wenn hier produktbezogene Metriken genannt werden, lassen sich diese einfach auf andere Domänen übertragen. Zum Beispiel ist es auch für den Lieferanten oder Kundenstamm wichtig, sich auf die aktiven Lieferanten oder Kunden zu konzentrieren. Dies hilft bei der täglichen operativen Arbeit, da bei Suchtransaktionen nach den entsprechenden Objekten nur noch die aktiven Objekte und damit weniger Treffer angezeigt werden können. Aber auch bei Migrationen hilft es ungemein, den Bereinigungsaufwand auf den aktiven Lieferanten- und Kundenbestand zu begrenzen.

Konsistenzmetriken

Die Konsistenzmetriken zielen mehr auf die Effektivitätskontrolle der erstellten Governance-Rahmenwerke, inklusive Prozessdefinition, Schnittstellen usw. Sie können dazu dienen, das Vertrauen in die etablierten Prozesse zu stärken oder zu rechtfertigen.

Kundendatengesundheitsindex

Wir wollen aber noch eine weitere Metrik zeigen, die deutlich macht, dass die Metriken aus Tabelle 2.5 nicht nur im normalen Betrieb, sondern auch im Projekt und im Migrationsbetrieb von großer Bedeutung sind: den Kundendatengesundheitsindex. Hierzu nutzen wir den Kundenstamm als Beispiel; jedes andere Stammdatenobjekt ist aber auch möglich. Der Hintergrund dieser Metrik ist, dass vor allem zu oder vor Beginn einer MDG-Initiative Organisationen über den Zustand ihrer Stammdaten klagen. Vor allem der vermutete Aufwand für die Bereinigung erzeugt organisatorische Trägheit und kann dazu beitragen, dass man sich anderen Themen widmet statt dem eigentlichen Problem. Diese Metrik sorgt hingegen dafür, dass Sie die Größe des Problems besser erkennen und mit klaren Zielwerten arbeiten können. Diese Zielwerte können Sie für den Projektzeitraum festlegen, aber darüber hinaus können Sie die Metrik auch für den laufenden Betrieb nutzen, um den Zustand Ihrer Daten zu messen und die erreichte Qualität zu halten oder zu steigern. Für den Kundendatengesundheitsindex benötigen Sie die in Tabelle 2.6 zusammengetragenen Daten mit Beispielzahlen.

Kategorie	Beschreibung	Beispielwert
alle Kunden im Scope	alle Kundeneinträge im System, die Teil der zu untersuchenden Kundentypen (Kontogruppen) und Teil der relevanten Systemorganisation (Verkaufsorganisation und Buchungskreise) sind	73.264
Kundeneinträge ohne Aktivität	alle Kunden, die keine Aktivität in den letzten 18 Monaten (oder Ähnliches) und keine offenen Posten mehr haben, also Kunden ohne bestehende, geschlossene oder neue Aufträge, Angebote, ausstehende Zahlungen usw. Ausgenommen sind Kundeneinträge, die jünger sind als 6 Monate (o.Ä.) und keine Aktivität hatten. Diese Kunden werden als aktiv angesehen.	30.335

Tabelle 2.6 Details zum Kundendatengesundheitsindex

Kategorie	Beschreibung	Beispielwert
duplizierte Kunden	Kundeneinträge, die Duplikate darstellen, aber aktiv sind	3.600
aktive und eineindeutige Kundeneinträge	Anzahl der eineindeutigen Kunden mit Aktivität	39.329

Tabelle 2.6 Details zum Kundendatengesundheitsindex (Forts.)

Aufwandsschätzung

Die Reduktion des Umfangs der Bereinigungsaktivitäten ist offensichtlich, denn Sie müssen sich lediglich auf die beiden letzten Kategorien konzentrieren. Statt 73.264 Kundeneinträgen müssen lediglich 42.929 (3.600 + 39.329) Kundeneinträge betrachtet werden. Datenqualitätslücken und Duplikate unter den inaktiven Kundeneinträgen verdienen keinen Aufwand und erlauben der Bereinigungsinitiative, sich auf die tatsächlich relevanten Kunden zu konzentrieren.

Darüber hinaus können Sie die Zahlen nutzen, um den Kundendatengesundheitsindex zu etablieren. Er stellt ein Verhältnis zwischen der Gesamtheit der Kundeneinträge und den eineindeutigen und aktiven Kundeneinträgen her. Je näher die beiden Werte beieinander liegen, desto »gesünder« sind Ihre Kundendaten; je weiter die beiden Datenpunkte auseinanderliegen, desto »kränker« sind sie. Abbildung 2.19 nutzt diese Zahlen und stellt sie anschaulich zusammen.

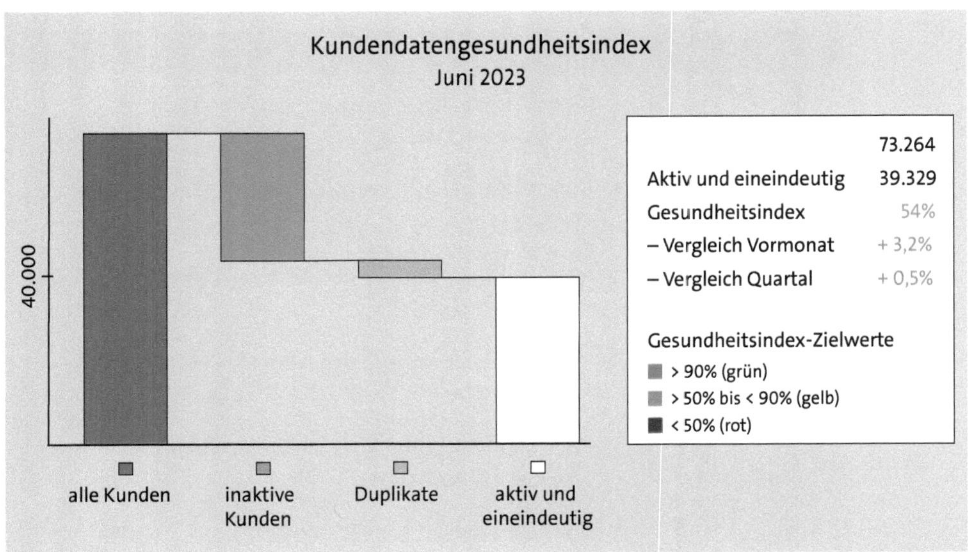

Abbildung 2.19 Beispiel für den Kundendatengesundheitsindex

Es ist offensichtlich, dass Sie diese Metrik vor allem auch während des laufenden Betriebs nutzen können, um »kranke« Kundendaten frühzeitig zu erkennen und zu bereinigen. Der historische Verlauf des Index erbringt dann einen Nachweis der in diesen Bereich getätigten Investitionen.

2.6.4 Regeldefinitionen

Nachdem Sie sich mit Ihren Stakeholdern auf *Rahmenmetriken* und Zielwerte geeinigt haben, geht es im Anschluss darum, diese Metriken mit Regeln zu untermauern. Diese können im Umfang von Metrik zu Metrik unterschiedlich sein. Die Bestimmung der für die einzelnen Geschäftsbereiche gültigen Regeln muss in enger Abstimmung zwischen Geschäft und Governance-Einheit erfolgen.

Einheitlicher Rahmen

Bei der Definition und Implementierung von Stammdatenqualitätsregeln ist es von Vorteil, wenn Sie einen einheitlichen Rahmen nutzen, der durch ein Metadatenrahmenwerk bereitgestellt wird und auch eine Regelverwaltung einschließt. So können Sie Regeln nach konsistentem Muster und mit bereits bereitstehenden Attributsdefinitionen generieren, dokumentieren und zwischen verschiedenen Metriken teilen. Wie die Implementierung und Ausweitung der Regeln erfolgen kann, zeigen wir anhand des Fallbeispiels des Materialstamms in Abschnitt 7.1, »Fallstudie: Materialstammdaten«. Tabelle 2.7 benennt einige Regelbeispiele für den zuvor skizzierten Produktaktivitätsindex, der helfen soll, ein schlankes und gesundes Produktportfolio sicherzustellen:

Regelnummer	Regelbeschreibung
001	Das Material hatte Bewegungen in den letzten 48 Monaten (MSEG).
002	Das Material hatte Verkäufe in den letzten 24 Monaten (VBAP).
003	Das Material wurde in den letzten 24 Monaten eingekauft (EKPO).
004	Das Material wurde in den letzten 24 Monaten produziert (AFPO).
005	Das Material wurde in den letzten 24 Monaten beplant (PBED/PBIM).
006	Das Material hat Bestand (MARD).

Tabelle 2.7 Regeln für den Produktaktivitätsindex

Regelnummer	Regelbeschreibung
007	Das Material ist Teil einer Stückliste (STKO/STPO).
008	Das Material wurde reserviert (RESB).

Tabelle 2.7 Regeln für den Produktaktivitätsindex (Forts.)

Metrikdefinition

Die Bereitstellung Ihrer Metriken erfolgt nach einem vereinbarten Muster, und die *Metrikdefinition*, die Filter und weitere Parameter sollten so transparent wie möglich gehalten werden. Auch hier kann ein Metadatenrahmenwerk Ihre Arbeit unterstützen. In Tabelle 2.8 zeigen wir ein Beispiel dafür, nach welchen Kriterien eine Metrik bestimmt und veröffentlicht werden kann.

Beispielmetrik		
Nummer	00001	Version 1.0
Name	Produktaktivierungsindex	
Definition	Anzahl der verkaufbaren Produkte pro Land/Anzahl der zum Verkauf vorgesehenen Produkte pro Land	
Nutzer	▪ Produktmanager ▪ Portfoliomanager ▪ zentrale Datenverantwortliche ▪ lokale Datenverantwortliche	
Geschäftsbereiche	alle Geschäftsbereiche	
Wert	Geschäftsblick	Produkte können nicht verkauft werden, wenn sie nicht verkaufsfähig sind
	Erfolgsmetrik	Die Verkaufszahlen der ersten 90 Tage werden bei der MDM-Initiative im Benefit Case anerkannt.
Zielwerte	Zielwert	> 98 % (grün) ●
	Warnung	90 – 98 % (gelb) ●
	Eskalation	< 90 % (rot) ●
KPI-Kontrolle	Verantwortung	zentraler Datenverantwortlicher
	Neusetzung der Zielwerte	einmal jährlich

Tabelle 2.8 Beispiel eines Metrikfaktenblatts

Beispielmetrik		
Messung	Datenquelle	MDG-M, ERP A, ERP B, ERP C, Pricing System, Webshop
	Messmethode	▪ Ermittlung der Anzahl der fehlerfrei verkaufbaren Produkte pro Land ▪ Ermittlung der Anzahl der fehlerhaften nicht verkaufbaren Produkte ▪ Ermittlung der pro Land für den Verkauf vorgesehenen Produkte
	Messumfang	▪ alle verkaufsfähigen Produkte ▪ alle Regionen ▪ alle ERP-Systeme
Bericht	Visualisierung	▪ Ampel-Chart (grün, gelb, rot) ▪ monatlicher Verlaufs-Chart
	Form	▪ Online-Bericht ▪ Fehlerdatei-Download
	Aktualisierung	monatlich
	Berichtsverantwortung	MDM-Governance-Team

Tabelle 2.8 Beispiel eines Metrikfaktenblatts (Forts.)

Bevor wir uns nun anschauen, wie man sich den Stammdatenqualitätsmetriken ganz praktisch nähern kann, fassen wir Bedeutung und Aufgabe eines guten Datenqualitätsmanagements kurz zusammen.

Warum ist Datenqualitätsmanagement unverzichtbar?

Die folgenden Punkte sind für ein Datenqualitätsmanagement entscheidend:

- Nicht invasive Ansatzpunkte helfen bei der Identifizierung von Problemumfang und Komplexität zu Beginn von Stammdateninitiativen.
- Eine datengestützte Prozessgestaltung unterstützt bei der Bemessung und Senkung der Aufwände während der Prozessgestaltung.
- Datengestützte Prozessanalysen ermöglichen effiziente kontinuierliche Verbesserungsprozesse.
- Die Effektivität und Effizienz der erstellten Prozesse muss kontrolliert werden.

- In die Effektivität und Effizienz von Stammdatenprozessen muss belegbares Vertrauen herrschen.
- Investitionen in Prozessgestaltung und Implementierungen werden durch Messung und Nachweis der Datenqualität langfristig beschützt.
- Nutzen und Erfolg der gesamten MDM-Initiative muss belastbar darstellbar sein.
- Das Datenqualitätsmanagement unterstützt die Bestimmung des richtigen Levels an Governance.

2.6.5 Datenqualitätsmetriken mithilfe agiler Methoden

Im Einklang mit der Matrix zur Bestimmung des Governance-Fokus, die wir im vorangehenden Abschnitt vorgestellt haben, lässt sich auch für den Bereich des Datenqualitätsmanagements sagen, dass Sie zusammen mit dem Geschäft die wichtigsten Probleme identifizieren müssen. Da Zeit und Ressourcen auch in Stammdateninitiativen endlich sind, empfiehlt es sich, sich zuerst auf die nutzenbringenden und auch machbaren Bereiche zu konzentrieren. Verspricht ein Thema einen scheinbar sehr großen Nutzen, besteht aber keine realistische Möglichkeit, diesen zeitnah und aufwandsgerecht zu erreichen, entsteht schnell Frustration. Dies geschieht auf allen Seiten: im Geschäft, da man den freudig erwarteten Nutzen nicht verwerten kann, und auf Implementierungsseite, weil man nicht die Mittel und die Zeit hat, um sich angemessen mit dem Thema zu beschäftigen.

Agile Methoden nutzen

Da sich uns diese Situationen immer wieder präsentieren, empfehlen wir Ihnen, die Arbeitsmethoden aus der agilen Entwicklung zu nutzen. Diese Methoden bieten ein kompaktes Set an Arbeitsprinzipien und ein schlankes Rollenkonzept an, das aus unserer Sicht im Datenqualitätsmanagement einfach einzusetzen ist.

Iterativ und inkrementell

Der zentrale Grund, warum sich Methoden der Agilität anbieten, besteht darin, dass man es im Datenqualitätsmanagement mit einer Reihe von bislang noch nicht gemeisterten Herausforderungen zu tun hat und sich agile Methoden genau für diese Art der Arbeit anbieten. Dies bedeutet, dass das Ergebnis der Entwicklungsarbeit am Anfang noch nicht konkret zu fassen sein wird und Sie sich iterativ und inkrementell daran annähern müssen. Die Herausforderungen werden deutlich, wenn man beispielsweise im Internet nach Datenqualitätsmetriken sucht und kaum verwertbare Ergebnisse findet. Bislang sind auch nur wenige Softwareprodukte auf dem Markt, die die Metriken *out of the box* anbieten.

Abteilungs-übergreifend

Eine zusätzliche Herausforderung ist auch, dass bei den von uns propagierten Metrikansätzen bewusst über die Grenze des reinen Stammdatenqualitätsmanagements hinausgegangen wird und Geschäftsprozesse im und außerhalb des SAP-ERP- bzw. SAP-S/4HANA-Systems mit einbezogen werden. Bei der Erstellung übergeordneter und damit für das Geschäft relevanterer Metriken sind Sie darüber hinaus auf Wissensträger angewiesen, die typischerweise eben nicht in Stammdatenteams zu finden sind. Diese Wissensträger sind Prozessarchitekten im SAP-ERP- bzw. SAP-S/4HANA-Umfeld, Kernnutzer von Systemen, die Stammdaten konsumieren, oder Mitarbeiter der Shared-Service-Bereiche.

An dieser Stelle soll nicht die Theorie der agilen Methoden besprochen werden. Hierzu gibt es zahlreiche Informationsquellen, wie z. B. die Plattform *scrumalliance.org*. Wir möchten nur kurz darauf hinweisen, dass all die genannten Herausforderungen zusammengenommen dafür sprechen, sich iterativ und inkrementell in einem dedizierten Team mit durchaus wechselnden Teilnehmern mit dem Thema Datenqualitätsmanagement auseinanderzusetzen. Dies bietet aus Sicht der Autoren eine Reihe von Vorteilen gegenüber traditionellen Methoden.

[»]

Vorteile agiler Methoden

Agile Methoden bieten die folgenden Vorteile für das Datenqualitätsmanagement:

- Das Thema Stammdatenmetriken wurde in vielen Organisationen wenig unterstützt. Mithilfe agiler Methoden kann hier schnell Geschwindigkeit aufgenommen werden, um verlorene Zeit aufzuholen.
- Das Geschäft wird sehr früh in den Gestaltungsprozess der Metriken eingebunden und bestimmt die Prioritäten der Umsetzung in Abstimmung mit dem Entwicklungsteam.
- Das Geschäft bekommt in kurzen Abständen Resultate mit einem unmittelbaren Nutzen, die schon nach kurzer Zeit zur Verbesserung der Stammdatensituation beitragen können.
- Kurze Zeitscheiben und offene Rollenstrukturen erlauben es, zeitweise andere Organisationsteile in den Prozess mit einzubinden, um so den Brückenschlag zu den Bereichen zu meistern, die Stammdaten nutzen.
- Das Entwicklungsteam kann konzentriert an den Themen arbeiten, die für das Geschäft am wichtigsten sind, und wird von anderen Aufgaben entbunden.

Schnelle Ergebnisse

Die soeben genannten Punkte sorgen dafür, dass die Resultate relevant sind, die Liefererergebnisse schnell zur Verfügung stehen und die Zufriedenheit mit den erstellten Metriken groß ist. Die Relevanz wird durch eine geschäftsseitige Priorisierung der Anforderungen an die Metriken sichergestellt. Die Geschwindigkeit wird durch iterativ getaktete Entwicklungsphasen (Sprints) gewährleistet. Alle zwei bis vier Wochen kann dann ein Ergebnis präsentiert werden. Schließlich ergibt sich die Zufriedenheit aus den aufeinander aufbauenden und unmittelbar brauch- und nutzbaren Resultaten der Entwicklung.

Mögliche Probleme

Es soll nicht verschwiegen werden, dass beim Einsatz von agilen Methoden auch Probleme auftreten können. Zu nennen sind hier aus unserer Sicht vor allem organisatorische Widerstände, sollte diese Methodenart noch nicht Teil der Organisationskultur sein. Ein Punkt könnte z. B. das traditionelle Hierarchiekonzept sein, das durch das Rollenkonzept der agilen Methoden herausgefordert wird. Darüber hinaus zwingt die dedizierte Ressourcenallokation das Management, Priorisierungen transparent zu machen, was gegebenenfalls frühere Ansätze infrage stellt. Die Verantwortung des Geschäfts für den erbrachten Nutzen und die damit einhergehende Priorisierung ist aus unserer Sicht zugleich sowohl die größte Herausforderung als auch die größte Chance. Nimmt das Geschäft die Verantwortung wahr, können die Resultate für das Geschäft transformativen Charakter bekommen.

Die systematische Entwicklung von methodischen Fähigkeiten mit agilen Arbeitsmethoden und analytischen Fähigkeiten im Bereich des Informationsmanagements, die über das Thema Stammdaten hinausgehen, ist auch für andere Bereiche hilfreich, wie z. B. für das *Internet of Things* (IoT) oder für Advanced Analytics.

2.7 Datenmigration und Datenharmonisierung im Projekt

Wenn ein Projekt zur Einführung einer neuen Lösung – wie SAP MDG – ansteht, wird man sich sehr schnell mit den Themen *Datenmigration* und *Datenharmonisierung* auseinandersetzen müssen. Leider sind dies auch sehr oft die am meisten unterschätzten Themen, und dies führt dann sehr schnell zu einer falschen Einschätzung der damit verbundenen Aufwände. Zusätzlich wird oftmals sehr spezielles Wissen benötigt, sei es technisches Know-how zur Implementierung der benötigten Tools oder sei es das tiefe Wissen über die bestehenden Daten im Unternehmen und deren Verwendung. Aus diesem Grund wollen wir uns in diesem Abschnitt ansehen, welche Fragestellungen in jedem Fall im Projekt diskutiert und beim Setup des Projekts berücksichtigt werden müssen, um nicht über mögliche Fallstricke zu stolpern.

2.7.1 Datenmigration

ETL-Tool

Unter dem Begriff der *Datenmigration* versteht man zuerst einmal die Übernahme bestehender Daten aus einem Altsystem in eine neue Systemlösung. Hierbei ist es natürlich das Ziel, die Daten vollständig, richtig und möglichst automatisiert zu übernehmen. Technisch gesehen sollte dies durch ein sogenanntes ETL-Tool (*Extract, Transform, Load*) erfolgen. In Abbildung 2.20 sehen Sie eine schematische Darstellung dazu.

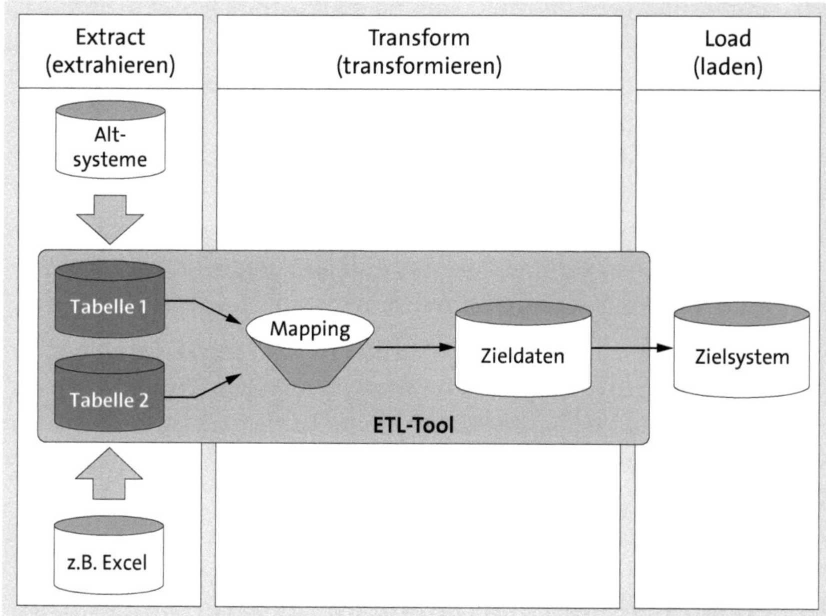

Abbildung 2.20 Schematische Darstellung des ETL-Tools

Die Idee hinter einem ETL-Tool ist es, die Datenmigration in einem strukturierten Prozess und innerhalb eines integrierten Systems durchzuführen. SAP bietet hierzu *SAP Data Services* an, in denen der Prozess in drei Phasen aufgeteilt wird.

Phase 1: Extraktion der Daten

Daten auslesen

Hier geht es darum, die bestehenden Daten in einer weiterbearbeitbaren Form aus dem Altsystem auszulesen. Natürlich gibt es hierzu auch die verschiedensten »händischen« Methoden, wie die Erzeugung von Excel-Dateien oder die Weiterverarbeitung von Textdateien. Dies sind durchaus nutzbare Möglichkeiten, jedoch nur, wenn sowohl der Umfang als auch die Komplexität der Daten sehr überschaubar sind. Ist dies nicht der Fall, ergibt sich sehr schnell eine nicht mehr zu bewerkstelligende Menge an Dateien. Ein großer Vorteil des ETL-Tools ist, dass mithilfe von Konnektoren eine direkte Verbindung von der neuen Datenbank zur Datenbank des Altsystems aufgebaut werden kann. Hierdurch ist es möglich, bei jedem neuen Durchlauf durch den Gesamtprozess die aktuellen Basisdaten zu extrahieren. Dieser aktuelle Abzug ist dann der Ausgangspunkt für alle weiteren Aktivitäten. Außerdem ist es natürlich möglich, Informationen aus unterschiedlichen Quellen in das ETL-Tool einzulesen. Dies ist besonders dann interessant, wenn in der alten Systemumgebung nicht alle Informationen zentral abgelegt waren oder bereits in anderer Form weitere Informationen existieren, die im neuen System benötigt werden. Dies hängt von den im SAP-ERP- bzw. SAP-S/4HANA-System definierten Prozessen ab. Wenn sich nun die unterschiedlichsten Quellen einlesen lassen, wird im Tool eine zentrale Datenbank aufgebaut, die die Basis für alle Aktivitäten der involvierten Abteilung darstellt. Es müssen dann nicht zuerst unterschiedliche Dateien zusammenkopiert werden, wobei auch noch die Gefahr veralteter Daten besteht, sondern es wird auf Knopfdruck in einem jederzeit wiederholbaren Prozess eine aktuelle Arbeitsgrundlage erstellt.

Phase 2: Transformation der Daten

Nachdem die Daten in der ersten Phase extrahiert worden sind und nun in einer zentralen Datenbank konsolidiert zur Verfügung stehen, müssen die Daten jetzt in einer Formatierung aufbereitet werden, die im neuen Zielsystem verwendbar ist. Hierzu müssen klare Regelwerke definiert und im ETL-Tool hinterlegt werden. Die Anforderung ist hierbei dieselbe, die wir schon in Abschnitt 2.2.1 beim Einsatz von SAP PO im Hub Deployment kennengelernt haben: Es muss ein Feld-Mapping oder ein inhaltliches Mapping von Feldwerten aus dem Altsystem auf das Zielsystem vorhanden sein. Am einfachsten ist es, wenn die jeweiligen Fachverantwortlichen alle benötigten Mapping-Informationen in einem MS-Excel-Sheet übersichtlich aufbereiten. In Abbildung 2.21 sehen Sie einen Screenshot einer solchen Excel-Datei. Einige dieser Vorlagen können Sie auch als Microsoft-Excel-Datei von der Website zum Buch *www.sap-press.de/5665* herunterladen.

Field mapping for		Material Master MAT									
Table/File Specification		MARA, MARC, MARD ...									
SAP Transaction Code		MM01									
General Specification											
SAP fields Description	Stream	Tech.field name <Table>-<Field>	Key field	Field Type	Length	Decimal	Check table	Rule Level	Data Migration relevant	Maintenance view	Indicator: SAP MDM releva
Entry Screen											
Material number		MARA-MATNR	Yes	CHAR	18						
Material type		MARA-MTART	Yes	CHAR	4		T134				
Industry sector		MARA-MBRSH	Yes	CHAR	1		T137				
Document change number (without document management system)		MARA-AESZN		CHAR	6		-				
Basic Data 1											
Material description		MAKT-MAKTX		CHAR	40						
Language Key		MAKT-SPRAS		CHAR	1						
Base Unit of Measure		MARA-MEINS		UNIT	3		T006				
Material Group		MARA-MATKL		CHAR	9		T023				
Old Material Number		MARA-BISMT		CHAR	18		-				
Extl. Matl group		MARA-EXTWG		CHAR	18		TWEW				
Sales material group		MARA-SPART		CHAR	2		TSPA				
Lab./office		MARA-LABOR		CHAR	3		T024L				
Prod.allocation		MARA-KOSCH		CHAR	18		T190S				
Prod.hierarchy		MARA-PRDHA		CHAR	18		T179				
Cross-Plant Material Status		MARA-MSTAE		CHAR	2		T141				
Date from which the cross-plant material status is valid		MARA-MSTDE		DATS	8						
Assign effectivity parameter values/ override change numbers		MARA-KZEFF		CHAR	1						
General item category group		MARA-MTPOS_MARA		CHAR	4		TPTM				
Auth.group		MARA-BEGRU		CHAR	4						
Gross Weight		MARA-BRGEW		QUAN	13						
Weight Unit		MARA-GEWEI		UNIT	3		T006				
Net Weight		MARA-NTGEW		QUAN	13						
Volume		MARA-VOLUM		QUAN	13						
Volume Unit		MARA-VOLEH		UNIT	3		T006				
Size/dimensions		MARA-GROES		CHAR	32						
International Article Number (EAN/UPC)		MARA-EAN11		CHAR	18						
Category of International Article Number (EAN)		MARA-NUMTP		CHAR	2		TNTP				
Material Group: Packaging Materials		MARA-MAGRV		CHAR	4		TVEGR				
Basic Data 2											
Prod./insp.memo		MARA-FERTH		CHAR	18		-				
Industry Standard Description (such as ANSI or ISO)		MARA-NORMT		CHAR	18		-				
Page format		MARA-FORMT		CHAR	4		-				
CAD indicator		MARA-CADKZ		CHAR	1		-				

Abbildung 2.21 Auszug aus einer typischen Mapping-Datei für die Datenmigration

Notwendige Informationen

Die Datei gliedert sich in zwei Hauptbereiche: Auf der linken Seite wird die neue Zielstruktur des SAP-ERP- bzw. SAP-S/4HANA-Systems mit den Feldern des Datenmodells mit einigen erweiterten Informationen (wie Datentyp, Feldlänge oder Prüftabellen) abgebildet. Die Aufgabe des Fachbereiches ist es nun, während des Prozessdesigns auch die entsprechenden Migrationsregeln für den eigenen Bereich zu definieren, um dann später die entsprechenden benötigten Informationen zur Verfügung zu haben. Hierzu wird im rechten Bereich des Files die Quelle der Information eingetragen. Dies kann ein bestehendes Feld im Datenmodell der bestehenden Lösung sein, ein Festwert oder ein Verweis auf eine weitere Datei. Bezieht sich das Mapping auf eine bereits vorhandene Information, muss ebenfalls noch definiert werden, wie damit während des Mapping-Prozesses umgegangen werden soll. In Tabelle 2.9 sehen wir, welche Regelwerke normalerweise Verwendung finden.

Regel	Bedeutung
1:1-Übernahme	Der bestehende Wert des Altsystems wird in gleicher Weise im neu designten Prozess im Zielsystem verwendet.
Festwert	Unabhängig davon, welcher Wert bisher im Altsystem verwendet wurde, wird im neuen System immer der gleiche Festwert verwendet.
Mapping-Tabelle	Es existiert eine starre Mapping-Tabelle, in der die unterschiedlichen Werte des Altsystems jeweils einem Wert des neuen Systems zugeordnet werden. Hierbei muss es sich entweder um eine 1:1-Beziehung oder um eine N:1-Beziehung handeln. ACHTUNG: Eine 1:N-Beziehung ist nicht möglich, da hier keine eindeutige Regel daraus ableitbar ist.
komplexe Logik	Mindestens der Inhalt von zwei Feldern oder mehr wird für die Ableitung des neuen Wertes benötigt. Das heißt, dass der Wert variiert, je nachdem, in welcher Konstellation er benötigt wird. Ein Beispiel kann die Abhängigkeit eines Feldes von einer Organisationseinheit, z. B. dem Werk, sein.

Tabelle 2.9 Regelwerke in der Mapping-Datei für die Datenmigration

Aufgabenteilung

Alle diese Regelwerke werden dann in das ETL-Tool übernommen und stehen bei jedem einzelnen neuen Durchlauf zur Verfügung. Das Vorgehen, die Regelwerke zuerst in einer Excel-Liste pro Migrationsobjekt zu pflegen, resultiert aus der Komplexität des gesamten Prozesses. Normalerweise wird das ETL-Tool von Mitarbeitern der IT aufgesetzt und gepflegt, während die Informationen über die Regelwerke von den unterschiedlichsten Experten der Fachbereiche gepflegt werden.

Phase 3: Laden der Daten

Nachdem in den ersten beiden Schritten die Daten aus dem Altsystem bereitgestellt und dann inhaltlich aufbereitet worden sind, geht es in diesem Schritt nun um den finalen Upload der Daten in das neue SAP-ERP- bzw. SAP-S/4HANA-System. Idealerweise sollte in diesem Schritt keinerlei Modifikation der Daten mehr stattfinden. Natürlich ist es möglich, auch innerhalb der Upload-Routine noch Konvertierungen durchzuführen; dies würde jedoch dem strukturierten Gedanken zum Einsatz eines ETL-Tools widersprechen.

Konvertierung in einem Schritt

Die Erfahrung zeigt, dass die Aufteilung von Datenkonvertierungen in unterschiedliche Prozessschritte zu einer erheblich höheren Komplexität und auch zu Fehleranfälligkeit führt. Dies macht es für das Migrationsteam deutlich schwieriger, aber vor allem auch für die Benutzer, die für den Dateninhalt zuständig sind. Diese haben keine zentrale Quelle mehr, in der sie das Ergebnis der Daten bereits vor dem finalen Upload in das SAP-ERP- bzw. SAP-S/4HANA-System prüfen können.

Upload

Für den Upload der Daten gibt es unterschiedliche Vorgehensweisen, und er hängt auch etwas von der Systemlandschaft im Unternehmen ab. Mit den *SAP Data Services* ist es möglich, die Daten nach der Konvertierung in eine IDoc-Struktur überführen zu lassen und direkt in das SAP-ERP- bzw. SAP-S/4HANA-System zu verbuchen. Dies bietet den Vorteil, dass wirklich alle Schritte in einem einzigen Tool stattfinden und auch das Monitoring sehr gut durchführbar ist. Allerdings kann auch die Erzeugung eines entsprechenden Daten-Files im CSV-Format (*Comma Separated Values*) sinnvoll sein. Dies bietet sich vor allem bei der Versorgung von zusätzlichen Drittsystemen an. Hierbei wird die Datendatei nach dem Durchlauf der Regelwerke aus dem ETL-Tool erzeugt, und ein zusätzliches Tool, Programm oder ein zusätzlicher Report wird dann für den Upload der Daten in das Zielsystem verwendet. Innerhalb von SAP-Systemen kann das z. B. die *Legacy System Migration Workbench* (LSMW) sein, in der die Datei eingelesen und dann im System verbucht wird.

Sie sehen also auch hier, dass die sorgfältige Auswahl der Vorgehensweise und der Tools in diesem Bereich entscheidend für den späteren Erfolgs des Projekts ist. Es sollte ein strukturierter Prozess definiert werden, in dem die Aufgaben klar verteilt sind und in dem eine regelmäßige Abstimmung der involvierten Parteien von Anfang an erfolgt. Wenn dieser Prozess dann noch von Anfang an durch das passende ETL-Tool unterstützt wird, können eine spätere Komplexität und Fehleranfälligkeit durch Hunderte unterschiedliche Dateien vermieden werden.

2.7.2 Datenharmonisierung

Im vorangehenden Abschnitt haben wir uns mit dem technischen Ablauf des Migrationsprozesses beschäftigt, wenn wie empfohlen ein ETL-Tool eingesetzt wird. Allerdings gibt es ja noch den eigentlichen Auslöser für ein Stammdatenprojekt: die nicht harmonisierte Datenbasis. Diese kann entweder durch die Übernahme weiterer Firmen, die Ablösung unterschiedlicher autarker ERP-Systeme, die Umstrukturierung einzelner Geschäftsbereiche oder einfach durch fehlende Disziplin beim Anlegen oder Pflegen von Daten entstehen. Da auch hier gilt, dass das neue System nur so gut sein kann, wie die Qualität der alten Daten es zulässt, ist dies ein zentraler Aspekt, um den man sich im Vorfeld kümmern muss. Auch hier müssen Sie sich für einen entsprechenden Prozess und eine passende Systemunterstützung entscheiden.

Zuerst muss allen Beteiligten klar sein, welchen Grad der Harmonisierung man eigentlich erreichen möchte. Dies kann von der strukturellen *Harmonisierung* über die Identifikation möglicher Dubletten und einem Verweis auf den weiteren bestehenden Datensatz bis hin zur kompletten inhaltlichen Harmonisierung und zur Zusammenführung von bestehenden Dubletten in einem Datensatz reichen.

Strukturen definieren

Die strukturelle Harmonisierung ist quasi der kleinste gemeinsame Nenner eines zentral genutzten Stammdatensystems und stellt die erste Stufe einer Zusammenlegung von unterschiedlichen Altsystemen dar. Hierbei geht es darum, für alle Datensätze eine identische Struktur der Daten und die dafür benötigten Inhalte zur Verfügung zu stellen. Dies kann z. B. die Definition des zukünftigen Aufbaus einer Kundenadresse sein. Je nachdem, welche Informationen in den Altsystemen bereits verfügbar sind, müssen dafür fehlende Informationen nachgepflegt oder bereits bestehende Informationen verschoben oder gelöscht werden. Hierdurch wird zuerst einmal sichergestellt, dass alle zukünftigen Geschäftsprozesse auf eine fest definierte Struktur und die darin enthaltenen Daten zugreifen können.

Hierbei wird noch nicht der Inhalt der Datensätze betrachtet, sondern nur die Definition der Metadaten für die jeweiligen Stammdatenobjekte. Diese Metadaten beinhalten die Informationen über die benötigten Felder dieses Objekts sowie über deren technische Ausgestaltung. Dies können z. B. Feldlängen oder auch Formatbeschreibungen der Datenfelder im System sein. Für diesen Schritt sind normalerweise keine speziellen Tools notwendig; klar strukturierte Excel-Dateien erfüllen hier ihren Zweck. Viel wichtiger ist die Abstimmung mit allen beteiligten Parteien im Projekt. So gehören hierzu das Migrationsteam, die Stammdatenverantwortlichen und auch die Prozessverantwortlichen der ERP-Geschäftsprozesse.

Duplikate identifizieren

Haben Sie diese Definitionen einmal abgeschlossen, ist der nächste Schritt die Identifikation von *Duplikaten* innerhalb der bestehenden Datensätze. Hier hängt es etwas von dem Datenobjekt ab, in dem die Duplikate erkannt werden sollen. Wir betrachten als Beispiel den Kunden- und den Lieferantenstamm. Beide Objekte verwalten Adressdaten, die für unterschiedliche Zwecke im System verwendet werden. Wie können wir also nun auf eine möglichst automatisierte Weise die mehrfach vorkommenden Adressinformationen erkennen? Hier ist es der effizienteste Weg, auf *Scoring-Modelle* in entsprechenden Analysetools zurückzugreifen. Im Produktportfolio von SAP ist dies z. B. der *Information Steward*. Er bietet noch eine Vielzahl weiterer Möglichkeiten für ein unternehmensweites Daten-Profiling sowie eine laufende Prüfung der Datenqualität. Mit ihm können Sie auch Metadaten verwalten.

Schauen wir uns nun die Scoring-Funktionalitäten etwas genauer an: Beim Scoring geht es darum, ein Regelwerk zu erstellen, mit dem bestehende Datensätze verglichen werden können. Für jedes existierende Datenfeld wird eine Gewichtung festgelegt, mit der eine Übereinstimmung des Inhalts für die Identifikation eines möglichen Duplikats berücksichtigt wird. In Abbildung 2.22 sehen Sie solch ein Modell. Es kann flexibel festgelegt werden, welche Informationen am wahrscheinlichsten auf ein Duplikat hinweisen. Diese Felder werden dann mit der höchsten prozentualen Gewichtung versehen. Basierend auf dieser Gewichtung lässt sich dann ein Schwellenwert definieren, ab dem das System davon ausgeht, dass mit hoher Wahrscheinlichkeit ein Duplikat vorliegt, und dem Benutzer entsprechende Handlungsoptionen vorschlägt. In dem Beispiel aus Abbildung 2.22 wurde eine Wahrscheinlichkeit von 85 % erreicht. Alle auf diese Art und Weise identifizierten Datensätze werden nochmals von einem Benutzer geprüft und dann entweder als Fehlidentifikation abgelehnt oder aber bestätigt. Hierbei kommt es dann darauf an, ob es nur darum geht, die doppelten Datensätze zu erkennen, oder ob man im nächsten Schritt eine inhaltliche Harmonisierung und Zusammenführung der Datensätze anstrebt.

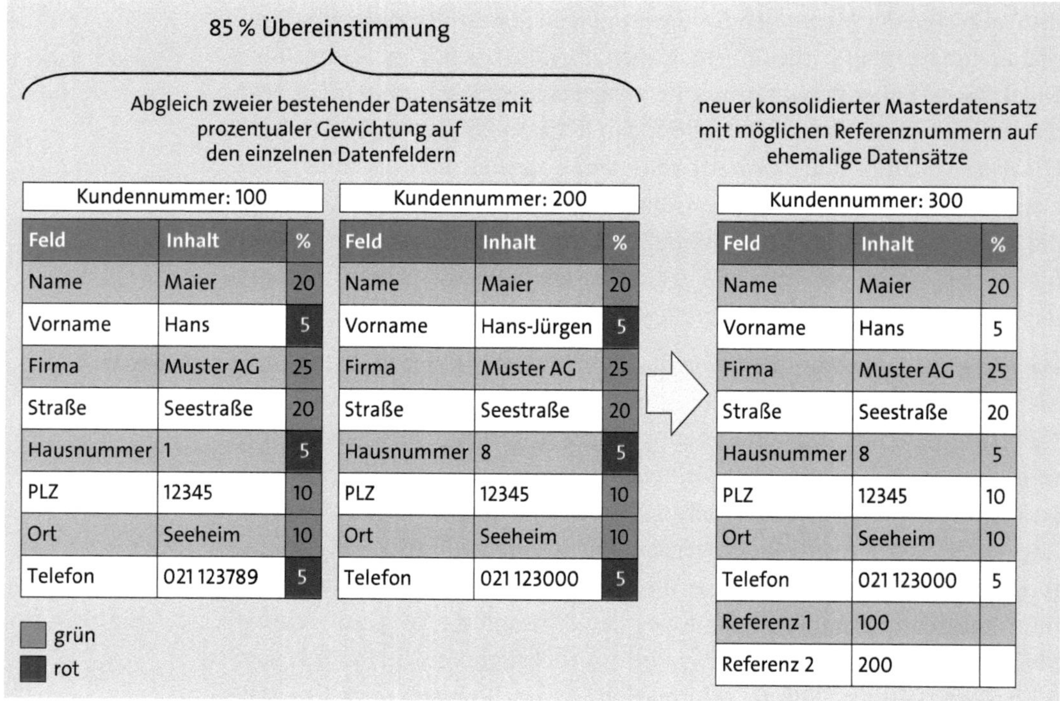

Abbildung 2.22 Scoring-Modell zur Identifizierung von Duplikaten

Inhaltliche Harmonisierung

Hat man sich wie in Abbildung 2.22 für eine Zusammenführung der Duplikate in einen neuen Masterdatensatz entschieden, besteht der nächste Schritt darin, die jeweils optimale Information aus den bestehenden Datensätzen auszusuchen. Hierzu wird für jedes Datenfeld entschieden, welche Quelle genutzt werden soll. In vielen Fällen wird es nicht möglich sein, den neuen Masterdatensatz direkt in allen produktiven Prozessen zu nutzen und die bestehende Information mit einem Löschkennzeichen zu versehen, da es hierzu entscheidend ist, im Vorfeld zu prüfen, dass es auf den bestehenden Datensätzen keine Bewegungsdaten mehr gibt. Abhängig davon, ob es sich um ein Material, einen Kunden oder um einen Lieferanten handelt, können dies offene Bestellungen, Produktionsaufträge, Rechnungen, Bestände oder auch die Verwendung in Stücklisten sein. Auch Datenobjekte, die im direkten Zusammenhang stehen, wie Konditionstabellen, die sich auf Kunden-Material-Kombinationen beziehen, müssen betrachtet werden.

[!]

Vorsicht bei der Zusammenführung und Löschvormerkung

Bei der Zusammenführung von bestehenden Informationen und dem Setzen eines Löschkennzeichens im SAP-System müssen Sie sorgfältig prüfen, ob diese Information in anderen Stammdatenobjekten (z. B. Stücklisten, Arbeitsplänen oder Konditionstabellen) benutzt wird. Außerdem ist es zwingend notwendig, bestehende Bewegungsdaten (wie offene Rechnungen, Produktionsaufträge, Bestellungen oder Bestände) abzuschließen und zu bereinigen, bevor der Datensatz mit einem Löschkennzeichen als inaktiv markiert wird. Während bei einem finalen Archivierungslauf innerhalb von SAP ERP bzw. SAP S/4HANA nochmals vom System einige solche Prüfungen durchgeführt werden, ist dies beim Setzen der Löschvormerkung nicht der Fall.

2.8 Change und Stakeholder-Management im Projekt

Operational Change Management (OCM)

Nachdem wir in den vorangehenden Abschnitten eher die technischen Aspekte eines Stammdatenprojekts betrachtet haben, kommen wir jetzt zu einem Thema, das leider in sehr vielen Projekten vernachlässigt wird: das *Change Management*. Es bringt auf den ersten Blick keinen direkt messbaren Mehrwehrt und lässt sich nicht in managementgerechten bunten Reports darstellen. Was jedoch sehr oft vergessen wird, sind die Mitarbeiter hinter dem Projekt.

Auch bei der weiter fortschreitenden Automatisierung hängt der Erfolg eines Unternehmens immer noch von den entsprechend motivierten und ausgebildeten Mitarbeitern ab. In einem Projekt ist dies nicht anders. Im Gegenteil: Hier ist dieser Faktor noch viel entscheidender. Ein Projekt bedeutet im Normalfall immer auch Weiterentwicklung der Computersysteme und Prozesse. Dies wiederum geht immer mit einer Veränderung in unterschiedlichen Bereichen einher. Hat man einmal einige Projekte begleitet, wird einem sehr schnell bewusst, dass das Sprichwort »Der Mensch ist ein Gewohnheitstier« durchaus häufig zutrifft. Die meisten Menschen bewegen sich in ihrer Komfortzone, und eine Änderung in ihrem gewohnten Umfeld verursacht zuerst eine gewisse Skepsis und Verunsicherung. Aus diesem Grund ist es wichtig, dieses Thema von Beginn an entsprechend erst zu nehmen und in einem sauberen organisatorischen Change Management (*Operational Change Management*, OCM) abzubilden.

In Abbildung 2.23 sehen Sie die unterschiedlichen Dimensionen, über die Sie sich im Vorfeld und während des Projekts Gedanken machen sollten.

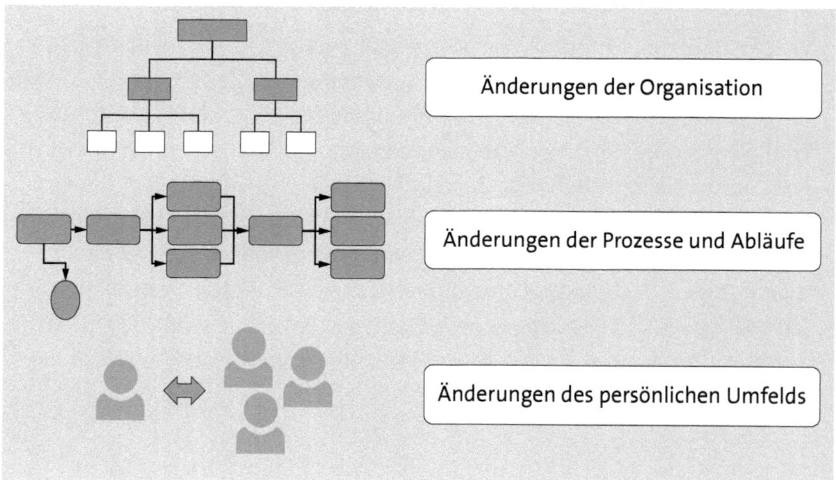

Abbildung 2.23 Dimensionen des Operational Change Managements

Sorgen ernst nehmen

Auf der einen Seite haben wir Änderungen innerhalb der Organisation eines Unternehmens. Diese Änderungen betreffen meistens die Struktur und resultieren aus Übernahmen neuer Firmen, aus der Umstrukturierung einzelner Unternehmensbereiche oder aus deren Zusammenlegung. Das heißt, dass Veränderungen in diesem Bereich die Allgemeinheit betreffen und daher auf entsprechender Ebene im Unternehmen platziert werden müssen.

Auf der Stufe darunter finden sich Änderungen auf der Ebene der produktiven Abläufe und Prozesse. Hiervon sind meist eher einzelne Abteilungen oder Produktionsbereiche betroffen. Diese Änderungen resultieren aus angestrebten Optimierungen in einzelnen Prozessabläufen im Unternehmen, die im Rahmen laufender Projekte effektiver gestaltet werden sollen.

Auf der letzten Stufe finden wir die Änderungen im persönlichen Umfeld einzelner Mitarbeiter. Hier kann es sich um Veränderungen von Arbeitsabläufen an der eigenen Arbeitsstätte, um die Zusammenarbeit mit neuen Kollegen oder aber auch um tiefergreifende Veränderungen wie den Verlust der bestehenden Arbeitsstelle handeln. Im besten Fall findet sich dann im Unternehmen eine andere Aufgabe, die möglicherweise auch im Rahmen des Projekts geschaffen wird.

Gerade wenn die Gefahr besteht, dass zunächst Arbeitsplätze verloren gehen, sind die Skepsis und auch eine gewisse Angst der Mitarbeiter vor größeren Veränderungen nachvollziehbar. Wenn man verinnerlicht hat, dass der Erfolg eines Projekts maßgeblich von der Motivation der Mitarbeiter abhängt, wird einem sehr schnell klar, warum ein sauberer OCM-Prozess für ein Projekt von entscheidender Bedeutung ist.

In Abbildung 2.24 sehen Sie die einzelnen Phasen, die Sie aus der Change-Management-Sicht im Detail betrachten sollten.

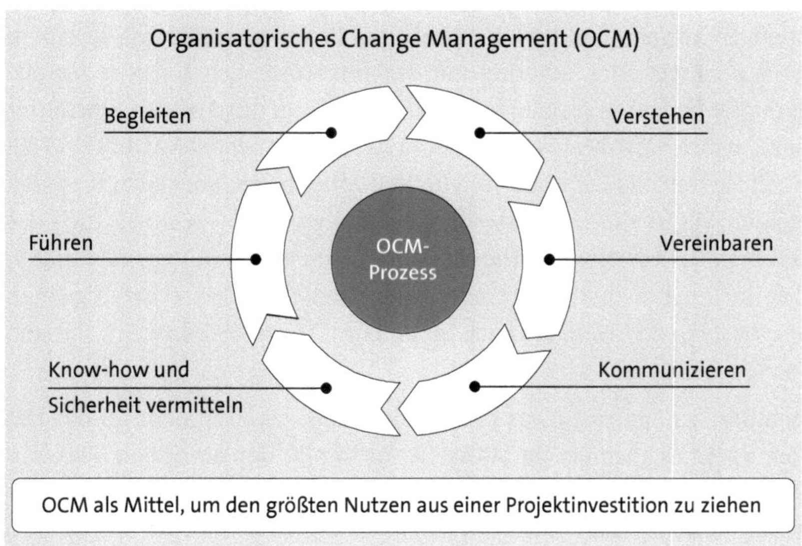

Abbildung 2.24 Prozess »Organisatorisches Change Management«

Zu Beginn geht es erst einmal darum, die gesamte Situation zu verstehen – von der Ausgangssituation bis zur daraus resultierenden Notwendigkeit

Situation verstehen

zur Veränderung. Es muss klar sein, welche Ziele mit dem Projekt erreicht werden sollen. Im gleichen Schritt geht es auch darum, involvierte *Stakeholder* und deren Ziele und deren Einstellung dem Projekt gegenüber zu verstehen. Wie man mit den Informationen in Bezug auf die Stakeholder am geschicktesten umgeht, thematisieren wir genauer in Abschnitt 2.8.3, »Stakeholder-Management«. Neben den Stakeholdern sind jedoch auch die Gedanken und Sorgen der Projektmitarbeiter und späteren Benutzer extrem wichtig. Gibt es hier zu viele Skeptiker oder im schlimmsten Fall sogar eine negative Stimmungsmache, wird sich das direkt im Projektverlauf bemerkbar machen. Nur das Verstehen allein reicht aber nicht aus!

Mitarbeiter informieren

Der nächste Schritt besteht darin, mit allen Betroffenen den genauen angestrebten Projekt- und Änderungsumfang zu definieren. Jeder sollte sich von Beginn an darüber im Klaren sein, welche Veränderungen aus welchem Grund und auf welche Art auf ihn zukommen werden. Nur so kann sich jeder frühzeitig darauf einstellen, und durch das gemeinsame Verständnis kann eine gewisse Projektstabilität sichergestellt werden. Das oberste Prinzip ist es, Transparenz zu schaffen, denn es gibt nichts Schlimmeres, als den Mitarbeitern im Projekt das Gefühl zu geben, dass sie nicht wissen, was um sie herum passiert.

Geplante Veränderungen, darauf ausgerichtete Maßnahmen oder auch der jeweilige Fortschritt in dem Projekt müssen entsprechend kommuniziert werden. So können Sie die Mitarbeiter am Projektstandort z. B. in einem kurzen wöchentlichen Meeting informieren. Zusätzlich sollte es für alle Mitarbeiter im Unternehmen regelmäßige Updates durch einen Newsletter oder auch durch Artikel in einer Mitarbeiterzeitung geben. Auf diesem Weg können Sie Vorteile der Änderung für den Arbeitgeber, aber auch für jeden einzelnen Mitarbeiter herausstellen. Parallel zum Projekt muss auch das später benötigte Wissen zur Handhabung des neuen Systems und zum Ablauf der neuen Prozesse vermittelt werden. Sie sollten also rechtzeitig einen Schulungsplan erstellen, der auch Inhalte und Termine für die Schulungen enthält.

Führen und Begleiten

Neben der Sicherstellung des produktiven Betriebs nach dem Go-live des Projekts geht es auch um den Wissenstransfer für den einzelnen Mitarbeiter. Jeder kennt sicher das Gefühl, dass eine neue Aufgabe auf einen zukommt, man sich aber nicht sicher ist, ob und wie man sie absolvieren kann. Dies liegt dann zumeist daran, dass einem nicht das entsprechende Wissen und die Sicherheit zur Vorbereitung auf die neue Aufgabe vermittelt wurden. Hierbei hilft nichts besser als Übung! Neben einer ausführlichen und verständlichen Dokumentation ist also auch ein möglichst frühzeitiges Training am System entscheidend. Die Benutzer müssen selbst herausfinden, wie es funktioniert, und sich sicher genug fühlen, dies auch später im Alltag von Anfang an erfolgreich umsetzen zu können.

Bei den letzten beiden Phasen handelt es sich um die Führung und die Begleitung. Während es sich beim Führen mehr um das klassische stringente Projektmanagement handelt, in dem das Ziel auf der erfolgreichen Umsetzung der technischen Lösung und auf einem erfolgreichen Go-live des Projekts liegt, geht es beim Begleiten um die Kommunikation und das Verständnis für die Mitarbeiter. Mitarbeiter sollen motiviert und angespornt werden, ihre Erfahrungen in das Projekt mit einzubringen. Im Idealfall führt dies wieder zu Optimierungen im Projektablauf und zum Erfolg beim Erreichen der gesteckten Ziele.

2.8.1 Unterschiede zwischen Projektmanagement und Change Management

Fachliche bzw. soziale Kompetenz

Letztendlich sind Change Management und Projektmanagement eigenständige Konzepte, die jedoch meist nur in Kombination zum Erfolg führen. Eine wichtige Gemeinsamkeit ist die Beteiligung unterschiedlichster Menschen in einem Unternehmen, die von einem Projekt oder einer Veränderung betroffen sind. In beiden Fällen steht die Kommunikation im Vordergrund, also die Vermittlung einer gemeinsamen Sichtweise auf das Projekt und die damit verbundenen Veränderungen. In beiden Fällen ist es das Ziel, einen bestehenden Zustand zu verbessern.

Zusätzlich geht es aber in beiden Bereichen auch darum, die passenden Mitarbeiter für eine erfolgreiche Zusammenarbeit im Projekt auszusuchen. Hier zeigt sich der erste Unterschied der beiden Konzepte:

- Im Projektmanagement liegt der Fokus der Mitarbeiterauswahl auf der fachlichen Kompetenz des einzelnen Mitarbeiters.
- Im Change Management liegt der Fokus nicht auf dem fachlichen Wissen, sondern auf der Fähigkeit, das Projekt so zu begleiten, dass innerhalb der Organisation die größtmögliche Akzeptanz geschaffen werden kann. Aus dieser Akzeptanz ergibt sich dann wieder eine Unterstützung für das Projekt.

Man sollte sich also im Klaren darüber sein, wann man in welchem Umfang auf welches Mittel zurückgreifen möchte. Unserer Erfahrung nach wird jedoch zumindest bei größeren Projekten nur eine Kombination zum Erfolg führen. Denn während das Projektmanagement aus neutraler Sicht die Abläufe innerhalb eines Unternehmens verbessern möchte, steht beim

Change Management die Begleitung der Mitarbeiter während der Veränderungen im Vordergrund, die zur Erreichung der Projektziele erforderlich sind.

2.8.2 Die Bedeutung von OCM im Stammdatenprojekt

Verlust von Eigenständigkeit

Wenn sich ein Unternehmen für die Durchführung eines Stammdatenprojekts entscheidet und dementsprechend SAP MDG einführen möchte, sind damit zwingend organisatorische Änderungen vorprogrammiert. In vielen Projekten wird dies jedoch leider erst einmal vernachlässigt, und man fokussiert sich komplett auf den technischen Aspekt des zukünftigen Tools.

Gerade im Bereich der Stammdaten sind die Qualität und die Nachhaltigkeit jedoch nur so gut wie die Mitarbeiter, die die Daten im System pflegen. Außerdem werden viele technisch mögliche Abläufe erst dann wirklich effektiv, wenn auch die passende Organisation dahinter etabliert ist. Dafür ist aber fast immer eine gewisse Umstrukturierung im Unternehmen notwendig. Um eine gute Datenqualität zu gewährleisten, erweist sich meist ein zentraler Ansatz als am effektivsten. Wie stark diese Zentralisierung im jeweiligen Projekt vorangetrieben wird, hängt wieder von den Zielen des Unternehmens ab.

Jede Form der Zentralisierung ist aber zwangsläufig mit einer Umgestaltung oder auch Umverteilung der Aufgaben der einzelnen Mitarbeiter verbunden. Wenn es bisher viele einzelne Mitarbeiter gab, die sich mit der Eingabe ins System beschäftigt haben, wird es in Zukunft vermutlich nur noch wenige Mitarbeiter an zentraler Stelle geben. Neben der Änderung der Aufgaben bedeutet dies jedoch auch einen gefühlten Verlust von Selbstständigkeit: Konnten die Benutzer bisher ihre benötigten Datensätze direkt selbst im System anlegen, sind sie in Zukunft auf die Hilfe der zentralen Stelle angewiesen.

Natürlich dient dies alles zur Verbesserung der Datenqualität in der Zukunft, es hinterlässt bei den einzelnen Mitarbeiten aber auch schnell ein Gefühl der Angst, überwacht zu werden, in ihren Möglichkeiten eingeschränkt zu sein oder sogar in zukünftigen Prozessen komplett überflüssig zu werden. Hier ist es dann, wie im vorangehenden Abschnitt beschrieben, wichtig, diese Ängste ernst zu nehmen, die neuen Ideen und Abläufe transparent zu kommunizieren und den Mitarbeitern auch ihre persönlichen Möglichkeiten in der neuen Organisation zu zeigen.

In Abbildung 2.25 sehen Sie einen neuen Workflow zur Datenpflege mit den einzelnen Rollen, die für den zukünftigen Ablauf benötigt werden.

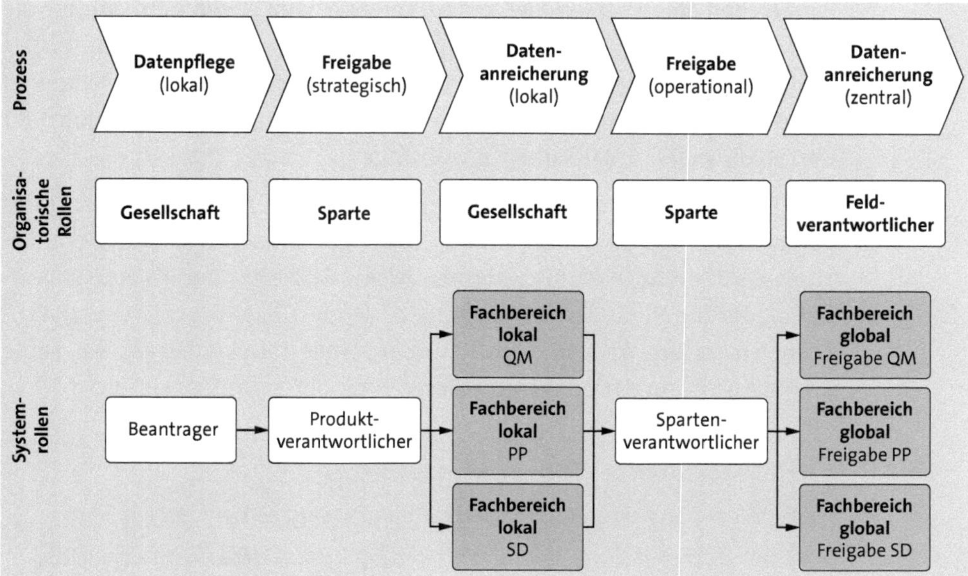

Abbildung 2.25 Beispielrollen im Workflow

Neue Aufgaben vergeben

Hierbei wird ersichtlich, dass es durch die Umstrukturierung auf eine zentrale Organisation, die mit SAP MDG auch die entsprechenden Governance-Anforderungen erfüllen muss, einige neu zu schaffende Rollen im Unternehmen gibt. Die Verantwortung für die Daten muss eindeutig organisiert sein. Dies beinhaltet auch die Aufteilung zwischen der Datenpflege und der Datenfreigabe. Wir sehen also deutlich, dass sich hier einige Themen ergeben, die für das Change Management relevant sind. Beinhaltet die angestrebte Veränderung auch die Verschiebung von Arbeitsplätzen, müssen Sie eventuell auch den Betriebsrat in die gesamte Planung mit einbeziehen. Genau dies ist aber auch wieder aus Sicht des Projektmanagements entscheidend.

Akzeptanz schaffen

Wird die Kultur oder die gewohnte Umgebung eines Betriebs in dieser Art und Weise verändert, besteht leicht die Gefahr, dass diese Änderung in der Zeitplanung eines Projekts nicht ausreichend stark berücksichtigt wird. Die Erfahrung zeigt hier eindeutig, dass es deutlich länger dauert, Akzeptanz in solch einem persönlichen Bereich zu schaffen als für die Einführung eines neuen technischen Tools. Beharrt man hier auf der knappen Projektzeitlinie, die die dafür benötigte Zeit nicht vorsieht, läuft man schnell Gefahr, eine gewisse Resignation und den Rückfall in bestehende Verhaltensmuster der Mitarbeiter zu provozieren.

Je selbstständiger und eigenbestimmter die bestehende Organisation ihre Aufgaben bisher ausführen konnte, umso mehr Zeit und passende Ressourcen werden benötigt, um die Veränderung nicht zu erzwingen, sondern sie stattdessen in den Köpfen der Mitarbeiter herbeizuführen. Nur dann ist es möglich, trotz ersten anfänglichen Widerstands motivierte Mitarbeiter zu schaffen, die bereit sind, sich und das neu Erlernte in den Projekterfolg und den zukünftigen Arbeitsalltag einzubringen.

Um dieses Momentum der *Motivation* dann auch aufrechtzuerhalten, ist es genauso wichtig, die Mitarbeiter zu befähigen die angestrebten Veränderungen aktiv mitgestalten zu können. Nichts ist schlimmer, als einen Mitarbeiter, der die Veränderungen gerade akzeptiert hat, direkt wieder auszubremsen, indem man ihm im Rahmen seiner Tätigkeiten absolut keine Freiheit lässt, auch produktiv an dieser Veränderung mitzuwirken.

Erfolgsfaktoren des Change Managements

Die folgenden Faktoren sind für das Change Management entscheidend:

- Der Nutzen der geplanten Veränderung für das Unternehmen soll dargestellt werden.
- Es herrscht transparente Kommunikation: »wie«, »was«, »wann«, »warum«.
- Die Change-Management-Maßnahmen müssen mit klaren Zielen verknüpft sein, und es muss auch möglich sein, den Erfolg zu messen.
- Betroffene Mitarbeiter oder mögliche Beeinflusser von Anfang an werden mit einbezogen.
- Chancen und Möglichkeiten für den Einzelnen in der neuen Organisation werden herausgerarbeitet.
- Es gibt ein klares und vor allem sichtbares Commitment des Managements zu den geplanten Veränderungen und Zielen.
- Die Mitarbeiter müssen befähigt werden, die angestrebte Veränderung umzusetzen und aktiv mitzugestalten.

2.8.3 Stakeholder-Management

Im vorangehenden Abschnitt haben wir uns mit dem Change Management beschäftigt, um alle Mitarbeiter von Beginn an in das Projekt miteinzubeziehen. Genauso wichtig ist es jedoch, sich auch um die Entscheidungsträger und Beeinflusser im Unternehmen zu kümmern, denn sie stellen die Ressourcen für das Projekt bereit. Sie sollten sich deshalb Zeit nehmen, um die Stakeholder kennenzulernen und sie regelmäßig über den Projektfortschritt zu informieren. Aber um wen sollte man sich in welchem Umfang kümmern? Sehen Sie sich hierzu die Matrix in Abbildung 2.26 an.

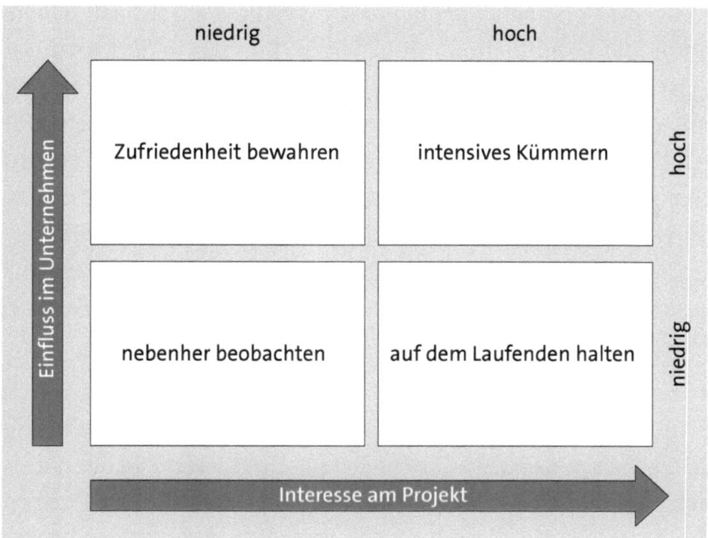

Abbildung 2.26 Stakeholder-Matrix

Stakeholder einschätzen

Am wichtigsten ist es natürlich, die Stakeholder im Unternehmen zu identifizieren und ihre Rollen und Einflussmöglichkeiten in der Organisation zu erkennen. Basierend auf diesen Grundinformationen sollten Sie versuchen, die Bedürfnisse und Einstellungen des einzelnen Mitarbeiters zum Projekt zu verstehen. Abhängig von diesen Erkenntnissen kann jeder Einzelne in die obige Matrix einsortiert werden. Es gibt unterschiedliche Ansätze, um die Achsen der Matrix zu benennen. Wir haben uns für den Einfluss in der Organisation auf der Y-Achse und für das Interesse am Projekt auf der X-Achse entschieden.

Betrachten Sie nun die einzelnen Quadranten genauer: Auf der einen Seite gibt es die Stakeholder mit geringem Interesse an unserem laufenden Projekt. Haben diese Personen nun auch noch einen geringen Einfluss im Unternehmen, reicht es aus, wenn wir sie nebenher beobachten. Das heißt, dass hier neben den regelmäßigen Updates in den Statusmeetings keine weitere aktive Kommunikation notwendig ist. Trotzdem sollte man diese Stakeholder jedoch zumindest aus den Augenwinkeln heraus beobachten, falls es zu größeren Störungen kommt.

Trifft das geringe Interesse am Projekt jedoch auf großen Einfluss im Unternehmen, dann sollte genug Zeit investiert werden, um die Zufriedenheit des Betroffenen zu erhalten. Das heißt, dass Sie nicht nur regelmäßige Updates liefern, sondern auch die persönlichen Befindlichkeiten oder mögliche Bedenken abfragen sollten. Treten in diesen Gesprächen keine weiteren kritischen Punkte auf, ist auch hier kein weiterer Aufwand erforderlich.

Wichtige Personen

Rechts sehen Sie die Personen, die ein großes Interesse am Projekt haben. Auch hier gibt es die Kombination mit geringem Einfluss in der Organisation. Wichtig ist hierbei, das Informationsbedürfnis der Person zu befriedigen, d. h., dass Sie für regelmäßige Statusmeetings, aber auch für persönliche Zwischeninfos sowie für die zeitnahe Beantwortung von Fragen sorgen sollten. Solch eine Person wird genau darauf achten, inwieweit sich die Inhalte und Entwicklungen im Projekt mit ihren eigenen persönlichen Interessen decken. Sollte es zu größeren Abweichungen kommen, wird es ganz sicher Diskussionen geben, die jedoch durch den geringen Einfluss nicht sofort eskalieren.

Als Letztes haben wir noch den kritischsten Quadranten. Hier finden sich die Personen, die ein sehr hohes Interesse an dem Projekt und gleichzeitig einen großen Einfluss in der Organisation haben. Um diesen Personenkreis sollten Sie sich entsprechend intensiv kümmern und dafür Zeit im Projektplan vorsehen. Es ist wichtig, diese Stakeholder im Projektverlauf zu begleiten, persönliche Termine wahrzunehmen und zügig auf ihre Bedenken oder Anfragen zu reagieren. Läuft hier etwas nicht wie gewünscht, haben diese Personen die entsprechende Reichweite, um Ihr Projekt deutlich zu behindern. Betreiben Sie hier jedoch das richtige Stakeholder-Management, sind diese Personen auch die Türöffner zur Lösung von Problemen während der Projektlaufzeit. Hier zeigt sich wieder die direkte Verbindung zwischen Projekt-, Stakeholder- und Change Management! Letztendlich kann der Stakeholder dazu beitragen, dass die vom Change Management betroffenen Personen dazu befähigt werden, sich intensiv in das Projekt einzubringen und somit zum gemeinsam Projekterfolg aus Sicht des Projektmanagements beizutragen.

Erfolgsfaktoren für das Stakeholder-Management

Diese Faktoren machen Ihnen die Arbeit mit den Stakeholdern leichter:

- Rollen und Einfluss in der Organisation zu identifizieren
- Bedürfnisse und eigene Ziele der Stakeholder zu verstehen
- ein entsprechendes Profil für die einzelnen Stakeholder zu erstellen
- Stakeholder in Gruppen einzuteilen und entsprechend zu priorisieren
- genügend Zeit im Projektplan vorzusehen, in der Sie sich um die Stakeholder kümmern
- eine Strategie zur Kommunikation und Einbindung der Stakeholder zu entwickeln
- zu beobachten und frühzeitig bei aufkommenden Diskussionen zu reagieren

Kapitel 3
SAP Master Data Governance und seine Funktionsweise als Grundlage der Stammdatenstrategie

In diesem Kapitel betrachten wir die Funktionsweise sowie den Leistungsumfang von SAP MDG, insbesondere die inhaltlichen und technischen Konzepte. Wir stellen die im Standard unterstützten Objekte sowie die Möglichkeiten von kundenspezifischen Erweiterungen vor und gehen detailliert auf die einzelnen technischen Komponenten von SAP MDG ein.

Das Werkzeug SAP MDG bietet als Applikationsplattform ein geeignetes Fundament, um effizient Stammdaten zu verwalten. Durch seinen *Framework*-Charakter mit vorgefertigten Inhalten gelingt es, nach nur kurzen Implementierungsphasen sehr schnell, Stammdatenprojekte zu realisieren und produktiv zu setzen. Andererseits bietet SAP MDG eine durchdachte Softwarearchitektur, die es ermöglicht, fast beliebige Prozesse zu modellieren, komplexe Datenstrukturen zu verwalten und sehr spezifische User Interfaces zu implementieren.

Durch die tiefe Integration von SAP MDG in das SAP ERP- bzw. SAP-S/4HANA-System können ERP-Technologien in SAP MDG wiederverwendet werden. Damit kann SAP MDG als Stammdatenlösung sehr effizient implementiert und im laufenden Betrieb angewendet werden.

Neben SAP MDG in SAP ERP und SAP MDG in SAP S/4HANA gibt es seit 2021 außerdem *SAP Master Data Governance, Cloud Edition*. Die technologische Basis und insbesondere der architektonische Ansatz der Cloud Edition unterscheidet sich von SAP MDG in SAP ERP bzw. SAP S/4HANA, d. h., dass die Erläuterungen in diesem Kapitel nicht eins zu eins auf die Cloud Edition übertragbar sind. In Kapitel 2, »Einsatz und Design von SAP Master Data Governance«, gehen wir detailliert auf die Cloud Edition ein.

3.1 SAP Master Data Governance als Kern der Stammdaten-Governance

Plattform für die Stammdatenverwaltung

Die Master-Data-Governance-Applikation positioniert sich durch die Realisierung wichtiger Funktionen (z. B. *Staging Area*) als Kern für die Stammdaten-Governance im SAP-Umfeld. Ein großer Teil dieser Technologien basiert auf dem klassischen SAP-ERP- bzw. SAP-S/4HANA-System und beeinflusst die Einbettung eines MDG-Systems in die Systemlandschaft ganz erheblich. Abbildung 3.1 zeigt eine typische Stammdatenarchitektur mit einem MDG-System.

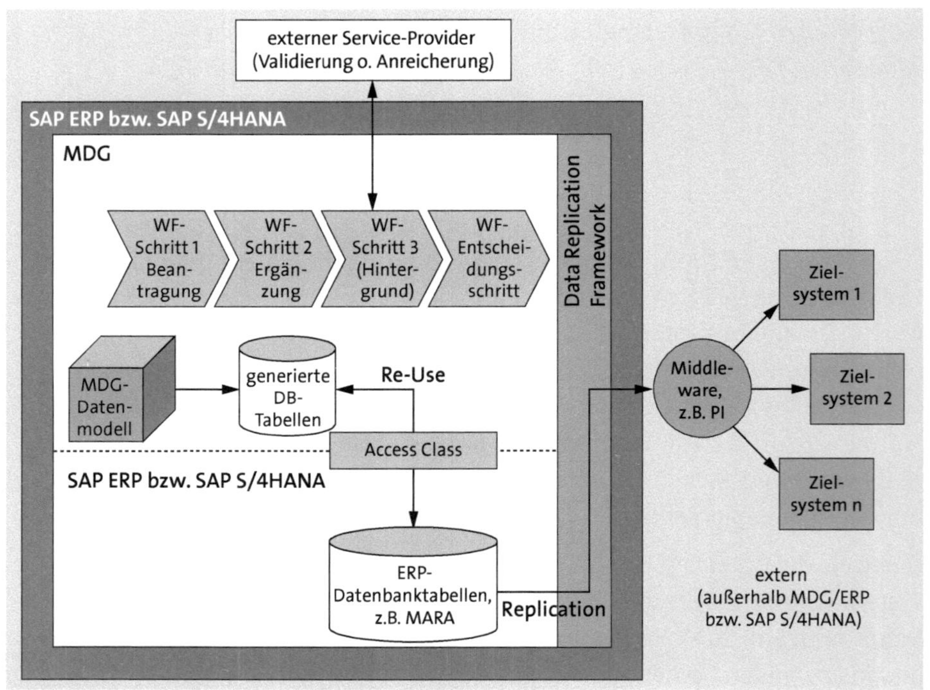

Abbildung 3.1 MDG-Systemarchitektur (Re-Use-Modus)

Im linken Bereich von Abbildung 3.1 sehen Sie ein SAP-ERP- bzw. ein SAP-S/4HANA-System, zusammen mit einer MDG-Applikation. SAP MDG ist zwar oberhalb des SAP-ERP- bzw. SAP-S/4HANA-Systems angeordnet, ist aber physisch Teil des SAP-ERP- bzw. des SAP-S/4HANA-Systems. Dies ist durch den umfassenden dunklen Rahmen dargestellt. Fast alle Technologien, die SAP MDG verwendet, werden vom SAP ERP bzw. von SAP S/4HANA auf der Grundlage des *SAP NetWeaver Application Server ABAP* (*SAP NetWeaver AS ABAP*) zur Verfügung gestellt.

SAP NetWeaver Application Server ABAP

Ein MDG-System ist also ein SAP-ERP- bzw. SAP-S/4HANA-System, bei dem die MDG-Funktionen eingeschaltet bzw. aktiviert sind. Mit anderen Worten: Ein MDG-System kann nicht ohne SAP ERP oder ein SAP-S/4HANA-System betrieben werden, aber selbstverständlich können SAP ERP und SAP S/4HANA ohne aktivierte MDG-Funktionen operativ sein.

Installation von SAP MDG

SAP MDG muss genau genommen gar nicht installiert werden. Es wird schon seit SAP ECC 6.0 EHP 4 mit einer Standard-ERP-Installation mit ausgeliefert. SAP MDG muss also nur noch im *Switch Framework* über die Business Functions eingeschaltet werden (siehe Abbildung 3.2).

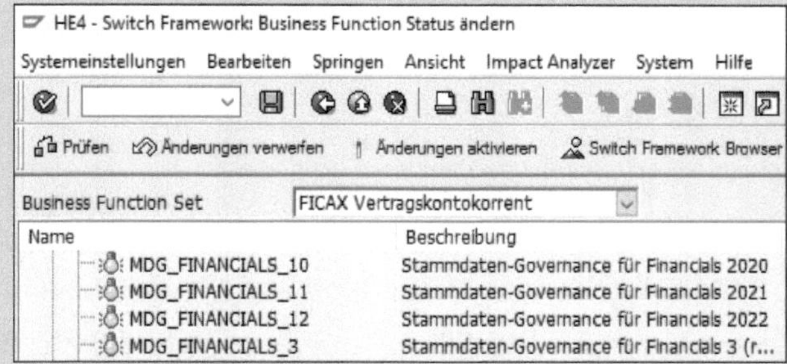

Abbildung 3.2 Business Functions in SAP MDG im Switch Framework

Sie können die Business Functions von SAP MDG domänenspezifisch und releaseabhängig im Switch Framework einsehen und aktivieren. Die Business Function `MDG_FOUNDATION` wird immer benötigt, und die Business Functions werden für die gewünschten Domänen (also Material, Geschäftspartner usw.) nach Anforderung eingeschaltet. Ähnlich wie bei den Rollen werden die Namen der Business Functions mit steigenden Releases hochgezählt.

Das Switch Framework erreichen Sie über Transaktion SFW5. Das Framework prüft beim Einschalten von Business Functions, ob weitere Business Functions als Voraussetzung eingeschaltet werden müssen, und weist Sie entsprechend darauf hin. Beachten Sie jedoch, dass die MDG-Switches nicht wieder deaktiviert werden können. Nach dem Einschalten startet das System die notwendigen Aktionen, und nach einigen Minuten ist SAP MDG verfügbar. Gegebenenfalls kann es sein, dass einige Nacharbeiten notwendig sind, die Sie mithilfe von Transaktion SCPR20 und den für das MDG verfügbaren *Business Configuration Sets* (BC-Sets) erledigen können. Insgesamt benötigt man für die MDG-Installation nicht mehr als einen halben Tag bis zu zwei Tagen. Weitere Details zur MDG-Installation sind im SAP Help Portal unter *help.sap.com/docs/MASTER_DATA_GOVERNANCE* zu finden.

3.1.1 Integration von SAP Master Data Governance mit SAP ERP bzw. SAP S/4HANA

Der hohe Integrationsgrad von SAP MDG in ein ERP- bzw. ein SAP-S/4HANA-System hat eine Reihe von Vorteilen. Einer davon ist, dass sämtliche ERP-Funktionen und -Werkzeuge im MDG-System »automatisch« vorhanden sind, z. B. die folgenden:

- Suchhilfen
- Technologien zur Pflege von Customizing-Tabellen, z. B. via `SM30`
- Erweiterungstechniken, wie BAdIs (Business Add-Ins), Business Transaction Events (BTEs) usw.
- Replikationstechnologien (ALE, IDocs, SOA)
- Workflow-Technologien (SAP Business Workflow)
- Logs und Traces (z. B. SLG1)
- weitere Techniken wie *Enrichment Framework*, RFC usw.

Weitere Vorteile der MDG-ERP- bzw. MDG-S/4HANA-Integration sind, dass die Installation von SAP MDG genauso durchgeführt wird wie die eines ERP- bzw. eines SAP-S/4HANA-Systems mit der kleinen Erweiterung, dass im *Switch Framework* nur wenige Schalter einzuschalten und anschließend einige Business Function Sets auszuführen sind. Diese Aufgaben sind in wenigen Stunden erledigt (siehe die Erläuterungen im Kasten »Installation von SAP MDG«).

Vorteile der MDG-ERP-Integration

Daneben ist für ein MDG-System keine spezielle Hardware erforderlich. Ein MDG-System läuft auf der gleichen Hardware wie ein SAP-ERP- bzw. SAP-S/4HANA-System. Das heißt, dass auch hier keine speziellen Installationen oder Ergänzungen erforderlich sind.

Wie schon erwähnt, basieren die MDG-Funktionen auf klassischer *ABAP-Technologie*. Dies bedeutet, dass, um SAP MDG implementieren und konfigurieren zu können, auf bestehendes Know-how aus dem SAP-ERP- bzw. SAP-S/4HANA-Bereich zurückgegriffen werden kann.

3.1.2 Stammdatenprozess in SAP Master Data Governance

In Abbildung 3.1 sehen Sie im oberen Teil des MDG-Systems einige Schritte des sogenannten *Stammdatenprozesses*, der in nahezu allen Stammdatenkonzepten vorhanden ist. Die Anzahl und die Art (Vorder- bzw. Hintergrund) der Prozessschritte sind natürlich variabel. In aller Regel steht zu Anfang die Beantragung für die Neuanlage bzw. Änderung eines Stammdatums. Je nach Bedarf können nun weitere Prozessschritte folgen, in denen z. B. verschiedene Bearbeiter die Stammdaten ergänzen oder überprüfen. Hier können auch Hintergrundschritte eingebaut sein, um z. B. eingegebene Daten zu validieren oder automatisiert hinzuzufügen.

Änderungsantrag steuert Stammdatenprozess

Durch den offenen Charakter des MDG-Frameworks kann dies beispielsweise durch Services innerhalb von SAP MDG (z. B. BRFplus), aber auch außerhalb des MDG-Systems erfolgen. Gegen Ende des Prozesses erfolgt regelmäßig eine Entscheidung, ob das Stammdatum angelegt bzw. geändert werden darf. Vor dem Release von SAP S/4HANA 2019 wurde der MDG-Prozess durch die Genehmigung und damit durch die Aktivierung (Transport der Daten in den aktiven Bereich) beendet. Seit SAP S/4HANA 1909 kann der Workflow weitere Schritte auch nach der Aktivierung durchführen, z. B. Folgeaktionen oder Statistiken fortschreiben.

Die Entscheidung, wie mit dem Stammdatum bzw. dem Änderungsantrag verfahren werden soll (also Genehmigung oder Ablehnung), kann von einem Bearbeiter, aber auch vom System direkt durchgeführt werden. Wird dem Antrag entsprochen, werden die Stammdaten gesichert oder aktiviert. Bei Ablehnung kann der Beantrager gegebenenfalls den Antrag korrigieren, ganz zurücknehmen, oder der gesamte Antrag wird durch eine Ablehnung sofort zurückgenommen. Dadurch würde das Stammdatum nicht angelegt bzw. geändert.

Die Prozesssteuerung (d. h. wie viele Schritte, welche Bearbeiter, Vorder- oder Hintergrundbearbeitung, Validierungen innerhalb oder außerhalb des Systems usw.) wird in SAP MDG mithilfe eines *Änderungsantrags* (*Change Request*, CR) gesteuert. Weitere Details finden Sie in Abschnitt 3.3, »Änderungsanträge in SAP Master Data Governance«.

Mit Release SAP S/4HANA 1909 wurde das *Prozess-Monitoring* ergänzt, sodass auch der Endanwender leicht erkennen kann, welcher Prozessschritt gerade von ihm bearbeitet wird und wo sich dieser innerhalb der Prozessstruktur befindet. Die Lösung für das MDG-System ist ähnlich gestaltet wie die Benutzeroberfläche in der Konsolidierungsfunktion (siehe Kapitel 4, »Konsolidierung und Massenverarbeitung mit SAP Master Data Governance«).

Eine ebenso hilfreiche Erweiterung der Funktionalität für den Stammdatenprozess in SAP MDG ist die Möglichkeit, Änderungen in einem Änderungsantrag heute schon durchzuführen, aber den Änderungsantrag und damit den Workflow erst in Zukunft automatisiert vom System starten und aktivieren zu lassen. Diese Option steht seit Release SAP S/4HANA 2021 zur Verfügung.

3.1.3 MDG-Datenmodell, Flex- und Re-Use-Modus

In Abbildung 3.1 sehen Sie im mittleren Bereich der Systemlandschaft, also an der Schnittstelle zwischen MDG- und ERP-System bzw. SAP S/4HANA, ein MDG-*Datenmodell* mit Bezug zu einem Satz generierter Datenbanktabellen. Über eine Verbindung (dargestellt durch einen Doppelpfeil) werden die Daten von den Datenbanktabellen des MDG-Systems zu den Tabellen von SAP ERP bzw. SAP S/4HANA und umgekehrt ausgetauscht.

Grundlage für generierte DB-Tabellen

Das MDG-Datenmodell legt die Struktur der Daten fest, mit denen das MDG-System arbeitet. Während der Designzeit – um genau zu sein, bei der Aktivierung des MDG-Datenmodells – erstellt das MDG-Framework aus dem Datenmodell einen Satz von Tabellen, um die Stammdaten während der Prozesslaufzeit zu persistieren. Es werden zwei Modi angeboten: *Flex* oder *Re-Use*. Der Flex-Modus erlaubt SAP MDG einen, wie der Name schon sagt, flexibleren Umgang mit den Stammdaten, z. B. um diese zeitgesteuert zu aktivieren. Bei einigen Stammdatentypen, speziell bei Finanzdaten, ist diese Flexibilität nicht wegzudenken. Der Re-Use-Modus bietet im Gegensatz dazu eine tiefere Datenintegration zwischen SAP MDG und SAP ERP bzw. SAP S/4HANA. Dies hat einige Vorteile für ein effizientes Datenmanagement für Logistikstammdaten, wie z. B. Geschäftspartner oder Materialien. Durch die Auswahl des passenden Modus in Abhängigkeit vom Stammdatentyp gelingt es den MDG-Entwicklern, die gewünschten Funktionalitäten mit überschaubarem Aufwand leichter zur Verfügung zu stellen.

Im Re-Use-Modus werden bei der Aktivierung (d. h., bei der Freigabe am Ende des Stammdatenprozesses) die Stammdaten aus den generierten Datenbanktabellen herausgenommen und in die entsprechenden SAP-ERP- bzw. SAP-S/4HANA-Tabellen geschrieben (z. B. in die Tabelle `MARA`). Abbildung 3.1 zeigt den Re-Use-Modus. Das heißt, dass hier der Datenaustausch zwischen dem MDG-(Staging-) und dem SAP-ERP- bzw. SAP-S/4HANA-Bereich (dem aktiven Bereich) über eine *Access-Klasse* erfolgt. Im Flex-Modus verbleiben die Daten in den generierten Datenbanktabellen und werden dort als aktiv gekennzeichnet. Abbildung 3.3 zeigt eine typische MDG-Architektur im Flex-Modus.

Sie sehen, dass beim Flex-Modus kein Austausch der Daten zwischen den von SAP MDG generierten Tabellen (MDG-Tabellen) und den SAP-ERP- bzw. SAP-S/4HANA-Datenbanktabellen über eine Access-Klasse stattfindet. Das ist auch nicht notwendig, denn im Flex-Modus wird bei der Datenfreigabe (d. h. bei der Aktivierung) das Stammdatum nicht in die SAP-ERP- bzw. SAP-S/4HANA-Tabellen geschrieben, sondern verbleibt in den MDG-Tabellen. Der entsprechende Datensatz wird in den MDG-Tabellen mit einem Flag als aktiv gekennzeichnet. Für das MDG-System ist damit das Datenmanagement im Flex-Modus abgeschlossen und der Stammdatenprozess beendet. Dies bedeutet, dass sich die aktiven Stammdaten nicht in den SAP-ERP-Tabellen, sondern in den generierten MDG-Tabellen befinden. In vielen Fällen reicht dies aus, denn die Daten werden dann z. B. direkt aus den MDG-Tabellen über das *Data Replication Framework* (DRF) und gegebenenfalls über eine Middleware an die Zielsysteme verteilt und nicht im SAP-ERP- bzw. SAP-S/4HANA-System von SAP MDG benötigt.

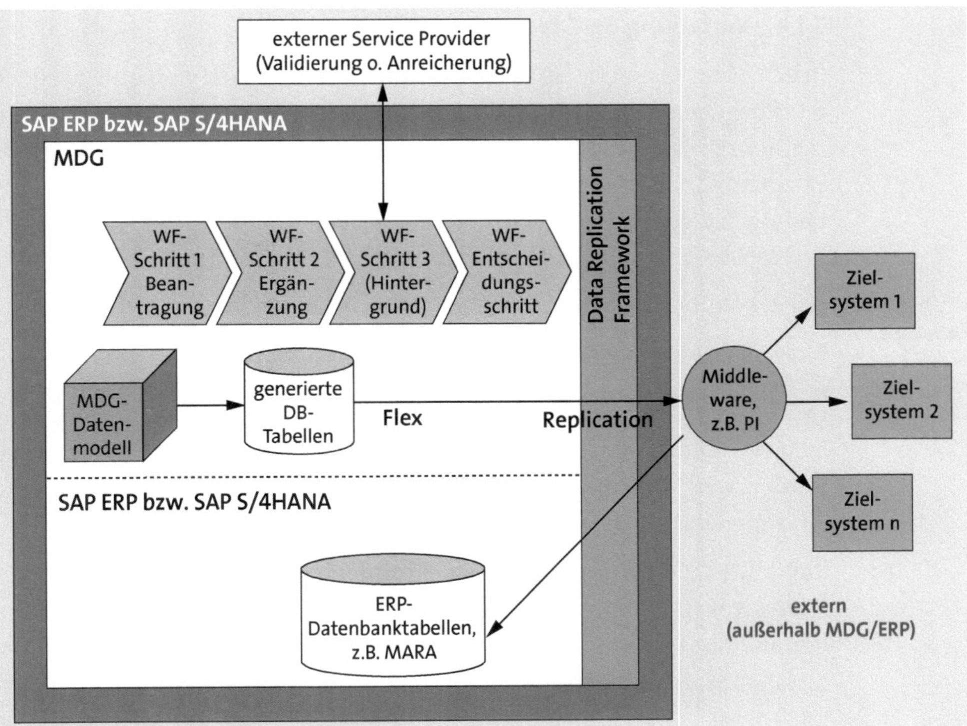

Abbildung 3.3 MDG-Systemarchitektur (Flex-Modus)

Flex-Modus – Wie kommen die Stammdaten in die SAP-ERP- bzw. SAP-S/4HANA-Tabellen?

Falls die Stammdaten auch im Flex-Modus in die SAP-ERP- bzw. SAP-S/4HANA-Tabellen des MDG-Systems gespeichert werden müssen, funktioniert dies nur indirekt. Dies bedeutet, dass die Stammdaten zuerst aus den MDG-Tabellen entnommen und dann per Replikation an die gewünschten Zielsysteme verteilt werden, wobei eines der Zielsysteme das SAP-ERP- bzw. SAP-S/4HANA-System von SAP MDG ist. Ob eine Middleware dazu verwendet wird oder nicht, bleibt zweitrangig.

Aus der zuvor gezeigten MDG-Systemarchitektur geht auch hervor, dass der Stammdatenprozess und eventuelle Validierungen oder Datenanreicherungen nicht davon abhängen, ob Sie sich für den Flex- oder den Re-Use-Modus entschieden haben. In Abschnitt 3.2, »Datenmanagement in SAP Master Data Governance«, erfahren Sie mehr zur Datenhaltung, zum Unterschied zwischen Re-Use- und Flex-Modus und dazu, für welche Domäne welcher Modus verwendet wird.

3.1.4 Verteilung der Stammdaten

In den allermeisten Fällen werden die Stammdaten nach dem Anlegen oder der Pflege aus dem Stammdatensystem (auch *Hub* genannt) in ein oder mehrere Zielsysteme verteilt. Die Replikation erfolgt in SAP MDG grundsätzlich aus dem aktiven Bereich heraus, d. h. im Re-Use-Modus (wie in Abbildung 3.1 gezeigt) aus den Datenbanktabellen des SAP-ERP- bzw. SAP-S/4HANA-Systems.

Verfügbare Technologien

Dabei kommen grundsätzlich zwei Technologien infrage:

- *Service-Oriented Architecture* (SOA), d. h. Webservices
- *Application Link Enabling* (ALE), d. h. IDocs

Beide Technologien können gleichzeitig für das gleiche Objekt verwendet werden. Das heißt, dass ein Zielsystem das neue Stammdatum als IDoc und ein anderes als XML-Datei über einen Webservice erhält.

DRF

SAP MDG setzt dafür eine spezielle Komponente ein, das *Data Replication Framework* (DRF). Das DRF wird nicht mit SAP MDG ausgeliefert, sondern ist Bestandteil von SAP ERP bzw. SAP S/4HANA und muss auch nicht gesondert installiert werden. Neben der Konfiguration, ob SOA oder die ALE-Technologie für die Replikation eingesetzt wird, bietet das DRF noch weitere für die Verteilung wichtige Dienste an, z. B. das Filtern, das Werte- und Schlüssel-Mapping sowie das Monitoring.

Optional: Middleware

In Abbildung 3.1 erkennen Sie deutlich, dass der Datenfluss aus dem Stammdatensystem heraus in eine *Middleware-Komponente* erfolgt. Dies muss nicht immer so sein, ist aber eine übliche Architektur, besonders dann, wenn mehrere Zielsysteme vom Stammdatensystem beliefert werden. Oft ist bei der Einführung eines MDG-Systems ohnehin eine Middleware-Komponente vorhanden, z. B. *SAP Process Integration* (SAP PI) bzw. *SAP Process Orchestration* (SAP PO), die weiterhin verwendet werden soll.

Es ist aber auch problemlos möglich, die Stammdaten direkt von SAP MDG an ein oder mehrere Zielsystem zu senden. In diesem Fall wird auf eine

Middleware verzichtet, und das DRF würde einige der Aufgaben übernehmen, die gegebenenfalls die Middleware-Komponente übernommen hätte.

Die Vor- und Nachteile, weitere Konsequenzen aus diesen verschiedenen Replikationsarchitekturen sowie die Möglichkeiten des DRF diskutieren wir in Abschnitt 3.5, »Verteilungskonzepte in SAP Master Data Governance«.

3.1.5 SAP MDG auf SAP ERP, auf SAP S/4HANA und als Cloud Edition

Stark gewachsene MDG-Produktfamilie

In den letzten Jahren hat SAP die Produktfamilie im Bereich der Stammdaten erheblich erweitert. Neben dem klassischen SAP MDG auf Grundlage von SAP ERP gibt es nun auch das MDG auf der Basis von SAP S/4HANA. Die Konsolidierungsfunktion *MDG, Consolidation* und die neuen Funktionen zur Massendatenpflege ergänzen das Produktportfolio weiter (siehe Kapitel 4).

Daneben hat sich die *Cloud-Technologie* mit all ihren Vorteilen auch im Stammdatenbereich etabliert und zukunftsgerichtete Lösungsoptionen ermöglicht. Weitere Informationen zur Cloud-Technologie, deren Umsetzung mit der Cloud Edition von SAP MDG sowie dazu geeignete Strategien finden Sie in Kapitel 1, »Warum ist Stammdatenmanagement wichtig für Ihre Organisation?«

[«]

Entwicklungsschienen der MDG-Lösungen

Im Laufe der Zeit haben sich verschiedene Entwicklungsschienen bei SAP MDG herausgebildet:

- **SAP MDG in SAP ERP**
  das klassische MDG, On-Premise-Version, Versionsbezeichnungen z. B. 7.0 (2016), 8.0, 9.0, 9.2, ff.
- **SAP MDG in SAP S/4HANA**
  das neue und aktuelle SAP MDG, sowohl als On-Premise- als auch als Cloud-Lösung (SAP S/4HANA Cloud); die Versionen sind mit dem Releasestand von SAP S/4HANA synchronisiert, also z. B. 1909, 2020, 2021, 2022
- **SAP MDG, Cloud Edition**
  ein neuer technologischer und architektonischer Ansatz im Zusammenspiel mit SAP Master Data Integration (SAP MDI) im Kontext der IT-Lösungsstrategie für das intelligente Unternehmen

Neuerungen nur in SAP S/4HANA

Durch diese Auffächerung der verschiedenen Lösungen ergibt sich die Situation, dass neue Funktionen, neue Schnittstellen und andere Weiterentwicklungen weder zur gleichen Zeit noch generell in allen Produktversionen gleichermaßen zur Verfügung stehen. Grundsätzlich legt SAP bei Weiterentwicklungen den Fokus auf SAP MDG, basierend auf SAP S/4HANA. Nur vereinzelt werden neue Funktionen auch in SAP MDG in SAP ERP implementiert – also ausgehend vom neueren Release (SAP MDG in SAP S/4HANA) im »älteren« bzw. vorangehenden Release (SAP MDG in SAP ERP) ebenso zur Verfügung gestellt.

Da die noch recht neue Cloud Edition von SAP MDG (zusammen mit SAP MDI) ohnehin auf einem primär anderen architektonischen Ansatz basiert, finden hier die Neuerungen, die in SAP MDG in SAP S/4HANA implementiert werden, nicht immer Berücksichtigung.

Viele dieser neuen Funktionen ändern das grundsätzliche Konzept von SAP MDG aber nicht, d. h. Staging, Datenmodell, Workflow, Replikation und weitere wesentliche Komponenten bilden nach wie vor den Kern von MDG, werden jedoch konsequent weiterentwickelt und erweitert. Diese Erweiterungen lassen wir hier, wo es angebracht ist, einfließen.

SAP Fiori als User Interface

Da sich SAP MDG insbesondere auf SAP S/4HANA in seiner Technologie parallel zu SAP S/4HANA weiterentwickelt, gibt es auch nennenswerte Neuerungen im Bereich der UI-Technologie. Die User Experience SAP Fiori wird zwar immer häufiger eingesetzt, parallel dazu ist das Web Dynpro ABAP jedoch weiterhin im Einsatz. Auf dieses Thema gehen wir jedoch in Abschnitt 3.6, »Benutzerschnittstellen in SAP Master Data Governance«, noch einmal näher ein.

3.2 Datenmanagement in SAP Master Data Governance

Wie schon angesprochen, ist das *Datenmodell* die Grundlage des MDG-Datenmanagements. Es legt fest, mit welchen Daten und mit welcher Struktur ein Stammdatum während der Laufzeit in SAP MDG bearbeitet werden kann.

Domänen

SAP MDG verwendet nicht nur ein spezifisches Datenmodell und eine eigene Plattformarchitektur, sondern liefert auf Wunsch auch Stammdatenobjekte in Form von *Domänen* aus. Domänen sind vorimplementierte Komponenten, die nicht nur passende Datenstrukturen, sondern auch Workflows und Endbenutzeroberflächen objektbezogen zur Verfügung stellen. Damit wird ein schnellerer Projekt- und Implementierungsfortschritt ermöglicht. Darüber hinaus sind die Domänen sehr eng mit den Stammdatenobjekten aus dem klassischen SAP-ERP-System oder aus SAP S/4HANA verzahnt. Neben der Möglichkeit, SAP MDG domänenspezifisch einzusetzen, können Sie auch ein eigenes, kundenspezifisches Datenmodell erstellen, das völlig unabhängig von den angebotenen Domänen ist.

Folgende Domänen werden von SAP ausgeliefert:

- MDG-C (Customer)
- MDG-S (Supplier)
- MDG-M (Material)
- MDG-F (Finance)
- MDG-CO (Custom Objects)

MDG-CO ist eine spezielle Domäne, die es ermöglicht, beliebige Stammdatenobjekte zu verwalten, während die anderen ausgelieferten Domänen schon auf die entsprechenden Objekttypen (z. B. Kunde) zugeschnitten sind.

Weitere MDG-Lösungen verfügbar

Wie schon erwähnt, wurde das Lösungsportfolio im Stammdatenbereich von SAP und anderen Anbietern erheblich verbreitert. In diesem Kontext werden auch weitere Domänen z. B. als Beratungslösung (teilweise von Partnern aber auch von SAP selbst) zur Verfügung gestellt. Dies sind beispielsweise:

- MDG-EAM Erweiterung von Utopia (Enterprise Asset Management), für verschiedene Stammdatenobjekte, z. B. Stücklisten und Equipments
- MDG-A (Article), Stammdatenverwaltung für Handelswaren

Datenmodell als Unterscheidungskriterium

Das wichtigste Unterscheidungsmerkmal von Domänen ist das Datenmodell. MDG-C und MDG-S teilen sich das gleiche Datenmodell mit dem Namen BP (Business Partner). MDG-M verwendet das Datenmodell MM, während MDG-F mit dem Datenmodell 0G arbeitet. MDG-CO liefert wiederum gar kein Datenmodell aus, sondern bietet die Möglichkeit, ein eigenes Datenmodell zu erstellen. Dadurch können beliebige Stammdatenobjekte mit SAP MDG verwaltet werden.

Bevor wir auf die Spezifika der verschiedenen Modelle eingehen, ist es sinnvoll, den Aufbau eines Datenmodells und das Datenmanagement in SAP MDG zu diskutieren, da die angewandten Konzepte für alle Datenmodelle gelten.

[«]

Domänenspezifischer Auslieferungszustand

Es sollte nicht unerwähnt bleiben, dass natürlich nur die Datenmodelle ausgeliefert werden, die der jeweils installierten Domäne entsprechen. Wenn also beispielsweise ein MDG-M-System installiert ist, sind nur die Datenmodelle MM und SF verfügbar. Die Modelle BP für Business Partner (bzw. Kunde und Lieferant) und OG für Finanzobjekte würden in diesem Fall nicht zur Verfügung stehen. (Das Modell SF steht immer zur Verfügung, da es nicht für den produktiven Einsatz, sondern nur als Beispiel gedacht ist.)

Damit eine Stammdatenapplikation wie SAP MDG in der Lage ist, unabhängig von transaktionalen Aktivitäten (z. B. Fertigungsauftrag anlegen) Stammdaten zu prozessieren, wird ein spezielles Datenmanagement benötigt. Die Entwickler von SAP MDG haben sich dazu entschieden, mit dem MDG-System eine *Staging Area* (oder den Arbeitsbereich) einzuführen.

Staging Area

In diesem Bereich, der vom transaktionalen Datenmanagement völlig abgekoppelt ist, können die Stammdaten von SAP MDG ungestört bearbeitet werden (also z. B. validiert, verändert, ergänzt, zum Löschen vorgemerkt werden usw.). Erst nach einer Datenfreigabe während oder beim Abschluss des Stammdatenprozesses übergibt SAP MDG die Stammdaten des Arbeitsbereichs in den aktiven Bereich. Nach dieser Übergabe können die Daten für transaktionale Aufgaben verwendet werden (z. B. Bestellung anlegen).

3.2.1 Datenmodelle in SAP Master Data Governance

Verfügbare Datenmodelle

Wie zuvor dargelegt, ist das MDG-Datenmodell domänenspezifisch und bildet damit die Grundlage für das Datenmanagement in SAP MDG. Je nach installierter Domäne wird mit SAP MDG auch das entsprechende Datenmodell im System schon fertig modelliert ausgeliefert. Folgende drei Datenmodelle sind im Standard verfügbar:

- BP für den Kunden und Lieferanten (MDG-C/S)
- MM für das Material (MDG-M)
- OG für die Finanzobjekte (MDG-F)
- SF für das *Standard Flight Model* (nicht für den Produktivbetrieb gedacht)

Kundenspezifische Datenmodelle

Ein Datenmodell für die Domäne CO existiert nicht. Es muss im Rahmen des MDG-Implementierungsprojekts angelegt werden und kann damit sehr spezifisch auf die jeweiligen Anforderungen ausgerichtet werden.

Bei der Aktivierung eines Datenmodells generiert SAP MDG Datenbanktabellen, die während der Laufzeit die Werte bzw. Instanzen des entsprechenden Objekts (also z. B. Material) beinhalten. Diese generierten Datenbanktabellen stellen den Arbeitsbereich (*Staging Area*) dar. Die Namen für diese Tabellen werden system- und datenmodellabhängig von SAP MDG vorgegeben und können mithilfe von Transaktion MDG_DATA_MODEL ermittelt werden.

Namen der vom MDG-System generierten Datenbanktabellen

Beachten Sie, dass die Namen der generierten Datenbanktabellen von System zu System unterschiedlich sein können. Darüber hinaus ist es wichtig zu wissen, dass die generierten DB-Tabellen nicht transportiert werden. Dadurch muss sowohl in Qualitätssicherungs- als auch in Produktivsystemen die Generierung angestoßen werden. Daraus ergeben sich im Regelfall Datenbanktabellennamen, die sich von denen im Entwicklungssystem unterscheiden. Um den jeweils korrekten Namen zu ermitteln, hat SAP eine ABAP-Klasse zur Verfügung gestellt. Eine Lösung und Dokumentation dazu finden Sie in SAP-Hinweis 1950486.

Entity-Relationship-Modell

Das Grundprinzip für den Aufbau eines MDG-Datenmodells beruht auf dem sogenannten Entity-Relationship-Modell (ERM, siehe Abbildung 3.4).

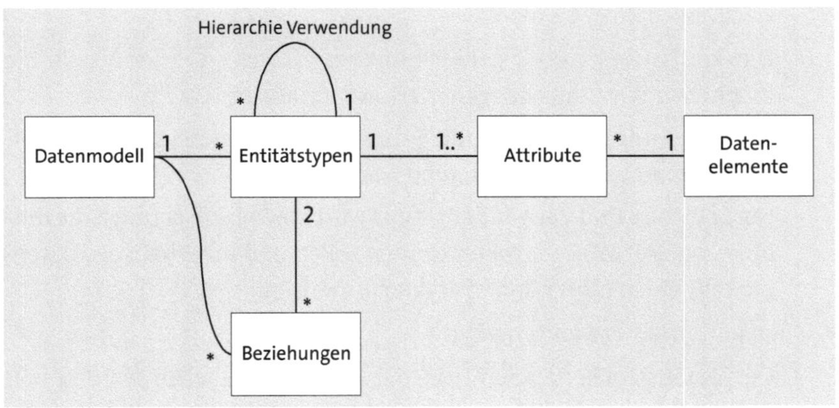

Abbildung 3.4 Entity-Relationship-Modell

Ein Datenmodell besteht demnach aus dem Wurzelknoten (dem Datenmodell selbst) und mindestens einer oder mehreren Entitäten auf der obersten Ebene (unter dem Wurzelknoten). Diese Entitäten können wiederum weitere Entitäten, aber auch Attribute beinhalten. Entitäten können beliebig tief geschachtelt werden; bei Attributen ist eine Schachtelung nicht möglich. Attribute und Entitäten können Datenelementen zugewiesen werden. Die Ziffern in Abbildung 3.4 beschreiben die möglichen Kardinalitäten zwischen den Elementen. Beispielsweise sehen Sie, dass vom Datenmodell zum Entitätstyp die Kardinalität 1:* bzw. 1:N angegeben ist. Dies bedeutet, dass ein Entitätstyp bzw. eine Entität nicht ohne Datenmodell existieren kann, aber dass mehrere Entitäten zu einem Datenmodell gehören können.

3.2.2 Speicher- und Verwendungstypen von Entitäten

Entitäten sind typisiert. Hierbei können wir vier *Verwendungs-* und *Speichertypen* unterscheiden:

- **Speicher- und Verwendungstyp 1**
  - Der Datenspeicherbereich wird von SAP MDG generiert (mit eigenem Arbeits- bzw. Staging-Bereich, falls erforderlich editionsabhängig).
  - Eine Entität von diesem Typ kann bzw. muss voll ausmodelliert werden. Das heißt, dass Sie nicht auf bestehende Strukturen zurückgreifen können.
  - Die Pflege der Daten, die von diesem Typ verwaltet werden, erfolgt ausschließlich durch Änderungsanträge innerhalb der MDG-Applikation.
  - Die Zuweisung eines Datenelements ist optional. Durch eine Zuweisung können jedoch Hilfetexte (z. B. Taste F1) und technische Eigenschaften gepflegt werden.
  - Die klassische SAP-Wertehilfe-Funktion (Taste F4) ermittelt die möglichen Werte aus der generierten Prüftabelle.
  - Als Beziehungstypen sind nur führend oder referenzierend erlaubt; der Beziehungstyp qualifizierend ist nicht möglich.
  - Der Speicher- und Verwendungstyp 1 wird für Objekte genutzt, die mithilfe von SAP MDG verwaltet werden sollen und innerhalb des Datenmodells einen führenden Charakter aufweisen.
- **Speicher- und Verwendungstyp 2**
  - Der Datenspeicherbereich bzw. die Datenbanktabellen werden von SAP MDG generiert. Allerdings ist es hier nicht möglich, mit Editionen zu arbeiten. Es steht auch kein Arbeits- bzw. Staging-Bereich zur Verfügung.
  - Es gibt keine weitere Modellierungsmöglichkeit. Von SAP MDG werden lediglich eine Prüf- und eine Texttabelle zur Verfügung gestellt.
  - Eine Datenpflege über SAP MDG bzw. über Änderungsanträge erfolgt nicht.
  - Die Zuweisung eines Datenelements ist obligatorisch.
  - Falls die Domäne hinter dem zugewiesenen Datenelement eine Wertetabelle oder Festwerte aufweist, werden diese nicht beachtet.
  - Die klassische SAP-Wertehilfe-Funktion (Taste F4) ermittelt die möglichen Werte aus der generierten Prüftabelle.
  - Dieser Typ 2 wird dann eingesetzt, wenn die Werte über SAP MDG gepflegt werden sollen, aber noch nicht in SAP ERP bzw. SAP S/4HANA verfügbar sind.

- **Speicher- und Verwendungstyp 3**
  - Von SAP MDG wird kein Speicherbereich bzw. werden keine Datenbanktabellen generiert; Datenbanktabellen und -bereiche müssen beim Typ 3 bereits vorher definiert werden.
  - Es gibt keine weitere Modellierungsmöglichkeit; es werden keine Prüf- oder Texttabellen zur Verfügung gestellt.
  - Die Zuweisung eines Datenelements ist obligatorisch.
  - Falls die Domäne hinter dem zugewiesenen Datenelement eine Wertetabelle oder Festwerte aufweist, werden diese beachtet.
  - Die klassische SAP-Wertehilfe-Funktion (Taste F4) ermittelt die möglichen Werte aus der Wertetabelle oder den Festwerten der Domäne des zugewiesenen Datenelements.
  - Typ 3 wird verwendet, falls Attribute im MDG-System notwendig sind, die außerhalb von SAP MDG (also im ERP- bzw. S/4HANA-System, in dem das MDG installiert ist) schon zur Verfügung stehen. Ein Beispiel wäre eine Tabelle für Ländercodes oder Währungen.
- **Speicher- und Verwendungstyp 4**
  - Der Datenspeicherbereich bzw. die Datenbanktabellen werden von SAP MDG generiert (mit eigenem Arbeits- bzw. Staging-Bereich, falls erforderlich editionsabhängig).
  - Eine Entität von diesem Typ kann bzw. muss voll ausmodelliert werden. Das heißt, dass Sie nicht auf bestehende Strukturen zurückgreifen können.
  - Der Speicher- und Verwendungstyp 4 wird für Objekte verwendet, die mithilfe von SAP MDG verwaltet werden sollen. Die Entitäten vom Typ 4 bieten allerdings keinen Einstiegspunkt und können nur dann von SAP MDG bearbeitet werden, falls sie einer führenden Entität (also einer Entität vom Typ 1) zugewiesen sind. Selbstverständlich ist für die Bearbeitung mit SAP MDG ein Änderungsantrag notwendig.
  - Entitäten vom Typ 4 können rekursiv geschachtelt werden.

Attribute und Entitäten

Grundsätzlich gilt, dass Attribute ohne Entitäten in einem Datenmodell nicht existieren können. Lesen Sie dazu ein Beispiel aus dem Bereich der Materialwirtschaft: Das Material selbst ist die führende Entität und muss auf der obersten Stufe modelliert werden, da vom Material fast alle anderen Attribute und Entitäten abhängen und sie ohne Material nicht existieren können. So sind die Werksdaten des Materials z. B. vom Material abhängig, d. h., dass Werksdaten nur dann vorhanden sein können, wenn es ein (führendes) Material gibt. Beide Elemente, also Material und Werksdaten, sollen von SAP MDG und nur von SAP MDG (also nicht von SAP ERP) verwaltet werden. Dies bedeutet, dass das MDG-Framework hierzu Datenbanktabellen im Arbeitsbereich generieren und diese über das Datenmanagement innerhalb von SAP MDG zur Verfügung stellen soll.

Aus diesen Rahmenbedingungen ergibt sich, dass die Entität `MATERIAL` vom Typ 1 sein muss und die Werksdaten als Entität `WERK` mit dem Typ 4 modelliert werden sollten. Durch eine Beziehung mit dem Typ **qualifizierend** zwischen beiden Entitäten wird erreicht, dass in einem Material für das gleiche Werk nur eine Entitätsinstanz `WERK` möglich ist. Dies wird erreicht, indem in der generierten Werkstabelle sowohl die Material- als auch die Werks-ID als Schlüsselfeld gekennzeichnet werden (siehe Abbildung 3.6 weiter unten). Abbildung 3.5 zeigt den schematischen Aufbau des MDG-Datenmodells MM für das Material.

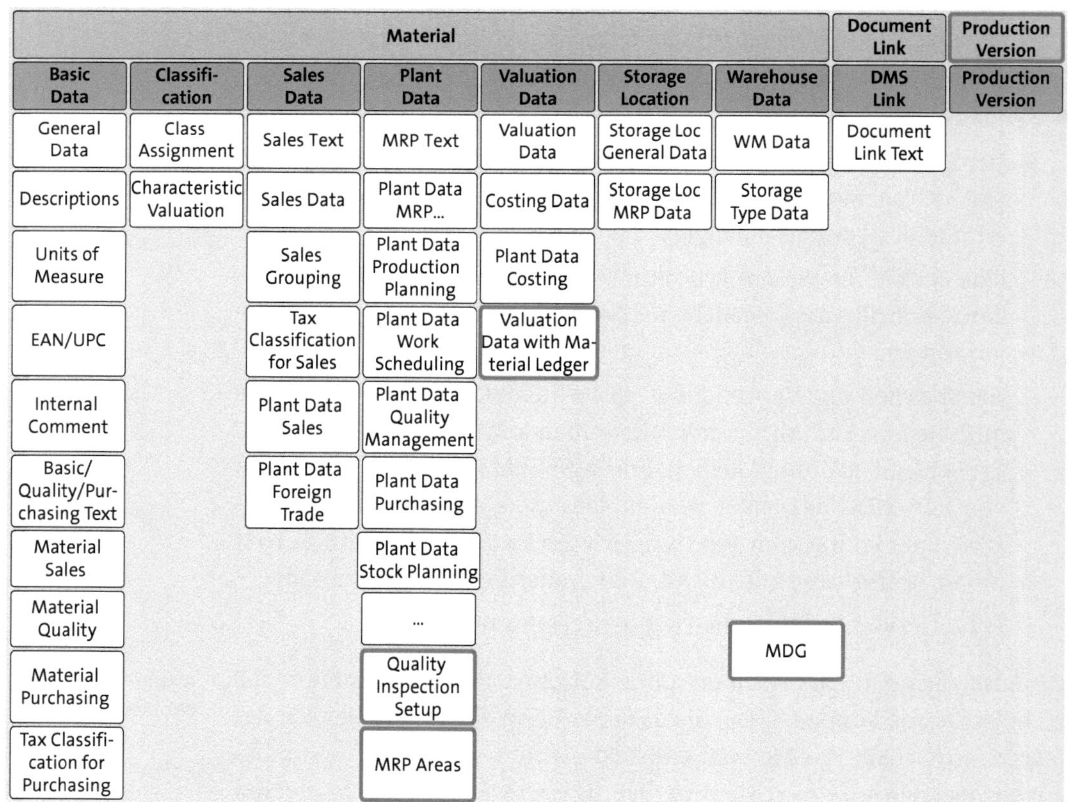

Abbildung 3.5 Datenmodell MM (Material)

3.2.3 Beziehungstypen zwischen Entitäten im Datenmodell

Zwischen den Entitäten können Beziehungen definiert werden. Beziehungen sind immer typisiert. Beachten Sie, dass die erlaubten Beziehungstypen vom Typ der Entitäten abhängen, denen sie zugewiesen werden.

Beziehungstypen

Folgende Beziehungstypen sind möglich:

- **Beziehungstyp »führend« (bzw. »leading«)**
  - Wird dieser Beziehungstyp verwendet, gilt, dass die Entität, von der die Beziehung ausgeht, eine höhere Stufe besitzt als die Entität, zu der die Beziehung hin zeigt.
  - Der Entitätstyp 4 kann nur *eine* Beziehung vom Typ **führend** haben.
  - Für den Entitätstyp 2 ist *eine* Beziehung vom Typ **führend** erlaubt.
  - Der Typ **führend** wird verwendet, wenn Abhängigkeiten zwischen Entitäten modelliert und die Entitäten auf verschiedenen Hierarchiestufen angeordnet werden sollen.

  Ein Beispiel im Umfeld **Material** ist, dass für die Entität `MATERIAL` eine Beziehung mit dem Typ **führend** zur Entität `WERK` modelliert wird. Sollen in dem Werk weitere Entitäten existieren, z. B. ein Lagerort, wäre eine Beziehung zwischen der Entität `WERK` und der Entität `LGORT` ebenso vom Typ **führend** zu modellieren. In diesem Beispiel hätte die Entität `MATERIAL` den Typ 1 und die Entitäten `WERK` und `LGORT` den Typ 4. Alle weiteren Entitäten, die z. B. unter `LGORT` modelliert werden, wären ebenso vom Typ 4.

- **Beziehungstyp »qualifizierend« (bzw. »qualifying«)**
  - Wird dieser Beziehungstyp verwendet, gilt, dass die Entität, von der die Beziehung ausgeht, eine höhere Stufe besitzt als die Entität, zu der die Beziehung hinzeigt.
  - Dieser Beziehungstyp kann nicht bei Entitäten vom Typ 1 verwendet werden, weil Typ 1 keine ausgehenden, sondern nur empfangende Qualifying-Beziehungen haben kann.
  - Eine Entität vom Typ 4 muss mindestens eine Beziehung vom Typ **qualifizierend** besitzen.
  - Dieser Beziehungstyp ist für Entitäten vom Typ 2 nicht erlaubt.

  Beispiel: Um nur die erlaubten Werte als mögliche Werks-ID zuzulassen, gibt es die Customizing-Tabelle `T001W`, in der die erlaubten Werke des Unternehmens aufgelistet sind. Im MDG-Datenmodell kann man nun eine Beziehung anlegen, die von der Entität `WERK` zur Entität `T001W` reicht und qualifizierend ist. Damit wird der führende Schlüssel der `T001W`-Tabelle als Schlüsselfeld in der `WERK`-Tabelle generiert. Beachten Sie hierbei, dass die Entität `WERK` vom Typ 4, die Entität `T001W` allerdings vom Typ 3 ist, da die Inhalte der Tabelle T001W nicht vom MDG-Änderungsantrag verändert werden dürfen, weil dies eine Customizing-Tabelle ist.

- **Beziehungstyp »referenzierend« (bzw. »referencing«)**
  - Wird dieser Beziehungstyp verwendet, bedeutet dies, dass die Entität, von der die Beziehung ausgeht, ein Attribut der Entität ist, zu der die Beziehung hinzeigt.
  - Dieser Beziehungstyp kann bei Entitäten vom Typ 1 und Typ 4 eingesetzt werden.
  - Sie können Beziehungen mit dem Typ **referenzierend** modellieren, wenn Sie z. B. mit einer Wertetabelle sicherstellen wollen, dass nur erlaubte Werte einem Attribut bzw. einer Entität zugewiesen werden können. Dies könnte auch mit dem Beziehungstyp **qualifizierend** erreicht werden. Der Unterschied ist, dass beim Typ **referenzierend** das betreffende Feld nicht als Schlüsselfeld generiert wird, sondern als einfaches Attribut. Damit ist eine Mehrfachverwendung des gleichen Wertes möglich.

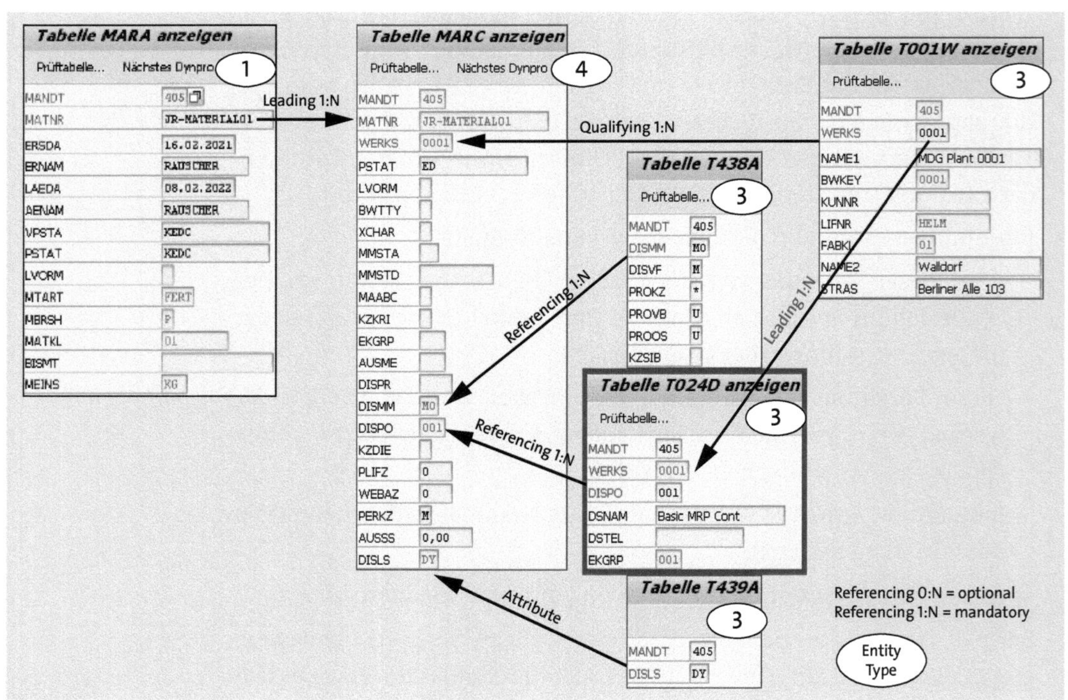

Abbildung 3.6 Beziehungen in einem Datenmodell (DM), hier: MM

Kardinalität Neben diesen drei Typisierungen einer Beziehung kann bzw. muss immer auch eine Kardinalität der Beziehung angegeben werden. Um beim Materialbeispiel zu bleiben, bedeutet eine Kardinalität von 1:1 zwischen der Entität `MATERIAL` und der Entität `WERK`, dass es immer nur ein Werk für ein Material geben darf bzw. dass immer mindestens ein Werk vorhanden sein muss. Dies kann in Ausnahmefällen sinnvoll sein, aber in der Regel wird die Kardinalität einer Material-Werk-Beziehung mit 1:N festgelegt. Das bedeutet, dass Sie mindestens ein oder mehrere Werke einem Material zuweisen können, aber nicht müssen. Abbildung 3.6 soll die beschriebenen Beispiele aus dem Umfeld **Material** verdeutlichen.

Diese Modellierungsregeln gelten für alle Datenmodelle, egal ob diese von SAP ausgeliefert werden, ob bestehende Datenmodelle erweitert oder ob eigene, kundenspezifische Datenmodelle neu angelegt werden.

3.2.4 Datenmodelle anpassen

Die von SAP MDG im Standard ausgelieferten Datenmodelle können selbstverständlich verändert, genauer gesagt, erweitert werden. Damit ist es möglich, kundenspezifische Felder, sogenannte Z-Felder, dem Datenmodell hinzuzufügen. Die Erweiterung kann sowohl aus einem oder mehreren einfachen Feldern bestehen, kann aber eine oder mehrere Strukturen bzw. Entitäten sein, die bei Bedarf auch geschachtelt sein können, d. h., wiederum weitere Strukturen bzw. Entitäten beinhalten.

Ausgelieferte Datenmodelle erweitern

Die Erweiterung von Strukturen, Datenbanktabellen oder Datenmodellen (in SAP MDG) ist eine gängige Aufgabe in Implementierungsprojekten und wird natürlich im MDG-Framework unterstützt. Beachten Sie jedoch: Ändern Sie nie das von SAP ausgelieferte Datenmodell so ab, dass Sie bestehende, d. h. von SAP ausgelieferte Entitäten, Attribute oder verwendete Datenelemente verändern oder gar löschen!

Diese Modifikation ist beim nächsten Upgrade oder Einspielen eines Support Packages verloren. Nur das Hinzufügen bzw. das Ändern von hinzugefügten Elementen (also Entitäten oder Attributen) ist erlaubt.

Daten nach Modelländerungen anpassen

Wenn Datenmodelle erweitert werden, erhalten Sie beim Aktivieren dieser Änderungen von SAP MDG eine Warnung, die Sie darauf hinweist, dass gegebenenfalls Datenanpassungen erforderlich sind. Dies ist nur dann wichtig, wenn offene Änderungsanträge in SAP MDG vorhanden sind. Offen bedeutet hier, dass ein Änderungsantrag noch in einem MDG-Prozess steht und weder durch eine Rückweisung noch durch eine Genehmigung vollständig abgeschlossen worden ist. Die Warnung schlägt Ihnen vor, bei der Datenmodellbearbeitung auf zu klicken, um die Anpassung zu initiieren (siehe Abbildung 3.7).

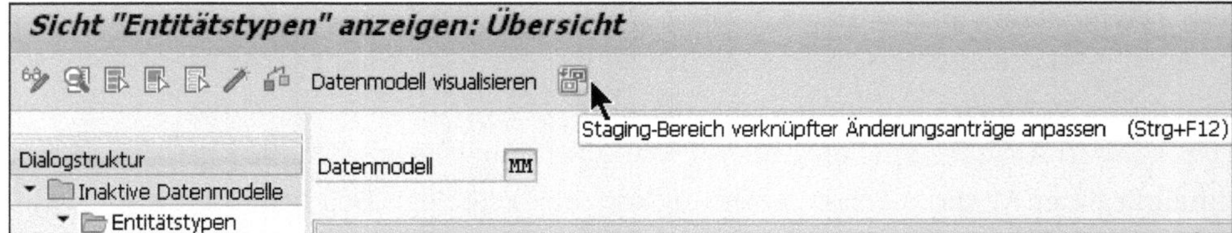

Abbildung 3.7 Arbeitsbereich verknüpfter Änderungsanträge anpassen

Governance Scope

Aber was passiert, wenn das ausgelieferte MDG-Datenmodell zu umfangreich ist, weil z. B. Teile eines Objekts nicht von SAP MDG verarbeitet werden, d. h. nicht unter Governance gestellt werden sollen? In diesem Fall können Sie durch das Ein- bzw. Ausschalten des *Governance Scopes* erreichen, dass SAP MDG die ausgeschalteten Komponenten des MDG-Datenmodells ignoriert und nicht verwaltet (siehe Abbildung 3.8). Eine Änderung des Datenmodells, z. B. das Löschen von Attributen oder gar Entitäten, ist nicht nur nicht notwendig, sondern sollte ganz unterbleiben. Dies wäre eine Änderung des SAP-Standards, ähnlich einer Modifikation, und wird definitiv nicht empfohlen.

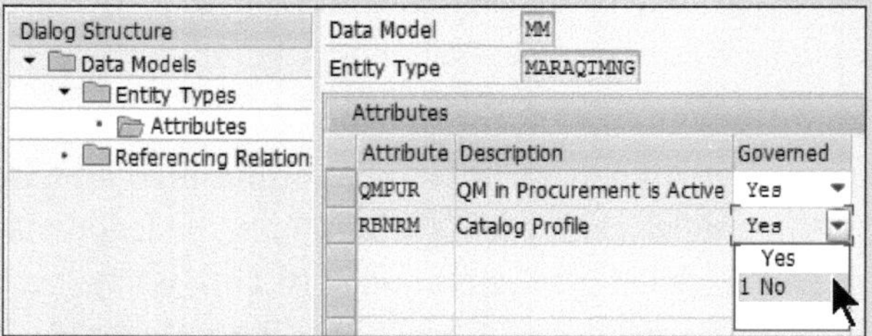

Abbildung 3.8 Governance Scope für das Datenmodell MM

Sie finden die Einstellungen zum Governance Scope im MDG-Customizing (Transaktion MDGIMG).

Die Anpassung des Arbeitsbereichs können Sie auch erreichen, indem Sie den Report `USMD_ADJUST_STAGING` mit Transaktion SA38 ausführen. Dieser Report setzt die Daten, die gegebenenfalls noch im Arbeitsbereich in der vorausgegangenen Struktur (vor der Datenmodellerweiterung) stehen, in die neue Struktur (nach der Datenmodellerweiterung) um. Damit ist sichergestellt, dass durch Datenmodellerweiterungen keine Daten verloren gehen, falls noch offene Änderungsanträge vorhanden sind. Dadurch können MDG-Prozesse, die mit der vorherigen Datenmodellstruktur gestartet worden sind, mit der aktuellen Datenstruktur weitergeführt werden. Falls keine Änderungsanträge offen sind, ist eine Durchführung der Anpassung nicht notwendig. (Die Warnung erscheint jedoch immer, da nicht geprüft wird, ob tatsächlich offene Änderungsanträge vorhanden sind.)

Beispiele

Ergänzend demonstrieren wir Ihnen zwei Beispiele: eines aus der Logistik sowie eines aus der Finanzbuchhaltung. Das wohl wichtigste Stammdatenobjekt im Bereich der Logistik ist das Material. SAP MDG liefert dazu das Datenmodell MM aus.

Datenmodell MM für das Objekt »Material«

Der Wurzelknoten ist das Datenmodell selbst, und die drei führenden Entitäten sind das Material, ein Verwaltungsobjekt für das Änderungsmanagement und ein Knoten für die Dokumentenverwaltung (siehe Abbildung 3.9). Wenn Sie sich diese Knoten genauer ansehen, stellen Sie fest, dass die Entität MATERIAL (MM) sehr tief geschachtelt ist und die wesentlichen Materialdaten enthält, während die beiden anderen Entitäten vergleichsweise wenige Attribute und Entitäten beinhalten.

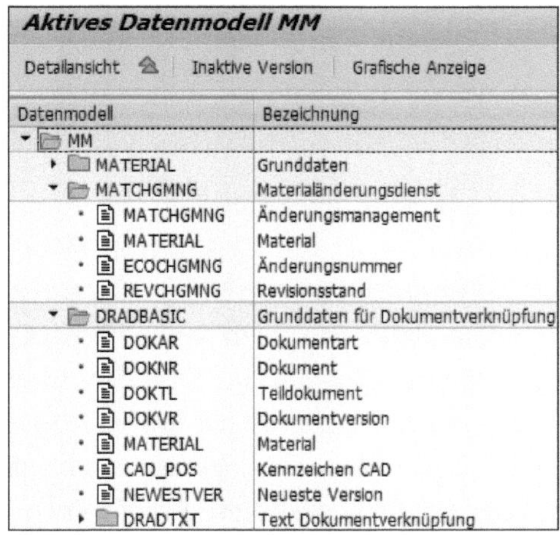

Abbildung 3.9 Hauptentitäten des Datenmodells MM

Die Entität MATERIAL ist sehr hierarchisch aufgebaut, da fast alle Elemente von der führenden Entität abhängen. Die Entität MATERIAL ist diese führende Entität und verwendet daher den Typ 1. Im Datenmodell MM können ohne die Entität MATERIAL keine abhängigen Elemente existieren (z. B. Werksdaten, alternative Mengeneinheiten oder Grunddatentexte).

Datenmodell 0G in MDG-F

Schauen wir uns ein zweites Datenmodell an, und zwar das von SAP im MDG-Standard mit der Domäne MDG-F ausgelieferte Datenmodell für die Finanzobjekte 0G (siehe Abbildung 3.10).

Im Gegensatz zum Datenmodell MM hat das Modell 0G sehr viele gleichrangige Entitäten des Typs 1 auf der obersten Ebene. Das bedeutet, dass z. B. ein Sachkonto (ACCOUNT) ohne ein Profit-Center (PCTR) existieren kann. Eine existenzielle Abhängigkeit zwischen beiden Objekten besteht nicht.

Aktives Datenmodell 0G

Datenmodell	Bezeichnung
0G	
TRANSTYPE	Bewegungsart
SUBMPACK	Meldeanlass
PCTRH	Profitcenterhierarchie
PCTRG	Profitcentergruppe
PCTR	Profitcenter
FSIT	Textposition
FSIH	Positionshierarchie
FSI	Position
FRSI	Finanzberichtsstruktur: Text
FRS	Finanzberichtsstruktur
CONSUNIT	Konsolidierungseinheit
CONSGRPH	Konsolidierungshierarchie
CONSGRP	Konsolidierungskreis
CONSCHAR	Konsolidierungsmerkmal
COMPANY	Gesellschaft
CELEMH	Kostenartenhierarchie
CELEMG	Kostenartengruppe
CELEM	Kostenart
CCTRH	Kostenstellenhierarchie
CCTRG	Kostenstellengruppe
CCTR	Kostenstelle
BDCSET	Kontierungstypset
BDC	Kontierungstyp
ACCOUNT	Sachkonto (Kontenplan)
ACCCCDET	Sachkonto (Buchungskreis)

Abbildung 3.10 Hauptentitäten des Datenmodells 0G

Integration zwischen SAP MDG und SAP ERP

Ein weiterer wichtiger Aspekt der mit SAP MDG ausgelieferten Datenmodelle ist der hohe Integrationsgrad der Datenstrukturen zwischen SAP MDG und dem SAP-ERP- bzw. SAP-S/4HANA-System. Wie schon erläutert, werden nach Abschluss des MDG-Prozesses die Daten aus dem von SAP MDG verwalteten Arbeitsbereich mit dem aktiven Bereich des SAP-ERP- bzw. S/4HANA-Systems synchronisiert bzw. von SAP MDG an das SAP-ERP-System bzw. an SAP S/4HANA weitergereicht, z. B. zur Neuanlage oder auch zur Änderung von Stammdaten. Es ist offensichtlich, dass diese Synchronisierung einfacher durchzuführen ist, wenn die Strukturen der Daten in beiden Komponenten (also in SAP MDG und im SAP-ERP- bzw. SAP-S/4HANA-System) nicht allzu sehr voneinander abweichen. Mit anderen Worten: Die Datenmodelle von SAP MDG werden der Struktur des entsprechenden Stammdatums in SAP ERP bzw. SAP S/4HANA so weit wie möglich angeglichen, damit sich das Weiterreichen der Daten von SAP MDG an das SAP-ERP- bzw. SAP-S/4HANA-System so einfach wie möglich gestaltet. Da SAP MDG jedoch nur die in einem Datenmodell verfügbaren Daten verwalten kann, bedeutet dies, dass SAP MDG nicht automatisch alle Felder eines SAP-ERP- bzw. SAP-S/4HANA-Stammdatenobjekts (z. B. des Materials) bearbeiten kann.

In den ersten MDG-Releases waren die ausgelieferten Datenmodelle nicht sehr umfangreich, sodass im Rahmen von Implementierungsprojekten die Modelle regelmäßig mit mehr oder weniger hohem Aufwand erweitert werden mussten. Mittlerweile sind die Standarddatenmodelle jedoch recht umfassend, sodass nur in Einzelfällen oder bei kundenspezifischen Feldern eine Datenmodellerweiterung durchgeführt werden muss.

Strukturvergleich von Datenmodell und SAP-ERP-Tabellen

Sehr häufig stellt sich in bzw. vor MDG-Einführungsprojekten die Frage, welche Felder denn nun im Datenmodell abgedeckt sind und wie – gesetzt den Fall, es sind Felder abgedeckt – diese mit den Datenstrukturen im SAP-ERP- bzw. SAP-S/4HANA-System korrespondieren.

Dazu stellt SAP umfassende Excel-Tabellen zur Verfügung, die nicht nur die Datenstrukturen des Arbeits-(MDG-) und des aktiven (SAP-ERP- bzw. SAP-S/4HANA-)Bereichs vergleichen, sondern zusätzlich auch die Struktur der IDoc- bzw. SOA-Schnittstelle spezifizieren. Sie finden diese Excel-Tabellen zum freien Download in der SAP Community bei den How-tos zu SAP MDG (*https://community.sap.com/topics/master-data-governance/how-to*), und zwar unter dem Begriff **Data Model Metadata**.

SAP fügt nahezu in jedem Release oder Feature Pack weitere Felder zu den Datenmodellen hinzu, um die Synchronisation mit dem aktiven Bereich (also SAP ERP bzw. SAP S/4HANA) zu verbessern oder gar zu vervollständigen. Durch diese laufenden Ergänzungen müssen die Excel-Tabellen aktuell gehalten werden, was SAP auch sicherstellt. Die Tabellen enthalten zudem auch die Information, seit welchem Release welche Felder bzw. Entitäten im Datenmodell vorhanden sind. Dies ist vor allem für die tägliche Projektarbeit hilfreich.

Nach den vorangehenden Erläuterungen und anhand der beiden Beispiele ist es leicht zu erkennen, dass sich die betriebswirtschaftliche Funktion eines Objekts in der Struktur des Datenmodells niederschlägt. Daraus folgt nun auch, dass es bei der Erweiterung eines bestehenden Modells oder bei der Erstellung eines neuen Modells sehr wichtig ist, vorher zu überlegen, welche objektbezogenen Daten vom Modell abgedeckt werden können. Dabei sind die erläuterten Regeln und insbesondere das Entity-Relationship-Modell (siehe Abbildung 3.4) zu beachten.

3.2.5 SAP-MDG-Arbeitsbereich (Staging) vs. aktiver (Active) Bereich

Wie schon mehrfach angesprochen, wird in SAP MDG bei der Datenhaltung während und nach der Bearbeitung der Stammdaten zwischen dem aktiven Bereich (*Active Area*) und dem MDG-Arbeitsbereich (*Staging Area*) unterschieden.

ERP-System als Grundlage für SAP MDG

Um zu erläutern, wie diese beiden Bereiche genutzt werden, sei daran erinnert, dass ein MDG-System auf der Grundlage eines klassischen SAP-ERP-

bzw. eines SAP-S/4HANA-Systems arbeitet. Mit anderen Worten: Eine SAP-MDG-Installation ohne SAP-ERP- bzw. SAP-S/4HANA-System ist nicht möglich.

Daraus ergeben sich zwei Bereiche oder auch zwei Sätze von Datenbanktabellen, in denen die Stammdaten verwaltet werden. Zum Beispiel werden in SAP ERP bzw. SAP S/4HANA die Daten eines Materials in den Tabellen MARA, MARC, MVKE, MEAN usw. gespeichert. Beim Lieferanten sind dies die Tabellen LFA1, LFB1 usw. Diese Tabellen sind aus Sicht von SAP MDG der aktive Bereich. Das heißt, dass wenn ein Material in der Tabelle MARA abgelegt ist, dieses aktiv ist und von SAP ERP bzw. von SAP S/4HANA für transaktionale Aufgaben verwendet werden kann, z. B. für das Anlegen eines Fertigungsauftrags.

Der Arbeitsbereich ist das Gegenstück zum aktiven Bereich. Er wird von SAP MDG zur Verfügung gestellt und besteht aus maschinell generierten Datenbanktabellen, die auf der Grundlage der Struktur und des Inhalts des jeweiligen Datenmodells bei dessen Aktivierung erstellt werden (siehe Abschnitt 3.2.1, »Datenmodelle in SAP Master Data Governance«).

Warum zwei Datenhaltungsbereiche?

Durch diese beiden Datenhaltungsbereiche können die Stammdaten im Arbeitsbereich von SAP MDG ungestört erstellt, verändert oder z. B. zum Löschen vorgemerkt werden, ohne dass die Daten im aktiven Bereich, also in SAP ERP, beeinflusst werden. Erst wenn in SAP MDG die Stammdatenbearbeitung vollständig abgeschlossen ist – meist wird dies durch einen Genehmigungsschritt im Workflow bestätigt –, transportiert SAP MDG die geänderten bzw. neu erstellten Stammdaten in den aktiven Bereich, also in die SAP-ERP- bzw. SAP-S/4HANA-Datenbanktabellen. Erst dann können die Stammdaten für transaktionale Vorgänge (z. B. eine Bestellung anlegen) verwendet werden.

Damit ist sichergestellt, dass nur solche Stammdaten in Transaktionen einfließen, die die definierten Mindestanforderungen erfüllen. Diese Mindestanforderungen werden durch den Stammdatenprozess definiert, der natürlich auch in SAP MDG durchlaufen wird. Anforderungen können z. B. sein, dass die Stammdaten einer speziellen Genehmigung unterliegen, ein Minimum an Datenqualität aufweisen oder nur nach dem Vier-Augen-Prinzip angelegt oder verändert werden dürfen.

3.2.6 MDG-Datenmanagement-Konzepte Flex-Modus und Re-Use-Modus

Ein wichtiges Charakteristikum bei der Datenhaltung innerhalb von SAP MDG ist die Unterscheidung zwischen dem Flex-Modus und dem Re-Use-

Modus. Das Datenmanagement wird immer nach einem dieser Modi durchgeführt – es gibt weder eine Mischung noch weitere Modi.

Flex-Modus

Der Unterschied zwischen beiden Modi ist der Speicherort der aktiven Daten. Beim Flex-Modus werden sowohl die aktiven als auch die Daten des Arbeitsbereichs in den von SAP MDG generierten Datenbanktabellen gespeichert. Die aktiven Daten werden jedoch mit dem Kennzeichen USMD_ACTIVE = »1« gekennzeichnet. Bei den inaktiven bzw. den Daten, die gerade im Arbeitsbereich in SAP MDG bearbeitet werden, hat dieses Kennzeichen den Wert »0«.

In Abbildung 3.11 sehen Sie das gleiche Sachkonto (Spalte **/1MD/0GACCOUNT**) im gleichen Kontenplan. Das heißt, dass es um das gleiche Objekt handelt, allerdings einmal mit USMD_ACTIVE = »1« und einmal inaktiv mit USMD_ACTIVE = »0«. Das bedeutet, dass es eine aktive Version dieses Objekts gibt, die z. B. für transaktionale Aufgaben verwendet werden darf. Gleichzeitig gibt es eine Version oder eine Kopie des Objekts, das gerade in SAP MDG in Bearbeitung ist, d. h., das sich im Arbeitsbereich befindet (also USMD_ACTIVE = »0«).

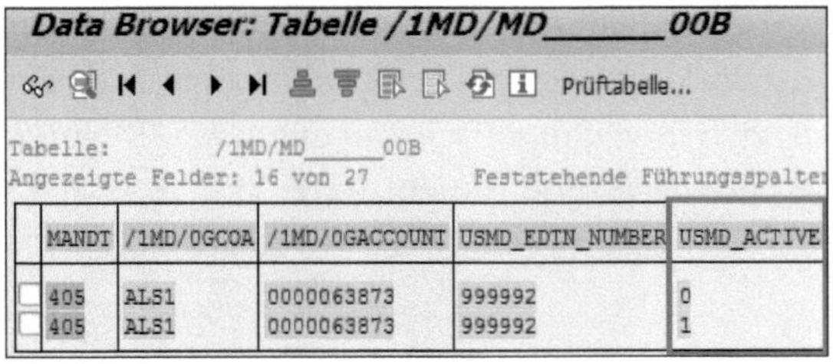

Data Browser: Tabelle /1MD/MD______00B

Prüftabelle...

Tabelle: /1MD/MD______00B
Angezeigte Felder: 16 von 27 Feststehende Führungsspalte

MANDT	/1MD/0GCOA	/1MD/0GACCOUNT	USMD_EDTN_NUMBER	USMD_ACTIVE
405	ALS1	0000063873	999992	0
405	ALS1	0000063873	999992	1

Abbildung 3.11 Das Kennzeichen USMD_ACTIVE

Re-Use-Modus

Verwendet SAP MDG im Re-Use-Modus modellierte Entitäten, werden die aktiven Daten nicht in den von SAP MDG generierten Datenbanktabellen gespeichert, sondern in den korrespondierenden Datenbanktabellen des SAP-ERP- bzw. S/4HANA-Systems, in dem die MDG-Applikation ausgeführt wird.

Zum besseren Verständnis folgt jetzt ein Beispiel: Wir beginnen mit dem Re-Use-Modus und gehen von einem MDG-M-System aus, also einer MDG-Installation mit der Domäne **Material**. Wie schon erwähnt, kann ein MDG-System nur zusammen mit einer SAP-ERP-Installation funktionieren, d. h., dass die Datenbanktabellen (MARA, MARC, MVKE usw.) des Materials im SAP-ERP-System verfügbar sein müssen. Falls nun ein Stammdatenprozess in SAP MDG startet, liest SAP MDG aus den SAP-ERP-Tabellen die Materialdaten temporär in die von SAP MDG generierten Datenbanktabellen, bearbeitet diese dort und schreibt sie nach Abschluss des MDG-Prozesses wieder in die SAP-ERP-Tabellen des Materials zurück. Es verbleiben im Regelfall keine Materialdaten in den von SAP MDG generierten Tabellen.

MDG-F

Wie wäre das Verhalten im Flex-Modus? Dazu müssen wir die Domäne wechseln. Das heißt, dass wir als Beispiel die Bearbeitung eines Sachkontos im MDG-F (Finanzbuchhaltung) betrachten. Auch hier werden die Stammdaten, also das Sachkonto, in einem MDG-Prozess bearbeitet, und zu Anfang liest das MDG die Sachkontodaten in den Arbeitsbereich. Allerdings werden die Daten *nicht* den SAP-ERP- bzw. SAP-S/4HANA-Datenbanktabellen des Sachkontos entnommen, sondern den von SAP MDG generierten Datenbanktabellen. Außerdem werden nur die Daten entnommen, die auch als aktiv gekennzeichnet sind, d. h., bei denen das Kennzeichen `USMD_ACTIVE` den Wert »1« hat.

In Abbildung 3.12 sehen Sie eine schematische Darstellung des Datenaustauschs der beiden Modi. Klar ersichtlich ist, dass im Flex-Modus die Daten gar nicht in die SAP-ERP- bzw. SAP-S/4HANA-Datenbanktabellen geschrieben bzw. dort nicht entnommen werden.

Flex-Modus verteilt die Daten innerhalb des gleichen Systems

Wenn man z. B. den Sachkontostamm des MDG-F auch in SAP ERP bzw. in SAP S/4HANA benötigt (also in der Tabelle `SKA1`, `SKB1` usw.), sind diese Daten innerhalb des gleichen Systems zu verteilen, z. B. per IDoc oder per SOA. Ein direktes Schreiben bzw. Lesen zwischen dem MDG- und dem SAP-ERP- bzw. SAP-S/4HANA-Bereich findet beim Flex-Modus nicht statt.

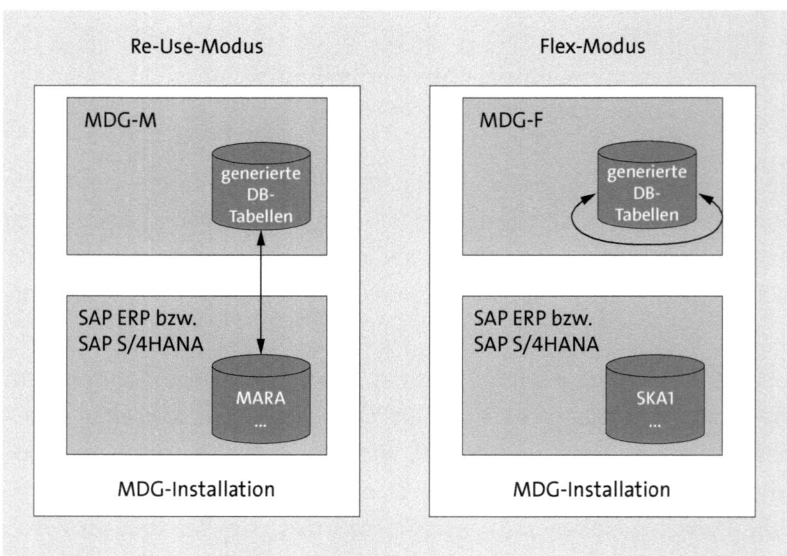

Abbildung 3.12 Re-Use- und Flex-Modus

[+]

Modi und Datenmodelle

Vielleicht haben Sie sich schon gefragt, ob bei den ausgelieferten Datenmodellen einfach zwischen Flex- und Re-Use-Modus umgeschaltet werden kann. Nein, das ist nicht möglich! MDG-M und MDG-S/C (also BP) arbeiten grundsätzlich im Re-Use-Modus, während MDG-F den Flex-Modus verwendet. MDG-CO arbeitet im Regelfall auch im Flex-Modus; es ist aber auch technisch möglich, MDG-CO im Re-Use-Modus zu konfigurieren.

Gründe für die Existenz beider Modi

Welches sind die Gründe für die Existenz dieser beiden Modi und die Entscheidung von SAP, MDG-M und SAP-BP als Re-Use-Modus und MDG-F als Flex-Modus auszuliefern? Zum einen wurden die Domänen nicht alle gleichzeitig entwickelt und ausgeliefert, sondern nur teilweise parallel. Das erste MDG-Release offerierte nur MDG-F, und hier hat man sich für den Flex-Modus entschieden. Weitere Domänen (MDG-M und MDG-BP) wurden anschließend entwickelt. Dabei war die Integration in das ERP- bzw. in das SAP-S/4HANA-System ein wichtiger Aspekt, und die ist mit dem Re-Use-Modus stärker gegeben als mit dem Flex-Modus. Der zweite Grund ist, dass in der Finanzbuchhaltung sehr häufig die Anforderung vorhanden ist, die Datenpflege zeitabhängig durchzuführen, z. B. sollen heute schon Sachkonten angelegt werden können, die aber erst im nächsten Quartal bebuchbar sein dürfen. Diese Anforderung kann man sehr viel leichter erfüllen, wenn es eine stärkere Trennung zwischen der Datenhaltung in SAP MDG und der in SAP ERP bzw. in SAP S/4HANA gibt. Erst durch eine Verteilung der Daten zu einem bestimmten Zeitpunkt, eben z. B. zum nächsten Quartal, werden die Daten an das jeweilige SAP-ERP-System weitergereicht, und erst dann können die Sachkonten bebucht werden.

3.2.7 Empfehlungen zu Flex-Modus und Re-Use-Modus

Wie schon erwähnt, stellt sich die Frage nach dem Einsatz von Re-Use- und Flex-Modus bei den ausgelieferten Datenmodellen nur theoretisch, aber nicht in der Praxis, da eine Änderung einer Modifikation des Datenmodells gleichkommt. Allerdings kann eine solche Modifikation aber im Projekt auftreten, wenn ein bestehendes bzw. ausgeliefertes Datenmodell erweitert oder ein neues Datenmodell angelegt wird. Die Entscheidung, ob der Flex- oder der Re-Use-Modus genutzt werden soll, gilt dann natürlich nur für den Teil des Datenmodells, der erweitert worden und damit im Kundennamensraum angelegt worden ist.

Konfiguration

Zunächst klären wir, wo die Konfiguration des Modus entschieden wird; dies geschieht im Datenmodell, und zwar mit der Angabe, ob ein aktiver Bereich angegeben ist oder nicht. Abbildung 3.13 zeigt die ausgelieferten Standarddatenmodelle.

Datenmodell MM

Wiederverwendungsbereiche für aktive Daten

Akt. Ber.	Beschreibung	Zugriffsklasse
DRAD	Verknüpfung Dokument-Objekt	CL_MDG_BS_MAT_DRAD_ACCESS
DRATYP2CHK	Typ-2-Entitäten (Attribute) f. Dokument-Objekt-Verkn. (DRAD)	CL_MDG_BS_MAT_DRAD_TYP2CHK_ACC
MATERIAL	Materialstamm (MM01 - MM03 in aktivem Bereich)	CL_MDG_BS_MAT_ACCESS
MM_TYP2CHK	Typ 2 Entitäten (Attribute) für Materialstamm	CL_MDG_BS_MAT_TYP2CHK_ACCESS

Abbildung 3.13 Mit SAP MDG ausgelieferte Datenmodelle

Es fällt auf, dass in der Spalte **Akt. Bereich** für das Datenmodell 0G, (Domäne MDG-F) kein Eintrag vorhanden ist. Das bedeutet, dass für dieses Datenmodell zunächst der Flex-Modus konfiguriert ist. Falls in SAP MDG für ein Datenmodell das Feld **Akt. Bereich** leer bleibt, wendet SAP MDG automatisch den Flex-Modus für das jeweilige Objekt an. Für die anderen Datenmodelle gibt es Einträge in dieser Spalte, d. h., dass für diese Datenmodelle der Re-Use-Modus verwendet wird. In diesem Zusammenhang muss erwähnt werden, dass der Eintrag **MDG** in der Spalte **Akt. Bereich** den gleichen Effekt wie kein Eintrag hat. Das heißt, dass hier der Flex-Modus zum Zuge käme.

Modus entitätsspezifisch konfigurierbar

Beachten Sie auch, dass der aktive Bereich zwar auf der Datenmodellebene angegeben wird, allerdings auf der Entitätsebene redefiniert werden kann. Wenn Sie z. B. das Datenmodell MM erweitern und eine Entität mit dem aktiven Bereich **MDG** hinzufügen, führt MDG die Materialbearbeitung zwar grundsätzlich im Re-Use-Modus durch, allerdings nicht für die (hinzugefügten) Entitäten, die mit dem aktiven Bereich **MDG** gekennzeichnet sind. Es ist also kein Problem, innerhalb eines Datenmodells einmal den Flex- und ein anderes Mal den Re-Use-Modus zu verwenden. Dies kann sinnvoll sein, aber im Regelfall empfehlen wir, den jeweils vom Datenmodell vorkonfigurierten Modus durchgehend anzuwenden.

Zugriffsklasse notwendig

Wie in Abbildung 3.12 zu sehen ist, erfolgt im Re-Use-Modus ein Datenaustausch zwischen dem SAP-MDG- und dem SAP-ERP- bzw. SAP-S/4HANA-Bereich. Hierzu ist eine Schnittstelle notwendig, die durch eine *Zugriffsklasse* realisiert wird. Diese Klasse ist eine Standard-ABAP-Klasse, die sowohl für das Lesen als auch für das Schreiben der Daten von SAP MDG zum ERP- bzw. SAP-S/4HANA-Bereich bzw. umgekehrt verantwortlich ist. Sie finden die Deklaration der Zugriffsklasse (*Access Class*) in den Wiederverwendungsbereichen von SAP MDG. Dazu werfen wir jeweils einen Blick in das System für die beiden Datenmodelle MM und 0G.

Abbildung 3.14 zeigt, dass für das Datenmodell mehrere Wiederverwendungsbereiche deklariert werden. Durch diese Deklaration stehen die Wiederverwendungsbereiche zur Verfügung und können entweder auf der Datenmodellebene oder entitätsspezifisch zugewiesen werden. Sie erkennen auch, dass die Zugriffsklassen im SAP-Standard implementiert sind und keinen Kundennamensraum verwenden. Das bedeutet, dass die Zugriffsklassen ausgeliefert werden, und zwar für MDG-M und MDG-S/C (BP), da diese Domänen per se im Re-Use-Modus arbeiten.

Datenmodell MM

Wiederverwendungsbereiche für aktive Daten

Akt. Ber.	Beschreibung	Zugriffsklasse
DRAD	Verknüpfung Dokument-Objekt	CL_MDG_BS_MAT_DRAD_ACCESS
DRATYP2CHK	Typ-2-Entitäten (Attribute) f. Dokument-Objekt-Verkn. (DRAD)	CL_MDG_BS_MAT_DRAD_TYP2CHK_ACC
MATERIAL	Materialstamm (MM01 - MM03 in aktivem Bereich)	CL_MDG_BS_MAT_ACCESS
MM_TYP2CHK	Typ 2 Entitäten (Attribute) für Materialstamm	CL_MDG_BS_MAT_TYP2CHK_ACCESS

Abbildung 3.14 Wiederverwendungsbereiche im Datenmodell MM

Wiederverwendungsbereich

Schauen wir uns die Wiederverwendungsbereiche eines Datenmodells an, das im Flex-Modus konfiguriert ist. Abbildung 3.15 zeigt das Datenmodell 0G von MDG-F.

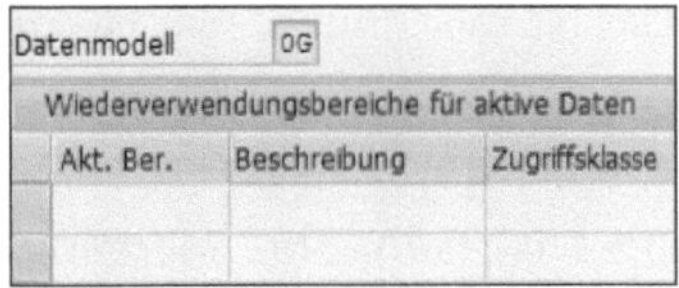
Datenmodell 0G

Wiederverwendungsbereiche für aktive Daten

Akt. Ber.	Beschreibung	Zugriffsklasse

Abbildung 3.15 Wiederverwendungsbereich des Modells 0G

Für im Flex-Modus betriebene Datenmodelle (und Entitäten) ist keine Zugriffsklasse und damit kein Wiederverwendungsbereich notwendig. Wie Sie in Abbildung 3.12 erkennen, werden im Flex-Modus keine Daten zwischen Komponenten ausgetauscht. Daher wird diese Schnittstelle und damit die Zugriffsklasse nicht benötigt.

Service-Mapping-Tool

Bevor wir zu den Modellierungsempfehlungen kommen, sprechen wir einen weiteren, wichtigen Punkt an, der bei Datenmodellerweiterungen, speziell im Re-Use-Modus, häufig übersehen wird: das *SMT-Mapping*. SMT bedeutet *Service-Mapping-Tool*. SMT ist ein Werkzeug im Standard-ERP-System, das von SAP MDG dazu verwendet wird, die Felder der von SAP MDG generierten Datenbanktabellen mit den Feldern des aktiven Bereichs, also den SAP-ERP- bzw. SAP-S/4HANA-Datenbanktabellen, zu verbinden. Zur Laufzeit werden dadurch die jeweiligen Werte der Felder synchronisiert. Bei einer Datenmodellerweiterung muss auch das SMT-Mapping berücksichtigt, d. h. für die neuen Felder neu angelegt werden.

MDG-CO im Flex-Modus implementieren

Nach diesen Erläuterungen zum Re-Use- und Flex-Modus ist die Empfehlung, für neue, kundenspezifische Datenmodelle den Flex-Modus zu verwenden, klar: Er ist viel schneller zu implementieren, da das MDG-Framework die notwendigen Datenbanktabellen generiert. Ein Gegenpart (SAP-ERP- bzw. S/4HANA-Datenbanktabellen) ist im Flex-Modus nicht notwendig, da kein Austausch stattfindet. Durch das Fehlen des Datenaustauschs zwischen SAP MDG und SAP ERP bzw. S/4HANA fällt auch die Zugriffsklasse weg, und auch das SMT-Mapping ist nicht notwendig.

Flex-Modus für Modellerweiterungen

Welcher Modus wäre nun der am besten geeignete, wenn ein bestehendes Datenmodell erweitert wird? Das hängt von verschiedenen Aspekten ab, z. B. von der Frage, in welchem Modus das zu erweiternde Datenmodell arbeitet. Wenn das Datenmodell im Flex-Modus konfiguriert ist, also z. B. MDG-F 0G, ist die klare Empfehlung, auch bei der Erweiterung beim Flex-Modus zu bleiben. Hier den Re-Use-Modus zu verwenden, ist nicht anzuraten, weil der Implementierungsaufwand beachtlich wäre. Des Weiteren würde der Re-Use-Modus gar nicht in das MDG-F-Konzept passen, denn MDG-F benötigt fast immer zeitgesteuerte Aktivierungen, und dies ist bei der Anwendung des Re-Use-Modus nicht möglich.

Arbeitet das zu erweiternde Datenmodell im Re-Use-Modus, bietet sich für neue Entitäten ebenso der Re-Use-Modus an. Das ist aber nur dann notwendig und sinnvoll, falls die Daten im SAP-ERP- bzw. SAP-S/4HANA-Umfeld benötigt werden. Falls dies nicht der Fall ist, ist der Flex-Modus hier die bessere Wahl, da der Aufwand wesentlich geringer ist (kein SMT-Mapping, keine Felderweiterung in den Zieltabellen).

3.3 Änderungsanträge in SAP Master Data Governance

SAP MDG führt die Stammdatenbearbeitung regelmäßig mithilfe eines Prozesses durch, der aus mindestens einem Schritt bestehen muss, sich aber meist aus mehreren Schritten zusammensetzt. Der *Change Request* (Änderungsantrag) wird durch diesen Prozess geführt. Das heißt, dass sich eine Genehmigung, Ablehnung oder eine andere Prozessaktivität immer auf den Änderungsantrag und damit auf alle Objekte, die der Änderungsantrag mit sich führt, bezieht.

Änderungsantrag (Change Request)

In SAP MDG wird bei Datenmodifikationen immer von einem Änderungsantrag oder Change Request gesprochen, auch dann, wenn die Datenmodifikation nicht nur eine Änderung ist, sondern ein Neuanlegen, ein Sperren

(z. B. für Lieferanten) oder ein Setzen einer Löschvormerkung (z. B. beim Material). Ein Grund für diese Wortwahl besteht darin, dass das Objekt *Änderungsantrag* ein Standardobjekt des SAP-ERP- bzw. SAP-S/4HANA-Systems ist und von SAP MDG wiederverwendet wird. Ein Änderungsantrag in SAP MDG kann als Container angesehen werden, der die Objekte enthält, die durch SAP MDG angelegt, geändert, zum Löschen vorgemerkt oder anderweitig bearbeitet werden. Bei einer Einzelbearbeitung enthält der Änderungsantrag nur ein Objekt, also z. B. nur ein Material. MDG-Änderungsanträge werden aber auch für die Massenbearbeitung eingesetzt, z. B. für die Bearbeitung von 100 Materialien gleichzeitig.

MDG benötigt *immer* einen Änderungsantrag, wenn der Endanwender zur Laufzeit einen Stammdatenprozess initiiert, z. B. ein neues Material anlegen möchte. Für den Endanwender stehen jedoch die Materialdaten im Vordergrund. Er möchte also den Kurztext, die Langtexte, die Basismengeneinheit, die Warengruppe und andere Materialdaten bearbeiten und sich weniger mit den CR-Daten beschäftigen. Um dem Endanwender Hilfestellung zu geben, wird beim Neuanlegen und bei anderen einzelobjektspezifischen Prozessen von SAP MDG der benötigte Änderungsantrag automatisch mit angelegt.

MDG-CR ist ein Container

In der MDG-Standardkonfiguration muss bei den Change-Request-Daten nur die Beschreibung gefüllt werden. Andere Attribute sind optional, sodass sich der Endbenutzer auf die Objektdaten (hier Material) konzentrieren kann. Das automatische Anlegen eines Änderungsantrags wird von SAP MDG nur bei der Einzelbearbeitung ausgeführt. Wenn Stammdaten in einer Massenbearbeitung geändert werden sollen (also z. B. die Warengruppe von 100 Materialien in einem Prozess geändert werden soll), muss in der MDG-Version bis 7.0 in zwei Schritten vorgegangen werden. Im ersten Schritt muss ein (leerer) Änderungsantrag mit einem passenden Typ angelegt werden. Im zweiten Schritt werden die Objekte (z. B. Materialien) ermittelt, deren Attribut (z. B. die Warengruppe) aktualisiert werden soll, und diese Objekte werden dann dem zuvor angelegten Änderungsantrag zugewiesen. Erst danach kann SAP MDG den Workflow starten und die 100 Materialien mithilfe des Änderungsantrags durch den Stammdatenprozess hindurchführen.

Seit MDG 8.0 stellt SAP ein neues, viel leistungsfähigeres Konzept für die Massenpflege (und Konsolidierung) von Stammdaten zur Verfügung, das wir Ihnen in Kapitel 4, »Konsolidierung und Massenverarbeitung mit SAP Master Data Governance«, detailliert vorstellen.

Besitzer und Bearbeiter

Der Initiator eines Änderungsantrags ist auch der Besitzer (Owner) des Antrags. Dies bedeutet aber nicht, dass alle Schritte im Workflow vom Bearbeiter auszuführen sind, der den Änderungsantrag angelegt hat. Ganz im Gegenteil: In der Praxis ist es eher gewollt, dass der Antragsteller nicht die Möglichkeit haben darf, den Antrag auch zu genehmigen. Dies sollte ein anderer Benutzer durchführen (Vier-Augen-Prinzip). Darüber hinaus ist es üblich, dass der Antragsteller zwar z. B. ein neues Material beantragt, aber nicht über alle Informationen verfügt, um dieses Material korrekt und vollständig anzulegen. In diesem Fall sind zwischen der Antragstellung und der Genehmigung ein oder mehrere Schritte notwendig, in denen weitere Workflow-Beteiligte in ihrer Experten-Rolle Materialdaten ergänzen, z. B. für den Einkauf oder das Qualitätsmanagement. Ein Stammdatenprozess kann daher viele verschiedene Schritte beinhalten und wird in der Praxis von mehr als einem Benutzer bearbeitet. Auch parallele Bearbeitungsschritte von verschiedenen Benutzern auf dem gleichen Objekt sind möglich (siehe Abschnitt 3.3.1, »Attribute und Eigenschaften eines MDG-Änderungsantrags«).

Ein einmal begonnener MDG-Prozess kann vom Initiator wieder zurückgenommen werden (der sogenannte *Recall*), solange eine Genehmigung bzw. Aktivierung noch nicht erfolgt ist. Dieses Feature steht im MDG-Standard seit SAP S/4HANA 2021 zur Verfügung.

Workflow-Ausführung

Schauen wir uns einen solchen Prozess nun einmal genauer an: Nach dem Beginn des Workflows, also nach dem Ausfüllen des Änderungsantrags mit den Objektdaten (z. B. neues Material) und dem Weiterreichen des Änderungsantrags mit einem Klick auf **Beantragen**, wird der Änderungsantrag von SAP MDG in vormodellierten Schritten durch den Workflow geleitet. Zu jedem Vordergrundschritt sollte es einen Bearbeiter geben, der von SAP MDG ermittelt wird. Dieser Bearbeiter wird von SAP MDG benachrichtigt, dass von ihm eine Aktion (z. B. Datenergänzung, Validierung oder Entscheidung) erwartet wird. Diese Benachrichtigung erfolgt im Standard nicht über eine E-Mail oder Ähnliches. SAP MDG löst diese Aufgabe eleganter, denn es erzeugt ein *Work Item* und legt dieses in die *Universal Worklist* (UWL) des zuständigen Mitarbeiters.

Die UWL ist in einem SAP-System der vereinheitliche Eingangskorb für den Endbenutzer, in dem er sämtliche Nachrichten aus allen möglichen Applikationen von SAP ERP (und sogar von außerhalb) an einer Stelle gesammelt sehen kann. Auch SAP MDG nutzt die UWL und zeigt dem Endanwender die Änderungsanträge, der er bearbeiten muss, als Eintrag in der UWL an. Nicht selten ist diese Liste ziemlich lang, und es ist aufgrund des Status für den

Endanwender sehr schnell ersichtlich, welcher Antrag wie zu bearbeiten ist. Abbildung 3.16 zeigt eine typische UWL.

Änderungsanträge (1531)

Kriterienschnellpflege anzeigen | Abfrage ändern | Neue Abfrage definieren | Personalisie

Sicht: [Standardsicht] | Änderungsantrag bearbeiten | Workflow-Protokoll anzeigen | Bearbeitung erledigen | Nicht zuständig | Erledigen | Wiedervorlegen | Wiedervorlage beenden | Weiterleiten | Mir zuordnen | Zuordnung löschen | Vertretung | Aktualisieren | Druckversion | Export

Betreff	Von	Gesendet am		Status
Änderungsantrag 250211 (dfsdf) genehmigen		26.10.2	18:58:27	Inhaltlich zu genehmigen
Änderungsantrag 250210 (ys26a) bearbeiten		26.10.2	18:34:48	Änderungen durchzuführen
Änderungsantrag 250209 (Test) bearbeiten		26.10.2	18:34:29	Änderungen durchzuführen

Abbildung 3.16 Universal Worklist

Universal Worklist

Der Mitarbeiter sollte wissen, dass er Schritte in Stammdatenprozessen zu bearbeiten hat, und er wird daher regelmäßig in »seine« UWL schauen, ob neue Work Items vorliegen. Mit einem Klick auf das Work Item öffnet sich ein neues Fenster, in dem der Bearbeiter seine Aufgaben durchführen und den Workflow weitersenden kann. Hierbei braucht er sich nicht um Frage zu kümmern, wer der nächste Bearbeiter ist. SAP MDG übernimmt diese Entscheidung, die häufig von verschiedenen Parametern abhängt, z. B. von Werten aus dem Objekt, also der Materialart, aber auch von der Region oder Sprache, in der der Change Request gerade prozessiert wird oder ursprünglich angelegt wurde.

Neben der UWL offeriert der MDG-Standard noch weitere Listen, die dabei behilflich sind, den Überblick über laufende und beendete Änderungsanträge zu behalten. Über den Menüpunkt **Meine Änderungsanträge** kann sich der Endanwender Änderungsanträge nach verschiedenen Parametern sortiert anzeigen lassen (siehe Abbildung 3.17):

- Anträge, die er selbst angelegt hat
- Anträge, die er zu bearbeiten hat (Das heißt, dem Anwender wurde mindestens ein Work Item aus diesem Änderungsantrag zugewiesen.)
- Anträge, die er schon bearbeitet hat
- alle Anträge

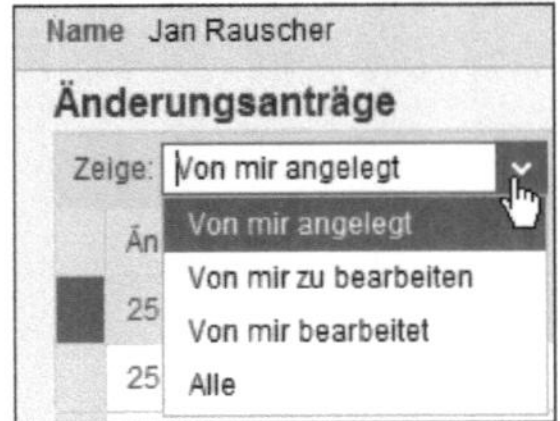

Abbildung 3.17 Änderungsantragslisten

Optionen

Jede Liste kann natürlich noch auf einen Zeitraum eingeschränkt werden, indem Sie ein Von-/bis-Datum angeben. Wenn Sie in der Liste in Abbildung 3.17 die Option **Von mir zu bearbeiten** auswählt haben, entspricht die resultierende Liste den Einträgen in der UWL. Bei allen anderen Optionen unterscheiden sich die Listeninhalte normalerweise, da nicht alle Anträge, die ein Bearbeiter angelegt hat, auch automatisch von ihm bearbeitet werden müssen – schließlich sind in der Praxis mehrere Personen an einem Stammdatenprozess beteiligt. Abbildung 3.18 zeigt ein Beispiel für einen Änderungsantrag mit Augenmerk auf die Kopfdaten.

Abbildung 3.18 Details des Änderungsantrags

Der Änderungsantrag ist wohl das wichtigste steuernde Element innerhalb von SAP MDG. Er bestimmt nicht nur den Prozessablauf, sondern auch das Datenmodell, das verwendete User Interface, die Bearbeiterfindung und vieles mehr.

3.3.1 Attribute und Eigenschaften eines MDG-Änderungsantrags

Attribute des Änderungsantrags

Bevor wir auf die funktionalen und steuernden Elemente eines Änderungsantrags eingehen, möchten wir zuerst die eher beschreibenden Attribute und Eigenschaften diskutieren. Ein Änderungsantrag in SAP MDG verfügt über die folgenden Attribute:

- ID
- Typ
- Status
- Grund
- Grund für die Rückweisung
- Beschreibung
- Priorität
- Editionstyp
- Zielsystem

- Datenmodell
- Entitätstyp
- Konfigurations-ID
- Notizen und Anlagen
- SLA (Service Level Agreement)
- Einzelobjekt
- parallel/einfach

ID eines Änderungsantrags

Die ID ist das eineindeutige Schlüsselfeld zur Kennzeichnung eines Änderungsantrags. Die IDs werden von SAP MDG automatisch erzeugt; eine externe Nummernvergabe ist nicht möglich und auch nicht notwendig. Die ID ist immer numerisch und das Schlüsselfeld in der Tabelle USMD120C. Diese Tabelle enthält alle Änderungsanträge des Systems, völlig unabhängig von der jeweiligen Domäne bzw. vom Datenmodell.

Die ID wird in der Regel inkrementiert und in der Tabelle USMD120C hinterlegt. Lücken können dann entstehen, wenn ein Endanwender einen Antrag anlegen möchte, das User Interface dazu schon erzeugt worden ist, aber dann doch kein Sichern oder kein Weiterschicken durch einen Klick auf **Beantragen** erfolgt. Dann wird die zuvor von SAP MDG ermittelte CR-Nummer nicht in der Tabelle USMD120C hinterlegt, der nächste Änderungsantrag erhält aber trotzdem die nächsthöhere ID.

Typ eines Änderungsantrags

Der Typ eines Änderungsantrags ist ein Schlüsselfeld in der Tabelle der Änderungsantragstypen (USMD110C) und dient zur Unterscheidung der verschiedenen Konfigurationen, die einem Änderungsantrag zugrunde liegen können. SAP MDG wird mit einer ganzen Reihe schon vordefinierter Änderungsantragstypen ausgeliefert, die als Kopiervorlage für das Erstellen eigener Typen dienen. Es gibt hier – ebenso wie im klassischen SAP-Standard – die Namenskonvention, dass kundenspezifische Änderungsantragstypen einen Namen erhalten, der mit Z beginnt.

Name und Beschreibung sollten aussagekräftig sein

Falls SAP MDG während der Laufzeit den für die Stammdatenbearbeitung passenden Änderungsantragstyp nicht finden kann, fragt das System den Endanwender, welcher Typ für den Start des Stammdatenprozesses genommen werden soll. SAP MDG offeriert die möglichen Typen sowie deren

Beschreibung. Daher sollte der Typname, aber vor allem die Beschreibung den Endanwender dabei unterstützen, den richtigen Typ auszuwählen. Beachten Sie, dass die Beschreibung übersetzt werden kann bzw. muss. (Das bedeutet auch, dass das System keine Beschreibung anzeigt, falls in der Anmeldesprache keine Übersetzung verfügbar ist).

Status eines Änderungsantrags

Die möglichen Status von Änderungsanträgen werden in einer Customizing-Tabelle von SAP MDG gepflegt. SAP liefert etwa 14 Status aus. Sie finden die Liste in der [F1]-Hilfe zum Customizing-Eintrag. Die ausgelieferten Status sollten nicht geändert werden, insbesondere nicht die Status 05 (abschließend genehmigt) und 06 (abschließend abgelehnt). Hat ein Änderungsantrag den Status 05 oder 06, kann er nicht mehr geändert werden.

Neben dem Informationscharakter des Status hat dieser auch steuernde Wirkung, denn anhand des Status kann festgelegt werden, ob Änderungen am Antrag noch möglich sind oder nicht. Der Status hat auch einen Kurztext, der übersetzbar ist und auch übersetzt werden sollte.

Der CR-Status informiert Endanwender effizient

Die Liste der möglichen Status kann fast beliebig ergänzt werden. Diese Möglichkeit wird in der Praxis auch durchaus genutzt, denn der Status wird zur Laufzeit an ganz prominenter Stelle gezeigt, nämlich in der Universal Worklist (siehe Abbildung 3.16 ganz rechts).

Grund und Priorität eines Änderungsantrags

Die Attribute **Grund** und **Priorität** haben lediglich beschreibenden Charakter. Das heißt, dass im Standard die Werte dieser Attribute nicht dafür verwendet werden, um z. B. den Prozess zu steuern oder zu beeinflussen. Im MDG-Customizing gibt es für den Grund und für die Priorität eine einfache Liste mit einigen vordefinierten Einträgen, die bei Bedarf ergänzt werden kann. Die Eingabe dieser Attribute während der Laufzeit erfolgt in der Regel beim Start des Prozesses. Der Grund und die Priorität sind keine Pflichtfelder, können aber entsprechend konfiguriert oder z. B. mit Default-Werten vorbelegt werden. Sie befinden sich im MDG-UI im Änderungsantragskopf (siehe Abbildung 3.18).

Grund für die Rückweisung

Auch der Grund für die Rückweisung eines Änderungsantrags kann in einer Customizing-Tabelle von SAP MDG gepflegt werden. Es sind nach der Auslieferung für jeden Änderungsantragstyp drei Einträge vorhanden, jedoch ohne Text. Dieser kann entsprechend ergänzt und auch übersetzt werden. Der Grund für die Rückweisung ist erst dann eingabebereit, wenn tatsächlich auch eine Rückweisung zur Laufzeit erfolgt ist. Dann jedoch ist dieses Feld im Standard ein Pflichtfeld, d. h., dass ein Grund ausgewählt sowie zusätzlich eine Notiz eingegeben werden muss, warum die Rückweisung erfolgt ist. Dies ist das Standardverhalten, das natürlich umkonfiguriert werden kann. Ansonsten hat dieses Attribut keinen funktionalen, sondern nur informativen Charakter.

Beschreibung des Änderungsantrags

Jeder Änderungsantrag sollte über eine sinnvolle Beschreibung verfügen. Deshalb ist das Feld **Beschreibung** in der Standardkonfiguration als Pflichtfeld definiert. Wie in Abbildung 3.18 zu sehen ist, ist es daher mit einem kleinen Stern gekennzeichnet. Die Beschreibung (wie auch der Status) wird in der UWL angezeigt und zeigt dem Endanwender zur Laufzeit wertvolle Informationen über den Antrag auf einen Blick, ohne dass der Anwender in den Antrag navigieren muss (siehe Abbildung 3.16). Aus dem Projektalltag heraus lässt sich sagen, dass fast jeder Kunde eine Anpassung bzw. Vorbelegung dieses Feldes wünscht.

Vorbelegung der Change-Request-Beschreibung

Hier machen wir einen kleinen Exkurs für eine sehr häufig benötigte Funktion: Die Beschreibung des Änderungsantrags kann recht einfach vorbelegt werden, indem man die Feeder-Klasse `CL_USMD_CR_` und `GUIBB_GENERAL_DATA` des Änderungsantrags-UIs redefiniert und dabei in der Methode `IF_FPM_GUIBB_FORM~GET_DATA` den Text des Antrags setzt. Ein Customer-Exit ist hier nicht vorgesehen und auch nicht notwendig.

Editionstyp eines Änderungsantrags

Dieses Attribut ist nur für Stammdaten relevant, die mit Editionen arbeiten. Im Standard sind dies die Stammdaten aus der Domäne MDG-F, z. B. Kostenstellen, Sachkonten usw. Vereinfacht gesagt, sind Editionen Hilfsmittel, um zeitgesteuerte Änderungen leichter in SAP MDG prozessieren zu können. In Abschnitt 3.8.2, »MDG-Financial: Editionen«, gehen wir auf die speziellen Funktionen von MDG-F ein und erläutern dabei auch die Editionen. Die Editionstypen werden im MDG-Customizing definiert und können bei Bedarf einem Änderungsantrag zugewiesen werden. Das System bietet bei der Datenpflege eine Eingabehilfe (F4) an.

Zielsystem eines Änderungsantrags

Wird dieses Kennzeichen `Zielsystem` bzw. `USMD_TARGET_SYS` der Tabelle `USMD110C` im Customizing eines Änderungsantrags gesetzt, kann der Endanwender zur Laufzeit im Standard-MDG-UI ein Zielsystem in dieses Feld eintragen und damit dem SAP-MDG-System die Information geben, an welches System das gerade bearbeitete Stammdatum gesendet werden soll. Die Liste der möglichen Zielsysteme wird aus dem Customizing des Data Replication Frameworks (Transaktion DRFIMG) entnommen. Diese Funktion, also dem Endanwender die Möglichkeit zu geben, ein Zielsystem auszuwählen, wird in der Regel nicht aktiviert, da im DRF schon zum Zeitpunkt der Konfiguration festgelegt wird, welche Stammdaten an welche Systeme verteilt werden.

Datenmodell, Entitätstyp und Konfigurations-ID des Änderungsantrags

Jeder Änderungsantrag benötigt eine Datenbasis, auf der ein Neuanlegen oder Stammdatenänderungen vorgenommen werden sollen. Daher ist die Angabe eines Datenmodells bei der Definition eines Änderungsantragstyps zwingend notwendig. Da in einem Datenmodell mehrere sogenannte Entitäten definiert sein können, muss für den Antragstyp noch mindestens eine Entität des betreffenden Datenmodells spezifiziert werden, die mit dem Antrag bearbeitet werden soll. Abbildung 3.19 zeigt verschiedene Entitätstypen für den Typ `MAT01`.

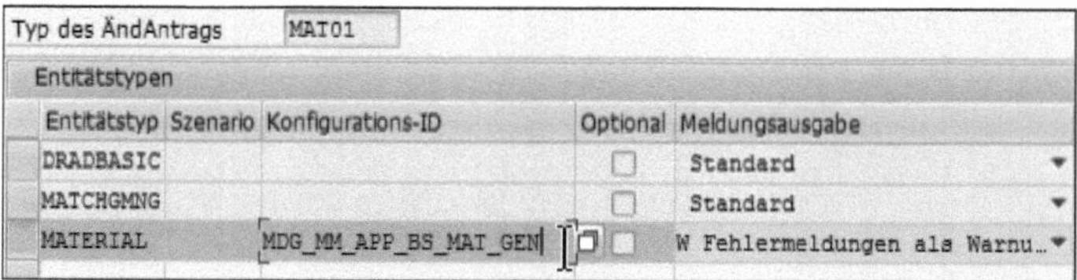

Abbildung 3.19 Entitätstypen eines Änderungsantragstyps

Daten- und UI-spezifische Einstellungen

Die Angabe und damit die Bearbeitung mehrerer Entitäten ist möglich und auch der Regelfall. Das Feld **Konfigurations-ID** enthält die User-Interface-Konfigurations-ID. Dies ist ein Satz von Einstellungen, die festlegen, wie sich ein ABAP WebDynpro User Interface verhalten soll – z. B., welche und wie viele Felder im User Interface zu sehen sein sollen. Damit kann man sehr schnell neue User Interfaces erstellen bzw. modellieren, ohne programmieren zu müssen (in Abschnitt 3.6, »Benutzerschnittstellen in SAP Master Data Governance«, folgen dazu weitere Informationen). Die Konfigurations-ID kann, muss aber nicht unbedingt einem Antragstyp und einer Entität zugewiesen werden. Wenn man eine Konfigurations-ID zu einer Entität auswählt, wird zur Laufzeit für diese Entität ein spezielles User Interface anstatt des Standard-UI verwendet.

Das Kennzeichen **Optional** wird gesetzt, wenn man das Anlegen eines Änderungsantrags zulassen möchte, ohne dass die Schlüsselfelder des Stammdatums bzw. dessen Entität befüllt werden. Normalerweise ist dieses Kennzeichen nicht gesetzt, da spätestens bei der Aktivierung des Stammdatums die Schlüsselfelder befüllt sein müssen.

Meldungsausgabe in MDG anpassen

Bei der Meldungsausgabe kann **Standard** oder **W Fehlermeldungen als Warnungen ausgeben** gewählt werden. **Standard** bedeutet, dass bei Validierungen beim Auftreten von Fehlern diese auch als Fehler zur Laufzeit dem Endanwender mitgeteilt werden. Dadurch kann der Endanwender im Prozess erst dann weitergehen, wenn die Fehlerursache beseitigt ist. In manchen Situationen, besonders bei Tests, kann dies dazu führen, dass der Prozess nicht zu Ende geführt werden kann, obwohl dies aus organisatorischen Gründen durchaus erlaubt und gewollt ist. In Testumgebungen ist es ein typisches Problem, dass auf einem User Interface Pflichtfelder erwartet werden, diese Felder aber gar nicht auf dem User Interface vorhanden sind. Speziell in der Implementierungs- und Testphase kann dann die Option **W Fehlermeldung als Warnungen ausgeben** gewählt werden. Damit kann der Prozess weitergeführt und beendet werden, auch wenn Fehlermeldungen auftreten.

Notizen und Anlagen zu einem Änderungsantrag

Zu jedem Änderungsantrag können beliebig viele Notizen in Form von Langtexten hinzugefügt werden. Ebenso können Anlagen angehängt werden, also Dateien wie PDF-Dokumente oder Ähnliches. Links als Anlagen sind ebenso erlaubt. Das Hinzufügen von Notizen und Anlagen ist in der Standardkonfiguration von SAP MDG in jedem Schritt während des Prozesses erlaubt (also nicht nur zu Beginn), kann jedoch bei Bedarf durch eine Konfiguration wunschgemäß geändert werden.

[«]

Anlagen zu Änderungsantrag und Stammdatum

Beachten Sie, dass sich die Notizen und Anlagen auf den Änderungsantrag und nicht auf das Stammdatum beziehen. Dazu ein Beispiel: Sehr häufig besteht der Wunsch, bei Materialien PDF-Dateien als Dokumentation, Bild, Liste usw. anzuhängen. Dies ist seit SAP MDG 7.0 möglich, allerdings nicht über das hier diskutierte Feature, sondern über die neue Entität DRAD des Materialdatenmodells. Mit dieser Erweiterung kann auch in SAP MDG auf das Standard-Dokumentenmanagement von SAP ERP bzw. SAP S/4HANA zugegriffen werden. Wenn man beispielsweise PDF-Dateien zu einem Änderungsantrag hinzufügt, werden diese *nicht* an das Stammdatum angehängt, sondern verbleiben nur beim Antrag. Die PDF-Datei wird nicht an das Stammdatum weitergereicht, nicht kopiert oder irgendwie anders zugeführt.

Service Level Agreement

Mit dem *Service Level Agreement* (SLA) können Sie festlegen, wie viel Zeit für die Bearbeitung eines Antrags zulässig sein soll. In der Standardkonfiguration erlaubt die Analytics-Komponente von SAP MDG die Auswertung von Änderungsanträgen, und dabei ist es möglich, speziell diejenigen herauszufiltern, die die angegebene Zeitdauer überschritten haben.

CR-Analyse und Statistik

Zusätzlich dazu können Sie auch eine auszulösende Aktion spezifizieren oder gegebenenfalls programmieren, die nach dem Überschreiten der Zeitdauer ausgelöst werden soll, beispielsweise das Versenden einer E-Mail. Wenn z. B. drei Tage nach dem Start eines Änderungsantrags dieser immer noch nicht abgeschlossen ist (also weder genehmigt noch abgelehnt ist und damit das SLA überschritten worden ist), soll eine E-Mail an einen verantwortlichen Mitarbeiter versendet werden.

Einzelobjekt

Mit dem Kennzeichen **Einzelobjekt** wird festgelegt, ob mit diesem Änderungsantragstyp jeweils nur ein oder auch mehrere Stammdatenobjekte bearbeitet werden dürfen. Falls der Typ die Bearbeitung mehrerer Objekte zulassen soll, dürfen dies jedoch nur Objekte des gleichen Datenmodells sein. Ein Beispiel: Ein Typ erlaubt die Bearbeitung mehrerer Objekte und verwendet das Datenmodell MM. Damit dürfen sich im gleichen Änderungsantrag nur Materialien befinden. Objekte aus anderen Domänen, wie z. B. MDG-S, können nicht bearbeitet werden, da sie auf anderen Datenmodellen basieren. Der Lieferant verwendet z. B. das Datenmodell BP.

Das Umschalten zwischen Einzel- und Massenbearbeitung hat weitere Konsequenzen, insbesondere auf das User Interface. Es liegt auf der Hand, dass bei der Massenbearbeitung andere User Interfaces zur Anwendung kommen als bei der Einzelbearbeitung.

Paralleler oder einfacher Änderungsantrag (sequenziell)

Manchmal ist es notwendig, dass verschiedene Attribute und/oder Strukturen eines Stammdatenobjekts in unterschiedlichen, voneinander getrennten Prozessen, aber *gleichzeitig* gepflegt werden. Um diese Anforderung abzudecken, erlaubt es SAP MDG, Änderungsanträge zu definieren, die eine parallele Bearbeitung des gleichen Stammdatenobjekts zum gleichen Zeitpunkt ermöglichen. Durch das Setzen des Kennzeichens **Parallel** bei der Konfiguration des Änderungsantragstyps darf SAP MDG zur Laufzeit dasselbe Objekt in mehreren Änderungsanträgen gleichzeitig bearbeiten.

Die Parallelbearbeitung beschleunigt die Prozesse

In den ersten MDG-Releases war diese Funktionalität nicht vorhanden, und insbesondere bei der Massenbearbeitung von Objekten war es sehr störend, wenn bei der Änderung eines einzigen Attributs von vielleicht 1.000 Materialien alle diese Materialien über das ganze Objekt hinweg gesperrt waren. In dieser Situation war es nicht möglich, ein anderes Attribut eines Materials der gesperrten 1.000 Objekte zu ändern. Hinzu kam, dass solche Massenänderungen häufig recht lange dauerten. Das heißt, dass der Stammdatenprozess Tage benötigt, und in dieser Zeit konnte keines der 1.000 Materialien in einer parallelen Transaktion oder in einem Änderungsantrag geändert werden.

Wenn ein Änderungsantragstyp als parallel gekennzeichnet wird, muss noch festgelegt werden, welcher Teil des Datenmodells bzw. welche Entität des Stammdatums parallel bearbeitet werden soll (siehe Abbildung 3.20). In diesem Beispiel sind es die Entitäten in der Liste **Umfang auf Entitätstypebene**, also BSCDATTXT, CLASSASGN usw.

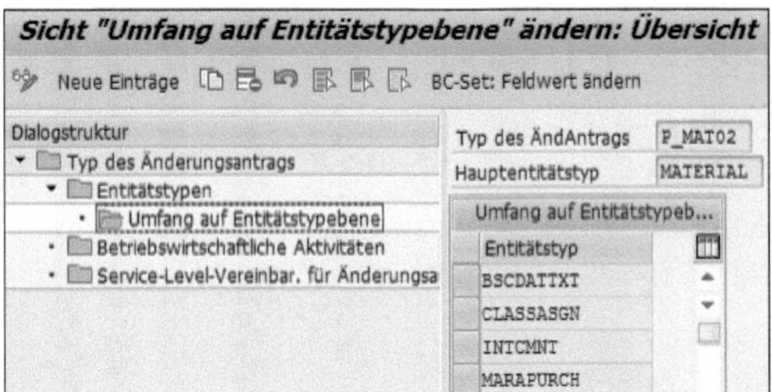

Abbildung 3.20 Parallele Änderungsanträge konfigurieren

Es ist nicht möglich, einzelne Attribute einem parallelen Änderungsantrag zuzuweisen. Die Sperre erfolgt immer auf der Entitätsebene. Das bedeutet, dass wenn ein Attribut einer Entität in einem Änderungsantrag geändert werden soll, ein anderes Attribut der *gleichen* Entität nicht in einem anderen Änderungsantrag geändert werden kann. Attribute in unterschiedlichen Entitäten können wiederum parallel bearbeitet werden, wenn dies entsprechend konfiguriert ist.

3.3.2 Änderungsantrag als steuernde Komponente

Der Änderungsantrag ist in SAP MDG der zentrale Anker zur Steuerung des Stammdatenprozesses. Mit einem Änderungsantrag werden nicht nur die Workflow-Schritte ermittelt und durchgeführt, sondern auch das Finden des »richtigen« UI, die Bearbeiterermittlung und andere wichtige Entscheidungen kann SAP MDG nur mit Unterstützung des Änderungsantrags treffen. Zum besseren Verständnis zeigt Abbildung 3.21, wie der Änderungsantrag in SAP MDG mit anderen steuernden Elementen zusammenarbeitet.

In Abbildung 3.21 sehen Sie etwa mittig angeordnet den Änderungsantragtyp. Dieser hat einen direkten Bezug zum Workflow (Pfeil nach oben). Sowohl der Workflow als auch der Änderungsantragstyp verfügen über einzelne Schritte, d. h. sowohl über Workflow-Schritte als auch über Änderungsantragsschritte (jeweils Pfeil nach rechts).

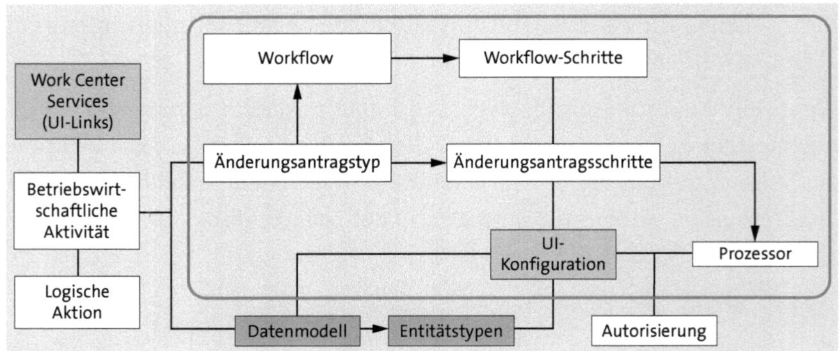

Abbildung 3.21 Änderungsantragstyp in SAP MDG

CR-Typ benötigt Workflow Template

Damit wird deutlich, dass eine 1:1-Beziehung zwischen dem Änderungsantragstyp und dem Workflow (präziser: dem Workflow Template) existiert.

Workflow und Workflow Template

SAP MDG nutzt als Prozess-Engine den SAP Business Workflow aus dem Standard-SAP-ERP- bzw. SAP-S/4HANA-System. Dieses Werkzeug erlaubt das Modellieren eines Prozesses sowie dessen Abarbeitung. In der Designzeit erstellt oder bearbeitet man die Architektur des gewünschten Prozesses, definiert also z. B. zwei Schritte oder sieben, die parallele oder sequenzielle Ausführung usw. Die erstellte Prozessarchitektur nennt man *Workflow Template* (auch: *Workflow-Vorlage*). Erst zur Laufzeit wird der Prozess auf der Grundlage des Templates instanziiert und damit ein Workflow (genauer: eine Workflow-Instanz) erstellt. Selbstverständlich können zur Laufzeit mehrere Workflows mit demselben Template gleichzeitig existieren. Nach der Abarbeitung des letzten Schritts eines Workflows existiert dieser (bzw. die Workflow-Instanz) zwar noch, er kann aber nicht mehr bearbeitet werden. Im Regelfall haben solche abgearbeiteten Workflow-Instanzen einen entsprechenden Status, z. B. **abgeschlossen** oder **beendet**, abhängig von der Modellierung.

Aufgaben des Templates

Jedem Änderungsantragstyp muss genau ein Workflow Template zugewiesen werden. Dieses Template legt fest, wie der Stammdatenprozess zur Laufzeit ausgeführt wird, d. h. wie viele Schritte, Vorder-/Hintergrundschritte, parallel und/oder sequenziell, usw. Bei der Wahl des Workflow Templates ist die Entscheidung zu treffen, ob ein direkter oder ein regelbasierter Workflow zur Anwendung kommen soll.

UI-Konfiguration

Durch die Zuweisung eines Workflow Templates zu einem Änderungsantrag ermittelt das System anhand der Workflow-Architektur die Anzahl der Vordergrundschritte des Änderungsantragstyps. Das MDG-Customizing bietet nun die Möglichkeit, für jeden Vordergrundschritt eines Stammdatenprozesses ein anderes User Interface zu verwenden, wenn dies gewünscht wird. Dies erklärt die Verbindung zwischen dem Änderungsantragsschritt und der UI-Konfiguration. In den ersten MDG-Releases gab es diese Möglichkeit nicht, und man musste vom ersten bis zum letzten Schritt im Stammdatenprozess mit der gleichen Oberfläche Vorlieb nehmen. (Über ein BAdI gab es zwar Anpassungsmöglichkeiten; dies war jedoch nur recht aufwendig und arbeitsintensiv realisierbar.)

Die Vordergrundschritte des Änderungsantrags werden nach der Bearbeiterermittlung dem Endanwender zugewiesen, der das zu bearbeitende Work Item der UWL entnehmen kann. Voraussetzung ist, dass der Endanwender über die passende Autorisierung verfügt.

Die UI-Konfiguration hat eine Verbindung zum verwendeten Datenmodell und zur Entität, die auf diesem User Interface dargestellt wird bzw. bearbeitbar ist. Es können jeweils nur Daten eines Datenmodells auf dem User Interface bearbeitet werden, das dem Änderungsantragstyp zugeordnet ist.

[«]

UI-Applikation und UI-Konfiguration

Benutzerschnittstellen werden in SAP MDG in einem Browser dargestellt und basieren auf der Web-Dynpro-ABAP-Technologie (WDA) in Zusammenarbeit mit dem *Floorplan Manager*. Der Floorplan Manager ist ein Werkzeug zur UI-Modellierung, und die erstellten Modellierungen werden *UI-Konfigurationen* genannt. Die WDA-Technologie arbeitet mit Applikationen, Komponenten sowie mit Views. Für die Anpassungen dieser drei

Objekttypen können mithilfe des Floorplan Managers Konfigurationen erstellt werden. Die Konfigurationen legen das Verhalten, den Inhalt und die Struktur der dargestellten Benutzerschnittstellen von SAP MDG fest.

Betriebswirtschaftliche Aktivität

Im linken Bereich von Abbildung 3.21 erkennen Sie die *betriebswirtschaftliche Aktivität*), die einem Änderungsantragstyp zugewiesen werden kann. Die betriebswirtschaftliche Aktivität ist ein Hilfsmittel, um eine Verbindung zwischen dem Endanwender-UI und der Auswahl des richtigen Änderungsantragstyps herzustellen. Auf dem UI kann ein *Service-Link* angeordnet werden, der wiederum einen Bezug zu einer betriebswirtschaftlichen Aktivität hat. Ein Service-Link ist eine URL, die auf einem MDG-UI platziert werden kann. Wenn der Endanwender zur Laufzeit auf einen solchen Service-Link klickt, ermittelt SAP MDG die dahinterliegende betriebswirtschaftliche Aktivität. Ist die betriebswirtschaftliche Aktivität genau einem Änderungsantrag zugeordnet, wird der Stammdatenprozess mit dem entsprechenden Workflow und der zugeordneten UI gestartet. Sollte die betriebswirtschaftliche Aktivität mehreren Antragstypen zugewiesen sein, fragt SAP MDG den Endanwender, für welchen Antragstyp die Aktivität durchgeführt werden soll, und startet erst dann den gewünschten Stammdatenprozess.

Logische Aktion

Die **Logische Aktion** ist eine übergeordnete Komponente, mit der Sie verschiedene betriebswirtschaftliche Aktivitäten organisatorisch zusammenfassen können, um damit die Navigation durch die User Interfaces in SAP MDG zu steuern. Beim Anlegen bzw. Pflegen von betriebswirtschaftlichen Aktivitäten kann eine logische Aktion zugewiesen werden. Es ist möglich, dass eine logische Aktion mehreren betriebswirtschaftlichen Aktivitäten zugeordnet ist.

Navigation steuern

Zwei weitere Customizing-Tabellen ermöglichen es, mit der logischen Aktion und der betriebswirtschaftlichen Aktivität die Navigation durch die möglichen MDG-UIs zu steuern. Die Tabelle `USMD180C` finden Sie im MDG-Customizing über den Pfad **Allgemeine Einstellungen • Prozessmodellierung • Betriebswirtschaftliche Aktivitäten • Log. Aktionen mit UI-Anwend. und bwl. Aktivität verbinden: Kundendefinition** (siehe Abbildung 3.22). In dieser Tabelle können Sie in Abhängigkeit vom Objekttyp (also z. B. 147 (Geschäftspartner)), der logischen Aktion und der aktuellen UI-Applikation und UI-Konfiguration Ziel-UI-Applikation und Ziel-UI-Konfiguration festlegen.

Optional ist die Eingabe der betriebswirtschaftlichen Aktivität, um gegebenenfalls hiermit den gewünschten Änderungsantragstyp zu bestimmen.

Pflege Navigation

BO-Typ	Log. ...	Aktueller UI-A...	Aktuelle UI-Konfiguration	Ziel-UI-Anwendung...	Ziel-UI-Konfiguration	Bwl. Akt.
147	*	BS_OVP_BP	BS_OVP_BP	BS_OVP_BP	BS_OVP_BP	
147	*	BS_OVP_BP	BS_OVP_BP_ALL	BS_OVP_BP	BS_OVP_BP_ALL	
147	*	BS_OVP_BP	BS_OVP_CU	BS_OVP_BP	BS_OVP_BP	
147	HIERA...	*	*	BS_OVP_BP	BS_OVP_BP_ALL	
147	LOAD	*	*	BS_OVP_BP	BS_OVP_BP_ALL	
158	CREATE	*	*	MDGF_OVP_GEN	ZMDGF_OG_OVP_CCTR	CCT1
MDG_CARR	*	*	*	USMD_OVP_GEN	USMD_SF_OVP_CARR_02	SFC1
MDG_CARR	CHANGE	*	*	USMD_OVP_GEN	USMD_SF_OVP_CARR_02	SFC2

Abbildung 3.22 Kundeneinträge, um logische Aktionen mit der UI-Applikation und der betriebswirtschaftlichen Aktivität zu verbinden

Objekttyp im MDG

Ein Objekttyp oder Business-Objekttyp in SAP MDG sind im *Business Object Repository* (BOR, Transaktion SW01) definierte Objekttypen, die mit einem MDG-Datenmodell verknüpft sind. Im Normalfall ist genau ein Objekttyp einem Entitätstyp zugeordnet. SAP MDG verwendet diese Information in zwei Situationen:

- **bei der Replikation**: Hier ermittelt das System aus den Entitätstypen des Change Requests die zu replizierenden Business-Object-Typen.
- **bei der Suche**: Die *SAP NetWeaver Enterprise Search* arbeitet mit Templates, die für einen Business-Object-Typ anzulegen sind. Über diese Zuordnung ermittelt das System die passenden Entitätstypen.

Konfigurationen der logischen Aktion

Die zweite steuernde Tabelle **Betriebswirtschaftliche Aktivität: Bestimmung** (USMD167C), befindet sich im gleichen Pfad wie die Tabelle USMD180C und ermöglicht es Ihnen, die gewünschte betriebswirtschaftliche Aktivität anhand der zur Laufzeit gerade aktiven UI-Applikation, UI-Konfiguration und der logischen Aktion festzulegen (siehe Abbildung 3.23).

Betriebswirtschaftliche Aktivität: Bestimmung

UI-Anwendungsname	UI-Konfiguration	Log. Aktion	Beschreibung	Bwl. Akt.	Bezeichnung (Mitteltext)
MDG_BS_MAT	ZAPF_BS_MAT_INIT_04	CREATE	Anlegen	MAT1	Material anlegen
MDG_BS_MAT	ZAPF_BS_MAT_INIT_04	DISPLAY	Anzeigen	ZMA2	Material bearbeiten
MDG_BS_MAT_OVP	ZAPF_MAT_OVP_04	CHANGE	Ändern	MAT2	Material bearbeiten
MDG_BS_MAT_OVP	ZAPF_MAT_OVP_04	CHANGE_DX	Ändern über Datenaustausch	ZMA2	Material bearbeiten
MDG_BS_MAT_OVP	ZAPF_MAT_OVP_04	CREATE	Anlegen	MAT1	Material anlegen
MDG_BS_MAT_OVP	ZAPF_MAT_OVP_04	DISPLAY	Anzeigen	ZMA2	Material bearbeiten
MDG_BS_MAT_OVP	ZEM_BS_MAT_OVP_05	CHANGE	Ändern	MAT2	Material bearbeiten
MDG_BS_MAT_OVP	ZEM_BS_MAT_OVP_05	CREATE	Anlegen	MAT1	Material anlegen
MDG_BS_MAT_OVP	ZEM_BS_MAT_OVP_05	DISPLAY	Anzeigen	MAT3	Material anzeigen
USMD_ENTITY_VALUE2	YU_USMD_ENTITY_VALUE2	CREATE	Anlegen	YUP1	Flugverbindung anlegen

Abbildung 3.23 Betriebswirtschaftliche Aktivität: Bestimmung

Damit kann unabhängig von der Navigation für bestimmte UI-Kombinationen und logische Aktionen mit der betriebswirtschaftlichen Aktivität der gewünschte CR-Typ von SAP MDG ermittelt werden. Der ermittelte CR-Typ erlaubt es wiederum SAP MDG, den erwarteten Workflow zu bestimmen, und kann somit den Stammdatenprozess starten bzw. weiterführen.

Konfigurationsmöglichkeiten

Alle diese Begriffe und Konfigurationsmöglichkeiten finden sich im MDG-Customizing wieder. Abbildung 3.24 zeigt einen Ausschnitt mit den relevanten Customizing-Knoten mit Bezug zu den genannten steuernden Elementen. Darin finden Sie neben den schon diskutierten Elementen noch den Baustein **Aktion für Änderungsanträge definieren**.

Damit lassen sich Aktionen definieren, die zur Laufzeit dem Endanwender als Schaltfläche zur Auswahl angeboten werden können. Sie finden die Tabelle über den Pfad **Allgemeine Einstellungen • Prozessmodellierung • Workflow • Aktionen für Änderungsanträge definieren**.

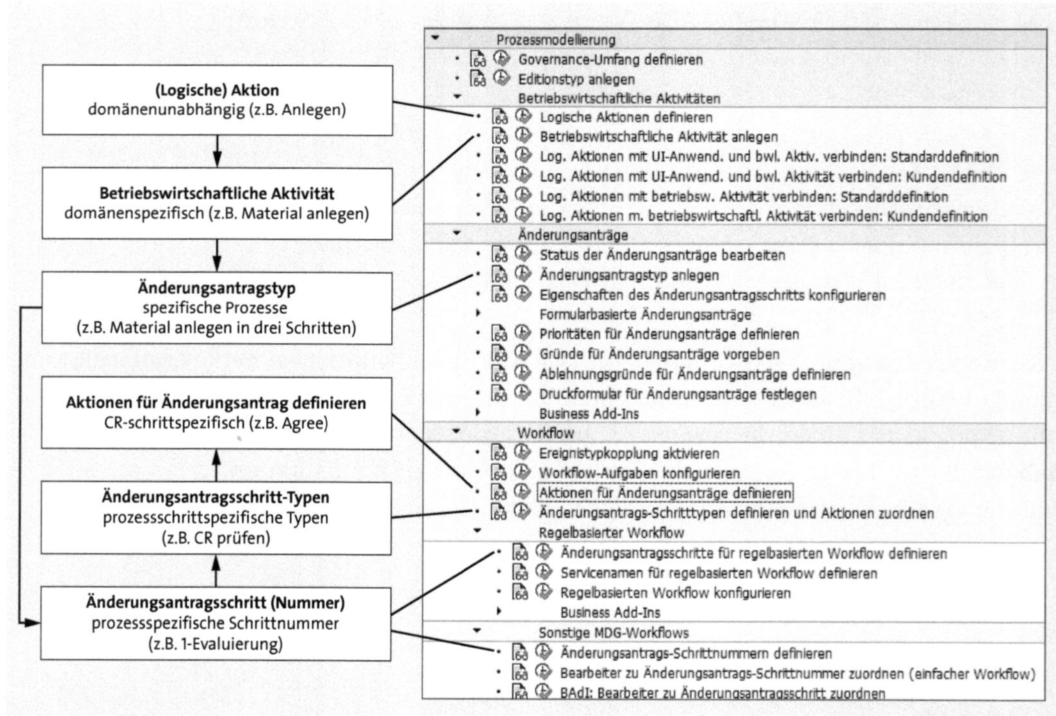

Abbildung 3.24 Prozesssteuernde Elemente im MDG-Customizing

Aktionen im MDG UI

Wenn also ein Bearbeiter einem Schritt im Workflow zustimmen oder diesen ablehnen soll, wären hier zwei Aktionen definierbar, z. B. **Genehmigen** und **Ablehnen** (siehe Abbildung 3.25). Für die Kenntnisnahme einer Information könnte z. B. eine Aktion **zur Kenntnis genommen** definiert werden.

Abbildung 3.25 Aktionen eines Change Request

Diese Aktionen können innerhalb von SAP MDG domänenübergreifend wiederverwendet werden. Sie werden einem Änderungsantragsschritt-Typ zugewiesen und erscheinen während der Laufzeit als Button im User Interface, wenn der entsprechende Workflow-Schritt erreicht worden ist. Mit einem Klick auf die gewünschte Aktion wird dieses Ereignis an SAP MDG weitergereicht und z. B. zur Steuerung des weiteren Prozessverlaufs verwendet.

Änderungsantrags-schritt-Typen

Einige Änderungsantragsschritt-Typen werden von SAP MDG mit der Auslieferung zur Verfügung gestellt. Die entsprechende Customizing-Tabelle `USMD230C` kann aber kundenspezifisch erweitert werden. Sie finden sie im gleichen Pfad wie die Definition der Aktionen.

Die typspezifischen erlaubten Aktionen müssen dem Typ zugeordnet werden. In Abbildung 3.26 sind z. B. die beiden Aktionen 07 und 08 zugeordnet.

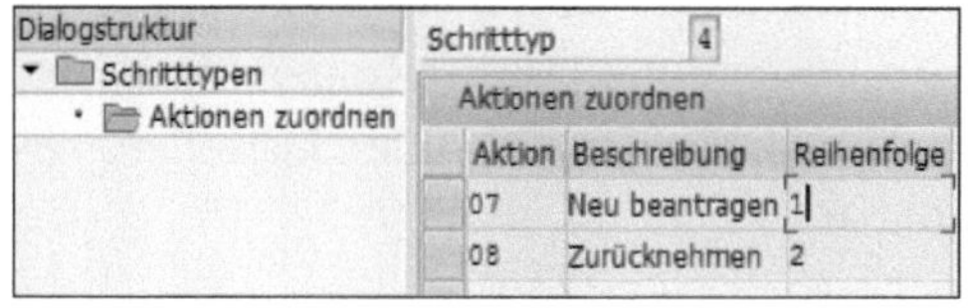

Abbildung 3.26 Typ des Änderungsantragsschritts

Domänenübergreifende Schritttypen eines CR

Beachten Sie, dass ein Schritttyp innerhalb eines MDG-Systems domänenunabhängig und Workflow-unabhängig einem Änderungsantragsschritt zugeordnet werden kann. Wenn Sie in MDG-M in einem Prozessschritt und in MDG-S in zwei verschiedenen Workflows ebenso die beiden Aktionen (= Schaltflächen) **Genehmigen** und **Ablehnen** benötigen, reicht es, nur einen solchen CR-Schritttyp anzulegen und ihn den gewünschten drei Änderungsantragsschritten zuzuweisen.

Weitere Konfigurationsmöglichkeiten

Neben der Determinierung der möglichen Aktionen eines Änderungsantragsschritts mithilfe des Schritttyps gibt es noch weitere schrittspezifische Konfigurationsmöglichkeiten:

- Erweiterungen und Prüfungen pro CR-Schritt
- Entitätstypen und deren Attribute pro CR-Schritt
- Benutzerschnittstelle (User Interface) pro CR-Schritt

Diese Einstellmöglichkeiten finden sich im MDG-Customizing (Transaktion MDGIMG) über den Pfad **Allgemeine Einstellungen • Prozessmodellierung • Änderungsanträge • Eigenschaften des Änderungsantragsschritts konfigurieren**. Abbildung 3.27 zeigt einen Ausschnitt aus dem MDG-Customizing mit den Erweiterungen und Prüfungen sowie die Konfiguration der Benutzerschnittstelle (User Interface) pro CR-Schritt.

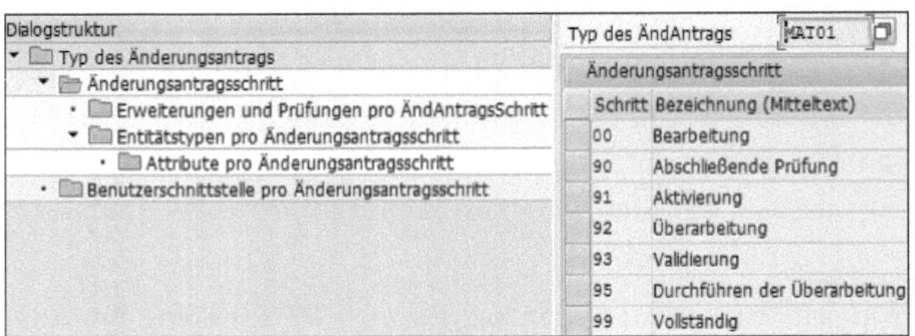

Abbildung 3.27 Einstellungen für den Änderungsantragsschritt

Nach der Auswahl des CR-Typs (MAT01, Material anlegen; siehe Abbildung 3.27) zeigt Ihnen das MDG-System die konfigurierten Schritte in einer Liste an. Diese CR-Schritte sind die technischen Schritte des Workflows, der dem CR-Typ `MAT01` zugewiesen ist. Nach der Anwahl des gewünschten Schritts (hier 00) lassen sich die Prüfungen und Erweiterungen für diesen Schritt individuell konfigurieren. Abbildung 3.28 zeigt eine Liste der Prüfungen und möglichen Erweiterungen.

Typ des ÄndAntrags: MAT01
Änder.Schritt: 00

Erweiterungen und Prüfungen pro ÄndAntragsSchritt

Prüfungen und AnreicherSpots	Lfd. Nr.	Meldungsausgabe	Relevant	Ausführung
#00 Grundprüfung	0	Standard	✓	1 Wird immer ausgeführt
#01 Berechtigungsprüfung	0	Standard	✓	1 Wird immer ausgeführt
#02 Dublettenprüfung	99	Standard	✓	2 Wird bei Datenänderungen au
#03 Validierungsregeln (BRFpl...	0	Standard	✓	1 Wird immer ausgeführt 2 Wird bei Datenänderungen ausgeführt
#04 BAdI-Validierungen	0	Standard	✓	
#05 Existenzprüfung	0	Standard	✓	1 Wird immer ausgeführt
#06 Prüfung des Wiederverwend...	0	Standard	✓	1 Wird immer ausgeführt

Abbildung 3.28 Erweiterungen und Prüfungen

Die Prüfungen 00 bis 06 werden vom MDG-Standard vorgegeben. Die Liste kann durch Erweiterungen oder auch Anreicherungsspots ergänzt werden. Deren Hauptaufgabe ist es, als Enrichment oder Anreicherungskomponente dem Stammdatenobjekt während des jeweiligen Prozessschritts weitere Daten hinzuzufügen. Hierzu liefert SAP MDG die beiden Erweiterungen `ENRICH_ADRESS` und `ENRICH_TAXJUR` aus, die – wie es die Bezeichnungen schon nahelegen – für Adressergänzungen und Ergänzungen von Steuerdaten verwendet werden (siehe Abbildung 3.29).

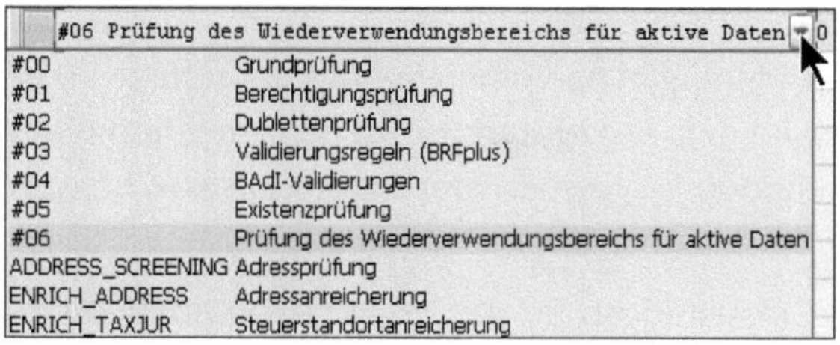

#06 Prüfung des Wiederverwendungsbereichs für aktive Daten

#00	Grundprüfung
#01	Berechtigungsprüfung
#02	Dublettenprüfung
#03	Validierungsregeln (BRFplus)
#04	BAdI-Validierungen
#05	Existenzprüfung
#06	Prüfung des Wiederverwendungsbereichs für aktive Daten
ADDRESS_SCREENING	Adressprüfung
ENRICH_ADDRESS	Adressanreicherung
ENRICH_TAXJUR	Steuerstandortanreicherung

Abbildung 3.29 Zusätzliche Erweiterungen

Kundenspezifische Anreicherungsspots sind grundsätzlich möglich. Darüber hinaus müssen diese Anreicherungsservices nicht im SAP-MDG- bzw. ERP- oder S/4HANA-System lokalisiert sein. Auch externe Services werden unterstützt, z. B. per RFC oder BAPI.

Anreicherungsspots für Datenergänzungen

Ein Beispiel für die Funktion eines Enrichments ist die Anforderung, dass ein Konstruktionsingenieur bei einem Maschinenbauer eine Schraubenbezeichnung in das SAP-MDG-UI eingibt und über das Enrichment einige Daten automatisch befüllt werden, wie z. B. Schraubentyp, Masse, Gewindesteigung und Kopfform. Solche Funktionen tragen auch zur Datenqualität bei, denn es ist für den Endanwender einfacher, nur die Schraubenbezeichnung einzugeben als zehn oder zwanzig Detaildaten. So schleichen sich auch deutlich weniger Fehler ein.

Ein Enrichment ist ein Teil des *Enrichment Frameworks*, das vom SAP-ERP- bzw. SAP-S/4HANA-System zur Verfügung gestellt und von SAP MDG wiederverwendet wird. Die Spalte **Lfd. Nr.** in Abbildung 3.28 bestimmt die Reihenfolge der Ausführung für die Enrichments. Die Reihenfolge der Prüfungen kann nicht geändert werden.

In der Spalte **Meldungsausgabe** kann entweder **Standard** oder **W Fehlermeldungen als Warnungen ausgeben** ausgewählt werden. Damit lassen sich insbesondere in der Implementierungsphase Situationen vermeiden, in denen der Workflow stehen bleibt, weil die Prüfung durch eine Fehlermeldung ein Weiterführen des Prozesses verhindert. Im Normalfall wird in einem Produktivsystem dieser Eintrag auf **Standard** konfiguriert sein.

Ob eine Prüfung oder ein Anreicherungsspot überhaupt durchgeführt werden soll oder nicht, kann durch das Kennzeichen **Relevant** spezifiziert werden. Die Einstellung in der Spalte **Ausführung** ist selbsterklärend.

User Interface vorgeben

Falls für einen CR-Schritt nicht das Standard-UI verwendet werden soll, kann für diesen Schritt ein bestimmtes User Interface explizit vorgegeben werden. In Abbildung 3.70 weiter unten wird für den Schritt 00 die UI-Anwendung `MDG_BS_MAT` mit der UI-Konfiguration `BS_MAT_INIT_05` konfiguriert. Die Einträge sind optional und nur dann notwendig, wenn statt des Standard-UIs ein spezielles User Interface zur Anwendung kommen soll. Das Setzen des Kennzeichens **Änderungen hervorheben** führt zur farbigen Darstellung geänderter Daten auf dem User Interface. Im Benutzerstamm des Users (Transaktion SU01) können die gewünschten Farben ausgewählt werden.

Entitätstyp und Attribute

Kommen wir nun zu den Einstellungen für den Entitätstyp und die Attribute des Datenmodells. Abbildung 3.30 können Sie entnehmen, dass Prüfungen und das Verhalten bei Muss-Feldern sehr detailliert konfiguriert werden können.

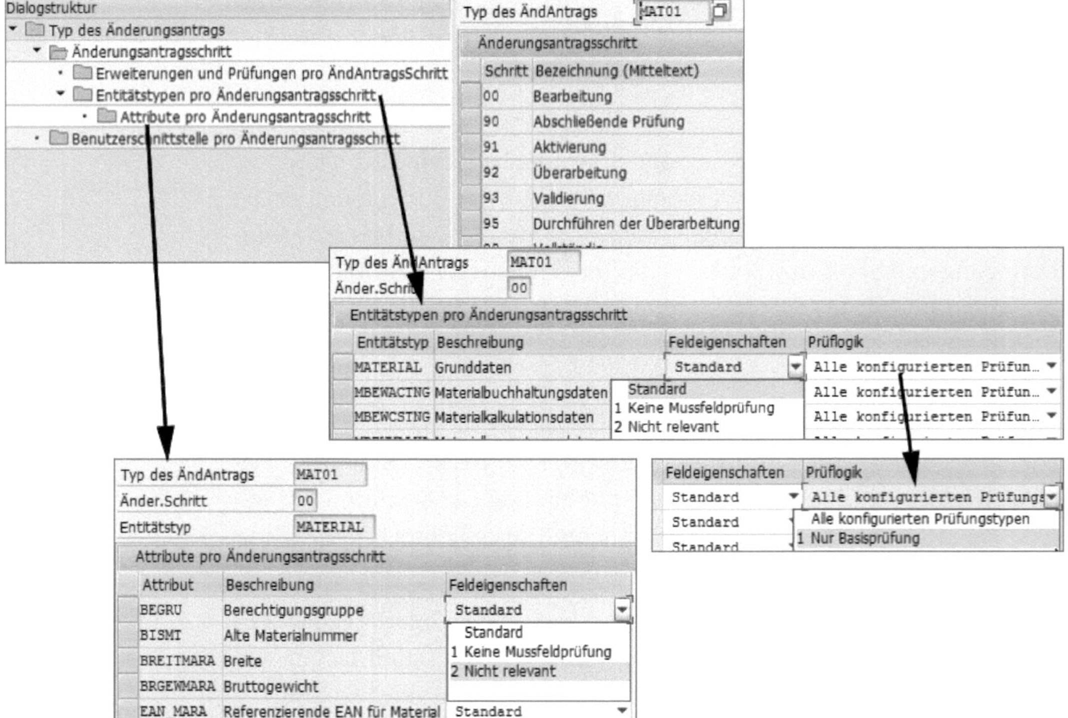

Abbildung 3.30 Weitere Einstellungen für den Änderungsantragsschritt

Das Verhalten, welche Prüfungen durchgeführt werden sollen, kann für eine ganze Entität generell oder auch innerhalb von Entitäten attributspezifisch konfiguriert werden.

Dazu zeigen wir ein Beispiel anhand von Abbildung 3.30: Im oberen der vier Bildschirmabzüge sehen Sie den Einstieg in das Customizing eines Änderungsantragstyps; in diesem Beispiel ist das der Typ `MAT01`. Wenn Sie nun den Schritt 00 markieren und auf das Verzeichnis **Änderungsantragsschritt** doppelklicken, navigiert SAP MDG zu einem Bildschirm wie dem, der in der Mitte von Abbildung 3.30 gezeigt wird.

Darin sehen Sie die einzelnen Entitäten eines Materials und in den Spalten die Möglichkeiten, um die Feldeigenschaften festzulegen, hier **Standard**, **1 Keine Mussfeldprüfung** sowie **2 Nicht relevant**. Auch bei der Prüflogik sind Einstellungen möglich, hier **Alle konfigurierten Prüfungstypen** bzw. **1 Nur Basisprüfung**.

Sie können die Einstellungen noch granularer vornehmen, nämlich bis zur Feldebene. Dazu markieren Sie den gewünschten Entitätstyp, im obigen Beispiel die Zeile im mittleren Bildschirmabzug mit dem Eintrag `MATERIAL` und doppelklicken auf Attribute pro Änderungsantragsschritt. Damit erreichen Sie den Bildschirmabzug, der unten in Abbildung 3.30 zu sehen ist. Hier können Sie nun auf der Feldebene das Verhalten der Attribute einzeln konfigurieren. Mögliche Einträge sind: **Standard**, **1 Keine Mussfeldprüfung** und **2 Nicht relevant**.

[!]

Ermittlung der Feldeigenschaften in SAP MDG

Beachten Sie, dass speziell die Einstellung zum Feldverhalten – also **Pflichtfeld**, **sichtbar** oder **optionale Feldeingabe** – noch an anderen Stellen konfiguriert werden muss, und zwar im Customizing, per BAdI oder im Datenmodell. SAP MDG ermittelt nach folgenden Regeln das gewünschte Feldverhalten:

1. CR-schrittspezifische Feldeigenschaften
2. BAdI-Implementierung `USMD_ACC_FLD_PROP_CUST_DEP_SET`
3. MDG-Datenmodell-Konfiguration
4. Feldeigenschaften aus dem Wiederverwendungsbereich

Die auf Ebene (1) definierten Regeln überschreiben Regeln der Ebene (2), diese überschreiben Regeln der Ebene (3), und diese überschreiben wiederum Regeln der Ebene (4).

3.3.3 Stammdatenprozesssteuerung mit einem Workflow

Kommen wir zu den beiden verschiedenen Arten von Workflows, mit denen SAP MDG arbeiten kann. Wie schon erwähnt, erfindet SAP MDG das Rad nicht neu und verwendet als Workflow Engine den klassischen *SAP Business Workflow* aus dem SAP-ERP- bzw. SAP-S/4HANA-System. Das zugrunde liegende Business Object ist der Änderungsantrag BUS2250.

SAP Business Workflow

Allerdings bietet SAP MDG die Auswahl zwischen klassischen Workflow Templates (diese werden ebenso abgearbeitet wie modelliert) und einem *regelbasierten Workflow* (RBW). Bei einem regelbasierten Workflow ist die Struktur des Workflow Templates immer gleich, aber die Ausführung der Workflows zur Laufzeit wird durch eine Entscheidungstabelle bestimmt. Der Vorteil dieses Konzepts liegt auf der Hand: Es ist damit sehr einfach möglich, den Workflow anzupassen und zu ändern. Hierzu muss das Workflow Template nicht geändert werden, sondern es reicht, die Entscheidungstabelle anzupassen, und dies kann auch in einer Tabellenkalkulation geschehen, in z. B. Microsoft Excel. Man muss also kein Workflow-Experte sein, um MDG-Workflows zu modellieren. Es ist ausreichend, das Konzept des regelbasierten Workflows verstanden zu haben, um Stammdatenprozesse in SAP MDG anhand der gegebenen Geschäftsanforderungen zu modellieren.

Die Zuweisung des Workflow Templates wird bei der Definition des Änderungsantragstyps im MDG-Customizing durchgeführt. In Abbildung 3.31 sehen Sie einen Listen-Ausschnitt der Änderungsantragstypen eines MDG-Systems. In der Spalte **Workflow** wird das Workflow Template dem Änderungsantragstyp zugewiesen, z. B. WS75700040 oder WS60800086.

CR-Typ und Workflow

Das Feld in der Spalte **Workflow** ist ein Pflichtfeld und darf nicht leer bleiben, ein Änderungsantragstyp benötigt immer die Angabe eines Workflow Templates. Diese Vorlagen werden mithilfe der Designwerkzeuge aus dem Bereich von *SAP Business Workflow* erstellt und bei Bedarf verändert. Die beiden genannten Vorlagen (*Templates*) WS75700040 und WS60800086 werden neben einer ganzen Reihe weiterer Templates mit SAP MDG ausgeliefert. Alle diese Templates können in SAP MDG direkt verwendet werden oder als Kopiervorlage dienen. Wenn sie direkt verwendet werden, sollten die Templates nicht geändert werden, denn es besteht die Gefahr, dass diese Änderungen bei einer Softwareaktualisierung (also einem Support Package oder Release-Upgrade) wieder überschrieben werden und damit verloren wären.

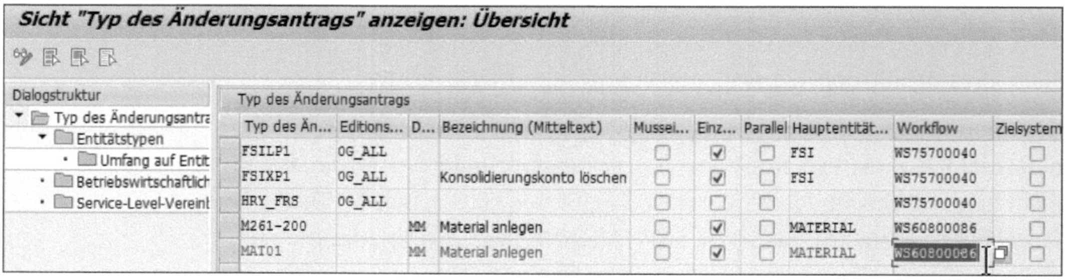

Typ des Än...	Editions...	D...	Bezeichnung (Mitteltext)	Mussei...	Einz...	Parallel	Hauptentität...	Workflow	Zielsystem
FSILP1	0G_ALL			☐	☑	☐	FSI	WS75700040	☐
FSIXP1	0G_ALL		Konsolidierungskonto löschen	☐	☑	☐	FSI	WS75700040	☐
HRY_FRS	0G_ALL			☐	☐	☐		WS75700040	☐
M261-200		MM	Material anlegen	☐	☑	☐	MATERIAL	WS60800086	☐
MAT01		MM	Material anlegen	☐	☑	☐	MATERIAL	WS60800086	☐

Abbildung 3.31 Workflow im Änderungsantragstyp

Workflow Template WS75700040

Das Template WS75700040 ist ein einfacher Workflow (nicht regelbasiert). Es wird für einen Änderungsantrag verwendet, für den drei Vordergrundschritte modelliert sind: ein erster Schritt für die Beantragung, ein zweiter Schritt für den Experten und ein letzter Schritt für den Genehmiger.

Es sind weitere Schritte modelliert, die allerdings im Hintergrund ablaufen bzw. das Zurückschicken des Work Items bei Ablehnung handhaben. Die Details dieses Templates können im **Workflow Builder** (Transaktion SWDD) angezeigt und gegebenenfalls bearbeitet werden (siehe Abbildung 3.32).

Sie sehen links den Informations- und Navigationsbereich. Dort werden alle Schritte dieses Templates angezeigt. Mit einem Klick auf einen Eintrag in der Liste navigiert der Workflow Builder direkt auf diesen Schritt in der grafischen Modellierung, die sich in der Mitte des Bildschirmabzugs befindet. Ganz rechts sehen Sie den kompletten Workflow mit allen Komponenten, während in der Mitte zum leichteren Modellieren nur jeweils der Ausschnitt gezeigt wird, der rechts grün umrandet ist.

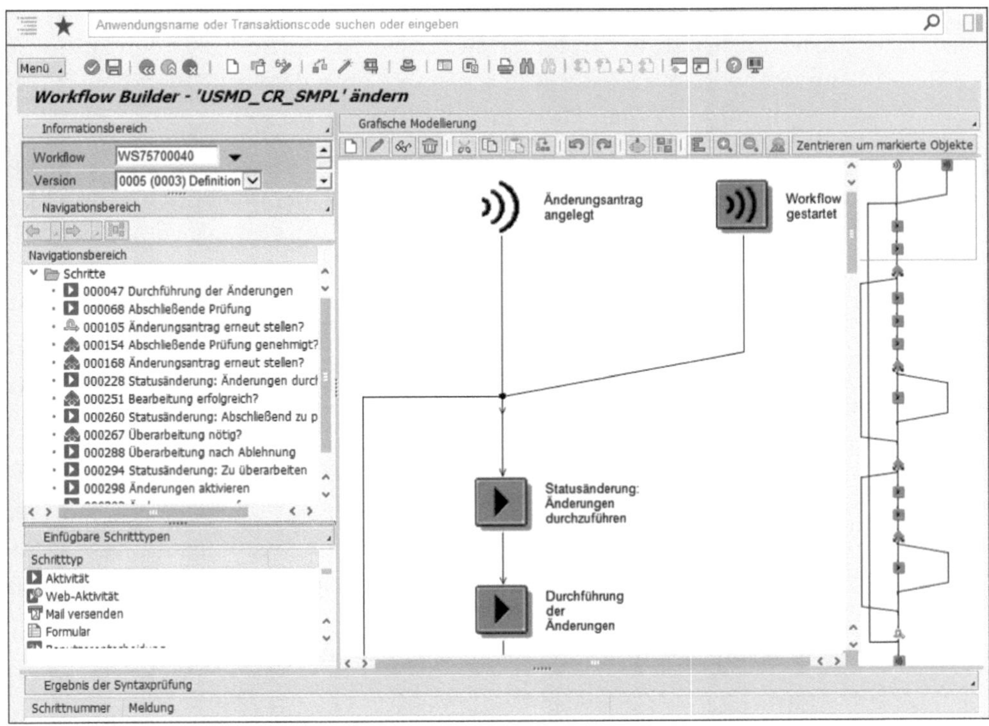

Abbildung 3.32 Workflow Builder

Workflows modellieren

Wenn Sie nun einen eigenen Workflow benötigen, weil z. B. der Stammdatenprozess in Ihrem Unternehmen nicht drei, sondern vier Schritte benötigt, könnten Sie das Template WS75700040 kopieren und in der neu angelegten Kopie den vierten Schritt hinzufügen. Sodann würden Sie einen neuen CR-Typ anlegen und in der Spalte **Workflow** das neue, angepasste Workflow Template eintragen. Damit würde der Änderungsantrag dann zur Laufzeit vier statt nur drei Vordergrundschritte durchführen.

So können Sie in SAP MDG den einfachen Workflow als Basis für einen Änderungsantrag verwenden und ihn mit dem Workflow Builder anpassen. Dieses Verfahren ist zwar einigermaßen effizient, benötigt aber nicht nur Zeit, sondern vor allem Expertise und am besten langjährige Erfahrung im SAP-Business-Workflow-Umfeld. Des Weiteren muss bei Änderungen, die zwar vielleicht nicht täglich vorkommen, aber doch in der Praxis ab und an notwendig sind, immer mit dem Workflow Builder gearbeitet werden.

Workflow Template WS60800086

Schauen wir uns die zweite Option an, wie Sie mit Workflows in SAP MDG arbeiten können, genauer an: den regelbasierten Workflow. Hierzu liefern die SAP-Entwickler mit der MDG-Installation ein spezielles Workflow Template im Standard aus: `WS60800086`. Für die Durchführung von Anpassungen und die Verwendung dieses Templates ist es nicht notwendig, bzw. um genau zu sein, wäre es falsch, dieses Template zu kopieren. Das Template muss unverändert im kundenspezifischen CR-Typ in der Spalte **Workflow** eingetragen werden. Es darf nie geändert werden.

Trotzdem ist es möglich, ohne Anpassungen mit diesem Template kundenindividuelle Stammdatenprozesse zuzulassen, denn SAP MDG verwendet für das Ausführen des Stammdatenprozesses nicht nur das Workflow Template, sondern weitere Komponenten: drei Entscheidungstabellen. Die Inhalte und Struktur dieser Tabellen bestimmen, wie der Prozess zur Laufzeit durchgeführt wird. Um die Prozessstruktur anzupassen, reicht es, die Entscheidungstabellen zu konfigurieren; das Workflow Template bleibt unverändert.

BRFplus für regelbasierten Workflow

Die MDG-Entwicklung hat sich entschieden, für das Pflegen dieser Tabellen das Werkzeug *Business Rules Framework plus* (BRFplus) einzusetzen. BRFplus bietet eine ganze Reihe von Funktionen auf der Grundlage des ABAP-Servers. Es ist eine Kernfunktionalität des BRFplus, Geschäftsregeln zu modellieren.

Business Rules Framework plus

BRFplus ist ein sehr umfassendes Werkzeug, das IT-Experten und Business-Anwendern die Erstellung, Pflege und automatische Ausführung von Geschäftsregeln ermöglicht. Es ist Teil des SAP NetWeaver AS ABAP und bietet ein flexibles und offene API. BRFplus arbeitet komplett browserbasiert und hat Funktionen wie ein integriertes Lifecycle-Management, Simulationen,

Steuerung von Zeitabhängigkeiten und viele mehr. Alle Regeln können intuitiv modelliert und bereitgestellt werden, z. B. als ABAP-Funktionsbaustein – auf Wunsch auch als RFC. BRFplus generiert aus der Modellierung ABAP-Coding, das im SAP NetWeaver AS ABAP abgearbeitet wird.

In BRFplus werden drei verschiedene Grundkonzepte angewendet:

- Bedingungen, z. B. IF-THEN-ELSE-Konstruktionen
- Formeln, z. B. zur Berechnung von Volumen oder Steuerbeträgen
- Entscheidungstabellen zur Modellierung mehrerer Bedingungen systematisch in Tabellenform

Diese Funktionen können sehr einfach in ABAP-Funktionsbausteine überführt und sogar als RFC-Bausteine systemübergreifend zur Verfügung gestellt werden. Das BRFplus ist eine Komponente, die im klassischen SAP ERP bzw. in SAP S/4HANA vorhanden ist und in SAP MDG an verschiedenen Stellen als Hilfsmittel eingesetzt wird.

Wie ermittelt nun SAP MDG zur Laufzeit die notwendigen Schritte des gewünschten Stammdatenprozesses? Dies erfolgt einmal, wie schon erwähnt, durch die Zuweisung des Workflow Templates WS60800086 zum Änderungsantragstyp und zum zweiten mit dem Anlegen bzw. Pflegen der Entscheidungstabellen, die zu diesem Änderungsantrag gehören.

Transaktion USMD_SSW_RULE

Mit Transaktion USMD_SSW_RULE navigiert das MDG-System über eine ABAP-Web-Dynpro-Oberfläche zu einem BRFplus-Katalog, der die Entscheidungstabelle enthält (siehe Abbildung 3.33). Ein BRFplus-Katalog ist sozusagen das Grundgerüst, um BRFplus-Objekte anlegen und pflegen zu können.

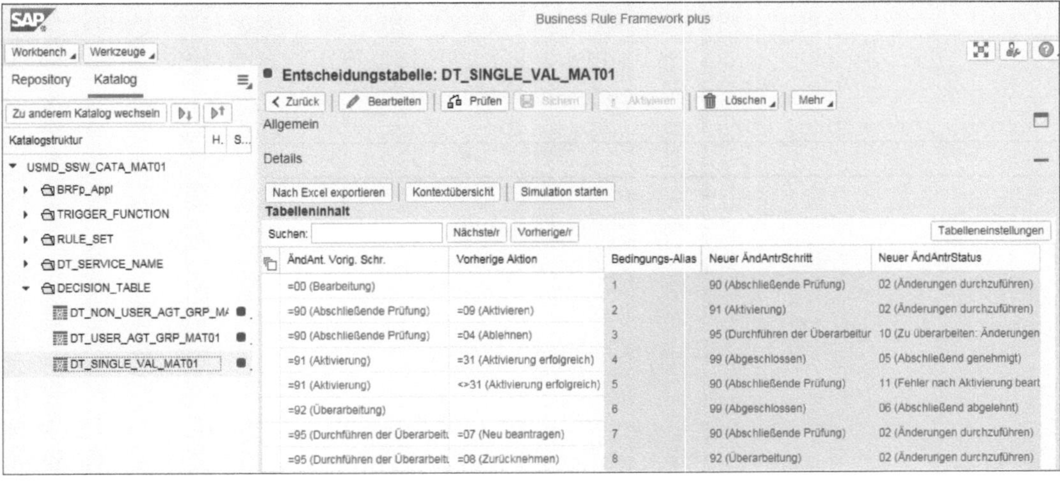

Abbildung 3.33 Regelbasierter Workflow

Die Entscheidungstabelle (**BRFplus Decision Tables**) wird beim initialen Aufruf leer sein, aber SAP MDG wird einen passenden Katalog innerhalb von BRFplus erstellen (siehe Abbildung 3.34). Im Verzeichnis **Entscheidungstabelle** (**Decision_Table**) finden Sie drei Einträge, die das Verhalten des Stammdatenprozesses bestimmen. Die drei Entscheidungstabellen haben zunächst keinen Inhalt; dieser muss noch erstellt werden.

Abbildung 3.34 BRFplus-Katalog

Kopiervorlagen für Entscheidungstabellen

Um den Inhalt zu definieren, verwenden Sie am einfachsten die von SAP MDG gelieferten CR-Typen und deren Entscheidungstabellen als Kopiervorlage. Die CR-Typen `MAT01` und `MAT02` (für Materialneuanlage und Materialänderungen) z. B. arbeiten in der Standardkonfiguration mit dem regelbasierten Workflow. Damit enthalten die entsprechenden Entscheidungstabellen schon sinnvolle Einträge. Diese Einträge kann man relativ einfach wiederverwenden. Man kann sie direkt abtippen oder aber, was sicherlich einfacher ist, bei der Bearbeitung des CR-Typs `MAT01` von BRFplus in ein Excel-Sheet herunterladen (siehe Abbildung 3.35).

Abbildung 3.35 Entscheidungstabelle exportieren

Bei der Erstellung der Tabellen für den neuen Change-Request-Typ können Sie die Daten wieder aus der Excel-Datei importieren. Dies zeigt Abbildung 3.36.

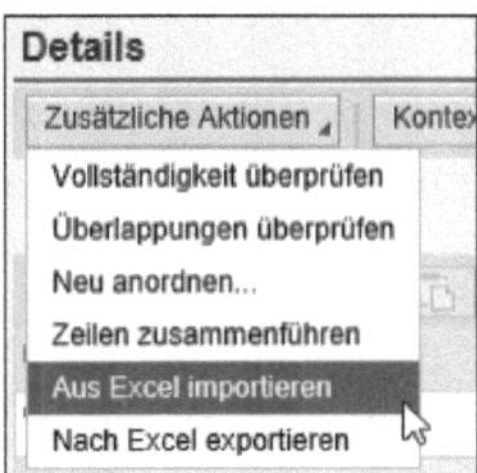

Abbildung 3.36 Entscheidungstabelle importieren

Entscheidungstabellen interpretieren

Wie interpretiert nun SAP MDG die Einträge in den Entscheidungstabellen? Die erste Tabelle (`DT_NON_USER_AGT_GRP_MATO`) ermittelt den bzw. die Bearbeiter der Vordergrundschritte, die zweite Tabelle (`DT_USER_AGT_GRP_MAT01`) den Bearbeiter für die Hintergrundschritte (oder Systemschritte) und die dritte Tabelle (`DT_SINGLE_VAL_MAT01`) legt fest, welche Schritte in welcher Reihenfolge zur Laufzeit ausgeführt werden.

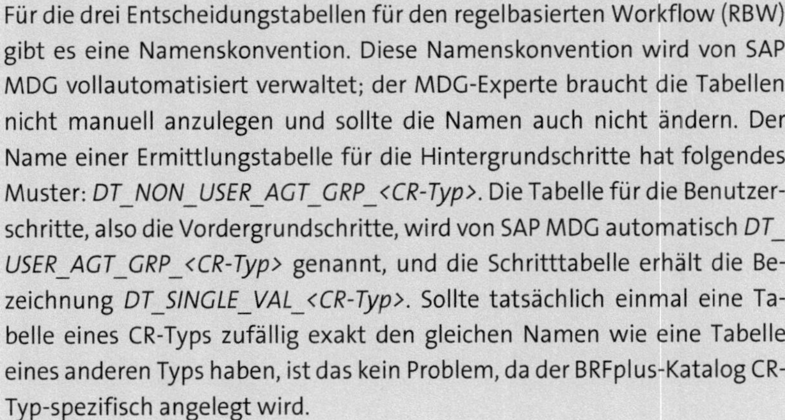

Namensgebung der Entscheidungstabellen des regelbasierten Workflows

Für die drei Entscheidungstabellen für den regelbasierten Workflow (RBW) gibt es eine Namenskonvention. Diese Namenskonvention wird von SAP MDG vollautomatisiert verwaltet; der MDG-Experte braucht die Tabellen nicht manuell anzulegen und sollte die Namen auch nicht ändern. Der Name einer Ermittlungstabelle für die Hintergrundschritte hat folgendes Muster: *DT_NON_USER_AGT_GRP_<CR-Typ>*. Die Tabelle für die Benutzerschritte, also die Vordergrundschritte, wird von SAP MDG automatisch *DT_USER_AGT_GRP_<CR-Typ>* genannt, und die Schritttabelle erhält die Bezeichnung *DT_SINGLE_VAL_<CR-Typ>*. Sollte tatsächlich einmal eine Tabelle eines CR-Typs zufällig exakt den gleichen Namen wie eine Tabelle eines anderen Typs haben, ist das kein Problem, da der BRFplus-Katalog CR-Typ-spezifisch angelegt wird.

Für die folgenden Erläuterungen nehmen wir das schon ausgelieferte Beispiel aus MDG-M, die Neuanlage eines Materials, also den CR-Typ `MAT01`. Lassen Sie uns mit der Diskussion der Schritttabelle `DT_SINGLE_VAL_MAT01` beginnen.

Zu Anfang des Materialanlageprozesses füllt der Beantrager das MDG-UI mit den CR- und den gewünschten Materialdaten aus. Dieser allererste Schritt ist in der Tabelle mit 00 bezeichnet. Der Endanwender klickt auf **Beantragen** und initiiert damit die Erstellung einer Instanz des MDG-Workflows, die auf dem Workflow Template basiert, das dem CR-Typ zugeordnet ist. Aus der Schritttabelle wird dann der nächste Schritt ermittelt. Wie Sie in Abbildung 3.37 in der Spalte **Neuer ÄndAntrSchritt** sehen können, ist dies der Schritt 90. SAP MDG erkennt in der Tabelle, dass nun die beiden Zeilen (zweite und dritte Zeile) mit dem Eintrag 90 in der ersten Spalte **Änd-Ant.Vorig.Schr.** versehen sind. Schritt 90 ist der zweite Vordergrundschritt und auch schon der Schritt des Genehmigers in diesem Stammdatenprozess. Dies ist auch in der schematischen Darstellung des Stammdatenprozesses im unteren Bereich der Abbildung 3.37 deutlich zu sehen.

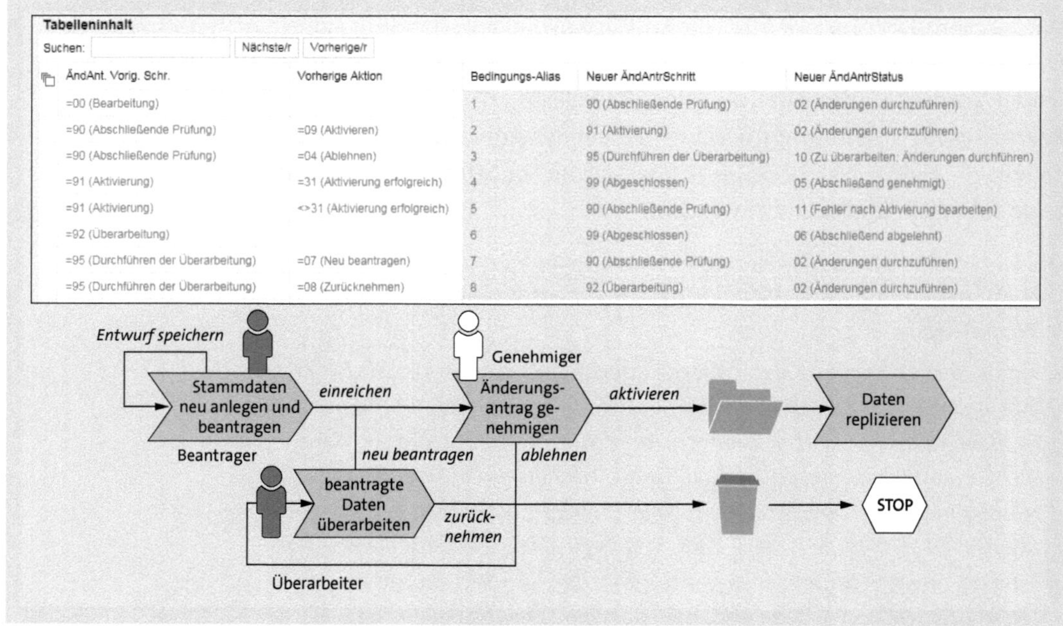

Tabelleninhalt

Suchen: Nächste/r Vorherige/r

ÄndAnt. Vorig. Schr.	Vorherige Aktion	Bedingungs-Alias	Neuer ÄndAntrSchritt	Neuer ÄndAntrStatus
=00 (Bearbeitung)		1	90 (Abschließende Prüfung)	02 (Änderungen durchzuführen)
=90 (Abschließende Prüfung)	=09 (Aktivieren)	2	91 (Aktivierung)	02 (Änderungen durchzuführen)
=90 (Abschließende Prüfung)	=04 (Ablehnen)	3	95 (Durchführen der Überarbeitung)	10 (Zu überarbeiten: Änderungen durchführen)
=91 (Aktivierung)	=31 (Aktivierung erfolgreich)	4	99 (Abgeschlossen)	05 (Abschließend genehmigt)
=91 (Aktivierung)	<>31 (Aktivierung erfolgreich)	5	90 (Abschließende Prüfung)	11 (Fehler nach Aktivierung bearbeiten)
=92 (Überarbeitung)		6	99 (Abgeschlossen)	06 (Abschließend abgelehnt)
=95 (Durchführen der Überarbeitung)	=07 (Neu beantragen)	7	90 (Abschließende Prüfung)	02 (Änderungen durchzuführen)
=95 (Durchführen der Überarbeitung)	=08 (Zurücknehmen)	8	92 (Überarbeitung)	02 (Änderungen durchzuführen)

Abbildung 3.37 Schritttabelle eines regelbasierten Workflows (RBW)

Abarbeitung der Schritttabelle

Der Genehmiger kann nun den Antrag aktivieren (also *genehmigen*) oder ablehnen. Diese beiden Optionen sind in der Tabelle in der zweiten Spalte **Vorherige Aktion** zu sehen. Der Genehmiger entscheidet sich nun z. B. für eine Ablehnung. Der nächste Schritt wäre dann Schritt 95. Schauen Sie wieder in die erste Spalte, finden Sie in den letzten beiden Zeilen der Tabelle zweimal den Eintrag 95. In der Spalte **Vorherige Aktion** sind die beiden Möglichkeiten zu sehen, die Schritt 95 zulässt: **Neu beantragen** oder **Zurücknehmen.** Je nachdem, wie sich der Endanwender, diesmal der Beantrager, entscheidet, wird der Prozessfluss von SAP MDG entsprechend weitergeführt.

Kommen wir nun zur dritten Spalte **Bedingungs-Alias**. Der Eintrag ist nur ein Platzhalter, der sich in einer der anderen beiden Tabellen (`DT_NON_USER_`

AGT_GRP_MAT0 oder DT_USER_AGT_GRP_MAT01) wiederfindet. Die Tabelle DT_NON_USER_AGT_GRP_MAT0 enthält die Schritte, die im Hintergrund bzw. vom System abzuarbeiten sind, während die Tabelle DT_USER_AGT_GRP_MAT01 die einzelnen Prozessschritte den Endanwendern zuweist. Es handelt sich dabei um Vordergrundschritte, die menschlichen Prozessteilnehmern in den Eingangskorb zur Bearbeitung gelegt werden. Mit diesen beiden Tabellen ermittelt SAP MDG den gewünschten Bearbeiter des gerade aktuellen Schritts. In unserem Beispiel wäre also der Alias – nachdem der Endanwender **Beantragen** im ersten Prozessschritt ausgewählt hat – der Eintrag 001. Dieser Eintrag 001 findet sich in der Tabelle DT_USER_AGT_GRP_MAT01 wieder, z. B. in der ersten Zeile, aber auch in weiteren Zeilen (siehe Abbildung 3.38).

Tabelleninhalt

Suchen: Nächste/r Vorherige/r

Bedingung...	Bearbeitergr...	Prozessmuster	Servicename
=2	001	06 (Aktivierung (Snapshot überspringer	
=4 ; =6	001	99 ((Sub-)Workflow beenden)	
=8	001	08 (Änderungsantrag verwerfen)	

Abbildung 3.38 Nicht-User-Tabelle

Damit erkennt SAP MDG, dass der nächste Bearbeiter ein Endanwender ist und somit ein Vordergrundschritt gewünscht wird. Dadurch, dass in diesem Beispiel mehrere Zeilen in dieser Tabelle mit dem Bedingungs-Alias (erste Spalte) vorhanden sind, wird auch mehreren Bearbeitern dieses nächste Work Item in die UWL gestellt. Ganz konkret sind es hier die Benutzer (User) ZMDGMDISP, ZMDGMSPEC, DESHPANDERAG, jianglih, saleh-taleigh, CRAJI sowie alle Benutzer, die der Rolle SAP_MDGM_MENU_05 oder der Rolle SAP_MDGM_MENU_06 zugeordnet sind (siehe Abbildung 3.39).

Tabelleninhalt

Suchen: Nächste/r Vorherige/r

Bedingung...	Ben. BearbG...	Schritttyp	Useragenttyp	Useragentwert
=1 ; =5 ; =7	001	8 (Änderungsantrag aktivieren)	US (Benutzer)	ZMDGMDISP
=3	001	4 (Änderungsantrag überarbeite	US (Benutzer)	ZMDGMDISP
=1 ; =5 ; =7	001	8 (Änderungsantrag aktivieren)	US (Benutzer)	ZMDGMSPEC
=3	001	4 (Änderungsantrag überarbeite	US (Benutzer)	ZMDGMSPEC
=1 ; =5 ; =7	001	8 (Änderungsantrag aktivieren)	US (Benutzer)	DESHPANDERAG
=1 ; =5 ; =7	001	8 (Änderungsantrag aktivieren)	US (Benutzer)	jianglih
=1 ; =5 ; =7	001	8 (Änderungsantrag aktivieren)	US (Benutzer)	saleh-talegh
=1 ; =5 ; =7	001	8 (Änderungsantrag aktivieren)	US (Benutzer)	CRAJI
=1 ; =5 ; =7	001	8 (Änderungsantrag aktivieren)	AG (Rolle)	SAP_MDGM_MENU_05

Abbildung 3.39 User-Tabelle

Der Endanwender, der als Erster das Work Item aus seiner UWL annimmt (also anklickt), wird zum aktiven Bearbeiter. Bei allen anderen Endanwendern wird dann das Work Item aus der UWL herausgenommen, und diese Endanwender können es nicht mehr bearbeiten.

MDG ermittelt Bearbeiter oder Systemaktion

Wenn ein Hintergrundschritt (also ein Schritt, der von SAP MDG durchgeführt wird) notwendig ist, z. B. wenn der Genehmiger im Workflow den Antrag bestätigt und damit das Stammdatenobjekt aktiviert, wird ein Alias verwendet, der in der Tabelle `DT_NON_USER_AGT_GRP_MATO` eingetragen ist. In unserem Beispiel wäre das der Alias 2, den Sie in der ersten Zeile der Nicht-User-Tabelle finden (siehe Abbildung 3.38). Der Alias 2 ist in der Schritttabelle `DT_SINGLE_VAL_MAT01` in der zweiten Zeile zu finden (siehe Abbildung 3.37) und wird laut Schritttabelle genau dann relevant, wenn der Genehmiger den Antrag bewilligt und damit die Aktivierung des Stammdatenobjekts initiiert.

Der regelbasierte Workflow von SAP MDG ermittelt nach dem hier vorgestellten Konzept sowohl den jeweils nächsten Prozessschritt als auch den nächsten Bearbeiter bzw. die nächste Systemaktion. Darüber hinaus kann der Status des Änderungsantrags gesetzt werden, um dem Endanwender schon in der UWL weitere Informationen über das Work Item zu geben. Der Change-Request-Status kann auch dazu verwendet werden, um weitere Change-Request-Aktionen zu erlauben oder auch zu verbieten, z. B. das Aktivieren oder Weiterleiten usw.

Der regelbasierte Workflow erlaubt natürlich auch anspruchsvolle Prozessarchitekturen, wie z. B. parallele Schrittfolgen, theoretisch eine unendliche Schrittzahl sowie das Aufrufen von externen Services für die Adressprüfung, Validierungen oder für andere Zwecke.

3.3.4 Änderungsbelege und das Löschen von Änderungsanträgen

Alle Modifikationen an Stammdatenobjekten während des Governance-Prozesses (also während der Bearbeitung des Stammdatums in einem Änderungsantrag innerhalb von SAP MDG) werden lückenlos dokumentiert. Vom ersten bis zum letzten Schritt im Stammdatenprozess wird auf der Attributebene vom System protokolliert, welche Eingaben wie, wann und von wem durchgeführt wurden bzw. welche Werte geändert worden sind.

Änderungen werden protokolliert

Die Protokollierung findet mithilfe von *Änderungsbelegen* statt, die es während oder auch nach Abschluss des Prozesses ermöglichen, jegliche Änderungen nachzuvollziehen. Über den Menüpunkt **Änderungsbelege** im Standard-UI von SAP MDG gelangen Sie zu einem Selektionsbildschirm, auf dem Sie die zu ermittelnden Belege nach Entitäten (Material, Sachkonto,

Kunde o. Ä.), Zeiträumen, Benutzernamen oder dem Bereich (aktiv und/ oder Staging) einschränken können (siehe Abbildung 3.40).

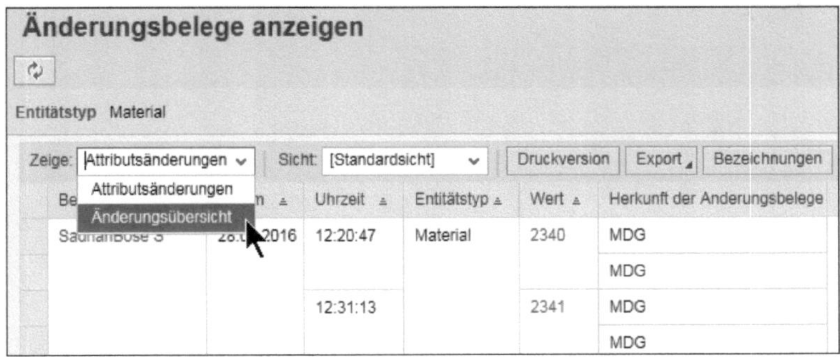

Abbildung 3.40 Übersicht der Änderungsbelege und Attributsicht

Die Belege können in einer Übersicht oder sehr detailliert angezeigt werden, wenn man zwischen den Modi **Änderungsübersicht** und **Attributsänderungen** umschaltet.

> **MDG-Änderungsbelege sind SAP-ERP- bzw. SAP-S/4HANA-Änderungsbelege**
>
> Die MDG-Änderungsbelege werden von SAP MDG in den klassischen SAP-ERP- bzw. SAP-S/4HANA-Datenbanktabellen CDHDR und CDPOS gespeichert. Auch hier erfindet SAP MDG das Rad nicht neu, sondern verwendet bewährte SAP-ERP- bzw. SAP-S/4HANA-Technologien wieder. Mit Release SAP S/4HANA 2020 hat man bei den MDG-Änderungsbelegen die Lesbarkeit erhöht, z. B. durch bessere Darstellung des Datums.

Änderungsantrag löschen

Nicht selten kommt es vor, dass MDG-Änderungsanträge physisch gelöscht werden müssen, z. B. weil Inkonsistenzen vorhanden sind, weil es sich um ein Testsystem o. Ä. handelt. Dabei kann es von Fall zu Fall eine Herausforderung sein, den Change Request zu finden, der gelöscht werden soll, weil man dessen ID nicht kennt. Hier hat SAP mit Release SAP S/4HANA 2021 die Suchoptionen erweitert: Es ist nun möglich, Change Requests über Objektdaten (z. B. Materialnummer) oder aber auch über Eintragungen in den Anhängen eines Change Requests zu finden.

Für das Löschen bietet SAP MDG kein Standard-UI an, und dies mit Absicht, denn in der Regel soll das Löschen eines Change Requests nicht vom Endanwender durchgeführt werden, sondern nur in Ausnahmefällen von einem Benutzer mit besonderen Berechtigungen, z. B. einem Administrator. Dafür gibt es einen Report, der mit dem ABAP Editor (Transaktionen SA38 oder

SE38) ausgeführt werden kann: USMD_DELETE_CREQUEST. Im Selektionsbild aus Abbildung 3.41 kann angegeben werden, welche Änderungsanträge gelöscht werden sollen.

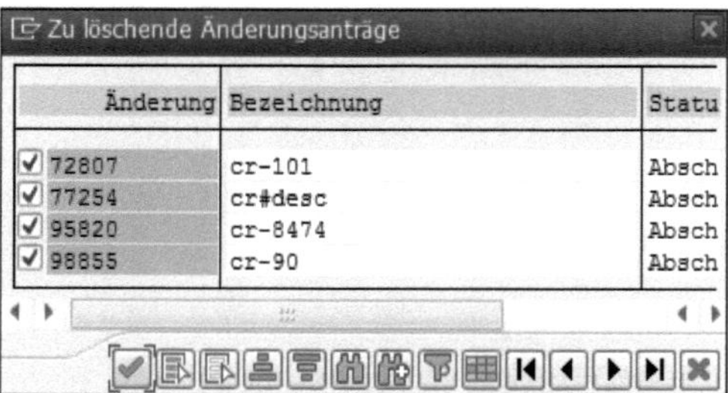

Abbildung 3.41 Änderungsanträge löschen

Die selektierten Anträge werden nach einer Sicherheitsabfrage physisch gelöscht, und zwar nicht nur aus der Datenbanktabelle USMD120C, sondern alle vom Änderungsantrag abhängigen Daten auch weiterer Datenbanktabellen werden entfernt. Beachten Sie aber, dass diese Löschfunktion nur in nicht produktiven Systemen, also Q- oder Testsystemen zur Verfügung steht. Alternativ können Änderungsanträge auch archiviert werden (siehe Abschnitt 3.3.5).

MDG-Datenbanktabellen und -Reports

Die Namen sehr vieler hilfreicher MDG-Datenbanktabellen und -Reports beginnen mit USMD. Wenn Sie in Transaktion SE11 nach Datenbanktabellen (z. B. nach »USMD*«) suchen, listet das System eine Reihe nützlicher MDG-Datenbanktabellen auf. Diese enthalten z. B. Daten über Änderungsanträge, Belege, Dokumente, aber auch Objektdaten. Speziell bei der Anpassung des MDG-Systems an Kundenanforderungen sind diese Tabellen bzw. ihre Inhalte sehr zweckmäßig. Ähnliches gilt für MDG-Reports: Lassen Sie sich hier einfach im ABAP Editor (Transaktion SE38) mit dem Suchbegriff »USMD*« wichtige und hilfreiche MDG-Reports anzeigen. Auch Suchbegriffe wie »*MDG*« helfen weiter.

3.3.5 Analyse von Änderungsanträgen, Business Context Viewer, Smart Business mit SAP HANA, Prozessanalyse

SAP MDG bietet schon im Standard einige Funktionen an, mit denen Statistiken über Änderungsanträge erstellt werden können. Die beiden möglichen berücksichtigten Merkmale sind die *Prozessdauer* eines Änderungsantrags und dessen *Status*.

Zum Merkmal *Prozessdauer* werden die folgenden Werte ermittelt:

- durchschnittliche Prozessdauer
- Gesamtzahl der Änderungsanträge während eines Zeitfensters
- Gesamtzahl der Änderungsanträge, die das SLA nicht eingehalten haben
- Gesamtzahl der Änderungsanträge, die keine KPI definiert haben
- Gesamtzahl der Änderungsanträge, deren Laufzeit ein Datum überschritten hat

Beim Merkmal **Status** werden im Standard die folgenden Statistiken angeboten:

- Zusammenfassung verschiedener Status (endgültig abgelehnt, angelegt usw.)
- die zehn häufigsten Gründe, aus denen Änderungsanträge zurückgewiesen wurden
- Die Dimensionen dazu sind:
  - Typ des Änderungsantrags
  - fixe Zeitfenster: jährlich, vierteljährlich, monatlich, wöchentlich
  - Priorität des Änderungsantrags

Abbildung 3.42 zeigt ein Beispiel dafür, wie die Ergebnisliste einer Auswertung aussehen kann.

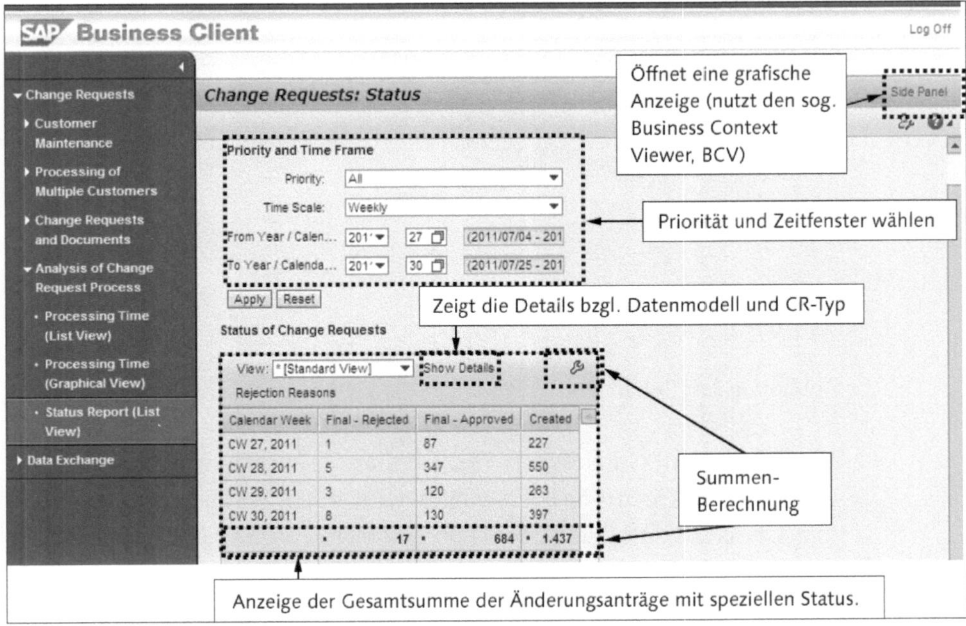

Abbildung 3.42 Änderungsanträge auswerten

Business Context Viewer

Grundsätzlich können alle in Web-Dynpro-Tabellen angezeigten Daten in Excel-Tabellen heruntergeladen werden. Darüber hinaus ist es in einem SAP-MDG- bzw. SAP-ERP-System möglich, die Tabelleninhalte mithilfe des *Business Context Viewer* (BCV) auch grafisch darzustellen.

Business Context Viewer (BCV)

Der BCV ist ein Werkzeug, mit dem Business-Suite-Anwendungen zusätzliche kontextrelevante Informationen ermitteln und (grafisch oder in anderer Form, z. B. tabellarisch) darstellen können. Der BCV wird nicht mit SAP MDG ausgeliefert, sondern ist grundsätzlich Teil eines SAP-ERP-Systems und muss daher nicht extra installiert werden. Die dargestellten Informationen werden über Data Provider verschiedenster Technologien zur Verfügung gestellt. Data-Provider-Technologien können sein: BAPI, Webservice, SQL-Statement, BI Query und viele andere mehr. Ab MDG 7.0 SP2 (Q2 2014) werden für MDG-M BCV-Inhalte ausgeliefert, z. B. Verkaufsübersichten, Materialansichten und andere.

Abbildung 3.43 zeigt ein Beispiel dafür, wie der BCV in MDG-M eingebunden werden kann.

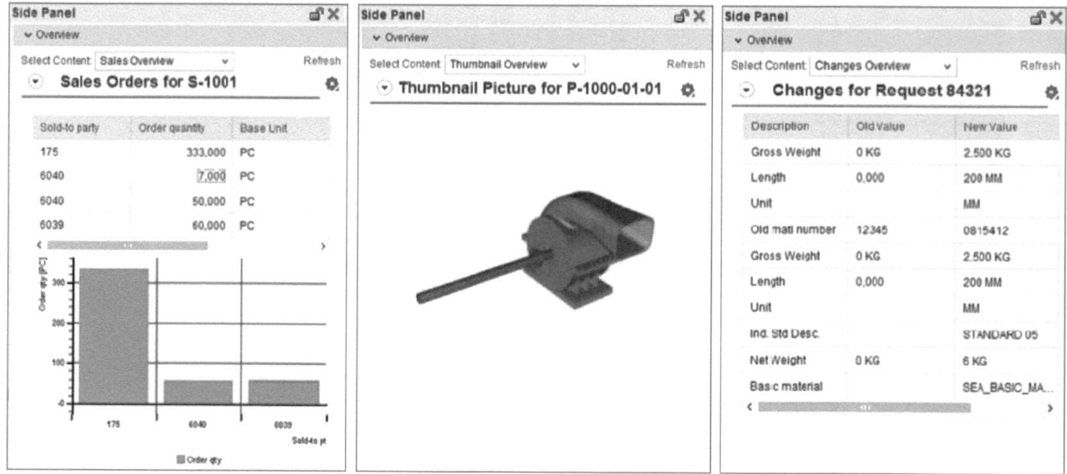

Abbildung 3.43 Inhalt des Business Context Viewers in MDG-M

Mit aktuellen MDG-Releases (>= 8.0) können die Zusatzentwicklungen rund um das Thema *Smart Business* eingesetzt werden. Voraussetzung ist allerdings, dass das SAP-ERP-System von SAP MDG eine SAP-HANA-Datenbank verwendet.

Smart-Business-Analysen

Die SAP-HANA-basierten Analysen in SAP MDG sind eine Weiterentwicklung der Auswertungsmöglichkeiten, die zuvor in diesem Abschnitt erläutert worden sind. SAP-HANA-basierte Analysen bieten einige Vorteile: Auswertung können sehr schnell (in Echtzeit) erfolgen, große Datenmengen können bearbeitet werden, verschiedene Endgeräte können verwendet werden, z. B. Mobile Devices; das Erstellen von Ad-hoc-Reports ist möglich, und es werden Drilldown-Funktionen angeboten.

KPIs

Die KPIs können frei definiert werden und werden über HANA-Views zur Verfügung gestellt. Einige Beispiele für KPIs sind:

- Anzahl genehmigter Änderungsanträge
- Anzahl offener Änderungsanträge
- Anzahl angelegter Stammdatenobjekte
- Änderungsanträge, deren Prozesszeit überschritten ist
- durchschnittliche Prozesszeit von Änderungsanträgen eines bestimmten Typs
- Bearbeiter, die die meisten Änderungsanträge initiiert haben

Es ist auch möglich, Änderungsbeleg- oder Workflow-relevante KPIs zu definieren und in die Auswertungen mit einfließen zu lassen, z. B.:

- Änderungen in Bezug auf Material/Verkaufsorganisation
- Änderungen bezüglich Geschäftspartner und Buchungskreis
- Änderungen bezüglich Kunde und Verkaufsorganisation
- Anzeige von Änderungsanträgen nur bestimmter Stammdatenobjekte, z. B. Materialien
- Auswertungen über den Prozessstatus, z. B. aktueller Prozessschritt

Architektur

Die Architektur für die auf SAP HANA basierenden Auswertungen kann als Side-Car-Ansatz oder integriert durchgeführt werden, wie Sie in Abbildung 3.44 sehen.

Im Allgemeinen verwenden die SAP-HANA-basierten Analysen SAP Fiori als Frontend. SAP Fiori ist eine browserbasierte Endanwenderschnittstelle. Sie arbeitet mit Kacheln und kann sehr flexibel an die Anforderungen des Endanwenders angepasst werden. Es gibt dafür spezielle Werkzeuge, die das Erstellen der gewünschten User Interfaces sehr effizient gestalten, z. B. mit Drag-&-Drop-Funktionen (siehe Abbildung 3.45).

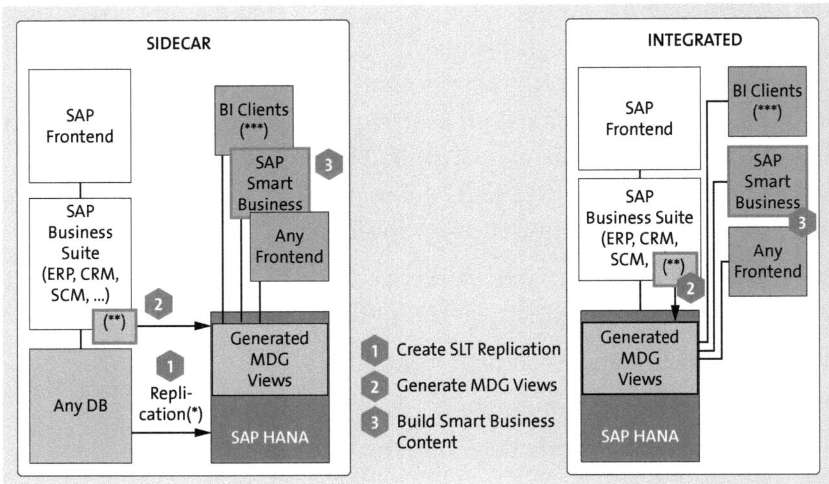

Abbildung 3.44 Architektur für SAP-HANA-basierte Analysen

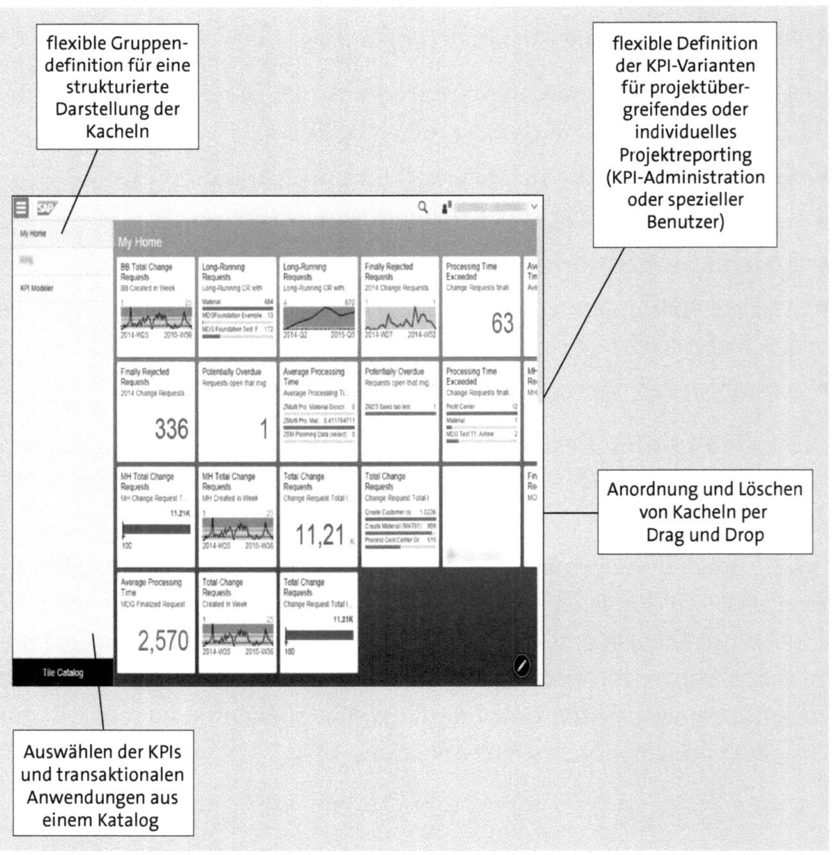

Abbildung 3.45 Design für SAP-HANA-basierte Analysen in SAP MDG

SAP-HANA-Content

Mit SAP MDG wird kein Content für SAP HANA ausgeliefert, da die zugrundeliegenden MDG-Datenbanktabellen erst im Kundensystem generiert werden. Für die Generierung des SAP-HANA-Contents kann nach der Installation Transaktion MDG_GEN_HBA_CR_EXT aufgerufen werden. Dazu wird die Berechtigung MDGADMIN benötigt. Das Lifecycle-Management des erstellten HANA-Contents (also Versionierung, Transport und anderes) wird wie bei ABAP-Objekten abgewickelt.

Der SAP-HANA-Content besteht aus Calculation Views und OData-Objekten, befindet sich in kundenspezifischen Entwicklungspaketen und wird damit auch im Kundennamensraum verwaltet. Ein spezielles Berechtigungs- und Erweiterungskonzept steht zur Verfügung. Genaueres dazu finden Sie in SAP-Hinweis 2005301.

Nach erfolgreicher Installation und Generierung der notwendigen Objekte können die SAP-HANA-basierten Analysen dem Endanwender präsentiert werden. Wie so etwas aussehen könnte, sehen Sie in Abbildung 3.46.

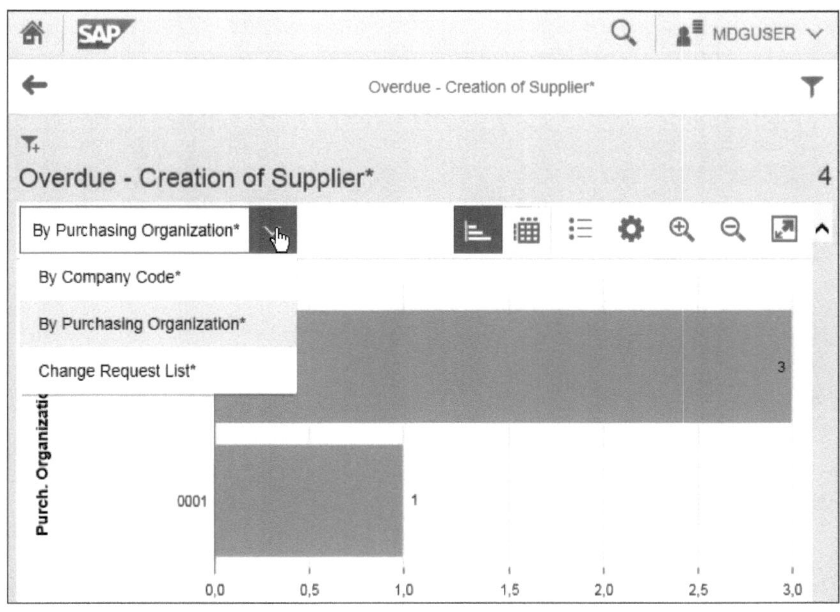

Abbildung 3.46 Endanwendersicht einer SAP-HANA-basierten Analyse

Funktionen in der Prozessanalyse

Mit den kürzlich erschienen Releases (MDG 9.0 ff.) ist der Bereich der Prozessanalyse innerhalb von SAP MDG anwenderfreundlicher und noch leistungsfähiger geworden. Wir möchten hier kurz auf die wichtigsten neuen Funktionen eingehen.

Diese Funktionen setzen als User Interface SAP Fiori voraus und benötigen als Datenlieferant die SAP-HANA-Datenbank. Seit Release SAP S/4HANA

1809 gibt es eine ganze Reihe an SAP-Fiori-Apps, die verschiedene Analysen durchführen und darstellen können. Prinzipiell unterscheidet man *Overview Pages* (OVPs) und *Analytic List Pages* (ALPs). In Abbildung 3.47 sehen Sie ein Beispiel für eine Overview Page zur Prozessanalyse.

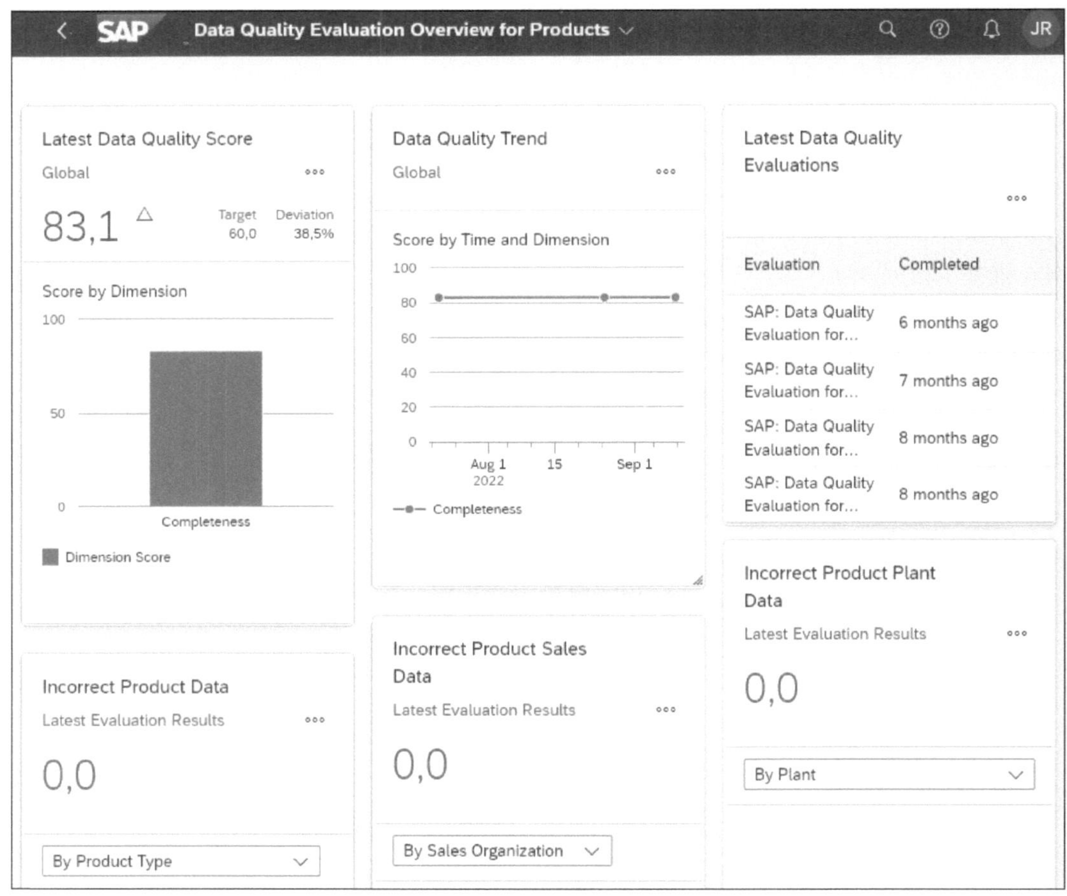

Abbildung 3.47 Beispiel für eine Overview Page zur Prozessanalyse

Overview Pages und Analytic List Pages basieren auf SAP Fiori

Wie der Name schon andeutet, ist eine OVP eine Einstiegsseite, während die ALP Detaildaten mit Drilldown-Möglichkeiten zur Verfügung stellt (siehe Abbildung 3.48).

Im Standard werden schon einige Auswertungsdaten inklusive Kacheln zur Verfügung gestellt, z. B. die Anzahl offener Änderungsanträge oder Massenprozesse, die Bearbeitungsdauer von Anträgen oder Massenprozessen usw. Die Kacheln können dann nach Bedarf auf der OVP ein- bzw. ausgeblendet werden.

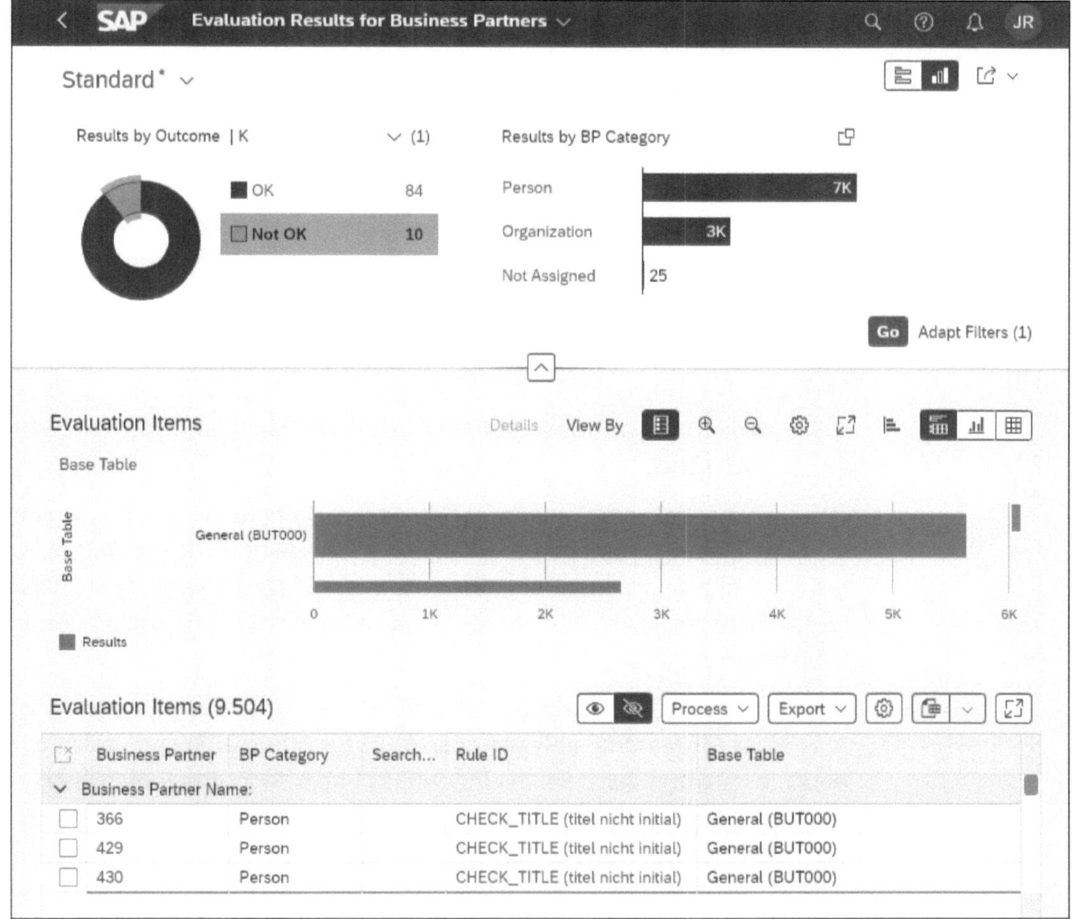

Abbildung 3.48 Beispiel für eine Analytics List Page

Die Detaildaten wie Status oder Priorität eines Antrags können dann auf der ALP genauer analysiert werden. Von dort kann z. B. direkt auf die analysierten Änderungsanträge navigiert werden.

Im Standard ausgelieferte SAP-Fiori-Apps

Die vorausgelieferten SAP-Fiori-Apps können nach Bedarf auf der OVP platziert werden. Varianten und Filtermöglichkeiten erleichtern Ihnen dabei die Konfiguration.

Mit den SAP-S/4HANA-Releases 1909 und ff. wurde der Bereich der Prozessanalyse außerdem mit weiteren Funktionen ergänzt:

- Einzelne Work Items innerhalb eines MDG-Prozesses können hinsichtlich ihrer Dauer individuell ausgewertet werden.
- Abgeschlossene und nicht abgeschlossene Prozessschritte können per CR-Typ und deren -Dauer ermittelt werden.

- Häufigkeit, Dauer und generell Feldwertänderungen können innerhalb von Änderungsanträgen analysiert werden.
- Core-Data-Service-Sichten zur Analyse und darauf aufbauende Berichte können erstellt werden.
- Die Protokollierung von Lesezugriffen wird unterstützt.

Die Analysemöglichkeiten können mithilfe von *SAP Analytics Cloud* noch erheblich erweitert werden; daher haben wir diesem Thema in Kapitel 5, »SAP Master Data Governance im Zusammenspiel mit komplementären SAP-Werkzeugen«, einen eigenen Abschnitt gewidmet.

3.3.6 Änderungsantragstypen im Auslieferungszustand von SAP MDG

Ähnlich wie bei den Datenmodellen liefert SAP MDG eine Reihe von Change-Request-Typen direkt aus. Diese sollen den Einstieg in SAP MDG vereinfachen und gegebenenfalls als Kopiervorlage in Kundenprojekten Verwendung finden. Die Change-Request-Typen sind natürlich domänenspezifisch.

Domänenspezifische Typen

Bei der Domäne **Material**, also MDG-M, werden ca. 15 Typen ausgeliefert, z. B. `MAT01` für **Material anlegen** oder `MAT02` für **Material ändern**. Nach der MDG-Installation der Domäne MDG-F sind über 100 Change-Request-Typen im Customizing zu finden, z. B. `CCT1P1` für **Kostenstelle anlegen** oder `ACCAP1` für **Massenänderung Sachkonto**. Das Gleiche gilt für die Domänen MDG-C (Kunde) und MDG-S (Lieferant), wobei hier nicht nur Change-Request-Typen für Kunden bzw. Lieferanten mitgeliefert werden, sondern immer auch für den Geschäftspartner (BP). Dies liegt daran, dass sowohl MDG-C als auch MDG-S mit dem Geschäftspartner-Datenmodell BP arbeiten.

Typliste aufrufen

Sie finden die Liste der ausgelieferten Änderungsantragstypen im Customizing von SAP MDG. Am schnellsten erreichen Sie diese über Transaktion MDGIMG. Dort müssen Sie zu folgendem Pfad navigieren: **MDG • Allgemeine Einstellungen • Prozess-Modellierung • Änderungsanträge • Änderungsantragstyp anlegen**.

Wie bereits erläutert, gibt es die Unterscheidung zwischen dem einfachen Workflow und dem regelbasierten Workflow. Im Standard werden nur für das Datenmodell MM (Material) Change-Request-Typen ausgeliefert, die mit dem regelbasierten Workflow arbeiten. Alle anderen Domänen verwenden nach der initialen MDG-Installation Change-Request-Typen, denen der einfache Workflow zugewiesen ist. Es ist nicht nur technisch möglich, sondern der übliche Weg, in fast allen Domänen den regelbasierten Workflow zu verwenden. Die Konfiguration des MDG-Systems direkt nach der Installation dient nur als erster Startpunkt und wird während der Projektphase in der Regel stark verändert, insbesondere bei der Change-Request-Typdefinition und der Workflow-Modellierung.

Das Erstellen eines kundenspezifischen Änderungsantragstyps ist sehr schnell erledigt: Man sucht den Change-Request-Typ im Auslieferungszustand heraus, der am ehesten die gesuchten Eigenschaften mitbringt, und kopiert diesen in einen neuen Änderungsantrag. Dann kann die Konfiguration weitergeführt werden, also z. B. ein passender Workflow ausgewählt und ein User Interface festgelegt werden.

3.3.7 Archivierung von Änderungsanträgen

Änderungsanträge archivieren

Seit Release MDG 9.1 können Änderungsanträge archiviert werden. Nur Change Requests mit dem Status **Final Check Approved** oder **Final Check Rejected** und nach Erreichen einer im Customizing festgelegten Aufbewahrungszeit können archiviert werden. Hierbei verwendet SAP Transaktion SARA mit dem Archivierungsobjekt `USMD_CR`. Mit der Archivierung werden die Änderungsanträge aus den MDG-Datenbanktabellen (`USMD120` u. a.) entfernt und extern abgelegt; dies entlastet das laufende MDG-System und erhöht die Performance.

Archivfunktion auch in Releases 9.1 und niedriger möglich

Mit Support Packages kann die Archivfunktion und damit das notwendige Archivierungsobjekt auch in älteren Releases bis hinab zu MDG 7.0 zur Verfügung gestellt werden (siehe SAP-Hinweis 2574330).

In jedem Falle können Sie mit der CR-Suche bzw. -Anzeige in SAP MDG auch die archivierten Änderungsanträge durchsuchen (entsprechendes Häkchen beim Sucheinstieg setzen).

3.3.8 Änderungsanträge per Change-Request-API starten

Change Request per API starten

Änderungsanträge können mit dem Change-Request-API (Application Programming Interface) per RFC-Methodenaufruf automatisch getriggert werden; die ABAP Klasse `CL_USMD_CREQUEST_API` stellt die entsprechenden Methoden zur Verfügung. Mit Release SAP S/4HANA 2021 wurde die API von SAP noch erweitert, wodurch nun auch das Hochladen von Daten aus Excel-

Dateien möglich ist. Des Weiteren kann beim Anlegen bzw. Auslösen eines neuen Änderungsantrags ein Referenz-CR als Kopiervorlage verwendet werden.

3.4 Datenqualität in SAP Master Data Governance

Ein sehr wichtiger Teil des Stammdatenmanagements ist die Verbesserung bzw. Sicherstellung der Datenqualität der Stammdaten. Nicht wenige Stammdatenprojekte werden nur durchgeführt, um die Datenqualität zu erhöhen. Wie Sie schon festgestellt haben, ist das MDG-System als Framework zu verstehen und bietet fast beliebige Eingriffsmöglichkeiten im Stammdatenprozess, um die Datenqualität sicherzustellen. Zur Qualitätssicherung im Stammdatenumfeld gehört in jedem Fall eine effiziente Suche, z. B. als Eingabehilfe (F4) oder einfach nur, um gewünschte Stammdaten schnell zu finden.

Effiziente Suche

Eine leistungsfähige Suche ist auch sehr wichtig für eine effiziente Dublettenprüfung. Zusätzlich bietet SAP MDG Funktionen, um Datenvalidierungen durchzuführen, um bei Beanstandungen Fehlermeldungen auszugeben oder um Verbesserungsvorschläge zu unterbreiten.

Bislang konnte die Dublettenprüfung nicht spontan in der Laufzeit vom Endanwender gestartet werden, sondern sie musste im Customizing zum gewünschten Workflow-Schritt konfiguriert werden. Mit Release SAP S/4HANA 2022 wurde die Funktion so erweitert, dass die Prüfung vom Endanwender zu beliebigen (sinnvollen) Zeitpunkten im Prozess gestartet werden kann.

Auch das Vorschlagen von Default-Werten oder das Berechnen von Ableitungen (d. h. Wertevorgaben aufgrund bestimmter Parameter ermitteln, z. B. Materialart oder Buchungskreis) gehört zum Repertoire der MDG-Anwendung. Schließlich stehen alle Validierungs- und andere DQ-Funktionen, die SAP ERP bzw. SAP S/4HANA im Standard bietet, auch in SAP MDG zur Verfügung. Zum Beispiel ist eine PLZ in Deutschland fünfstellig, während sie in der Schweiz vierstellig ist.

Enrichment Framework

In SAP ERP bzw. SAP S/4HANA und damit auch in SAP MDG kann auch das *Enrichment Framework* eingesetzt werden, um bei der Stammdatenbearbeitung Daten vorzugeben, die von beliebigen Parametern bestimmt werden, wie z. B. Abteilung, Region oder schon eingegebenen anderen Werten. Das Enrichment Framework ermöglicht die vollautomatische Anreicherung von Stammdaten mit vorgegebenen oder auch nach bestimmten Regeln ermittelten Werten.

Externe Werkzeuge

Auch weitergehende Funktionalitäten (wie das Anbinden von externen Komponenten für die Datenprüfung über Schnittstellen) werden von SAP MDG unterstützt. Ein typisches Beispiel wäre die Adressprüfung beim Bearbeiten bzw. Anlegen eines Geschäftspartners. Bei externen Adressdatenbanken kann während des Stammdatenprozesses angefragt werden, ob z. B. der angegebene Straßenname überhaupt in der genannten Stadt existiert.

Mit Release SAP S/4HANA 2021 bietet SAP nun auch im MDG-Standard mithilfe des *OVF* (*Online Validation Framework*) Möglichkeiten, um beispielsweise zu prüfen, ob die Mehrwertsteuerregistrierung korrekt ist.

Für all diese Funktionen werden verschiedenste Komponenten und Werkzeuge eingesetzt, über die wir im Folgenden einen Überblick geben wollen.

3.4.1 Suchen

Die Suche wird nicht von SAP MDG durchgeführt, sondern von Such-Engines bzw. Komponenten, die eine Suchfunktion anbieten. SAP MDG nimmt »nur« die gewünschten Suchparameter entgegen und gibt die Ergebnisse zurück, also z. B. gefundene Datensätze oder Dubletten.

Suchmaschinen

Folgende Suchmaschinen können in SAP MDG eingesetzt werden:

- Adresssuche (BAS)
- Datenbanksuche
- Enterprise Search
- Remote Key Search
- SAP-HANA-Suche

Mit der Business-Address-Services-Schnittstelle (BAS) kann eine externe Adresssuchmaschine angeschlossen werden, die Adressen überprüft. Das Format und der Inhalt dieser Schnittstelle können nicht geändert werden. Die Schnittstelle überträgt nur Adressdaten und baut auf einem Industriestandard auf.

Die in SAP ERP bzw. SAP S/4HANA schon im Standard verfügbare Datenbanksuche kann in SAP MDG immer verwendet werden. Leider ist diese Suche nicht sehr leistungsfähig und kann z. B. nicht alle gewünschten Suchparameter auswerten. Auch ist sie nicht für eine Dublettensuche geeignet.

TREX

Die für SAP MDG empfohlene Suche ist die *Enterprise Search*. Diese Suche benötigt als Such-Engine den TREX (*Text Retrieval and information EXtraction*). Der TREX ist die Suchmaschine der SAP-NetWeaver-Plattform und kann unabhängig von anderen SAP-Komponenten installiert werden. Wenn also schon ein TREX in der Systemlandschaft vorhanden ist – was nicht selten der Fall ist –, kann dieser auch von SAP MDG verwendet werden. Eine dedizierte TREX-Installation für SAP MDG ist nicht notwendig. Abbildung 3.49 zeigt das Ergebnis einer Dublettensuche mit TREX.

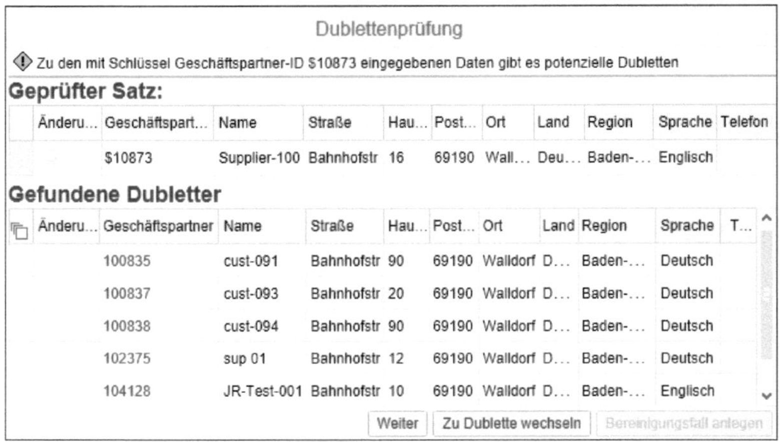

Abbildung 3.49 Ergebnis einer Dublettensuche zur Laufzeit

Remote-Key-Suche

Die Remote-Key-Suche ist eine spezielle Funktion, die es ermöglicht, in Zielsystemen von SAP MDG nach Stammdaten zu suchen. Die verwendete Suchmaschine wird vom Zielsystem vorgegeben. SAP MDG bietet hier »nur« die Schnittstelle an, mit der die Endanwender auch nach Objekten außerhalb von SAP MDG suchen können. Der Hintergrund ist ein spezielles Business-Szenario, das es erlaubt, fast vollautomatisch in SAP MDG ein Stammdatenobjekt anzulegen, wenn dieses in einem Zielsystem schon vorhanden ist (aber in SAP MDG noch nicht). Damit dieses Szenario implementiert werden kann, muss es im MDG-System entsprechend deklariert werden, und die Suchmaschine muss angegeben werden.

Suche mit SAP HANA

Seit SAP-HANA-Datenbanken auch mit SAP-ERP- bzw. SAP-S/4HANA-Systemen verwendet werden können, können die SAP-HANA-Funktionen auch in SAP MDG eingesetzt werden. Ganz wichtig sind natürlich hierbei die erweiterten Möglichkeiten, die die HANA-Suche im Vergleich zu den anderen genannten Suchmaschinen bietet. In der Regel ist die Performance oft höher. Besonders wertvoll für die Stammdatenverwaltung ist auch die Möglichkeit, die Suchparameter bei der HANA-Suche fast beliebig zu gestalten und mit kalkulierten Trefferquoten eine sehr effiziente Dublettensuche anbieten zu können. Diese auf einer HANA-Datenbank basierende Suche ist ab SAP MDG 7.0 möglich.

Es liegt natürlich auf der Hand, dass eine SAP-HANA-Datenbank in der Systemlandschaft vorhanden sein muss, aber es ist ähnlich wie beim TREX:

Eine dedizierte SAP-HANA-Installation für SAP MDG ist nicht notwendig, denn Sie können schon bestehende Installationen verwenden. Mit SAP MDG wird ein SAP-HANA-Such-Provider ausgeliefert, der ein fehlertolerantes Suchen und die Berechnung von Ranglisten unterstützt.

Mehrere Suchmaschinen gleichzeitig

SAP MDG erlaubt es, mehrere Suchmaschinen gleichzeitig zu nutzen. Die Konfiguration finden Sie im Customizing (Transaktion MDGIMG) über den Pfad **Allgemeine Einstellungen • Datenqualität und Suche • Suchen und Dublettenprüfung • Suchanwendung definieren**. Abbildung 3.50 zeigt den Dialog zur Konfiguration der Suchen.

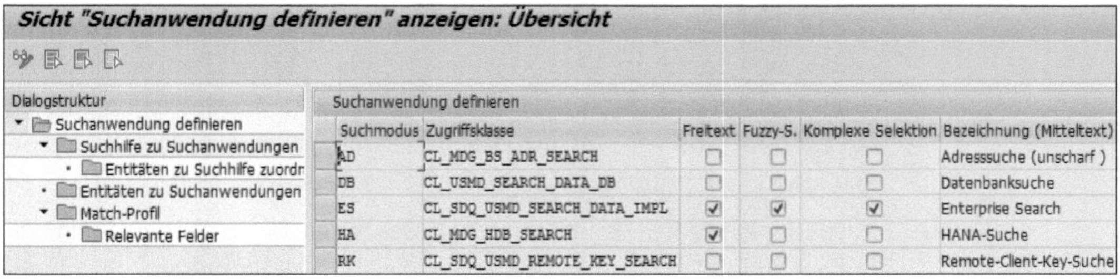

Sicht "Suchanwendung definieren" anzeigen: Übersicht

Dialogstruktur
- Suchanwendung definieren
  - Suchhilfe zu Suchanwendungen
    - Entitäten zu Suchhilfe zuordr
  - Entitäten zu Suchanwendungen
  - Match-Profil
    - Relevante Felder

Suchanwendung definieren

Suchmodus	Zugriffsklasse	Freitext	Fuzzy-S.	Komplexe Selektion	Bezeichnung (Mitteltext)
AD	CL_MDG_BS_ADR_SEARCH	☐	☐	☐	Adresssuche (unscharf)
DB	CL_USMD_SEARCH_DATA_DB	☐	☐	☐	Datenbanksuche
ES	CL_SDQ_USMD_SEARCH_DATA_IMPL	☑	☑	☑	Enterprise Search
HA	CL_MDG_HDB_SEARCH	☑	☐	☐	HANA-Suche
RK	CL_SDQ_USMD_REMOTE_KEY_SEARCH	☐	☐	☐	Remote-Client-Key-Suche

Abbildung 3.50 Suchanwendung im MDG-Customizing konfigurieren

Mit SAP MDG werden für die möglichen Suchmaschinen entsprechende Suchkonnektoren ausgeliefert. Darin enthalten sind z. B. die Parameter, nach denen gesucht werden kann (z. B. Materialart oder Geschäftspartnerrolle). Häufig müssen in einem MDG-Einführungsprojekt Suchkonnektoren erweitert oder neu erstellt werden, um z. B. weitere Suchparameter berücksichtigen zu können. Dies gehört zu den Standardaufgaben eines MDG-Einführungsprojekts und ist mit überschaubarem Aufwand (½ bis 1 Tag) möglich. Ebenso können die von SAP MDG ausgelieferten Standard-UIs für die Suche direkt verwendet, erweitert oder angepasst werden, z. B. um weitere oder andere Spalten in der Suchliste anzuzeigen oder Drilldown-Funktionen zu ermöglichen.

Konfiguration der Dublettenprüfung

Möchten Sie eine Suchmaschine für die Dublettenprüfung verwenden, müssen Sie in SAP MDG zuerst ein *Match-Profil* erstellen. Darin legen Sie fest, welche Parameter mit welcher Gewichtung verglichen werden sollen, um Dubletten zu finden. Mithilfe der errechneten Trefferquote können die gefundenen Dubletten in einer Liste sortiert werden, um dem Endanwender ganz oben in der Datensatzliste die Kandidaten mit der höchsten Trefferquote als potenzielle Dubletten anzuzeigen.

Entscheidungskriterien

In SAP MDG kann man das Match-Profil fast beliebig konfigurieren. Entscheidend ist aber, ob die Suchmaschine auch mit den konfigurierten Parametern und Gewichtungen arbeiten kann. SAP MDG prüft dies nicht und übergibt nur die Daten. Die Qualität der Dublettensuche hängt also ganz entscheidend von der Leistungsfähigkeit der Suchmaschine ab. Die SAP-HANA-Suche liegt hier mit ihren variablen Modifikationsmöglichkeiten und der überragenden Performance sicherlich vorne, während der TREX zwar auch meist ausreichend schnell ist und sehr brauchbare Ergebnisse liefert, aber nicht so flexibel ist wie die SAP-HANA-Zugriffe.

3.4.2 Validierungen, Prüfungen und Ableitungen in SAP Master Data Governance

Wie wir schon erwähnt haben, gibt es eine ganze Reihe von Validierungen und Prüfungen, die in SAP MDG schon im Standard angeboten werden. Dies sind vor allem Prüfungen, die in SAP ERP bzw. SAP S/4HANA schon vorkonfiguriert sind und von SAP MDG wiederverwendet werden, wie z. B. das Format einer Steuernummer in Abhängigkeit des Landes.

Verbesserte Validierung mit neueren Releases

Auch hier hat SAP in den neueren Releases (seit MDG 8.0) einige Verbesserungen einfließen lassen. So kann etwa bei der Validierung aus der Fehlermeldung direkt zum problematischen Datensatz navigiert werden oder die Fehlermeldung ganz einfach selbst ausführlicher angeben, welches die Fehlerursache ist. Damit hat man im MDG-M eine Informationstiefe erreicht, wie man es von den traditionellen, sehr aussagekräftigen Meldungen der klassischen MM*-Transaktionen her kennt. Aber auch in MDG-BP wurden die Fehlermeldungen aussagekräftiger gestaltet und auch erweitert, z. B. wird seit SAP S/4HANA 2019 im MDG-Standard darauf validiert, ob ein Lieferant blockiert ist.

BRFplus

SAP MDG bietet nun mit der Komponente *Business Rules Framework plus* (BRFplus) zusätzliche Möglichkeiten, um Validierungen (und Ableitungen) während des Stammdatenprozesses durchzuführen. BRFplus ist eine in SAP ERP integrierte Applikation, mit der Sie Geschäftsregeln erstellen und verwalten können. Diese Regeln basieren auf Konditionen (`IF-THEN-ELSE`), Entscheidungstabellen oder auf Formeln.

Der Einstieg in BRFplus erfolgt über das MDG-Customizing oder direkt mit Transaktion USMD_RULE. Die Regeln beziehen sich immer auf das gewünschte Datenmodell und werden entitätsspezifisch angelegt. Wenn Sie beispielweise sicherstellen wollen, dass das Feld **Labor des Materials** (`MARA-LABOR`) immer gefüllt wird, müssen Sie Folgendes modellieren: Das anzugebende Datenmodell ist MM und die relevante Entität ist `MATERIAL`, da sich das Feld **Labor** im MM-Datenmodell in dieser Entität befindet. Als Konsequenz wird die BRF-Funktion, die die Geschäftsregel aufrufen wird, `CHECK_MATERIAL` genannt, denn die Nomenklatur schreibt vor, dass die Funktion für die Validierung *CHECK_<Entity>* zu nennen ist. Bei einer Ableitung ist die Vorschrift *DERIVE_<Entity>*, also in unserem Fall `DERIVE_MATERIAL`. Abbildung 3.51 zeigt die Oberfläche von BRFplus.

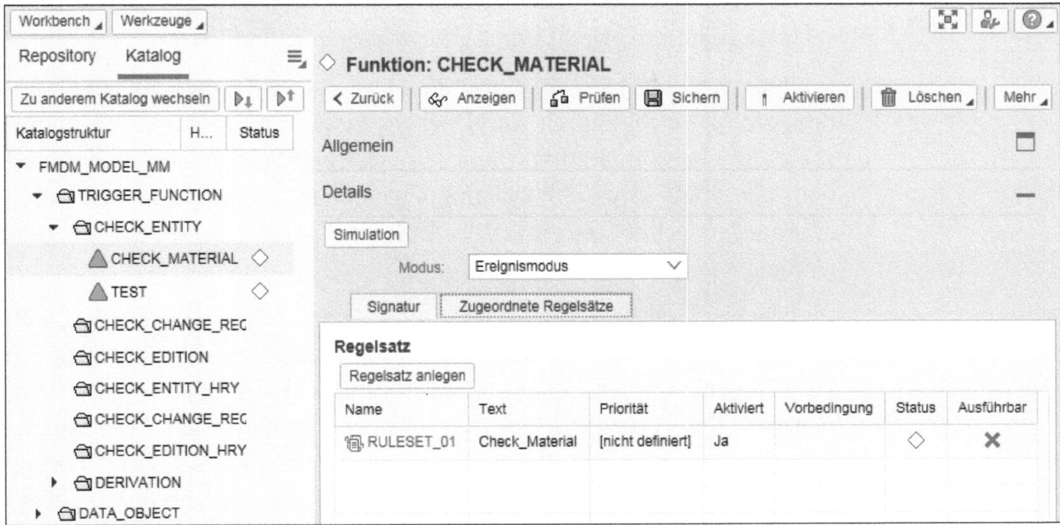

Abbildung 3.51 Design-Umgebung von BRFplus

BRFplus-Funktionen werden immer einer Applikation zugeordnet und können zusätzlich zu einem Katalog gehören. Diese Verwaltungstätigkeiten übernimmt das MDG-System automatisch. Die BRFplus-Funktion enthält Regelsätze, die wiederum die eigentlichen Regeln beinhalten.

Validierungs-, Log- und Benachrichtigungswerkzeuge

Wenn die geprüften Daten den Vorgaben aus der BRFplus-Regel genügen oder nicht genügen – je nachdem, wie die Regel gestaltet ist – wird die modellierte Folgeaktion durchgeführt. Die Flexibilität hier ist fast unbegrenzt: Natürlich können Sie Fehlermeldungen, Warnungen oder Informationen ausgeben. Sie können aber auch eine Logdatei schreiben, eine ABAP-Funktion aufrufen, eine E-Mail senden, einen Workflow starten bzw. stoppen oder einen speziellen Workflow-Schritt durchführen, Datenbankänderungen durchführen und vieles mehr. BRFplus ist Teil des SAP NetWeaver AS ABAP und hat damit sehr umfassenden Zugriff auf Daten und Funktionen.

BAdIs für MDG-Validierungen

Die Flexibilität von BRFplus ist allerdings nicht unbegrenzt, und daher gibt es in SAP MDG die Möglichkeit, mit einem *Business Add-In* (BAdI) Validierungen durchzuführen. Der Einstieg dazu befindet sich im MDG-Customizing oder direkt in der BAdI-Transaktion SE18. Hier müssen Sie die BAdI-Definitionen `USMD_RULE_SERVICE` oder `USMD_RULE_SERVICE_CROSS_ET` eintragen. BAdIs, die auf der Grundlage von `USMD_RULE_SERVICE` erstellt worden sind, ermöglichen die entitätsspezifische Validierung, während BAdIs, die auf der Definition USMD_RULE_SERVICE_CROSS_ET basieren, entitätsübergreifende Prüfungen ermöglichen. Wie bei BAdIs üblich, obliegt es dem Entwickler, die gewünschte Funktion korrekt zu erstellen. Man benötigt also hier unbedingt ABAP-Erfahrung, während Regeln in BRFplus auch von Geschäftsanwendern erstellt und gepflegt werden können.

Enrichment Framework

Schließlich steht in SAP MDG mit dem Enrichment Framework eine Komponente zur Verfügung, die Anreicherungen während des Stammdatenprozesses effizient unterstützt. Diese Anreicherungen können sowohl innerhalb des MDG- bzw. ERP-Systems abgearbeitet werden als auch durch externe Services geliefert und über Schnittstellen in den Prozess integriert werden.

Im gewünschten Prozessschritt kann der *Enrichment Spot* deklariert werden, der dann zur Laufzeit ausgeführt wird. Damit können vollautomatisch Daten ergänzt werden. Lesen Sie dazu folgendes Beispiel: Bei einem Maschinenhersteller werden im Stammdatenprozess immer wieder die gleichen Schrauben oder andere Kleinteile verwaltet. Mithilfe einer Anreicherung genügt es, die Schraubenbezeichnung bzw. den Schraubentyp anzugeben: Der Durchmesser, die Kopfform, das Material, das Gewinde, die Gewindesteigung usw. können automatisch über einen Anreicherungsschritt z. B. direkt in das User Interface eingetragen werden. Der Endanwender wird damit entlastet, und gleichzeitig wird die Datenqualität verbessert, da eine manuelle Eingabe viel fehlerbehafteter ist als eine automatisierte Eingabe über Regeln, Tabellen oder andere Vorgabequellen. Ein weiterer, sehr häufig vorkommender Anwendungsfall ist das Einbinden von Dun-&-Bradstreet-Nummern.

Enrichment Spot

Dazu legen Sie einen Enrichment Spot an, der aus einer Adapterklasse zur Datenbeschaffung und einer Feeder-Klasse zum Transport der zu ermittelnden Daten hin zum User Interface besteht (siehe Abbildung 3.52).

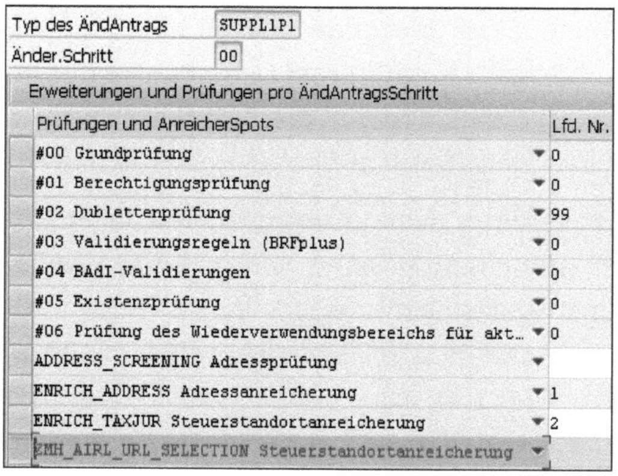

Typ des ÄndAntrags: SUPPL1P1
Änder.Schritt: 00

Erweiterungen und Prüfungen pro ÄndAntragsSchritt

Prüfungen und AnreicherSpots	Lfd. Nr.
#00 Grundprüfung	0
#01 Berechtigungsprüfung	0
#02 Dublettenprüfung	99
#03 Validierungsregeln (BRFplus)	0
#04 BAdI-Validierungen	0
#05 Existenzprüfung	0
#06 Prüfung des Wiederverwendungsbereichs für akt…	0
ADDRESS_SCREENING Adressprüfung	
ENRICH_ADDRESS Adressanreicherung	1
ENRICH_TAXJUR Steuerstandortanreicherung	2
ZMH_AIRL_URL_SELECTION Steuerstandortanreicherung	

Abbildung 3.52 Erweiterungs-Spot einem Change-Request-Schritt zuweisen

Anschließend müssen Sie eine Benutzerschnittstelle anlegen, am besten in Form eines Pop-up-Fensters. Schließlich können Sie die angelegten Komponenten dem schon bestehenden Enrichment Spot zuweisen und diesen abschließend dem gewünschten Prozessschritt in SAP MDG zuordnen.

Da Sie an fast allen Stellen in SAP MDG Funktionsbausteine oder auch externe Service Provider aufrufen können, sind zahlreiche weitere Funktionalitäten zur Sicherstellung der Datenqualität denkbar.

3.4.3 DQM-Microservices

In den MDG Releases bis 8.0 konnten typische Qualitätsmaßnahmen, wie die Adressprüfung über Zusatzmodule, wie z. B. SAP Data Services, über Schnittstellen, wie die Business Address Services (BAS) oder das Enrichment Framework, eingebunden werden.

SAP DQM: cloud-basierte Adressprüfung

Ab MDG Releases 9.0 (2017) besteht die Möglichkeit, mit den *DQM-Microservices* cloudbasierte Services für die Adressprüfung in SAP MDG zu verwenden. Die DQM-Microservices werden bzw. wurden zunächst auf der *SAP Cloud Platform* zur Verfügung gestellt, die mittlerweile in der *SAP Business Technology Platform* (SAP BTP) aufgegangen ist.

Mehrfach verwendbare Validierungs- und Ableitungsregeln

Die DQM-Microservices können nicht nur in SAP MDG verwendet werden, sondern stehen auch in anderen Komponenten wie SAP Customer Relationship Management (SAP CRM) und natürlich in SAP S/4HANA zur Verfügung. Neben der Adressprüfung beinhalten die Microservices ein Repository, das dem MDG-System aber auch anderen Applikationen, z. B. SAP Master Data Governance, Konsolidierung, Validierungs- und Ableitungsregeln zur Verfügung stellt. Damit lassen sich solche Regeln effizienter verwalten und wiederverwenden, was wiederum Redundanzen beim Anlegen und Pflegen der Regeln reduziert.

3.5 Verteilungskonzepte in SAP Master Data Governance

Eine wichtige Aufgabe der Stammdatenverwaltung besteht darin, nach dem Anlegen oder Bearbeiten des Stammdatums die gewünschten Änderungen an die Zielsysteme zu verteilen. Zielsysteme können SAP- oder auch Nicht-SAP-Systeme sein. Im letzten Schritt des Stammdatenprozesses wird das Objekt (Material, Geschäftspartner oder Ähnliches) an ein oder mehrere Zielsysteme weitergereicht. SAP MDG initiiert diese Replikation und kann das Stammdatum direkt an das Zielsystem oder an eine Middleware-Komponente senden, z. B. an *SAP Process Orchestration*. Die Middleware-Komponente übernimmt regelmäßig Aufgaben wie Schlüssel-Mapping, Monitoring usw.

Middleware

Falls keine Middleware-Komponente zum Einsatz kommt, muss jedoch nicht auf die replikationstypischen Funktionalitäten verzichtet werden, denn SAP MDG führt die Datenreplikation grundsätzlich mithilfe des *Data Replication Frameworks* (DRF) durch – auch dann, wenn eine Middleware-Komponente verwendet wird. In diesem Fall werden die Daten vom DRF unverändert von SAP MDG an die Middleware-Komponente weitergereicht. Das DRF ist Bestandteil eines SAP-ERP- bzw. SAP-S/4HANA-Systems (siehe Abbildung 3.53).

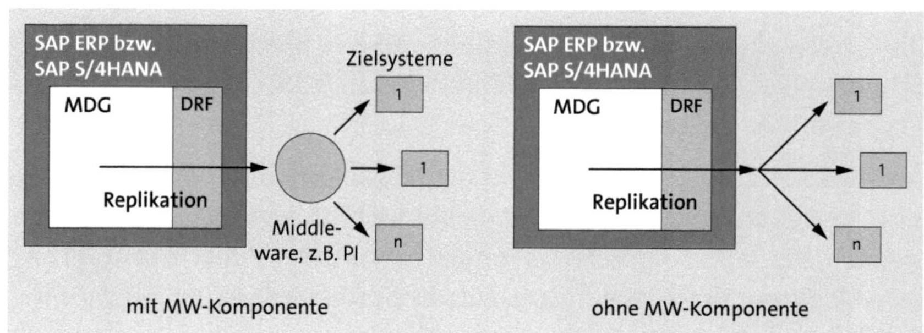

Abbildung 3.53 Typische Verteilungsarchitektur von Stammdaten

DRF-Funktionen

Das DRF bietet eine ganze Anzahl von klassischen Middleware-Funktionen und kann SAP Process Orchestration in weiten Teilen ersetzen. Mit dem DRF können folgende Anforderungen abgedeckt werden:

- Replikationssteuerung in Bezug auf Zeitpunkt und Trigger
- Schlüssel- und Werte-Mapping inklusive Codelistenverwaltung
- Pflege einer Schlüsseltabelle
- Datenfilterung und Zielsystemermittlung
- leistungsfähige Monitor- und Logfunktionen
- Technologien: IDoc, SOA (Webservices), File Transfer und RFC

Peer-to-Peer vs. mediated

Bei mehr als zwei Zielsystemen bietet es sich neben der klassischen Peer-to-Peer-Architektur (P2P) an, die Verteilung »mediated« zu organisieren. P2P bedeutet, dass das Quellsystem direkt an jedes Zielsystem angeschlossen ist und die Daten direkt dorthin verteilt werden. Dies ist problemlos, wenn die verwendete Technologie immer gleich ist und wenn Werte zwischen den Systemen nicht während der Replikation angeglichen bzw. einem Mapping unterzogen werden müssen. Sehr häufig ist jedoch ein Mapping erforderlich, und im Falle von Peer-to-Peer muss dann vom Quell- zu jedem Zielsystem ein individuelles Mapping erstellt und gepflegt werden. Eine vermittelnde, also eine »mediated« Architektur sieht ein zentrales System vor, an das alle Systeme (also das Quell- und alle Zielsysteme) angeschlossen sind. Das zentrale System ist in der Regel SAP MDG. Das DRF stellt SAP MDG die notwendigen Funktionalitäten zur Verfügung, um als zentrales System in einer »mediated« Replikationsarchitektur fungieren zu können. In dieser Architektur ist es viel einfacher, auf Veränderungen der Verteilungsarchitektur zu reagieren, denn neue (Ziel)systeme müssen nur mit dem zentralen System verbunden werden. Außerdem können die Zielsysteme bei Bedarf weiterhin Daten untereinander austauschen. Auch das Verwenden von Codelisten wird durch eine »mediated« Replikationsarchitektur effizienter.

Codelisten in der Replikation

Mithilfe von Codelisten kann ein Werte-Mapping zwischen Systemen effizienter gestaltet werden. Dazu ein Beispiel: In Deutschland verwendet man als Anrede »Herr«, »Frau« und »Damen und Herren«. In Frankreich »Monsieur«, »Madame«, »Mesdames et Messieurs« usw. Wenn man dem deutschen »Herr« den Code 01 zuordnet, für »Frau« 02 verwendet usw., lassen sich die Zuordnungen für beliebige Sprachen viel einfacher verwalten, als wenn ohne Codelisten von jeder Sprache zu jeder Sprache ein Mapping erstellt werden müsste. Diese Codelisten werden von SAP MDG unterstützt.

Trotzdem wäre es falsch, generell zu behaupten, dass eine »mediated« Replikationsarchitektur die bessere Lösung sei. Diese Entscheidung muss individuell getroffen werden, wobei folgende Faustregel gilt: Je mehr Systeme es gibt, desto sinnvoller ist eine vermittelnde Verteilungsarchitektur.

Wie schon erwähnt, erlaubt SAP MDG die Verwendung der Technologien IDoc, SOA (also Webservices) sowie die Verteilung per RFC oder per File Transfer. Regelmäßig wird in Projekten IDoc (also ALE-Verteilung) oder die Webservicetechnologie verwendet. RFC und File Transfer sind zu unflexibel, bieten kaum Monitoring-Möglichkeiten und sind eher für das Hoch- und Herunterladen von Stammdaten, z. B. für Migrationsaufgaben, gedacht.

Aber auch die IDoc- und SOA-Technologie kann dazu genutzt werden, dem MDG-System Stammdaten zuzuführen, sei es einmalig oder auch regelmäßig. Dazu muss das sendende System in Lage sein, das IDoc bzw. die SOA-Message in einer von SAP MDG lesbaren Form zur Verfügung zu stellen. Daraufhin kann das MDG einen Änderungsantrag erstellen und/oder diesen mit den gelieferten Objektdaten ergänzen.

Welche Technologie? IDoc oder SOA?

Die Frage nach der am besten geeigneten Technologie (also IDoc oder SOA) muss im Projekt individuell entschieden werden. Im Folgenden listen wir einige Entscheidungshilfen auf:

- **Systemlandschaft**
  Wie sieht die Systemlandschaft aus? Wenn sie sehr SAP-lastig ist, kann eine Verteilung über IDoc sehr schnell und einfach implementiert werden.
- **Zielsysteme**
  Sind die Zielsysteme gegebenenfalls in der Lage, überhaupt mit der neueren SOA-Technologie zu kommunizieren? Falls nein, ist die ALE-Technologie zwingend.
- **Datenstruktur**
  Werden häufig viele zusammenhängende Datenstrukturen verteilt, wie z. B. Geschäftspartnerobjekte? Falls ja, ist SOA die bessere Wahl, weil die erstellten übertragenen XML-Dateien mehrere Stammdatenobjekte in einer Datei transferieren können – was bei IDocs in der Regel nicht der Fall ist. Bei IDocs muss eine Serialisierung implementiert werden, was einen höheren Aufwand bedeutet.
- **Typ des Stammdatenobjekts**
  Welche Stammdatenobjekte sollen verteilt werden? Beachten Sie, dass z. B. Materialstammdaten nicht per SOA versendet werden können (das Empfangen ist möglich), sondern nur als IDoc. Bei MDG-Financial wiederum bietet sich die SOA-Technologie an. Auch beim Geschäftspartner spricht vieles für SOA, da häufig Zielsysteme wie SAP CRM oder SAP SRM vorhanden sind, die für die SOA-Technologie besser vorbereitet sind als für die klassische ALE-Technik.
- **Schnittstellenerweiterungen**
  Müssen die Schnittstellen stark erweitert werden? Falls das MDG-Datenmodell mit zahlreichen (Größenordnung >= 50) Z-Feldern erweitert worden ist, müssen diese Felder gegebenenfalls auch in der Replikation berücksichtigt werden. Dies bedeutet, dass die IDoc-Struktur oder die Webservice-XML-Dateistruktur ergänzt werden muss. Die Erweiterung von IDoc-Strukturen ist einfacher durchzuführen und eignet sich deshalb besser für Veränderungen. Eine XML-Datenstruktur kann nur mithilfe einer SAP-PI-Design-Umgebung erweitert werden. Die klassische SAP-NetWeaver-AS-ABAP-Entwicklungsumgebung (Transaktion SE80 usw.) ist dafür nicht ausreichend.
- **Expertise**
  Nicht zu vergessen ist folgende Überlegung: Welche Expertise ist im Haus verfügbar? Haben Sie Mitarbeiter eher klassisches ALE- bzw. IDoc-Wissen, oder gibt es schon genügend Erfahrung mit Webservices?

Im Übrigen ist es durchaus erlaubt, das gleiche Stammdatenobjekt z. B. zum Zielsystem A als IDoc und simultan an das Zielsystem B per XML-Datei mithilfe eines Webservice zu replizieren. Mit dem DRF können solche Szenarien problemlos konzipiert werden.

Replikationsmodell

Das zentrale Steuerungselement für die Verteilung ist im DRF das *Replikationsmodell* (siehe Abbildung 3.54), nicht zu verwechseln mit dem Verteilungsmodell des klassischen ALE-Konzepts. Das für das DRF notwendige Customizing ersetzt nicht das Customizing für das ALE, falls mit IDocs repliziert wird.

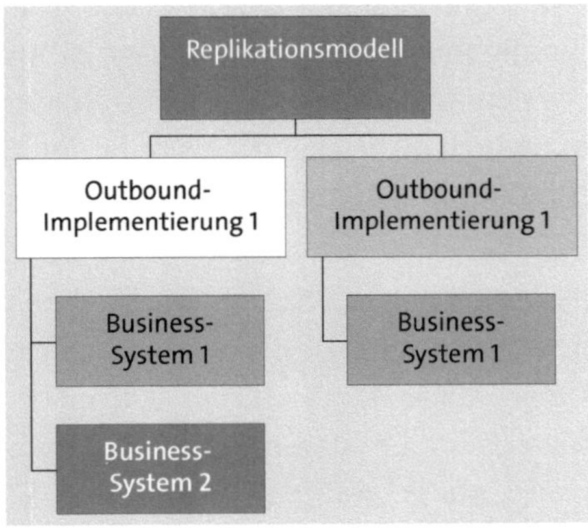

Abbildung 3.54 Aufbau eines DRF-Replikationsmodells

DRF-Customizing

Im Stammdatenprozess wird lediglich das Replikationsmodell spezifiziert – das zuvor natürlich im DRF-Customizing (Transaktion DRFIMG) konfiguriert und aktiviert worden sein muss. Das Modell bestimmt die gewünschten Zielsysteme und die anzuwendenden Outbound-Implementierungen. Die verfügbaren Zielsysteme müssen in einem *System Landscape Directory* (SLD) deklariert sein. Falls dies nicht so ist bzw. falls kein SLD in der Systemlandschaft vorhanden ist, können die notwendigen Zielsystemdefinitionen über das BAdI `MDG_IDM_GET_LCL_SYSTEM` zur Verfügung gestellt werden.

Outbound-Implementierung

Die Outbound-Implementierung legt wiederum fest, ob und gegebenenfalls, wie das Filtern durchzuführen ist, welche Technologie zu verwenden ist (ALE, SOA, Datei oder RFC) sowie gegebenenfalls die Definition von Ausgangsparametern wie Paketgröße, nur Delta-Information senden usw. (siehe Abbildung 3.55). Mit der MDG-Installation wird schon eine ganze Reihe von Outbound-Implementierungen ausgeliefert. Diese können direkt verwendet oder als Kopiervorlage zu Erstellung eigener Implementierungen verwendet werden.

Ansicht "Outbound-Implementierung definieren" anzeigen: Übersicht

Dialogstruktur
- Outbound-Implementierung definieren
  - Segmentfilterobjekte zuordnen
  - Ausgangsparameter zuordnen
    - Werte des Ausgangsparameters
  - Entitätstyp und SMT-Mapping zuord

Outbound-Implementierung definieren

OutbImpl.	Beschreibung Outbound...	KommKanal	Service-Operation	Klasse Outbound-Implementierng
986_3	Outbound-Impl. für Gesch...	1 Replikation über Services	986	CL_MDG_BS_BP_REL_SERVICE_DRF
986_4	MDG-Kreditor über ALE	1 Replikation über Services		CL_MDG_BS_VEND_ALE_DRF
986_5	MDG-Kunde über ALE	2 Replikation über IDoc 3 Replikation über Datei		CL_MDG_BS_CUST_ALE_DRF
I_ART		4 Replikation über RFC		CL_DMF_PRODUCT_OUT

Abbildung 3.55 Möglichkeiten einer DRF-Outbound-Implementierung

Werte- und Schlüssel-Mapping

DRF erlaubt ein Werte- und Schlüssel-Mapping während des Replikationsvorgangs. Die entsprechende Definition findet auf der Entitätsebene statt. Sie erreichen die entsprechenden Konfigurationsmöglichkeiten im MDG-Customizing oder direkt mit den beiden Transaktionen VMIGM (Werte-Mapping) und IDMIMG (Schlüssel-Mapping). Hier können Sie z. B. die Codelisten hochladen oder festlegen, wie die Stammdatenobjekte für das Schlüssel-Mapping korrekt identifiziert werden.

Filter

Mithilfe von Filtern können Sie in SAP MDG einschränken, welche Daten herausgeschickt werden und an welche Zielsysteme sie gehen. Dies ist auch möglich in Abhängigkeit von Parametern, die erst während der Laufzeit bekannt werden. So darf z. B. bei der Materialart XY nur ein Teil der Materialdaten an die ausgewählten Zielsysteme gesendet werden.

SAP MDG offeriert einige Möglichkeiten, wie Filter definiert werden können. Mit einem Filterobjekt wird festgelegt, welche Daten bzw. Attribute bei der Replikation ausgefiltert werden können. Die Filterobjekte entsprechen in der Regel der Hauptdatenbanktabelle, also z. B. MARA oder LFA1. In Transaktion DRFF können zu einem Filterobjekt Filterkriterien konfiguriert werden, die bei der Replikation verwendet werden. Will man das Filtern nicht jedes Mal über DRFF definieren, sondern eine Filterung nach festen Vorgaben implementieren, kann man im Filterobjekt einen kundenspezifischen Filter hinzufügen, der eine Z-Klasse als Filterklasse verwendet (siehe Abbildung 3.56).

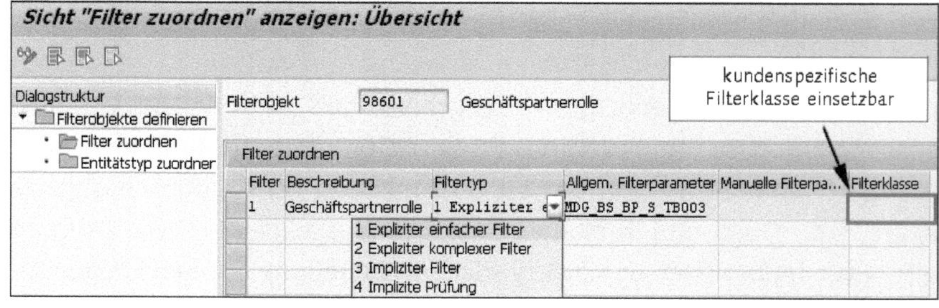

Abbildung 3.56 Filterobjekt und -klasse bei der Replikation mit DRF

SAP MDG bzw. das DRF erlauben die folgenden Filterkategorien:

- **Einfache und komplexe explizite Filter**
  Dies sind Selektionsoptionen, die Sie für jedes Replikationsmodell, jedes Filterobjekt und jede Outbound-Implementierung konfigurieren können. Die für die Filterung verwendbaren Felder sind für gewöhnlich vom Customizing vorgegeben (z. B. durch Angabe einer Tabelle oder Struktur), können aber überschrieben werden. Einfache explizite Filter ermitteln die möglichen Filterparameter aus einer gegebenen Struktur, während komplexe explizite Filter durch ABAP-Coding definiert werden.
- **Implizite Filter und Prüfungen**
  Solche Filter werden fest einer Outbound-Implementierung zugeordnet und speziell hierzu erstellt, z. B. durch eine kundenspezifische Filterklasse. Ein impliziter Filter kann mehrfach verwendet werden, eine implizite Prüfung hingegen nicht.

Der eigentliche Replikationsvorgang kann durch den MDG-Stammdatenprozess getriggert werden, meist in einem letzten Schritt, z. B. nach der Genehmigung und erfolgreichen Neuanlage eines Geschäftspartners im MDG-System. Dies ist aber nur eine von vielen Optionen.

[«]

Datenquelle für Replikation

Die Datenquelle für die Stammdatenreplikation ist für SAP MDG immer der aktive Bereich. Aus dem Staging-Bereich können Daten nicht repliziert werden. Eine Replikation während eines Stammdatenprozesses ist also nur dann sinnvoll, wenn die aktuellen Daten aus dem Staging-Bereich in den aktiven Bereich kopiert bzw. verschoben wurden. Dies ist z. B. nach einem Genehmigungsschritt am Ende oder auch innerhalb eines Stammdatenprozesses der Fall.

Replikationszeitpunkt festlegen

Es kann auch sinnvoll sein, nur zu bestimmten Zeitpunkten eine Replikation zuzulassen, z. B. aus Performancegründen. Dann wäre ein Trigger über einen regelmäßigen Job (täglich, stündlich) ein brauchbarer Lösungsansatz. Jobs können über Transaktion SM36/SM37 konfiguriert und gepflegt werden. Schließlich ist auch das manuelle Anstoßen eines Verteilungsprozesses möglich (Transaktion DRFOUT).

Monitoring

Ein wichtiges Merkmal verlässlicher Kommunikationskonzepte ist ein leistungsfähiges Monitoring, sowohl bei Aufbau und Konfiguration der Schnittstellen als auch bei deren Betrieb. SAP MDG bietet sowohl dem Endanwender als auch dem MDG-Administrator und -Entwickler einige Funktionalitäten. Schon im Standard kann der MDG-Endanwender über den

Menüpunkt **Monitor Replication** die Replikationsstatus von Stammdatenobjekten überprüfen (siehe Abbildung 3.57).

Abbildung 3.57 Replikationsstatus

Mit der Option **Search Key Mapping** kann sich der Anwender die Key-Mapping-Tabelle der relevanten Objekte anschauen (siehe Abbildung 3.58).

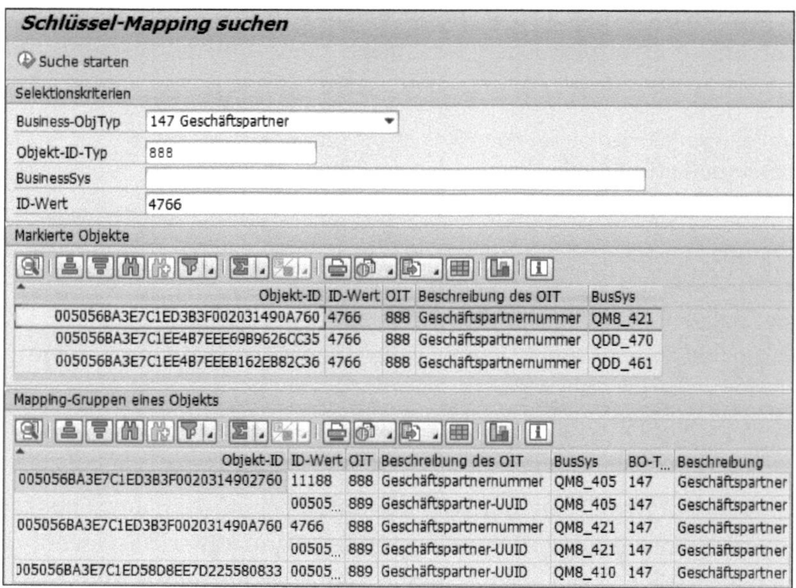

Abbildung 3.58 Schlüssel-Mapping

Informationsquellen

Für Administratoren oder MDG-Entwickler werden in verschiedenen Anwendungslogs zusätzliche Informationen bereitgestellt. Diese Logdateien können Sie mit den Transaktionen DRFLOG, DRFRSD oder SLG1 öffnen. Da die Replikationstechnologien meist über ALE-Schnittstellen oder SOA-Services implementiert sind, stehen die bewährten Monitoring-Möglichkeiten im operativen Betrieb oder bei der Fehlersuche zur Verfügung, um den

Stand der Kommunikation zu ermitteln. Das Log aus Abbildung 3.59 erreichen Sie mit Transaktion DRFRSD. Damit können Sie nachprüfen, wann ein Business Object (hier Material) mit welchem Replikationslauf zu welchem Zielsystem gesendet wurde. Die Informationen sind insbesondere dann wichtig, wenn mit Schlüssel-Mapping gearbeitet wird, um z. B. festzustellen, wann gegebenenfalls neue Objekt-IDs vergeben worden sind wann und das Key Mapping aktualisiert worden ist.

Replikationsstatus anzeigen

Freie Selektion

Selektionskriterien

Hauptkriterien

Business-Objekt	194	Laufnummer	
Änderungsantrag	0		

Weitere Kriterien

Business-System		Replikationsstatus	
Von ReplikatDatum		Bis ReplikatDatum	13.01.2016

Replikation sperren oder entsperren | ReplProtokoll anzeigen

Rep. gesp.	Business-System	Objekt-ID	Objektreplikationsstatus	Datum	Uhrzeit	Outb-Impl.	Nachricht-/IDoc-Nr.	Kommunikationskanal	ÄnAnt	Handle	Lauf
☐	QM9_410	00000000000000011	Nachricht wurde gesendet	17.09.2014	15:05:21	I_MAT	0000000000227474	Replikation über IDoc	0	D42rHnA7iIFpMZvbPR3l0	1097
☐	QM9_410	00000000000000013	Nachricht wurde gesendet	05.08.2015	09:56:17	I_MAT	0000000000271348	Replikation über IDoc	0	051MfsET7iMEwDVAnonevG	6151
☐	QM9_410	00000000000000013	Nachricht wurde gesendet	05.08.2015	10:03:03	I_MAT	0000000000271350	Replikation über IDoc	0	051MfsET7iMEwGnY21RALm	6152
☐	QM9_410	00000000000000013	Nachricht wurde gesendet	05.08.2015	14:22:52	I_MAT	0000000000271373	Replikation über IDoc	0	051MfsET7kMExPHn9rc3gW	6160

Abbildung 3.59 DRF-Loglisten

Abbildung 3.60 zeigt einen Ausschnitt aus dem sogenannten Applikationslog. Dies erreichen Sie über Transaktion SLG1 oder wie in Abbildung 3.60 über Transaktion DRFLOG. DRFLOG filtert das Applikationslog nach Einträgen, die sich auf Replikationsaktivitäten beziehen. Hier finden Sie Informationen, Warnungen und gegebenenfalls Fehlermeldungen, die mehr Aufschluss darüber zulassen, ob überhaupt eine Replikation stattgefunden hat, ob das Customizing vollständig ist und ob vor allem die in der Replikation sehr häufig durchgeführten Hintergrundschritte, z. B. durch Jobs, korrekt durchgeführt worden sind. Die meisten dieser Logeinträge bleiben dem Endanwender in der Regel verborgen, sodass es auch zu den Routinetätigkeiten des Systemverantwortlichen gehören sollte, dieses Log mit Transaktion SLG1 regelmäßig zu prüfen.

Protokolle für Replikationsmodell anzeigen -

Technische Informationen | Hilfe

Datum/Uhrzeit/Replikationsmodell/Business-Objektty	Anzahl	R...	B...	O...	B...	Lauf-ID	Ext. Identifik...	Filterobjekt
22.01.2015 16:59:18 Initialisierung	4					000000000000001	* ...	
27.01.2015 10:29:17 Initialisierung	4					000000000000001	* ...	
27.01.2015 11:01:36 Initialisierung	8					000000000000001	* ...	
27.01.2015 15:13:50 Initialisierung	4					000000000000001	* ...	
02.02.2015 11:03:36 Initialisierung	13					000000000000001	* ...	
02.02.2015 11:23:04 Initialisierung	10					000000000000001	* ...	
06.02.2015 06:52:36 Initialisierung	4					000000000000001	* ...	
06.02.2015 07:09:12 Initialisierung	6					000000000000001	*	000000000000001

Abbildung 3.60 Applikationslog für die Replikation

Für ALE gibt es z. B. die folgenden Transaktionen: WE02, BD87, WE05, SALE (siehe Abbildung 3.61).

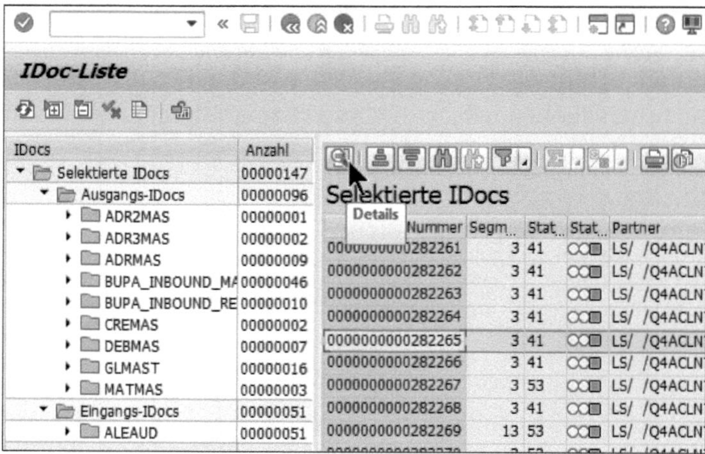

Abbildung 3.61 IDocs überwachen

Für Analysen im Bereich SOA erfolgt der geeignetste Einstieg über Transaktion SXMB_MONI (siehe Abbildung 3.62).

70 XML-Messages gefunden

XML-Messages

Gesamtstat...	A	S...	A	Ausgefüh...	Startzeit	Endzeit	Sender-Ko...	Sender-Namensraum	Sender-Interface	Pipeline
				10.04.2015	11:56:45	11:56:46	QM9_405	http://sap.com/xi/APPL/MDG/Global2	MaterialERPBulkReplicateConfirmation_Out	SENDER
					12:01:39	12:01:39	QM9_405	http://sap.com/xi/APPL/MDG/Global2	MaterialERPBulkReplicateConfirmation_Out	SENDER

Abbildung 3.62 SOA überwachen

3.5.1 SAP-GUI-Transaktionen

Zum Abschluss geben wir Ihnen hier eine Übersicht über die wichtigen Transaktionen und Anwendungen im Umfeld der Replikation mit SAP MDG:

- DRFIMG: Customizing für das Data Replication Framework
- VMIMG: Customizing für das Value Mapping
- IDMIMG: Customizing für das Key-Mapping
- DRFCC: Prüfen des Customizings für das Data Replication Framework
- DRFF: Filterkriterien definieren
- DRFSUB: Business Objects für die Replikation subskribieren
- DRFOUT: Datenreplikation triggern
- DRFLOG: DRF-Logs auswerten

- DRFRSD: Replikationsstatus Business-Objekte/Empfängersysteme
- DRFLOGDEL: Reorganisieren bzw. Löschen von DRF-Log-Einträgen
- RDRF_MESSAGE_REOUT (Report): Erneutes Starten der Replikation von fehlerhaften Objekten
- MDGCPDEL: MDG-Änderungszeiger reorganisieren
- MDG_ANALYSE_IDM: Schlüssel-Mapping suchen bzw. anzeigen lassen
- MDG_KM_MAINTAIN: Schlüssel-Mapping anlegen bzw. ändern

Transaktionscodes

Bei der Suche nach wertvollen Funktionen innerhalb des SAP NetWeaver AS ABAP hilft folgender Tipp vielleicht weiter: Mit Transaktion SE93 können Sie sich alle im SAP-Umfeld verfügbaren Transaktionen anzeigen lassen. Eine Wildcard-Suche ist natürlich möglich. Für das DRF würde sich z. B. die Suchmaske DRF* mit der F4-Suche in Transaktion SE93 anbieten. Aber auch Suchmasken wie USMD* oder *MDG* liefern sehr brauchbare Ergebnisse.

3.5.2 Web-UI-Applikationen

Für DRF sind die folgenden Transaktionen besonders nützlich:

- Filterkriterien definieren (DRF_FILTER_POWL_QAF_AC basiert auf DRF.)
- Manuelle (Ad-hoc-)Replikation (DRF_ADHOC_REPLICATION basiert auf DRFOUT.)
- Monitoring der Anwendung (DRF_FPM_OIF_MONITORING basiert auf DRFLOG.)
- Replikation der Statusinformation (MDG_BS_WD_RSI_DISPLAY basiert auf DRFRSD.)
- Schlüssel-Mapping anlegen und pflegen (MDG_BS_WD_ID_MATCH_SERVICE)
- Schlüssel-Mapping suchen (MDG_BS_WD_ANALYSE_IDM)

3.6 Benutzerschnittstellen in SAP Master Data Governance

In diesem Abschnitt stellen wir Ihnen kurz die beiden möglichen Frontend-Werkzeuge vor, fahren dann mit einem Überblick zur Web-Dynpro-Technologie fort und diskutieren die Vorteile des *Floorplan Managers*. Schließlich zeigen wir Ihnen, wie Sie diese Werkzeuge in SAP MDG einsetzen, um die Endanwenderschnittstelle zu generieren.

Natürlich gehört auch SAP Fiori zu den immer wichtiger werdenden UI-Technologien in SAP MDG, weshalb wir in Abschnitt 5.1, »SAP Fiori«, näher darauf eingehen.

3.6.1 Die Frontend-Applikationen SAP Business Client und SAP Enterprise Portal

Das MDG-System präsentiert sich dem Benutzer mit einer modernen und leistungsfähigen Benutzerschnittstelle (User Interface, UI) auf Grundlage von Web-Dynpro-ABAP-(WDA-)Technologie in einer Browseranwendung, also z. B. Microsoft Edge, Mozilla Firefox oder Safari.

SAP Business Client

Damit die MDG-UIs lauffähig sind, benötigen Sie auf dem Client eine passende Applikation. Dies kann entweder der *SAP Business Client* (früher: NWBC) oder *SAP Enterprise Portal* sein. Der SAP Business Client ist eine Rich-Client-Applikation, die dem Endanwender einen effizienten Zugriff auf SAP-Applikationen mit hoher Benutzerfreundlichkeit erlaubt, darunter Transaktionen, Reports, Logs sowie die Web-Dynpro-ABAP-Applikationen. Der SAP Business Client ist sehr schnell installiert und konfiguriert (½ bis 1 Tag) und wird für SAP MDG vor allem in Entwicklungs- und Testphasen verwendet.

Selbstverständlich kann der SAP Business Client auch produktiv eingesetzt werden, denn zwischenzeitlich ist mit der Version 8.00 (Stand 2023) ein sehr leistungsfähiges Frontend verfügbar. Dieses bietet neben dem Zugriff auf die eigentliche Applikation – also hier SAP MDG – viele Schnittstellen, um auch andere Applikationen für den Endanwender erreichbar zu machen, z. B. SAP Reports (Umsatzlisten, Lagerbestände, Workflow-Eingang usw.), Intranetseiten, Internet-Homepages wie Wetterinformationen, Google Maps und viele mehr. Auch aktuelle Technologien wie SAP Fiori werden vom SAP Business Client unterstützt.

SAP Enterprise Portal

SAP Enterprise Portal ist im Vergleich zum SAP Business Client eine etwas schwergewichtigere Applikation, da die Installation eines SAP-Java-Servers notwendig ist. SAP MDG wird zusammen mit einem Portal vor allem dann eingesetzt, wenn bereits eine Portalinstallation in der SAP-Systemlandschaft des Kunden vorhanden ist. Eine Portalinstallation speziell für den Einsatz von SAP MDG ist durch die mittlerweile sehr umfangreichen Funktionalitäten des SAP Business Client nicht mehr notwendig. Das Portal bietet im Vergleich zum SAP Business Client einige hilfreiche Funktionen, wie z. B. Dokumentenmanagement, integrierte Suche und ein sehr leistungsfähiges Benutzermanagement. Viele dieser Zusatzfunktionen werden jedoch in SAP MDG nicht benötigt bzw. können schon sehr weitgehend durch das installierte ERP-System abgedeckt werden. In *SAP Support Portal* sind spezielle *Business Content Packages* verfügbar, die das Setup des Portals für SAP MDG stark vereinfachen.

Aus Sicht von SAP MDG ist es völlig egal, ob die User Interfaces über ein Portal oder dem Endanwender über einen SAP Business Client angezeigt werden. Inhaltlich und formal sind beide User Interfaces völlig gleich, nur der Rahmen bzw. der Gesamtbildschirm, in dem das User Interface gezeigt wird, sind möglicherweise unterschiedlich. In SAP MDG selbst sind keinerlei Anpassungen notwendig, egal ob nun der SAP Business Client oder SAP Enterprise Portal genutzt wird. Lediglich bei der Installation von SAP MDG muss per Konfiguration mitgeteilt werden, an welches Frontend die User Interfaces gesendet werden sollen.

SAP Business Client oder SAP Enterprise Portal?

Gelegentlich stellt sich die Frage, ob zur Anzeige der MDG-UIs eine Installation von SAP Enterprise Portal notwendig ist oder ob ein SAP Business Client ausreicht. Eines der gewichtigsten Argumente dabei ist, ob die Benutzerverwaltung von SAP MDG ausreichend ist oder nicht. Die Benutzerverwaltung von SAP MDG basiert auf der Benutzerverwaltung von SAP ERP und hat genau dieselben Fähigkeiten und Eigenschaften. Oft sind diese ausreichend und die weitergehenden Möglichkeiten der Benutzerverwaltung des Portals sind nicht notwendig. Falls in der Systemlandschaft SAP Enterprise Portal schon vorhanden ist, ist es naheliegend, dieses auch für SAP MDG zu nutzen. Eine Installation des SAP Business Clients ist dann nicht notwendig. Schließlich ist nicht zu vergessen, dass ein Portal eine Java-basierte Anwendung ist, d. h., dass in jedem Fall der SAP NetWeaver AS Java installiert werden muss, während eine Installation des SAP Business Clients recht zügig vonstattengehen kann.

3.6.2 UI-Technologie in SAP MDG: Web Dynpro ABAP

Web Dynpro ABAP arbeitet – wie der Name es schon vermuten lässt – vollständig auf dem SAP NetWeaver AS ABAP. Dadurch können auch sämtliche Entwicklungen, Erweiterungen und sonstigen Änderungen ohne weitere Hilfsmittel auf einer ABAP-Installation durchgeführt werden. Das passende Werkzeug ist die *ABAP Workbench*, die Sie mit Transaktion SE80 erreichen. Allerdings arbeitet man in der Regel nicht mit diesem Werkzeug, wenn man MDG-UIs erstellen möchte, sondern man verwendet ein Modellierungswerkzeug, den *Floorplan Manager*. Weitere Informationen dazu erhalten Sie in Abschnitt 3.6.3, »UI-Konfigurationen und der Floorplan Manager«.

Model View Controller

Das Konzept der Web-Dynpro-ABAP-Technologie basiert auf dem Entwicklungsmuster Model View Controller (MVC). Abbildung 3.63 zeigt eine schematische Darstellung. Der MVC besteht aus drei Komponenten, die dafür sorgen, dass ein User Interface dem Endanwender präsentiert wird (View), dass Daten der Applikation dem Endanwender anzeigt und Eingaben entgegengenommen werden (Controller) und dass eine Art Zwischenspeicher mit Anwendungslogik verfügbar ist (Model).

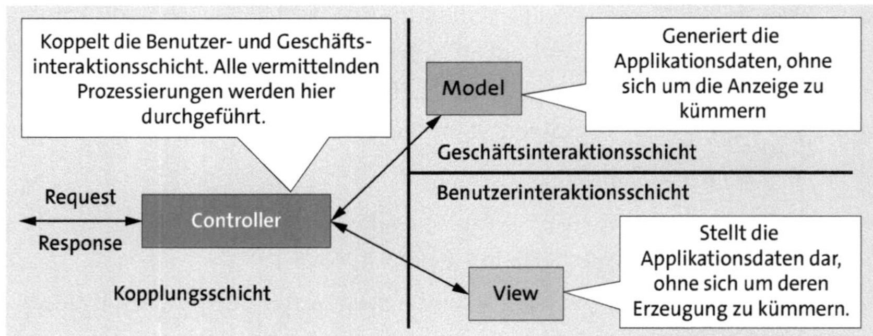

Abbildung 3.63 Das Model-View-Controller-Konzept von Web Dynpro ABAP

- **View**
  Der View sorgt für die Anzeige der Daten und die Entgegennahme der Benutzereingaben. Im Normalfall werden die Daten zwischen View und Controller direkt ausgetauscht.
- **Controller**
  Der Controller erhält vom View die Benutzereingaben und ermittelt die nächsten Aktionen, z. B. die Statusänderung des Models.
- **Model**
  Das Model hat in der Regel keine Kenntnis über den View und den Controller, bietet aber über Schnittstellen die Möglichkeit, Daten auszutauschen, z. B. für Statusänderungen. Sämtliche Anwendungs- und Zustandslogik befindet sich im Model.

WDC

Die SAP-Entwickler haben dieses Muster mithilfe von verschiedenen Bausteinen implementiert. Einer dieser Bausteine ist die Web-Dynpro-Komponente (*Web Dynpro Component*, kurz WDC). Eine WDC kann als eine Art Container betrachtet werden. Sie kann wiederverwendet und auch mehrfach ineinander geschachtelt werden. Das heißt, dass eine WDC wiederum eine oder mehrere WDCs beinhalten kann. Abbildung 3.64 zeigt eine typische Architektur.

Innerhalb einer WDC gibt es im Allgemeinen *Windows* und *Views*. Alle diese Bausteine haben einen eigenen Controller, der die Benutzereingaben interpretiert und mit dem Model kommuniziert. Ein Fenster kann mehrere Views beinhalten und verwendet werden, um die Endanwendernavigation zur Laufzeit zu steuern.

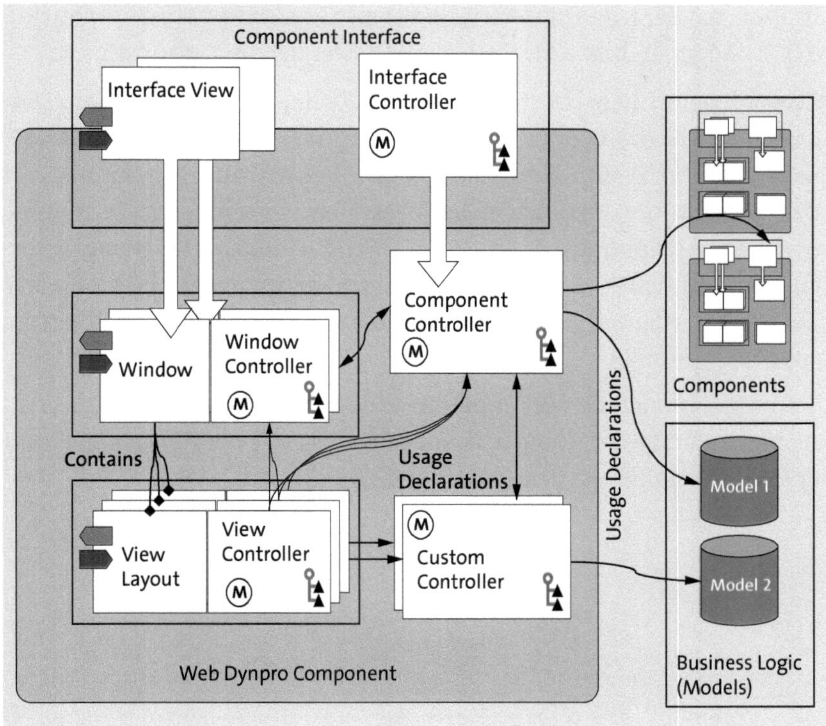

Abbildung 3.64 Web-Dynpro-ABAP-Architektur

Ein View ist – wie zuvor erläutert – die eigentliche Benutzerschnittstelle und legt damit fest, wie und mithilfe welcher Elemente die Daten angezeigt oder entgegengenommen werden. Die UI-Elemente können u. a einfache Textanzeige, Eingabefeld, Liste, Tabelle, Grafik, Dropdown-Liste sowie Button sein.

Damit eine WDC in einem Browser angezeigt werden kann, ist eine Web-Dynpro-Applikation (WDA) notwendig. Eine WDA legt fest, wie eine WDC auszuführen ist und wie deren Views anzuzeigen sind (z. B. Vollbild, nur im Anzeigemodus), welche Berechtigungen geprüft werden sollen usw. Der SAP NetWeaver AS ABAP kann WDAs ausführen; WDCs oder Views können nicht direkt vom SAP NetWeaver AS ABAP gestartet werden. Die in einer WDA enthaltenen WDCs mit ihren Views werden dem Endanwender über das Frontend (also SAP Business Client oder SAP Enterprise Portal) in einem Browser präsentiert. Eine Web-Dynpro-Applikation enthält mindestens eine Web-Dynpro-Komponente, Windows, Views und UI-Elemente.

WDA

3.6.3 UI-Konfigurationen und der Floorplan Manager

Die sogenannte Anwendungshierarchie des Web-Dynpro-Konzepts gestaltet sich wie folgt: An der obersten Stelle befindet sich die Web-Dynpro-Applikation, auf der nächstunteren Stufe steht die Web-Dynpro-Komponente (WDC), und inner- bzw. unterhalb der WDC werden die Views definiert.

User Interfaces modellieren

Wie werden nun diese Bausteine in SAP MDG eingesetzt, um mit dem Endanwender über das User Interface kommunizieren zu können? Im MDG-Customizing werden UI-Konfigurationen z. B. einem Änderungsantragstyp oder einer Business-Aktivität zugeordnet. Diese UI-Konfigurationen müssen zuerst erstellt werden, bevor sie im MDG-Customizing eingetragen werden können. Im MDG-Auslieferungszustand werden diverse UI-Konfigurationen zur Verfügung gestellt. Diese können direkt oder als Kopiervorlage verwendet werden.

UI-Konfigurationen gibt es für die zuvor diskutieren Elemente WDA, WDC und Views. Für die Erstellung und die Pflege dieser UI-Konfigurationen wird der *Floorplan Manager* (siehe Abbildung 3.65) genutzt.

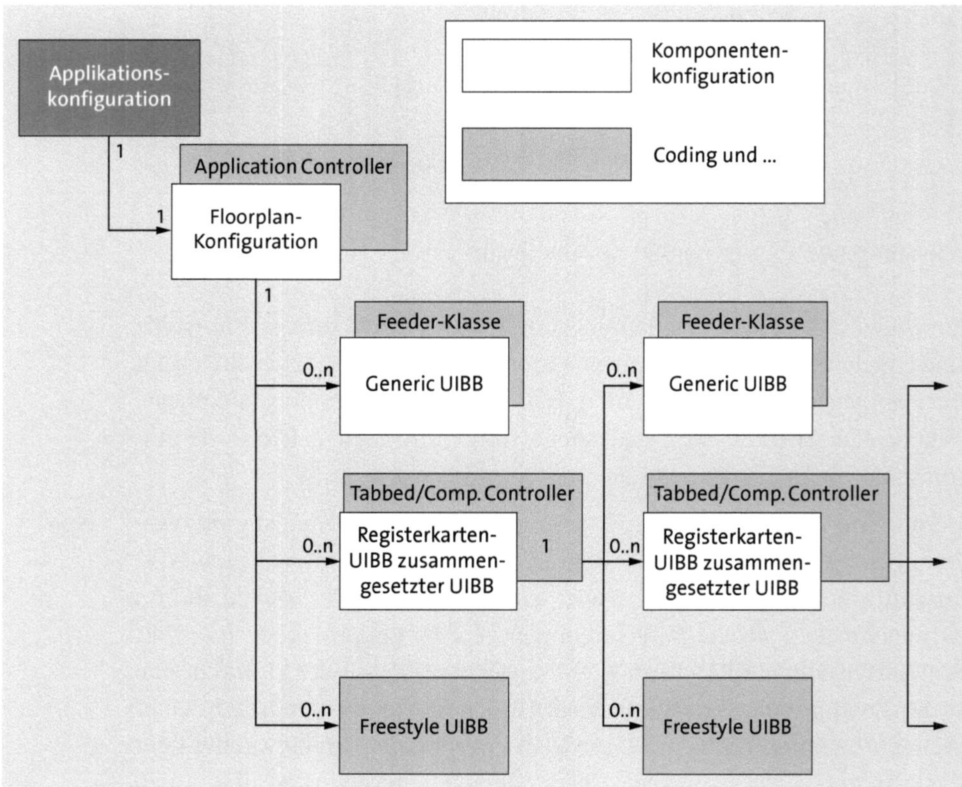

Abbildung 3.65 Architektur des Floorplan Managers

Mit dem Floorplan Manager können Web-Dynpro-ABAP-UIs sehr schnell und effizient erstellt und angepasst werden. Eine Programmierung ist nicht mehr notwendig, sondern das Modellieren der User Interfaces genügt. Für die Pflege von MDG-UIs ist der Floorplan Manager unabdingbar, da SAP MDG die WDA-Komponenten nicht direkt, sondern über die zugehörigen UI-Konfigurationen verwendet.

Floorplan

Der Floorplan Manager bietet zwei entscheidende Vorteile: UIs können ohne Entwicklungskenntnisse und ABAP-Coding erstellt und gepflegt werden, außerdem – und das ist der eigentliche Hauptgrund für den Einsatz des Floorplan Managers – unterliegen alle mit einem Floorplan Manager erstellten User Interfaces einem festgelegten Format und entsprechen damit automatisch den UI-Richtlinien, die SAP für Benutzerschnittstellen vorgibt. Diese Formate werden auch als Floorplan bezeichnet:

- Overview Floorplan (OVP)
- Guided Activity Floorplan (GAF)
- Object Instance Floorplan (OIF)

Der OVP wird für Übersichtsdarstellungen eingesetzt, der GAF für eine passende Präsentation von Prozessen und der OIF als Detailsicht von z. B. Objektdaten. Der Vorteil dieses Konzepts ist, dass sich für den Endanwender das User Interface strukturell nicht ändert und dass er sich nicht umgewöhnen muss. Egal ob nun ein Material, ein Geschäftspartner oder ein Sachkonto zu bearbeiten ist, die Detaildaten befinden sich immer an der gleichen Stelle. Die Navigation, das Auf- und Zuklappen und viele andere Navigations- und Steuermöglichkeiten sind für den Endanwender immer gleich gut erreich- und bedienbar.

Funktionen des Floorplans

Ein weiterer Vorteil der Floorplans sind die zahlreichen generischen Funktionen, die mit ausgeliefert werden, z. B. die Anzeige der Anwendungshierarchie, das Auf- und Zuklappen von User Interfaces, das beliebige Platzieren von Views auf der Oberfläche, Gestaltung des User Interfaces in Spalten oder anderen Formaten, Herunterladen von Listeninhalten im Excel-Format und anderes mehr.

Darüber hinaus können alle Floorplan-Manager-Anwendungen konfiguriert, über das Customizing geändert und personalisiert werden. Eine durch Konfiguration geänderte Floorplan-Manager-Anwendung ist systemweit, also mandantenübergreifend gültig. Eine über das Customizing angepasste Floorplan-Manager-Anwendung ist nur für den spezifischen Mandanten gültig, und bei einer Personalisierung gelten die Anpassungen nur für den jeweiligen Endanwender.

[»]

Eigenschaften der User Interfaces

Die mit dem Floorplan Manager erstellten User Interfaces sind:

- konfigurierbar
- kundenspezifisch anpassbar
- personalisierbar
- wiederverwendbar
- richtlinienkonform

Der Floorplan Manager wird standardmäßig mit dem SAP NetWeaver AS ABAP, also mit einem SAP-ERP- bzw. SAP-S/4HANA-System ausgeliefert. Eine dedizierte Installation ist nicht notwendig. Der Floorplan Manager kann in Transaktion SE80 über das Kontextmenü (rechte Maustaste) auf einer WDC positioniert gestartet werden (siehe Abbildung 3.66).

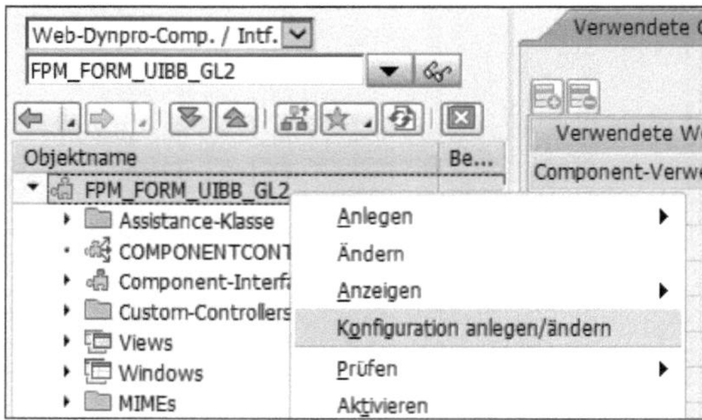

Abbildung 3.66 Floorplan Manager in der ABAP Workbench starten (SE80)

Floorplan Manager aufrufen

Der Floorplan Manager kann auch über folgende Web-Dynpro-Applikationen aufgerufen werden:

- CONFIGURE_APPLICATION für die Konfiguration einer WDA
- WD_ANALYZE_CONFIG_APPL für die Anzeige der Anwendungshierarchie
- CONFIGURE_COMPONENT für die Konfiguration einer WDC
- WD_ANALYZE_CONFIG_COMP für die Anzeige der Komponentenhierarchie

Bei der Konfiguration einer Web-Dynpro-Anwendung wird z. B. festgelegt, für welches Datenmodell die WDA angewendet werden darf. Wenn eine WDC konfiguriert wird, werden ihr die gewünschten Views zugeordnet, die von der WDC verwaltet werden sollen – und eine Konfiguration eines Views entscheidet, welche UI-Elemente auf der Benutzerschnittstelle schließlich anzuzeigen sind. Es ist also ganz wichtig zu wissen, für welchen Baustein man nun gerade eine UI-Konfiguration anlegt bzw. anpasst und wie das Ergebnis aussehen soll.

User Interface Building Block

Da ein View allein nicht existieren kann, ist er immer in eine WDC eingebettet. WDCs können grundsätzlich wiederverwendet werden, und wenn man den enthaltenen View generisch gestaltet, kann man solche WDCs als *User Interface Building Blocks* (UIBBs) zur Verfügung stellen. Wenn man einen UIBB bzw. dessen View anpasst, um festzulegen, welche UI-Elemente er beinhalten soll, erstellt man mit dem Floorplan Manager eine UI-Konfiguration. Sie können also beliebig oft den gleichen View bzw. UIBB verwenden und jedes Mal eine andere UI-Konfiguration darauf anwenden. Das angezeigte User Interface wird dann jedes Mal anders aussehen.

Generic User Interface Building Block

SAP geht nun einen Schritt weiter und stellt *Generic User Interface Building Blocks* (GUIBBs) zur Verfügung, die über die Erstellung einer UI-Konfiguration zu einem lauffähigen U führen. Damit ein UIBB bzw. ein GUIBB zur Laufzeit von einer Web-Dynpro-Applikation tatsächlich angezeigt werden kann, ist eine passende UI-Konfiguration notwendig. Das heißt, dass erst mit einer Kombination aus UIBB bzw. GUIBB und passender UI-Konfiguration ein UI lauffähig ist und damit zur Laufzeit ausgeführt bzw. angezeigt werden kann.

Die GUIBBs können also in MDG-Projekten eingesetzt werden, um schnell und effizient ohne ABAP-Coding, sondern nur mit dem Floorplan Manager individuelle und kundenspezifische User Interfaces zu erstellen. Abbildung 3.67 zeigt einige Beispiele.

GUIBBs gibt es für Standardformulare, also z. B. für Eingabebildschirme, für Listen, für Baumdarstellungen, für Selektionsbildschirme für Suchen und Suchergebnislisten, für Grafikpräsentationen und für Launchpads (Startbildschirme). Selbstverständlich ist es für die Erstellung von MDG-UIs nach wie vor möglich, auch selbst programmierte UIBBs einzusetzen.

UI-Konfigurationen deklarieren

Die erstellten oder angepassten UI-Konfigurationen können im MDG-Customizing zuerst deklariert, also dem MDG-System bekannt gemacht werden. Dazu müssen Sie im MDG-Customizing unter dem Knoten **UI-Modellierung** den Eintrag **UI-Konfigurationen verwalten** auswählen (siehe Abbildung 3.68). Sie sehen eine Liste der UI-Konfigurationen, die SAP MDG bekannt bzw. die deklariert sind. Nur diese können zur Laufzeit tatsächlich verwendet werden. Das heißt, dass neue oder geänderte UI-Konfigurationen in dieser Liste ergänzt werden müssen und einem Datenmodell, also z. B. MM für Material, zugeordnet werden.

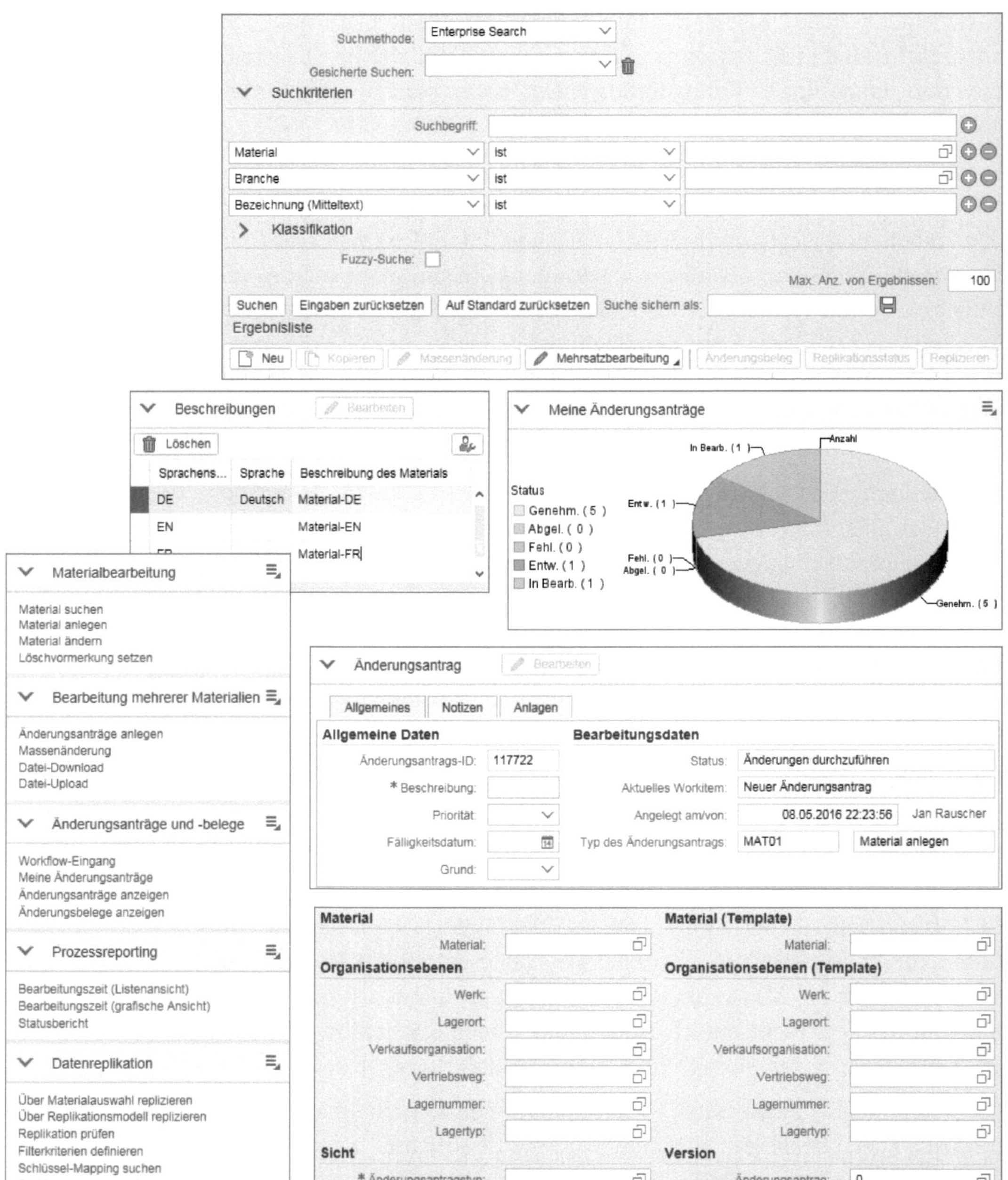

Abbildung 3.67 Beispiele für Generic User Interface Building Blocks

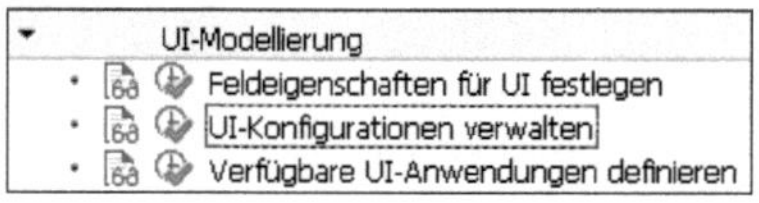

UI-Modellierung
- Feldeigenschaften für UI festlegen
- UI-Konfigurationen verwalten
- Verfügbare UI-Anwendungen definieren

Abbildung 3.68 UI-Konfigurationen im MDG-Customizing deklarieren

Wenn die neue oder geänderte UI-Konfiguration dem MDG-System über das Customizing bekannt gemacht worden ist, kann sie im Customizing dem oder den Änderungsanträgen zugewiesen werden. Damit »weiß« das MDG, welches User Interface mit welcher UI-Konfiguration bei welchem Prozess abzuarbeiten ist. Die Zuweisung einer UI-Konfiguration zu einem Änderungsantragstyp sehen Sie in Abbildung 3.69.

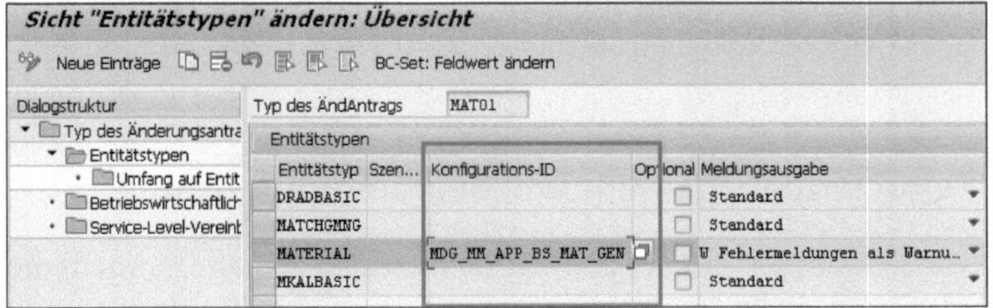

Abbildung 3.69 UI-Konfiguration einem CR-Schritt zuweisen

Das MDG-Customizing erlaubt noch eine genauere Zuweisung der UI-Konfiguration zu einem Stammdatenprozess. Es ist nicht nur möglich, grundsätzlich für einen Prozess eine UI-Konfiguration festzulegen, sondern Sie können ebenso eine Konfiguration für dedizierte Vordergrundschritte deklarieren. Durch diese Flexibilität gestaltet sich die Konfiguration des MDG erheblich einfacher, denn die Anforderung, dass ein Beantrager-UI, ein Experten-UI und ein Genehmigungs-UI sich unterscheiden müssen, ist fast immer in Stammdatenprozessen gegeben. In Abbildung 3.70 sehen Sie ein solches Beispiel: Im ersten Schritt des Prozesses (»00«) soll ein spezielles User Interface angezeigt werden, während alle anderen Schritte die UI-Konfiguration verwenden, die dem CR-Typ zugeordnet worden ist.

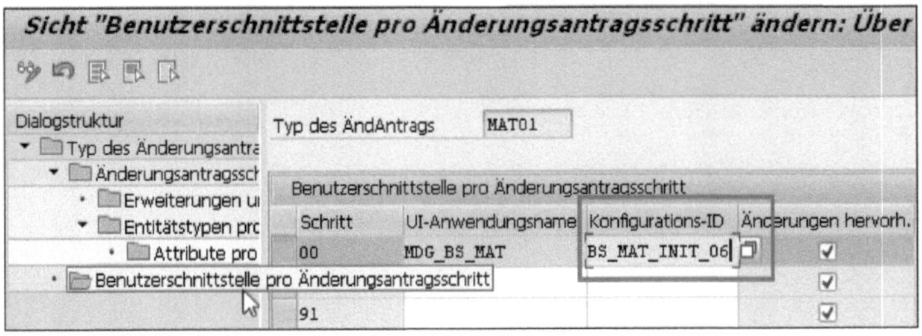

Abbildung 3.70 UI-Konfiguration einem Prozessschritt zuweisen

Customizing der UI-Konfigurationen

Im Rahmen von MDG-Einführungsprojekten sind fast immer neue User Interfaces zu erstellen und auch bestehende User Interfaces an die Kundenanforderungen anzupassen, z. B. weil der Kunde eigene Z-Felder an das Datenmodell angefügt hat. Mit den obigen Erläuterungen haben Sie einen Überblick dazu erhalten, dass im Wesentlichen zwei Schritte dazu notwendig sind: Als Erstes erstellen Sie mit dem Floorplan Manager die gewünschten User Interfaces mithilfe von UI-Konfigurationen, und als Zweites fügen Sie sie an den erforderlichen Stellen im MDG-Customizing ein. Dies ist jedoch nur der Einstieg. Häufig sind detaillierte Anforderungen zu erfüllen, wie z. B. Eingabefelder vorzubelegen oder komplexere Datenmanipulationen durchzuführen, wie Berechnungen, spezielle Prüfungen usw. Für solche Eingriffe ist es notwendig, die Feeder-Klassen der UIBBs zu definieren und eigenes ABAP-Coding einzubauen.

3.7 Benutzermanagement und Bearbeiterermittlung

Das Benutzermanagement von SAP MDG stützt sich voll und ganz auf die vorhandenen SAP-ERP- bzw. S/4HANA-Technologien und ist ein wichtiger Baustein, z. B. für die Bearbeiterermittlung im Stammdatenprozess zur Laufzeit.

3.7.1 Rollen in SAP Master Data Governance

SAP MDG erfindet das Rad nicht neu. Es werden lediglich einige MDG-spezifische Rollen bei der Installation mitgeliefert. Diese Rollen sind vordefiniert und auf die Benutzer eines typischen Stammdatenprozesses zugeschnitten. Abbildung 3.71 zeigt eine Übersicht.

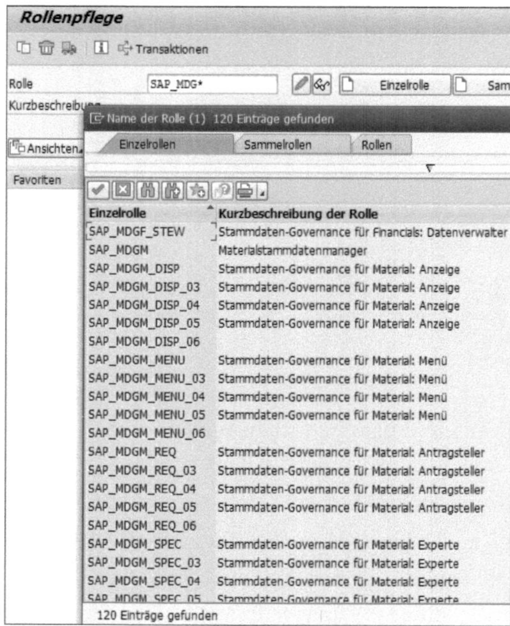

Abbildung 3.71 Rollen in einem MDG-System im Auslieferungszustand

Benennung

Die Rollenbezeichnung der MDG-Rollen beginnt mit SAP_MDG und ist domänenspezifisch modelliert, also z. B. SAP_MDGM_REQ für einen Beantrager in einem MDG-Materialprozess. Rollen für MDG-Financial bzw. MDG-Customer beginnen mit SAP_MDGF oder SAP_MDGC. Die folgende zweistellige Durchnummerierung, also z. B. SAP_MDGM_REQ_06, wird mit steigendem MDG-Release hochgezählt. Rollenbezeichnungen mit 06 am Ende werden mit MDG 8.0 geliefert.

Diese Nomenklatur gilt auch für die kürzlich veröffentlichten Releases und auch für zukünftige Releases, d. h., dass die höchste verfügbare Zahl die neueste Rolle ist. Zudem hat SAP mit Release SAP S/4HANA 2020 das Autorisierungskonzept so erweitert, dass auch auf der Schrittebene Berechtigungsprüfungen durchgeführt werden können. Diese Erweiterung ist nicht nur in SAP MDG, sondern auch in der Konsolidierungsfunktion SAP MDG, Consolidation, seit SAP S/4HANA 2020 verfügbar.

Die Rollen können, wie in den SAP-ERP-Systemen üblich, mit Transaktion PFCG eingesehen und auch bearbeitet werden, wobei wir auch hier empfehlen, die ausgelieferten Rollen nur als Kopiervorlage zu verwenden und nicht direkt zu ändern, da beim nächsten Release-Upgrade oder bei einer Support-Package-Installation die Änderungen wieder überschrieben würden (siehe Abbildung 3.72).

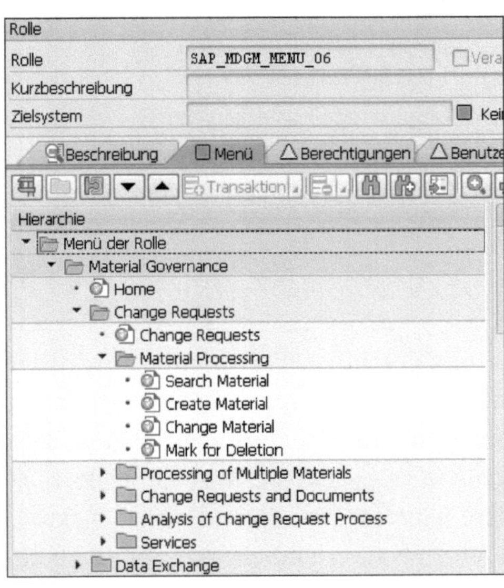

Abbildung 3.72 Details einer MDG-Rolle

Direkt verfügbare MDG-Rollen

Diesen vordefinierten Rollen, die zur sofortigen Verwendung bereitstehen, wurden ein MDG-spezifisches Menü sowie vorausgewählte Berechtigungen zugewiesen. Sie erlauben also einen schnellen Start der MDG-Stammdatenprozesse direkt nach der Installation bzw. nach dem Einschalten der MDG Business Functions im Switch Framework.

3.7.2 Bearbeiterermittlung in SAP MDG

Benutzerrollen sind in SAP MDG auch aus einem weiteren Grund sehr wichtig: Sie werden genutzt, um die Bearbeiterermittlung während des Stammdatenprozesses durchzuführen. In einer Entscheidungstabelle des regelbasierten Workflows können die möglichen Benutzer eingetragen werden. Neben anderen Objekttypen kann auch der nächste Bearbeiter über eine Rolle gefunden werden (siehe Abbildung 3.73).

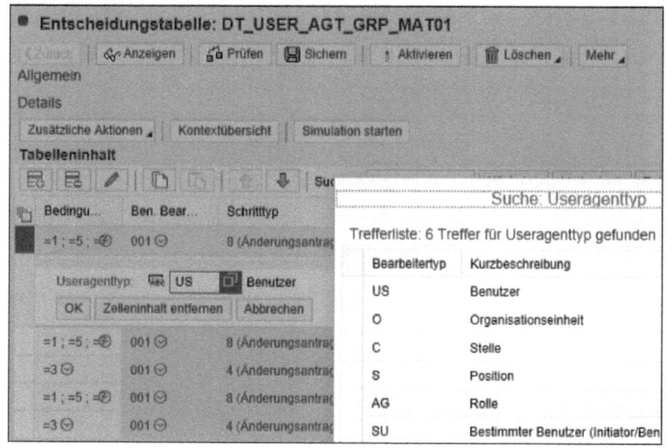

Abbildung 3.73 MDG-Bearbeiterermittlung im regelbasierten Workflow

In der Regel ist aber die Rolle nicht nur einem Benutzer zugeordnet. Dann wird SAP MDG das Work Item des Stammdatenprozesses allen Endanwendern in die Workflow-Inbox bzw. die UWL stellen, die dieser Rolle zugewiesen ist.

Work Items

Der erste Bearbeiter, der das Work Item durch Anklicken annimmt, wird der tatsächliche Bearbeiter. Alle anderen adressierten Endanwender können das Work Item dann nicht mehr annehmen. Auch beim einfachen (also dem nicht regelbasierten) Workflow kann in vergleichbarer Weise eine Bearbeiterermittlung konfiguriert werden; allerdings ist die Rolle als Objekttyp nicht vorgesehen. Lediglich Stelle, Organisationseinheit, Planstelle oder Benutzer ist als Eintrag möglich. Man erreicht den Konfigurationseintrag über das MDG-Customizing (Transaktion MDGIMG) über den Pfad **Allgemeine Einstellungen • Prozessmodellierung • Workflow • Sonstige MDG-Workflows • Bearbeiter zu Änderungsantrags-Schrittnummer zuordnen (einfacher Workflow)** (siehe Abbildung 3.74).

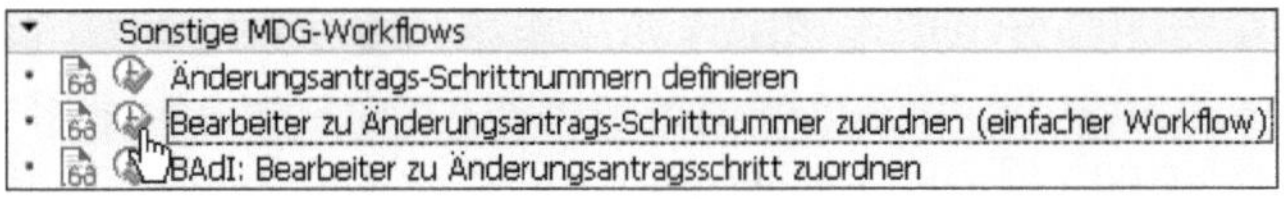

Abbildung 3.74 Bearbeiterermittlung (einfacher Workflow)

Wenn Sie diesen Customizing-Eintrag angewählt haben, erscheint eine Customizing-Tabelle wie in Abbildung 3.75. Hier werden die möglichen Bearbeiter zu CR-Typ und Schritt zugeordnet.

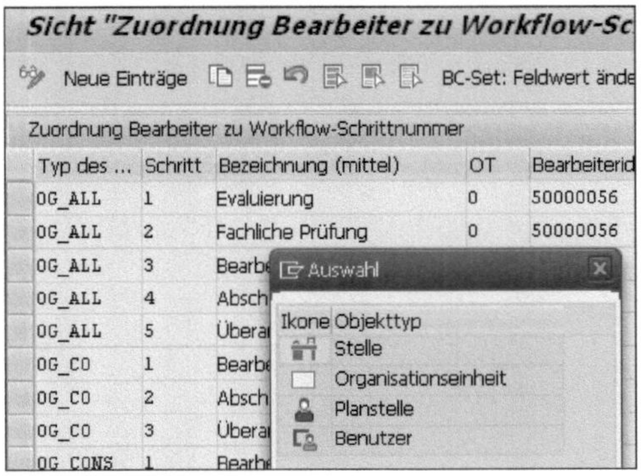

Abbildung 3.75 Bearbeiter einem Prozessschritt zuordnen

Wie Sie sehen, kann man direkt einen Benutzernamen eintragen. Wir empfehlen aber nachdrücklich, eher einen der anderen Objekttypen zu wählen, denn sollte der direkt zugewiesene Benutzer mal nicht verfügbar sein (Urlaub oder Ähnliches), bleibt der Workflow stehen, und nur der Workflow-Administrator kann das Workflow Item neu zuweisen.

Bearbeiterermittlung per BAdI

Neben den soeben beschriebenen Möglichkeiten der Bearbeiterermittlung über Rollen oder andere Objekttypen können Sie mit einen Service im regelbasierten Workflow das BAdI `USMD_SSW_DYNAMIC_AGENT_SELECT` aufrufen, das über ABAP-Coding den nächsten Benutzer festlegt.

3.8 Domänenspezifische Eigenschaften

In diesem Abschnitt gehen wir auf einige erwähnenswerte domänenspezifische Besonderheiten ein.

Obligatorisches GP-Konzept

Im Bereich Kunden/Lieferanten, also MDG-BP, gibt es vor allem eine wichtige Neuerung, die wir hier kurz erwähnen wollen: Mit der Einführung von

SAP S/4HANA wurde das Geschäftspartnerkonzept obligatorisch, d. h. die Pflege von Kunden und/oder Lieferanten erfolgt immer als Geschäftspartner (bzw. Business Partner, BP). Wenn der Endanwender z. B. Transaktion XK01 für die Neuanlage eines Lieferanten ausführt, wird er vom SAP-HANA-System automatisch auf Transaktion BP umgeleitet. Anstatt eines Lieferanten oder Kunden muss ein Geschäftspartner angelegt werden, dem allerdings vom System automatisch die passende Rolle als Lieferant zugewiesen wird.

Im Abschnitt zu MDG-F möchten wir hier kurz auf die Editionen eingehen und punktuell interessante Neuerungen, die mit den jüngsten Releases geliefert worden sind, betrachten.

Schließlich gibt es auch für das Material erwähnenswerte Features, die wir in Abschnitt 3.8.3, »MDG-M spezifische Besonderheiten«, genauer erläutern.

3.8.1 MDG-BP: Geschäftspartnerkonzept

Wie bereits einleitend erwähnt, wird nun in allen SAP-S/4HANA-Releases mit dem mit Geschäftspartner anstatt mit Kunden und Lieferanten gearbeitet. Neuen Geschäftspartnern werden automatisiert die entsprechenden Rollen vom System zugewiesen (also Kunden-, Lieferanten-Rollen, u. a.). Mit dieser Zuweisung erhält der Geschäftspartner eine Bestimmung, die sich z. B. in zusätzlichen Attributen oder Aktionen niederschlägt, die mit dem Geschäftspartner durchgeführt werden können. Einem Geschäftspartner können selbstverständlich auch mehrere Rollen zugeordnet sein. SAP liefert schon zahlreiche Geschäftspartnerrollen aus, jedoch sind ebenso kundendefinierte Rollen möglich.

Synchronisation von Geschäftspartner und Kunde/Lieferant

Auch die Rollen für den Kunden und Lieferanten liefert SAP aus. Diese Rollen und weitere Einstellungen führen dazu, dass die Grunddaten zwischen einem Geschäftspartner und einem Kunden bzw. Lieferanten vollautomatisch synchronisiert werden können, und zwar in beide Richtungen. Grunddaten wären z. B. Adresse, Bankdaten sowie die E-Mail-Adresse. Natürlich nicht nur bei der Neuanlage, auch bei der Pflege von Kunden/Lieferanten wird der Endanwender zur Pflegetransaktion BP für den Geschäftspartner geleitet.

Für die Endanwender und für Sie als aufmerksame Leser ist dies jedoch nichts Neues, da SAP MDG von Beginn an das Geschäftspartnerkonzept konsequent angewendet hat und dies natürlich immer noch tut. Aus Sicht von SAP MDG ändert sich dadurch im Hinblick der Pflege von Kunden und Lieferanten in SAP MDG demnach nichts.

Wenn ein Endanwender einen neuen Kunden und damit primär einen Geschäftspartner anlegt, wird vom System im Hintergrund die entsprechende Synchronisierung der Daten durchgeführt: Als Ergebnis legt das System einen Kunden X mit derselben Adresse und denselben Grunddaten an und trägt in einer Link-Tabelle ein.

Customer Vendor Integration

Diese Synchronisierung wird von der Komponente *Customer Vendor Integration* (CVI) sichergestellt. Abbildung 3.76 zeigt eine Übersicht der Zusammenhänge. Die CVI ist Teil einer SAP-Standard-ERP- bzw. -S/4HANA-Installation und wird von SAP MDG wiederverwendet. Die CVI ist in einem MDG- und im SAP-S/4HANA-System standardmäßig eingeschaltet, falls nicht, kann dies im Customizing konfiguriert werden (in SAP ERP sollte die CVI aktiviert sein, wenn SAP MDG zum Einsatz kommt). Hier verweisen wir auf SAP-Hinweis 956054, der das Einrichten der CVI sehr gut und detailliert beschreibt.

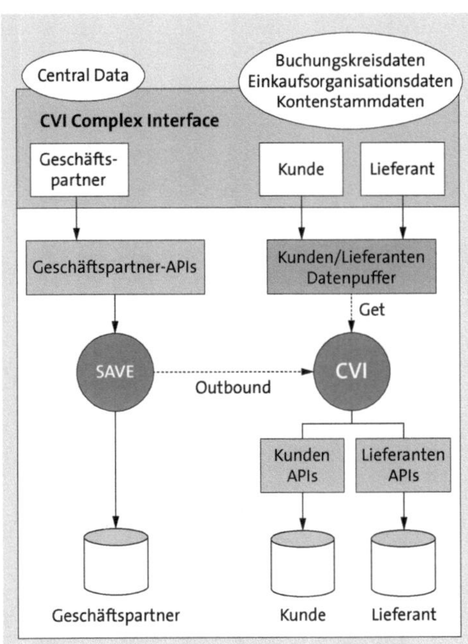

Abbildung 3.76 Customer Vendor Integration eines SAP-ERP- bzw. S/4HANA-Systems

Multiple Vendor Assignment

Das Bindeglied zwischen Kunde und Geschäftspartner ist aus Richtung des Kunden bzw. Lieferanten die Kontengruppe und aus Richtung des Geschäftspartners die BP-Rolle. Hiermit kann konfiguriert werden, welche Kontengruppe zu welchem Nummernkreis für die Anlage eines Geschäftspartners führt. Die Information, welche Kunden bzw. Lieferanten zu welchem Geschäftspartner gehören, können Sie der Tabelle `CVI_CUST_LINK` bzw.

der Tabelle CVI_VEND_LINK entnehmen. Innerhalb von SAP MDG ist es möglich, mehrere Kunden bzw. Lieferanten einem einzigen Geschäftspartner zuzuordnen. Dies nennt sich *Multiple Vendor Assignment* (MVA).

[!]

MDG-C und/oder MDG-S ist ohne Geschäftspartner nicht möglich

Beachten Sie Folgendes: Da SAP MDG das Datenmodell BP als Grundlage für das Datenmanagement von Kunden und Lieferanten verwendet, werden von SAP MDG immer Geschäftspartner angelegt, auch wenn der Endanwender nur einen Kunden- bzw. Lieferantenstammsatz benötigt. In SAP ERP können Sie SAP MDG für das Kunden- bzw. Lieferantenmanagement nur dann nutzen, wenn Sie auch Geschäftspartner verwalten. Es ist jedoch möglich, das GP-Management komplett in den Hintergrund zu schieben, z. B. durch spezielle User Interfaces. In SAP S/4HANA ist dies durch die genannte obligatorische Verwendung des Geschäftspartnerkonzepts nicht möglich.

Trotzdem führt die Notwendigkeit des GP-Managements nicht selten dazu, dass bei einem MDG-Einführungsprojekt zu den bestehenden Kunden- und Lieferantenstammsätzen erst einmal noch Geschäftspartner angelegt werden müssen. Dazu gibt es Hilfsmittel, die diese Tätigkeit übernehmen können (z. B. die Transaktionen FLBD1 und FLBC1 zum Anlegen von GPs), wobei sie von bestehenden Kunden bzw. Lieferanten ausgehen. Für die Massenanlage ist Transaktion MDS_LOAD_COCKPIT geeignet.

Ist das CVI in einem MDG-System nicht aktiv, wird beim Anlegen eines Lieferanten tatsächlich nur ein Geschäftspartner angelegt, aber kein Lieferant. Es gibt Fälle, in denen dieses Verhalten gewünscht ist; jedoch sollten Sie im Regelfall das CVI in SAP MDG (bzw. in dem darunterliegenden ERP-System) einschalten und passend konfigurieren.

Neuerungen in MDG-BP

Interessante Neuerungen im Bereich MDG-BP sind z. B.:

- Schon mit Release SAP S/4HANA 1809 ist es möglich, einem bereits aktiven Kunden eine Partnerfunktion (z. B. Payer) zuzuweisen.
- Seit SAP S/4HANA 1809 kann das Sperren eines Geschäftspartners granularer ausgeführt werden. Das heißt, dass nicht alle zugewiesenen Lieferanten automatisch gesperrt werden, wenn der führende Geschäftspartner gesperrt wird, sondern die referenzierten Lieferanten können einzeln gesperrt werden oder eben frei bleiben.
- Wenn ein Lieferant bzw. Geschäftspartner schon gesperrt ist, wird nun eine Meldung ausgegeben, wenn dieser im MDG-BP angepasst werden soll (verfügbar seit SAP S/4HANA 2019).

3.8.2 MDG-Financial: Editionen

Zeitabhängigkeiten

Im Financial-Umfeld sind häufig Zeitabhängigkeiten zu berücksichtigen. Beispielsweise legt man heute eine neue Kostenstelle an, die aber erst zum nächsten Quartal oder im nächsten Jahr bebucht werden darf. Um solche Anforderungen leichter implementieren zu können, gibt es im MDG-F die *Editionen*. Eine Edition ist eine Art Container, in den alle diejenigen Änderungsanträge gepackt werden, die zu einem bestimmten Zeitpunkt aktiv werden sollen. Eine Edition fasst also Änderungsanträge zusammen (siehe Abbildung 3.77).

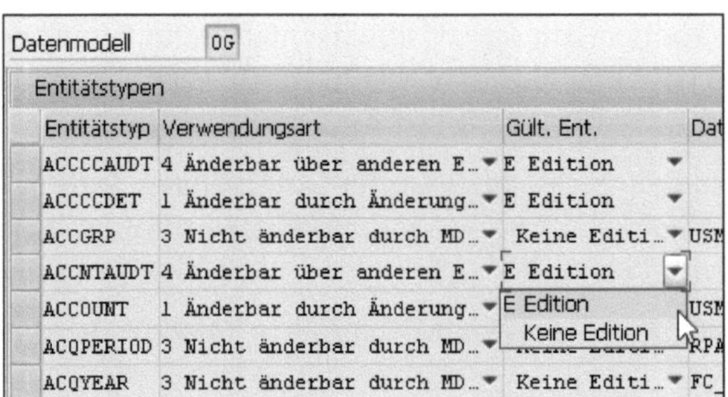

Abbildung 3.77 Editionen im Datenmodell 0G für MDG-Financial

Editionen werden im Datenmodell auf Entitätsebene ein- oder ausgeschaltet. Falls Editionen aktiviert sind, muss beim Start eines Stammdatenprozesses zur Erstellung des Änderungsantrags eine passende Edition angegeben werden. Editionen können dann automatisiert oder manuell freigegeben werden und sorgen dafür, dass die beinhalteten Änderungen und Neuanlagen von Stammdaten zum Datum der Edition aktiviert werden (siehe Abbildung 3.78).

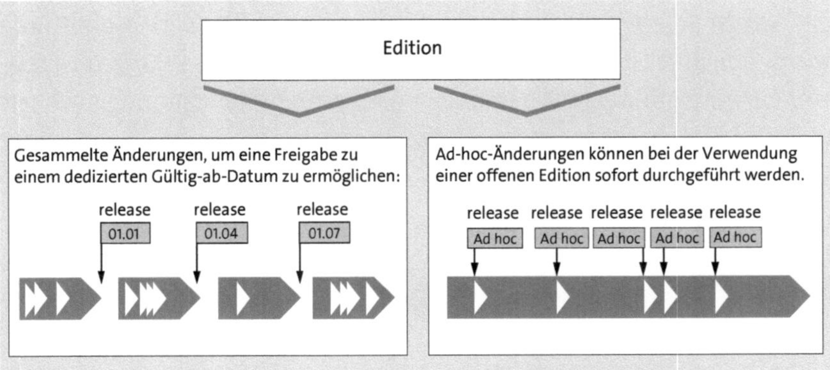

Abbildung 3.78 Editionskonzept für MDG-F-Stammdatenobjekte

In neueren MDG-Releases (>= 7.0) sind die Editionen flexibler gestaltet worden, sodass mithilfe einer offenen Edition auch die sofortige Aktivierung von Änderungsanträgen möglich ist.

Domänenspezifische Editionen

Editionen können grundsätzlich nur im Flex-Modus und im Auslieferungszustand nur im MDG-F verwendet werden. Für andere, von SAP ausgelieferte Domänen, die den Flex-Modus nicht nutzen, ist das Einschalten von Editionen nicht zulässig.

Neuerungen in MDG-F

Folgende wertvolle neuen Funktionen wurden seit MDG 8.0 im Standard im Bereich MDG-F zur Verfügung gestellt:

- Neue Buchungskreise können sehr schnell durch einfaches Kopieren bestehender Buchungskreisdaten angelegt werden (seit SAP S/4HANA 1909).
- Hierarchiegruppen werden bei durchgeführten Änderungen automatisch verteilt – falls dies so im System konfiguriert wurde (seit SAP S/4HANA 2020).
- Hierarchien können seit SAP S/4HANA 2020 in Microsoft Excel heruntergeladen werden.
- Hierarchien können zwischen Editionen verglichen werden (seit SAP S/4HANA 2020).
- Hierarchien im MDG-F sind nun (seit SAP S/4HANA 2022) in ihrer Struktur mit den SAP-S/4HANA-Hierarchien, d. h. den Datenbanktabellen `HRRP*`, harmonisiert und können damit leichter synchron gehalten werden.

3.8.3 MDG-M spezifische Besonderheiten

Ergänzungen im MDG-M-Datenmodell

Bislang konnte im MDG-M die Preiseinheit des Materials nicht geändert werden; dies war eine massive Einschränkung und sorgte dafür, dass für das ein oder andere Projekt das MDG-M nicht zum Einsatz kam. Diese Hürde wurde nun durch das Release S/4HANA 1909 beseitigt: Das Feld für die Preiseinheit wurde in das MM-Datenmodell eingefügt und kann nun auch per MDG-M im Stammdatenprozess geändert werden.

Mit Release SAP S/4HANA 1909 wurde das MM-Datenmodell außerdem mit weiteren Feldern, insbesondere aus der Tabelle `MFHM` ergänzt.

Kapitel 4

Konsolidierung und Massenverarbeitung mit SAP Master Data Governance

4

In diesem Kapitel schauen wir uns die Möglichkeiten rund um die Themen Datenkonsolidierung und Massenverarbeitung von Stammdaten an, die SAP MDG im Standard seit Release 9.0 zur Verfügung stellt. Nach einem Überblick über diese Funktionen gehen wir auf einige grundlegende Möglichkeiten der Konfiguration ein.

Mit Release 9.0 (Erscheinungsjahr 2016) wurde SAP MDG um einige sinnvolle und umfangreiche Funktionen rund um die Themen Datenkonsolidierung und Massenverarbeitung für Stammdaten erweitert. Während die Funktion zur Datenkonsolidierung in SAP MDG neu ist, ist die Funktion zur Massenverarbeitung von Stammdaten eine Weiterführung der schon verfügbaren Möglichkeiten von SAP MDG in diesem Bereich, allerdings basierend auf einem leistungsfähigeren Konzept.

Wie wir im Vorfeld schon gesehen haben, konzentrieren sich die Hauptfunktionen von SAP MDG auf die Stammdaten-Governance, also auf das Anlegen, Verwalten, Verteilen und Validieren von Stammdaten, u. a. typische Aufgaben eines Stammdatenmanagementsystems. Die Datenkonsolidierung ergänzt dieses Aufgabenportfolio, indem es die Möglichkeit eröffnet, Stammdaten koordiniert in das System aufzunehmen bzw. zu migrieren. Koordiniert meint hier, dass die zu integrierenden Stammdaten mit sinnvollen Prozessen bearbeitet werden (z. B. per Dublettencheck), damit eine hohe Datenqualität erreicht werden kann und die Vorgaben eingehalten werden.

Unterschied zwischen klassischem SAP MDG und SAP MDG mit Konsolidierungskomponente

Recht anschaulich kann man das klassische SAP MDG (also ohne Datenkonsolidierung) unter dem Motto »Keep Data clean« begreifen, während die Datenkonsolidierung als Komponente angesehen werden kann, die nach dem Motto »Get Data clean« agiert.

Effiziente Massenverarbeitung

Einhergehend mit der Bereitstellung der Datenkonsolidierung hat SAP eine weitere, immer wieder von der Kundenseite formulierte Anwendung in SAP MDG integriert: eine sehr leistungsfähige Funktion zur Massenverarbeitung. Wie der Name schon sagt, geht es darum, in einem Änderungsantrag nicht nur ein Stammdatenobjekt zu bearbeiten, sondern beispielsweise ein oder zwei Feldwerte für mehrere (und das können auch mehrere Tausend) Materialien oder Geschäftspartner anzupassen. Das heißt, wenn z. B. 300 Materialien in gleicher Weise zu verändern sind, können diese 300 Materialien in einen Änderungsantrag (engl. Change Request, CR) eingefügt werden, der nun bearbeitet wird. Um die Änderung von 300 Materialien in einem Schritt zu übernehmen und in der Datenbank zu hinterlegen, ist nur eine Genehmigung erforderlich.

SAP Fiori als Benutzeroberfläche

Beide Funktionen, die Konsolidierung sowie die Massenverarbeitung, nutzen SAP Fiori als UI-Technologie, während – wie Sie bereits wissen – bei SAP MDG für die Governance auch Web Dynpro ABAP als Benutzeroberfläche eingesetzt werden kann. Beachten Sie daher, dass Web Dynpro ABAP für die Konsolidierungsfunktion und die Massenverarbeitungsfunktion nicht verwendet werden kann. Da SAP Fiori (ähnlich wie Web Dynpro ABAP) ausgereifte, generische Anpassungsmöglichkeiten wie z. B. Personalisierung bietet, kann die Benutzeroberfläche flexibel an Ihre jeweiligen Anforderungen angepasst werden.

4.1 Datenkonsolidierung im Detail

Gründe für die Datenkonsolidierung

Im Folgenden möchten wir Ihnen die Vorteile der Integration einer Konsolidierungskomponente in SAP MDG aufzeigen und erklären, warum die Funktionen rund um die Konsolidierung im Stammdatenumfeld eine wichtige Ergänzung sind. Hierzu betrachten wir zunächst, welche Anwendungsfälle für eine Funktion wie die Datenkonsolidierung in SAP MDG typisch sind. Im Folgenden sehen Sie eine Aufzählung, die allerdings keinen Anspruch auf Vollständigkeit erhebt:

- *initiale Beladung* des SAP-MDG-Systems mit schon vorhandenen Stammdatenobjekten
- laufende bzw. *regelmäßige Beladung* und Aktualisierung des MDG-Systems speziell für analytische Zwecke, also zu Auswertungszwecken
- *Umstrukturierungen* innerhalb oder auch in Verbindung mit anderen Unternehmen, also z. B. Mergers and Acquisitions (M&A)
- *hybrider Ansatz* der Stammdatenverwaltung, d. h., dass bestimmte Stammdatenobjekte in Verbindung mit regelmäßiger Konsolidierung

lokal verwaltet werden, während andere Stammdatenobjekte global unter der Verwendung der zentralen Governance administriert werden.

4.1.1 Vorteile der Konsolidierungskomponente in Verbindung mit SAP MDG

Selbstverständlich gibt es für den ein oder anderen genannten Anwendungsfall auch alternative Werkzeuge für die Datenkonsolidierung (schließlich konnte man ja mit SAP MDG auch schon arbeiten, bevor die Konsolidierung verfügbar war). Der große Vorteil der Konsolidierungsfunktion ist jedoch, dass sie das gleiche datentechnische Fundament wie SAP MDG verwendet. Damit gehen einige sehr nützliche Vorteile einher wie z. B., dass Validierungsregeln sowohl in SAP MDG als auch in der Konsolidierungskomponente verwendet werden können und nicht mehrfach gepflegt werden müssen. Dies vermeidet Redundanz und Fehlerquellen. Ein weiter Vorteil ist, dass die Konsolidierungskomponente bei der Dublettenprüfung auf die schon vorhandenen SAP-MDG-Daten zugreifen kann und damit verhindert, dass Daten in SAP MDG gelangen, die dort schon vorhanden sind.

Unabhängig von SAP MDG nutzbare Konsolidierungsfunktion

Auch wenn die Konsolidierungsfunktion nicht ohne vorherige SAP-MDG-Installation verwendet werden kann, können die Funktionen selbst ganz unabhängig von SAP MDG genutzt werden. Das heißt, dass Sie z. B. die Standardisierung und die Best Record Calculation (siehe Abschnitt 4.1.4, »Allgemeine Funktionen der Konsolidierungskomponente«) völlig unabhängig von SAP MDG durchführen können. Dies gilt natürlich nur, wenn die Stammdatenobjekte, die über die Konsolidierungsfunktion in das System integriert werden, nicht in einen Änderungsantrag geladen werden sollen, denn dieser steht ja nur im MDG-Umfeld zur Verfügung. Dies führt zu einer weiteren Option, wie die Konsolidierungskomponente eingesetzt werden kann: Die Daten werden direkt nach der Bearbeitung durch die Konsolidierungskomponente in den aktiven Bereich überführt oder erst in einen Änderungsantrag, sodass mithilfe dieses Antrags in SAP MDG gegebenenfalls weitere Validierungen oder Genehmigungen ermöglicht werden.

4.1.2 Umfang der Konsolidierungskomponente

Die Einführung der Konsolidierungskomponente geht mit einem dedizierten technischen Fundament einher, das viele neue Funktionen bietet, aber auch einige Restriktionen mit sich bringt. Eine der wichtigsten Einschränkungen ist, dass nicht alle Stammdatenobjekte, die SAP MDG verwalten kann, auch von der Konsolidierungskomponente administriert werden können. Unterstützt werden im Standard alle Stammdatenobjekte, die in SAP MDG im Re-Use-Modus konfiguriert sind, also der Geschäftspartner inklusive Kunde und Lieferant sowie das Material und bestimmte *Custom Objects* (also selbst definierte Datenmodelle).

Mögliche Konsolidierung nur im Re-Use-Modus

Die Konsolidierungskomponente kann die Domäne **Custom Objects** nur dann verwalten, wenn für das Custom-Objects-Datenmodell der Re-Use-Modus und nicht der Flex-Modus verwendet wird. Da MDG-F im Flex-Modus konfiguriert ist, wird die Datenkonsolidierung (und Massenverarbeitung), wie sie hier beschrieben ist, für diese Domäne auch nicht unterstützt.

Keine Konsolidierung für den Flex-Modus

Der Grund, warum Domänen, die im Flex-Modus konfiguriert sind, nicht innerhalb der Konsolidierungskomponente genutzt werden können, ist – wie zuvor schon angedeutet –, dass die Daten für die Konsolidierung in neuen, im Standard zur Verfügung gestellten Datenbanktabellen verwaltet werden. Dies ist für den Flex-Modus nicht möglich, da die aktiven Daten im Flex-Modus in den MDG-Tabellen verbleiben und lediglich mit einem Flag als aktiv gekennzeichnet werden.

4.1.3 Konsolidierungsprozess

Die Konsolidierungskomponente gibt einen im Customizing vordefinierten Konsolidierungsprozess vor, der aus immer gleichen Stufen besteht. Der Endanwender arbeitet sich somit Schritt für Schritt durch die verschiedenen Operationen durch, mit denen die Komponente die Stammdaten bearbeitet (siehe Abbildung 4.1).

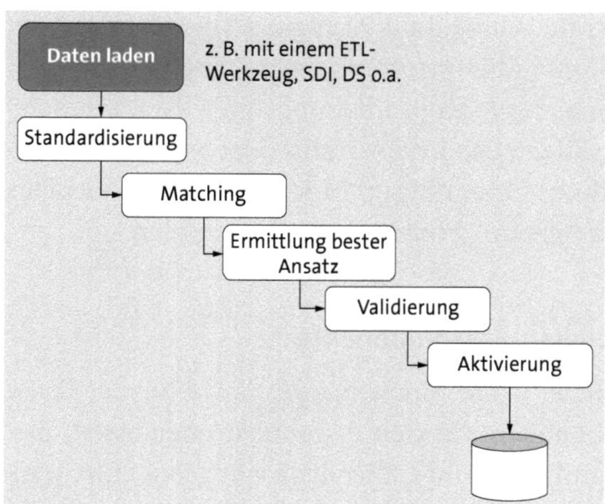

Abbildung 4.1 Datenkonsolidierungsprozess

Aufbau des Konsolidierungsprozesses

Die Struktur dieses Prozesses ist in der Regel fest bzw. kann nur im Customizing angepasst werden. Dies unterscheidet sich von SAP MDG, in dem der Stammdatenprozess ganz individuell nach den jeweiligen Anforderungen zu modellieren ist. Die Schritte werden vom System durchgeführt und die erzielten Ergebnisse, z. B. das Match-Ergebnis, müssen bzw. können vom Endanwender bewertet werden. Dieser entscheidet letztendlich über die Frage, welcher Datensatz beispielsweise eine Dublette ist und welche Datensätze zusammengefasst werden sollen. Auf der Grundlage dieser Entscheidungen wird der nächste Schritt vom System durchgeführt, bis schließlich am Ende des Prozesses die Aktivierung der Daten im Sinne des Endanwenders erfolgen kann.

Die Darstellung dieses Prozesses ist dank des SAP-Fiori-Designs sehr übersichtlich und anwenderfreundlich gestaltet. In Abbildung 4.2 sehen Sie ein Beispiel aus der Konsolidierungskomponente.

Abbildung 4.2 Konsolidierungsprozess aus Sicht des Endanwenders

Schauen wir uns die Schritte aus Abbildung 4.1 im Einzelnen an:

- **Daten laden**
  In diesem Schritt werden die zu integrierenden Daten mithilfe eines ETL-Werkzeugs, SAP-HANA-basiert mit Smart Data Integration (SDI), einer Nicht-SAP-HANA- oder auch einer Nicht-SAP-ETL-Software in die Datenbanktabellen der Konsolidierungskomponente überführt.

- **Standardisierung**
  Bei der Standardisierung geht es darum, die ankommenden Daten initial zu validieren und gegebenenfalls zu ergänzen, sodass eine Vergleichbarkeit der Datensätze hergestellt werden kann. Ein typisches Beispiel ist die Anreicherung von Adressdaten, damit die Datensätze sinnvoll miteinander verglichen werden können. Wenn also ein ankommender Datensatz in den Adressdaten z. B. keine Postleitzahl aufweist, kann anhand von Stadt und Straße die Postleitzahl im Rahmen der Standardisierung ergänzt werden; auf diese Weise kann ein Vergleich auf der Grundlage der Adressdaten mit den schon vorhandenen Datensätzen sinnvoll erfolgen.

  Abbildung 4.3 zeigt das Ergebnis des Standardisierungsschritts. In diesem Beispiel wurden alle 119 Datensätze vom System angepasst. Rechts oben befindet sich der Button **Show Results**, mit dem der Endanwender die Veränderungen detailliert anschauen und prüfen kann.

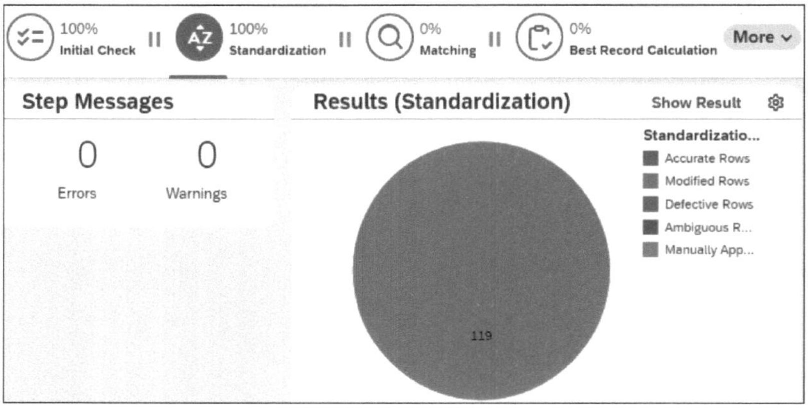

Abbildung 4.3 Ergebnis des Schritts »Standardisierung«

Um das Erstellen und die Pflege von Qualitätsregeln zu vereinfachen, bietet SAP u. a. das generische Regelwerkzeug *Business Rules Framework plus* (BRFplus bzw. BRF+), das im Umfeld von SAP MDG und der Konsolidierungskomponente häufig eingesetzt wird. Neben der Verwendung von BRFplus oder anderer SAP Werkszeuge, wie z. B. der *Fuzzy Search*, ist es möglich, hier auch externe, also Nicht-SAP- oder auch nahezu beliebige SAP-Services eines anderen Systems einzubinden, um die hier notwendigen Standardisierungsaufgaben zu unterstützen.

[»]

Fuzzy Search

Fuzzy Search ermöglicht – im Gegensatz zur exakten Suche – die Suche nach Begriffen, die ähnlich geschrieben sind oder ähnlich klingen. Beispiel:

Sie suchen nach »Maier«. Die exakte Suche würde nur Einträge mit »Maier« finden. Die Fuzzy Search findet hingegen auch Einträge mit »Meier«, »Mayer«, »Mayr« usw.

- **Matching**
  Primär werden in diesem Schritt mögliche Dubletten identifiziert, und zwar nicht nur unter den zugeführten Daten, sondern auch im Vergleich mit schon in SAP MDG vorhandenen Daten. Dies ist ein großer Vorteil im Vergleich zu anderen ETL-Werkzeugen, die keinen Zugriff auf die SAP-MDG-Stammdaten haben und damit keinen solchen Vergleich durchführen können. Die Regeln, die vorgeben, ob Datensätze möglicherweise Dubletten sind, werden im Customizing der Konsolidierungskomponente festgelegt. Das MDC-System ermittelt anhand von Vorgaben aus dem Customizing alle ähnlichen Datensätze und gruppiert sie in einer sogenannten *Match Group*. Die Ergebnisse dieses Matching-Schritts werden dem Endanwender zur Bewertung vorgelegt, d. h., dass er auf Basis der Systemvorschläge entscheiden kann, welche Vorschläge akzeptiert und/oder individuell zu ändern sind (siehe Abbildung 4.4).

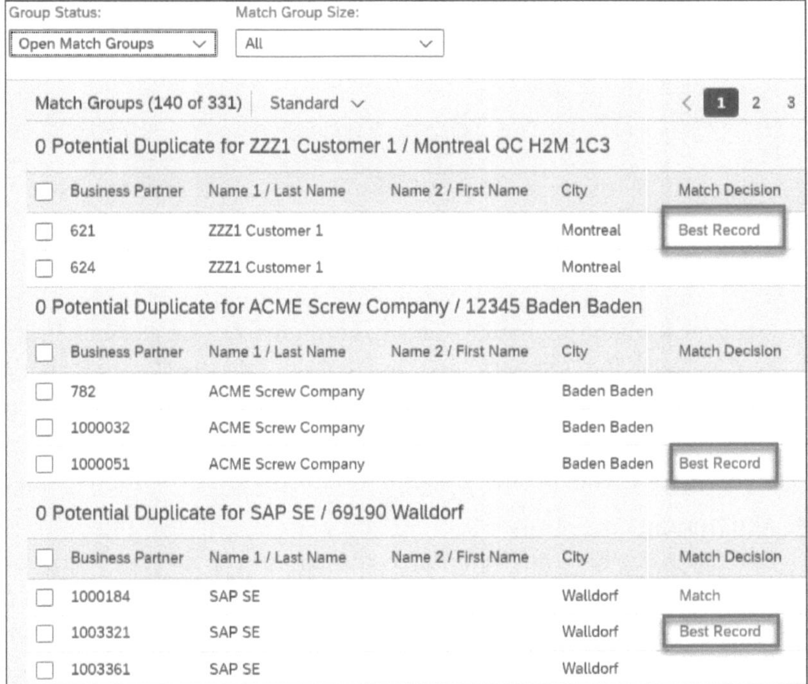

Abbildung 4.4 Ergebnis des Schritts »Matching«

- **Berechnung des besten Datensatzes (Calculate Best Record)**
  Nachdem im Schritt zuvor (Matching) Match Groups gebildet worden sind, um vor allem Dubletten oder mehrfach vorkommende, sehr ähnliche Datensätze zu identifizieren, wird in diesem Schritt vom System der beste Datensatz ermittelt. Dies geschieht auch hier anhand von Regeln, die auch z. B. mithilfe von BRFplus formuliert werden können (siehe Abbildung 4.5).

MDC: Rules for Best Record Calculation

Rule ID	Rule Description	Label	For Table	For Field
BRFPLUS	Best record calculation is up to BRF+ (table needs to be set up accordingly)	BRF+	☑	☐
COMPLETENESS	Attributes from other records are used to complete the best record	Completeness	☐	☑
RECENCY	The best record is the one with the most recent data	Recency	☑	☐
SOURCE_SYSTEM	The best record is chosen based on the specified source system	Source System	☑	☐

Abbildung 4.5 Regeln für die Ermittlung des besten Datensatzes

- **Validierung**
  Haben Sie im Schritt zuvor den besten Datensatz festgelegt, wird dieser vor der Aktivierung (d. h. vor dem endgültigen Speichern auf die Datenbank) umfassend vom System geprüft (siehe Abbildung 4.6).

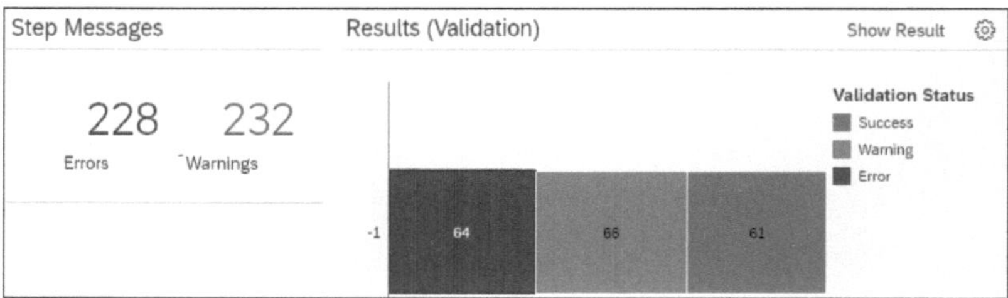

Abbildung 4.6 Ergebnis des Schritts »Validierung«

  Das sind ähnliche oder auch – falls so konfiguriert – die gleichen Prüfungen, die auch über SAP MDG erfolgen würden, falls der Datensatz per Änderungsantrag aktiviert werden soll. Das heißt, dass hier Validierungen auf der Grundlage von BRFplus-Regeln oder auch mithilfe von Logiken in dem zugeordneten Business Add-in (BAdI) ausgeführt werden können.

- **Aktivierung**
  Der Datensatz bzw. die Datensätze können nun in diesem Schritt aktiviert werden. Hierbei gibt es die Option der direkten Aktivierung. Bei dieser Option werden die Daten direkt auf die Datenbank geschrieben. Alternativ werden die Daten zunächst in einen Änderungsantrag überführt, der von SAP MDG weiterbearbeitet wird, z. B. für weitere Validie-

rungen, Datenanreicherungen oder Genehmigungen. Erst wenn SAP MDG den Änderungsantrag positiv – d. h. mit Genehmigung, falls dies im Prozess erforderlich ist – abschließt, werden die Daten auf die Datenbank geschrieben und aktiviert (siehe Abbildung 4.7).

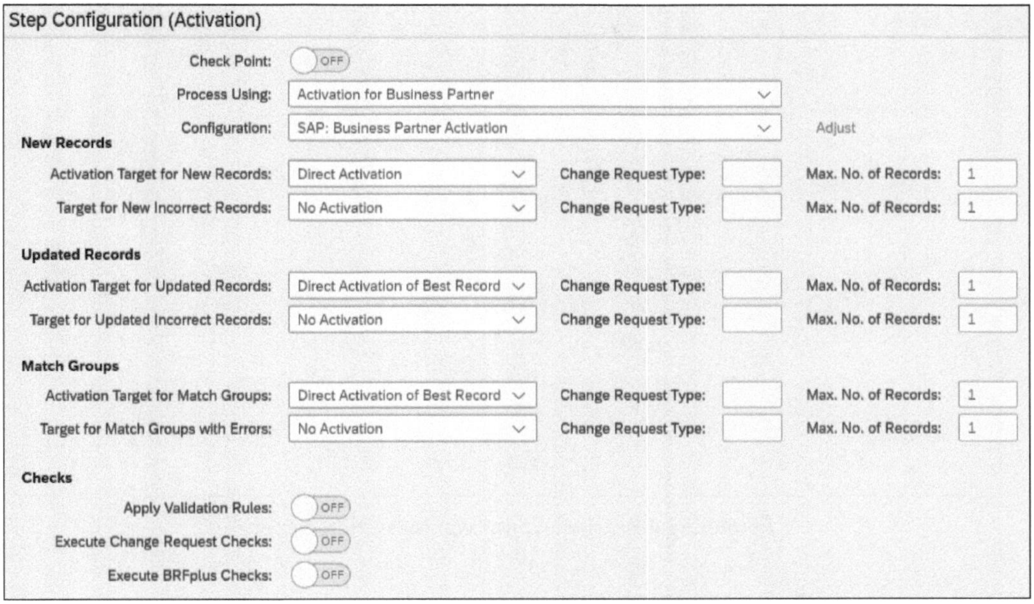

Abbildung 4.7 Daten in der Konsolidierung aktivieren

4.1.4 Allgemeine Funktionen der Konsolidierungskomponente

Konsolidierungsfunktionen

Neben den im Abschnitt zuvor beschriebenen zentralen Konsolidierungsprozessen bietet die Konsolidierungskomponente eine Reihe von allgemeinen Funktionen, die das Arbeiten erheblich erleichtern und effizienter machen. Diese sehen wir uns im Folgenden detailliert an:

- **Arbeitsvorrat**
  Dieses aus der SAP-Welt bekannte und recht oft verwendete Konzept erlaubt auch in der Konsolidierung eine übersichtliche Darstellung aller relevanten Prozesse inklusive ihres Status. Der Arbeitsvorrat stellt einen Überblick zur Verfügung, aus dem Sie direkt in den jeweiligen Prozess abspringen können. Aber auch das Erstellen, Editieren sowie Beenden von Prozessen wird unterstützt. Der Arbeitsvorrat ist der zentrale Einstiegspunkt für das Arbeiten mit der Konsolidierungsfunktion von SAP MDG. In Abbildung 4.8 sehen Sie beispielhaft eine Auflistung der derzeit aktiven Konsolidierungs- bzw. Massenprozesse im System.

Abbildung 4.8 Arbeitsvorrat von Massenprozessen

- **Datentransparenz**
  Mit dieser Funktion stehen dem Endanwender in jedem Konsolidierungsschritt alle Daten des jeweiligen Stammdatenobjekts für die visuelle Prüfung zur Verfügung.
- **Änderungsdarstellung**
  Wurden Daten während des Prozesses geändert, z. B. durch die Adressbereinigung, können diese Änderungen dargestellt werden, je nach Anwendungsfall auch mit einer Drilldown-Funktion.
- **Rückgängig-Funktion**
  Eine sehr sinnvolle Funktionalität ist die Möglichkeit, im Prozess jeweils einen Schritt zurückzuspringen und die schon gemachten Änderungen rückgängig zu machen. Dies erlaubt z. B. die beliebige Wiederholung von Dublettenchecks, Validierungen, Ableitungen und anderen Operationen. Ein solches Vorgehen ist in manchen Fällen sinnvoll, um mit geänderten Parametern die erzielten Ergebnisse zu verbessern.
- **Konfiguration während der Laufzeit durchführen**
  Bestimmte Konfigurationen bzw. Customizing-Einstellungen können sogar während der Laufzeit des Prozesses angepasst werden, weil diese z. B. nicht für die zu konsolidierenden Daten geeignet sind und eine Modifizierung der Konfiguration angezeigt ist.

- **Prozesse splitten**
  Bei der Bearbeitung der ankommenden Datensätze kann sich in der Laufzeit während des Konsolidierungsprozesses die Situation ergeben, dass es sinnvoll ist, den ein oder anderen Datensatz aus der Gruppe der ankommenden Datensätze dediziert zu bearbeiten, z. B. aufgrund von nicht behebbaren Fehlern. Auch eine solche Option wird von der Konsolidierungskomponente unterstützt.

  Dieses Überführen von einzelnen Datensätzen in einen neuen bzw. anderen Konsolidierungsprozess kann im Übrigen auch durch den sogenannten Filter and Remove Adapter (FAR) automatisiert werden. Dieser kann in der Art konfiguriert werden, sodass folgende Datensätze automatisch in neue Prozesse überführt werden:
  - offene Match-Gruppen
  - spezielle vom Best-Record-Calculation-Schritt ermittelte Datensätze
  - Datensätze, die nach der Validierung als fehlerhaft oder mit Warnung behaftet ermittelt werden
- **Werte anpassen**
  Es können während des Konsolidierungsprozesses Feldwerte von Datensätzen manuell vom Endanwender verändert oder initialisiert werden.
- **Prüfprotokoll**
  Alle Aktivitäten, Feldwertänderungen, Anpassung und Schritte werden genau protokolliert und sind jederzeit während und nach der Beendigung des Prozesses einsehbar.
- **Schlüssel- und Werte-Mapping**
  Der Konsolidierungskomponente können über den Standardisierungsadapter des Schlüssel- und Werte-Mappings Daten zugeführt werden. Diese können dann mithilfe der DRF-Mapping-Tabelle weiterverwendet werden.
- **Übersichtliche Darstellung von Meldungen**
  Sämtliche Meldungen, also Informations-, Warn- sowie Fehlermeldungen werden übersichtlich und für jeden Konsolidierungsschritt gesammelt aufgelistet. Durch einen direkten Link in bzw. an der Meldung kann zu der entsprechenden Fehlerquelle oder zum entsprechenden Datensatz navigiert werden.
- **Schnittstelle für Prozess-Trigger**
  Der Konsolidierungsprozess der Komponente kann über einen externen Trigger mithilfe einer Schnittstelle (SOA) gestartet werden. Damit sind Integrationsszenarien leichter realisierbar. Beispielsweise könnte ein externes (SAP- oder Nicht-SAP-)System den Konsolidierungsprozess star-

ten. Die schließlich in SAP MDG verfügbaren konsolidierten Daten können dann an das anfordernde oder auch an andere Zielsystem repliziert werden.

- **Vereinfachtes Einbinden von BRFplus**
  Die Konsolidierungskomponente erlaubt die Nutzung von BRFplus, das in allen SAP-ERP- bzw. SAP-S/4HANA-Installationen zur Verfügung steht. Damit können verschiedenste Regelwerke verwendet aber auch wiederverwendet werden (weil sie schon an anderer Stelle im Einsatz sind, z. B. in SAP MDG). BRFplus kann für die Standardisierung, die Ermittlung des besten Datensatzes (Best Record Calculation), für die Validierung, sowie für das Anpassen und Anreichern von Daten auf der Tabellenebene genutzt werden.
- **Vier-Augen-Prinzip**
  Durch konfigurierbare Berechtigungsprüfungen erlaubt es die Konsolidierungskomponente, kontrolliert zu steuern, wer welchen Schritt im Konsolidierungsprozess durchführen darf. Das heißt, dass je nach Customizing beispielsweise eine Anforderung nach einem Vier-Augen-Prinzip realisierbar ist.

4.2 Massenverarbeitung

Kommen wir nun zur *Massenverarbeitung* bzw. *Massenpflege* von Stammdaten. Im Gegensatz zur Konsolidierung werden die Daten nicht eingespielt, sondern sind entweder bereits vorhanden oder werden massenmäßig angelegt. Die Massenpflege basiert auf der gleichen technischen Basis wie die Konsolidierung und wird dem Endanwender in der Bedienung sehr ähnlich zur Verfügung gestellt. Dies hat Vorteile sowohl auf der Anwender- als auch auf der Entwicklungsseite. Im Folgenden schauen wir uns die Möglichkeiten der Massenverarbeitung im Detail an.

4.2.1 Massenverarbeitung und Multi-Record-Prozess

Neue Massenverarbeitungsfunktion

Das SAP-MDG-Paket stellt ab der Releaseversion 9.0 der in Abschnitt 4.1 vorgestellten Konsolidierung auch eine neue *Massenverarbeitungsfunktion* zur Verfügung. Diese neue Massenverarbeitung ist nicht zu verwechseln mit dem Ihnen vermutlich schon bekannten *Multi-Record-Prozess* (Multi-Record Processing).

Unterscheidung der Funktionen

Die beiden Funktionen unterscheiden sich wie folgt: Der Multi-Record-Prozess verfügt über einen flexiblen Workflow wie in SAP MDG bei der Einzelbearbeitung von Stammdatenobjekten. Der Workflow kann also beliebig viele Schritte, Genehmigungen, Validierungen usw. enthalten und ganz auf die jeweiligen Anforderungen abgestimmt werden. In der Regel sind beim Multi-Record-Prozess mehrere Bearbeiter involviert. Währenddessen wird eine Massenverarbeitung eher nur von einem einzigen Stammdatenexperten gestartet, durchgeführt und genehmigt – gleichwohl auch bei der Massenverarbeitung eine Genehmigung nach dem Vier-Augen-Prinzip möglich ist. Ein weiterer wesentlicher Unterschied ist, dass beim Multi-Record-Prozess regelmäßig nur einige wenige Stammdatenobjekte bearbeitet werden. Wenige bedeutet hier vielleicht zehn oder zwanzig Objekte – die absolute Obergrenze liegt bei einhundert Stammdatenobjekten.

Feste Struktur

Der Prozess bei der Massenverarbeitung hat in der Regel eine feste Struktur, die nur über das Customizing anpassbar ist, ähnlich wie bei der Konsolidierung. Ebenso wie die Konsolidierung wurde auch die Massenverarbeitungsfunktion im SAP-Fiori-Design und auf Basis der SAP-Fiori-Technologie erstellt.

4.2.2 Umfang der Massenverarbeitung

Mögliche Massenverarbeitung nur im Re-Use-Modus

Da die Massenverarbeitung auf dem gleichen technischen Fundament wie die schon besprochene Konsolidierung basiert, unterstützt auch die Massenverarbeitung nicht uneingeschränkt alle Stammdatenobjekte, die von SAP MDG abgedeckt werden. Beachten Sie daher, dass nur im Re-Use-Modus modellierte Objekte verarbeitet werden können. Dies sind im Standard der Geschäftspartner (inklusive Kunde und Lieferant) sowie das Material. Finanzobjekte (also die Domäne MDG-F) können nicht mit der Massenverarbeitung editiert werden.

Beim kundenspezifischen Datenmodell, also den Custom Objects, gilt es zu unterscheiden, ob das Datenmodell im Flex- oder im Re-Use-Modus ausgeprägt ist. Die hier beschriebene Massenverarbeitung ist nur im Re-Use-Modus anwendbar; der Flex-Modus wird nicht unterstützt. Da man sich – so die Erfahrung in vielen Projekten – beim Einsatz von MDG-CO aus Effizienzgründen fast immer für den Flex-Modus entscheidet, steht somit die Massenverarbeitung meist nicht zur Verfügung.

4.2.3 Massenverarbeitungsprozess

Festgelegte Prozessstruktur

Wie schon erwähnt und auch ähnlich zur Konsolidierung ist die Struktur des Massenverarbeitungsprozesses in der Regel festgelegt, kann aber im Customizing bei Bedarf angepasst werden.

Der Ablauf umfasst die folgenden Schritte (siehe Abbildung 4.9):

- Umfang festlegen (**Scope**)
- Auswählen (**Selection**)
- Bearbeiten (**Edit**)
- Validieren (**Validation**)
- Aktivieren (**Activation**)

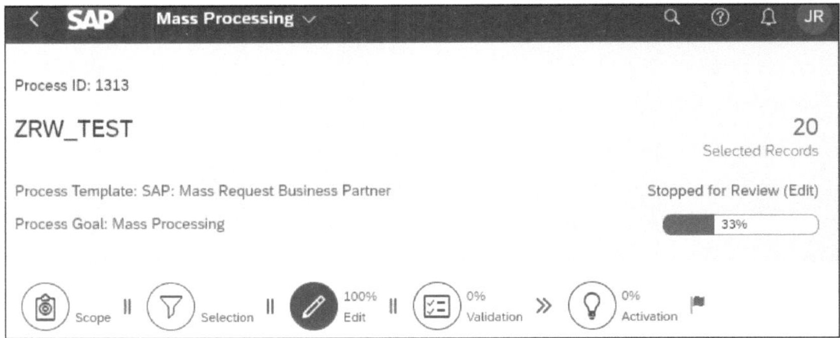

Abbildung 4.9 Überblick über die Schritte der Massenverarbeitung

SAP Fiori Launchpad

Bevor der erste Prozessschritt, also die Festlegung des Umfangs (Scope) ausgeführt wird, muss der Prozess getriggert oder gestartet werden. Der Start eines Massenverarbeitungsprozesses erfolgt über das *SAP Fiori Launchpad* (siehe Abbildung 4.10) und wird in der Regel so konfiguriert, dass nur Bearbeiter mit einer entsprechenden Rolle diesen und die weiteren Schritte durchführen kann. Im Standard steht dazu die Rolle **Stammdaten-Spezialist** (Master Data Specialist) zur Verfügung; diese kann, muss aber nicht verwendet werden.

Abbildung 4.10 SAP Fiori Launchpad für den Start der Massenverarbeitung

Statt einer Kachel auf dem SAP Fiori Launchpad kann auch eine URL als Einstieg angeboten werden, und es besteht die Möglichkeit, mit vordefinierten Szenarien zu arbeiten, wie z. B. vordefiniertem Umfang über Prozess-Templates. (Zur Pflege solcher Prozess-Templates ist jedoch ein dedizierte Admin-Berechtigung notwendig.) Zu Beginn des Prozesses vergeben Sie einen Namen und können optional eine Datei hochladen, die Informationen für die Festlegung des Umfangs der relevanten Stammdaten enthält.

Umfang festlegen (Scoping)

Damit kommen wir zur Spezifizierung des Umfangs bzw. der Attribute, die im Rahmen des Massenverarbeitungsprozesses inhaltlich verändert werden sollen (siehe Abbildung 4.11). Es können vordefinierte Attribute als Konfiguration (Configuration) verwendet oder auch neu definiert und für den weiteren Einsatz gespeichert werden. Dies ist jedoch nur eine Hilfestellung. Die Attribute können aus der Konfiguration direkt übernommen, aber auch frei angepasst werden. Dabei stehen die schon aus dem SAP-ERP- bzw. SAP-S/4HANA-System vorhandenen Suchhilfen auch hier zur Verfügung.

Abbildung 4.11 Umfang für die Massenverarbeitung festlegen

Relevante Stammdaten auswählen

Die Auswahl (Selection) der relevanten Stammdaten erfolgt mithilfe von Suchkriterien, basierend auf den im Schritt Scope festgelegten Attributen. Soll z. B. der Inhalt des Attributs **MRP Controller** laut festgelegtem Umfang verändert werden, steht dieses Feld automatisch als Selektionskriterium zur Verfügung (siehe Abbildung 4.12). Alle relevanten Schlüsselfelder werden vom System selbsttätig ermittelt und ebenso in die Liste der Kriterien aufgenommen. Sind die Stammdaten ermittelt worden, werden diese in Prozesstabellen gespeichert, die den Staging-Bereich für die Massenverarbeitung darstellen.

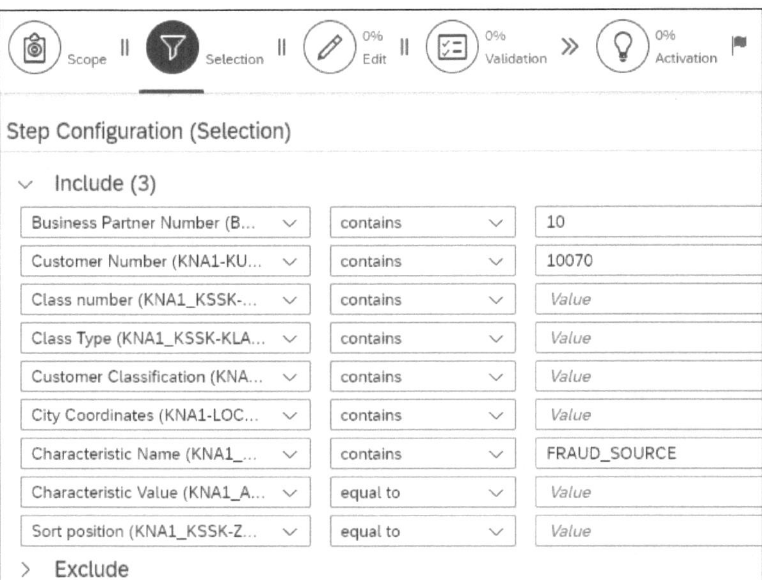

Abbildung 4.12 Stammdaten für die Massenverarbeitung auswählen

[!]

Einschränkung bei der Auswahl

Beachten Sie, dass Stammdaten, die schon in anderen Massenverarbeitungsprozessen oder als Zieldatensätze in Konsolidierungsprozessen verwendet werden, hier nicht mehr in die Auswahl eingeschlossen werden können.

Nachdem nun die relevanten Stammdaten für die Massenverarbeitung ermittelt worden sind, können die eigentlichen Feldwertänderungen im Schritt **Bearbeiten** (Edit) erfolgen.

Feldwerte für die Massenpflege editieren

Wie Sie in Abbildung 4.13 sehen, wird die Pflege der Feldwerte durch eine tabellarische Darstellung ermöglicht. Erleichtert wird das Ganze durch Filter- und Sortierungsfunktionen sowie auch über die Möglichkeit, nicht jedes Feld einzeln zu pflegen, sondern Änderungen in mehreren Feldern gleichzeitig durchzuführen. Sehr sinnvoll ist die Option, die hier vorgenommenen Änderungen zwischenzuspeichern, um zu einem beliebigen späteren Zeitpunkt die Arbeiten fortzusetzen. In diesem Schritt kann schließlich über eine verfügbare Statistik überprüft werden, ob die vorgenommenen Änderungen plausibel sind. Das System ermittelt die Feldwerte der betroffenen Attribute vor der Änderung und nach der (natürlich noch nicht endgültig durchgeführten) Massenänderung. Dies erlaubt es dem Benutzer, die Plausibilität seiner Angaben besser abzuschätzen.

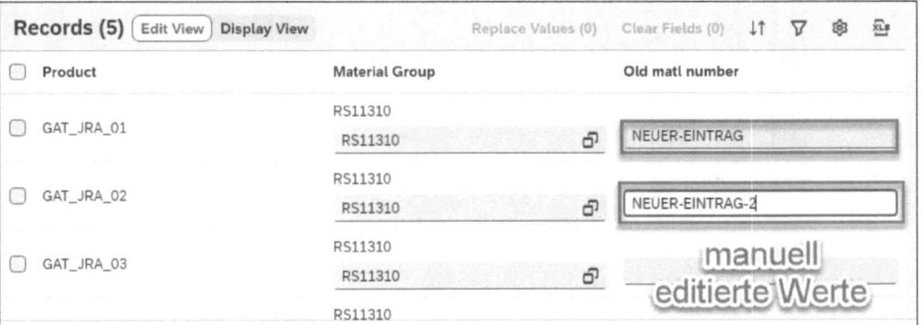

Abbildung 4.13 Feldwerte in der Massenverarbeitung anpassen

Im vorletzten Schritt der Massenverarbeitung (Validation) prüft das System mithilfe von Regeln die Qualität und Konsistenz der gewünschten Änderungen (siehe Abbildung 4.14). So dürfen z. B. keine Daten in das System gelangen, die nicht konsistent sind, wie etwa eine Mengeneinheit, die sinnlos oder im System nicht vorhanden ist, Buchstaben in Feldern, in denen nur Zahlen zulässig sind usw. In diesem Beispiel wurden fünf Datensätze geprüft, und das Ergebnis zeigt weder Fehler noch Warnungen. Bei einer Warnung kann der Prozess fortgesetzt werden, bei einem Fehler jedoch nicht; der Fehler muss zuerst behoben werden. Eine Warnung könnte z. B. sein, dass ein Feld ausgefüllt werden sollte (z. B. Textfeld), aber nicht muss.

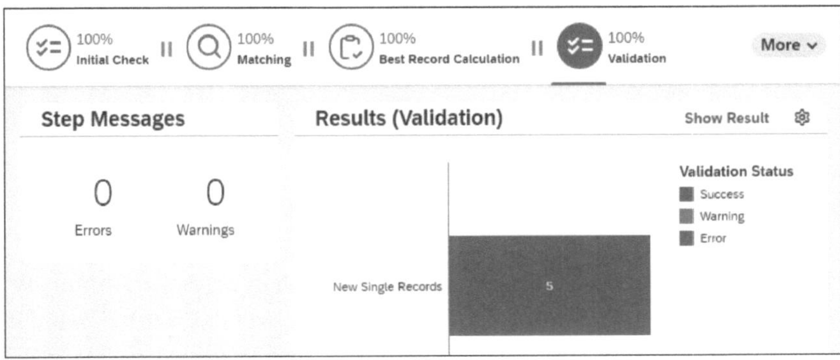

Abbildung 4.14 Validierungsschritt in der Massenverarbeitung

Validierungen anhand von Qualitätsregeln

Diese Überprüfung basiert zunächst auf den in SAP ERP oder in SAP S/4HANA hinterlegten Referenzdaten, also kann z. B. kein nicht existentes Dispositionskennzeichen eingetragen werden. (Dies liegt auf der Hand, aber auch solche »selbstverständlichen« Prüfungen muss eine verlässliche Software liefern können.) Über die von SAP ERP bzw. SAP S/4HANA hinaus zur Verfügung gestellten Prüfungen erlaubt SAP MDG das Implementieren und natürlich die Verwendung weiterer Qualitätsregeln. Diese können über ein BAdI aber auch über das Framework BRFplus erstellt und integriert werden.

[»]

Mehrfach verwendbare Validierungsregeln

Die Validierungsregeln, die in SAP MDG definiert sind, sei es mithilfe des BAdIs oder unter der Nutzung von BRFplus, können in SAP MDG, aber auch in der Konsolidierung sowie bei der Massenverarbeitung wiederverwendet werden.

Die Validierungsergebnisse werden anhand von Informations-, Warn- und Fehlermeldungen dokumentiert (siehe Abbildung 4.14). Das System ermöglicht die Navigation direkt zur Meldung und – je nach Meldungsinhalt – zur Fehlerquelle, z. B. zu einem bestimmten Datensatz. Daraufhin können die Feldwerte direkt manuell geändert werden, um die Fehler zu beseitigen. Diese Möglichkeit erspart die Notwendigkeit, gegebenenfalls einen Schritt zur Bearbeitung zurückzuspringen.

Der letzte Schritt der Massenverarbeitung ist schließlich die Aktivierung (Activation), siehe Abbildung 4.15.

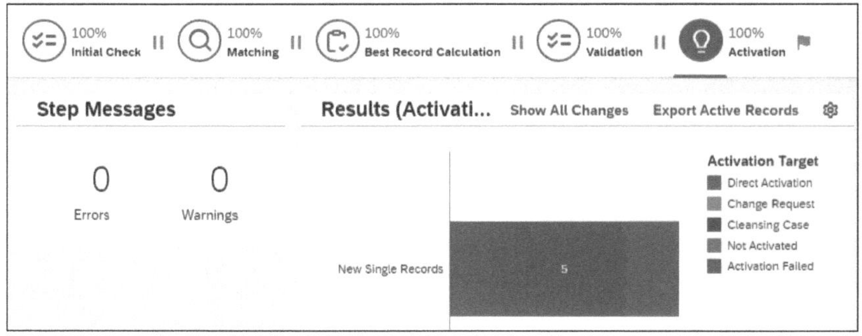

Abbildung 4.15 Stammdaten in der Massenverarbeitung aktivieren

Die Aktivierung schreibt die Daten in die Datenbank

Hier werden die Stammdaten vom Staging-Bereich in den sogenannten aktiven Bereich überführt und können somit frei verwendet werden, z. B. für transaktionale Operationen wie Bestellungen und Produktion. Natürlich können auch hier immer noch Fehlersituationen auftreten, z. B., dass einzelne Datensätze nicht aktiviert werden können. In diesem Fall können diese separiert werden, damit die akzeptierten Datensätze verbucht werden können. Die separierten Daten können z. B. in einem anderen Prozess bearbeitet oder ganz aus der Prozessierung herausgelöst werden.

Natürlich gibt es auch hier bei der Massenverarbeitung, ähnlich wie bei der Konsolidierung, einen Prozessüberblick in Form eines Arbeitsvorrats sowie ein Prüfprotokoll (Audit Trail).

4.3 Wichtige Customizing-Einstellungen

Transaktion MDCIMG

Nachdem wir uns die Funktionen rund um die Konsolidierung und Massenverarbeitung in den beiden Abschnitten zuvor genauer angeschaut haben, möchten wir Ihnen noch einen Überblick der wichtigsten Konfigurationsmöglichkeiten geben bzw. das Customizing betrachten. Natürlich finden Sie den Einstieg in das Customizing wie in jedem SAP-ERP- bzw. SAP-S/4HANA-System über Transaktion SPRO, oder hier direkt mit Transaktion MDCIMG (für SAP MDG ist dies MDGIMG).

Zentrale Customizing-Einstellungen

Im Customizing können Sie erkennen, dass doch einige Einstellmöglichkeiten zur Verfügung stehen (siehe Abbildung 4.16); daher konzentrieren wir uns im Folgenden nur auf die wichtigsten.

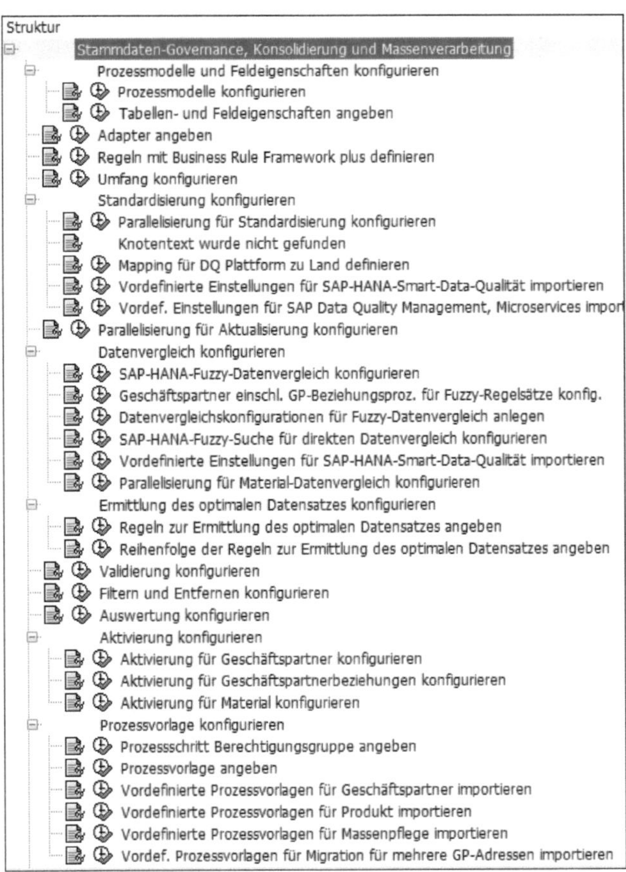

Abbildung 4.16 Customizing von Konsolidierung und Massenverarbeitung

Prozessmodelle können bzw. müssen den Objekttypen zugeordnet werden. Im Standard sind hier die Datenmodelle für den Geschäftspartner sowie das

Material schon vorkonfiguriert, können aber z. B. durch kundenspezifische Felder erweitert werden.

Die *Adapter* sind nichts anderes als ABAP-Klassen, die dem Geschäftsobjekttyp (BO-Type) und dem jeweiligen Schritttyp (also z. B. Standardisierung) zugewiesen und damit in der Laufzeit ausgeführt werden. Hier können auch Z-Klassen, d. h. kundenspezifische Adapterklassen, eingetragen werden.

In der Konfiguration zur *Standardisierung* wird das Werkzeug in den entsprechenden Prozessschritt eingebunden, z. B. in BAS (Business Address Services), Adaptern oder Services, die von SAP S/4HANA zur Verfügung gestellt werden, ähnlich der Vorgehenswese beim *Datenvergleich*. Auch hier sind weitere Services einzubinden, mit dem Unterschied, dass Konfigurationen anzulegen bzw. zu pflegen sind.

Die Ermittlung des *optimalen Datensatzes* wird über Regeln gesteuert. Die ausgelieferten Standardregeln sind `COMPLETENESS`, `RECENCY` und `SOURCE_SYSTEM`. Weitere Regeln können – falls notwendig – definiert werden.

Bei der *Aktivierung* gibt es zahlreiche Optionen dazu, wie die Aktivierung durchgeführt wird, z. B., ob die Daten zunächst in einen Änderungsantrag hinterlegt werden oder direkt auf die Datenbank geschrieben werden sollen. Diese und weitere Optionen werden in den Aktivierungskonfigurationen hinterlegt.

Die *Prozessvorlagen* bestimmen den Prozessablauf für die Konsolidierung bzw. Massenpflege. SAP liefert zahlreiche Standardvorlagen aus; es können hier aber auch eigene Prozesse definiert und eingetragen werden. Unter anderem kann hier auch das Prozessziel konfiguriert werden. Dabei sind nicht nur Konsolidierung und Massenverarbeitung möglich, sondern auch Qualitätsauswertungen, Massenlöschungen, Massenanreicherungen usw.

Kapitel 5
SAP Master Data Governance im Zusammenspiel mit komplementären SAP-Werkzeugen

In diesem Kapitel schauen wir uns die Möglichkeiten rund um die Themen Datenkonsolidierung und Massenverarbeitung von Stammdaten an, die SAP MDG im Standard seit Release 9.0 zur Verfügung stellt. Nach einem Überblick über diese Funktionen gehen wir auf einige grundlegende Möglichkeiten der Konfiguration ein.

Nur wenn wir verstehen, was gerade passiert, und dies mit einem Plan vergleichen können, in dem festgehalten ist, was eigentlich passieren sollte, können wir die Kontrolle behalten. Natürlich wollen wir Ihnen auch hier zeigen, wie Sie dies am besten machen.

SAP MDG allein ist schon ein extrem mächtiges Werkzeug, das eine neue zentrale und strategische Rolle in Ihrem Unternehmen einnehmen kann. Schaut man jedoch noch ein wenig über den Tellerrand hinaus, bieten sich viele weitere Möglichkeiten, um SAP MDG im Zusammenspiel mit weiteren Standard-Tools an Ihre Bedürfnisse anzupassen.

In diesem Kapitel möchten wir Ihnen zeigen, wie SAP MDG mit anderen SAP-Werkzeugen zusammenspielt. Dabei gehen wir auf SAP Fiori, die SAP Data Services und den SAP Information Steward, auf SAP Process Orchestration, SAP Buiness Process Management, den SAP Business Workflow und die Analytics-Tools SAP Lumira und SAP Analytics Cloud ein. Abschließend zeigen wir Ihnen, wie die Tools mit SAP MDG in Beziehung stehen.

5.1 SAP Fiori

SAP Fiori steht seit 2013 zur Verfügung und ist eine Benutzerinterface-Technologie, mit der sich die Benutzung von SAP an das neue Nutzerverhalten anpassen soll. In der heutigen Zeit werden Smartphones und Tablets immer wichtiger, und die Menschen sind deren Handhabung gewohnt. Mit SAP Fiori soll sich diese User Experience auch im SAP-Umfeld einstellen. Das heißt jedoch nicht, dass SAP-Fiori-Apps nur auf mobilen Geräten zum Einsatz kommen. Die Idee ist vielmehr, eine geräteunabhängige Anwendung zur Verfügung zu stellen.

SAP MDG nutzte SAP Fiori bisher nicht durchgängig, sondern primär im Bereich der Prozessanalysen. Auch weiterhin ist meistens ABAP Web Dynpro das technische Fundament für die SAP-MDG-UI-Schnittstellen. In den neuesten Releases (MDG 9.0 ff.) hält SAP Fiori jedoch in immer mehr Bereichen des Systems Einzug, angefangen vom Einstieg via SAP Fiori Launchpad bis hin zur UI-Darstellung einzelner Schritte im Workflow. Daher wollen wir diese Technologie hier etwas genauer anschauen.

5.1.1 Business-Vorteile

Verschmelzung von privater Erfahrung und Beruf

Durch diese geräteunabhängige Nutzbarkeit und das Look-and-Feel von Apps, wie man sie auch aus dem privaten Bereich gewohnt ist, ergeben sich im Berufsalltag neue Möglichkeiten. Schauen wir uns hier einmal einige Beispiele dazu an:

- **Vorteile für Angestellte**
  - Informationen stehen Mitarbeitern überall und jederzeit zum Abruf auf jedem Gerät bereit.
  - Mitarbeiter, die viel reisen, können diese Reise- oder Wartezeiten auch außerhalb des Büros effektiv nutzen und auf ihrem mobilen Gerät auf die benötigten Informationen zugreifen.
  - Aufgaben können einfacher erledigt werden, und durch die Angleichung der Software an das private Nutzerverhalten werden weniger aufwendige Schulungen benötigt.
- **Vorteile aus Sicht des Managements**
  - Schnelle Entscheidungen sind möglich, da die Informationen immer und überall zur Verfügung stehen. Die Arbeitszeit der Mitarbeiter kann gerade bei Außendienstmitarbeitern effektiver genutzt werden; die Produktivität der Mitarbeiter wird erhöht.
  - Die Mitarbeiter werden durch die einfache Bedienung motiviert und die Akzeptanz der Lösung wird erhöht.
  - Durch die Skalierbarkeit der IT-Umgebung ergeben sich Einsparpotenziale.
- **Vorteile aus Sicht der IT-Abteilung**
  - Ein aktuelles Framework wird zur einfachen Umsetzung von Lösungen auf mobilen Geräten genutzt.

- Es gibt eine hohe Skalierbarkeit bestehender Lösungen durch Verfügbarkeit für eine größere Anzahl an Benutzern, auch auf mobilen Geräten. Damit geht auch eine Reduktion der Kosten pro Nutzer bei der Entwicklung oder in Projekten einher.
- Die intuitivere Bedienung sorgt für weniger Support-Aufwand für Nutzer.

Natürlich gibt es noch viele weitere Aspekte, die für einen Einsatz dieser Lösung sprechen. Diese zu diskutieren würde jedoch den Umfang dieses Kapitels deutlich übersteigen.

5.1.2 Aufbau von SAP Fiori

Verwendung ohne spezielle Installation

Bei den SAP-Fiori-Apps handelt es sich um eine Sammlung verschiedener Apps, die in *SAPUI5* entwickelt wurden. SAPUI5 ist ein *HTML5*-Framework, das das effiziente Erstellen von webbasierten Benutzeroberflächen für unterschiedlichste Plattformen ermöglicht. Mit SAPUI5 bzw. der Verwendung von SAP-Fiori-Apps gehen einige Vorteile einher, z. B. die folgenden:

- Die Apps können in oder außerhalb von SAP-Systemen genutzt werden (OpenUI5), sind also nicht auf SAP-Technologien beschränkt.
- Die Entwicklungsumgebung wurde vereinheitlicht und ist flexibel, was die Entwicklung vereinfacht.
- Die Apps sind einfach in SAP-Umgebungen zu integrieren.
- Die SAP-Fiori-Design-Vorgaben ermöglichen einheitliche User Interfaces und damit ein vereinfachtes Arbeiten für den Endanwender.
- SAP-Fiori-Apps sind rollenbasiert, können also sehr genau auf die Bedürfnisse des jeweiligen Endanwenders angepasst werden.
- SAP-Fiori-Benutzerschnittstellen können gleichermaßen auf dem Desktop sowie auf mobilen Endgeräten dargestellt werden, da sie browserbasiert sind.

Verwendet werden die SAP-Fiori-Apps nicht nur in SAP MDG, sondern auch in SAP ERP bzw. SAP S/4HANA sowie z. B. in SAP CRM. Einzelne Apps lassen sich wiederum in einem eigenen *Launchpad* zusammenfassen. Die mobilen Anwendungen sind mit einem Gateway-Server verbunden und laufen direkt im Browser auf dem jeweiligen Gerät. Das heißt, dass eine Verwendung erst einmal eine dauerhafte Online-Verbindung benötigt. Der Vorteil hierbei ist, dass keine spezielle Installation benötigt wird und dass die bereitgestellten Daten immer aktuell sind. Der eigentliche Mehrwert dieser Anwendung ist, dass von mobilen Geräten aus jederzeit einfach und direkt auf die Systeme zugegriffen werden kann und dass die Aufgaben in Echtzeit und auch möglicherweise im Zusammenspiel mit Kollegen erledigt werden können. Es bestünde zwar auch die Möglichkeit einer Offline-Nutzung. Hierzu ist die Implementierung jedoch deutlich aufwendiger, da auch eine *SAP Mobile Platform* benötigt wird.

SAPUI5 Für die Entwicklung der Oberflächen wird, wie bereits erwähnt, SAPUI5 verwendet. Hierbei handelt es sich um die Nachfolgetechnologie der Web Dynpros. SAP liefert bereits eine relativ große Auswahl an Apps für mobile Geräte aus, die direkt verwendet werden können. Nichtsdestotrotz werden Sie auch Anforderungen haben, die nicht mit einer Standard-App abgedeckt werden können. Hierzu gibt es verschiedene Werkzeuge, wie z. B. die *SAP Web IDE*, *SAP Fiori Elements* und einige mehr (siehe Abbildung 5.1), mit denen eigene SAP-Fiori-Anwendungen in SAPUI5 und anderen Technologien umgesetzt werden können.

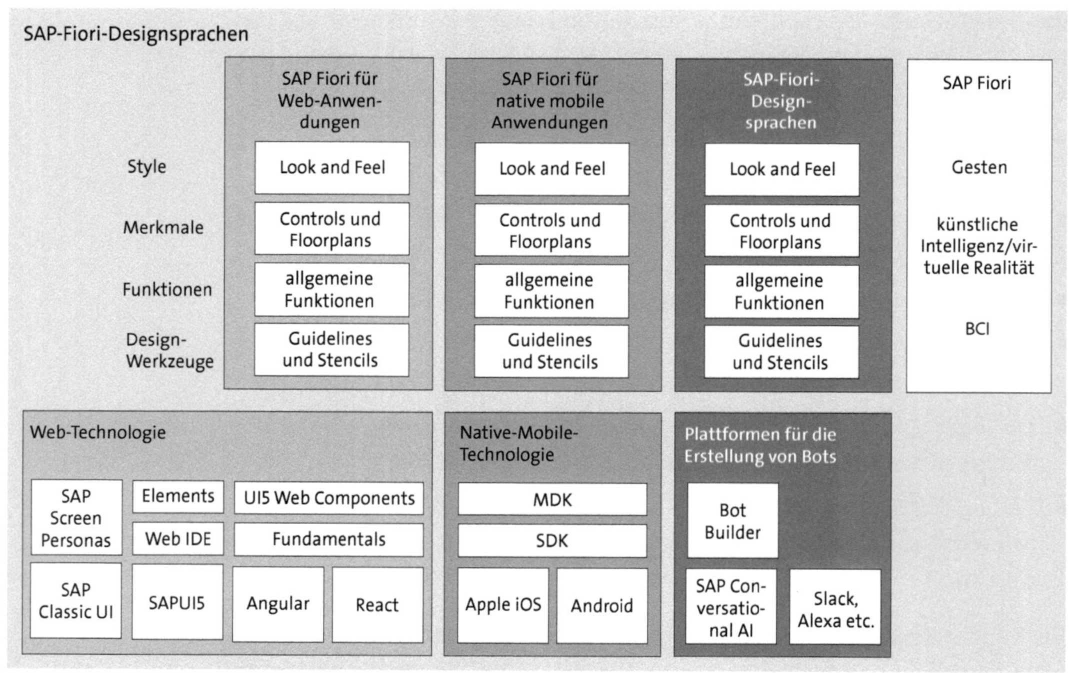

Abbildung 5.1 Möglichkeiten zum Design von SAP Fiori

SAP empfiehlt, dass bei der Installation von SAP-Fiori-Apps die Frontend-Komponenten mit der UI-Schicht von den Backend-Komponenten mit der Geschäftslogik und den Backend-Daten getrennt werden sollten. Prinzipiell ist SAP Fiori auch erst einmal unabhängig von der Datenbank, kann also sowohl mit einer SAP-HANA- als auch mit einer klassischen Datenbank verwendet werden. Welche Datenbank zum Einsatz kommt, hängt dann von den Anwendungen ab, die in bestimmten Fällen eine SAP-HANA-Datenbank benötigen, um ihre Aufgaben erfüllen zu können. Detaillierte Informationen zu SAP Fiori finden Sie auch unter *https://help.sap.com* oder in der SAP Community unter *https://community.sap.com*.

5.1.3 Architektur von SAP Fiori

Bevor wir in Abschnitt 5.1.4, »Anwendungsbeispiele von SAP Fiori«, auf die verschiedenen Kategorien von SAP-Fiori-Apps eingehen, schauen wir uns zunächst die generelle Architektur von SAP Fiori an und zeigen Ihnen, wie SAP-Fiori-Apps in Cloud- und On-Premise-Umgebungen integriert werden.

OData

Der Datenaustausch zwischen den SAP-Fiori-Apps und dem Backend erfolgt über sogenannte *OData-Services*. Open Data Protocol (OData) ist ein standardisiertes Protokoll, um APIs zur Verfügung zu stellen. Es basiert auf dem Protokoll HTTP und dem Standard *REST* (Representational State Transfer). Wie Sie in Abbildung 5.2 sehen, erfolgt die Integration der SAP-Fiori-Apps direkt in die Cloud-Umgebung, während für die Anbindung von On-Premise-Applikationen (wie etwa der SAP Business Suite oder auch der On-Premise-Variante von SAP S/4HANA) der *Frontend Server* von SAP Fiori notwendig ist.

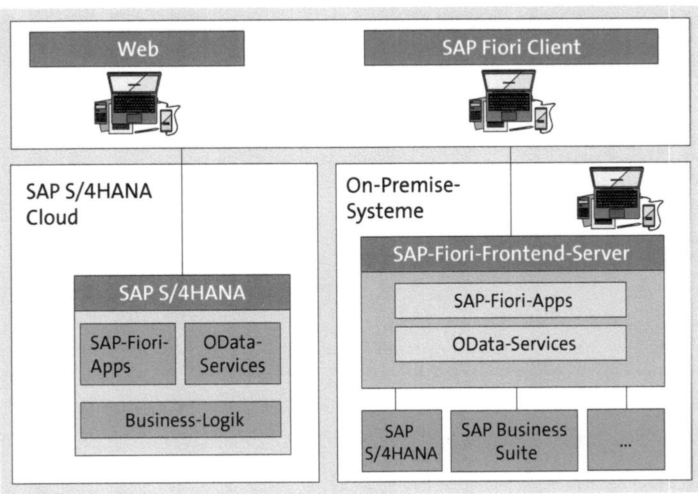

Abbildung 5.2 Integration von SAP-Fiori-Apps

Für den Endanwender macht dies aber keinen Unterschied, und auch die SAP-Fiori-Apps können sowohl bei einer Cloud- als auch bei einer On-Premise-Infrastruktur problemlos wiederverwendet werden. In beiden Fällen versorgen die OData-Services die Backend-Applikation mit den Daten der

Apps und umgekehrt. *SAP Gateway* ist das technische Fundament für die OData-Services und gehört damit ebenso zwingend zur Architektur von SAP Fiori.

Zusätzlich zum Frontend Server ist für einige SAP-Fiori-Apps auch ein *Reverse Proxy* (z. B. *SAP Web Dispatcher*) notwendig, um die Endpunkte für die HTTP(S)-Anfragen zur On-Premise-Lösung zur Verfügung zu stellen.

Auch die Entwicklungsumgebung für das Erstellen oder Anpassen von SAP-Fiori-Apps ist standardisiert, und in vielen Fällen reicht es, zusätzlich zu den beschriebenen Komponenten die Entwicklungsumgebung *SAP Web IDE* verfügbar zu machen.

Bevor Sie jedoch überlegen, in Ihrem Projekt die ein oder andere SAP-Fiori-App neu zu erstellen, sollten Sie zunächst prüfen, ob nicht schon eine passende Benutzerschnittstelle verfügbar ist. Werfen Sie dazu einen Blick in die SAP Fiori Apps Reference Library (siehe *https://fioriappslibrary.hana.ondemand.com*), die alle 15.000 SAP-Fiori-Apps auflistet. Darunter befinden sind auch zahlreiche Apps für das Stammdatenmanagement mit SAP MDG, zurzeit etwa 150.

5.1.4 Anwendungsbeispiele von SAP Fiori

Prinzipiell lassen sich die SAP-Fiori-Apps in drei verschiedene Kategorien einteilen: *transaktionale Apps*, *Infoblätter* und *analytische Apps*. Schauen wir uns einmal etwas genauer an, wie sich diese drei Kategorien unterscheiden.

Transaktionale Apps

Die *transaktionalen Apps* stellen eine vereinfachte Sicht auf und Interaktionsmöglichkeiten mit bereits vorhandenen Geschäftsprozessen und Unternehmenslösungen dar. Sie dienen, wie der Name es bereits erahnen lässt, der Ausführung transaktionaler Aufgaben. Dies kann z. B. eine Spesenerfassung oder das Anlegen eines Urlaubsantrags sein. Für diese Art von Apps ist eine SAP-HANA-Datenbank die optimale Basis, die allerdings nicht zwingend notwendig ist. Jede Datenbank, die die dafür benötigte ausreichende Leistung aufweist, kann dafür genutzt werden.

Bei transaktionalen Apps enthält der ABAP Frontend Server die UI-Schicht mit den produktspezifischen UI-Komponenten für die Produkte und mit den Infrastrukturkomponenten. Die Infrastruktur umfasst die zentrale UI-Komponente mit der SAP-UI5-Control-Library und dem SAP-Fiori-Launchpad sowie SAP Gateway mit OData-Fähigkeit. Die Frontend-Komponenten haben über eine vertrauenswürdige RFC-Verbindung Zugriff auf den ABAP

Backend Server, auf dem sich die Geschäftslogik befindet. Der Zugriff auf die Datenbank erfolgt über den Backend Server. Dies zeigt sich auch in Abbildung 5.3.

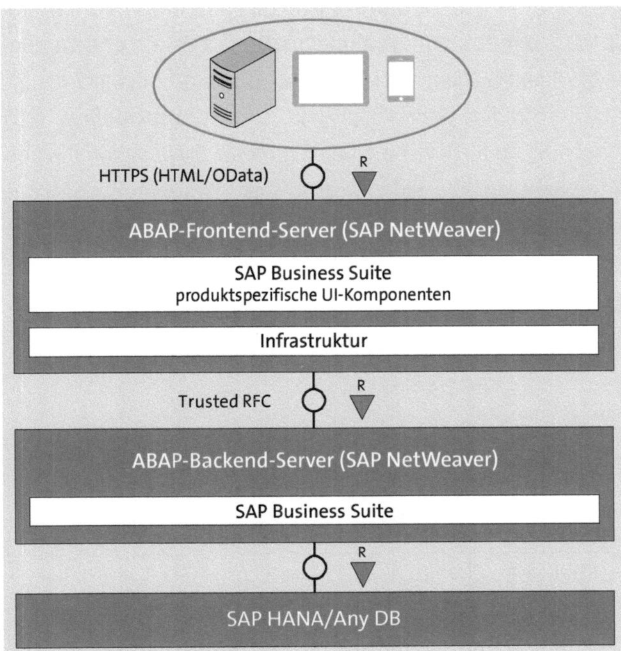

Abbildung 5.3 Architektur für transaktionale Apps

Infoblätter

Absprung in die Transaktion

Im Gegensatz zu den transaktionalen Apps bekommen Sie in den *Infoblättern* kontextbezogene Informationen und sonstige wichtige Aspekte zu zentralen Objekten, die Sie innerhalb Ihrer Geschäftsprozesse verwenden. Innerhalb des Infoblattbereichs finden Sie *Kacheln*, von denen Sie auf die nächste Ebene weiter in die Tiefe abspringen können, um sich detailliertere Informationen zu diesem Objekt anzeigen zu lassen. Neben dem Absprung in die Tiefe ist es auch möglich, horizontal auf andere Objekte zu wechseln. Dies kann z. B. der Wechsel von der Beleginformation zu dem dazugehörigen Geschäftspartner oder weiteren damit verbundenen Stammdaten sein. Gleichzeitig können Sie auch zu transaktionalen Apps navigieren, um den Beleg im SAP GUI oder Web Dynpro zu bearbeiten. Hierbei ist jedoch zu beachten, dass es nicht möglich ist, auf mobilen Geräten über das SAP Fiori Launchpad auf das SAP GUI oder Web Dynpro zuzugreifen.

Architektur

Für Infoblätter ist zwingend eine SAP-HANA-Datenbank notwendig, und sie erfordern einen ABAP-Stack. Sie können nicht auf die zweistufige SAP-HANA-Live-Architektur portiert werden. Bei Infoblättern enthält der ABAP

Frontend Server die UI-Schicht mit der zentralen UI-Komponente und den produktspezifischen UI-Komponenten für die jeweiligen Produkte (z. B. ERP-FIN, SAP CRM, SAP SCM) sowie SAP Gateway. Die zentrale UI-Komponente enthält z. B. die SAPUI5-Control-Library und das SAP Fiori Launchpad. Der Frontend Server hat über eine vertrauenswürdige RFC-Verbindung Lesezugriff auf den ABAP Backend Server. Der ABAP Backend Server enthält die SAP Business Suite mit der Geschäftslogik, den Suchmodellen, den OData-Services und dem Model Provider. Über *SAP Web Dispatcher* werden HTTPS-Requests an Ihr System übermittelt, und der SAP Web Dispatcher wählt den geeigneten Server für HTTPS-Requests aus, z. B. für die INA-Suchprotokoll-Requests an die Suchmodelle im ABAP Backend Server. Dies sehen Sie in Abbildung 5.4.

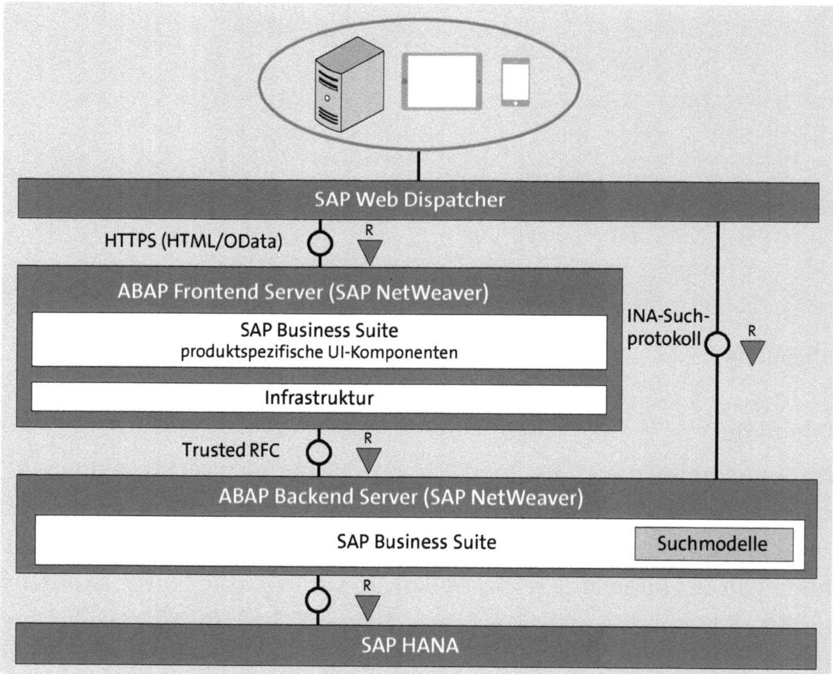

Abbildung 5.4 Architektur für Infoblätter

Analytische Apps

KPIs

Die *analytischen Apps* dienen als Datensammler. Hier werden verschiedenste Kennzahlen Ihres Unternehmens aus den unterschiedlichsten Anwendungen zusammengetragen und bieten Ihnen somit einen rollenbasierten Echtzeiteinblick. Dadurch ist es Ihnen möglich, große Datenvolumen in einem aggregierten Zustand auf einem vereinfachten Frontend anzusehen. Somit haben Sie immer alle aktuellen Zahlen im Blick und können sehr schnell auf Veränderungen des Marktes oder anderer Einflussfaktoren reagieren. Sie können entweder auf im Standard bereits vordefinierte KPIs zurückgreifen oder auch über das KPI-Modellierungs-Framework Ihre eigenen Kennzahlen definieren. Auch hier ist eine SAP-HANA-Datenbank zwingend notwendig. Bei analytischen Apps enthält der ABAP Frontend Server die UI-Schicht mit der Infrastruktur und den produktspezifischen UI-Komponenten für die verwendeten Produkte (z. B. ERP-FIN, SAP CRM, SAP SCM).

Architektur

Die Infrastruktur umfasst das *SAP Gateway* mit OData-Fähigkeit sowie die zentrale UI-Komponente mit der SAPUI5-Control-Library und dem SAP Fiori Launchpad. Die Frontend-Komponenten haben über eine vertrauenswürdige RFC-Verbindung Zugriff auf den ABAP Backend Server, auf dem sich die Geschäftslogik befindet. Die zugrundeliegende Datenbank kann nur eine SAP-HANA-Datenbank sein.

SAP HANA Extended Application Services (XS) enthält zudem den Inhalt der SAP-Fiori-Apps für die verschiedenen Business-Suite-Produkte, das KPI-Modellierungs-Framework, die generische Drilldown-App sowie den wiederverwendbaren Inhalt des virtuellen Datenmodells (VDM). Über den *SAP Web Dispatcher* werden HTTPS-Requests an Ihr System übermittelt. Der SAP Web Dispatcher wählt den geeigneten Server für HTTPS-Requests aus (siehe Abbildung 5.5).

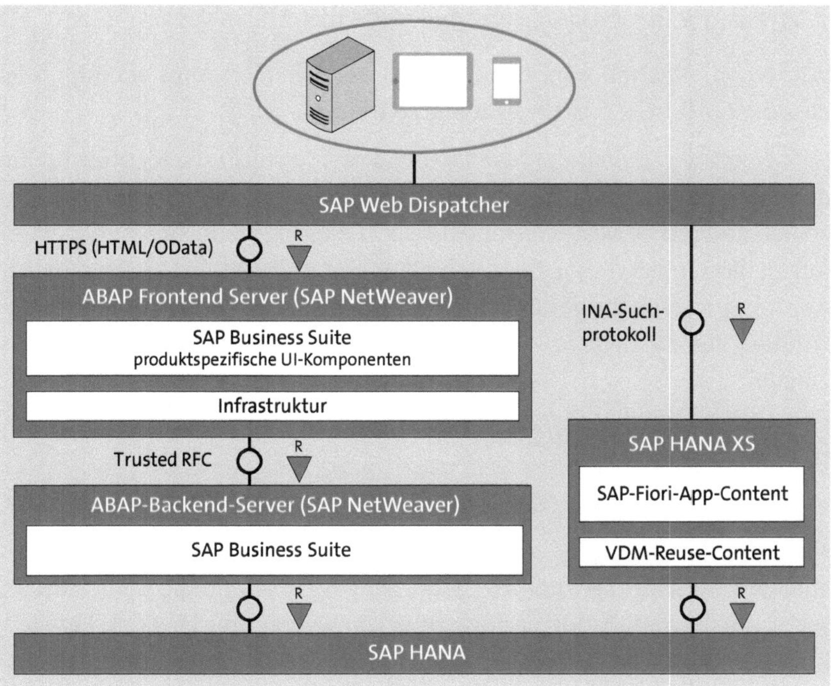

Abbildung 5.5 Architektur der analytischen Apps

5.1.5 Integration mit SAP Master Data Governance

Nachdem Sie nun einen groben Überblick über den Aufbau von SAP Fiori erhalten haben, schauen wir uns hier einmal die Anwendungsmöglichkeiten innerhalb von SAP MDG an.

Seitdem die ersten SAP-Fiori-Apps für SAP MDG den Kunden zur Verfügung gestellt worden sind, ist deren Anzahl erheblich gewachsen. Es würde daher zu weit führen, diese hier alle aufzulisten oder gar zu beschreiben. Jedoch möchten wir Ihnen hier trotzdem einen kurzen Überblick geben, für welche Bereiche SAP schon im Standard SAP-Fiori-Apps für SAP MDG zur Verfügung stellt:

- MDG-Prozess starten (sei es Neuanlage, Ändern oder Löschen), grundsätzlich verfügbar für die lieferbaren Domänen (also Material, Geschäftspartner sowie Finanzobjekte)
- Genehmigungsschritt(e) im MDG-Prozess
- Prozessieren von Stammdaten (also Daten ergänzen, prüfen)
- Stammdaten replizieren und hochladen
- Hierarchiebearbeitung in MDG-F
- Standard-UI bei der Datenkonsolidierung und Massenpflege
- Prozess- und Stammdatenanalysen, z. B. Auswertungen zu Buchungskreisdaten, Prozesslaufzeiten, und vieles mehr.

Wie schon erwähnt, wächst die Anzahl der SAP-Fiori-Apps ständig, d. h., dass die Auflistung nicht vollständig sein kann.

Sollte trotz der Vielfalt der bereitstehenden Apps nicht die Richtige für Sie dabei sein, können Sie, wie bereits erwähnt, auch eigene SAP-Fiori-Apps erstellen und in SAP MDG verwenden. Die Erstellung kann von Grund auf erfolgen. Ratsamer ist es jedoch, von einer bestehenden App (z. B. Referenz-App) auszugehen, die gewünschten Änderungen oder Ergänzungen vorzunehmen und die neue bzw. angepasste SAP-Fiori-App in den MDG-Prozess einzubinden.

SAP Fiori Apps Reference Library

Für die SAP-Fiori-Referenz-Applikation stellt SAP auch eine Bibliothek zur Verfügung, die *SAP Fiori Apps Reference Library* (siehe Abbildung 5.6), die Sie unter *https://fioriappslibrary.hana.ondemand.com* aufrufen können.

Nicht nur die Anzahl der Apps wird laufend nach oben korrigiert, sondern auch die SAP-Fiori-Technologie selbst wird von SAP ständig modernisiert, sei es, um die Applikation performanter zu machen, eine leichtere Entwicklung bzw. Anpassbarkeit zu ermöglichen oder auch von Kunden und Anwendern gewünschte Funktionen bereitzustellen. Die derzeit aktuelle SAP-Fiori-Version ist *SAP Fiori 3*.

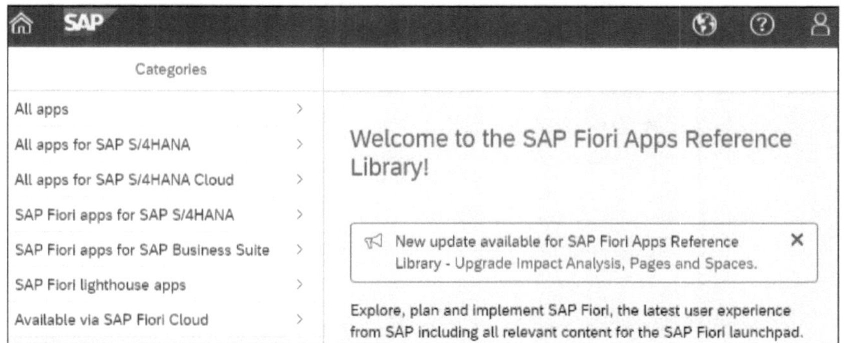

Abbildung 5.6 SAP Fiori App Reference Library

Kommen wir nun zu einigen zentralen SAP-Fiori-Apps, die in SAP MDG Verwendung finden. In Abbildung 5.7 sehen Sie ein Launchpad für die mit der Datenpflege betrauten Personen.

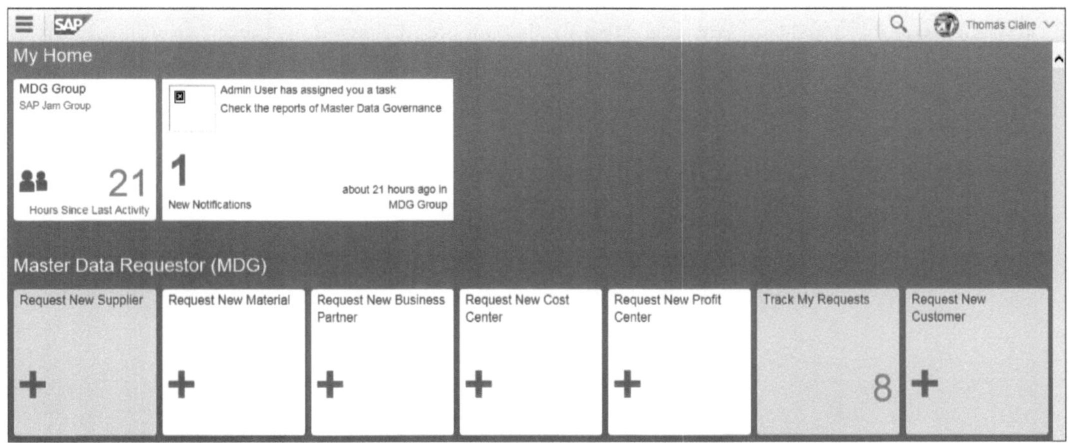

Abbildung 5.7 Einstieg über SAP Fiori

Verschmelzung von Außendienst und Büro

Die Idee hierbei ist es, auch von unterwegs und auf mobilen Geräten den Datenpflegeprozess anstoßen zu können, z. B. für ein Material, einen Kunden oder einen Lieferanten. Die Zielgruppe hierzu sind die Außendienstmitarbeiter, denen sich dadurch die Möglichkeit bietet, direkt vor Ort mit dem System zu arbeiten.

Natürlich werden sie nicht den kompletten und komplexen Anlage-Workflow auf dem mobilen Gerät durchlaufen – hierzu haben die Eingabemasken zu viele Datenfelder, und unterschiedliche Kollegen sind involviert –, aber der Prozess kann auf den Weg gebracht werden. In Abbildung 5.8 sehen Sie hierzu ein Beispiel zur Materialanlage.

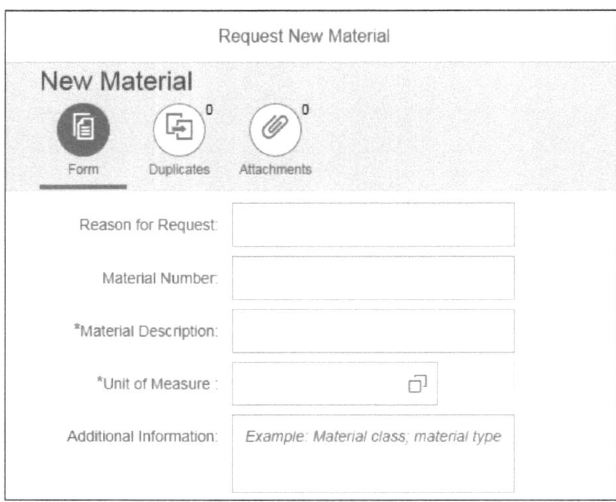

Abbildung 5.8 MDG-Material mit SAP Fiori anlegen

Material anlegen

Die Eingabemaske ist sehr einfach gehalten und verlangt nur die unbedingt notwendigen Informationen. Gleichzeitig besteht die Möglichkeit, auch einen Anhang für weiterführende Informationen mit anzulegen. Abbildung 5.9 zeigt den nächsten Schritt, die Prüfung auf Duplikate.

Abbildung 5.9 MDG-Duplikate mit SAP Fiori prüfen

Übergabe an die Kollegen

Hiermit kann nochmals geprüft werden, dass nicht schon ein anderes Material mit den identischen Daten existiert. Ist dies nicht der Fall, kann der Änderungsantrag abgeschickt werden, und der komplette Workflow zur Datenanlage startet. Die Kollegen im Büro finden ihre Aufgaben dann in der Inbox von SAP MDG wieder und können die Datenanreicherung fortsetzen, bis der Workflow mit der finalen Genehmigung abgeschlossen ist. In Abbildung 5.10 sehen Sie noch die Übersicht der eigenen Änderungsanträge.

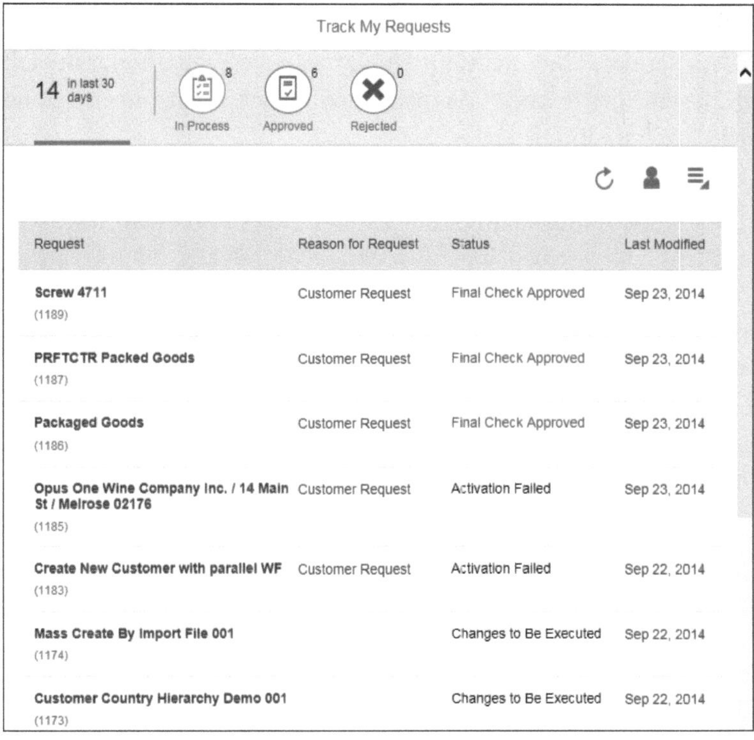

Abbildung 5.10 MDG-Übersicht der Change Requests in SAP Fiori

So können Sie auch den Fortschritt des Workflows von unterwegs abfragen und mit dem Kollegen Kontakt aufnehmen, der den Workflow im Moment bearbeitet. Im Zusammenspiel mit SAP Fiori kann SAP MDG um einige Funktionen und Möglichkeiten erweitert werden, die eine höhere Flexibilität und Beschleunigung der internen Prozesse bedeuten.

5.2 SAP Data Services und SAP Information Steward

Die *SAP Data Services* und der *SAP Information Steward* sind ideale Ergänzungen zu SAP MDG. Die SAP Data Services sind eine sehr leistungsfähige Komponente, mit der Sie schnell und effizient Migrationen durchführen und dabei die Datenqualität der Stammdaten verbessern oder zumindest sicherstellen können. Die Kernkompetenz des SAP Information Steward besteht darin, die Qualität der Daten zu analysieren, in geeigneter Weise darzustellen und damit einen wichtigen Beitrag zum Stammdatenmanagement zu liefern. In diesem Kapitel betrachten wir diese beiden Produkte sowie ihre Einsatzmöglichkeiten zusammen mit SAP MDG genauer.

5.2.1 SAP Data Services

Die SAP Data Services sind nicht nur ein Softwarewerkzeug, sondern eine Plattform, die eine ganze Reihe von Instrumenten bereithält, um eine hohe Datenqualität zu gewährleisten.

Data Services als Migrationswerkzeug

Die Hauptaufgabe der SAP Data Services liegt jedoch in der Datenmigration. Die SAP Data Services sind ein ETL-Tool (*Extract, Transform, Load*), das es Ihnen ermöglicht, aus fast beliebigen Datenquellen selektiv die relevanten Daten zu lesen und diese in die Datenspeicher des oder der Zielsysteme zu transportieren. Dabei ist es möglich, Daten miteinander zu kombinieren, zu filtern, auf der Grundlage von Regeln zu ändern oder aber auch in ihrer Qualität zu überprüfen und zu korrigieren, und zwar *bevor* sie in das Zielsystem geschrieben werden. Die SAP Data Services sind eine Plattform, die zwar schon einige Applikationen zur Verfügung stellt, aber gleichzeitig auch die Basis für weitere, ergänzende Anwendungen ist, wie z. B. für den Information Steward, der im folgenden Abschnitt besprochen wird.

Architektur

Wie Sie in Abbildung 5.11 sehen, umfassen die Bestandteile der SAP Data Services mehrere Ebenen, vom Frontend (*Client Tier*) über die Webbrowser-Ebene auf Basis eines Tomcat-Servers und weiter mit Komponenten auf der Applikationsserverebene (*Backend Server*) bis hin zum Datenbank-Level. Es würde zu weit führen, alle Funktionen detailliert zu erläutern. Wir greifen jedoch die Job- und Access-Server heraus, da diese beiden die jobgesteuerte Ausführung der Migrations- und Datenqualitätsaufgaben erst ermöglichen.

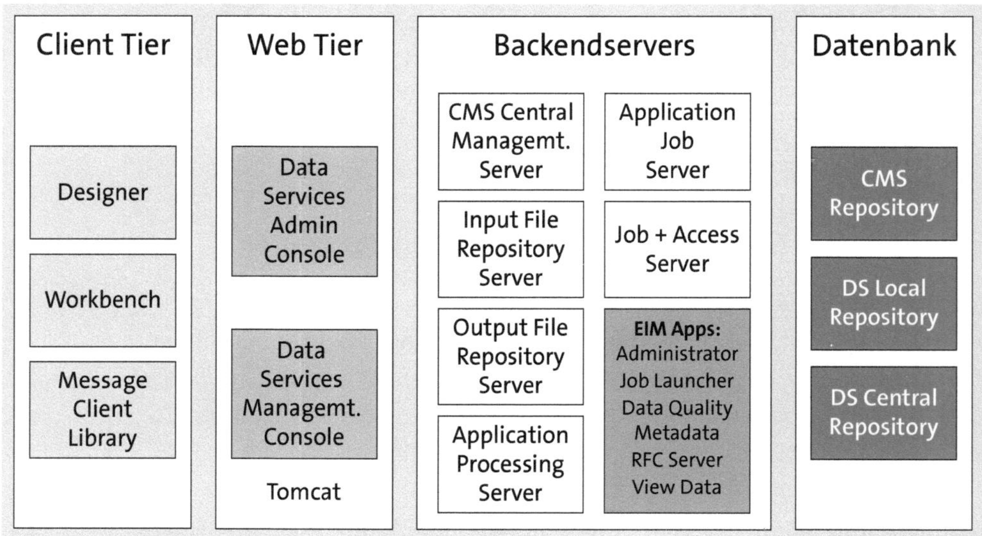

Abbildung 5.11 Architektur der SAP Data Services

Webbasierte Modellierungsoberfläche

Die SAP Data Services stellen zur Konfiguration eine intuitive Oberfläche zur Verfügung, die eine Modellierung der Datenflüsse und andere Konfigurationsmöglichkeiten sehr vereinfacht. Per Drag & Drop werden die verschiedenen Komponenten zur Verarbeitung bzw. zum Migrieren der Daten auf einem Arbeitsbereich angeordnet, wobei im linken Bereich in der Regel die (verschiedenen) Datenquellen platziert werden.

Abbildung 5.12 zeigt ein Beispiel der Data-Services-Designer-Oberfläche. Links oben wird eine Übersicht über das gesamte Projekt gezeigt, also z. B. definierte Jobs, Qualitätsaktivitäten wie Adressbereinigung oder auch selbst definierte Validierungen. Rechts befindet sich der Arbeitsbereich, in dem der verantwortliche Bearbeiter mit einer grafischen Modellierung festlegt, von wo aus die Daten gelesen werden, wie sie zu bearbeiten sind und an welches Zielsystem sie migriert werden sollen.

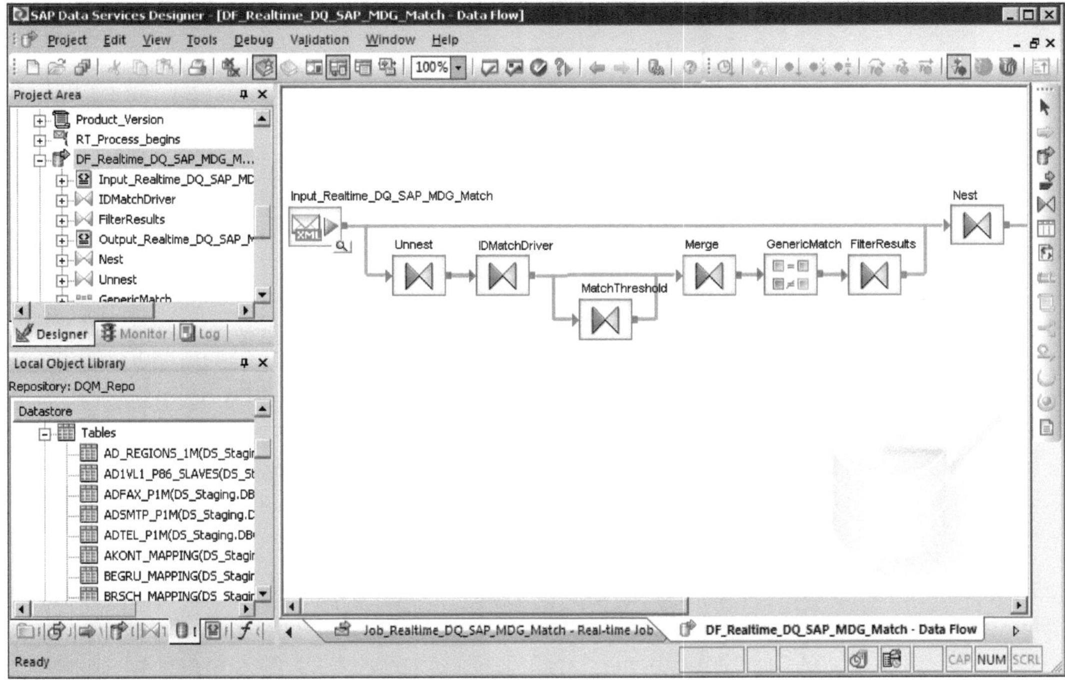

Abbildung 5.12 Modellierungsoberfläche der SAP Data Services

Im Bildbereich links unten (**Datastore**) befinden sich die möglichen Datenquellen für die Migration. Die Art dieser Datenquellen kann fast beliebig sein, angefangen bei einer Textdatei über ein Excel-Sheet bis hin zu Datenbanken. Die SAP Data Services können nun so konfiguriert werden, dass diese Daten nicht nur gelesen werden, sondern z. B. gefiltert oder nach bestimmten Regeln miteinander kombiniert werden. Wenn z. B. in einer Excel-Datei jede Zeile einem Objekt entspricht und eine Spalte die ID darstellt, könnte man aus einer anderen Datenquelle (z. B. einer Textdatei) auf diese ID Bezug nehmen und weitere Daten hinzufügen. Dieser kombinierte Datensatz würde dann zusammengefasst, gegebenenfalls weiteren Änderungen oder Bereinigungen unterzogen und abschließend in den Datenspeicher des Ziels geschrieben.

Jobgesteuerte Abarbeitung

Die Durchführung der modellierten Migrationsläufe ist jobgesteuert. Es sind einmalige Läufe möglich, aber im Normalfall werden die modellierten Datenflüsse auf regelmäßiger Basis oder zumindest mehrfach ausgeführt.

Neben der Migrationsfunktion bieten die SAP Data Services die Möglichkeit, Textanalysen durchzuführen, um vollautomatisiert Sprachen zu erfassen und um Entitäten, Begriffe, Abkürzungen usw. zu erkennen. Auch Sentimentanalysen sind damit möglich, z. B. in sozialen Medien. Eine mit den SAP Data Services eng verwandte Lösung ist das *Data Quality Management für SAP* (DQM for SAP). Die SAP Data Services sind ein Teil davon, DQM wird aber zusätzlich mit einigem Content ausgeliefert. Das Data Quality Management für SAP kann für folgende SAP-Applikation eingesetzt werden: SAP ERP bzw. SAP S/4HANA, SAP CRM und eben SAP MDG.

SAP Data Services und SAP Master Data Governance

Die SAP Data Services werden im Zusammenspiel mit SAP MDG vor allem für Datenmigrationen eingesetzt. Dies ist nicht nur beim Aufsetzen des Projekts notwendig, sondern recht häufig bei Umstrukturierungen, bei Zukäufen von anderen Unternehmen und bei der Synchronisierung mit deren Stammdaten usw. Als zweite wichtige Funktion stellen die SAP Data Services die notwendige Plattform zur Verfügung, um weitere Datenqualitätswerkzeuge zusammen mit SAP MDG zu verwenden.

Adressprüfung und Adressbereinigung

Der wohl häufigste Fall ist die Einbeziehung von Adressprüfungen und -bereinigungen. Diese Funktion wird in SAP MDG vielfach beim Management von Geschäftspartnerstammdaten eingesetzt. Damit können Adressen auf ihre Plausibilität hin geprüft werden (siehe Abbildung 5.13). Danach kann, wenn gewünscht, gegebenenfalls eine Prüfung auf Dubletten durchgeführt werden (siehe Abbildung 5.14).

Dazu ist natürlich eine Adressdatenbank erforderlich, die regelmäßig aktualisiert wird. Das Fundament für diese Werkzeuge stellen die SAP Data Services in ihrer Plattformfunktion zur Verfügung.

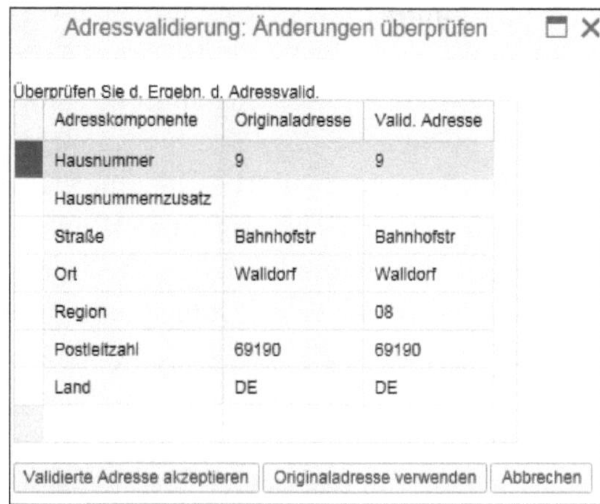

Abbildung 5.13 Adressprüfung

Neben der Adressprüfung erlauben die SAP Data Services auch die Modellierung sehr spezifischer Validierungsregeln. Diese kommen bei der Migration oder auch während der operativen Stammdatenbearbeitung innerhalb von SAP MDG zum Einsatz. Jedoch wird diese Möglichkeit nicht so häufig verwendet, da SAP MDG und SAP ERP (in dem SAP MDG läuft) schon sehr weitgehende Validierungen erlauben, sodass nur in Ausnahmefällen noch weitere Prüfungen von dritten Komponenten notwendig sind.

Validierungsregeln

Dublettenprüfung

Zu den mit Schlüssel Geschäftspartner-ID S10873 eingegebenen Daten gibt es potenzielle Dubletten

Geprüfter Satz:

Änderu...	Geschäftspart...	Name	Straße	Hau...	Post...	Ort	Land	Region	Sprache	Telefon
	S10873	Supplier-100	Bahnhofstr	16	69190	Wall...	Deu...	Baden-...	Englisch	

Gefundene Dubletter

Änderu...	Geschäftspartner	Name	Straße	Hau...	Post...	Ort	Land	Region	Sprache	T...
	100835	cust-091	Bahnhofstr	90	69190	Walldorf	D...	Baden-...	Deutsch	
	100837	cust-093	Bahnhofstr	20	69190	Walldorf	D...	Baden-...	Deutsch	
	100838	cust-094	Bahnhofstr	90	69190	Walldorf	D...	Baden-...	Deutsch	
	102375	sup 01	Bahnhofstr	12	69190	Walldorf	D...	Baden-...	Deutsch	
	104128	JR-Test-001	Bahnhofstr	10	69190	Walldorf	D...	Baden-...	Englisch	

Weiter | Zu Dublette wechseln | Bereinigungsfall anlegen

Abbildung 5.14 Ergebnisse der Duplikatsprüfung

5.2.2 SAP Information Steward

Der SAP Information Steward ist ein Werkzeug zur Analyse von Daten. Hiermit können Sie z. B. prüfen, ob die Struktur, Vollständigkeit und der Inhalt dieser Daten die vorgegebenen Regeln einhalten.

SAP Information Steward nur für die Datenanalyse

Es ist nicht vorgesehen, mit dem SAP Information Steward Daten zu verändern. Es werden schon zahlreiche Regeln ausgeliefert, die sehr häufig benötigt werden (z. B. muss eine Postleitzahl in Deutschland immer fünfstellig und numerisch sein). Natürlich müssen die ausgelieferten Standardregeln nicht verwendet werden, aber sie erleichtern und beschleunigen im Normalfall das Projekt-Setup. Selbstverständlich kann man im SAP Information Steward über die Standardregeln hinaus kundenspezifische Regeln definieren und hinterlegen. Diese können dann sehr individuell sein. Zum Beispiel könnte man festlegen, dass Materialien, die von den Mitarbeitern einer bestimmten Abteilung angelegt worden sind, nur zu vorher festgelegten Materialgruppen gehören dürfen oder dass die Materialnummer oder der Kurztext bestimmter Materialarten nur mit Buchstaben beginnen dürfen usw.

Keine Prüfung während des Prozesses

Beachten Sie, dass der SAP Information Steward die Datenqualität *nicht* in operativen Prozessen prüft, also z. B. beim Anlegen oder Ändern von Stammdaten durch einen Endanwender. Ein Anlegen von Daten (beispielsweise über MDG-UI oder durch das Hochladen eines IDocs), die einer Regel nicht standhalten, wird vom SAP Information Steward nicht verhindert, da die seine Regeln während der operativen Stammdatenbearbeitung nicht angewendet werden. Die Datenqualitätsanalyse verläuft immer getriggert, d. h. manuell gestartet oder per Job auf regelmäßiger Basis, z. B. täglich. Dazu liest der SAP Information Steward die zu prüfenden Daten aus dem entsprechenden Speicher, im Normalfall aus einer Datenbank. Er erzeugt dann, basierend auf den vorgegebenen Regeln, einen leicht lesbaren, meist grafischen Bericht, der dem Endanwender erläutert, welche Datensätze den Regeln entsprechen und welche nicht. Hier werden dann auch Berechnungen durchgeführt, wie Durchschnittswerte über einen bestimmten Zeitraum, Quality Scores, KPIs und andere. Ein Beispiel für eine solche Auswertung sehen Sie in Abbildung 5.15.

Datenquelle für das gesamte Unternehmen

Neben der Qualitätsanalysefunktion beinhaltet der SAP Information Steward ein Werkzeug zur Verwaltung von Metadaten. Metadaten werden aus verschiedensten Quellen (z. B. BI-Systemen, Datenbanken, ETL-Werkzeugen oder Modellierungstools) gelesen, konsolidiert und in einem zentralen Repository verwaltet. Damit steht eine Datenquelle zur Verfügung, auf die unternehmensweit zugegriffen werden kann, um die Metadaten sinnvollen Auswertungen zu unterziehen, z. B. für Audits, Trendanalysen oder Verwendungshistorien. Sehr häufig werden in diesem Repository auch wichtige Stichwörter und Begriffe verwaltet (*Metapedia*), damit die Unternehmensmitarbeiter schnell Erläuterungen, Kommentare oder andere nützliche Informationen zu einem Begriff finden können.

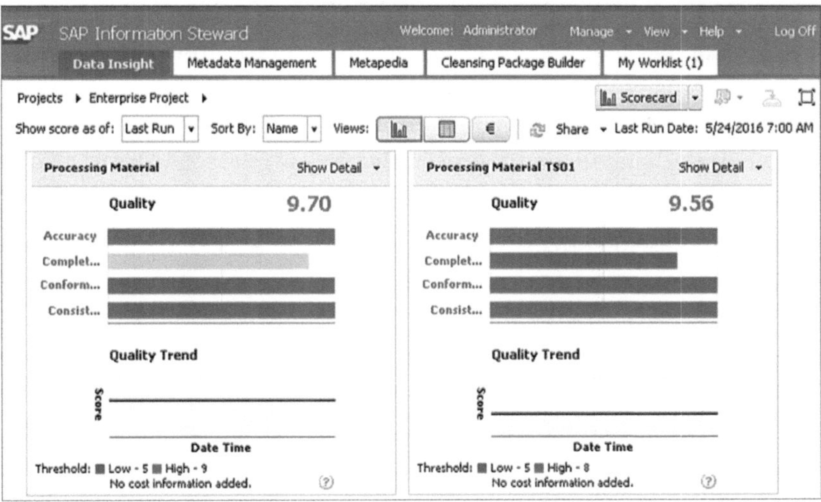

Abbildung 5.15 Beispiel für eine Auswertung durch den SAP Information Steward

SAP Information Steward und SAP Master Data Governance

Remediation-Szenario

SAP MDG bietet zusammen mit dem SAP Information Steward ein spezielles Szenario an, das die Analysefähigkeiten des SAP Information Steward und die Kernkompetenz von SAP MDG – also das Anlegen und Ändern von Stammdaten – miteinander verbindet. Dieses *Remediation-Szenario* erlaubt die Integration von SAP MDG in das User Interface des SAP Information Steward. So können Sie Stammdatensätze ermitteln, die den Qualitätsregeln nicht entsprechen, und sie in SAP MDG korrigieren.

In Abbildung 5.16 sehen Sie links die Darstellung eines Information-Steward-Profiling-Laufes.

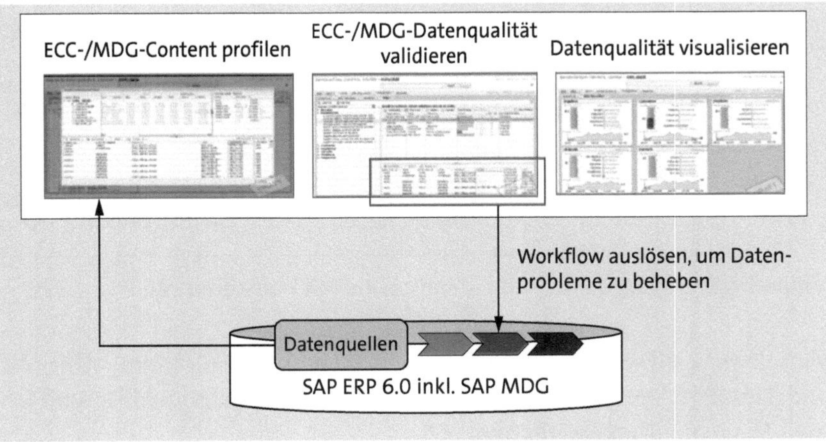

Abbildung 5.16 Remediation-Szenario mit dem SAP Information Steward und SAP MDG

Dabei wurden die Stammdatenobjekte ermittelt, die die Qualitätsregeln nicht einhalten. Diese werden im mittleren Rechteck im rot umrandeten Bereich aufgelistet und werden – wenn der Endanwender dies wünscht – per Mausklick an SAP MDG weitergereicht. SAP MDG erstellt daraus einen oder mehrere Change Requests, um die Bearbeitung der relevanten Objekte einzuleiten.

SAP-Information-Steward- und MDG-Integration

Der Change Request enthält das oder die Stammdatenobjekte, die im MDG-Prozess korrigiert werden sollen. Durch die Erstellung des Change Requests wird ein Workflow Item erzeugt, das in den Eingangskorb der Universal Worklist (UWL) eines Endanwenders gelegt wird. SAP MDG übernimmt, wie gehabt, die Bearbeiterermittlung und findet damit immer den passenden Bearbeiter. Damit der Endanwender auch weiß, was er mit dem Stammdatenobjekt tun soll, wird vom SAP Information Steward eine Notiz generiert, die dem Change Request hinzugefügt wird. Darin befindet sich eine Erläuterung, was das Problem mit diesem Objekt ist (z. B. dass die Materialgruppe nicht zur Region passt, in der das Material verwendet werden soll). Damit sollte dem Endanwender klar sein, welche Korrekturen an diesem Stammdatenobjekt erwartet werden. Der Workflow wird von SAP MDG weiterverarbeitet und schließlich, gegebenenfalls nach einer Prüfung durch einen Genehmiger, aktiviert. Die korrigierten Daten werden in die Datenbank geschrieben und sollten somit beim nächsten Profiling-Lauf des SAP Information Steward nicht mehr als problematisch erkannt werden.

SAP Information Steward verbinden

Um dieses Remediation-Szenario in SAP MDG verfügbar zu machen, gibt es im Customizing eine Schnittstelle, um den SAP Information Steward oder gegebenenfalls ein anderes Werkzeug anzubinden (siehe Abbildung 5.17).

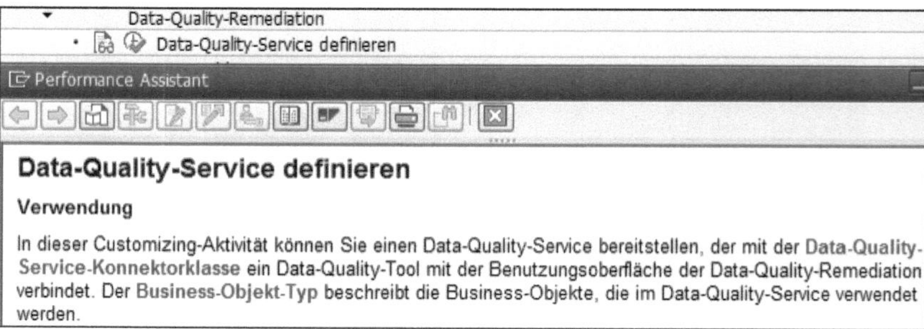

Abbildung 5.17 Remediation-Konfiguration im MDG-Customizing

Man erreicht diese Konfigurationsmöglichkeit über Transaktion MDGIMG und dann über den Pfad **Allgemeine Einstellungen • Datenqualität und Suche • Data-Quality-Remediation**.

In der Praxis wird das Remediation-Szenario recht häufig eingesetzt. Der SAP Information Steward wird oft nicht nur für die Datenanalyse von Stammdaten verwendet, sondern kann unternehmensweit die Qualität beliebiger Daten prüfen. Daneben liefert der SAP Information Steward die schon erwähnte Funktion zur Verwaltung von Metadaten. Auch diese wird gern, vor allem in größeren Unternehmen, und unabhängig von SAP MDG eingesetzt.

Kundenspezifische Regeln

Eigentlich immer erstellen Kunden eigene, oft sehr spezielle Qualitätsregeln, die der SAP Information Steward auf die Stammdatenobjekte anwendet, denn damit kann man den Mehrwert des SAP Information Steward noch stärker nutzen.

[«]

SAP-Information-Steward-Regeln auch in SAP MDG?

Dieser Anwendungsfall führt zu immer wieder zu der Frage, ob die Regeln, die im SAP Information Steward definiert werden, auch in SAP MDG während des Stammdatenprozesses aufgerufen werden können. Derzeit (Stand 2023) gibt es dazu leider keine Integration, die dies im Standard ermöglichen könnte. Jedoch sind im Rahmen des Einführungsprojekts programmierte Lösungen realisierbar, und dies auch mit tragbarem Aufwand.

5.3 SAP Process Orchestration

SAP Process Orchestration (SAP PO) ist eine Plattform für das effiziente Management von Prozessen, Geschäftsregeln und den Austausch von Nachrichten. Sie vereint die Applikationen *SAP Business Process Management* (SAP BPM), *SAP Business Rules Management* (SAP BRM) sowie *SAP Process Integration* (SAP PI). Schwerpunkte sind das Anlegen, die Pflege sowie das Ausführen von Prozessen. Deren Ausführung kann über Regeln (SAP BRM) gesteuert werden, und SAP PI empfängt und sendet die Nachrichten von und zu Zielsystemen, die während der Prozesslaufzeit ausgetauscht werden.

Server

Als technische Basis für SAP PI genügt seit 2013 ein Java-Server, falls das zugrundeliegende SAP-NetWeaver-System mindestens Release 7.31 oder 7.40 aufweist. Bei älteren Versionen ist zusätzlich ein ABAP-Server bzw. eine Installation mit Java- *und* ABAP-Serverkomponenten erforderlich. Für die Konfiguration von SAP PO steht das *SAP NetWeaver Developer Studio* (NWDS) zur Verfügung. Fast alle Entwicklungs- und Implementierungsaufgaben können mit dem NWDS modelliert statt programmiert werden. Dies beschleunigt natürlich erheblich die Erstellung und Pflege der gewünschten Prozesse, der Geschäftsregeln sowie der Kommunikationsstrecken für den Nachrichtenaustausch.

SAP Process Orchestration erlaubt systemübergreifende Prozesse

Eine der herausragenden Fähigkeiten ist es, dass diese Prozesse problemlos auch über System- und Unternehmensgrenzen hinweg modelliert und natürlich auch ausgeführt werden können. Darüber hinaus können die Prozesse während der Laufzeit analysiert und beobachtet werden, z. B. deren Dauer, Status usw. Für die Erledigung solcher prozessbezogenen Aufgaben ist die Komponente *SAP Business Process Management* (SAP BPM) zuständig (siehe Abschnitt 5.4).

SAP BRM

Wie es der Name schon andeutet, ist SAP BRM ein Werkzeug zur Erstellung und Verwaltung von Geschäftsregeln. Damit können einfache bis sehr komplexe Regelwerke aufgebaut werden. Die Regeln können aus konditionalen Ausdrücken bestehen, z. B. `IF ... THEN ... ELSE`, aber auch der Einsatz von Entscheidungstabellen oder auch Formeln ist möglich. Natürlich könnte man solche Regeln auch durch Programmierung, z. B. in Java, implementieren, aber dazu wären entsprechende Programmierkenntnisse notwendig. SAP BRM soll die Pflege dieser Regeln für den Endanwender so einfach und intuitiv wie möglich gestalten.

SAP BRM und BRFplus

Vielleicht werden Sie sich fragen, was der Unterschied zwischen SAP BRM und BRFplus ist, wenn doch beide Werkzeuge sehr ähnliche Einsatzgebiete haben (weitere Informationen zu BRFplus finden Sie in Abschnitt 3.3.3, »Stammdatenprozesssteuerung mit einem Workflow«). In der Tat ist es korrekt, dass das Anlegen und Verwalten von Geschäftsregeln mit beiden Komponenten sehr ähnlich funktioniert. Es gibt in beiden Applikationen jeweils eine Modellierungsoberfläche, und es gibt jeweils die Möglichkeit, mit Konditionen zu arbeiten oder auch Formeln bzw. Entscheidungstabellen als Grundlage für die Regeln einzusetzen.

SAP BRM arbeitet jedoch grundsätzlich auf einer Java-Plattform und bietet sehr gute Anbindungsmöglichkeiten an SOA- bzw. Webservices. Das Erstellen und Pflegen der BRM-Regeln geschieht mithilfe des NWDS auf der Grundlage eines SAP-NetWeaver-Java-Webservers.

BRFplus ist Teil eines SAP-ERP-Systems bzw. SAP-S/4HANA-Systems und vollständig in ABAP implementiert. Es benötigt daher ein ABAP-basiertes Fundament, den *SAP NetWeaver Application Server ABAP* (SAP NetWeaver AS ABAP), der ohnehin Grundlage eines SAP-ERP-Systems ist. Es wäre zwar möglich, in BRFplus auch mit SOA- bzw. Webservices zu arbeiten; wesentlich einfacher und direkter ist die Anbindung in die ABAP-Welt aber mit den von BRFplus automatisch generierten Funktionsbausteinen, die bei Bedarf im RFC-Modus arbeiten können. Die Konfiguration von BRFplus erfordert kein weiteres besonderes Werkzeug: Das Erstellen und die Pflege der BRFplus-Objekte erfolgen in ABAP-Web-Dynpro-Oberflächen, die mit BRFplus ausgeliefert werden.

Als Konsequenz aus den unterschiedlichen technologischen Grundlagen von BRFplus und SAP BRM ergeben sich unterschiedliche Einsatzgebiete. Es ist z. B. zwar möglich, SAP BRM für Validierungen in SAP MDG zu verwenden, aber BRFplus ist als Teil des SAP-ERP-, SAP-S/4HANA- bzw. SAP-MDG-Systems dafür viel besser dazu geeignet. Eine gesonderte Installation, gegebenenfalls noch mit einem Java-Server, ist für BRFplus nicht notwendig, für das BRM-System aber schon. Umgekehrt ist die Verwendung von BRFplus in einem Process-Integration-System denkbar, aber nicht sinnvoll, da mit SAP BRM ja schon eine sehr geeignete Rule Engine auf der gleichen Plattform zur Verfügung steht.

Architektur

Der für SAP MDG wichtigste Teil von SAP PO ist SAP PI. SAP PI ist eine Middleware, die hauptsächlich als zentrale Schnittstelle mehrere Systeme miteinander verbindet, sodass über die Kommunikationsstrecken die Verteilung von Daten (bei SAP MDG speziell von Stammdaten) systemübergreifend möglich ist. SAP PI als Teil eines PO-Systems hat seinen Schwerpunkt in der Webservice-Technologie. Das bedeutet, dass hier primär XML-Dateien zwischen Quell- und Zielsystemen ausgetauscht werden. SAP PI unterstützt jedoch auch die ALE-Technologie, d. h. IDocs. Abbildung 5.18 zeigt diese Zusammenhänge.

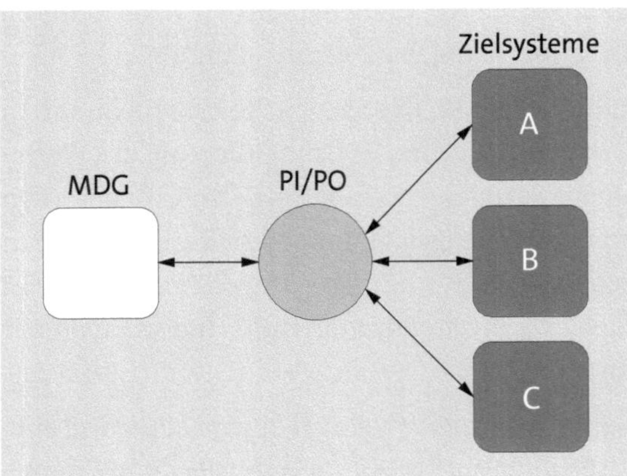

Abbildung 5.18 Architektur von SAP MDG, SAP Process Orchestration und SAP Process Integration

Die Verwendung einer Middleware, hier einer PI-Applikation, erleichtert die Abdeckung typischer Anforderungen bei der Datenverteilung.

5.3.1 Flexibilität

Insbesondere bei mehr als zwei oder drei Systemen können Sie mit SAP PI eine Systemlandschaft sehr schnell anpassen. Wenn z. B. ein System ersetzt werden muss und kein zentrales SAP PI vorhanden ist, müssen zuerst alle Verbindungen entfernt werden, die vom zu ersetzenden System zu allen angeschlossenen Systemen führen.

SAP Process Integration erleichtert Adaptionen

Anschließend müssen die Verbindungen, die vom neu eingesetzten System zu den anderen Systemen führen, neu erstellt werden. Wenn es sich dabei um drei oder mehr anzubindende Systeme handelt, steigt die Anzahl der auszutauschenden Kommunikationsstrecken progressiv und damit natürlich auch der Aufwand. Wenn SAP PI in der Systemlandschaft verfügbar ist, müssen Sie nur die Verbindung vom zu ersetzenden System zu SAP PI neu aufbauen, was natürlich viel schneller geht.

5.3.2 Werte-Mapping inklusive Codelisten-Management

Manchmal müssen bei der Verteilung von Stammdaten einzelne Werte während der Replikation geändert oder umgerechnet werden. Wenn z. B. Abmessungen, Gewichtsangaben oder auch Maßeinheiten verteilt werden, werden diese im europäischen Raum im metrischen System angegeben, während in den USA oder im Vereinigten Königreich häufig andere Werte gängig sind. Diese können während der Verteilung mithilfe von Formeln oder Mapping-Tabellen entsprechend angepasst werden. SAP PI übernimmt diese Aufgaben, und zwar nicht nur von einem europäischen zu einem amerikanischen System, sondern gegebenenfalls auch zu weiteren Metriken, die wiederum ganz anders aufgebaut werden können.

Effizientes Werte-Mapping mit Codelisten

Bei solchen Anforderungen helfen die *Codelisten*. Solche Listen können in einem PI-System hinterlegt werden, um eine Vereinheitlichung des Werte-Mappings zu erlauben. Lesen Sie dazu folgendes Beispiel: In Europa werden Kunden mit der Kontengruppe A100 angelegt, und diese Kunden müssen in ein US-System und ein japanisches System verteilt werden. In den USA gehören solche Kunden jedoch zur Kontengruppe B100 und in Japan zur Gruppe C100 (siehe Abbildung 5.19).

Natürlich könnte man nun eine Mapping-Tabelle für Europa/USA und eine weitere für Europa/Japan aufbauen, um diese Anforderungen zu implementieren. Ein Austausch zwischen Japan und den USA ist aber nur möglich, wenn man eine dritte Mapping-Tabelle einführt. Daher ist es eine effizientere Option, die Kontengruppe A100 aus Europa auf einen Code, sagen wir 01, zu mappen. Eine Kontengruppe A200 aus dem europäischen System wäre in 02 umzuschlüsseln usw. Diese Umschlüsselung geschieht in SAP PI. Das heißt, dass dort eine entsprechende Mapping-Tabelle vorhanden ist.

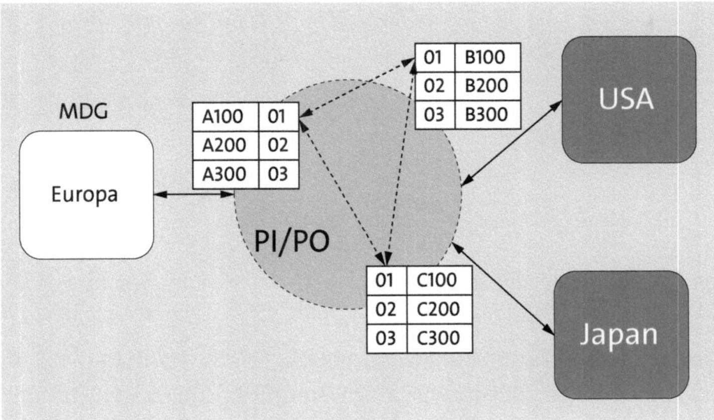

Abbildung 5.19 Werte-Mapping in SAP Process Integration/SAP Process Orchestration mit Codelisten

Beispiel für den Einsatz von Codelisten

SAP PI erkennt, dass Kunden in ein US-System und in ein japanisches System verteilt werden müssen, und benötigt dazu wiederum je eine Mapping-Tabelle, die aus der 01 einen Wert B100 für die USA und einen Wert C100 für Japan ermittelt. Durch die Einführung eines solchen Codes bzw. einer Codeliste benötigt SAP PI aber keine Mapping-Tabellen mehr für die Umschlüsselung zwischen Europa und den USA, zwischen Europa und Japan und ebenso keine zwischen Japan und Europa. Damit fällt schon durch die Verwendung einer Codeliste (01, 02, ...) in drei Systemen eine Mapping-Tabelle weg. Bei weiteren Systemen, die über ein PI-System Informationen austauschen wollen und dabei Umschlüsselungen benötigen, ist die Einsparung noch größer. Des Weiteren wird auch das Hinzufügen und Ersetzen von Systemen erheblich vereinfacht, da ja jeweils nur ein Mapping zwischen dem neuen System und der Codeliste notwendig ist und nicht ein Mapping vom neuen zu allen anderen, schon vorhandenen Systemen.

5.3.3 Schlüssel-Mapping

Schlüsseltabelle

Eine Middleware wie SAP PO verwaltet die Identifier der ausgetauschten Stammdatenobjekte in einer Schlüsseltabelle. So verwendet beispielsweise ein Material im Quellsystem A als Schlüssel `MAT-100`, im Zielsystem B jedoch den Schlüssel `MAT-200` und in weiteren Zielsystemen weitere, ebenso unterschiedliche Schlüssel. Die Information, dass das Material MAT-100 des Quellsystems identisch mit dem Material MAT-200 im System B und in weiteren Systemen ist, wird in einer Schlüsseltabelle festgehalten, die von SAP PI verwaltet wird (siehe Tabelle 5.1).

Quellsystem A	Zielsystem B	Zielsystem C	Zielsystem D	Zielsystem E	...
MAT-100	MAT-200	MAT-300	ABC	100	...
PROD-10	PROD-20	PROD-30	VRT	200	...
..	..	..	..	..	..

Tabelle 5.1 Beispiel für eine Schlüsseltabelle

Dies entlastet die an der Kommunikation beteiligten Systeme in der Systemlandschaft und ermöglicht eine klare Verantwortlichkeit. Mit der Schlüsseltabelle steht eine eindeutige Position zur Verfügung, die dieses wichtige Wissen über die ausgetauschten Stammdatenobjekte beinhaltet. Das Ein- und gegebenenfalls Austragen der Datensätze in die bzw. aus der Schlüsseltabelle wird von SAP PI nach einer Konfiguration automatisch übernommen. Dies setzt jedoch voraus, dass zumindest beim Neuanlegen von Stammdatenobjekten das Zielsystem eine Bestätigung der (hoffentlich) erfolgreichen Neuanlage inklusive eines entsprechenden Stammdatenschlüssels zurücksendet. Dann kann SAP PI den neuen Schlüssel der Nachricht entnehmen und in die Schlüsseltabelle einfügen.

5.3.4 Filterfunktionen

Filterkriterien

Häufig soll bei der Datenreplikation nicht der komplette Datensatz vom Quell- zum Zielsystem gesendet werden, sondern nur Teile. Unter Umständen ist das Ausfiltern von Parametern abhängig, z. B. vom Typ des Zielsystems oder sogar vom Dateninhalt der Nachricht. Eine solche Anforderung kann SAP PI abdecken. Auch wenn ein neuer Stammdatensatz nicht an alle Zielsysteme ausgeliefert werden soll, kann dies durch eine Filterfunktion erreicht werden, die SAP PI zur Verfügung stellt.

PI und/oder DRF?

In Abschnitt 3.5, »Verteilungskonzepte in SAP Master Data Governance«, haben wir Ihnen bereits die Komponente *Data Replication Framework* (DRF) vorgestellt. Sie haben sicher festgestellt, dass fast alle PI-Funktionen auch vom DRF angeboten werden. Das heißt, dass es hier eine starke Überlappung gibt. Man hat also hier die Wahl, ob z. B. das Filtern oder das Schlüssel-Mapping im DRF oder in PI durchgeführt werden soll. Es gibt dazu keine allgemeine Empfehlung. Die Entscheidung muss individuell getroffen werden, wobei man feststellen wird, dass die Praxis meist eine klare Richtung vorgibt. Denn häufig ist bereits eine Middleware in Form einer PI- oder PO-Installation vorhanden, und diese hat auch schon ohne die Integration von SAP MDG Filter- oder andere replikationsspezifische Aufgaben übernommen. So wird man sicherlich das DRF im MDG-System nicht konfigurieren müssen und alle replikationsrelevanten Funktionen weiterhin von SAP PI bzw. SAP PO erledigen lassen. Wenn bei der MDG-Einführung noch keine Middleware vorhanden ist, aber z. B. ein Werte-Mapping erforderlich ist, ist der Einsatz des DRF mit seinen Replikationsfunktionen aber mehr als nur eine Alternative: Das DRF kann die PI-typischen Aufgaben vollständig übernehmen und damit die Installation einer Middleware-Komponente erübrigen.

Natürlich ist es möglich, SAP MDG auch mit Nicht-SAP-Middleware-Komponenten einzusetzen, solange diese die beiden Haupttechnologien in der Replikation unterstützen: IDocs (ALE) sowie Webservices (SOA). SAP PI ist natürlich auch direkt verwendbar, d. h. ohne den Einsatz und die Installation eines SAP-PO-Systems.

5.4 SAP Business Process Management

SAP Business Process Management (SAP BPM) ist ein Werkzeug zur Erstellung, Pflege, Ausführung und zum Monitoring von Geschäftsprozessen. SAP BPM arbeitet auf einer Java-Plattform (dem *SAP NetWeaver Application Server Java (SAP NetWeaver AS Java)*), z. B. zusammen mit SAP PO oder auch auf Grundlage einer SAP-Composition-Environment-Installation. In neueren Releases ist SAP BPM Teil der Lösung SAP PO (siehe Abschnitt 5.3).

Die Prozesse für SAP BPM werden in *SAP NetWeaver Developer Studio* (NWDS) modelliert. Dies ist eine integrierte Entwicklungsumgebung (*Integrated Development Environment*, IDE) auf der Grundlage von Eclipse. Das Arbeiten damit gestaltet sich recht intuitiv, und die Designoberfläche kann sehr individualisiert werden. Viele Einstellmöglichkeiten und andere Hilfsmittel (wie Drag & Drop) erlauben ein schnelles und bequemes Erstellen oder Anpassen der gewünschten Prozesse. Abbildung 5.20 zeigt die Arbeitsumgebung.

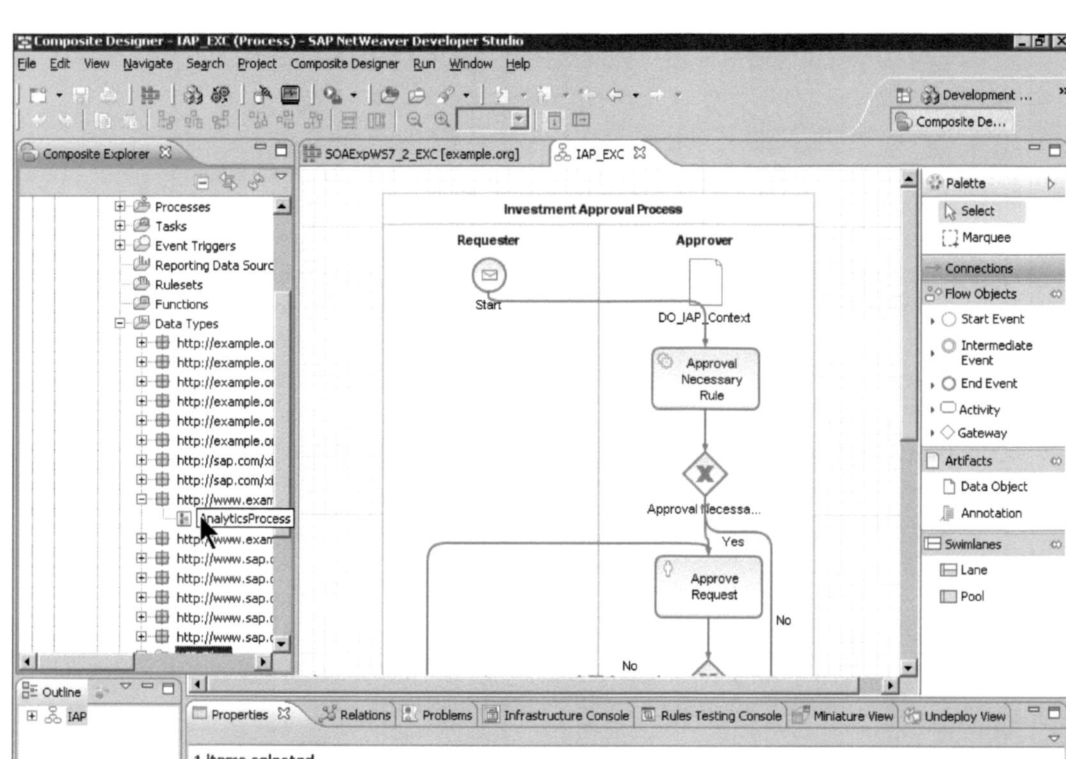

Abbildung 5.20 Oberfläche von SAP NetWeaver Developer Studio

SAP BRM und SAP BPM

Eine sehr wichtige Zusatzfunktionalität, die bei Geschäftsprozessen fast immer benötigt wird, nämlich das Ausführen von Entscheidungen, Validierungen und Auswertungen über Geschäftsregeln, kann in SAP BPM mithilfe von *SAP Business Rules Management* (SAP BRM) erfüllt werden. SAP BRM hat die gleiche technologische Basis wie SAP BPM und kann daher nahtlos im BPM-System eingesetzt werden. (SAP BRM hat daher für BPM eine ähnliche Funktion wie BRFplus für den SAP Business Workflow.)

Prozess-Monitoring

SAP BPM erlaubt natürlich auch das Überwachen von Prozessen. Durch entsprechende Sichten (oder Views) in NWDS hat der Systemadministrator jederzeit den Überblick darüber, welchen Status laufende oder auch beendete BPM-Prozesse aufweisen. Prozesse können damit primär beobachtet, aber auch bei Bedarf angepasst werden, z. B. weil ausnahmsweise ein anderer Bearbeiter einen bestimmten Schritt durchführen soll.

SAP BPM und SAP Business Workflow

SAP BPM kann Prozesse abbilden, die über Systemgrenzen hinweg und daher auch außerhalb der SAP-Business-Suite-Plattform ausgeführt werden können. Der *SAP Business Workflow* ist hervorragend dazu geeignet, Prozesse innerhalb von SAP ERP, SAP S/4HANA, SAP CRM oder einer anderen SAP-Business-Suite-Komponente abzuarbeiten, kann aber während eines Prozesses Systemgrenzen nicht oder nur sehr bedingt überschreiten. SAP BPM kann dies – u. a. auch, weil es auf einer eigenen Plattform neben bzw. außerhalb der SAP-Business-Suite-Applikationen läuft. Darüber hinaus bietet SAP BPM mit seiner starken Fokussierung auf SOA- bzw. Webservices-Technologien eine sehr flexible und offene Infrastruktur, die es ermöglicht, auch Nicht-SAP-Systeme recht einfach und schnell in den Prozessablauf einzubinden.

SAP BPM ist sehr gut dazu geeignet, systemtechnische Workflows (also Prozesse mit wenig oder keiner Endanwenderinteraktion) abzubilden, während der SAP Business Workflow recht weitreichende Funktionalitäten zur Benutzerinteraktion mitbringt. Das heißt aber nicht, dass SAP BPM keine User Interfaces oder nur geringe UI-Features zur Verfügung stellt, sondern SAP BPM nur über eine dedizierte UI-Schicht erreichbar ist. Die BPM-UIs sind in der Regel als Web-Dynpro-Java-UIs erstellt worden, während der SAP Business Workflow standardmäßig SAP GUIs verwendet und seit einigen Jahren auch mit Web-Dynpro-ABAP-Oberflächen zusammenarbeiten kann.

Beide Technologien erzeugen Work Items, die beim SAP Enterprise Portal in die UWL oder bei der Verwendung des SAP Business Client in die POWL gelegt werden. Das heißt, dass für den Endanwender auf den ersten Blick kein Unterschied zu erkennen ist. Auch die User Interfaces differieren aus Sicht des Benutzers kaum. Web Dynpro Java und Web Dynpro ABAP haben das gleiche Konzept, sehr ähnliche UI-Elemente und ein analoges Erscheinungsbild. Nur die zugrundeliegende Plattform und die Sprache unterscheiden sich.

Architektur

Eine typische Systemarchitektur mit Business-Suite-Anwendungen, SAP Business Workflow und SAP BPM sieht so wie in Abbildung 5.21 aus.

Wie Sie in der Systemarchitektur deutlich erkennen können, erstrecken sich die BPM-Prozesse über mehrere Applikationen hinweg. Und nicht nur das: Auch das Einbinden von Prozessschritten, die außerhalb der SAP Business Suite platziert sind, ist mit SAP BPM möglich. Im Gegensatz dazu erlaubt der SAP Business Workflow eine Abbildung von Geschäftsprozessen innerhalb der einzelnen Business-Suite-Komponenten, also innerhalb von SAP ERP, SAP S/4HANA, SAP Product Lifecycle Management (SAP PLM) oder eben SAP MDG.

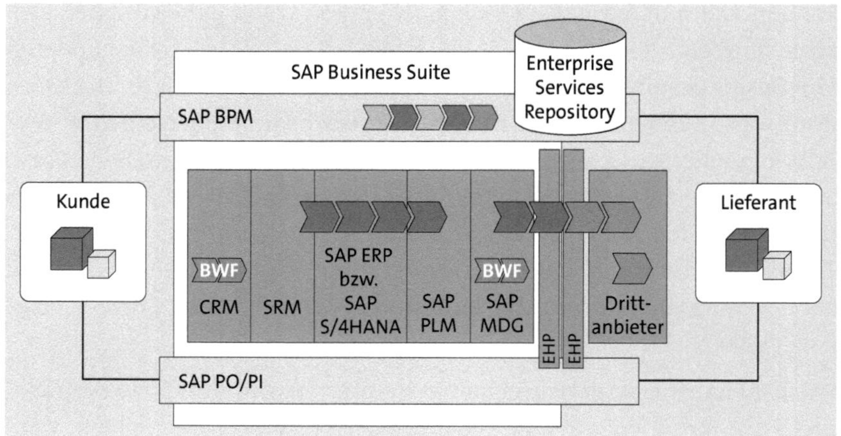

Abbildung 5.21 Typische Systemarchitektur mit SAP BPM und der SAP Business Suite

Beispiel

Ein Beispiel aus der Praxis soll dieses Prinzip noch etwas verdeutlichen Produkte werden in einer Systemlandschaft, die aus mehreren Systemen (darunter SAP MDG und SAP ERP bzw. SAP S/4HANA) besteht, mithilfe eines standardisierten Geschäftsprozesses eingeführt. Hierzu gibt es Prozessschritte in SAP ERP bzw. SAP S/4HANA und in SAP MDG, die von einer übergeordneten Applikation geführt werden müssen. Diese Applikation ist SAP BPM, das die Workflows innerhalb von SAP MDG sowie SAP ERP bzw. SAP S/4HANA steuert (siehe Abbildung 5.22).

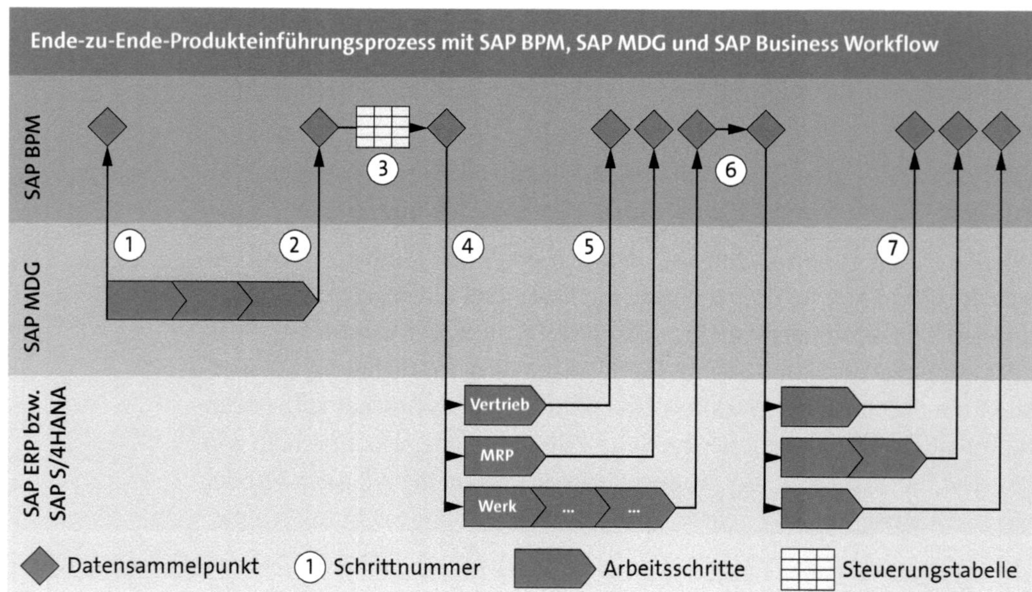

Abbildung 5.22 SAP BPM mit SAP MDG und SAP ERP bzw. SAP S/4HANA

SAP BPM kümmert sich dabei »nur« um den übergeordneten Prozess. Die einzelnen Schritte innerhalb der Systeme wurden in der SAP-Business-Workflow-Technologie modelliert und werden dementsprechend nur durch den SAP Business Workflow abgearbeitet.

[!]

SAP MDG mit SAP BPM?

Vielleicht werden Sie sich gefragt haben, ob es möglich ist, SAP BPM statt dem SAP Business Workflow als Prozess-Engine für SAP MDG einzusetzen, um z. B. die systemübergreifenden Prozesse in einer Technologie abbilden zu können. Dies ist nicht möglich! SAP MDG ist Teil eines ERP-Systems, und das zentrale Steuerungsobjekt, nämlich der Änderungsantrag (bzw. der Änderungsantragstyp) verlangt die Spezifizierung eines MDG-Datenmodells und benötigt ein Workflow Template, das in der Workflow-Technologie vorliegen muss. SAP BPM kann also nicht direkt, sondern nur als übergeordnete Prozess-Engine in Verbindung mit SAP MDG verwendet werden.

5.5 SAP Business Workflow

Der SAP Business Workflow (SAP BWF) ist eine Prozess-Engine, die in eine Standard-SAP-ERP-Plattform eingebettet ist. Mit dem SAP Business Workflow lassen sich Geschäftsprozesse innerhalb eines SAP-Systems modellieren, ausführen und kontrollieren. Dadurch lassen sich viele Aktivitäten automatisieren und sich wiederholende Aufgaben effizient verwalten.

SAP Business Workflow implementiert Geschäftsprozesse

Neben der Automation und Abbildung von Genehmigungsprozessen erlaubt der SAP Business Workflow das Modellieren von sogenannten Governance-Prozessen, bei denen es vor allem um die Einhaltung von Geschäftsregeln geht. Die Einhaltung solcher Regeln (z. B. für Audits, Reporting entsprechend dem Sarbanes-Oxley Act usw.) muss nach deren Abarbeitung lückenlos nachvollziehbar sein. Hier sind also Transparenz und Nachvollziehbarkeit wichtige Anforderungen, die der Workflow abdeckt.

Der Workflow erlaubt grundsätzlich eine beliebige Anzahl von Prozessschritten, wobei man zwischen Vorder- und Hintergrundschritten unterscheiden kann. Schritte im Vordergrund haben in der Regel eine Endanwenderoberfläche, also ein User Interface, und erfordern normalerweise eine manuelle Interaktion – und wenn es nur eine Bestätigung ist, dass man das User Interface bzw. dessen Inhalte zur Kenntnis genommen hat. Hintergrundschritte im Workflow erledigen Systemaufgaben, z. B. Durchführung von Validierungen oder Berechnungen, Schreiben von Protokollen bzw. Änderungsbelegen oder Ermittlung der nächsten Workflow-Bearbeiter.

Grundsätzlich könnten Workflow-Prozesse komplett im Hintergrund ablaufen, aber im Regelfall verwendet man dafür andere, besser dafür geeignete Werkzeuge in einer SAP-Umgebung, sodass der Workflow eigentlich immer mehrere oder mindestens einen Endanwenderschritt aufweist. Es ist auch kein Problem, mit dem SAP Business Workflow parallele Schrittfolgen zu modellieren und ausführen zu lassen.

Prozesslaufzeiten kontrollieren

Auch die Laufzeit eines Prozesses ist theoretisch unbegrenzt, wobei natürlich eine Laufzeit von mehreren Tagen oder wenigen Wochen eine praktische Obergrenze darstellt. Die Laufzeiten können kontrolliert werden. Das heißt, dass wenn Zeiten überschritten werden, man geeignete Gegenmaßnahmen ergreifen kann, typischerweise das Versenden von E-Mails oder auch das automatisierte Abschließen eines Workflows.

Die für die Modellierung und die Ausführung notwendigen Komponenten sind vollständig in einer SAP-ERP-Installation vorhanden. Zusätzliche Installationen oder Tools sind nicht notwendig. Um einen Workflow zu erstellen, steht der *Workflow Builder* zur Verfügung (Transaktion SWDD; siehe Abbildung 5.23).

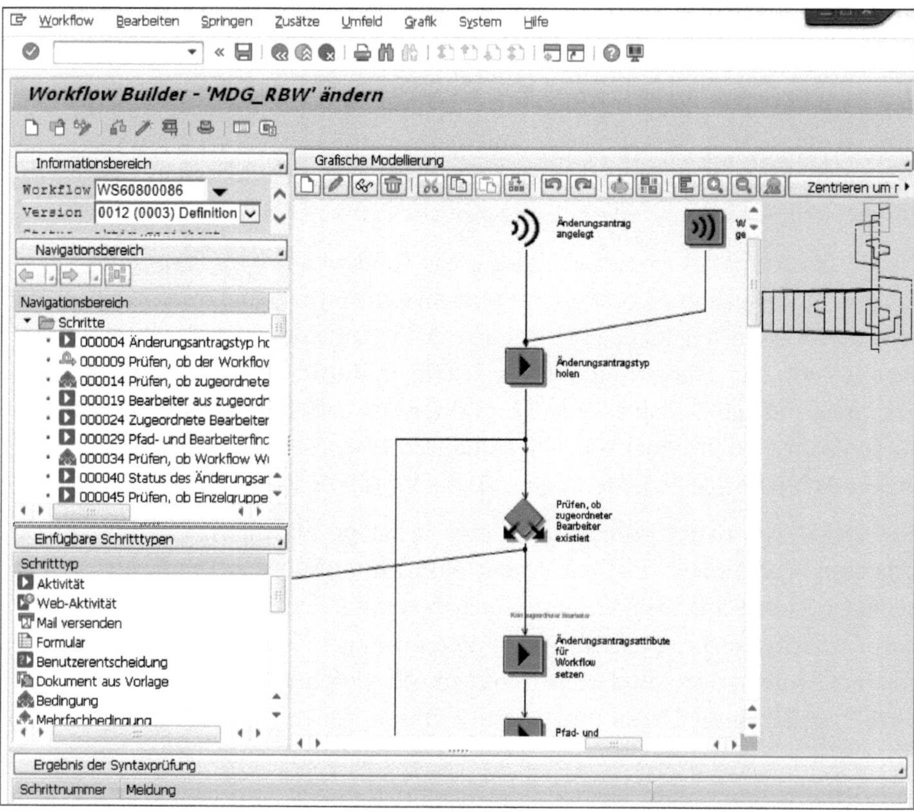

Abbildung 5.23 SAP Business Workflow konfigurieren

Bearbeiterermittlung

Eine sehr wichtige Funktionalität eines Workflows ist die Bearbeiterermittlung. Eine Workflow-Vorlage kann so konfiguriert werden, dass der Prozess während der Laufzeit automatisch in der Lage ist, den jeweils nächsten Workflow-Bearbeiter zu ermitteln und diesem das aktuelle Workflow Item in den Eingangskorb zu legen und gegebenenfalls auf Wunsch auch eine Benachrichtigung zu senden. Die Bearbeiterermittlung geschieht auf der Grundlage der Anforderungen. Es muss sich also die Frage gestellt werden, welcher Bearbeiter z. B. überhaupt das Wissen hat, um bestimmte Informationen zu einem Geschäftsprozess beizutragen oder welcher Bearbeiter einen Geschäftsprozess in Teilen oder abschließend genehmigen darf. Die Konfiguration der Bearbeiterermittlung erfolgt im Workflow-Customizing und kann auch auf der Grundlage von (Geschäfts)regeln erfolgen. Wenn es nicht anders möglich ist, können auch BAdIs mit kundenspezifischem ABAP-Coding für die Bearbeiterermittlung zum Einsatz kommen. (Dies sollte jedoch aus Gründen der Nachvollziehbarkeit und Anpassbarkeit die Ausnahme sein.)

Vermeiden Sie es, einzelne Benutzer als mögliche Bearbeiter zu konfigurieren, da z. B. bei ihrer Abwesenheit das Workflow Item nicht weitergereicht werden kann und der Prozess nicht weiterbearbeitet wird. (Natürlich kann man mit Administratorrechten das Item wieder bewegen, aber auch das sollte eine Ausnahme sein.) Im Normalfall verwendet man Planstellen, Stellen oder Organisationseinheiten (Transaktion PPOME, siehe Abbildung 5.24) und weist diese einem Prozessschritt zu.

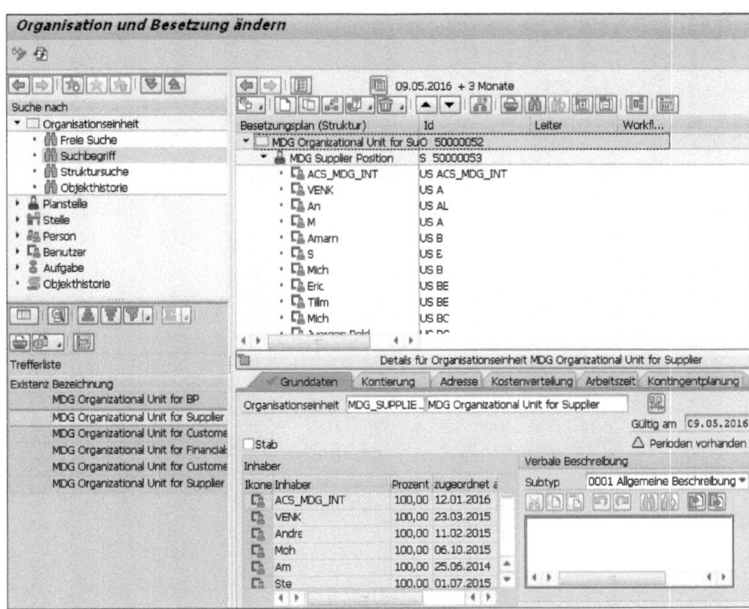

Abbildung 5.24 Benutzerverwaltung mit Transaktion PPOME

Da in der Regel mehrere Benutzerstammsätze einer Planstelle, einer Stelle oder einer Organisationseinheit zugewiesen sind, wird zur Laufzeit allen zugehörigen Benutzern ein Workflow Item in ihren Eingangskorb gelegt. Derjenige Benutzer, der das Item annimmt und bearbeitet, wird vom System als Benutzer akzeptiert; bei allen anderen wird das Workflow Item aus dem Eingangskorb entfernt.

Eingangskorb

Das Erzeugen von Workflow Items und das Zuweisen dieser Workflow Items in den Eingangskorb des ermittelten Bearbeiters ist der Standardweg, auf dem der SAP Business Workflow den Endanwender auffordert, Aktivitäten innerhalb des Prozesses wahrzunehmen. Im Regelfall wird dem Endanwender keine E-Mail oder sonstige Benachrichtigung gesendet, sondern er ist dazu angehalten, in seinem Eingangskorb auf neue zugewiesene Workflow Items zu achten. Es gibt systemweit nur einen Eingangskorb, den der Endbenutzer beobachten muss. Im SAP GUI ist dies der *Business Workplace* (siehe Abbildung 5.25), im SAP Enterprise Portal die UWL und im SAP Business Client die POWL (siehe Abbildung 5.26).

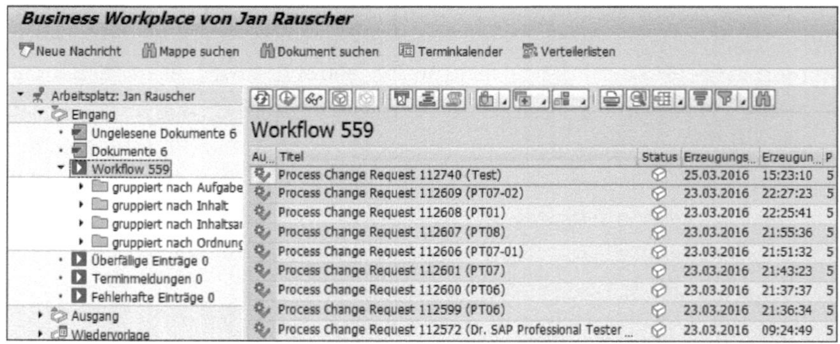

Abbildung 5.25 Workflow Items im Business Workplace

Änderungsanträge (1014)

Kriterienschnellpflege anzeigen — Abfrage ändern — Neue Abfrage definieren — Personalisieren

Sicht: [Standardsicht] — Änderungsantrag bearbeiten — Workflow-Protokoll anzeigen — Bearbeitung erledigen — Nicht zuständig — Erledigen — Neu beantragen — Wiedervorlage beenden — Weiterleiten — Mir zuordnen — Zuordnung löschen — Vertretung — Aktualisieren — Druckversion — Export

Betreff	Von	Gesendet am	Status
Änderungsantrag 117718 (Multi Proc changes) bearbeiten	Ragh	06.05.2016 12:53:49	Änderungen durchzuführen
Änderungsantrag 117717 (sad) genehmigen	Al	06.05.2016 10:58:15	Inhaltlich zu genehmigen
Änderungsantrag 117715 (test) bearbeiten	Gi	06.05.2016 10:19:00	Änderungen durchzuführen
Änderungsantrag 117574 (ff) bearbeiten	Lihu	05.05.2016 19:52:08	Abschließend genehmigt

Abbildung 5.26 Workflow Items in der POWL

Benachrichtigungen sind möglich

Nachdem die Workflow Items erzeugt und in den Eingangskorb gelegt worden sind, kann der Endanwender zusätzlich mit Benachrichtigungen darauf hingewiesen werden, dass er doch in seine Inbox schauen möge, um das neu erzeugte und zugewiesene Workflow Item zu bearbeiten. Diese Funktion kann eingeschaltet werden, ist aber nicht die Standardmethode für die Interaktion zwischen dem SAP Business Workflow und den Endanwendern.

SAP Business Workflow und SAP Master Data Governance

Der SAP Business Workflow ist die Prozess-Engine von SAP MDG. Alle MDG-Stammdatenprozesse mit Funktionalitäten wie die Bearbeiterermittlung, das Schreiben von Protokollen usw. laufen mithilfe des SAP Business Workflow ab. Da SAP MDG in einer webbasierten Oberfläche arbeitet, werden die Workflow Items entweder in die UWL oder in die POWL gelegt. Eine Bearbeitung über den Business Workplace, d. h. mit dem klassischen SAP GUI, ist nicht vorgesehen. SAP MDG kennt zwei Arten, wie Workflow Templates abgearbeitet werden können: direkt als einfacher Workflow oder als regelbasierter Workflow (siehe Abschnitt 3.3, »Änderungsanträge in SAP Master Data Governance«).

SAP MDG arbeitet mit zwei Workflow-Typen

Der einfache Workflow wird so ausgeführt, wie das entsprechende Workflow Template modelliert ist. Bei einer Änderung muss das Template im Workflow Builder angepasst werden. Der regelbasierte Workflow besteht aus einem vorgegebenen, nicht änderbaren Workflow Template und einer Entscheidungstabelle, die zur Laufzeit vom System interpretiert wird. Die Entscheidungstabelle setzt sich aus drei Tabellen zusammen, die die Prozessschrittfolge sowie die Bearbeiterermittlung vorgeben. In Abschnitt 3.7, »Benutzermanagement und Bearbeiterermittlung«, finden Sie weitere Informationen hierzu.

Der SAP Business Workflow ist sehr gut geeignet, um die Stammdatenprozesse abzubilden, und bietet mit seiner Integration in SAP ERP dafür ideale Voraussetzungen. Allerdings sind die Funktionalitäten begrenzt, wenn über mehrere Systeme hinweg Geschäftsprozesse verwaltet werden müssen. Dafür besser geeignet ist die Komponente *SAP Business Process Management*, die wir in Abschnitt 5.4, »SAP Business Process Management«, vorgestellt haben.

5.6 SAP Lumira

Mittelfristige Ersetzung von SAP Lumira durch SAP Analytics Cloud

SAP Lumira ist ein Werkzeug für die Datenanalyse, das noch verfügbar und im Einsatz ist und in den letzten Jahren auch weiterentwickelt wurde. Es ist aber bekannt, dass SAP Lumira mittelfristig von SAP Analytics Cloud ersetzt werden soll. Trotzdem möchten wir Ihnen hier einen Überblick zu SAP Lumira inklusive der jüngsten Neuerungen geben. (Auf SAP Analytics Cloud gehen wir in Abschnitt 5.7 genauer ein.)

Erfolg ohne Programmierkenntnisse

SAP Lumira bietet die Möglichkeit, auf interaktive Weise Daten dynamisch zu visualisieren und auszuwerten. Die Besonderheit hierbei ist, dass es keine Programmierkenntnisse erfordert, um entsprechende Szenarien aufzubauen. Zielgruppe sind also Endanwender und Business-Analysten, die per Drag & Drop die für sie relevanten Daten grafisch aufbereiten können. Speziell für große Datenmengen aus unterschiedlichen Quellen ist SAP Lumira eine optimale Lösung. Da SAP Lumira mit der SAP-HANA-Datenbank integriert ist, ist eine Auswertung in Echtzeit für alle Benutzer möglich.

5.6.1 Business-Vorteile

Durch den oben genannten Charakter der Lösung eignet sich SAP Lumira bestens, um in Ihrem Unternehmen eine Self-Service-Business-Intelligence-Lösung zu implementieren. Im Folgenden schauen wir uns einige Vorteile für die unterschiedlichen Unternehmensbereiche an.

- **Vorteile für Angestellte**
  - Endanwender sind nicht auf Entwickler oder Kollegen aus der IT angewiesen, um ihre Reports zu erstellen.
  - Mithilfe sogenannter Storyboards können One Pager mit allen benötigten Informationen schnell erstellt werden.
  - Zugriff ist über das Web, ein bestehendes Portal oder von mobilen Endgeräten aus möglich.
- **Vorteile aus Sicht des Managements**
  - Schnelle Entscheidungen sind möglich, da Informationen aus großen Datenmengen immer und überall zur Verfügung stehen.
  - Einfache managementgerechte Darstellung mit allen relevanten Informationen auf einen Blick
  - Aktive Drilldown-Möglichkeiten in relevante Bereiche
- **Vorteile aus Sicht der IT-Abteilung**
  - Bereitstellung einer Self-Service-Lösung zur unabhängigen Nutzung durch die Endanwender
  - Eine hohe Skalierbarkeit bestehender Lösungen durch deren Verfügbarkeit für eine größere Anzahl an Benutzern auch auf mobilen Geräten. Damit geht auch eine Reduktion der Kosten pro Nutzer bei der Entwicklung oder in Projekten einher.
  - Weniger Support-Aufwand für die IT-Abteilung und freie Kapazitäten für andere Aufgaben

5.6.2 Aufbau von SAP Lumira

Struktur durch vier Phasen

SAP Lumira bietet einen logischen Aufbau, der die Benutzer in vier Phasen zum gewünschten Ergebnis führt. Wir werfen einen kurzen Blick auf diesen Aufbau, bevor wir das Zusammenspiel mit SAP MDG betrachten.

Phase 1: Akquisition

In Phase 1 geht es um das »Einsammeln« der Daten. Hierzu können in SAP Lumira vielfältige Datenquellen kombiniert und zusammengeführt werden. Diese Daten können aus SAP-eigenen Produkten (wie einem SAP-ERP-System, SAP BW und SAP HANA) oder auch aus integrierten Lösungen wie aus dem Business-Objects-Bereich kommen. Natürlich kann auch auf jede beliebige Datenbank von Drittanbietern oder auf CSV- und Excel-Dateien zurückgegriffen werden. Die importierten Daten landen dann in einer SAP-IQ-Datenbank. Besteht eine Online-Verbindung, kann die Visualisierung auch direkt auf dem Datenbestand der SAP-HANA-Datenbank stattfinden. Dies bietet eine deutlich bessere Performance, da alle Berechnungen ausgelagert werden können.

Phase 2: Transformation

Ist der Export der Daten aus den jeweiligen Quellsystemen abgeschlossen, geht es nun um die Bearbeitung und Verbindung der Daten. Sie können die Datenqualität prüfen, um einzelne Datensätze zu modifizieren, Kennzahlen zu berechnen und die Beschriftung der Datenspalten und Zeilen anzupassen. Gleichzeitig bietet sich hier die Chance, Daten aus unterschiedlichen Quellen zusammenzuführen. So kann z. B. ein Extrakt aus einem SAP-ERP-System mit Daten aus einer Excel-Datei angereichert werden. Besonders bei der Verarbeitung von Zeit- und Ortsangaben bietet SAP Lumira mit der automatischen Identifikation eine sehr interessante Funktionalität: Hiermit lassen sich Geodaten über die verschiedenen Standorte eines Unternehmens oder aus einer Datenquelle pro Zeitraum aufschlüsseln.

Phase 3: Visualisierung

Liegen nun alle Daten vollständig und in der richtigen Qualität und Kombination vor, können Sie die benötigten Visualisierungen erstellen. Die Bedienung hierbei ist sehr intuitiv, und wer auch sonst an einem Rechner arbeitet, wird mit der Drag-&-Drop-Funktion sehr schnell zurechtkommen. Basierend auf Ihren Rohdaten, können Sie die Dimensionen und Kennzahlen in die jeweiligen Wertefelder ziehen. Standardmäßig bietet SAP Lumira eine große Auswahl verfügbarer Diagrammtypen. Hierbei müssen Sie sich auch nicht auf einfache Balkendiagramme beschränken, sondern können z. B. auch auf Landkarten oder Heatmaps zurückgreifen. Sollten Ihnen trotzdem einmal diese Funktionalitäten nicht ausreichen, können Sie über ein *Software Development Kit* (SDK) Ihre eigenen Berichte entwickeln. Mit den *Storyboards* haben Sie die Möglichkeit, einzelne Visualisierungen entsprechend anzuordnen. Hierbei handelt es sich um eine Art Dashboard, mit dem Sie jederzeit managementgerechte Präsentationen erstellen können. Neben den Storyboards, die sich eher an einem systemgebundenen Layout orientieren, bieten *Infographics* eine ziemlich freie Gestaltung hinsichtlich Inhalt und Layout.

Phase 4: Verteilung

Nachdem nun alle Daten aufbereitet und visualisiert worden sind, wollen Sie die Daten sicher auch in Ihrem Unternehmen verteilen. Hierbei haben Sie die Wahl, ob Sie einzelne Visualisierungen direkt per E-Mail versenden oder Storyboards sowie Infographics auf dem SAP Lumira Server, auf einer BI-Plattform oder in der SAP Lumira Cloud bereitstellen wollen. Letztere Variante hat den Vorteil, dass Sie mit SAP Fiori alle Informationen auch jederzeit und in Echtzeit für mobile Geräte zur Verfügung stellen können.

5.6.3 Anwendungsbeispiele und Integration mit SAP Master Data Governance

Tracking-Tool

Nachdem Sie nun die Funktionsweise und den Aufbau von SAP Lumira kennengelernt haben, betrachten wir, wie man SAP Lumira im Stammdatenumfeld und mit SAP MDG zusammen einsetzt. Es gibt zwei unterschiedliche Einsatzbereiche. In Abbildung 5.27 sehen Sie eine Darstellung zur durchschnittlichen Bearbeitungszeit von Change Requests.

Die Bearbeitungszeit ist besonders unter Effizienzgesichtspunkten relevant. Schließlich sollen durch die zentrale Ausrichtung der Stammdaten keine geschäftskritischen Prozesse ins Stocken kommen, weil nun der Workflow in SAP MDG durchlaufen werden muss. In Abbildung 5.28 sehen Sie eine etwas andere Darstellung zum gleichen Thema.

Nachhaltige Daten erzeugen

Hier wurde noch die Dimension der Änderungsantragstypen mit einbezogen. Auf diese Art lässt sich die Analyse weiter in die Tiefe treiben, und man sieht, ob sich die Probleme bei bestimmten Aufgaben (Anlegen, Ändern, Löschen usw.) häufen. Ist dies der Fall, können entsprechende Maßnahmen ergriffen werden, um Schwachstellen auszumerzen, die in diesem Bereich bestehen.

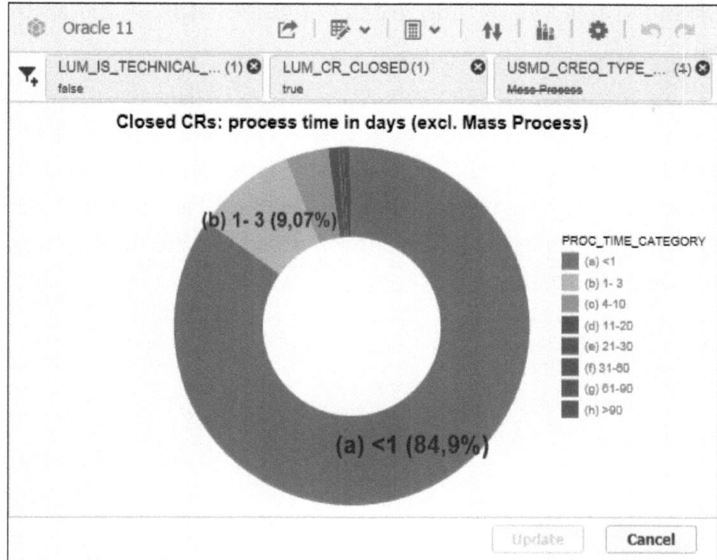

Abbildung 5.27 Bearbeitungszeit von Change Requests

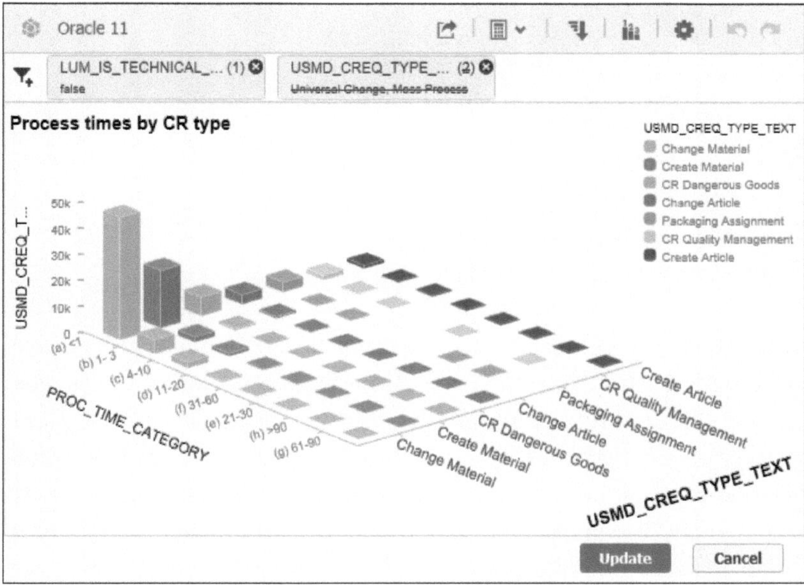

Abbildung 5.28 Bearbeitungszeit pro Änderungsantragstyp

Außer zur Beobachtung von aktiven Prozessen können Sie SAP Lumira aber auch sehr gut im Datenqualitätsmanagement einsetzen. Schließlich ist es nicht sinnvoll, dass beim Anlegen der Daten eventuell zu viele fehlerhafte Informationen im System erstellt werden. Das heißt, dass Sie sich in regelmäßigen Abständen eine Auswertung zu den Datenfehlern pro Material ansehen sollten.

Genau solch eine Auswertung zeigt uns Abbildung 5.29. Hier wurden die Materialien noch in die für sie relevanten Sparten aufgeteilt. Jedes dieser Diagramme bietet die Möglichkeit, in die nächste Ebene der Informationen abzuspringen und auch direkt eine entsprechende Excel-Liste mit allen betroffenen Materialien zu erstellen. Diese Information kann zur Bearbeitung an die verantwortliche Abteilung weitergegeben werden.

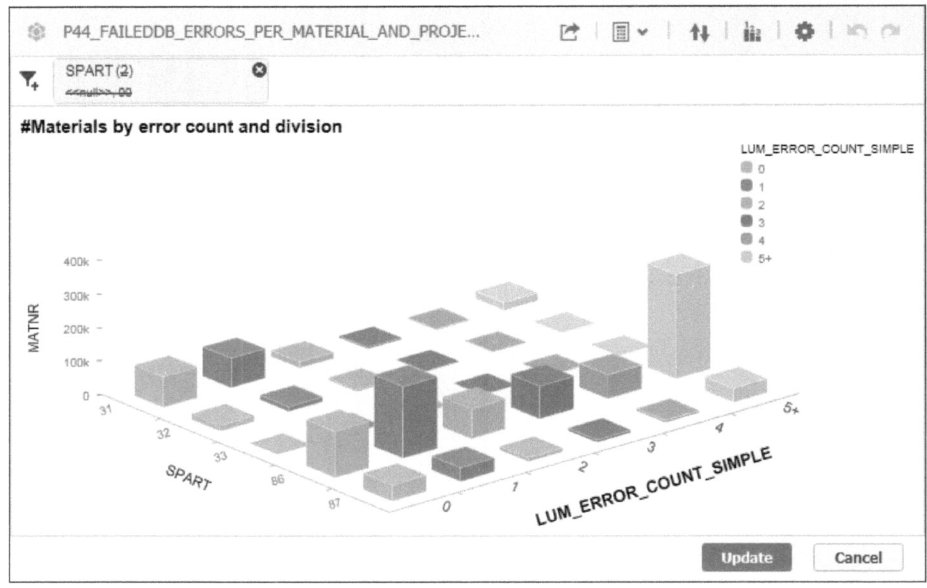

Abbildung 5.29 Fehler pro Material und Sparte

Hilfe bei der Umstrukturierung

Wenn wir hier von »Fehler pro Material« sprechen, beziehen wir uns auf Regeln, die beim Customizing im System hinterlegt wurden. Bei diesen Regeln handelt es sich um Prüfungen statischer Feldinhalte oder aber um dynamische Ableitungen in Abhängigkeit von anderen Feldern. Weicht hier der aktuelle Inhalt von der hinterlegten Regel ab, wird der Datensatz als fehlerhaft erachtet. Fehler kommen meist durch eine Umstrukturierung im Unternehmen zustande, wenn neue Pflichtfelder oder geänderte Werte in den Prüftabellen eingeführt werden. Mithilfe der Auswertung ist dann auf einen Blick ersichtlich, wie viele der bestehenden Materialien nicht synchron mit den veränderten Anforderungen sind.

Geodaten

Zum Schluss zeigt Abbildung 5.30 eine Auswertung unter der Einbeziehung von Geodaten. Sie gibt einen schnellen Überblick darüber, in welchen Regionen es im Moment Probleme mit den Preisdaten gibt.

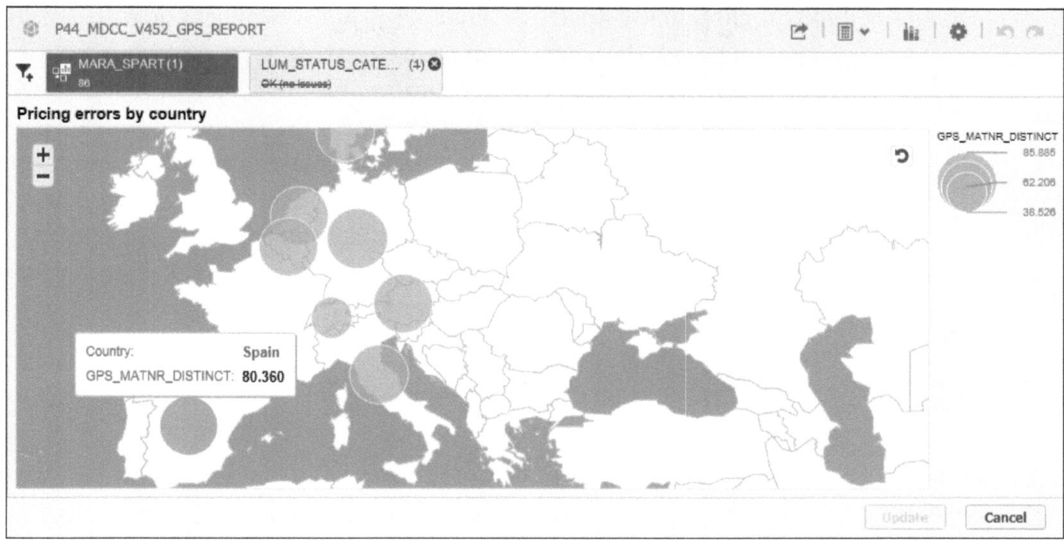

Abbildung 5.30 Visualisierung mit Geodaten

Weitere Möglichkeiten

Sie verfügen mit SAP Lumira also über eine Vielzahl von Auswertungen, die Sie völlig flexibel an Ihre Anforderungen anpassen können. Gleichzeitig können Sie auch die grafische Aufbereitung der Daten je nach Zielgruppe anpassen. Zu guter Letzt sollte noch erwähnt werden, dass SAP Lumira nicht nur bereits erstellte Visualisierungen, Storyboards, Infographics und Reports bereitstellt, sondern dass es darüber hinaus auch noch die *DataSets* anbietet. Unter einem DataSet versteht man einen eigenen Datenbereich, der dem Benutzer die völlige Freiheit gibt, seine Auswertungen je nach Anforderung an die Analyse selbst zusammenzustellen.

Mit dem Release von SAP Lumira 2.4 wurden einige Neuerungen eingeführt, die wir an dieser Stelle kurz auflisten möchten:

- Im Designer können Kacheln erstellt werden, die sich an den darzustellenden Inhalt dynamisch anpassen (z. B. Zeilenumbruch).
- Der Excel- und PDF-Export wurden erweitert, z. B. mit vordefinierten Formaten, Export in verschiedenen Sprachen und Zeichensätzen.
- In der Chart- und Tabellendarstellungen können Vergleiche über eine Skript-API durchgeführt werden.

5.7 SAP Analytics Cloud

SAP BTP als Basis

SAP Analytics Cloud basiert auf der SAP Business Technology Platform (SAP BTP) und ist ein Werkzeug für die Auswertung, Planung und Durchführung von Prognosen. SAP Analytics Cloud ist seit 2015 verfügbar und wird derzeit (Stand im März 2023) quartalsweise von SAP aktualisiert, d. h. neue Funktionen werden bereitgestellt oder sonstige Anpassen erfolgen (z. B. Bugfixing). In gewissem Masse übernimmt SAP Analytics Cloud Aufgaben von SAP Lumira, u. a. auch deshalb weil SAP Lumira mittelfristig von SAP nicht mehr weiterentwickelt und schließlich dann auch nicht mehr gewartet wird. Neue Projekte zur Datenauswertung von Stammdaten oder anderen SAP-S/4HANA-Daten sollten daher eher mit SAP Analytics Cloud statt mit SAP Lumira geplant und durchgeführt werden.

Die zentrale Aufgabe von SAP Analytics Cloud ist es, Daten aus verschiedenen Quellen zusammenzuführen, diese sinnvoll aufzubereiten und in leicht lesbarer Form darzustellen.

Überblick über die Architektur

Abbildung 5.31 gibt Ihnen einen Überblick über die Architektur von SAP Analytics Cloud. Das User Interface wird dem Endanwender über ein Portal oder auch auf mobilen Endgeräten präsentiert (ganz oben in Abbildung 5.31). In der zweiten Ebene der Abbildung sind die Komponenten dargestellt, die primär die Datenaufbereitung übernehmen, also z. B. wer welche Daten sehen darf, wie sie dargestellt werden usw. Den Kern von SAP Analytics Cloud bilden drei Module:

- Business Intelligence
- Advanced Analytics
- Enterprise Planning

Hier erhält der Endanwender einen Überblick über die wichtigsten Geschäftszahlen und kann unterstützt durch künstliche Intelligenz (KI) bzw. Machine Learning (ML) u. a. auch prädiktive Analysen durchführen, die darauf aufbauend die Erstellung von Plänen für den weiteren Geschäftsverlauf ermöglichen. Um die Daten von SAP Analytics Cloud zuzuführen, stehen verschiedenste Plattformdienste zur Verfügung. Diese bieten erweiterte Funktionen, wie z. B. Zeit- und Terminplanung, Datentransformation, Revision, Monitoring usw.

Daten aus verschiedensten Quellen verarbeiten

SAP Analytics Cloud ist in der Lage, Daten aus verschiedensten Quellen zu konsumieren, z. B. aus Cloud-, On-Premise-, SAP- oder auch Nicht-SAP-Systemen. Dabei können die Informationen nicht nur in Echtzeit verarbeitet, sondern auch fortschrittliche Methoden wie das Machine Learning genutzt werden, um z. B. Prognosen zu erstellen. Filter-, Sortier- und Drilldown-Funktionen unterstützen den Endanwender dabei, die Daten zu strukturieren und die Analysequalität zu erhöhen.

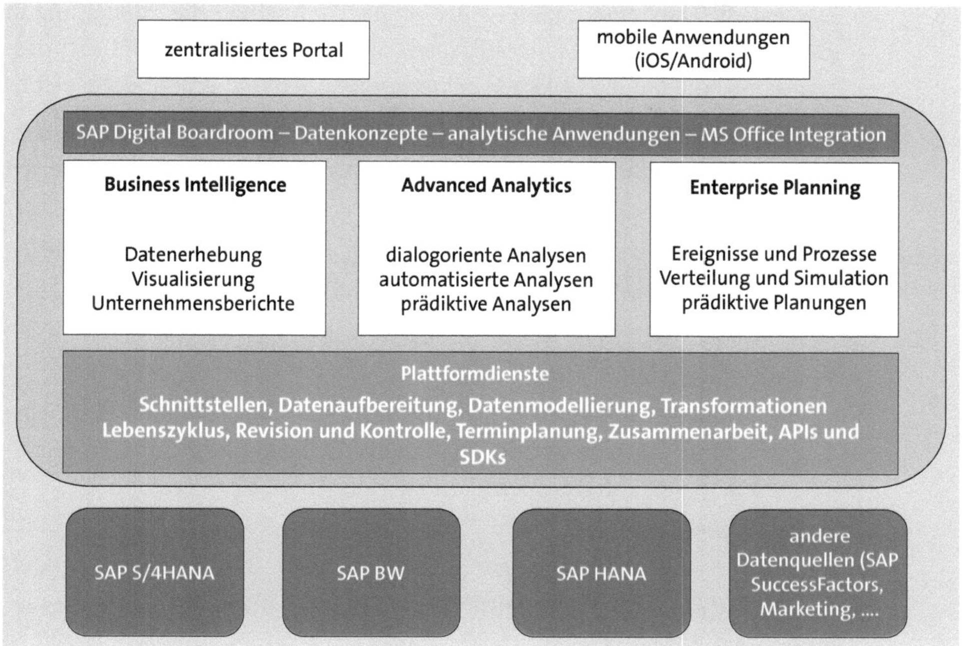

Abbildung 5.31 Architektur von SAP Analytics Cloud

Beispiel für eine Finanzanalyse

In Abbildung 5.32 sehen Sie ein Beispiel einer unternehmensweiten Finanzanalyse der Geschäftszahlen inklusive Vergleich der Planungen (Budget) vs. den tatsächlichen Zahlen.

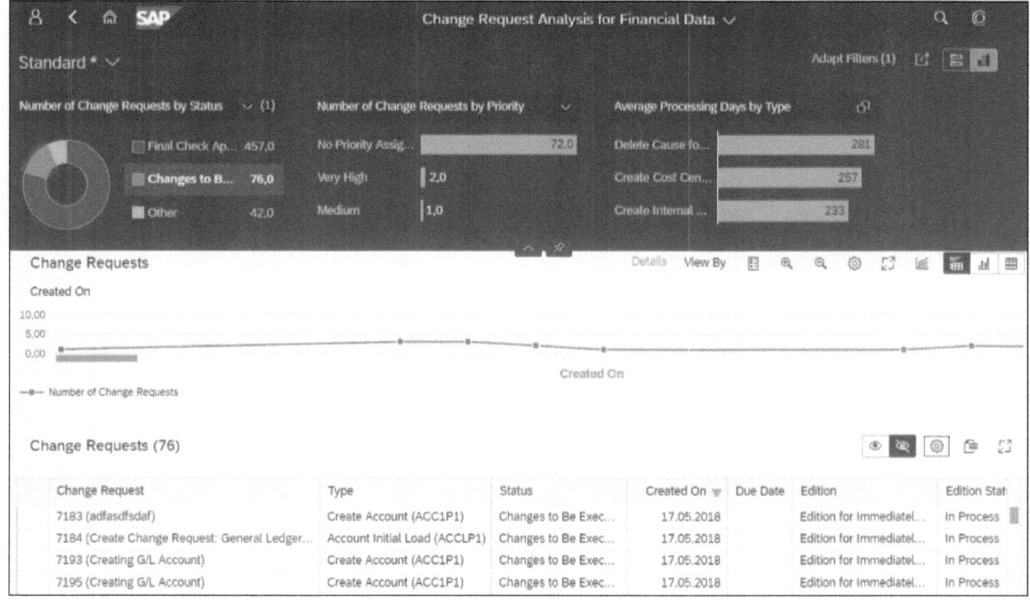

Abbildung 5.32 Beispiel für die Finanzanalyse mit SAP Analytics Cloud

Die visuelle Darstellung bietet viele Möglichkeiten, hier die Darstellung in Tabellenformat, als Kuchengrafik sowie als Balkendiagramm. Die wichtigsten Daten sind auf der linken Seite hervorgehoben und größer dargestellt.

SAP Analytics Cloud unterstützt die Verwaltung von Berechtigungen, d. h. es kann sehr granular gesteuert werden, wer mit welchen Daten arbeiten darf.

Smart Assist Services

Eine Besonderheit von SAP Analytics Cloud sind die *Smart Assist Services*, mit denen sich umfangreiche Möglichkeit zur Datenanalyse und Datenvisualisierung ergeben. Zu diesen Smart Assist Services gehören:

- **Search to Insight**
  Der Endanwender kann Fragen in natürlicher Weise stellen, SAP Analytics Cloud kann diese mithilfe von AI (Artificial Intelligence = künstliche Intelligenz) interpretieren und daraus Antworten erstellen.
- **Smart Insights**
  Aus visuellen Darstellungen heraus können die dahinterliegenden Daten genauer ermittelt werden, z. B. KPIs, Varianzen u. a.
- **Smart Discovery**
  Automatisierte ML-Werkzeuge ermitteln Beziehungen und versteckte Muster in den analysierten Daten und erlauben die Ermittlung von Trends, Einflussfaktoren und eine interaktive `WHAT-IF`-Simulation.
- **Smart Predict**
  Drei verschiedene ML-Algorithmen (Klassifizierung, Regression und Zeitserienanalyse) stellen Vorhersagen zur Verfügung, die Sie z. B. bei der Budgetplanung unterstützen können.

Best Practices und zahlreiche vorgefertigte Content-Pakete – von SAP und von Partnern – unterstützen den schnellen Einstieg in die Nutzung von SAP Analytics Cloud.

Vorgefertigte Inhalte für einen schnellen Einstieg

Die Content-Pakete sind nach Branchen (Lines of Business, LoB), Industrien, Partnerpaketen, Planungsinhalten, Best-Practices-Lösungspaketen und weiteren Inhalte kategorisiert. Beispielsweise gibt es ein Paket *Finance for SAP S/4HANA Cloud*, das Stories liefert, mit denen die Endanwender typische Geschäftszahlen wie den Gesamtumsatz, die operative Marge oder das EBITDA Ihres Unternehmens einsehen können. Das technisch ausgelieferte Objekt für z. B. die Darstellung heißt SAP Financial KPI Dashboard bzw. `SAP__FI_GEN_KPI`. Weitere Content-Pakete finden Sie im SAP Help Portal unter *https://help.sap.com*. Suchen Sie dort im Bereich von SAP Analytics Cloud nach dem *Content Package User Guide*.

User Interface im Browser

Ein Vorteil von SAP Analytics Cloud ist, dass auf dem Gerät der Endbenutzer lediglich ein Browser notwendig ist. Auf mobilen Endgeräten wird jedoch derzeit (Stand 2023) eine App benötigt; mobile Browser werden nicht unterstützt.

Außerdem lassen sich Dashboards, Designs, die Navigation sowie Workflows beliebig an die eigenen Bedürfnisse anpassen. Da SAP Analytics Cloud über eine OData-Schnittstelle verfügt, können darüber zudem SAP-Transaktionen ausgeführt werden. REST-APIs stellen sicher, dass der Datenaustausch auch mit Nicht-SAP-Datenquellen realisiert werden kann.

Content-Paket für SAP MDG

Wie zuvor erwähnt, gibt es auch für SAP MDG ein Content-Paket. Dieses enthält Datenqualitätsanalysen für Produkte (also Materialien) und den Geschäftspartner. SAP Analytics Cloud wird über den Datenkonnektor bzw. das Modell `SAP__MDG_DQ_LS_SCORE` an die Applikation, hier eben SAP MDG, angebunden.

Das Modell beschreibt die möglichen Dimensionen bzw. Parameter, die aus einem MDG-System heraus nach SAP Analytics Cloud transportiert werden können. In SAP Analytics Cloud können die Werte dazu empfangen, verarbeitet und dargestellt werden. In diesem Content-Paket können derzeit folgende Dimensionen verarbeitet werden:

- Prozess (welcher Prozess soll ausgewertet werden?)
- Kategorie (welche Kategorie hat die auswertende Dimension?)
- Datenqualitätsdimension (die Dimension selbst, z. B. die Region)
- Geschäftsregel (nach der die Dimension bewertet werden soll)
- Geschäftsobjekttyp (Business Object Type)
- Basistabelle
- Regelbesitzer
- geprüfte Felder
- Regelexperte
- Enddatum der Auswertung

Die Werte selbst, also z. B. die Anzahl der Prozesse, können über den genannten Datenkonnektor aus einer Datei oder auch aus einer sogenannten *Live Connection*, also einer Schnittstelle zu einem produktiven System, entnommen werden.

Mit dem angebotenen Content-Paket für SAP MDG können auf der Grundlage der genannten Parameter Dimensionen definiert werden, die für die Auswertung mit SAP Analytics Cloud zur Verfügung stehen. Die ausgewerteten Daten sind primär Stammdatenobjektdaten (also weniger Prozessanalysedaten). Abbildung 5.33 zeigt dazu ein Beispiel für die Produkt- bzw. Materialdatenanalyse.

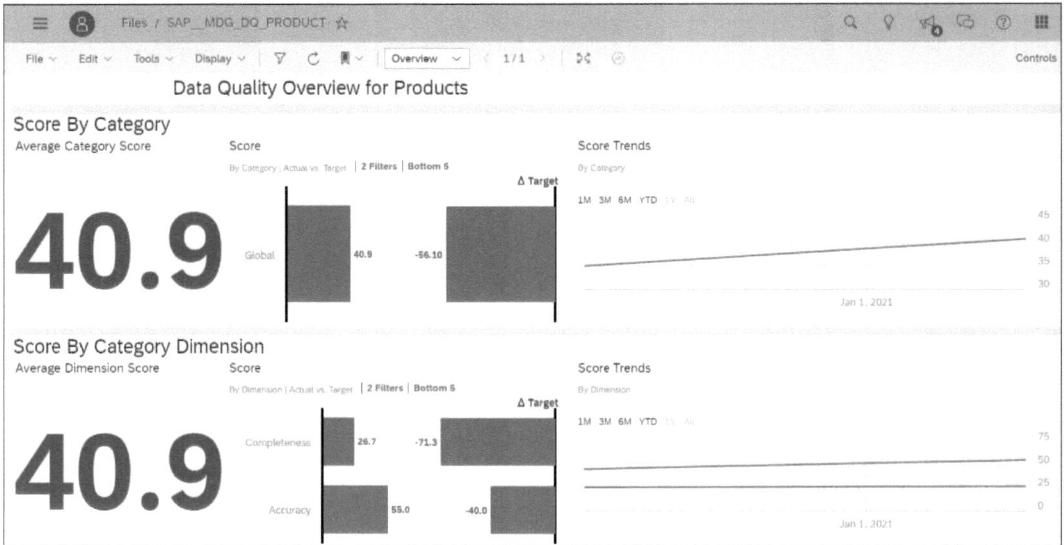

Abbildung 5.33 Produkt analysieren mit SAP Analytics Cloud in SAP MDG

5.8 Im Zusammenspiel zum Erfolg

Nachdem wir uns die komplementären Werkzeuge im Detail angeschaut haben, wollen wir abschließend die Beziehung der Werkzeuge zu SAP MDG einordnen (siehe Abbildung 5.34). Oftmals geht diese Beziehung verloren.

Dabei steht SAP MDG mit all seinen Fähigkeiten im Zentrum der Architektur und stellt die zentralen Funktionen bereit. Diese reichen von der Bereitstellung umfassender Grunddatenmodelle für die wichtigsten Geschäftsdatenobjekte über die Change Requests und Workflows, Hierarchien, Editionen bis hin zu den Geschäftsregel- und Replikations-Frameworks und dem User Interface. Diese bilden für sich allein genommen ein starkes Funktionsset, mit dem zahlreiche Geschäftsanforderungen zu einem hohen Grad abgedeckt werden können.

Kompetenzen erweitern

Die MDG-Kernkomponenten können jedoch schwerpunktmäßig erweitert werden. Abbildung 5.34 ordnet die komplementären Werkzeuge zum einen anhand von fünf Fähigkeitsdimensionen und zum anderen anhand der Ausprägung ihrer Kernkompetenz ein.

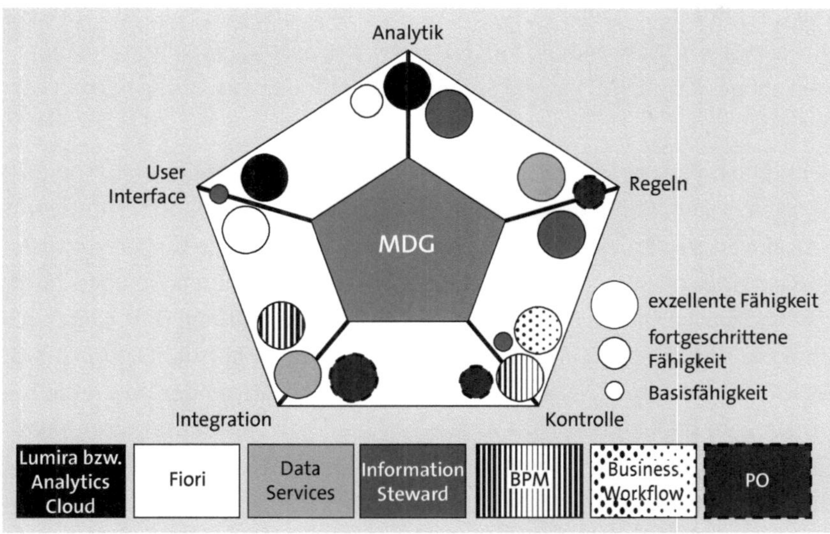

Abbildung 5.34 Einordnung der komplementären Werkzeuge in die Beziehung zu Fähigkeitsdimensionen und zum Ausprägungsgrad der Fähigkeit

Analytik

Im Bereich der Analytik bieten die Werkzeuge SAP Information Steward und SAP Analytics Cloud (bzw. SAP Lumira) herausragende Erweiterungsmöglichkeiten. Die Regelgestaltungsfähigkeit des SAP Information Steward ermöglicht detaillierte Analysefähigkeiten, die mit SAP Analytics Cloud den Endanwendern zugänglich gemacht werden können. SAP Fiori bietet durch Factsheets/Infoblätter und analytische Apps auch eine fortgeschrittene Analytik.

Regeltools

SAP Information Steward, SAP Data Services und auch SAP PO bieten hervorragende Eigenschaften als Regelwerkzeuge. Diese Eigenschaften können mit den SAP Data Services und dem SAP Information Steward sehr gut in Migrationsszenarien und retrograden Analysen eingesetzt werden. Auch SAP PI bietet mit SAP BRM fortgeschrittene Regelwerkmöglichkeiten. Die Integration des SAP Information Steward und der SAP Data Services in den laufenden Betrieb von SAP MDG bietet gute Erweiterungsmöglichkeiten durch die Remediation- und Adressanreicherungsverfahren.

Prozesskontrolle

Wie wir gesehen haben, können wir den Bereich der Prozesskontrolle durch die Werkzeuge SAP BPM und SAP Business Workflow sehr gut ergänzen. Besonders ihr Zusammenspiel mit SAP MDG kann einen sehr starken Beitrag zur Bewältigung von Ende-zu-Ende-Prozesskontrollaufgaben und Prozessorchestrierungsaufgaben leisten. Hierzu dient auch das Beispiel in der Fallstudie zum Materialstamm (siehe Abschnitt 7.1, »Fallstudie: Materialstammdaten«).

Integration Die Integration können Sie mit SAP PI, SAP BPM und den SAP Data Services gut erweitern. Während die SAP Data Services besonders Migrationsszenarien abdeckt, sind SAP PO und SAP BPM eher für den laufenden Betrieb vorgesehen.

User Interfaces Schließlich blicken wir auf den Bereich des User Interfaces. Während SAP MDG in diesem Bereich zwar Benutzeroberflächen bietet, können diese mit SAP Fiori stark verbessert und vereinfacht werden. Gerade für gelegentliche Nutzer sind die SAP-Fiori-Apps deutlich attraktiver, bieten sie doch intuitive Nutzeroberflächen, mit denen Geschäftstransaktionen (z. B. Genehmigungen) durchgeführt werden können. Der Zugriff auf die Daten in SAP MDG für bestimmte Auswertungen wird für den Anwender durch die benutzerfreundlichen, mit SAP Analytics Cloud bzw. SAP Lumira interaktiv und intuitiv gestalteten Reports erweitert. Der Nutzer kann diese Reports durch Filtern und Sortieren weiter verfeinern. Dabei wird er durch die einfache Navigation unterstützt.

Fazit Mit all diesen Komponenten kann das MDG-Ökosystem umfassend und wertbeitragend erweitert werden. Die Erweiterungen können je nach Bedarf fokussiert und bedarfsgerecht auf einzelne Bereiche ausgebaut werden. Dies ermöglicht es SAP MDG, flexibel auf Anforderungen zu reagieren.

Kapitel 6
Ein SAP-Master-Data-Governance-Projekt aufsetzen und umsetzen

In der Theorie haben Sie nun schon einiges gelernt; in diesem Kapitel lernen Sie die Verwendung der einzelnen Bausteine in realen Praxisbeispielen kennen.

In den vorangegangenen Kapiteln haben Sie die einzelnen Komponenten und Aspekte im Umfeld von SAP MDG kennengelernt. In diesem Kapitel beschäftigen wir uns damit, wie die Projektverantwortlichen die zentrale Herausforderung meistern, alle notwendigen Komponenten zu einem passgenauen Stammdatenmanagement-Projekt zusammenzustellen. Darüber hinaus wird diskutiert, wie die getätigten Investitionen in bessere Daten, Prozesse und Werkzeuge langfristig gesichert werden und einen entsprechenden messbaren Mehrwert generieren können. Da sich in den letzten Jahren auch bei großen SAP-Projekten eine agile Projektmethodik mehr und mehr durchgesetzt hat, gehen wir in diesem Kapitel auch darauf ein und betrachten die damit verbundenen Besonderheiten. In Abbildung 6.1 sehen Sie, dass wir uns aus den verschiedensten Töpfen des Projektbaukastens bedienen können und auch bedienen müssen.

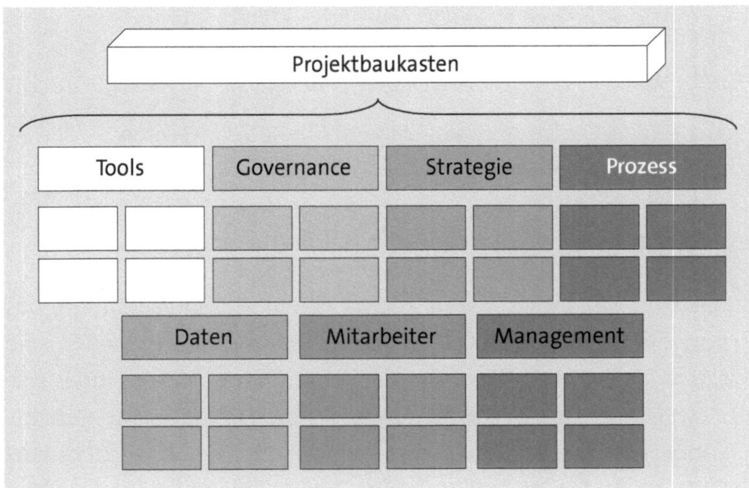

Abbildung 6.1 Baukasten für ein effektives Projekt

Roadmap definieren

Dabei ist es wichtig, dass wir eine klare Roadmap für das Projekt definieren und in jedem einzelnen Bereich die Entscheidungen mit allen betroffenen Bereichen abstimmen. Was sind aber die eigentlichen Herausforderungen, denen wir begegnen werden? Natürlich sind dies auf der einen Seite die klassischen Projektmanagementthemen, die Sie in jedem IT-Projekt vorfinden. Viel wichtiger – und leider auch meist unterschätzt – ist der integrative Aspekt des Projekts. In den meisten Fällen ist man es gewohnt, dass die einzelnen Teams ihre prozessrelevanten Themen diskutieren und dann einen ersten Entwurf für das zukünftige Design entwickeln. Jedes Team hat einen eindeutigen Verantwortlichen, der wegen seines Fachwissens und internen Know-hows die Entscheidungen für seinen Bereich treffen kann. Wer ist jetzt aber der Verantwortliche für den Bereich der Stammdaten, und wer hat das komplette Fachwissen für die Stammdaten? Schauen Sie sich diese Frage einmal genauer an, stellen Sie sehr schnell fest, dass einem noch viel mehr Fragen als Antworten in den Sinn kommen. Warum das so ist, zeigt Abbildung 6.2. Vorhandene Stammdaten bilden die Basis. Um dies jedoch zu erreichen, stehen die Stammdaten erst einmal ganz oben, und alle anderen Themen müssen untergeordnet betrachtet werden.

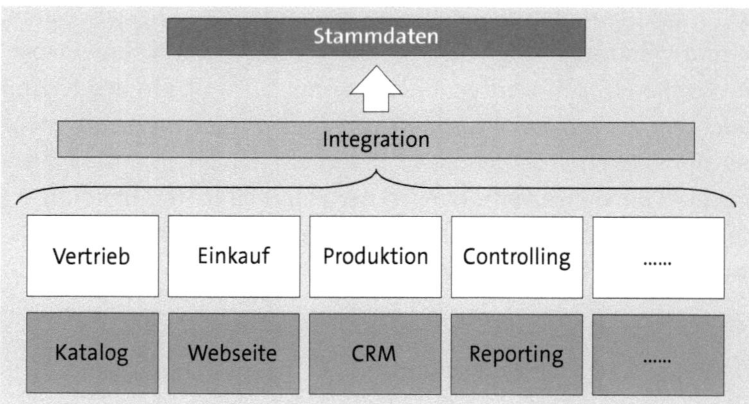

Abbildung 6.2 Integration als zentrales Element für die Stammdaten

6.1 Kernfragen vor dem Projekt und Projektansätze

Was braucht man wann und wie?

Stammdaten sind das integrativste Thema in einem Unternehmen, das man sich vorstellen kann. Es gibt nicht *den einen* Verantwortlichen für die Stammdaten, und auch für die unterschiedlichen Datenobjekte gibt es verschiedene Verantwortliche. Stammdaten lassen sich nicht klar abgrenzen, sondern ziehen sich durch alle Prozesse innerhalb eines Unternehmens hindurch. Was heißt das jetzt aber für Ihr Projekt? In erster Linie sollten

Sie genügend Zeit für die Abstimmung einplanen. Unserer Erfahrung nach empfiehlt es sich auch, einen Integrationsmanager einzusetzen. Es gibt regelmäßig derart viele Themen, die über die verschiedensten Bereiche abzuklären sind, dass dies für den Projektmanager in der Regel allein nicht zu bewältigen ist. Auch die einzelnen Prozessverantwortlichen sind im Normalfall nicht dazu in der Lage, neben ihren eigenen Themen genug Zeit für die Koordination aufzubringen.

Die klassischen ERP-Prozesse sind in den meisten Unternehmen über Jahre hinweg gewachsen und weisen meist schon einen höheren Reifegrad auf. Das Stammdatenmanagement (und damit auch SAP MDG) ist hingegen immer noch ein teilweise stark vernachlässigtes Thema, zu dem es meist noch keine großen Erfahrungswerte gibt, auf die zurückgegriffen werden kann.

Unterschiedliche Anforderungen ausbalancieren

Da es in diesem Bereich meist im Vorfeld noch keine Harmonisierung gab, hat jeder einzelne Bereich seine eigenen Anforderungen an die Stammdaten. Zuerst stellt sich natürlich die Frage, welche Information überhaupt im System existieren muss, damit der Prozess durchlaufen werden kann. Dann ist zu klären, welche Ausprägung die Information haben sollte und zu welchem Zeitpunkt sie von wem im System gepflegt werden muss. Die Abstimmung all dieser Themen ist die Aufgabe des Integrationsmanagers. Er muss die richtige Balance finden, damit die einzelnen Teams möglichst effektiv und autark arbeiten können, gleichzeitig aber abgestimmte Definitionen für die Stammdaten entwickeln. Spätestens dann, wenn zwei oder mehr Bereiche eine unterschiedliche Verwendung für die gleiche Information definiert haben, wird das Projekt aus dem Ruder laufen.

In vielen Unternehmen sind es jedoch nicht nur die einzelnen Bereiche eines Ende-zu-Ende-Prozesses im SAP-ERP-System, die berücksichtigt werden müssen. Auch Kataloge, Webseiten oder Schnittstellen zu Kunden und Lieferanten müssen entsprechend berücksichtigt werden, um sicherzustellen, dass im Stammdatenprojekt nichts vergessen oder in einer nicht kompatiblen Art umgesetzt wird.

Push oder Pull beim Systemübergang

In vielen Projekten stellt sich auch die Frage, aus welcher Richtung und Sichtweise man solch ein Projekt angehen sollte:

- aus Sicht der bestehenden Prozesse mit der Überlegung, wie man die bestehende Information 1:1 in das neue System bringen kann
- aus Sicht der neu entwickelten Prozesse mit der Überlegung, welche Informationen benötigt werden, um mit ihnen effektiv arbeiten zu können

Der Mensch ist ein Gewohnheitstier und hat oft die Tendenz, so wenig wie möglich verändern zu wollen. Auf Bestehendes zurückzugreifen mag auf den ersten Blick auch der einfachere Weg sein, aber für ein Projekt, das einen nachhaltigen Nutzen für das Unternehmen bringen soll, ist dies leider der falsche Ansatz. Schauen wir uns hierzu ein kleines Beispiel aus der Migration und Bereitstellung der Stammdaten im neuen System an. In Abbildung 6.3 sehen Sie den Vergleich zwischen einem *Pull*- und einem *Push-Ansatz*.

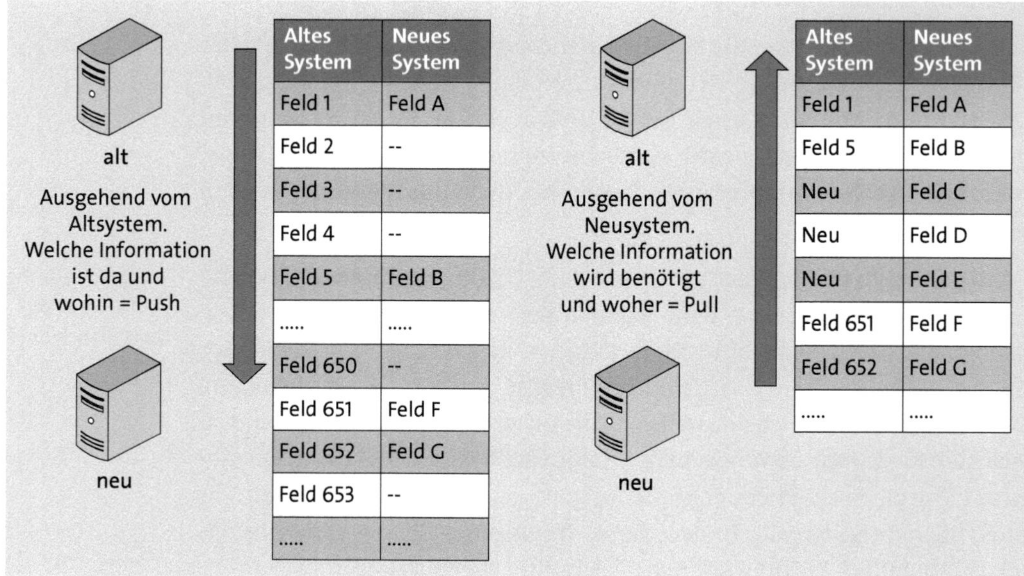

Abbildung 6.3 Feld-Mapping im Push- bzw. Pull-Ansatz

Push-Ansatz

Beim Push-Ansatz starten wir mit dem bestehenden System. Das heißt, dass eine Bestandsaufnahme über die bestehenden Informationen vorgenommen wird, um ein passendes Mapping all dieser Information in das neue System zu erstellen. Aber warum sollten wir das tun? Warum sollten wir uns Gedanken über bestehende Informationen machen, die niemand mehr braucht, Gedanken über Felder, die im Laufe der Zeit gefüllt, eingeführt oder auch im schlechtesten Fall falsch verwendet wurden? Es gab bisher keinen harmonisierten Ansatz für die Stammdaten. Das heißt, dass sich jeder Teilbereich der Organisation nur darum gekümmert hat, seine speziellen Informationen unterzubringen. Ein großer Fehler wäre es, in der frühen Phase des Projekts das neue System anzupassen, um diese alten Informationen ablegen zu können, ohne eine reale Verwendung dafür zu kennen.

Pull-Ansatz

Viel effektiver ist in dieser Situation der Pull-Ansatz. Bei diesem Ansatz gehen wir vom neuen System und den neuen Prozessen aus. Die Kernfrage ist, welche Informationen wirklich benötigt werden, um diese Prozesse zum

Laufen zu bringen. Es interessiert uns nicht, ob es im alten System Hunderte von Feldern oder Klassifizierungen zur Ablage dieser Daten gab. Uns interessiert vielmehr, welche Informationen das neue System benötigt und ob wir diese Informationen eventuell aus dem alten System übernehmen und wiederverwenden können. Haben wir alle unsere neuen Felder soweit abgedeckt und entweder auf bestehende Informationen gemappt oder als neu zu pflegende Felder identifiziert, lassen wir alle anderen alten Felder erst einmal außen vor.

Neue Wege gehen

Lösen Sie sich von dem Gedanken, dass alles Alte bestimmt ganz wichtig ist und das Unternehmen ohne diese Informationen nicht mehr funktionieren wird. Ein Großteil dieser Informationen kam zustande, weil bisher jeder machen konnte, was er wollte, und sich Workarounds gesucht hat, um den einfachsten Weg beschreiten zu können. Natürlich wird es kritische Stimmen geben, und die Veränderung wird auf Widerstand stoßen, aber nur so werden Sie eine neue nachhaltige Umgebung und einen neuen nachhaltigen Prozess für das Unternehmen aufbauen können.

Stellen Sie sich das wie einen Umzug vor. Wenn Sie in eine neue Wohnung ziehen oder ein neues Haus bauen, werden Sie auch nicht alle Entscheidungen basierend auf Ihrer bisherigen Einrichtung treffen, sondern Sie werden sich anschauen, wie Ihr neues Zuhause aussieht, und dann überlegen Sie, welche Einrichtungsgegenstände Sie mitnehmen und wo Sie sie platzieren oder was neu hinzugefügt wird. Gleichzeitig wird auch jede Menge altes Gerümpel aussortiert, das in der neuen Umgebung keinen Nutzen mehr hat oder sogar das neue Design zerstören würde. Auch wenn es oftmals zuerst so dargestellt wird, als ob keine Änderungen möglich sind, werden Sie feststellen, dass dies auch das richtige Verfahren in einem Stammdatenprojekt ist.

Wir haben schon öfter die Erfahrung gemacht, dass auch das Management Änderungen scheut. Wenn die Manager also sagen, dass in Ihrem Stammdatenprojekt eine neue technische Lösung etabliert werden, jedoch maximal die internen Prozesse, aber nicht die Organisation in dem Unternehmen verändert werden soll, dann wird dies leider meist nicht funktionieren. Nehmen Sie sich als Projektleiter die Zeit, dies noch einmal zu diskutieren. Bereiten Sie sich sorgfältig vor, und besprechen Sie mit Ihren Stakeholdern noch einmal, dass ein solch integratives Thema nicht nur von einer Seite aus angegangen werden kann. Sie werden ansonsten im Projekt damit beschäftigt sein, technische Workarounds zu implementieren, um Punkte zu lösen, die eindeutig organisatorisch gelöst werden müssen. Und hier werden Sie dann ganz schnell an die Grenze von Budget, Zeit und Machbarkeit stoßen. Auch deshalb sollte das Thema *Change Management* eine hohe Priorität genießen.

6.1.1 Rollen und Profile der Projektbeteiligten

Integrationsmanager

In diesem Abschnitt betrachten wir die benötigten Rollen und Profile der an dem Projekt beteiligten Personen. Wir beginnen mit dem *Integrationsmanager*, den Sie in solch einem Projekt auf jeden Fall einsetzen sollten, und schauen uns seine Aufgaben etwas genauer an:

- **Aufnehmen der Anforderungen aus allen Teilprozessen**
  Die Mitarbeiter der einzelnen Teilbereiche waren es gewohnt, selbstständig zu entscheiden, wie und wann die Daten im System angelegt wurden. Da jetzt ein Projektziel ein harmonisierter Prozess in einem zentralen System ist, müssen diese teamspezifischen Anforderungen aufgenommen und konsolidiert werden.
- **Identifikation der wichtigsten Themen mit dem höchsten Abstimmungsbedarf**
  Wie in jedem Projekt gibt es auch hier Themenbereiche, die autark bearbeitet werden können, wohingegen bei anderen Themen eine Abstimmung innerhalb der gesamten Unternehmensorganisation notwendig ist. Ein Beispiel hierfür sind die Diskussionen über die zukünftige Verwendung der unterschiedlichen Materialarten, Workflows oder Genehmigungsprozesse. Diese kritischen Themen müssen früh identifiziert werden. Außerdem sollten Sie genügend Zeit dafür im Projektplan vorsehen, um sie vollständig abarbeiten zu können, da es hier häufig einen hohen Abstimmungsbedarf gibt.
- **Integrationsworkshops**
  Wenn diese Themen einmal identifiziert sind, können Sie die entsprechenden Integrationsworkshops planen und durchführen. Die Herausforderung hierbei ist es, alle entsprechenden Stakeholder und Wissensträger an einen Tisch zu bekommen. Wir alle wissen, wie eng die Zeitpläne innerhalb eines Projekts sind, und die meisten Projektmitglieder sind nicht so motiviert, dass sie Zeit in »themenfremde« Meetings investieren möchten. Also ist auch hier eine frühzeitige Kommunikation und Einladung zwingend erforderlich.
- **Kommunikation**
  Die Kommunikation der Ergebnisse an die Projektleitung, an Stakeholder und an alle anderen Projektbeteiligten ist ebenfalls eine zentrale Aufgabe des Integrationsmanagers. Nur wenn alle wissen, was in den einzelnen Bereichen gerade passiert, können sie Bedenken äußern oder ihre eigenen, abweichenden Anforderungen entsprechend formulieren.
- **Schnittstelle zwischen Migration und Prozessteams**
  Für die Migration wird es notwendig sein, die bestehenden Daten anzupassen und gegebenenfalls zu ergänzen. Das heißt, dass auch hier das

Wissen vieler unterschiedlicher Personen und Funktionen notwendig ist. Die Koordination dieser Abläufe in der richtigen Reihenfolge sollte auch Aufgabe des Integrationsmanagers sein, da manche Daten erst nach der Pflege vorangehender Informationen bearbeitet werden können.

- **Andere Systeme und Schnittstellen**
  Auch wenn man sich von den direkt betroffenen Prozessen löst und die weiteren eingesetzten Systeme und Schnittstellen betrachtet, besteht Abstimmungsbedarf mit den für die Prozesse verantwortlichen Personen. Dies können z. B. Katalogsysteme im Unternehmen, aber auch die Anbindung zum Kunden- oder Lieferantensystem sein, die ebenfalls auf die verwalteten Daten angewiesen sind.

6

Persönliches Netzwerk als Erfolgsfaktor

Nachdem wir die wichtigsten Aufgabenbereiche dieser zentralen Rolle betrachtet haben, stellt sich die Frage, welches Profil der Integrationsmanager haben sollte. Grundsätzlich ist Fachwissen oder Erfahrung im Stammdatenbereich von Vorteil. Viel wichtiger ist jedoch die Fähigkeit, unterschiedliche Anforderungen miteinander verknüpfen zu können und in der Organisation gut vernetzt zu sein. Basierend auf den formulierten Anforderungen ist auch klar, dass es normalerweise niemanden geben wird, der alle diese Themen fachlich abdecken kann. Eine gute Vernetzung ist wichtig, da es immer wieder erforderlich sein wird, die unterschiedlichen Stakeholder und Projektmitglieder an einen Tisch zu bringen. In Abbildung 6.4 sehen Sie, welche Bereiche ineinandergreifen müssen, damit sich Erfolg einstellt. Nur wenn der Integrationsmanager wie der Steuermann eines Ruder-Achters den Takt vorgibt, gibt es ein gemeinsames Vorankommen.

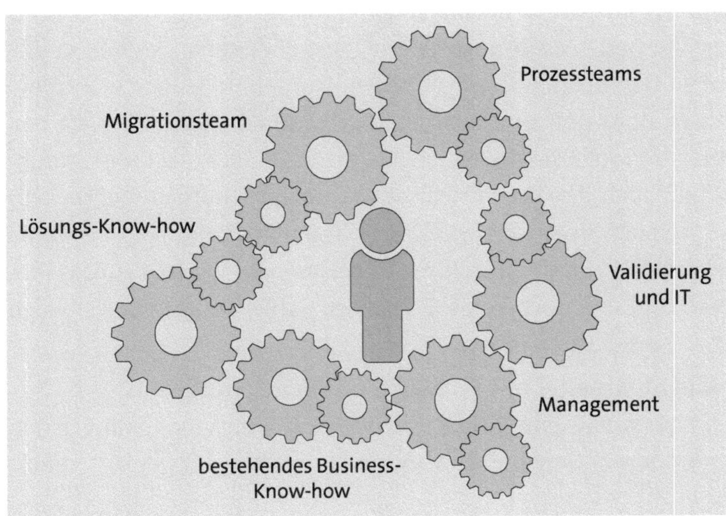

Abbildung 6.4 Vernetzung des Integrationsmanagers

Mit passenden Ressourcen zum nachhaltigen Erfolg

Nicht jede der eingeladenen Personen wird diesen Meetings die entsprechende Wichtigkeit beimessen; einige werden sich lieber mit ihren eigenen Themen beschäftigen. Mit den entsprechenden Kontakten und einem gewissen Bekanntheitsgrad ist es erfahrungsgemäß einfacher, solche Konflikte aufzulösen. Wer sollte also zu den Integrationsmeetings eingeladen werden?

Schauen wir uns hier einmal die verschiedenen Gruppen genauer an, da dies auch die Rollen sind, über die wir uns im Vorfeld des Projekts Gedanken machen sollten. Sie müssen von Projektbeginn an eingeplant und mit den richtigen Mitarbeitern besetzt werden, die die Aufgaben auch über das Projekt hinaus im Alltagsbetrieb übernehmen können. Vor allem der letzte Punkt ist sehr wichtig. Sie haben in den vorangegangenen Kapiteln schon gelesen, dass für eine nachhaltige Sicherstellung der Datenqualität auch die Organisation angepasst werden muss. Hierzu ist es hilfreich, bereits diejenigen Mitarbeiter im Projekt zu haben, die später auch den Alltagsbetrieb gewährleisten sollen. Zu den klassischen Gruppen gehören:

- **Prozessteams**
  Es ist entscheidend, dass in den Workshops alle verschiedenen Bereiche vertreten sind. Beispiele hierfür sind Produktion, Planung, Vertrieb, Einkauf, Finanzen und Controlling und je nach Organisationsaufbau, Systemlandschaft oder speziellen gesetzlichen Anforderungen weitere Mitarbeiter.
- **Mitarbeiter mit Know-how zu den bisherigen Abläufen und zur Datenpflege**
  Die Planung neuer Prozesse kann nur erfolgreich funktionieren, wenn man die Beweggründe für die bisherigen Prozesse kennt. Vor allem Personen, die der neuen Lösung skeptisch gegenüberstehen, sollten in diesem Umfeld detailliert mit eingebunden werden. Je früher man diese Personen an Bord holt und auch eine gewisse Kontrolle über sie hat, desto weniger Probleme wird es geben, um die neuen Prozesse einzuführen. Dies hilft auch, den Vorwürfen seitens einiger Mitarbeiter vorzubeugen, dass sie nicht involviert wurden. Je nachdem, von wem solch eine Aussage kommt, kann sie eine extrem blockierende Wirkung auf das Projekt haben. Gibt es jedoch keine Grundlage dafür, muss man sich auch keine Sorgen deswegen machen.
- **Berater und Mitarbeiter mit Fachwissen zum neuen System**
  Natürlich ist es genauso wichtig, die Expertise für die neue Lösung in den Meetings zu haben. Genau dazu wurden die Meetings ja geplant: damit

der Austausch über die unterschiedlichen Bereiche hinweg eine Überführung der Anforderungen aus dem bestehenden System in die neuen Prozesse und Lösung ermöglicht.

- **Mitarbeiter für die Validierung**
  In einigen Unternehmensumfeldern gibt es gesetzliche Anforderungen an Validierungen. In solch einer validierten Systemumgebung sind die Anforderungen an die System- und Prozesssicherheit deutlich höher als in einer nicht validierten Umgebung. Ist das Unternehmen davon betroffen, gibt es eine entsprechende Abteilung, die unbedingt von Anfang an mit eingebunden werden muss. Wird dies versäumt und entspricht die im Projekt erarbeitete Lösung nicht den Validierungsanforderungen, bedeutet dies meist einen unmittelbaren Projektstopp und Überarbeitung aller Prozesse, bis die Anforderungen hinreichend erfüllt werden können.
- **Kollegen aus der IT**
  Die Kollegen aus der IT stellen die technische Basis bereit und sind gleichzeitig Dienstleister für die Business-Vertreter im Unternehmen. Wir haben bei der Vorstellung der Tools schon gesehen, dass eine enge Zusammenarbeit mit der IT notwendig ist. So definiert das Business die Anforderungen und verfügt über das inhaltliche Know-how, der technische Betrieb und die Umsetzung müssen jedoch durch Kollegen aus der IT sichergestellt werden. Abgesehen davon geht es jedoch auch um die technische Machbarkeit der Anforderungen im Projekt. Hier muss geklärt werden, ob die benötigte Hardware bereitgestellt werden kann, ob mögliche Datenverbindungen die benötigte Bandbreite aufweisen, ob die Kompatibilität von Releaseständen gegeben ist usw.
- **Kollegen der Datenmigration**
  Diese Kollegen müssen später die Tools und Prozesse aufsetzen, damit alle Daten auch im neuen System verfügbar sein werden. Auch hier muss abgestimmt werden, durch welches Medium die Daten zur Bearbeitung bereitgestellt werden. Erfahrungsgemäß gibt es gerade in diesem Umfeld immer wieder Probleme mit der Zuständigkeit, d. h., welcher Bereich sich um welche Daten kümmert und bis zu welchem Zeitpunkt diese in welcher Qualität verfügbar sein sollen.

Schaut man sich all diese Themen an, wird einem schnell klar, dass solch ein Stammdatenprojekt das Engagement, die Verfügbarkeit und auch den Willen zur Zusammenarbeit bei allen Beteiligten voraussetzt. Stellen Sie sicher, dass Sie wirklich genügend Zeit für die vorbereitende und fortlaufende Abstimmung zwischen allen Beteiligten eingeplant haben.

6.1.2 Ausgangslage des Projekts

Verschiedene Optionen

Wenn Sie ein Stammdatenprojekt erfolgreich aufsetzen möchten, hängt die beste Herangehensweise natürlich auch von der Ausgangssituation ab. Dies beinhaltet die Zielsetzung für das Projekt, aber auch die Gegebenheiten in der Organisation und der Systemlandschaft. In diesem Abschnitt stellen wir Ihnen drei unterschiedliche Herangehensweisen und ihre jeweiligen Besonderheiten genauer vor.

Greenfield-Ansatz – das System mit Zentralisierung und Konsolidierung neu aufsetzen

Dies ist der wünschenswerteste Ansatz, um ein möglichst erfolgreiches und vor allem auch nachhaltiges Stammdatenprojekt aufzusetzen. Allerdings ist er leider nicht immer möglich. Beim Greenfield-Ansatz geht es darum, wirklich auf der »grünen Wiese« zu beginnen. Das heißt, dass die Einführung der neuen Datenpflegeprozesse mit einer kompletten Neuausrichtung der Organisation in diesem Bereich und einer zusätzlichen Installation der MDG-Landschaft und deren Schnittstellen einhergeht. Die Daten des Unternehmens werden im Laufe des Projekts konsolidiert und in eine zentrale Datenpflegehoheit übergeben.

Die beste Voraussetzung für ein solches Projekt ist im Rahmen eines Programms gegeben, das die Systemlandschaft eines bestehenden ERP-Systems auf SAP umstellt oder das zur Erstinstallation von SAP S/4HANA dient. Dann kann die gesamte Lösung integrativ in die neu zu definierenden ERP-Prozesse eingebunden werden. Bietet sich diese Gelegenheit nicht, geht es verstärkt darum, sich den Rückhalt des Managements zu sichern. Nur dadurch ist es möglich, für die angestrebte Zentralisierung auch die personellen Mittel und den Headcount für eine neue Abteilung zu erhalten. Da diese neue Aufgabenverteilung mit einem Verlust der Selbstständigkeit der bestehenden lokalen Organisation einhergeht, ist es zwingend notwendig, einen Großteil Ihrer Zeit zur Abstimmung und Einbindung der unterschiedlichen Abteilungsbereiche oder Niederlassungen aufzuwenden.

Tabelle 6.1 zeigt diese Themenbereiche als Übersicht. Da es sich um den Ansatz auf der »grünen Wiese« handelt, gibt es für die ersten drei Themenbereiche keine bestehende Ausgangssituation.

Bereich	Vor dem Projekt	Nach dem Projekt
Stammdatenorganisation	–	zentral
Stammdatensystem	–	SAP MDG für alle Objekte

Tabelle 6.1 Übersicht des Greenfield-Ansatzes

Bereich	Vor dem Projekt	Nach dem Projekt
Pflegeprozess	–	Workflow unter Governance
Stammdaten	nicht harmonisiert und nicht konsolidiert	harmonisiert und konsolidiert

Tabelle 6.1 Übersicht des Greenfield-Ansatzes (Forts.)

Alle Stakeholder überzeugen

Auch wenn sich die genannten Aufwände im Bereich Stakeholder-Management zuerst nach unnützem Marketing anhören, ist es entscheidend, alle Verantwortlichen »abzuholen«. Stellen Sie sich vor, der Verantwortliche eines extrem erfolgreichen Geschäftsbereichs mit speziellen Anforderungen und einer hohen Flexibilität bei der Datenanlage wird nicht von Anfang an mit eingebunden. In seinen Augen ist jede Veränderung in diesem Bereich zuerst einmal eine Gefahr für seinen Erfolg. Warum sollte er die Selbstständigkeit aufgeben, die die Stärke seiner Abteilung darstellt? Aus seiner Perspektive ist dieser Gedankengang verständlich, aus Sicht der gesamten Organisation geht es jedoch um eine strategische Neuausrichtung. Dies hat zur Folge, dass Sie einen extrem starken Kritiker im Projekt haben werden. Und genau seine Stimme wird, basierend auf seinem wirtschaftlichen Erfolg, auf der Managementebene sehr starkes Gewicht haben. Nehmen Sie all diese Bedenken von Anfang an ernst, und nutzen Sie sie als Chance, um die neuen Prozesse durch unterschiedliche Sichtweisen zu optimieren.

Brownfield-Ansatz – reine Konsolidierung auf Basis bestehender Prozesse

Konsolidierung im Vordergrund

Im Gegensatz zum Greenfield-Ansatz geht es beim Brownfield-Ansatz um die Konsolidierung der bestehenden Situation und der bestehenden Daten. Hier ist es klar, dass die bestehenden Systeme und Tools nicht komplett ausgetauscht werden können. Bei diesem Ansatz ist auch keine Umstrukturierung der Organisation auf eine zentrale Ausrichtung vorgesehen. Die Aufgabenstellung des Managements lautet also in etwa so: »Verbessern Sie bitte unsere Stammdatenqualität, aber es ist im Moment kein Budget zur Umstellung der gesamten Systemlandschaft vorhanden. Außerdem ist es in der aktuellen Situation nicht möglich, den Headcount nach oben zu fahren. Aus diesem Grund können auch keine Veränderungen an der bestehenden Organisation vorgenommen werden.«

Aufgaben des Projektmanagers

Das bedeutet für Sie als Projektmanager eine völlig andere Herangehensweise an die Aufgabe. Waren Sie in der Greenfield-Umgebung noch viel mehr auch als Verkäufer und Architekt gefragt, um eine komplette inhaltliche und organisatorische Umstrukturierung zu bewerben, so verlagert sich hier die Priorität auf die Arbeit an den Stammdaten, um diese zu harmonisieren, und auf die möglichst reibungslose Einbindung von SAP MDG als Stammdaten-Hub in die bestehenden lokalen Lösungen. Hier besteht die größte Herausforderung darin, die Nachhaltigkeit der angestrebten Lösung zu gewährleisten.

Wie Sie in den vorangehenden Kapiteln gesehen haben, ist eine vollständige Nachhaltigkeit der Investition nur durch einen vollständigen Projektansatz möglich. Konzentrieren Sie sich hier also darauf, den bestehenden »Flickenteppich« an die lokalen Lösungen bestmöglich zu verknüpfen, ohne dass die dahinter stehende Organisation angefasst wird. Gerade auch bei der Harmonisierung der bestehenden Daten kann dies eine große Schwierigkeit darstellen. Oftmals trifft man hier auf Dubletten oder sonstige Datenkonstellationen, die dem Design der Prozesse geschuldet sind. In Tabelle 6.2 sehen Sie den deutlichen Unterschied zwischen Greenfield- und Brownfield-Ansatz.

Bereich	Vor dem Projekt	Nach dem Projekt
Stammdaten-organisation	lokal	lokal
Stammdatensystem	SAP ERP oder unterschiedliche Systeme	SAP MDG für bestehende Objekte
Pflegeprozess	unterschiedliche Prozesse und Tools	Anbindung lokaler Lösungen oder Workflows unter Governance
Stammdaten	nicht harmonisiert und nicht konsolidiert	harmonisiert und konsolidiert

Tabelle 6.2 Übersicht zum Brownfield-Ansatz

In solch einem Fall verwalten Sie das Projekt mehr, indem Sie bestehende Bausteine hin und herschieben, als dass Sie wirklich aktiv eine neue Lösung entwickeln.

Hybridansatz – teilweise Zentralisierung, teilweise Konsolidierung

Nachdem wir uns mit dem Greenfield- und dem Brownfield-Ansatz die beiden extremen Ausprägungen angeschaut haben, beschäftigen wir uns nun mit dem Hybridansatz. In seinem Fall starten wir mit einer bestehenden lokalen Stammdatenorganisation, möchten uns jedoch nicht komplett mit dieser Ausgangslage abfinden. In Tabelle 6.3 sehen Sie eine identische Ausgangslage wie beim Brownfield-Ansatz, aber die Lösung, die Sie am Projektende aufgebaut haben werden, unterscheidet sich und greift auf Ergebnisse aus dem Greenfield-Ansatz zurück.

Bereich	Vor dem Projekt	Nach dem Projekt
Stammdatenorganisation	lokal	zentral für ausgewählte Objekte, sonst lokal
Stammdatensystem	ERP oder unterschiedliche Systeme	SAP MDG für bestehende und ausgewählte neue Objekte
Pflegeprozess	unterschiedliche Prozesse und Tools	Workflows unter Governance für ausgewählte Objekte
Stammdaten	nicht harmonisiert und nicht konsolidiert	harmonisiert und konsolidiert

Tabelle 6.3 Übersicht zum Hybridansatz

Vorgehensweise

In dieser Situation ist also wieder Ihr Geschick als Verkäufer gefragt. Sie haben nicht die Freiheit, alles von Grund auf neu designen zu können, aber Sie haben die Möglichkeit, eine gesunde Balance zwischen den bestehenden Lösungen und einem nachhaltigen Projektergebnis zu implementieren. Zuerst müssen Sie die richtigen Prioritäten finden, denn Sie werden nicht alle Datenobjekte unter Stammdaten-Governance stellen können. Also konzentrieren Sie sich nur auf die kritischsten. Welche dies sind, hängt von dem Tätigkeitsbereich des Unternehmens ab. In einer reinen Handelsgesellschaft werden Lieferanten und Kunden im Vordergrund stehen, währen ein hauptsächlich produzierendes Unternehmen den Fokus sicher auf den Materialstamm legt. Sobald klar ist, welche Objekte betrachtet werden sollen, denken Sie weiter: Ist es erforderlich, alle Daten des ausgewählten Objekts in einen kontrollierten Governance-Prozess zu überführen, oder reicht auch hier eine gewisse Priorisierung aus?

Nehmen wir hierzu einmal den Materialstamm, um zu verdeutlichen, wie dies gemeint ist. Hier haben wir in einem SAP-System die gemeinsam genutzten werksübergreifenden Daten (Tabelle MARA) und Diskrepanzen zwischen den Daten im Unternehmen und weiteren Daten, die den bestehenden Organisationseinheiten zugeordnet sind (Werke = Tabelle MARC, Lagerorte = Tabelle MARD usw.). Sinnvollerweise sollten Sie sich zuerst auf die gemeinsam genutzten Basisdaten konzentrieren. Dies bedeutet, dass alle

Daten dieser Tabelle in einem geführten Workflow in SAP MDG zu pflegen und alle lokalen Attribute weiterhin direkt in SAP S/4HANA bzw. SAP ERP zu ergänzen sind. Zu einem späteren Zeitpunkt lässt sich dieses Konzept dann Stück für Stück erweitern.

Dateninkonsistenzen bearbeiten

Jetzt haben wir aber eventuell immer noch das Problem, dass selbst in diesen gemeinsam genutzten Basisdaten Abweichungen bei einem identischen Material durch eine unterschiedliche Prozessdefinition bestehen können. Beispielsweise kann ein Material aus der lokalen Sicht der einzelnen Niederlassungen eine unterschiedliche Kategorisierung oder Basismengeneinheit haben. Bei Abweichungen spielen oftmals auch technische Restriktionen im SAP-System eine Rolle. Bei der Basismengeneinheit kann es z. B. die Beschränkung auf drei Nachkommastellen sein.

Stellen wir uns nun die folgende Situation vor: In der Muttergesellschaft wird das Material als Fertigprodukt in großen Mengen hergestellt, und die Basismengeneinheit muss aus diesem Grund mindestens Kilogramm in System A sein. In der lokalen Landesgesellschaft wird hingegen das gleiche Material als Rohstoff in der Produktion in geringsten Milligramm-Mengen in System B verwendet. Hier haben wir es jetzt direkt mit zwei Abweichungen zu tun, die sich nicht vereinbaren lassen. Aus Sicht der SAP-Prozesssteuerung handelt es sich um zwei unterschiedliche Materialarten, hinter denen unterschiedliche Abläufe stecken. Die Landesgesellschaft ihrerseits kann das Material nicht in Kilogramm übernehmen, da ansonsten die benötigten Nachkommastellen in der Produktion nicht mehr ausreichen würden. Sie haben nun drei Möglichkeiten:

1. Sie tun mit solchen Fällen gar nichts. Das heißt, dass die Materialien als Dublette bestehen, sind im System nicht als zusammengehörend gekennzeichnet, und auf der lokalen Ebene kann jeder damit machen, was er möchte.
2. Sie ändern den Prozessablauf, um dadurch zu einer Harmonisierung zu gelangen.
3. Sie legen kundenspezifische Datenbereiche an.

Eigene Datenbereiche anlegen

Die erste Möglichkeit ist nicht wirklich das, was wir erreichen möchten, und für die zweite Möglichkeit haben wir nicht die Mittel. Aber hierzu lässt sich mit dem flexiblen Framework in SAP MDG eine Lösung finden. Ob diese Lösung gewünscht ist oder nicht, müssen Sie für Ihr Projekt entscheiden, aber wir möchten sie Ihnen zumindest als Denkanstoß vorstellen. Neben den Standardtabellen können Sie in SAP MDG auch kundenspezifische

Datenbereiche und Tabellen anlegen. In diesem Fall teilen wir also die über den MDG-Workflow gepflegten Daten anhand der unterschiedlichen empfangenden Systeme auf. In Abbildung 6.5 sehen Sie den Bereich der Basisdaten, die von SAP MDG an die Mehrheit der empfangenden Systeme verteilt werden.

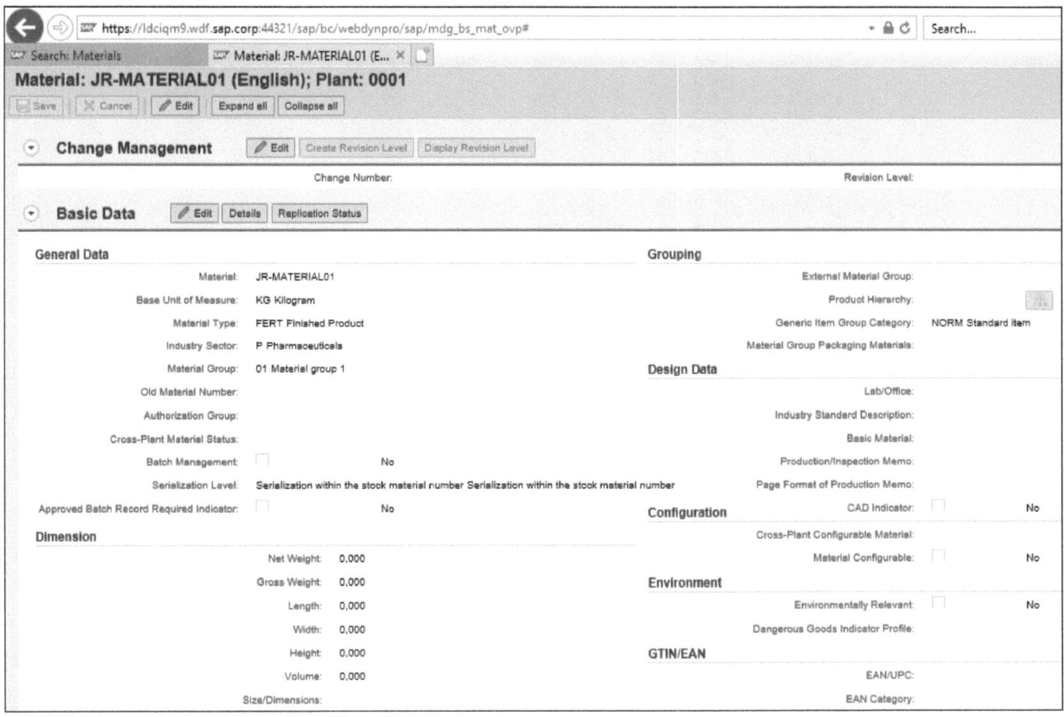

Abbildung 6.5 Hybridansatz: gemeinsam genutzte Daten in SAP MDG

Harmonisierter Inhalt

Bei diesen Daten handelt es sich um die Werte, die für die Mehrheit dieser Systeme als harmonisierter Inhalt zur Verfügung stehen. In unserem Beispiel war jedoch die Basismengeneinheit in Kilogramm nicht für die lokale Gesellschaft nutzbar, da die verwendeten Einsatzmengen im Milligrammbereich liegen. Gleichzeitig ist es aber auch nicht sinnvoll, große Mengen des produzierten Rohstoffs über alle Systeme hinweg in Milligramm oder Gramm zu führen. In Abbildung 6.6 sehen Sie den gesellschaftsspezifischen Teil. Hier haben Sie die Möglichkeit, die Standardsichten zu nutzen, können jedoch auch eigene Entitäten für eine noch feinere Unterscheidung anlegen, um für bestimmte Felder unterschiedliche Werte an unterschiedliche Systeme zu verteilen, ohne auf die Nutzung eines Workflows in SAP MDG zu verzichten.

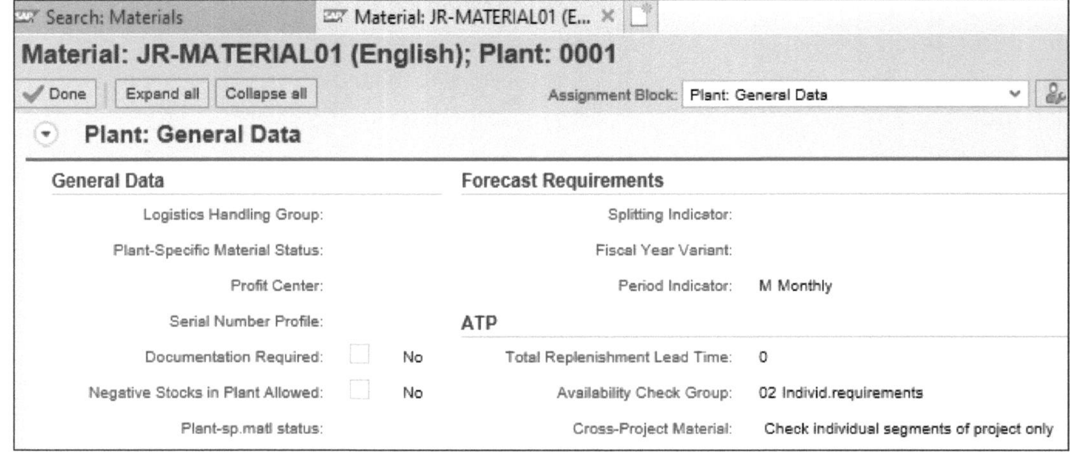

Abbildung 6.6 Hybridansatz: gesellschaftsspezifische Daten in SAP MDG

Kompromisse finden

Der Vorteil dieses Konzepts ist es, dass man damit die Flexibilität der bisherigen lokalen Prozesse mit einer Governance der normalerweise gemeinsam genutzten Daten kombiniert. Natürlich ist es hier wie mit jedem anderen Kompromiss auch: Er bedeutet einen technischen Mehraufwand und wird niemals eine genauso saubere Lösung wie der Ansatz auf der grünen Wiese bringen. Aber es wird immer wieder Situationen geben, in denen Sie sich als Projektleiter Gedanken in solch eine Richtung machen sollten. Genauso ist es auch mit der personellen Situation: Wenn das aktuelle Projekt keine komplette Umstrukturierung der Organisation zulässt, sollten Sie sich auch hier zumindest überlegen, welche Teilbereiche eventuell in einen zentralen Bereich herausgelöst werden können. Zum Beispiel könnten die lokalen Gesellschaften unverändert die Hoheit zur Datenpflege besitzen, während es einen finalen zentralen Freigabeprozess gibt. So bleibt auch hier Flexibilität bestehen, ohne die Kontrolle aus einer zentralen, strategischen Sicht komplett zu verlieren.

Gibt es den richtigen Projektansatz?

Kann man also nun sagen, dass es einen Projektansatz gibt, den Sie eindeutig bevorzugen sollten? Natürlich bietet ein kompletter Neuaufbau in allen Bereichen das mit Sicherheit nachhaltigste Ergebnis. Allerdings ist dies auch die teuerste und aufwendigste Variante, die sich zudem in den meisten Fällen nicht direkt durchführen lässt. Aus diesem Grund sollten Sie als Projektmanager situationsbedingt entscheiden. Wichtig ist jedoch, dass Sie auch Ihr eigenes Handeln und Rollenverständnis der jeweiligen Situation anpassen. In einem Projekt, in dem die Entscheidung rein für die technische Harmonisierung gefallen ist, hilft es nichts, visionäre Konzepte und Ideen zu verkaufen, sondern hier geht es um die Kontrolle der klar definierten Aufgaben.

6.1.3 Übergabe und zukünftiger Alltagsbetrieb

Spezielle Anforderungen der Geschäftsbereiche

Bisher haben wir uns mit dem Aufsetzen und dem Durchführen eines Projekts befasst. Hierbei standen die zentralen Fragen mit direktem Einfluss auf die Projektlaufzeit im Vordergrund. Dies ist jedoch nur der eine Teil. Durch die Komplexität und den hohen Integrationsgrad der Thematik müssen auch weitere Punkte betrachtet werden, die einen Einfluss auf den späteren Produktivbetrieb der implementierten Lösung haben.

Natürlich haben Sie sich schon Gedanken gemacht, ob es später eine zentrale Stelle geben soll, die die Daten anlegt und genehmigt. Ist dies der Fall, sind Sie aus Governance-Sicht auf einem sehr guten Weg. Alles Weitere hängt aber natürlich von den Anforderungen Ihres Unternehmens ab: Gibt es Fachbereiche, die auf eine schnelle Freigabe und Verfügbarkeit der Daten im System angewiesen sind? Je nach Geschäftsmodell können dies kundenspezifische Anfragen für eine spezielle Konfiguration eines Produkts sein, auf die eine schnelle Antwort erwartet wird. Um diese Antwort geben zu können, müssen eventuell erste Abläufe im System gestartet werden, um die Durchführbarkeit überprüfen zu können. Hierzu werden die Materialstammdaten benötigt. Befindet sich dieser Fachbereich nun in einer anderen Zeitzone als die zentrale Anlagestelle, können hier schnell einige Stunden bis ein Tag verloren gehen. Ist dies aus Vertriebssicht nicht möglich und muss die Kundenanfrage schneller beantwortet werden, haben wir hier schon den ersten Konflikt.

Beispiel: Zeitzonen

Denken Sie deswegen auch über solche, auf den ersten Blick unwichtige Fragen wie eine andere Zeitzone nach. Dieses Problem kann entweder durch eine Aufteilung der zentralen Organisation in unterschiedliche Bereiche und Länder gelöst werden, um somit eine 24/7-Verfügbarkeit sicherzustellen, oder es muss eine technische Lösung implementiert werden. Dies kann z. B. eine zuerst automatisierte Freigabe des Anlage-Workflows für solch spezielle Fachbereiche bedeuten. Um die Zielsetzung einer vollständigen Governance jedoch nicht zu verletzen, sollte hier aber auf jeden Fall eine nachgelagerte Prüfung durch die zentrale Organisation erfolgen. Solche Beispiele zeigen wieder, wie wichtig es ist, wirklich alle Fachbereiche und Verantwortlichen in die Diskussionen im Projekt zu involvieren. Natürlich funktioniert die Lösung technisch einwandfrei ohne solch eine Speziallösung, aber ob diese auch alle betriebswirtschaftlichen Anforderungen auf den zweiten Blick abdeckt, lässt sich nur durch eine entsprechend vollständige Weitsicht klären.

Betriebsrat und Personalabteilung

Der Betriebsrat bzw. die Personalabteilung ist eine andere Personengruppe, die man auf den ersten Blick nicht in ein Stammdatenprojekt einbeziehen würde, das oftmals in der IT angesiedelt ist. Aber auch in diesem Bereich müssen frühzeitig die entsprechenden Weichen gestellt werden. Gerade die Entscheidung für eine zentrale Stammdatenorganisation birgt ein mögliches Konfliktpotenzial, da sich durch sie angestammte Arbeitsaufgaben verlagern oder eventuell Positionen in den lokalen Bereichen überflüssig werden. Sollten Sie also einen Betriebsrat haben, suchen Sie rechtzeitig das Gespräch mit diesem, falls sich eine Verlagerung der Stellen oder die Einrichtung eines Schichtbetriebs abzeichnet. Betrachten Sie auch unbedingt, wie sich die spätere Arbeitslastverteilung darstellt. Eventuell wird auch hier die Aufstockung der Mitarbeiter in bestimmten Abteilungen, abhängig von Ihren Projektentscheidungen, notwendig.

Schauen wir uns hierzu als Beispiel einmal an, wie die Daten in das MDG-System gelangen sollen, und gehen wir davon aus, dass Sie sich hier für den klassischen MDG-Anlage-Workflow entschieden haben. Das ist auch wunderbar, aber denken Sie auch darüber nach, wie es aussehen soll, wenn Massendaten angelegt oder verändert werden müssen. Dies kann je nach Geschäftsfeld durchaus zum Tagesgeschäft gehören. Zumindest aber wird es Ihnen immer wieder bei Umstrukturierungen innerhalb des Unternehmens passieren, die Einfluss auf Reporting-Strukturen und die Zuordnung von Kunden und Produkten haben. Handelt es sich hier um mehrere Hundert oder auch Tausend Datensätze, werden die Mitarbeiter eine manuelle Einzeldatensatzpflege über den MDG-Workflow nicht akzeptieren. SAP MDG bietet zwar gewisse Standardmöglichkeiten zum massenhaften Upload von Daten, diese stehen dem normalen Nutzer jedoch nicht zur Verfügung und sind auch zu technisch. Dies bedeutet also, dass entweder über das Projekt hinaus auch technisches Personal jederzeit zur Verfügung steht oder bereits innerhalb des Projekts eine Lösung implementiert werden muss, die auch die Endbenutzer verwenden können. Auch dies ist weniger eine technische Herausforderung, da sich das MDG-Framework sehr gut mit anderen Tools (z. B. SAP Business Process Management) verbinden lässt, sondern vielmehr eine Frage der Themen, die Sie im Projekt diskutieren müssen.

Risikominimierung bei Systemausfall

Denken Sie auch unbedingt daran, was bei einem Systemausfall passiert. Auch dieser Punkt steht eventuell nicht ganz oben auf Ihrer Prioritätenliste, aber wir möchten Sie auf die Gefahren hinweisen. Durch den Einsatz von SAP MDG soll ja das Anlegen von Daten in einem geführten Governance-Prozess durchgeführt werden. Das heißt, dass die normalerweise in SAP S/4HANA verwendeten Transaktionen zur Datenpflege für die User gesperrt werden. Sollte es jetzt einmal passieren, dass das MDG-System nicht zur Verfügung steht, können in diesem Zeitraum keine Daten durch die Benutzer angelegt oder verändert werden.

Je nach Dauer des Ausfalls kann dies durchaus Konsequenzen auf den Geschäftsbetrieb haben, wenn wir uns noch mal das vorherige Beispiel einer dringenden kundenspezifischen Anfrage vor Augen halten. Es sollte also auf jeden Fall einen User für SAP S/4HANA geben, der trotz SAP MDG noch die Berechtigungen hat, die Daten direkt zu pflegen. Jetzt geht es jedoch auch noch darum, dass ein System-User vorhanden und in allen Zeitzonen rund um die Uhr verfügbar ist, jedoch im normalen Alltagsbetrieb nicht missbräuchlich verwendet werden kann. Sie können den User-Namen und das Passwort an einem sicheren Ort hinterlegen und auf dringende Anfrage zur Verfügung stellen; aber hier dürfte dann die Bereitstellung rund um die Uhr ein Problem sein.

GRC

Verwenden Sie hierzu lieber ein Tool wie die SAP-Lösungen für *Governance, Risk and Compliance* (GRC). Mit ihm kann solch ein Systembenutzer erstellt und anderen Benutzern zugänglich gemacht werden. Die Benutzer loggen sich im GRC-System ein und greifen dann mit dem User über eine RFC-Verbindung auf das jeweilige ERP-System zu. Der Vorteil hierbei ist, dass jede Verwendung dieses System-Users detailliert protokolliert wird. Es ist ersichtlich, wer den User wann zu welchem Zweck verwendet hat und welche Daten damit verändert wurden. Je nach Wunsch lässt sich das erstellte Protokoll auch direkt, nachdem der User verwendet worden ist, automatisiert an den Governance-Verantwortlichen verschicken, damit er die Verwendung prüft. In Abbildung 6.7 wird dieses Konzept grafisch dargestellt.

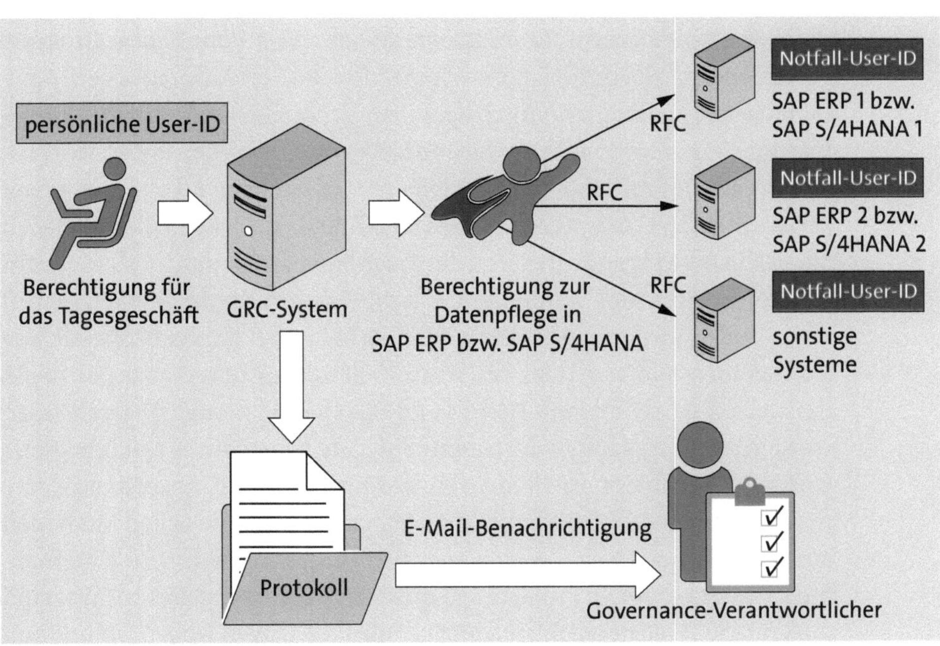

Abbildung 6.7 Notfall-User-Konzept

Abnahmekonzept entwickeln

Die hier gegebenen Beispiele stellen natürlich keine vollständige Liste der möglichen Themen dar. Sie sollen Ihnen jedoch ein Gefühl dafür vermitteln, in welchen, auf den ersten Blick nicht betroffenen Bereichen weitere Aufgaben für das Projekt liegen könnten, um später einen stabilen Betrieb der Lösung gewährleisten zu können.

Ein weiterer Punkt, der oftmals leider etwas stiefmütterlich behandelt wird, ist die Abnahme der Entwicklungen bzw. der migrierten Daten. Hier ist es wichtig, dass klar definiert ist, was in welchem Umfang abgenommen werden soll. Diese Abnahme ist zwingend notwendig, um das Projekt in den Alltagsbetrieb zu übergeben. In der Praxis zeigt sich leider oft, dass zwar ein theoretisches Konzept der Abnahme vorliegt, jedoch nicht ausreichende Ressourcen für die tatsächliche Umsetzung zur Verfügung stehen. Die Abnahme der einzelnen Entwicklungen sollte möglichst zeitnah erfolgen, da am Ende des Projekts der Hauptfokus meist auf der Abnahme der migrierten Daten liegt.

6.2 Projekte im agilen Umfeld

Agile Vorgehensweise vs. Wasserfallansatz

Nachdem wir also nun alle inhaltlichen Themen kennengelernt haben, möchten wir uns noch eine weitere Fragestellung ansehen, die in der heutigen Zeit immer mehr an Bedeutung gewinnt: Wie setze ich mein Stammdatenprojekt methodisch am besten auf? Hierbei haben Sie die Wahl zwischen dem klassischen *Wasserfallansatz* oder einer *agilen Vorgehensweise* sowie verschiedenen Abstufungen zwischen diesen beiden Ausprägungen. Agilität bedeutet in diesem Kontext, dass man im Vergleich zu Wasserfall *iterativ* zum Ziel kommt. Die Prozesse und Lieferobjekte werden in kleinere Phasen geteilt und fortlaufend abgeschlossen, wobei neue Erkenntnisse oder Gegebenheiten sehr schnell und wiederkehrend einfließen können. Haben Sie sich in der Vergangenheit mit der Frage beschäftigt, welche Methode für Ihr Projekt eingesetzt werden soll, war die Antwort wahrscheinlich schnell klar. Große Einführungsprojekte, speziell bei einer Standardsoftware wie SAP, wurden häufig gemäß des Wasserfallansatzes umgesetzt. Das heißt, dass zuerst das komplette Design und die Spezifikationen abgeschlossen wurden, bevor es dann in die Umsetzung ging. Wenn etwas agil umgesetzt wurde, waren dies meist kleinere Entwicklungsprojekte. Aber ist das heute nun immer noch so? Hier muss man klar sagen, dass die agilen Methoden auf dem Vormarsch sind. Es zeichnet sich ab, dass immer mehr Unternehmen auch ihre großen Projekte agil umsetzen. Warum ist dies so? Was sind die Vorteile? Welche Methoden gibt es? All diese Fragen wollen wir uns nun in diesem Abschnitt genauer ansehen.

6.2.1 Warum entscheiden sich Unternehmen für ein agiles Vorgehen?

Stakeholder und Motivation

Der große Vorteil agiler Methoden ist die Möglichkeit, den internen Kunden im Unternehmen schnelle und fortlaufende Ergebnisse präsentieren zu können. Dies hat den Vorteil, dass die Sponsoren und das Business frühzeitig sehen können, wie die implementierte Lösung wirklich im System aussieht und auch früh ihre Einwände vorbringen können, falls etwas nicht passt. Es muss also nicht gewartet werden, bis das MDG-System vollständig implementiert ist. Gleichzeitig verringert sich also das Risiko, eine Lösung umzusetzen, die vom Auftraggeber nicht akzeptiert wird. Eher ein weicher Faktor, aber auch nicht zu unterschätzen ist die Motivation der Projektmitglieder. Schnellere erste Erfolge und Ergebnisse tragen zu einem starken Teamgefühl und Eigeninitiative bei. Gerade diese Eigenverantwortung der Mitarbeiter kann in aufwendigen Projekten sehr wertvoll sein.

6.2.2 Welche Trends und Methoden zeichnen sich ab?

SAP Activate und SAFe

Gerade im Umfeld von SAP-Implementierungen lässt ich ein Trend zu zwei Methoden erkennen. Dies sind einmal die SAP-eigene Methode *SAP Activate* und auf der anderen Seite *SAFe* (Scaled Agile Framework). Schauen wir uns hier auch einmal genauer an, warum sich gerade diese beiden Methoden bewährt haben und worin sie sich voneinander unterscheiden.

Wie es der Name schon erahnen lässt, ist SAP Activate die hauseigene Methode von SAP und konsolidiert die Erfahrungen und Erkenntnisse aus unzähligen SAP-Implementierungen. Ein Hauptmerkmal der Methode ist, dass den Unternehmen Best Practices, Vorlagen und Beschleuniger an die Hand gegeben werden. Auf diese Weise müssen die Unternehmen das Rad nicht neu erfinden und können mit den passenden Inhalten direkt starten. Das Vorgehen ist hier phasenbasiert und umfasst die folgenden Phasen:

- Discover
- Prepare
- Explore
- Realize
- Deploy
- Run and Adopt

Best Practice Explorer und Roadmap Viewer

Was auf den ersten Blick jetzt erst einmal wieder wie »Wasserfall« klingt, bietet Ihnen, abhängig von Ihrem eigenen Reifegrad, die Möglichkeit, den Umfang der Agilität selbst festzulegen. Möchte das Unternehmen sehr agil unterwegs sein, können alle Phasen iterativ in den einzelnen Inkrementen (definierter Planungszeitraum zum Liefern der Ergebnisse) durchlaufen werden. Fühlt sich ein Unternehmen noch nicht so reif, können z. B. die ersten drei Phasen noch sequenziell durchlaufen werden, und erst bei der Umsetzung wird zum iterativen Vorgehen gewechselt. Mit den Tools *Best Practice Explorer* und *Roadmap Viewer* finden sich sehr viele Templates und Beschleuniger, die auch während der Implementierung von SAP MDG benutzt werden können (siehe Abbildung 6.8).

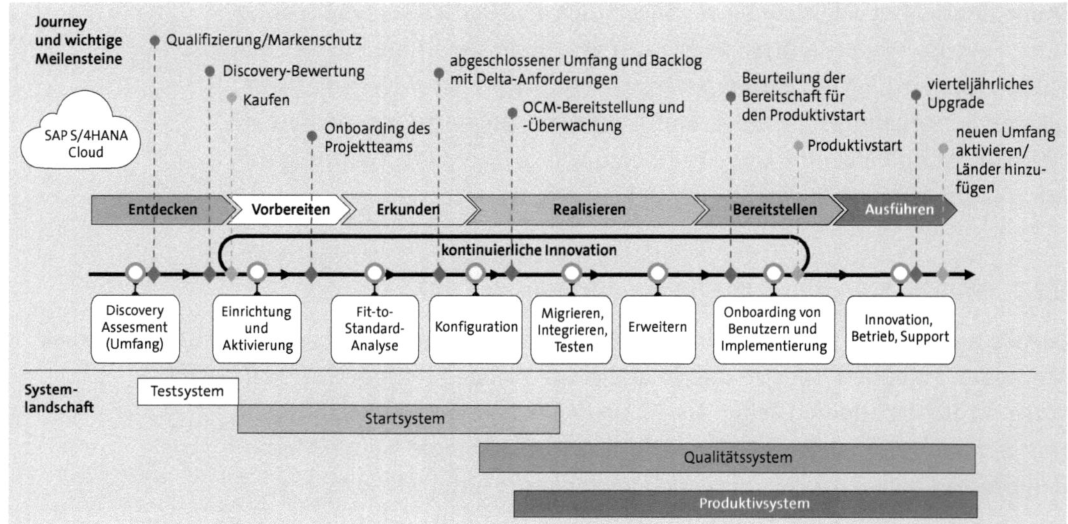

Abbildung 6.8 Phasen und Meilensteine von SAP Activate (Quelle: SAP)

Ansatz von SAFe

Einen anderen Ansatz verfolgt das *Scaled Agile Framework* (SAFe). Im SAFe liegt der Fokus nicht auf der Bereitstellung von Beschleunigern, sondern auf der organisatorischen Umstellung und Arbeitsweise innerhalb des Unternehmens. Während es sich bei SAP Activate also um eine Methode handelt, die für verschiedene einzelne Projekte verwendet werden kann, bedeutet der Einsatz des SAFe meist einen grundlegenderen Eingriff in die Organisationsstruktur des Unternehmens. Warum meist? Weil es auch bei SAFe verschiedene Ausprägungen gibt:

- Essential
- Large Solution
- Portfolio
- Full

Je nach Ausprägung werden immer mehr Ebenen des Unternehmens in die neue agile Arbeitsweise eingebunden. Von einfachen Scrum-Teams bei

Essential bis hin zum Top-Management bei Full SAFe. In Abbildung 6.9 sehen Sie die verschiedenen Varianten, die im Standard bestehen, vereinfacht dargestellt. Bei den eingefärbten Objekten handelt es sich um die jeweiligen Stufen, die in die Ausprägung einbezogen sind; die nicht eingefärbten Objekte werden hingegen nicht berücksichtigt.

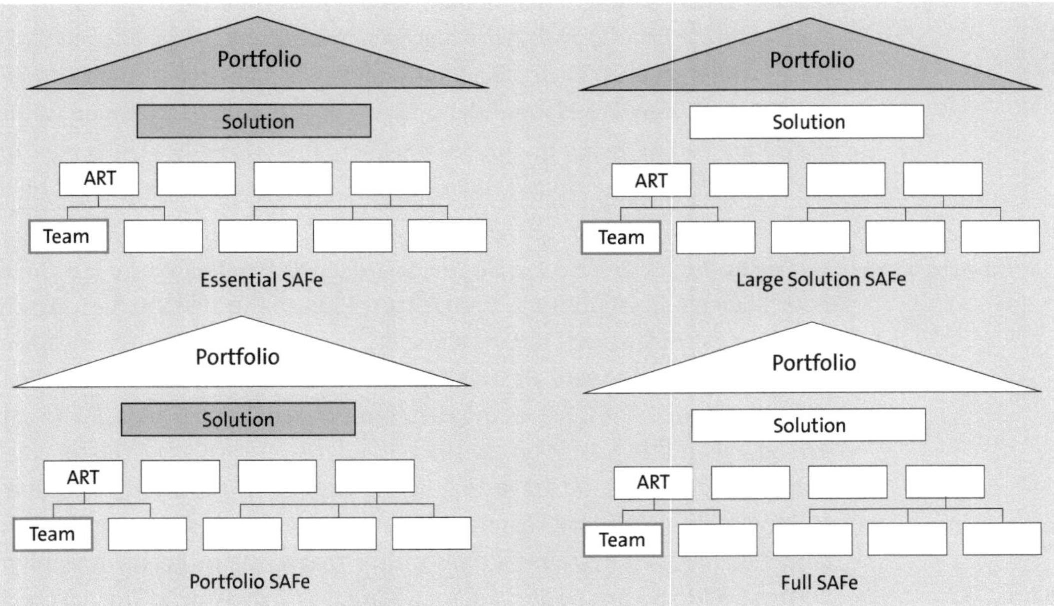

Abbildung 6.9 Eingebundene Ebenen der SAFe-Ausprägungen

Backlog Management

Die Idee hinter all diesen Ausprägungen ist, dass alle involvierten Ebenen inhaltlich und zeitlich identisch arbeiten. Das heißt, dass alle Ebenen ein eigenes Backlog haben, in dem sich die von Ihnen als wichtig erachteten Themen finden. Wichtig ist hierbei, dass die Priorisierung der Inhalte auf die darunterliegende Ebene vererbt und dann zum richtigen Zeitpunkt an den richtigen Themen gearbeitet wird. Schauen wir uns dies also einmal am Beispiel von SAP MDG in einer Full-SAFe-Umgebung an.

Schneiden der Arbeitspakete im Backlog

Das Management Ihres Unternehmens gibt die Direktive aus, dass in den nächsten drei Jahren nur noch eine zentrale Quelle für alle Stammdaten bestehen soll und diese alle anderen Systemlandschaften mit bereinigten Daten versorgt. Dies findet sich dann als Vision im Backlog der Portfolioebene wieder. Auf der Lösungsebene wird dieser Auftrag nun in kleinere Arbeitspakete im Backlog zerlegt. Dies wären z. B. der Aufbau einer Stammdatenstrategie und -organisation, die Bereinigung der vorhandenen Stammdaten und die Implementierung des eigentlichen MDG-Systems. Diese Aufgaben des Backlogs auf der Lösungsebene werden nun auf der Produktebene wieder weiter verfeinert. So wird dann z. B. für die Implementierung von SAP MDG die Installation der Systeme benötigt, die Migration der Daten nach SAP MDG, der Aufbau der Workflows, die Definition der Regelwerke und vieles mehr. So werden die Pakete inhaltlich, aber auch zeitlich immer weiter bis auf die Scrum-Ebene der agilen Teams verfeinert und in den einzelnen Product Increments abgearbeitet. Ändert sich auf irgendeiner Ebene die Priorisierung, wird diese auch wieder durch die Ebenen nach unten weitergegeben. Dies ist jetzt nur kurzes Beispiel, aber es sollte die Methodik grundlegend erklären. Wenn Sie mehr und weiterführenden Informationen zu SAP Activate und SAFe suchen, finden Sie diese entweder in der SAP-Activate-Community oder auf den Internetseiten des Scaled Agile Frameworks.

Entweder oder?

Vielleicht fragen Sie sich, ob Sie sich zwischen SAP Activate und z. B. SAFe entscheiden müssen und wie diese Entscheidung dann aussähe. Sie müssen sich aber gar nicht zwingend entscheiden, da sich agile Methoden wie SAFe perfekt mit SAP Activate als Inhaltsgeber verbinden lassen. Egal, welchen Grad Ihre Agilität aufweist, es müssen immer noch die gleichen Inhalte zur erfolgreichen Implementierung einer Standardsoftware abgearbeitet werden. Das heißt, dass die Fragestellung eher lauten muss, wie die bereitgestellten Inhalte und Checklisten aufzuteilen sind, damit sie iterativ in den passenden Zeiträumen eines Product Increments zuende gebracht werden können. Hierbei können die Lieferobjekte aus SAP Activate z. B. sehr schön als Akzeptanzkriterien innerhalb der Arbeitspakete (Features, Epics usw.) abgelegt werden.

Nicht schummeln!

Stellen Sie es sich wie bei einem klassischen Computerspiel vor. Das nächste Level kann erst erreicht werden, wenn alle vorangegangenen Aufgaben in der richtigen Reihenfolge und rechtzeitig erledigt wurden. Genauso ist es auch bei Ihrem Projekt. Natürlich kann man auch mal ein wenig schummeln und etwas vorziehen oder auch nicht ganz abschließen. Nimmt das jedoch überhand, werden Sie das Versäumte zwangsläufig irgendwann nachholen müssen. Damit dies nicht zu oft passiert, führt SAP Activate hier sorgfältig durch die einzelnen Phasen und zeigt die notwendigen Lieferobjekt und Quality Gates auf, um erfolgreich in die nächste Phase zu gelangen (siehe Abbildung 6.10). Zu jedem einzelnen aufgeführten Objekt findet sich dann im Roadmap Viewer auch der jeweilige Link zu den unterschiedlichsten Beschleunigern oder Hilfestellungen. Dies können Templates von Konzepten, Excel-Checklisten, Hilfeseiten, Testfälle oder auch Prozessflüsse sein. Jeder im Projekt wird erfahrungsgemäß froh sein, wenn nicht zu viel Zeit in die Erstellung solcher Lieferobjekte investiert werden muss.

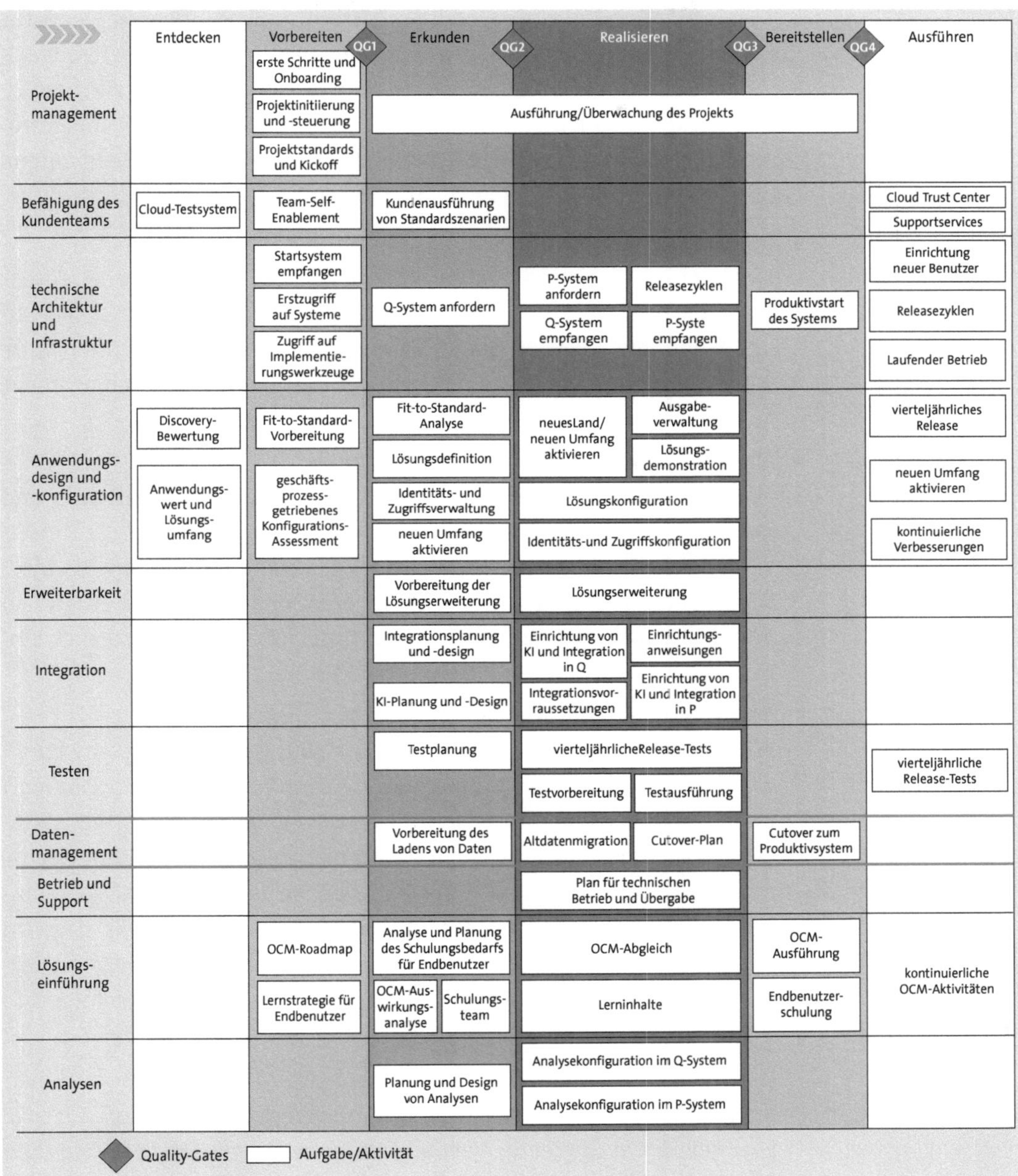

Abbildung 6.10 Phasenmodell und Lieferobjekte von SAP Activate (Quelle: SAP)

6.2.3 Was heißt ein agiles Vorgehen für das Projekt?

Was muss ich bedenken?

Haben Sie sich in Ihrem Unternehmen also für ein agiles Vorgehen entschieden, hat dies auch Einfluss auf das gesamte Umfeld. Wir wollen Ihnen hier einmal die Themen aufzeigen, für die Sie etwas mehr Zeit einplanen sollten, da diese erfahrungsgemäß am kritischsten sind. Dies gilt auch für Ihr MDG-Projekt. Rein inhaltlich unterscheiden sich die Themen in der agilen und in der Wasserfallmethodik nicht gravierend, da am Ende die gleichen Fragestellungen und Inhalte bearbeitet werden müssen. Nichtsdestotrotz werden Ihnen speziell in den folgenden Punkten immer wieder offene Fragen begegnen, die folgende Themen betreffen:

- **Mindset der Stakeholder und Projektmitglieder**
  Der Mindset aller Beteiligten ist mit Sicherheit der entscheidende Faktor für Erfolg oder Misserfolg des ganzen Unterfangens. Nur wenn den Beteiligten der Ablauf bekannt ist und dieser auch von Ihnen akzeptiert wird, kann es funktionieren. Aus diesem Grund ist das Change Management auf allen involvierten Ebenen der Organisation essenziell.
- **Skillset und Know-how der Mitarbeiter**
  Natürlich benötigen Sie das inhaltliche Fachwissen der Mitarbeiter und Berater aber eben auch die Bereitschaft und das Know-how zur Umsetzung der agilen Methode. Die Rollen der einzelnen Personen, die Meetingstrukturen und auch die ganze Governance des Projekts werden sich von der klassischen Wasserfallstruktur unterscheiden. Dies hat auch Einfluss auf die Auswahl der Projektmitglieder.
- **Operational Change Management(OCM)**
  Wie Sie bereits gesehen haben, ist die Einstellung aller Beteiligten extrem wichtig, aber leider nicht immer von sich aus vorhanden. Gerade wenn man es seit vielen Jahren gewohnt ist, klassisch zu arbeiten, ist es zwingend notwendig, alle Stakeholder regelmäßig upzudaten und zu begleiten, damit sie sich abgeholt fühlen. Planen Sie daher für all diese Veränderungen ein entsprechendes Change Management ein. Es liegt im Wesen der Menschen, dass jede Veränderung auch eine gewisse Unsicherheit mit sich bringt. Diese gilt es, aufzufangen und zu beseitigen.
- **Tools**
  Wenn Sie sich in Ihrem Projekt für eine agile Vorgehensweise entscheiden, bringt das normalerweise auch die Einführung neuer Tools mit sich. Hier gibt es z. B. Jira für die Verwaltung der Arbeitspakete oder aber eben einfach auch die Beschleuniger aus SAP Activate wie den Best Practice Explorer oder den Roadmap Viewer. Planen Sie also auch hier entsprechende Trainings und auch eine fortlaufende Begleitung des Projektteams mit ein.

6.3 Checkliste für die ersten 100 Tage

Jetzt haben Sie es also geschafft: Die Stakeholder konnten überzeugt werden, und Sie haben den klaren Auftrag, das Projekt zum Erfolg zu führen. Da Sie sicher schon Erfahrung im Projektmanagement haben und der Schwerpunkt dieses Buches auf dem Stammdatenmanagement mit SAP MDG liegt, wollen wir uns nicht zu tief mit dem Thema Projektmanagement beschäftigen. Trotzdem möchten wir Ihnen in diesem Abschnitt ein paar Denkanstöße mit auf den Weg geben.

Verhaltensmuster erkennen

Gerade in neuen Situationen oder in einem schwierigen Projektumfeld hält sich der Mensch unbewusst an bestimmte starre Verhaltensmuster. Leider können solche starren Verhaltensmuster auch zu einer Verzerrung der eigenen Wahrnehmung oder zu einer Tendenz des »Schönredens« führen. Dies zeigt sich besonders bei der Entscheidungsfindung.

Jeder kennt die Situation, dass man eine Entscheidung treffen muss, aber vielleicht doch noch nicht ganz sicher ist. Ein einfaches Beispiel aus dem Alltag ist der Einkauf von Elektronik oder anderen Luxusartikeln. Eigentlich wissen wir, dass wir den Gegenstand nicht unbedingt brauchen oder dass auch eine einfache Variante ausreichen würde. Trotzdem erzählen wir uns selbst, dass dieser Gegenstand eine Investition in die Zukunft ist und unser Leben positiv verändern wird, bis wir selbst davon überzeugt sind und zur Kasse gehen. Hier sehen wir klar die Neigung zur *Selbstbestätigung*. Das heißt, dass wir im Normalfall den Informationen, die unsere Einstellung unterstützen, mehr Bedeutung zugestehen als den Informationen, die im Gegensatz dazu stehen.

Genau dieses Risiko gibt es auch in Ihrem Projekt. Sie haben ein klares Ziel: Sie möchten das Projekt zu einem absoluten Erfolg machen. Also werden Sie tendenziell alles, was bestätigt, dass Sie auf dem richtigen Weg sind, stärker gewichten und Probleme eher beiseiteschieben. Wenn Sie sich dieser Neigung bewusst sind, können Sie jedoch darauf reagieren. Erschwerend hinzu kommt aber, dass Menschen gerade bei diesen negativen Nachrichten auch zu einer gewissen Selbstüberschätzung neigen: Sie nehmen dann an, dass sich die auftretenden Risiken schon irgendwie unter Kontrolle halten lassen. Beide dieser absolut menschlichen Tendenzen sind jedoch keine gute Basis für sachlich und fachlich korrekte Entscheidungen. Schauen wir uns also einmal einige Möglichkeiten an, um dem entgegenzuwirken.

6.3.1 Regelmäßiger Abgleich der Vision und des Ist-Zustandes

Der Startpunkt des Projekts war eine Vision, die in Ihrem Unternehmen entstanden ist. Es wurde definiert, wo die Reise hingehen soll, und die künftige Ausrichtung wurde festgelegt. Diese Definition findet sich normalerweise auch im Projekthandbuch wieder. Nehmen Sie also diese Vision als Basis, und vergleichen Sie sie mit dem jeweils aktuellen Ist-Zustand des Projekts. In Abbildung 6.11 sehen Sie diesen iterativen Prozess.

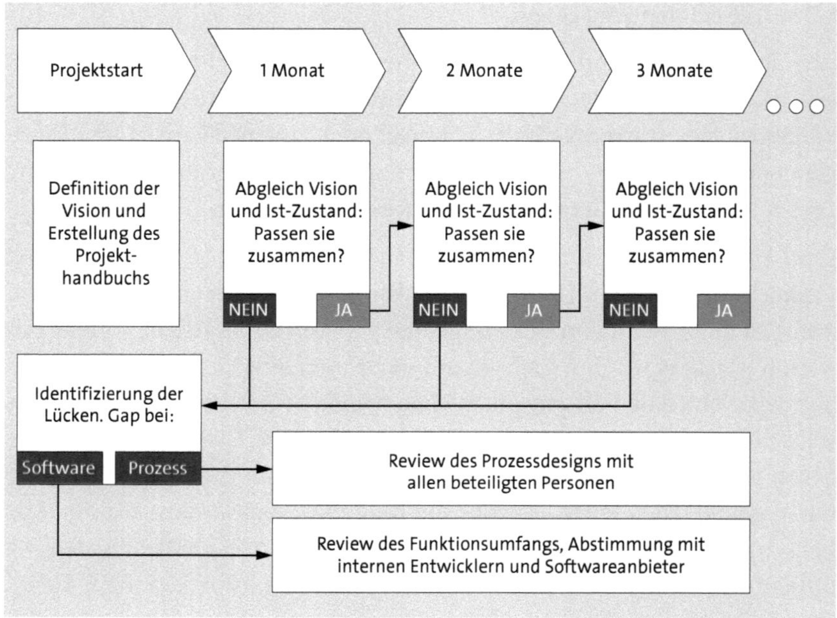

Abbildung 6.11 Abgleich zwischen Vision und aktuellem Zustand

Fehler und falsche Annahmen korrigieren

Prüfen Sie mindestens auf monatlicher Basis, ob sich Lücken im Projekt auftun. In der Realität zeigt sich immer wieder, dass die Annahmen, die Sie getroffen haben, als die Vision und das Projekthandbuch entstanden sind, nicht immer zu hundert Prozent korrekt waren. Diese Annahmen können Funktionen der Software oder das Zusammenspiel interner Prozesse betreffen. Grundsätzlich ist dies erst einmal kein Drama, solange diese Lücken frühzeitig erkannt werden und das Thema dann auch angegangen wird. Verlassen Sie sich aber nicht darauf, dass sich die Probleme schon von selbst lösen werden. Oftmals kann sich eine kleine Lücke in der Funktionalität später als Go-live kritisch herausstellen.

Sprechen Sie mit den im Projekt involvierten Entwicklern, und holen Sie sich auch die Expertise des Softwareanbieters ins Boot. Gerade im Rahmen eines großen SAP-Projekts hat Ihr Unternehmen ganz sicher auch einen entsprechenden Support-Vertrag, und eine Meldung zu technischen Problemen sollte frühzeitig erfolgen. Natürlich muss hier jedoch deutlich zwischen einer echten technischen Fehlfunktion und einer falsch verstandenen Funktionalität unterschieden werden. Zeigt sich die Lücke im Zusammenspiel der unterschiedlichen Prozesse, dann sollten Sie alle Beteiligten schnellstmöglich zusammen an einen Tisch holen, um diese Lücke erneut zu diskutieren und eine Lösung zu finden.

Wenn Sie diesen monatlichen Abgleich vornehmen, sollten Sie diese Gelegenheit auch direkt nutzen, um den Projektfortschritt zu diesem Zeitpunkt mit dem ursprünglich geplanten Aufwand und Budget zu vergleichen. Ist dies nicht mehr synchron, und wurden bei einem Projektfortschritt von 20 % bereits 50 % des Budgets verbraucht, besteht auch hier dringender Handlungsbedarf.

Neben diesem iterativen Prozess des Vergleichens wollen wir uns jetzt jedoch auch noch einen Ansatz ansehen, mit dem wir schon im Vorfeld mögliche kritische Situationen aufdecken wollen, bevor sie eintreten.

6.3.2 Pre-Mortem-Ansatz

Wie aus vielen Fernsehserien bekannt ist, wird in der Medizin oftmals *post mortem* (nach dem Tod) eine Autopsie durchgeführt, um den Grund für den Tod festzustellen. Neben der Aufklärung geht es hierbei auch darum, für die Zukunft etwas lernen zu können und einen weiteren Tod verhindern zu können.

Gary Klein übernimmt diesen Ansatz für das Projektmanagement (*Gary Klein (2003): The Power of Intuition, S. 98–101)*. Natürlich hilft es Ihnen nicht, im Nachhinein herauszufinden, woran Ihr Projekt »gestorben« ist. Aus diesem Grund wird der Analysezeitpunkt nach vorne verlegt und das sogenannte *Pre-Mortem* (vor dem Tod) wird sogar noch vor dem eigentlichen Projektstart durchgeführt. Die Idee dabei ist es, entscheidende Probleme, die in einem Projekt auftauchen können, schon im Vorfeld zu identifizieren und den Plan anzupassen, *bevor* ein kritischer Punkt erreicht wird. Gleichzeitig sollen auch bereits Gegenstrategien für mögliche weitere Risiken entwickelt werden.

Dieser Ansatz versucht, zwei bekannte Schwachstellen zu eliminieren, die wir bereits angesprochen haben: die Selbstbestätigung und die Tendenz zur positiven Wahrnehmung.

Kritik zulassen

Im Vorfeld eines Projekts wird zwar oft nach möglichen Risiken und Problemen des Projekts gesucht, gleichzeitig hofft man jedoch auch, dass keine gefunden werden. Genau diese Haltung führt aber dazu, dass oftmals nicht wirklich tiefgreifend genug nach Problemen gesucht wird. Sehr oft erleben wir, dass keine weiteren Äußerungen zu einer Frage bereits als die Bestätigung verstanden werden, dass keine Probleme zu erwarten sind. Das deckt sich sehr gut mit der Tendenz zur positiven Wahrnehmung.

Das zweite Thema ist der Umgang mit möglicher Kritik an bereits existierenden Plänen. Jede Form von Kritik ist – solange sie sachlich ist – ein Denkanstoß, den Sie aufgreifen sollten. Oftmals wird Kritik jedoch persönlich genommen, oder es besteht die Angst, dass das Zulassen der Kritik zu einem erheblichen Mehraufwand im Projekt führt, weil bereits verabschiedete Pläne jetzt angepasst werden müssen.

Diese »Bequemlichkeit« kann jedoch später sehr unangenehme Folgen haben. Betrachtet man die Situation von außen, ist eigentlich jedem klar, dass das Ausmerzen eines Risikos und die damit verbundene zeitliche Investition in die Anpassung bestehender Pläne zu Beginn des Projekts deutlich angenehmer ist als die schmerzvolle Erfahrung, mitten im Projekt auf genau dieses Problem zu stoßen. Trotzdem verhalten wir uns unter Druck in solch einer Situation leider häufig anders. Genau hier setzt die Pre-Mortem-Methode an, um Sie zu einer neuen Betrachtungsweise zu bringen.

60 Minuten, 6 Phasen

Laut Gary Klein läuft ein Pre-Mortem in sechs Schritten ab und benötigt circa 60 Minuten Zeit. Der Aufbau erinnert sehr stark an den Aufbau eines Design-Thinking-Prozesses. Auch hier werden verschiedene Phasen durchlaufen, in denen unterschiedliche Hypothesen aufgestellt und weiterentwickelt werden. In Abbildung 6.12 sehen Sie die Aufgliederung des Pre-Mortem-Prozesses in die einzelnen Phasen und deren zeitliche Abfolge.

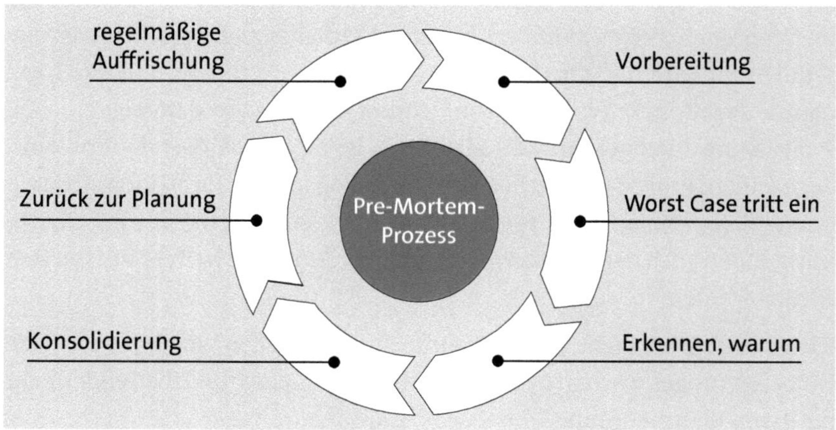

Abbildung 6.12 Pre-Mortem-Ansatz

Auf die einzelnen Phasen möchten wir hier noch einmal genauer eingehen:

- **Vorbereitung**
  Definieren Sie ein Team, das aus Ihrer Sicht am besten dazu geeignet ist, einen Mehrwert in diesem Prozess zu bieten. Hierbei sollten Sie auf eine bunte Mischung achten. Unterschiedliche Sichtweisen und Arbeitsgebiete sorgen meist für eine Vielzahl an kreativen Lösungen. So wird der kreative Produktentwickler in Ihrem Unternehmen die Fragestellung sicher aus einer ganz anderen Sichtweise betrachten als der technisch fokussierte Kollege aus der IT.

  Alle beteiligten Personen sollten sich in einen separaten Raum zurückziehen. Wichtig ist hierbei, dass allen Mitgliedern der aktuelle Projektplan bekannt ist. Ist dies noch nicht der Fall, erklären Sie diesen Plan nochmals im Detail. Gibt es keine weiteren Fragen, ist es auch wichtig, die Gruppe ohne weitere Beeinflussung von außen arbeiten zu lassen. Sie wollen schließlich den maximalen Mehrwert aus dieser Übung erhalten. Also halten Sie sich und Ihre Gedankengänge, die ja bereits in den Projektplan eingeflossen sind, heraus.
- **Worst Case tritt ein**
  In diesem Schritt teilt man der Gruppe mit, dass man durch einen Blick in die Zukunft das Scheitern des Projekts festgestellt hat. Damit jedoch nicht genug: Das Projekt ist nicht nur inhaltlich gescheitert, sondern es war eine absolute Katastrophe, wie man sie sich schlimmer nicht hätte ausmalen können. Auf fachlicher Ebene wurden die Ziele nicht erreicht; das Team ist zerstritten, und daher wurden alle weiteren Projekte im Unternehmen gestoppt und auf den Prüfstand gestellt. Was bei dem Blick in die Zukunft jedoch nicht sichtbar war, ist, wie es zu solch einer Situation kommen konnte. Die Aufgabe der Gruppe ist es nun, nach möglichen Schwachstellen im Plan zu suchen. Das heißt, dass der Plan aus einer völlig anderen Sichtweise betrachtet wird.
- **Erkennen, warum**
  In dieser Phase haben die Gruppenmitglieder die Aufgabe, für sich selbst, ohne Austausch mit den anderen, Gründe zu sammeln, die zu dieser Situation geführt haben können. Geben Sie der Gruppe hierzu nur etwa fünf Minuten Zeit, denn dies soll nur ein Brainstorming sein.
- **Konsolidierung**
  In der Konsolidierungsphase werden alle in der vorangehenden Phase gesammelten Ideen mit der Gruppe geteilt. Gehen Sie hierzu reihum, und lassen Sie jedes Gruppenmitglied einen Grund nennen, der noch nicht genannt wurde. Sammeln Sie die Punkte auf einem Whiteboard, Flipchart oder Brownpaper.

- **Zurück zur Planung**
  Sind alle Gründe auf dem Flipchart aufgelistet und gibt es keine neuen Erkenntnisse mehr, wählt die Gruppe die aus ihrer Sicht zwei bis drei schwerwiegendsten Risiken aus. Nun geht es darum, diese Risiken als Gruppe genauer zu betrachten und herauszufinden, wie sie minimiert werden können. Es erfolgt eine Neuplanung für diese Punkte, und der Projektplan wird entsprechend angepasst. Alle anderen gefundenen Risiken gehen jedoch nicht verloren, sondern werden in einem Folge-Meeting besprochen.
- **Regelmäßige Auffrischung**
  Nachdem der erste Durchlauf vor dem Projektstart stattgefunden hat, sollte die Risikoliste nicht in Vergessenheit geraten. Nutzen Sie die Liste in Ihrem Projekt, und stellen Sie sie mit Ihren Teammitgliedern alle paar Monate auf den Prüfstand. Gibt es Themen, die damals als Hypothese aufgestellt wurden, jetzt aber wirklich kurz davor stehen, Realität zu werden? Dann sollten Sie sie angehen.

Psychologische Effekte nutzen

Sie haben mit diesem Ansatz ein recht mächtiges Tool zur Hand, das wirklich Kritik zulässt und mit dem aktiv nach Risiken gesucht wird. Die Teammitglieder haben die Möglichkeit, vorhandene Zweifel und mögliche Ängste auszusprechen. Dies kann auch zu einer gewissen Befreiung im Team führen. Aus einer rein psychologischen Sicht sollte man jedoch auch darauf achten, dass die Teammitglieder nicht immer nur mit den negativen Gedanken zum Projekt agieren – obwohl Sie dies auch dazu nutzen können, um ein Team, das gerade etwas zum Übermut neigt, wieder auf den Boden der Tatsachen zurückzuholen.

6.3.3 Weitere Tools des Projektmanagers

Neben den beiden ausführlich beschriebenen Methoden zur Risikominimierung möchten wir Ihnen hier einen kleinen Überblick geben, welche typischen Werkzeuge des Projektmanagements Sie auch nicht vergessen sollten. Allerdings gehen wir nicht im Detail auf sie ein, da dies zu tief in das generische Projektmanagement führen würde:

- **Risk-Assessment-Liste**
  In diesem Dokument sollten Sie alle Ihnen bekannten Risiken sammeln und auch entsprechend klassifizieren. Was ist im Moment ein Risiko und kann zu einem akuten Problem werden, oder was ist bereits zu einem Problem geworden? Überlegen Sie sich auch rechtzeitig Maßnahmen, wie Sie der Situation begegnen können, oder was Sie unternehmen können, damit das Risiko erst gar nicht zur Realität wird.

- **Projekthandbuch**
  Beharren Sie darauf, dass dieses Dokument existiert. Letztendlich ist dies Ihr Arbeitsauftrag, an dem Sie am Ende gemessen werden. Stellen Sie sicher, dass klare Ziele und Bedingungen formuliert sind statt unklarer Beschreibungen, die großen Interpretationsspielraum lassen. Dies ist auch Ihre »Waffe«, mit der Sie sich gegen zu viele Veränderungen und Sonderwünsche im Projekt wehren. Sie können in Ihrem Budget nur abdecken, was auch in der Schätzung bekannt war und berücksichtigt wurde. Kommen nun Extrawünsche, bedeutet dies einen Change Request mit verschiedenen Auswirkungen auf Budget und Zeitlinien.
- **Fortschrittskontrolle**
  Je nachdem, wie Sie die Planung für das Projekt aufgestellt haben, können Sie entweder auf eine *Work Breakdown Structure* (WBS) oder auf sonstige Meilensteinpläne zurückgreifen. Nutzen Sie diese regelmäßig, und vergleichen Sie den erreichten Fortschritt mit dem geplanten und noch verfügbaren Budget und der geplanten und noch verfügbaren Zeit. Lassen Sie es gar nicht erst zu, dass hier über einen längeren Zeitraum zu große Lücken entstehen können.
- **Stakeholder-Matrix**
  Dieses Tool haben Sie bereits in Abschnitt 2.8, »Change und Stakeholder-Management im Projekt«, kennengelernt. Nutzen Sie die Matrix regelmäßig, und fragen Sie sich, wer Einfluss in Ihrem Projekt hat. Dieser Einfluss kann entweder positiv oder negativ sein. Nutzen Sie die Fürsprecher zu Ihren Gunsten aus, und reagieren Sie früh genug auf negative Stimmung.

6.4 Cutover-Management

Endspurt

Als letztes Werkzeug wollen wir noch das *Cutover-Management* und den dazu passenden *Cutover-Plan* vorstellen. Neben dem Plan selbst wird unter dem Begriff *Cutover* auch die Phase am Ende des Projekts verstanden, in der das neue System in den produktiven Einsatz überführt wird und die bestehende Lösung ablöst. Diese Phase gibt es in jedem SAP-Projekt. Weil es in einem Stammdatenprojekt auf den hohen Integrationsgrad über alle Bereiche und auch zwischen Prozessen, Daten und Organisation ankommt, ist diese Phase bei der Einführung von SAP MDG besonders wichtig. Aus diesem Grund wollen wir uns diesen Projektabschluss etwas genauer ansehen.

Cutover-Manager als Dirigent

Das zentrale Element ist der Cutover-Plan. In diesem werden alle Aktivitäten definiert, die für den Übergang vom alten auf das neue System notwendig sind. Als Richtwert kann man sagen, dass der Cutover etwa vier Wochen vor dem geplanten Produktivstart beginnt. Natürlich hängt dies auch immer etwas von der Komplexität des Projekts ab.

Für diese Phase haben Sie die ganze letzte Zeit mit Ihrem Projektteam gearbeitet. Also sollte sie jetzt auch mit der angemessenen Ernsthaftigkeit angegangen werden. Die Erfahrung hat gezeigt, dass die Chancen auf einen erfolgreichen und stressfreien Go-live enorm steigen, wenn man das Cutover-Management frühzeitig in den Projektablauf mit einbezieht. Gerade in einem Stammdatenprojekt besteht der Cutover nicht nur aus den technischen Standardtätigkeiten wie Installationen und Upgrades, sondern auch aus einer sauberen Datenmigration und der damit verbundenen Bereitstellung der Daten. Genauso wichtig ist jedoch auch die Frage, wie gleichzeitig die organisatorischen Änderungen wie Zahnräder in die technischen Änderungen greifen und somit zum Erfolg führen.

In Abbildung 6.13 sehen Sie einen Screenshot aus einem Cutover-Plan. Ein Template-Dokument dafür finden Sie bei den Download-Materialien auf der Website zum Buch *www.sap-press.de/5665*.

	Unique ID	ⓘ	Status	Task Overdue	Task Name	ligratio Object	lanua M or ogram P	% Target	% Complete	Duration	Week iefore Go live	Start	Finish	Predecess	Module
1	**1**			**31**	**Basic tasks global**			**100**	**0%**	**24 hrs?**		Fri 02/12/22	Tue 06/12/22		CA
2	1994														
3	**899**			**10**	**Manual Settings before transport release in PXX**			**100**	**0%**	**8 hrs?**	**4**	**Fri 02/12/22**	**Fri 02/12/22**		CA
4	567			1	manual settings before transport release in PXX MM			100	0%	8 hrs?	4	Fri 02/12/22	Fri 02/12/22		MM
5	566			1	manual settings before transport release in PXX PP			100	0%	8 hrs?	4	Fri 02/12/22	Fri 02/12/22		PP
6	565			1	manual settings before transport release in PXX SD			100	0%	8 hrs?	4	Fri 02/12/22	Fri 02/12/22		SD
7	564			1	manual settings before transport release in PXX QM			100	0%	8 hrs?	4	Fri 02/12/22	Fri 02/12/22		QM
8	563			1	manual settings before transport release in PXX LE			100	0%	8 hrs?	4	Fri 02/12/22	Fri 02/12/22		LE
9	562			1	manual settings before transport release in PXX FI			100	0%	8 hrs?	4	Fri 02/12/22	Fri 02/12/22		FI
10	561			1	manual settings before transport release in PXX CO			100	0%	8 hrs?	4	Fri 02/12/22	Fri 02/12/22		CO
11	718			1	manual settings before transport release in PXX BW			100	0%	8 hrs?	4	Fri 02/12/22	Fri 02/12/22		BW
12	721			1	manual settings before transport release in PXX EAI (XI, EDI)-settings			100	0%	8 hrs?	4	Fri 02/12/22	Fri 02/12/22		EAI
13	720			1	manual settings before transport release in PXX EH&S settings			100	0%	8 hrs?	4	Fri 02/12/22	Fri 02/12/22		EH&S
14	1993														
15	**575**			**11**	**Release Transport Orders to PXX**			**100**	**0%**	**8 hrs?**	**4**	**Mon 05/12/22**	**Mon 05/12/22**	**3,41**	CA
16	576			1	Release Transport orders MM			100	0%	8 hrs	4	Mon 05/12/22	Mon 05/12/22		MM
17	582			1	Release Transport orders PP			100	0%	8 hrs	4	Mon 05/12/22	Mon 05/12/22		PP
18	581			1	Release Transport orders SD			100	0%	8 hrs	4	Mon 05/12/22	Mon 05/12/22		SD
19	580			1	Release Transport orders QM			100	0%	8 hrs	4	Mon 05/12/22	Mon 05/12/22		QM
20	579			1	Release Transport orders LE			100	0%	8 hrs	4	Mon 05/12/22	Mon 05/12/22		LE
21	578			1	Release Transport orders FI			100	0%	8 hrs	4	Mon 05/12/22	Mon 05/12/22		FI
22	577			1	Release Transport orders CO			100	0%	8 hrs	4	Mon 05/12/22	Mon 05/12/22		CO
23	719			1	Release Transport orders BW			100	0%	8 hrs?	4	Mon 05/12/22	Mon 05/12/22		BW
24	723			1	Release Transport ordersEAI (XI, EDI)-settings			100	0%	8 hrs?	4	Mon 05/12/22	Mon 05/12/22		EAI
25	722			1	Release Transport orders EH&S settings			100	0%	8 hrs?	4	Mon 05/12/22	Mon 05/12/22		EH&S

Abbildung 6.13 Beispiel für einen Cutover-Plan

Microsoft Excel oder Microsoft Project?

Prinzipiell können Sie den Plan entweder in einer Tabellenkalkulation wie Microsoft Excel oder einem Projektmanagement-Tool wie Microsoft Project abbilden. Excel bietet den Vorteil, dass eigentlich jedem Projektmitarbeiter die Software zur Verfügung steht und somit den Plan auch entsprechend öffnen oder bearbeiten kann. Wir empfehlen aber Microsoft Project, denn solch ein Plan kann bei einem größeren Projekt schnell aus mehreren Tausend Einzelschritten bestehen. Hier werden Sie in Excel den Überblick verlieren. Microsoft Project passt außerdem Zeitlinien und kritische Pfade bei Änderungen automatisch an, wenn die Abhängigkeiten der einzelnen Aufgaben sauber gepflegt wurden.

In dem Cutover-Plan finden sich alle Aktivitäten wieder, die der Reihe nach abgearbeitet werden müssen, um zum Ziel zu gelangen. Haben Sie hier keine Scheu vor einem zu hohen Detaillierungsgrad. Im Gegenteil: Je genauer Ihr Plan ist, desto besser. Viele der Aktivitäten werden auf einer Stundenbasis geplant. Nur so ist es möglich, die Kontrolle zu behalten.

Notwendige Informationen

Folgende Informationen sollten sich auf jeden Fall im Plan wiederfinden:

- **Eindeutige ID**
  Durch die Vergabe einer eindeutigen ID behalten Sie den Überblick über die einzelnen Aufgaben. Natürlich könnten Sie auch mit Zeilennummern operieren, aber da der Plan meistens ein recht dynamisches Gebilde ist, werden Sie schnell an den Zeilennummern verzweifeln, wenn Sie die Aufgaben einzelnen Mitarbeitern zuweisen und kommunizieren möchten.
- **Name der Aufgabe**
  Beschreiben Sie jede Aufgabe kurz, jedoch so ausführlich, dass eindeutig klar ist, was gemacht werden muss. Versuchen Sie, allgemeingültige Formulierungen zu vermeiden und beziehen Sie sich stattdessen immer auf konkrete Systemnamen oder andere eineindeutige Informationen.
- **Zuständiger Fachbereich**
  Jede der auszuführenden Aufgaben sollte einem Fachbereich zugewiesen sein. So lässt sich auch für Auswertungszwecke der Fortschritt schnell erfassen.
- **Name der Person, die für die Durchführung verantwortlich ist**
  Nach ihrer Zuordnung zum Fachbereich muss jede Aufgabe einer realen Person namentlich zugeordnet werden. Belassen Sie es nicht bei Formulierungen wie »Team 1«, sondern nennen Sie die Dinge beim Namen, und weisen Sie die Aufgabe z. B. Herrn Meier zu. Dadurch erreichen Sie einerseits eine klare Verantwortung für die Aufgabe, und andererseits können Sie damit schnell eine Überlastung der einzelnen Mitarbeiter erkennen. Microsoft Project bietet Ihnen hierzu eine Vielzahl vordefinierter Möglichkeiten, mit deren Hilfe Sie sich entweder pro Person oder pro Tag eine unrealistische Planung anzeigen lassen können. Wenn Herrn Meier an einem Tag Aufgaben mit der Gesamtlaufzeit von 20 Stunden zugewiesen sind, sollten Sie diese Planung nochmals überdenken.

- **Geplantes Datum der Durchführung (Start und Ende)**
  Viele Aktivitäten benötigen nur eine kurze Zeit, können aber innerhalb eines bestimmten Zeitfensters durchgeführt werden. Oftmals besteht hier noch eine Abhängigkeit von anderen Aufgaben. Definieren Sie also jeweils den frühestmöglichen Startpunkt und den spätesten zwingenden Abschluss der Aufgabe.
- **Dauer der Durchführung**
  Nachdem Sie den Zeitrahmen definiert haben, legen Sie die tatsächlich benötigte Zeit zur Durchführung der Aufgabe fest. Scheuen Sie sich nicht, hier auf Stunden herunterzubrechen. Nur so lässt sich eine Vielzahl der Aufgaben sauber planen und in einen konsistenten Ablaufplan in Microsoft Project bringen.
- **Abhängigkeit von anderen Aufgaben**
  Legen Sie fest, welche Aufgaben zwingend abgeschlossen sein müssen, bevor mit der neuen Aufgabe begonnen werden kann. Basierend auf diesen Informationen wird sich auch Ihre Zeitplanung automatisch anpassen, wenn Sie für eine Aufgabe die Dauer ändern oder wenn Sie eine weitere Aufgabe einfügen. Nehmen Sie sich Zeit für eine saubere Verlinkung – dies wird Ihnen das Arbeiten später deutlich erleichtern.
- **Grad der Fertigstellung**
  Gerade bei Aufgaben, die entweder sehr lange dauern oder in einem längeren Zeitraum erledigt werden können, sollten Sie diese Information pflegen. So haben Sie immer den Überblick, ob das Verhältnis von verstrichener Zeit und erreichtem Arbeitsfortschritt noch im grünen Bereich ist. Es ist sehr ärgerlich, am Ende der Zeit festzustellen, dass noch sehr viele Aufgaben offen sind.
- **Statusampel für den schnellen Überblick**
  Nutzen Sie die Möglichkeiten, die Microsoft Project Ihnen bietet. Richten Sie sich in einer Spalte einen grafischen Indikator für die jeweilige Aufgabe ein. Hierzu können Sie auf Informationen der anderen Spalten zurückgreifen. Dabei könnte der Indikator wie folgt aussehen: Lassen Sie das Feld für Aufgaben frei, die laut Datum noch nicht fällig sind. Setzen Sie ein gelbes Feld für Aufgaben, die im geplanten Zeitraum liegen, aber noch nicht abgeschlossen sind. Nutzen Sie die Farbe Grün für Aufgaben, die innerhalb der geplanten Zeit abgeschlossen wurden, und die Farbe Rot für Aufgaben, die laut Datum abgeschlossen sein sollten, es jedoch noch nicht sind. Verwenden Sie als Vergleichsgröße das Systemdatum. So haben Sie jeden Tag einen schnellen Überblick über den Fortschritt im Cutover.

Standardreports nutzen

Wenn Sie alle genannten Punkte beherzigt und den Cutover-Plan entsprechend strukturiert haben, können Sie in Microsoft Project direkt auf eine Vielzahl unterschiedlichster Reports zugreifen. Während der Planerstellung sehen Sie so, ob Ihre Zeitplanung ausreichend ist und welche Aktivitäten den *kritischen Pfad* darstellen, d. h., bei welchen Aktivitäten eine Verschiebung einen Verzug in der gesamten Planung zur Folge hätte.

Wenn Sie diese neuralgischen Punkte kennen, können Sie auch ein besonderes Augenmerk auf sie richten. Außerdem sehen Sie schnell, in welchem Bereich Sie eine Unterdeckung an Ressourcen oder eine Überlastung einzelner Personen haben. Wenn Sie die Aufgaben bereits abarbeiten, können Sie sich Arbeitsreports für jeden Tag erstellen lassen und diese Reports als entsprechende Erinnerung an die verantwortlichen Personen versenden. Natürlich können Sie noch auf eine Vielzahl weiterer Reports zurückgreifen, die Ihnen das Monitoring oder eine Statusmeldung deutlich erleichtern.

Meilensteine

Denken Sie auch daran, entsprechende Meilensteine in Ihren Plan einzufügen, und planen Sie passende Checkpoint-Meetings ein, um sich mit allen involvierten Personen abzustimmen. Die in den Meilensteinen erhaltenen Informationen sollten Sie auch den entsprechenden Stakeholdern mitteilen. Machen Sie sich auch hier bereits im Vorfeld Gedanken, und erstellen Sie einen entsprechenden Kommunikationsplan, der auch alle Kontaktdaten der beteiligten Personen enthält. Darüber hinaus sollte eine Beschreibung des Vorgehens für die unterschiedlichen Szenarien vorhanden sein:

- Wer wird beim Erreichen eines Meilensteines informiert?
- Welche Informationen werden von wem wie oft an das Management geschickt?
- Wer wird bei Problemen informiert?
- Welche Eskalationswege stehen zur Verfügung?

Sie sehen also auch hier, dass gerade der Übergang in die neue Systemumgebung bei einem so stark verzahnten Thema wie dem Bereich der Stammdaten extrem wichtig ist. Fangen Sie frühzeitig mit der Planung an, und sparen Sie gerade in dieser Phase nicht an Ressourcen im Projekt. Aus Erfahrung zeigt sich, dass es immer einen dedizierten Cutover-Manager geben muss, der auf der einen Seite die Planung zusammen mit dem Projektteam übernimmt, der aber auch als »Antreiber« in der Cutover-Phase dafür sorgt, dass alle Aufgaben rechtzeitig abgearbeitet werden.

6.5 Nach dem Projekt

Bislang haben wir uns die Mechanismen angeschaut, wie ein Stammdatenprojekt erfolgreich aufgesetzt und durchgeführt werden kann. In diesem Abschnitt geht es nun darum, was einen gelungenen Übergang aus dem Projektmodus in den Tagesbetrieb ausmacht und wie das Thema Stammdatenmanagement nachhaltig entwickelt werden kann. Nach den schon beschriebenen Komponenten der Stammdatenstrategie, der dazu passenden Roadmap und den Inhalten des Stammdaten-Governance-Rahmenwerks stellen wir jetzt zwei weitere wichtige Merkmale langfristiger Entwicklung vor: die Rolle des Stammdaten-Governance-Boards und Wege, wie die Governance in die Breite und Tiefe wachsen kann.

6.5.1 Die Rolle des Stammdaten-Governance-Boards

Aus unserer Sicht spielt das Stammdaten-Governance-Board eine zentrale Rolle in der Sicherung der in Stammdatenprojekten getätigten, oft umfassenden Investitionen. Die wesentliche Aufgabe dieses Forums ist es daher, das im Projekt geschaffene Rahmenwerk einschließlich seiner Organisationsstrukturen, Technologien und Prozesse zu pflegen und dessen Entwicklung zu kontrollieren und voranzutreiben. Der Begriff des Governance Boards mag zunächst in die Irre führen, da die Vorstellung eines Gremiums, das sich im Abstand mehrerer Monate trifft, nicht den Eindruck erweckt, dass hier ein hohes Maß an Verantwortung und Kontrolle möglich sei. Daher wollen wir an dieser Stelle den Begriff etwas weiter fassen und ein Konzept vorstellen, das sich in leicht abgewandelter Form sicherlich auch auf die Situation in Ihrer eigenen Organisation übertragen lässt.

Strategisches Governance Board

Das Konzept sieht eine Kombination aus zwei Gremien vor. Das erste Gremium ist ein Forum, in dem weitreichende Entscheidungen getroffen und Mandate erteilt oder entzogen werden. Dieses Forum ist sehr strategisch positioniert und segnet die Stammdatenstrategien der einzelnen Stammdatendomänen ab.

Da dieses Entscheidungsgremium domänenübergreifend aufgestellt sein sollte – es spielt also keine Rolle, über welches Stammdatenobjekt hier entschieden wird –, sollte man schauen, ob die Aufgabe auch von einem bereits anderweitig existierenden Komitee übernommen werden kann. Unter Umständen treffen sich dieselben Entscheidungsträger, die man für das Thema Stammdaten braucht, schon im Kontext der ERP-Harmonisierung. Hier können Sie die Gelegenheit nutzen, dem Eindruck unnötiger Bürokratie zu entgehen, den wir an anderer Stelle erwähnt haben (siehe Abschnitt 2.5,

»Wie viel Master Data Governance braucht mein Unternehmen?«), und können so die Stammdatenorganisationsstruktur schlanker aufstellen.

Im strategischen Governance Board sitzen typischerweise anerkannte Persönlichkeiten auf der Hauptabteilungsleiterebene aus den jeweiligen Geschäftsbereichen und Gruppenfunktionen, beispielsweise aus Einkauf, Finanzwesen, Personal- und dem Qualitätswesen.

Operatives Governance Board

Die zweite Gruppe sind deutlich operativer gehaltene und domänenspezifisch aufgestellte Foren. Es können also hier durchaus separat organisierte operative Governance Boards für den Kunden- oder Materialstamm usw. existieren. Hier wird dann in hoher Häufigkeit über Projekte berichtet; es werden Prozessänderungsanträge gestellt, und es wird über die Definition von Stammdatenstandards beraten und entschieden.

In diesen Gruppen sitzen neben der verantwortlichen Governance-Abteilung selbst die designierten Stammdatenvertreter aus den Geschäftsbereichen und Gruppenfunktionen. Die wichtigsten Aufgaben dieser Gruppen sind die gemeinsame Verwaltung des jeweiligen Stammdatenrahmenwerks sowie dessen Operationalisierung. Beispielsweise kann es hier darum gehen, in regelmäßigen Abständen die erwarteten Service Level Agreements (SLAs) zu prüfen und gegebenenfalls anzupassen. Abbildung 6.14 zeigt exemplarisch die Struktur und Funktionsweise der beiden Foren und nennt dabei die wichtigsten Verantwortungsbereiche.

Forum | Details

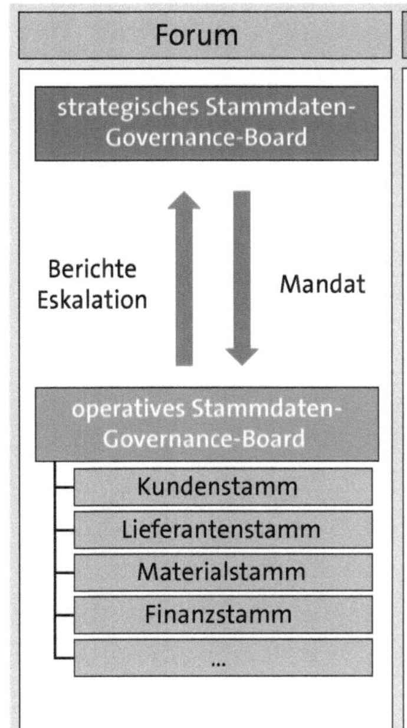

Teilnehmer: Hauptabteilungsleiter pro Geschäftsbereich und Gruppenfunktion
Zusammenkunft: alle sechs Monate
Verantwortung:

- setzt Stammdatenstrategie und Roadmap pro Domäne
- bestätigt den Umfang der Stammdateninitiativen und bestimmt Prioritäten der Stammdatenharmonisierung
- stellt Ressourcen und Mittel für Stammdateninitiativen im erforderlichen Umfang sicher
- erteilt spezifische Mandate an operative Stammdaten-Governance-Boards

Teilnehmer: Abteilungsleiter pro Geschäftsbereich und Gruppenfunktion, gegebenenfalls Shared-Services-Funktionen
Zusammenkunft: alle zwei Wochen
Verantwortung:

- führt das Mandat des strategischen Stammdaten-Governance-Boards aus und liefert Projektergebnisse
- trifft Entscheidungen bezüglich Datenstandards und Prozessänderungen
- bereitet Entscheidungsvorlagen für strategisches Governance-Board vor
- entwickelt abgestimmtes Governance-Rahmenwerk
- berichtet und veröffentlicht definierte Prozess- und Datenqualitäts-KPIs
- berichtet über die Entwicklung der strategischen Fähigkeiten pro Domäne

Abbildung 6.14 Beide Governance Boards in der Übersicht

Zusammenspiel Das Zusammenspiel der beiden Gremien besteht darin, dass das strategische Governance Board die Mandate und Aufträge erteilt sowie die benötigten Mittel zur Verfügung stellt. Zudem dient es als Eskalationsinstanz, falls sich die Teilnehmer in einem der operativen Boards bezüglich einer kritischen Frage nicht auf eine Entscheidung einigen können. Die operativen Boards berichten alles an das strategische Board zurück, was die erteilten Mandate, die Erreichung der jeweiligen Projektmeilensteine und die Ausbildung der definierten strategischen Fähigkeiten betrifft. Ob Sie dieses Forum einstimmig oder mehrheitlich entscheiden lassen, hängt stark von der Organisationskultur in Ihrem Unternehmen ab. Orientieren Sie sich hierbei möglichst an schon existierenden anderen Entscheidungsgremien.

Agenda Eine typische Agenda des operativen Governance Boards kann die folgenden Punkte enthalten (siehe Tabelle 6.4).

Agendanr.	Titel	Zeit
1	Zusammenfassung zum Projektstatus	10 Min.
2	Informationen zum anstehenden Release	10 Min.
3	Betrachtung der monatlichen KPIs und Bestimmung korrektiver und präventiver Maßnahmen	10 Min.
4	Vorstellung geplanter Prozessänderungsanträge	15 Min.
5	Entscheidung über vorgestellte Prozessänderungsanträge	10 Min.
6	Präsentation der Benchmark-Ergebnisse	20 Min.
7	Vorbereitung des Sechs-Monatsberichts an das strategische Governance Board	15 Min.
Gesamtzeit		90 Min.

Tabelle 6.4 Agenda des operativen Governance Boards

Die Leitung des Boards übernimmt die Governance-Abteilung selbst. Sie stellt auch sicher, dass bei Entscheidungen alle Entscheidungsträger vorab informiert werden und dass sie anwesend sind. Protokolle, Tagesordnungen sowie die Definition, in welcher Weise Entscheidungen getroffen werden und wie Entscheidungen dokumentiert werden, wird von der Governance-Abteilung als Service gestellt und steht zur Nutzung bereit. Man kann also sagen, dass die Governance-Abteilung die Werkzeuge bereitstellt, um zwischen den beteiligten Bereichen effizient und effektiv zu vermitteln, um Informationen zu teilen und um Entscheidungen zu treffen.

Die einzelnen Agenda-Punkte können von den beteiligten Geschäftsbereichen und Gruppenfunktionen oder von der Governance-Abteilung vorgestellt werden. Es ist allerdings wichtig zu erwähnen, dass die getroffenen Entscheidungen und verabredeten Maßnahmen jeweils dokumentiert werden müssen, um später darauf verweisen zu können. Oft ist es so, dass bei Entscheidungen mehrere begründete Optionen zur Verfügung stehen und nicht nur reine Ja- oder Nein-Entscheidungen anstehen. Im Nachhinein sagen zu können, warum man diese und nicht jene Option gewählt hat, kann durchaus von Vorteil sein, da hier der damalige Wissensstand konserviert und somit die Entscheidung aus gegenwärtiger Sicht nachvollziehbar gemacht wurde. Dies kann vor allem dann nützlich sein, wenn bestimmte Entscheidungen zu einem späteren Zeitpunkt infrage gestellt werden. Ebenso kann es nützlich sein, das für die Entscheidung zusammengetragene Wissen für alle Beteiligten zugänglich zu machen und darauf weitere Entscheidungen aufbauen zu lassen. Es ist also von elementarer Bedeutung, alle Dokumente in leicht zugänglicher Form aufzubewahren, etwa im offenen Bereich der Intranetseite der Governance-Abteilung.

Mandat des operativen Governance Boards

Die gezeigte Beispiel-Agenda spiegelt sehr gut die Verantwortungsbereiche des operativen Governance Boards wider. Es geht darum, Informationen mit den Beteiligten zu teilen, Entscheidungen für Prozessanpassungen und Datenstandards vorzubereiten und zu treffen sowie regelmäßig über den Stand der laufenden Projekte und der vereinbarten Qualitätsstandards zu berichten. Zudem zeigen die beiden letzten Agenda-Punkte, dass der Übergang zu strategischen Aufgaben durchaus fließend sein kann. Die Betrachtung des gegenwärtigen Stands der Entwicklung der strategischen Fähigkeiten und deren Vergleich mit anderen Unternehmen durch einen Benchmark-Test sowie die Vorbereitung des Berichts an das strategische Governance Board zeigen deutlich, wie eng verzahnt beide Gremien sind.

Wir sehen also anhand der Agenda, dass es beim operativen Governance Board darum geht, die über das Stammdatenprojekt initiierten Prozeduren zu verstetigen und für das Tagesgeschäft effizient aufzustellen. Es geht hier gerade nicht darum, unnötige Bürokratie und Formalismus aufzubauen. Im Gegenteil: Je besser man in den zweiwöchigen Rhythmus hineinkommt, desto mehr Routine entwickelt man mit den zu behandelnden Themen. Das Forum wird dann zum strukturierenden Arbeitsmittel für die beteiligten

Geschäftsbereiche und Gruppenfunktionen. Zudem kann es enorm nützlich sein, zwischen den operativen Governance Boards Synergien bei der Nutzung gemeinsamer Werkzeuge, bei Ansätzen für das Governance-Rahmenwerk, im Berichtswesen und für Dokumentationsstandards zu erzeugen. Falls Sie eine Governance-Abteilung für alle unter Governance stehenden Domänen haben, können Sie diese Synergien sehr gut realisieren.

Berichte an das strategische Governance Board

Als letztes Thema für diesen Abschnitt wollen wir uns Beispiele für einen Report aus dem operativen an das strategische Governance Board ansehen. Idealerweise erfolgen die Berichte in konstantem Abstand und immer in ähnlichem Format. Nachdem die Berichte vorgestellt worden sind, sollten sie öffentlich zugänglich sein. Wie die Beispiele zeigen, werden hier die Ausprägung der strategischen Fähigkeiten, die wesentlichen Kennzahlen pro Domäne (hier Materialstamm) und Initiativen vorgestellt. Wichtige Punkte sind auch die Nennung des Support-Aufkommens und der Template-Stabilität. Abbildung 6.15 zeigt einen Bericht an das strategische Governance Board, der die Ausbildung der strategischen Stammdatenfähigkeiten und die nächsten Maßnahmen darstellt.

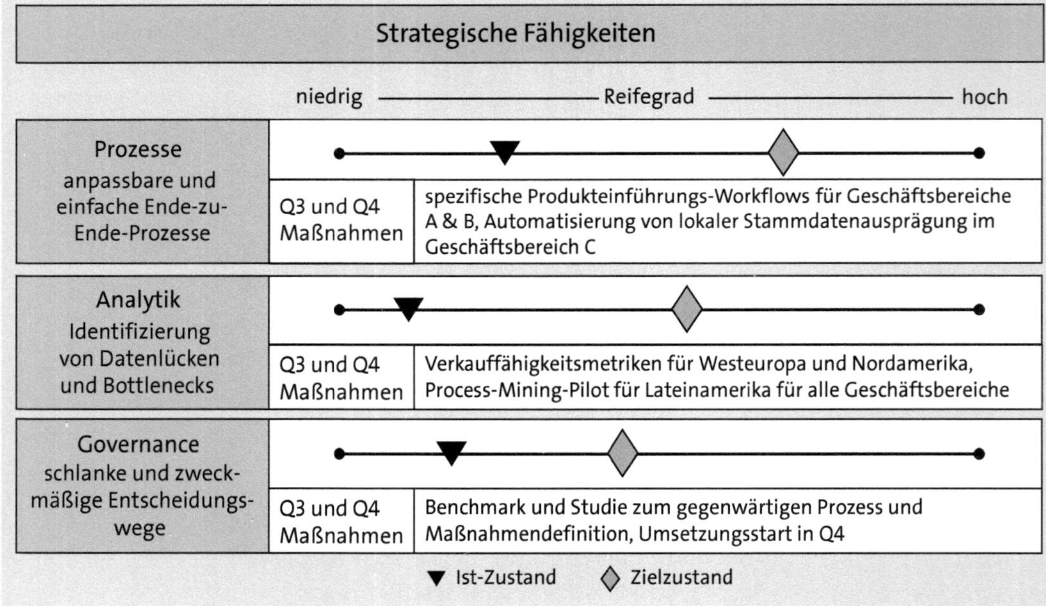

Abbildung 6.15 Bericht zu den strategischen Stammdatenfähigkeiten

Abbildung 6.16 zeigt einen Bericht zum Zustand der MDM-Support-Funktion.

Ticketüberblick

	Vorhalbjahr	laufendes Halbjahr	Trend
Empfangen	600	650	↑
Gelöst	550	610	↑
Bearbeitet	30	30	→
Wiedereröffnet	20	10	↓

Ticket-Service-Levels

	Vorhalbjahr	laufendes Halbjahr	Trend	SLA
ATOP in Tagen	0,4	0,4	↑	●
ART in Tagen	0,65	0,65	→	○
IRT (%)	100	100	→	●
Backlog-Rate (%)	0	0	→	●

Ticketkategorien

	Vorhalbjahr	laufendes Halbjahr	Trend
Massenänderungen	816	673	↓
Autorisierungen	218	102	↓
technischer Defekt	155	123	↓
Ad-hoc-Bericht	345	578	↑

Systemverfügbarkeit

	Vorhalbjahr	laufendes Halbjahr	Trend	SLA
MDG-M	99,999	99,999	→	●
MDG-S	99,995	99,999	↑	●
MDG-F	99,998	99,998	→	●
MDG-C	-	99,999	→	●

● SLA im Zielbereich ○ SLA nicht im Zielbereich ● SLA-Zielbereich verfehlt ↑ Trend ansteigend → Trend gleichbleibend ↓ Trend absteigend

Abbildung 6.16 Zustand der MDM-Support-Funktion

In Abbildung 6.17 sehen Sie einen Bericht über die Kernmetriken im Materialstamm für das strategische Governance Board.

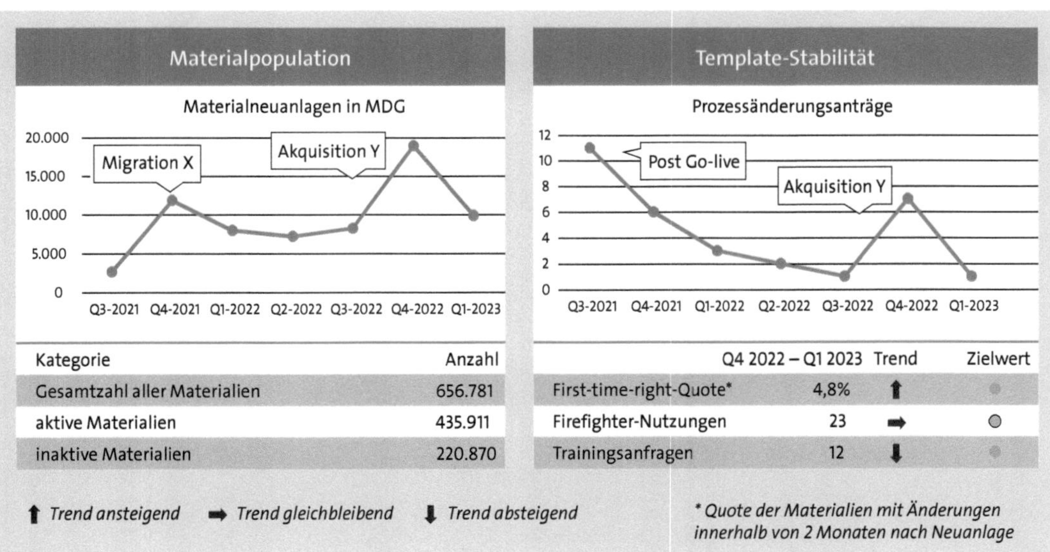

Kategorie	Anzahl
Gesamtzahl aller Materialien	656.781
aktive Materialien	435.911
inaktive Materialien	220.870

	Q4 2022 – Q1 2023	Trend	Zielwert
First-time-right-Quote*	4,8%	↑	●
Firefighter-Nutzungen	23	→	○
Trainingsanfragen	12	↓	●

Abbildung 6.17 Kernmetriken im Materialstamm

Abbildung 6.18 informiert das strategische Governance Board über die Informationsqualität im Materialstamm.

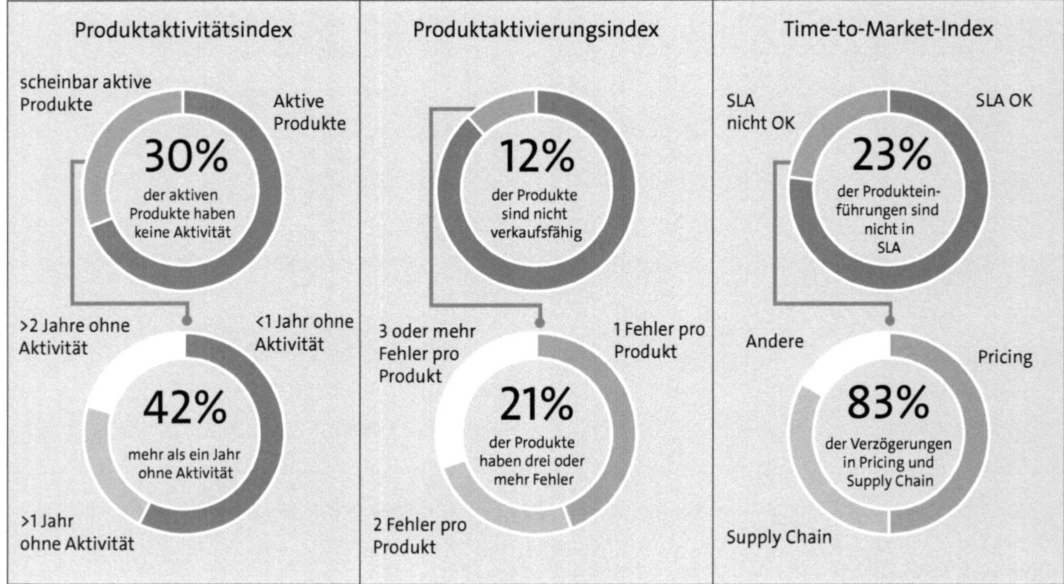

Abbildung 6.18 Informationsqualität im Materialstamm

Abbildung 6.19 zeigt eine Projektübersicht für das strategische Governance Board.

Projektname	Ziel	Zeitlinie	Domäne	Status			Budget (in k EURO)	
				Genehmigt	Kosten	Delivery	Gesamt	Verbraucht
Everest	Produkteinführungs-Workflow für Geschäftsbereich A und B	Q3 2022 – Q2 2023	Materialstamm	●	○	●	950	700
K2	Automatisierung der SRM-Bidderschnittstellen für den Einkauf	Q2 2023 – Q3 2023	Lieferantenstamm	●	●	●	350	-
Fuji	Konsolidierungsinstanz für alle Geschäftsbereiche aufsetzen und Konsolidierung durchführen	Q1 2023 – Q4 2023	Kundenstamm	●	●	●	1500	550
Mont Blanc	Finanzstammdatenstudie, Implementierung und Pilotdeployment in Westeuropa	Q2 2023 – Q3 2024	Finanzstamm	●	●	●	2100	680
Gesamt							4900	1930

Projektname	Zusammenfassung	Top-5-Risiken	Top-5-Probleme
Everest	Designphase geschlossen und Designdokumente fertiggestellt	•	• Mehraufwände in Workflow-Konfiguration kann Budget beeinflussen.
K2	Genehmigungsprozess verzögert durch fehlende Dokumentation und Vertragsunterzeichnung	• verzögerter Start	• Vertragsunterzeichnung im Einkauf
Fuji	Konsolidierungssystem verfügbar in Qualitätsumgebung und fertig für UAT	•	•
Mont Blanc	Studienumfang bestätigt durch Lenkungsausschuss, Pilotgesellschaft ausgewählt	•	•

Abbildung 6.19 Projektübersicht

[«]

Aufgaben der Governance Boards

Im Folgenden finden Sie noch einmal kurz zusammengefasst die Aufgaben der beiden Governance Boards:

- Beide Governance Boards beschützen die Investitionen der Projekte, indem sie das erarbeitete Template pflegen und entwickeln.
- Das strategische Governance Board erteilt die Mandate pro Stammdatendomäne und entscheidet über die jeweilige Stammdatenstrategie.
- Das operative Governance Board prägt die Datenstandards und entscheidet über Prozessänderungen.
- Das operative Governance Board prägt die mandatierten strategischen Fähigkeiten aus.
- Die Berichte an das strategische Governance Board beinhalten Informationen zu allgemeinen Kennzahlen, zu Projekt-Updates, zur Support-Situation und zur Informationsqualität.

6.5.2 Ausweiten des Governance-Umfangs

Nachdem wir uns eine tragende Säule des MDM-Projekterfolgs in Form des Governance Boards angeschaut haben, wollen wir nun den Blick auf mögliche Entwicklungswege des Themas *nach* dem Projekt richten. Im Folgenden stellen wir bewährte Praktiken aus unserem Erfahrungsschatz vor. Bevor wir uns jedoch diesen Punkten widmen, müssen wir erwähnen, dass das Ausweiten des Governance Scopes kein Selbstzweck ist. Wenn wir hier Wege der Erweiterung des Umfangs beschreiben, dann immer vor dem Hintergrund, dass dies einen Mehrwert bringen muss. Gerade weil MDM-Initiativen immer langfristig angelegt sein sollten, da sie die vielen Wahrheiten der immer gleichen Informationsobjekte angleichen und vereinheitlichen, muss der Mehrwert deutlich erkennbar sein. Ohne diesen Mehrwert glaubhaft darlegen zu können, wird kein MDM-Programm langfristig erfolgreich sein.

Checklisten abhaken

Kurz vor dem Abschluss oder unmittelbar im Anschluss an das MDM-Programm werden Sie wahrscheinlich einen Abgleich Ihrer Checkliste des MDM-Governance-Rahmenwerks, eine Betrachtung der Erfolgsfaktoren (siehe Abschnitt 1.3.3, »Ausgangssituation und Erfolgsfaktoren«) und gegebenenfalls einen Strategie- und Roadmap-Abgleich (siehe Abschnitt 2.3, »Die Stammdatenstrategie«, und Abschnitt 2.4, »Bedeutung der Stammdaten-Roadmap«) durchführen. Nachdem Sie das Projekt erfolgreich gemeistert haben, werden Sie feststellen, dass Sie sich nun im laufenden Betrieb befinden, den Sie mithilfe der im Projekt erarbeiteten Organisation und Governance-Struktur steuern können.

Spätestens nachdem Ruhe eingekehrt ist, sollten Sie herausfinden, welche Gelegenheiten es gibt, um das Erreichte auszuweiten, damit Sie die gesammelten Erfahrungen weitergeben und die im Laufe des Projekts identifizierten Prozess- und Datenlücken schließen können. Im Folgenden benennen wir schlaglichtartig einige gute Praktiken, die Ihnen helfen, Gelegenheiten zu identifizieren. Wir konzentrieren uns hier auf Bestrebungen von innen, also aus dem MDM-Programm heraus. Plötzlich erteilte Mandate und anstehende Akquisitionen stehen nicht im Vordergrund der Betrachtung.

Template verfeinern

Wie wir in Abschnitt 6.5.1, »Die Rolle des Stammdaten-Governance-Boards«, beschrieben haben, stellt das operative Governance Board eine gute Möglichkeit dar, über Prozessänderungen zu beraten und letztlich auch über die hier regelmäßig präsentierten kleineren und mittleren Erweiterungen und Anpassungen zu entscheiden. Man kann diese Änderungen als Verfeinerung des bestehenden Templates verstehen. Ein weiterer Weg, um im laufenden Betrieb Erweiterungen des Umfangs zu identifizieren, ist die fokussierte Datenqualitätsanalyse der Objekte, die unter Governance stehen. Wie wir in Abschnitt 2.6, »Bedeutung eines guten Datenqualitätsmanagements«, beschrieben haben, können über eine gute Analytik Prozessstaupunkte und Datenlücken identifiziert werden. Diese kritischen Stellen können somit als Basis für eine Erweiterung des Governance-Umfangs in die Breite und Tiefe dienen.

Unabhängig davon, durch was die Änderungen am Prozess und System motiviert sind – durch identifizierte Fehler, Datenanalytik, neue Anforderungen –, sie sollten in einem geordneten Prozess in das System gebracht werden. Dieser Prozess nennt sich *Change-Request-Management-Prozess* und ist Ihnen auch aus anderen Domänen bekannt. Wichtig ist, dass diese Komponente ein elementares Werkzeug ist, wenn es um die Pflege des Templates geht, und unbedingt Beachtung verdient.

Die Governance-Abteilung musste schon vor Beginn des Projekts darauf achten, einen strategischen und taktischen Mehrwert zu demonstrieren (siehe Abschnitt 1.3, »Grundlegende Konzepte des Stammdatenmanagements: Definitionen und Objekte«). Sie wird auch bei Änderungsanforderungen zur bestehenden Prozessarchitektur gut daran tun, diese sehr kritisch daraufhin zu prüfen, ob die Änderungen zu den am Prozess beteiligten Abteilungen passen. Neben der gebührenden Sorgfalt beim Inhalt sollte die Governance-Abteilung auch darauf achten, dass bei allen Änderungsanforderungen der qualitative und quantitative Nutzen klar benannt ist. Wenn dies der Fall ist und eine nachvollziehbare und zugängliche Methode verwendet wird, erlaubt dies der Governance-Abteilung, bei Änderungsanforderungen fortlaufend den Nutzen zu dokumentieren und dann neben der reinen Nennung der durchgeführten Änderungen auch den quantitativen Mehrwert zu bestimmen und zu aggregieren – sei es im Sinne der ersparten Zeit durch Effizienzsteigerung, durch eine neue Funktionalität oder durch Vermeidung oder Verminderung der Kosten.

Datenqualitätsanalytik und agile Methoden

Die nächste gute Praktik ist es, Datenqualitätsanalysen nicht nur auf schon unter Governance stehende Objekte anzuwenden, sondern auch explorativ auf Bereiche anzuwenden, die *noch nicht* unter Governance stehen. Zum einen können Sie dies als Dienstleistung für die Geschäftsbereiche und Gruppenfunktionen anbieten, mit denen Sie bisher nur selten zusammenarbeiten. Auf diese Weise können Sie neue Interessenfelder identifizieren. Zum anderen schafft dies Vertrauen und hilft, das Problemverständnis auf allen Seiten zu schärfen. Interessant sind an dieser Stelle auch Werkzeuge, die proprietäre Logik anwenden, um Informations- und Prozesslücken zu identifizieren. Vor allem im Process-Mining-Bereich ist hier mit interessanten Entdeckungen zu rechnen, die über das Thema Stammdatenmanagement hinausgehen.

Um diese Möglichkeit nutzen zu können, müssen Sie in das Thema Analytik technologisch, aber auch methodisch investieren. Methodische Investitionen sind hier gegebenenfalls erforderlich, um die Mitarbeiter in die Lage zu versetzen, agile Methoden anwenden zu können. Dies ist für Daten-Governance eher praktisch zu verstehen als theoretisch: Es geht darum, Ergebnisse und Informationseinsichten zügig und inkrementell zu liefern (siehe Abschnitt 2.6, »Bedeutung eines guten Datenqualitätsmanagements«).

Technologische Investitionen mögen nötig sein, wenn die benötigten Werkzeuge im Unternehmen nicht unmittelbar zur Verfügung stehen, sondern erst angeschafft werden müssen. In diesem Zusammenhang kann es zudem wichtig sein, diese Investitionen zu tätigen, solange die neuen Technologien noch jung sind. Ist eine Technologie erst einmal in der Organisation angekommen, sieht man sich gegebenenfalls organisatorischer Trägheit gegenüber, die eine Nutzung behindert. Wenn Sie die Chance haben, die Technologie selbst im Probebetrieb im Rahmen eines Proof-of-Value nutzen zu können, wird Ihnen später der Einsatz leichter fallen. In jedem Fall können die aus der Datenqualitätsanalytik gewonnenen Erkenntnisse wie bei der Anwendung auf schon unter Governance stehende Prozesse als Basis für weitergehende Initiativen genutzt werden.

Benchmarks und externer Sachverstand

Um nicht der Gefahr ausgesetzt zu sein, den eigenen Entwicklungsstand falsch einzuschätzen, empfehlen wir, regelmäßig die schon mehrfach angesprochenen Benchmark-Tests und Reifegradprüfungen durchzuführen.

Wir haben gesehen, dass diese ein starker Einflussfaktor bei der Erstellung der Stammdaten-Roadmap sein können (siehe Abschnitt 2.4, »Bedeutung der Stammdaten-Roadmap«). Um die Ex-cathedra-Wahrnehmung Ihrer Initiative zu vermeiden, sollten Sie auch externen Sachverstand und Meinungen durch Thinktanks, Forschungseinrichtungen oder auf den mittlerweile zahlreichen Stammdaten- und Data-Governance-Konferenzen nutzen.

Wechselnde Sponsoren

Eine weitere gute Praxis ist es, wenn sich die Stammdatenabteilung zusätzlich zur erstellten Roadmap und Strategie daran orientieren kann, wo zur gegebenen Zeit finanzielle Mittel für das Stammdatenmanagement zur Verfügung stehen. Dies sind z. B. Organisationen mit spezifischen Herausforderungen, die Sie durch eine bessere Stammdatenstruktur und durch bessere Stammdatenprozesse positiv beeinflussen können. Hat also ein Geschäftsbereich, der bisher eher »mitgelaufen« ist, in Ihrer Initiative nun entsprechende Mittel zur Verfügung, können Sie diese einsetzen, um einen Bereich zu fördern, der für diesen Geschäftsbereich Mehrwert stiftet.

An dieser Stelle sei jedoch der Hinweis erlaubt, dass diese Praktik keine einfache »Folge-dem-Geld«-Methode ist. Im Gegenteil: Die Ausstattung mit finanziellen Mitteln ändert sich konstant. Daher müssen Sie sich auch auf wechselnde Sponsoren mit unterschiedlichen Vorstellungen einstellen. Dabei die Integrität zu wahren und langfristig zu denken, sind zwei Kernaufgaben der Stammdatenabteilung. Dennoch ist die Möglichkeit, dadurch mehrwertstiftende Veränderungen zu erbringen, real und sollte wahrgenommen werden.

Gleichmäßiges Wachstum

Es gibt noch einen wichtigen Punkt, auf den wir an dieser Stelle aufmerksam machen müssen: Wenn Sie den Umfang Ihrer Arbeit erweitern, hat das nicht nur Auswirkungen auf die Organisationen der beteiligten Abteilungen, sondern auch auf Ihre eigene Organisation, die Stammdatenorganisation. Sie brauchen nicht nur einen erfahrenen Projektleiter, der für Sie die neue Stammdatendomäne einführt, sondern ebenso sollten die Governance- und Endnutzer-Unterstützungsbereiche ganz unmittelbar an der Ausweitung des Umfangs beteiligt werden, da sie wesentliche Lasten tragen, vor allem nach der Beendigung eines Projekts. Das Wachstum ihrer Organisation sollte demnach gleichmäßig in allen Abteilungsbereichen stattfinden.

Im Anschluss an das Projekt sollte den Endnutzern klar sein, wer für die Erstellung neuer Zugangsberechtigungen bei unerwartetem Systemverhalten und Ähnlichem angesprochen werden soll – also ein klares Support-Thema. Ebenso sollte die Governance-Gruppe darüber Bescheid wissen, welche Anforderungen im Projekt und nach dem Projekt bestehen, z. B. anhand der Fragestellung, welche Dokumentations-Templates bis zur Aufsetzung des operativen Governance Boards genutzt werden sollen.

Grundsätzlich sind die meisten Punkte, die wir in Abschnitt 1.3.3, »Ausgangssituation und Erfolgsfaktoren«, genannt haben, auch hier anwendbar.

[«]

Ausweiten des Governance-Umfangs

Folgendes sollten Sie bei einer Erweiterung der unter Governance stehenden Objekte beachten und vornehmen:

- erweitern und verfeinern des Governance-Umfangs durch die Nutzung des Change Request Managements und der Datenanalytik für Objekte, die unter Governance stehen
- die explorative Analytik für Daten und Prozessqualität
- externe Benchmarks und regelmäßiges Feedback bewahren vor zu starker Eigenreferenz
- sich ändernde Sponsoren als Chance wahrnehmen, um neue Themen zu bearbeiten

Kapitel 7
Implementierungsbeispiele für verschiedene Stammdatentypen

In der Theorie haben Sie nun schon einiges gelernt. In diesem Kapitel lernen Sie die Verwendung der einzelnen Bausteine in realen Praxisbeispielen kennen.

Nachdem Sie sich in den vorangehenden Kapiteln die Grundlagen guten Stammdatenmanagements aus technologischer, organisatorischer und Prozesssicht erarbeitet haben, stellen wir nun anhand von vier Fallstudien den konkreten Einsatz der bisher vorgestellten Komponenten dar. Wir könnten auch sagen: Nachdem wir uns den Baukasten für ein gutes Stammdatenmanagement angeschaut haben, nutzen wir diesen Baukasten für vier Fallstudien. Konkret zeigen wir die verschiedenen verfügbaren SAP-MDG-Versionen für den Material-, Kunden- und Finanzstamm sowie für eine kundeneigene Variante der Stücklisten. In kompakter Länge schildern wir Ihnen jeweils die Ausgangslage und Problemstellung, um im Anschluss die Integration der einzelnen Lösungsteile vorzustellen.

Für die einzelnen Szenarien haben wir jeweils einen bestimmten Schwerpunkt gewählt. Alle Beispiele enthalten Implementierungsanleitungen und behandeln typische Fragestellungen, die in Stammdatenprojekten immer wieder eine Rolle spielen. So werden z. B. Empfehlungen für die Wahl der Deployment-Variante, des Governance-Ansatzes und der Datenstrategie gegeben und Architekturvorschläge bereitgestellt. Alle Szenarien beruhen auf tatsächlich implementierten Lösungen.

Materialstamm

In der Materialstammfallstudie gehen wir der Frage nach, wie ein Unternehmen, das sich in einem starken kommerziellen Wettbewerb befindet, seine Stammdatenprobleme im Bereich seiner Produktportfoliosteuerung besser meistern kann. Vor dem Hintergrund einer gewachsenen und komplexen SAP-ERP-Landschaft, die die effiziente Bereitstellung der Produktinformationen für die Bestellaufnahme stark beeinflusst, schauen wir uns die Problemstellungen im Einzelnen an und betrachten die jeweils passenden Lösungsbestandteile und deren Integration.

Integration

Das Fallbeispiel zur Stücklistensynchronisation und Implementierung eines Produktlebenszyklus in das MDG-Framework beschäftigt sich mit den integrativen Aspekten eines End-to-End-Szenarios von Produktentwicklung im SAP Recipe Development (SAP RD) bis hin zur Archivierung in MDG-M und SAP ERP bzw. SAP S/4HANA. Hierzu stellen wir zuerst die betroffenen Stammdatenobjekte sowie die verwendeten Werkzeuge vor, bevor wir dann den Aufbau eines Produktlebenszyklus in Kombination mit einer Materialstatussteuerung zur Steuerung des Workflows betrachten.

Kundenstamm

Die Kundenstammfallstudie beschäftigt sich mit der Frage, inwiefern man kurzfristig-taktische und langfristig-strategische Ziele bei der Kundenstammkonsolidierung wertvoll und sinnvoll miteinander verbinden kann. Wir zeigen, wie eine Konsolidierungsstrategie aussehen kann und welche Vorteile sie für das laufende Geschäft, aber auch für die langfristigen Bemühungen um die Integration des Lead-to-Cash-Prozesses bringt.

Finanzstamm

Im Abschnitt zur Finanzstammfallstudie zeigen wir zuerst die Besonderheiten der Domäne MDG-F, bevor wir in die Details zur Pflege einer Kostenstelle einsteigen. In der Beschreibung zur Kostenstellenfallstudie werden die typischen Konfigurationen für das Datenmodell und den Workflow der Edition, also auch der MDG-F-UIs, besprochen. Ein zweites, in der Praxis eigentlich immer angewendetes Szenario beschäftigt sich mit dem Anlegen und Pflegen von Sachkonten.

7.1 Fallstudie: Materialstammdaten

Wie stellen Sie sicher, dass Ihre Produkte in einem kompetitiven Marktumfeld effizient und in hoher Qualität bereitgestellt werden? Die hier dargestellte Fallstudie zum Materialstamm betrachtet ein international tätiges Unternehmen, das durch eine längere Historie von Akquisitionen und Unternehmenszusammenschlüssen geprägt ist. Das Unternehmen ist sehr erfolgreich mit dieser Strategie, da es verstanden hat, durch unternehmerisches Wachstum seine qualitativ hochwertige Produktpalette strukturell so zu verändern und zu erweitern, dass es zum Marktführer in seinem Bereich avanciert ist.

Außer unserem Unternehmen gibt es zwei weitere Marktteilnehmer, die eine vergleichbare Marktposition innehaben, aber schon länger im Markt etabliert sind. Die beiden anderen Unternehmen haben ihre strategische Orientierung auf ihre Lieferkette gerichtet, was ihnen die besten Lieferzeiten und -treue in ihrem Industriezweig beschert hat. Allerdings ist die Qualität der Produkte beider Unternehmen nicht auf demselben hohen Niveau wie in unserem Fallbeispielunternehmen. Alle drei Unternehmen teilen sich gemeinsam die Marktführerschaft.

7.1.1 Ausgangslage

Zentrales Geschäftsproblem

Vor diesem Hintergrund lautet die zentrale Frage für die Unternehmensführung in unserem Unternehmen wie folgt:

> *»Wie können wir unsere Situation der vielfältigen und komplexen internen Abläufe effizienter gestalten, damit wir in Zukunft mit unserem besseren Produktportfolio effizienter und schneller auf den Markt kommen, um somit den Vorteil, den unsere Konkurrenz heute hat, zu minimieren oder zu kompensieren?«*

Wir schauen uns diese Frage etwas genauer an, um zu verstehen, welche Ausgangslage besteht und welches Problem beschrieben wird. Zunächst zur Ausgangslage: Die vielfältigen Abläufe, deren hoher Komplexitätsgrad und deren mäßige Effizienzrate werden hier klar benannt. Als Ergebnis gelangen die Produkte nicht schnell und effizient genug von der Produktentwicklung über die Lieferkette hin zum Kunden, was wiederum ein Nachteil gegenüber den Wettbewerbern ist.

Diese Situation ist im Wesentlichen dem Umstand geschuldet, dass unser Unternehmen gemäß der Unternehmensstrategie in kurzer Folge mehrere Akquisitionen zu absorbieren hatte, um seinen Marktanteil zu erhöhen. Infolgedessen stellt sich die Landschaft der Geschäftsprozesse und der sie unterstützenden Systeme als sehr heterogen dar. Dieser Fakt wird von den Entscheidungsträgern jedoch akzeptiert, solange der kommerzielle Erfolg dadurch nicht unmittelbar gefährdet ist. Investitionen in eine streng harmonisierte SAP-ERP-Landschaft sind daher nicht zu erwarten. Dies muss als Rahmenbedingung anerkannt werden.

In der Vergangenheit gab es ein MDM-Programm, das als reines IT-Programm geführt wurde, um im Wesentlichen die Migrationen im Rahmen der Akquisitionen zu unterstützen. Die Akzeptanz dieser Lösung im Geschäft ist sehr gering, was darin begründet liegt, dass für die Dateninhalte kaum Verantwortung wahrgenommen wird. Die Abarbeitung von Stammdatenpflegeaufgaben ist organisatorisch intransparent, nicht effektiv und stark fehleranfällig. Zudem ist die technologische Plattform veraltet und notorisch unterfinanziert. Dennoch sorgt diese Lösung in den wichtigen SAP-ERP- bzw. SAP-S/4HANA-Systemen für einen gewissen Harmonisierungsgrad.

Zentrales Stammdatenproblem

Im Folgenden konzentrieren wir uns darauf, den Beitrag zur Problemlösung, den gutes Stammdatenmanagement leisten kann, zu formulieren, um die aus Geschäftssicht gestellte Frage zielführend zu beantworten. Wir entwickeln daher die Frage etwas weiter, um sicherzugehen, dass wir alle Bereiche identifizieren und bearbeiten, die zum Einflussbereich der Stammdatenverantwortlichen gehören. Fragen, wie z. B., wie verschiedene Vertriebskanäle optimiert werden können, um effizienter mit den Kunden zu kommunizieren, oder welche Advanced-Analytics-Lösung genutzt werden kann, um besser über die Bedürfnisse der Kunden Bescheid zu wissen, werden deshalb hier nicht angesprochen, obwohl sie zu einer umfassenden Antwort auf die beschriebene Frage gehören. Wir beschränken uns ausschließlich auf den Mehrwert verbesserter Stammdatenprozesse. Die somit für uns angepasste Frage lautet deshalb:

> *»Wie stellen wir sicher, dass unsere Produkte nach einem wiederholbaren Produkteinführungsprozess in hoher Informationsqualität für den Verkaufsprozess bereitgestellt werden können, und dass wir die Durchführung des Prozesses überwachen können, um eine hohe Prozessergebnisqualität nachhaltig sicherzustellen?«*

Zentrale Aufgaben

Diese Fragestellung zerlegen wir wiederum in ihre wesentlichen Bestandteile, damit wir konkrete Problemstellungen herausarbeiten können.

Einer der beiden zentralen Punkte ist die Notwendigkeit eines robust wiederholbaren Produkteinführungsprozesses für verkaufsfähige Materialien. Vor dem Hintergrund der vielfältigen und komplexen Prozesslandschaft ist dies klar eine Herausforderung, sowohl für die Produktmanagementfunktion als auch für die Supply-Chain-Organisationen. Für beide Funktionen müssen ähnliche Anfragen in verschiedenen Prozessen und Systemen abgebildet werden, um letztlich die Produktinformationen und die Produkte selbst für den Verkaufsprozess bereitzustellen.

Der zweite zentrale Punkt ist, dass der Prozess kontrollierbar sein soll. Wir wollen also nach der Implementierung in der Lage sein, sagen zu können, wie gut oder schlecht die Bereitstellung der Information ist und ob und wie gut oder schlecht der neu definierte Prozess befolgt wird – um dann mögliche korrigierende oder präventive Maßnahmen (Corrective And Preventive Actions, CAPAs) einleiten zu können, sollte der Bedarf dazu entstehen. Im Folgenden detaillieren wir die Problembereiche weiter und ordnen in jedem Bereich Lösungsmaßnahmen zu. Im Einzelnen schauen wir uns die folgenden Bereiche an:

- fehlende Steuerungsmöglichkeiten in der Produkteinführung
- fehlende Messbarkeit der Ergebnisse

- keine etablierte Produkteinführungsstrategie
- nicht artikulierte Verantwortlichkeitsprofile

7.1.2 Implementierung

Die Herangehensweise an die Lösung des Problems zeigt Abbildung 7.1. Hier wird der Zusammenhang zwischen Problemformulierung und Problemlösungsansatz besonders deutlich.

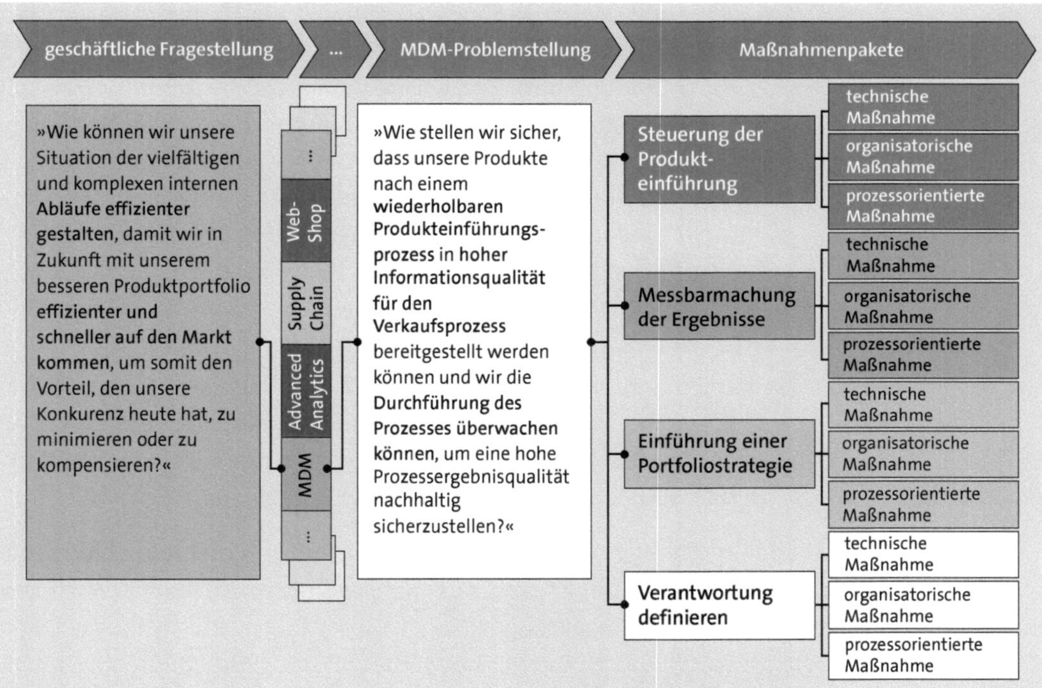

Abbildung 7.1 Zusammenhang zwischen geschäftsstrategischer Fragestellung und MDM-Maßnahmenpaketen

Darüber hinaus wird deutlich, dass der Stammdatenlösungsansatz nur ein Teil der Gesamtlösung sein kann, beispielsweise neben Ansätzen der Optimierung der Lieferketten.

Problem: fehlende Steuerung

Beginnen wir also mit dem zentralen Punkt: der fehlenden Steuerungsmöglichkeit für den Produkteinführungsprozess. Eine Rahmenbedingung für die Implementierung eines systemseitig und organisatorisch gestützten Prozesses ist, dass die heterogene System- und Prozesslandschaft als gegeben akzeptiert werden muss. Wir können also nicht auf ein groß angelegtes Harmonisierungsprogramm warten oder uns in dessen Windschatten begeben, in dem dann alle Prozesse zusammengeführt werden.

Das Unternehmen hat jedoch erkannt, dass eine Stammdateninitiative notwendig ist, die das richtige Maß an Governance identifizieren und implementieren soll. Aus diesen Rahmenbedingungen ergeben sich drei wesentliche Merkmale für die Implementierung der SAP-MDG-Lösung:

1. Die Implementierung erfolgt in einem Hub Deployment, da kein zentrales SAP-ERP- bzw. SAP-S/4HANA-System vorhanden ist, das ein Co-Deployment ermöglicht (siehe Abschnitt 2.2.2, »Co-Deployment«).
2. Die Implementierung kann mit Bezug auf das Materialstammdatenmodell nicht im komplett verfügbaren SAP-MDG-M-Umfang erfolgen. Wir haben es mit einer sehr vielfältigen ERP-Landschaft zu tun, und eine über das MDM-Programm getriebene umfassende Harmonisierung der A- und B-Segmente des SAP-Materialstamms und von deren Äquivalenten in anderen SAP-ERP- bzw. SAP-S/4HANA-Lösungen ist nicht möglich. Die hierzu erforderlichen Aufwände sind nicht als Teil des MDM-Programms darstellbar. Daher wird der Umfang der Pflegeprozesse in MDG-M auf die Pflege der Materialkopfdaten beschränkt, also auf das A-Segment (Tabelle MARA) oder den entsprechenden Umfang in anderen SAP-ERP- bzw. SAP-S/4HANA-Lösungen.
3. Die Implementierung adressiert dennoch die Pflege des B-Segments (Tabelle MARC usw.) außerhalb von MDG-M durch die Integration von SAP Business Process Management (SAP BPM) und den SAP Business Workflow in die SAP-ERP- bzw. SAP-S/4HANA-Systeme.

Abbildung 7.2 zeigt diese drei Merkmale; sie bilden gleichzeitig einen zentralen Teil des Datenflusses ab. Auf vorgelagerte Prozesse nehmen wir weiter unten noch einmal Bezug.

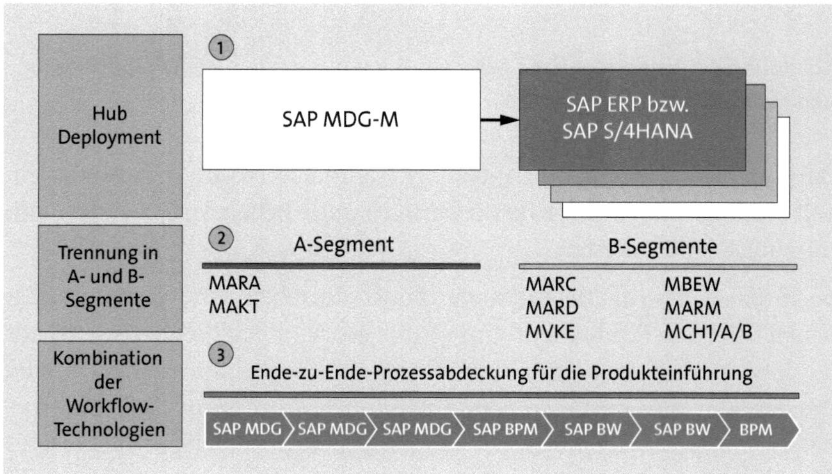

Abbildung 7.2 Grundlegende Architekturentscheidungen der Fallstudie

MDG-Workflow

Da nun einige zentrale Merkmale der Implementierung benannt sind, betrachten wir einen wesentlichen Punkt des Lösungsansatzes: den MDG-Workflow. Nachdem wir uns in Abschnitt 3.7, »Benutzermanagement und Bearbeiterermittlung«, bereits die Grundlagen des Workflows angeschaut haben, zeigen wir nun, wie ein Workflow-Design und dessen Konfiguration für unser Beispielunternehmen aussieht. Abbildung 7.3 zeigt ein generisches Workflow-Design mit einigen Weichenpunkten, die es ermöglichen, manche Workflow-Schritte auszulassen – je nach angegebenem Wert in der Eingabemaske des Materialeintrags.

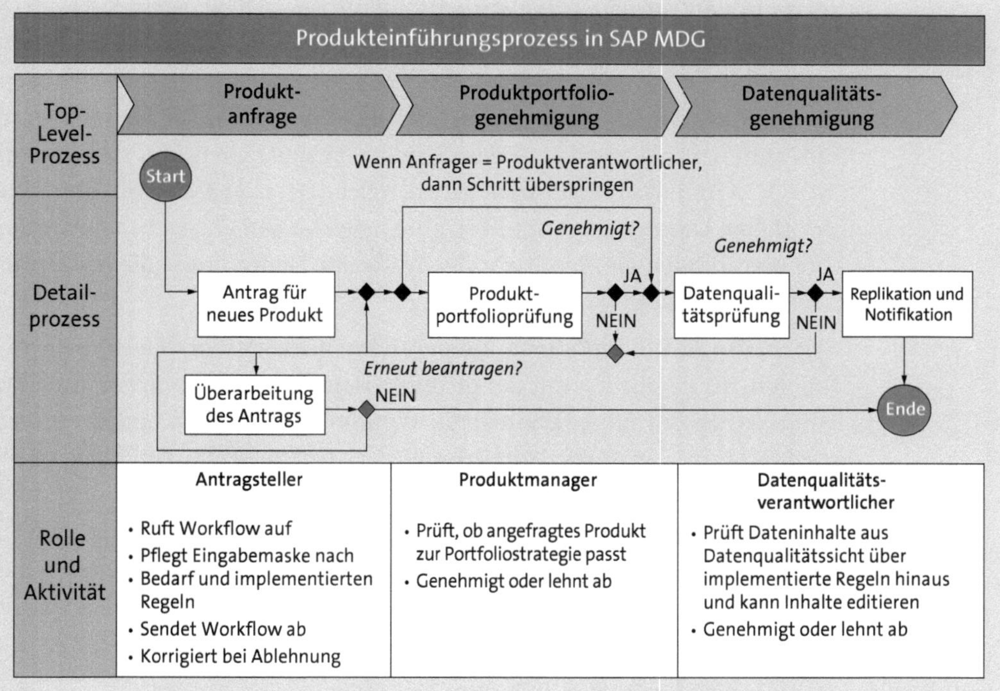

Abbildung 7.3 Produkteinführungsprozess inklusive Detaildarstellung, Rollen und Aktivitätsbeschreibung

Workflows gestalten

Gerade eine geschäftseinheitsspezifische Differenzierung der Workflows kann wichtig sein, da manche Geschäftseinheiten komplexere Workflows benötigen, wohingegen andere Einheiten diese gerade nicht benötigen und möglichst schlank operieren wollen und müssen. Diese Abwägungen zu treffen, ist Teil der Aufgabe, um das richtige Maß an Governance zu definieren (siehe Abschnitt 2.5, »Wie viel Master Data Governance braucht mein Unternehmen?«).

Die treibenden Punkte bei dieser Abwägung sind für gewöhnlich die Regulations- und Compliance-Anforderungen, der erwartete Bedarf an Datenqualität, die Abhängigkeit von der Richtigkeit der Informationen aus Regulations- und Geschäftssicht usw. Je wichtiger der Qualitätszustand der Informationen ist und je weniger eine automatisierte Qualitätssicherung eingesetzt werden kann, desto eher müssen die Workflows mit mehreren Genehmigungsschritten gestaltet werden.

Einfache oder komplexe Workflows

An dieser Stelle sei darauf hingewiesen, dass es grundsätzlich verschiedene Möglichkeiten gibt, um Workflows zu gestalten. Zum einen kann man wenige, aber komplexer gestaltete Workflow-Typen implementieren, bei denen abhängig von bestimmten Attributwerten bestimmte Workflow-Pfade determiniert werden. Diese Variante sollten Sie wählen, wenn Sie es dem Nutzerkreis ermöglichen wollen, aus einer sehr geringen Zahl an Transaktionsmöglichkeiten auszuwählen. Diese Option setzt weniger Fachwissen beim Nutzer voraus, denn er muss lediglich wissen, dass er beispielsweise ein Material anlegen oder ändern möchte. Er muss allerdings nicht schon von dem Start des Workflows angeben, welche Daten er ändern möchte. Der Workflow selbst übernimmt dann abhängig von den angegebenen Werten die Berechtigungen (sichtbare oder versteckte Felder) sowie die Nutzerfindung für die jeweiligen Genehmiger.

Alternativ dazu könnte man mehrere verschiedene Workflow-Typen etablieren, die verglichen mit der ersten Variante weniger komplex gestaltet sind, da sie nur einen schmaleren Workflow-Pfadbereich abdecken und nicht so stark von einer attributwertebasierten Steuerung abhängen. Allerdings muss der Nutzerkreis hier eine gewisse Kompetenz mitbringen und schon vor dem Starten des Workflows wissen, welche Daten er ändern möchte, da dafür ein spezifischer Workflow existiert. Beide Szenarien haben bestimmte Randbedingungen, die wir hier im Einzelnen aus Platzgründen nicht betrachten können.

Einfacher Workflow

Abbildung 7.4 zeigt den Workflow Builder in der MDG-Konfiguration mit einer simpleren Workflow-Variante.

Wichtig bei der Gestaltung der MDG-Workflows ist, dass sie nicht nur zu den Geschäftsanforderungen, sondern auch zum Operating Model des Geschäfts passen und dort auch entsprechenden Niederschlag finden müssen. Es mag zwar sein, dass sich das Geschäft einen Produktportfolioverantwortlichen wünscht, es ist aber eine andere Sache, diese Aufgabe auf bestehende Stellen zu verteilen oder sogar neue Stellen zu schaffen und dann dieser Personengruppe ein entsprechendes Mandat auszustellen (sie dürfen damit auch Workflows zurückweisen).

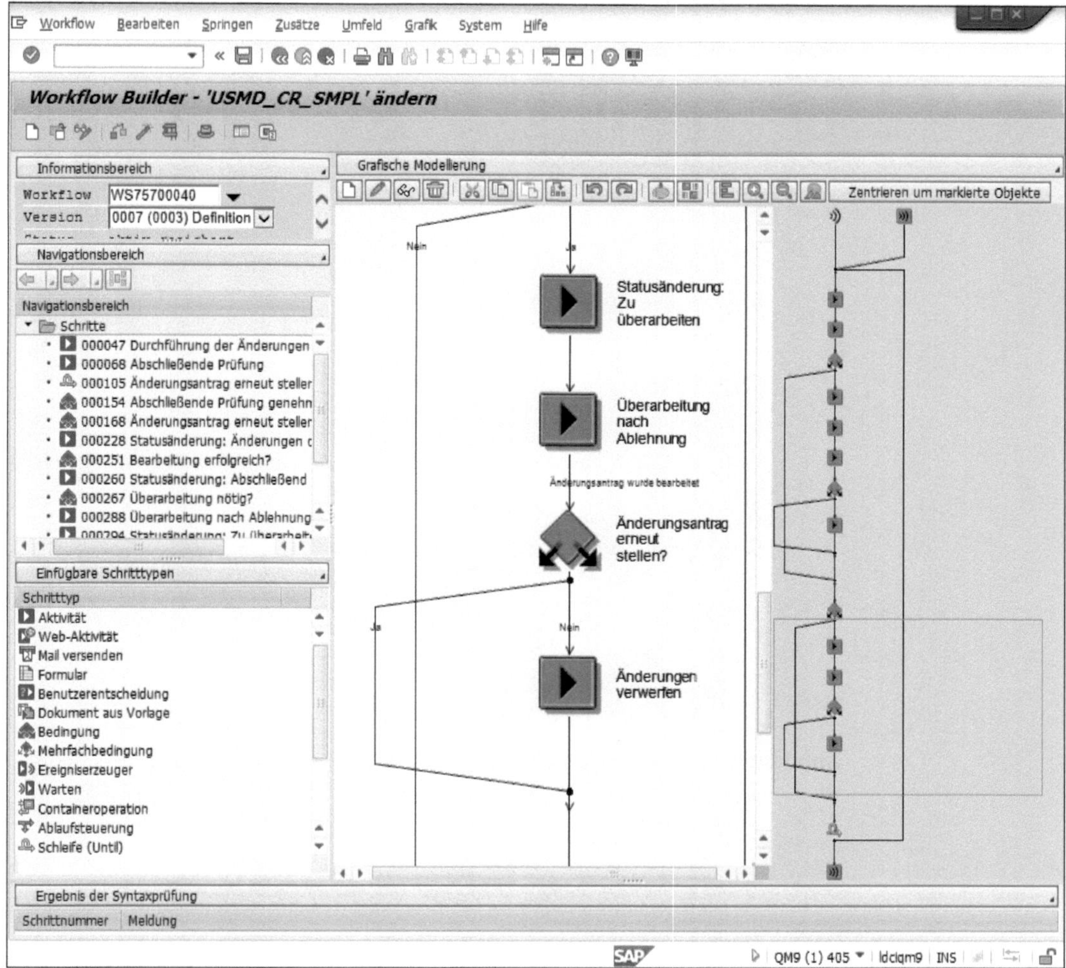

Abbildung 7.4 Der Workflow Builder in SAP MDG für die Konfiguration von MDG-Workflows

Um zu gewährleisten, dass sich Ihr Partner im Geschäft dieser Aufwände bewusst ist, nutzen Sie einen Prozessablauf oder zeigen Ihrem Partner direkt im System, wie der Workflow ausgeführt wird. Um das Arbeitsaufkommen zu verdeutlichen, nutzen Sie die im Vorfeld gewonnenen Mengengerüste zu den neu erstellten Produkten.

Material erstellen

Ist der Workflow implementiert, kann der Nutzer mit der Suche und der Erstellung eines Change Requests (CR) ein Material erstellen oder ändern. Abbildung 7.5 zeigt die Suchfunktion.

Abbildung 7.6 zeigt die Eingabemaske für einen Change Request.

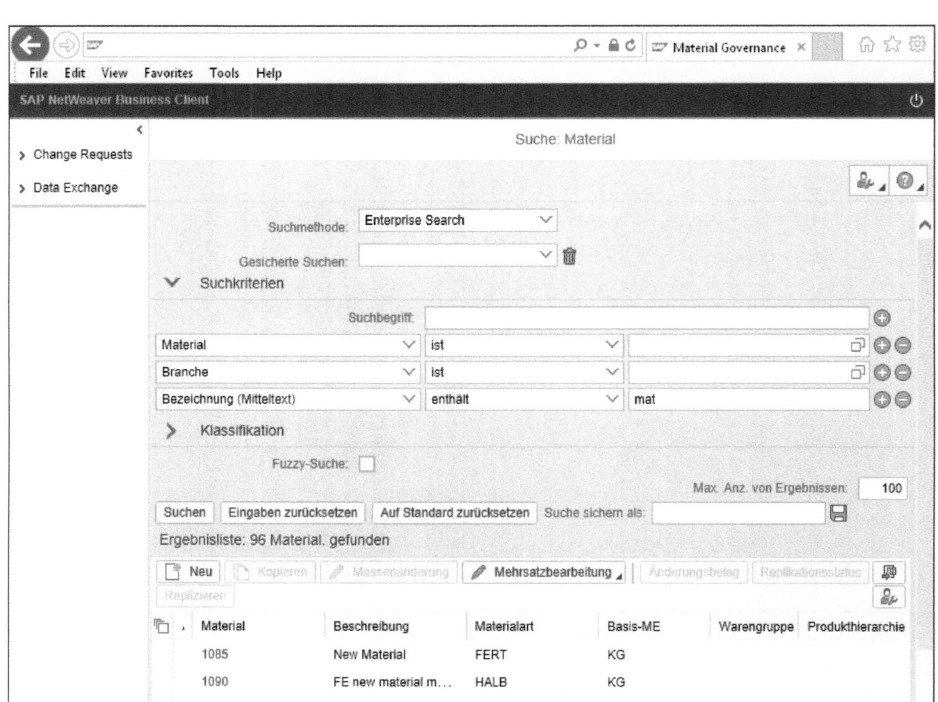

Abbildung 7.5 So erscheint die Suchmaske von MDG-M im SAP Business Client.

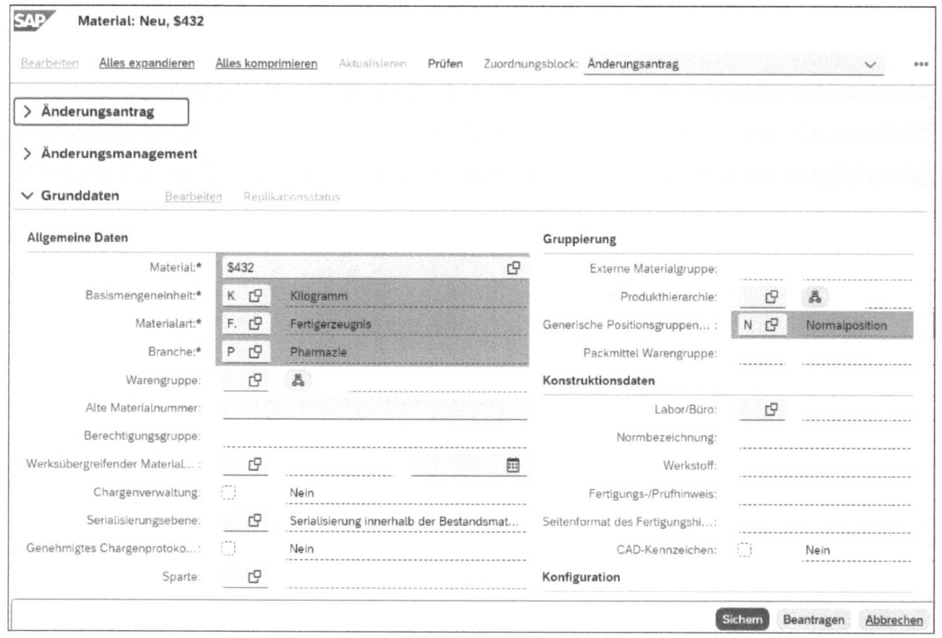

Abbildung 7.6 Change Request für einen Materialstamm im Bearbeitungsmodus

Mit der Implementierung des Workflows in SAP MDG sind wir der Steuerungsmöglichkeit des Portfolios schon ein großes Stück näher gekommen. Alle verkaufsfähigen Materialien müssen damit über SAP MDG angelegt werden. Die Kopfdaten der Materialien werden damit standardisiert erfasst und können somit den weiterführenden Prozessen in transaktionalen Systemen wie SAP ERP bzw. SAP S/4HANA oder SAP CRM sowie Analytiksystemen zur Verfügung gestellt werden.

Nur mit der Steuerung der Pflege der Kopfdaten ist es noch nicht getan; es fehlt noch ein entscheidender Teil der Stammdatenpflege. Denn allein mit diesen Informationen sind die Materialien nicht verkaufsfähig. Wie angesprochen, soll die Pflege der lokalen Stammdaten nicht mit SAP MDG abgedeckt werden, sondern mit dem SAP Business Workflow und SAP BPM. Abbildung 7.7 zeigt einen Ende-zu-Ende-Prozessablauf zwischen SAP MDG und SAP ERP bzw. SAP S/4HANA.

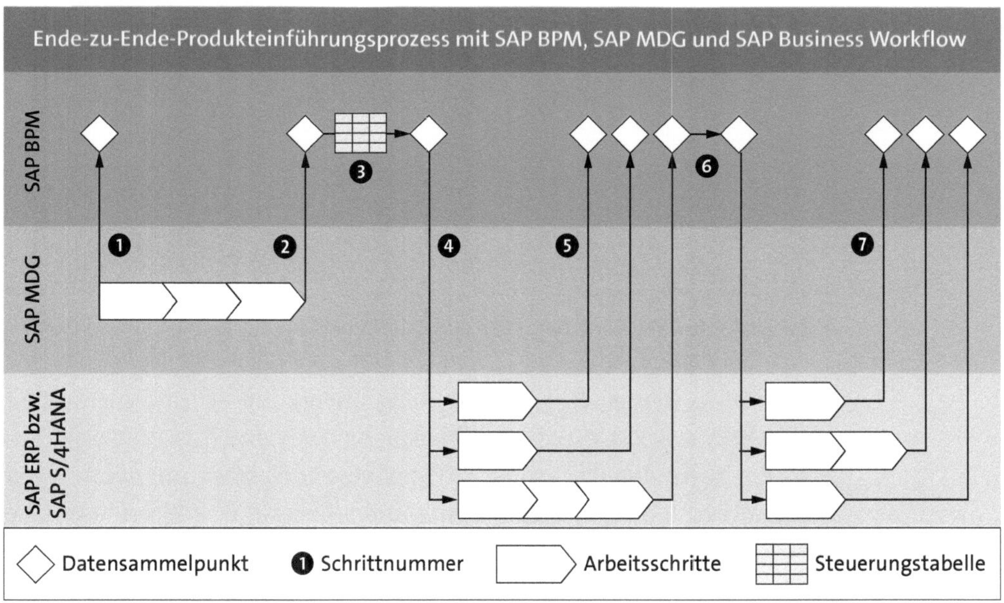

Abbildung 7.7 Ende-zu-Ende-Prozess von SAP MDG nach SAP ERP bzw. SAP S/4HANA

Prozessablauf

Zunächst wird also das Material in SAP MDG angelegt und durch die oben beschriebenen Workflows über mehrere Schritte hinweg genehmigt ❶. Im Anschluss daran erfolgt die Aktivierung in SAP MDG und die Verteilung des Materials ❷. Hiermit sind die globalen Stammdaten gepflegt. Der Rest bezeichnet in unserem Fall die lokalen Stammdaten. Damit auch der lokale Ablauf gut orchestriert werden kann, muss der Pfad des lokalen Prozesses in gewisser Weise ebenfalls determiniert werden. Dies findet in unserem

Beispiel durch die Mitgabe weiterer Details statt (beispielsweise des Werks, der Bewertungsklasse usw.) ❸. Abbildung 7.8 zeigt ein Beispiel dazu.

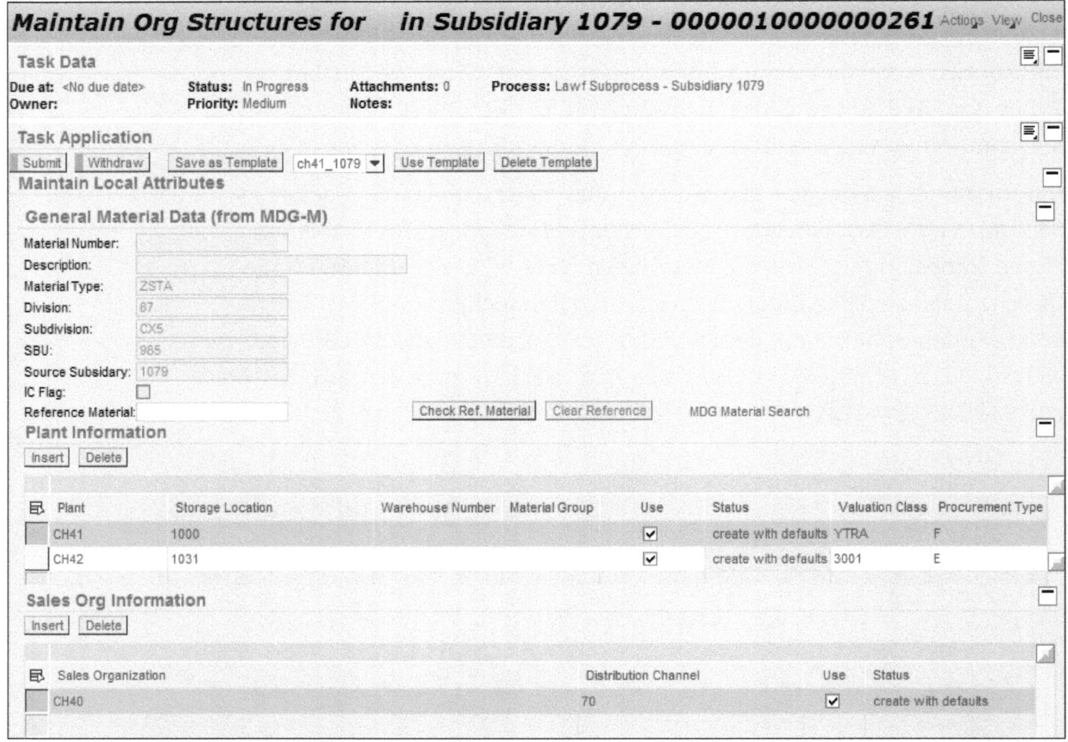

Abbildung 7.8 BPM Control Screen zur Pfadsteuerung des lokalen Workflows

Im Anschluss werden die jeweiligen lokalen Workflow-Schritte angestoßen (❹ in Abbildung 7.7). Dies kann entweder exklusiv durch SAP BPM geschehen oder durch den Einsatz des SAP Business Workflows, um das Anlegen zusammenhängender oder weiterführender Objekte zu kontrollieren. Die durchlaufenen Schritte werden anschließend an SAP BPM zurückgemeldet ❺. Daraufhin können weitere Schritte mit SAP BPM eingeleitet ❻ und gemeldet werden ❼.

Durch die Nutzung von SAP BPM wird auch der Grad der Automatisierung und Effizienz erhöht, weil jetzt automatisch befüllte Standardwerte verwendet werden. Dies stellt nicht nur sicher, dass Konsistenz für diese Werte gewährleistet wird, sondern reduziert auch den Aufwand der Pflegetransaktion. Dies kann unter Umständen dazu führen, dass bestimmte SAP-ERP- bzw. SAP-S/4HANA-Sichten oder ganze Workflow-Schritte rein automatisiert ausgeführt werden. Vor allem in unserem Beispiel – in dem es um die

Beschleunigung der Bereitstellung der verkaufsfähigen Materialien für den Markt geht und die Komplexität der dafür zur Verfügung zu stellenden Datenstrukturen moderat ist und zu einem guten Grad durch Ableitungen abdeckbar ist – bietet dies eine gute Gelegenheit, hier substanziellen Mehrwert für das Geschäft zu schaffen. Durch den hohen Grad an Orchestrierung und Automatisierung treten letztlich auch Effektivität und Berechenbarkeit ein. Abbildung 7.9 zeigt ein Beispiel dafür, wie die Bestimmung der Standardwerte im Backend hinterlegt werden kann.

Display View "Local Attributes: Default Values for Plants - MARC": Ove

Local Attributes: Default Values for Plants - MARC
View: YDT_LAWF_MARC
Client: 100

29.03.2016

MTyp	Dv	Bus. Unit	SBU	Src subsi	COGS/ICM I	Plnt	ProcType	ValCl	SPT	PrCtr	Subfamily	MRPCn	Mat. group	Field	Field name
ZSTA	86	*	*	*	*	CH72	*	*	*	*	*	*	SE_020	YYD_BDREQ	5
ZSTA	86	*	*	*	*	CH72	*	*	*	*	*	*	SE_020	YYD_BTOWN	V
ZSTA	86	*	*	*	*	CH72	*	*	*	*	*	*	SE_020	YYD_SLIFR	x
ZSTA	86	*	*	*	*	CH72	*	*	*	*	*	*	SE_020	YYD_SUPUD	x
ZSTA	86	*	*	*	*	CH72	*	*	*	*	*	*	SE_020	YYD_YLDEV	0
ZSTA	86	*	*	*	*	CH72	*	*	*	*	*	*	SFP_005	KZDKZ	X
ZSTA	86	*	*	*	*	CH72	*	*	*	*	*	*	SFP_005	QMATA	CHCH04
ZSTA	86	*	*	*	*	CH72	*	*	*	*	*	*	SFP_005	QZGTP	YC4
ZSTA	86	*	*	*	*	CH72	*	*	*	*	*	*	SFP_005	SSQSS	Y001
ZSTA	86	*	*	*	*	CH72	*	*	*	*	*	*	SFP_005	WEBAZ	17
ZSTA	86	*	*	*	*	CH72	*	*	*	*	*	*	SFP_005	YYD_BTOWN	V
ZSTA	86	*	*	*	*	CH72	*	*	*	*	*	*	SFP_005	YYD_CTK1	x
ZSTA	86	*	*	*	*	CH72	*	*	*	*	*	*	SFP_005	YYD_CTK3	30
ZSTA	86	*	*	*	*	CH72	*	*	*	*	*	*	SFP_005	YYD_MHDRZ	0
ZSTA	86	*	*	*	*	CH72	*	*	*	*	*	*	SFP_005	YYD_RZBPC	15
ZSTA	86	*	*	*	*	CH72	*	*	*	*	*	*	SFP_005	YYD_SLIFR	x
ZSTA	86	*	*	*	*	CH72	*	*	*	*	*	*	SFP_005	YYD_SUPUD	x
ZSTA	86	*	*	*	*	CH72	*	*	*	*	*	*	SFP_005	YYD_YLDEV	5
ZSTA	86	*	*	*	*	CH72	*	*	*	*	*	*	SFP_005	YYD_YWAQM	x
ZSTA	86	*	*	*	*	CH73	*	*	*	*	*	*	*	EKGRP	761
ZSTA	86	*	*	*	*	DE51	*	*	*	*	*	*	*	EKGRP	1D1
ZSTA	86	*	*	*	*	DK01	*	*	*	*	*	*	*	EKGRP	1K1
ZSTA	86	*	*	*	*	ES01	*	*	*	*	*	*	*	EKGRP	1I1
ZSTA	86	*	*	*	*	FI01	*	*	*	*	*	*	*	EKGRP	1L1
ZSTA	86	*	*	*	*	IT01	*	*	*	*	*	*	*	EKGRP	1F1
ZSTA	86	*	*	*	*	NL01	*	*	*	*	*	*	*	EKGRP	1C1
ZSTA	86	*	*	*	*	NO01	*	*	*	*	*	*	*	EKGRP	1M1
ZSTA	86	*	*	*	*	SE01	*	*	*	*	*	*	*	EKGRP	1G1
ZSTA	87	*	*	*	*	AT01	*	*	*	*	*	*	*	EKGRP	1H0
ZSTA	87	*	*	*	*	BE01	*	*	*	*	*	*	*	EKGRP	1E0
ZSTA	87	*	*	*	*	CH73	*	*	*	*	*	*	*	EKGRP	760
ZSTA	87	*	*	*	*	DE51	*	*	*	*	*	*	*	EKGRP	1D0
ZSTA	87	*	*	*	*	DK01	*	*	*	*	*	*	*	EKGRP	1K0
ZSTA	87	*	*	*	*	ES01	*	*	*	*	*	*	*	EKGRP	1I0
ZSTA	87	*	*	*	*	FI01	*	*	*	*	*	*	*	EKGRP	1L0
ZSTA	87	*	*	*	*	IT01	*	*	*	*	*	*	*	EKGRP	1F0
ZSTA	87	*	*	*	*	NL01	*	*	*	*	*	*	*	EKGRP	1C0
ZSTA	87	*	*	*	*	NO01	*	*	*	*	*	*	*	EKGRP	1L0
ZSTA	87	*	*	*	*	SE01	*	*	*	*	*	*	*	EKGRP	1G0
ZVER	*	*	*	*	*	CH71	*	*	*	*	*	*	PM_010	BESKZ	F
ZVER	*	*	*	*	*	CH71	*	*	*	*	*	*	PM_010	LOSGR	100
ZVER	*	*	*	*	*	CH71	*	*	*	*	*	*	PM_020	BESKZ	F
ZVER	*	*	*	*	*	CH71	*	*	*	*	*	*	PM_020	LOSGR	100

Abbildung 7.9 Bestimmung der abgeleiteten Standardwerte im lokalen Workflow, abhängig vom Parameter

In SAP ERP bzw. SAP S/4HANA selbst kann die Verknüpfung der Abläufe über den SAP Business Workflow erfolgen, falls Sie nicht SAP BPM bevorzugen oder die Komplexität der zu erstellenden Datenstrukturen zunächst keinen maschinellen Zugang erlaubt. In unserem Beispiel treffen wir auf SAP-ERP- bzw. SAP-S/4HANA-Systeme, die schon einen SAP Business Workflow nutzen, und auf andere Systeme ohne Workflow-Steuerung. Diese Heterogenität macht die Kombination beider Technologien an dieser Stelle sinnvoll und zielführend. Den SAP Business Workflow haben wir in Abschnitt 5.5 ausführlicher beschrieben. Hier sei noch erwähnt, dass die einzelnen, im SAP Business Workflow hinterlassenen Datenpunkte für weitere Auswertungen ebenfalls über SAP BPM verfügbar gemacht werden. Dies wird in Abbildung 7.7 durch die mehrstufigen SAP-ERP- bzw. SAP-S/4HANA-seitigen Arbeitsschritte angedeutet.

Obwohl die beschriebene Art der Prozesssteuerung nicht gänzlich durch SAP MDG erfolgt, ergeben sich hier einige Vorteile über die Steuerung hinaus. Die Nachvollziehbarkeit – und damit verbunden die Möglichkeit, den Prozess sichtbar zu machen – ist ein Punkt, den wir weiter unten noch einmal aufgreifen werden. Zum anderen sind die Fähigkeit und Bereitschaft Änderungen am Prozessablauf vorzunehmen durch die Etablierung robuster Strukturen gestiegen, da man hier Ansatzpunkte geschaffen hat, die als Basis für spätere Anpassungen dienen können.

Fehlende Information zur Prozesssteuerung

Außer der fehlenden Steuerungsmöglichkeit hat unser Beispielunternehmen zudem das Problem, dass die Information, welche Produkte zurzeit verkaufsfähig sind, gegenwärtig nicht zur Verfügung steht. Zwar hat man in manchen Systemen durchaus einen Anhaltspunkt in Form der gepflegten Werte des SAP-Materialtyps. Durch die heterogene SAP-ERP- bzw. SAP-S/4HANA-Landschaft ist dies jedoch nicht in allen Systemen der Fall, da kundeneigene Materialtypenmodelle verwendet werden, die nicht mit den Standard-SAP-Materialtypen korrespondieren.

Die bisher beschriebenen Steuerungsfähigkeiten bieten die Möglichkeit, den Teil des Lebenszyklus abzubilden, der eine bereits fertige Produktidee aus SAP MDG in SAP ERP bzw. SAP S/4HANA bringt. An dieser Stelle geht es darum zu schauen, wie wesentliche Informationsbestandteile bis zu SAP MDG akquiriert und nutzbar gemacht werden müssen, damit sie dann für den nachfolgenden Ablauf als Steuerungselement bereitstehen.

Die Entscheidung darüber, welche Produkte verkaufsfähig sein sollen, wird für gewöhnlich nicht erst in SAP MDG oder sogar erst in SAP ERP bzw. SAP S/4HANA gefällt, sondern findet normalerweise schon sehr viel früher im Lebenszyklus eines Produkts statt, nämlich in der Ideenfindungsphase, entweder direkt beim Kunden, im Labor, im Verkaufsraum oder an anderer Stelle. Mit anderen Worten: Diese Entscheidung wird normalerweise weit abseits der strukturierten MDG-Prozesse getroffen. Unser Unternehmen ist aber auf diese Information in strukturierter Form von »ist verkaufsfähig« bzw. »ist nicht verkaufsfähig« angewiesen, um den Prozess optimal zu steuern und nachvollziehbar zu machen. Ohne diese Information nutzen Sie womöglich falsche und viel aufwandsintensivere Abläufe und können bei Analysen nicht nach wesentlichen Informationen filtern.

SAP BPM und SAP MDG

Vor diesem Hintergrund findet das Unternehmen unserer Fallstudie eine weitere Einsatzmöglichkeit für SAP BPM. Die flexible Gestaltungsmöglichkeit des Werkzeugs erlaubt es, mit Datensammlungsmasken und mit der Integrationsmöglichkeit in SAP MDG den notwendigen Eigenheiten der Geschäfte entgegenzukommen. Konkret nimmt unser Unternehmen also durch SAP BPM die Information, *was* verkaufsfähig sein soll und *wo* das Produkt verkauft werden soll, in strukturierter Form auf. (Wir kommen bei der Betrachtung der Portfoliostrategie auf diese beiden Aspekte – *was* und *wo* – zurück.) Diese gesammelte und strukturierte Information wird dann integriert als Change Request an SAP MDG für die spätere weitere Bearbeitung weitergegeben. Abbildung 7.10 zeigt eine Gesamtdarstellung der Einsammlungs- und Anreicherungs-Workflows in SAP MDG und SAP ERP bzw. SAP S/4HANA.

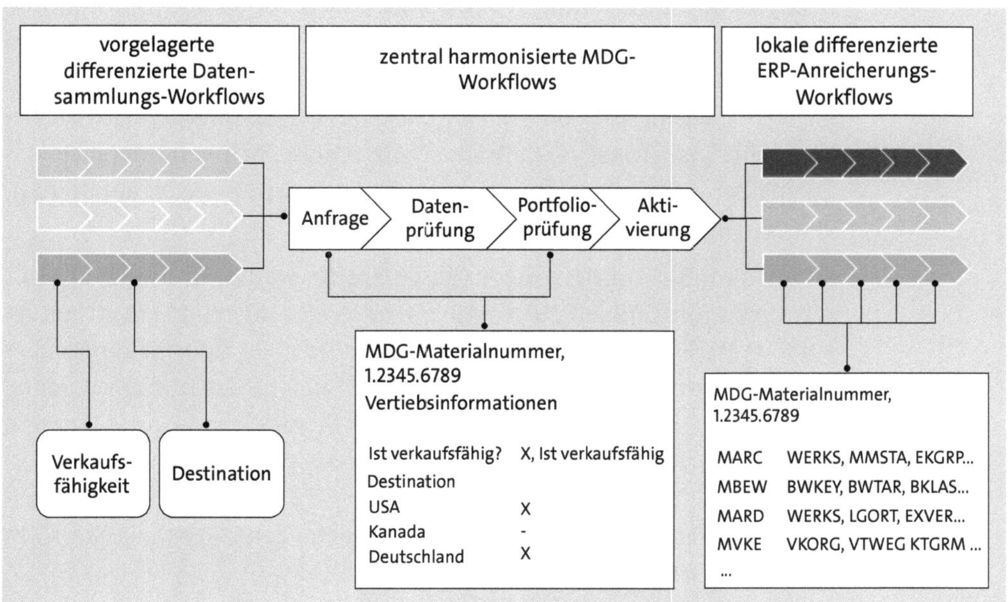

Abbildung 7.10 Schematische Darstellung des Zusammenspiels der Einsammlungs- und Anreicherungs-Workflows mit dem MDG-Workflow

Vereinheitlichung maßvoll einsetzen

An dieser Stelle müssen wir auf ein MDM-Grundgestaltungsprinzip hinweisen, das auf die hier beschriebene Fallstudie anwendbar ist, allerdings auch darüber hinaus Gültigkeit hat: Eine MDM-Plattform vereinheitlicht die Teile eines Geschäfts- und Datenpflegeprozesses, bei denen eine Vereinheitlichung sinnvoll ist. Demgegenüber gibt es andere Teile desselben Gesamtprozesses, bei denen es Nachteile für das Geschäft brächte, sie zu vereinheitlichen, da dadurch die für die jeweiligen Geschäfte notwendige Besonderheit bedroht würde. Machen Sie als Stammdatenverantwortlicher nicht den Fehler, das Maß an Vereinheitlichung zu schnell wachsen zu lassen. Bestimmte Spezifika der betreuten Geschäftseinheiten machen diese erst erfolgreich und lassen sie so zum Gesamterfolg des Unternehmens beitragen. Diese Eigenheiten müssen identifiziert und in ihrer Autonomie beschützt werden. Das Governance Board legt fest, was spezifisch bleiben und was vereinheitlicht werden sollte (siehe hierzu auch die Beschreibung der Funktionsweise des Governance Boards in Abschnitt 6.5.1, »Die Rolle des Stammdaten-Governance-Boards«).

Fehlende Transparenz

Außer der Wiederholbarkeit des Produkteinführungsprozesses haben wir in der Problemstellung auch die fehlende Sichtbarkeit der Prozessausführung und die fehlende Messbarkeit der zweckgemäßen Informationsqualität kritisiert. Egal ob Daten- oder Prozessqualität: Es ist essenziell, diese Punkte für ein gutes Datenmanagement zu berücksichtigen. In unserem Beispiel nutzen wir sowohl den problemorientierten als auch den kontrollorientierten Ansatz (siehe Abschnitt 2.6.1, »Problemorientierter Ansatz«, und Abschnitt 2.6.2, »Kontrollorientierter Ansatz«). Auch der kontinuierliche Verbesserungsprozess von Ende zu Ende ist elementar, soll sich die Datenqualität langfristig verbessern. Zum Schluss nehmen wir auch das Thema der zweckorientierten Datenqualitätsmessung wieder auf und zeigen es in Implementierungsbeispielen.

Schauen wir uns zunächst die Ausgangslage an: Wir haben eine Landschaft mit vielfältigen SAP-ERP- bzw. SAP-S/4HANA-Systemen und einem zentralen SAP-MDG-System. Darüber hinaus sammeln wir Informationen über SAP-BPM-Workflows und nutzen diese Technologie auch in Verbindung mit dem SAP Business Workflow für die lokale Anreicherung der Daten in SAP ERP bzw. SAP S/4HANA. Um bei dieser Ausgangslage und dem geforderten Resultat gute Ergebnisse zu erzielen und dabei gleichzeitig auf Standardwerkzeuge zu setzen, kommt die Architektur zum Einsatz, die Sie in Abbildung 7.11 sehen.

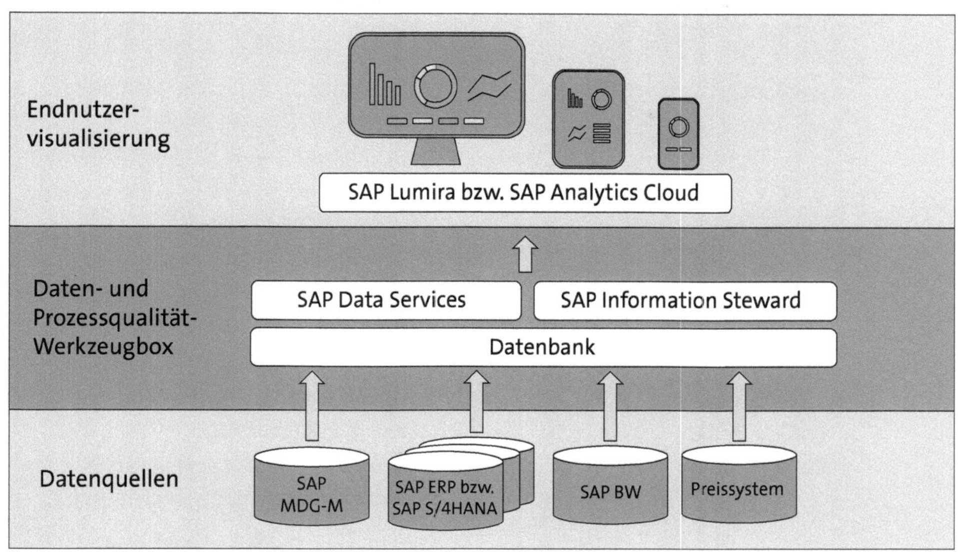

Abbildung 7.11 Architektur für Datenqualitäts- und Prozessmessungen

Systeme

Grundlegend sind die relevanten Quellsysteme, also die SAP- und Nicht-SAP-Systeme, SAP MDG selbst, Preissysteme sowie das zentrale Business Warehouse. Auf die Quellsysteme greifen die SAP Data Services sowie der SAP Information Steward zu. Da beide Systeme keine eigene Persistenz haben, benötigen wir noch eine Datenbank. Auf dieser Datenbank aufbauend, gibt es grundsätzlich einige Optionen, um die Information darzustellen.

Analyse und Visualisierung mit SAP Analytics Cloud

Neben dem bewährten Visualisierungswerkzeug SAP Lumira gibt es von SAP mit SAP Analytics Cloud nun auch eine sehr leistungsfähige und umfangreiche Alternative zur Analyse und Visualisierung von Geschäftsdaten. SAP Lumira ist nach wie vor eine probate Möglichkeit, um Daten endbenutzerfreundlich darzustellen, bei laufenden oder geplanten Projekten sollte jedoch eher auf SAP Analytics Cloud zurückgegriffen werden, da sich SAP bei der Entwicklung neuer Funktionen und beim Support auf dieses Tool konzentrieren wird. Weitere Informationen zu SAP Analytics Cloud finden Sie in Abschnitt 5.7, »SAP Analytics Cloud«.

Zweck

Tabelle 7.1 zeigt, für welchen Zweck die jeweiligen Systeme der Architektur aus Abbildung 7.11 genutzt werden.

System	Kategorie	Zweck
SAP MDG	Quellsystem	▪ Referenzquelle für globale Materialstammdaten (Tabelle MARA) ▪ Nutzung zur Prüfung der Stammdatenkonsistenz von lokalen Daten und der Regelkonformität ▪ Quelle der Kernfilter für Materialienumfangsbestimmung (Verkaufsfähigkeit und Destination)
SAP ERP bzw. SAP S/4HANA und Nicht-SAP-ERP-System	Quellsystem	▪ Referenzquelle für lokale Materialstammdaten auf der Organisationsebene, z. B. Tabelle MARC ▪ Nutzung zur Prüfung der lokalen Stammdatenkonsistenz und Regelkonformität
Business Warehouse	Quellsystem	▪ Referenzquelle für Verkaufs- und Inventarzahlen ▪ Nutzung der Verkaufs- und Inventarzahlen als Priorisierungselement bei Datenfehlern
Preissystem	Quellsystem	Referenzquelle für den Abgleich der Standardpreise
SAP Data Services	Transformationssystem	Werkzeug, um Daten aus den Quellsystemen zu extrahieren, zu transformieren und in nachgelagerte Datenbanken und Systeme zu transferieren
SAP Information Steward	Transformationssystem	▪ Werkzeug zur Erstellung von Datenprüfungsregeln ▪ Darstellung von Experten-Scorecards
SAP Lumira bzw. SAP Analytics Cloud	Darstellungssystem	▪ Werkzeug zur Darstellung von umfangreichen Metriken, Daten- und Prozessqualitätskennzahlen ▪ nutzbar durch eine breite Gemeinschaft von Nutzern, inklusive Management

Tabelle 7.1 Aufgaben der unterschiedlichen Systeme

Nachdem wir die grundlegende Daten- und Prozessqualitätsarchitektur dargestellt haben, zeigen wir Ihnen nun einige Implementierungsbeispiele.

Dazu beziehen wir uns auf das, was wir in den vorangehenden Kapiteln schon beschrieben haben. Konkret wollen wir uns das Beispiel des Produktaktivierungsindex anschauen (siehe Abschnitt 2.6.3, »Zweckorientierte Datenanalyse«).

Zusammenfassend sei an dieser Stelle erwähnt, dass es darum geht, die Verfügbarkeit und Einsatzbereitschaft von Materialstammdaten für den Verkaufsprozess zu messen. Wir messen also, wie viele der für den Verkauf vorgesehenen Produkte tatsächlich verkaufsfähig sind. Genau dies wird auch in unserer Fragestellung für unser Unternehmen als Anforderung deutlich gemacht, indem nach einer hohen Informationsqualität für den Verkaufsprozess gefragt wird.

Produktaktivierungsindex

In Abbildung 7.12 sehen Sie, wie im SAP Information Steward Regeln des Produktaktivierungsindex definiert werden. In diesem speziellen Beispiel handelt es sich um eine Regel, die den QM-Kontrollschlüssel auf diverse Werte prüft, wenn das Qualitätsmanagement aktiv ist.

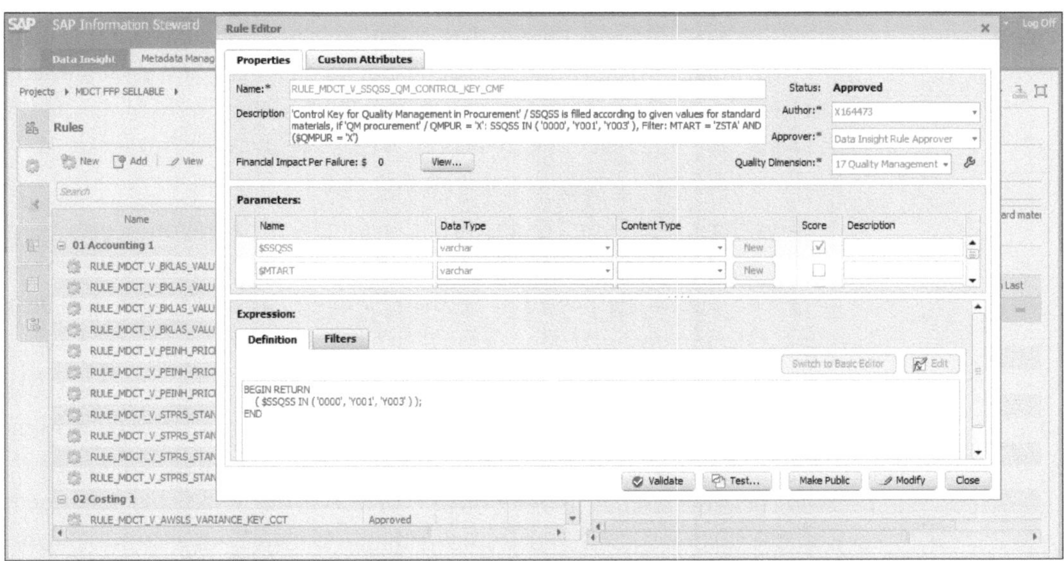

Abbildung 7.12 Regeldefinition im SAP Information Steward für den Produktaktivierungsindex

Abbildung 7.13 zeigt eine SAP-Lumira-Darstellung des Produktaktivierungsindex inklusive Filtereinstellungen. Der Index wird nach Ländern differenziert ❶ – mit einem angewandten Filter für ein bestimmtes Geschäftsfeld ❷ sowie mit einem ausschließenden Filter für richtig erweiterte Materialien ❸.

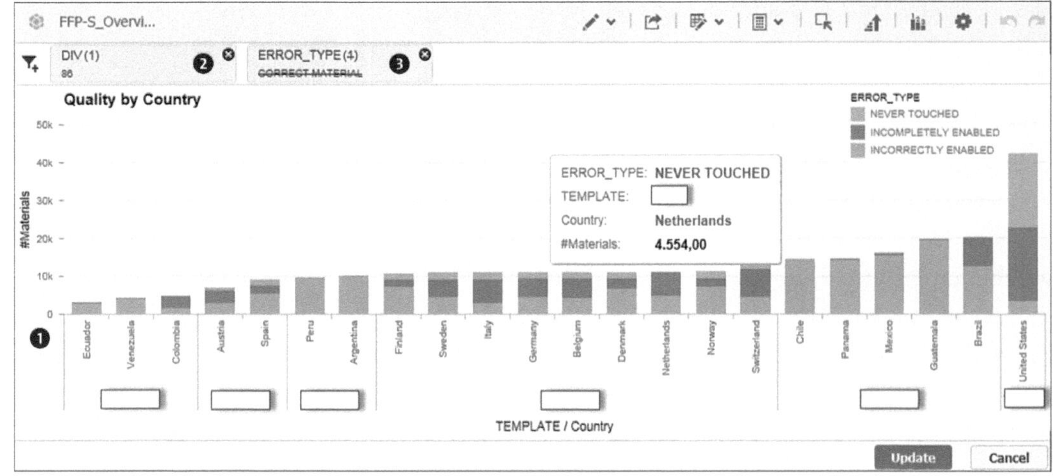

Abbildung 7.13 Darstellung des Produktaktivierungsindex in SAP Lumira nach Ländern

Prozessleistungskraft messen

Die Überwachung der Prozessdurchläufe erfolgt nach einem ähnlichen Prinzip, indem die notwendigen Datenpunkte aus dem Prozessablauf aus den jeweiligen Quellsystemen extrahiert und berichtet werden, nachdem sie transparent gemacht worden sind. Wenn SAP BPM im Einsatz ist, können auch die hier erzeugten Datenpunkte genutzt werden.

Je nach Einsatzland muss in Abstimmung mit der Arbeitnehmervertretung darauf geachtet werden, dass bei Prozessdurchlaufmessungen keine Einzelpersonen identifiziert werden können, sondern Auswertungen lediglich auf der Personengruppenebene möglich sind.

Wie es Abbildung 7.14 zeigt, reicht es in einem ersten Release aus, nur die wesentlichen Datenpunkte zu nutzen. In diesem Fall beschränken wir uns darauf, die wesentlichen Phasenendpunkte abzubilden, ohne auf die dazwischen liegenden möglichen weiteren Prozessschritte Rücksicht zu nehmen. Die verwendete Darstellungsform ist sehr gut geeignet, um ein grundlegendes Verständnis für den Prozessablauf zu vermitteln, da hier das Bild des öffentlichen Personennahverkehrs genutzt wird. Die Kenntnis der einzelnen Prozessschritte liegt bereits in Form von ereignisgesteuerten Prozessketten (EPK-Dokumenten) vor. Wir stellen sie hier nur etwas benutzerfreundlicher dar.

Sollte der Bedarf an weiterführenden Prozessanalysen nach dem ersten Release wachsen, sollten Sie über den Einsatz von Process-Mining-Werkzeugen nachdenken. Diese erlauben es auch, nicht definierte Prozessvarianten abzudecken, und stellen je nach Produkt umfangreiche Analysepakete bereit.

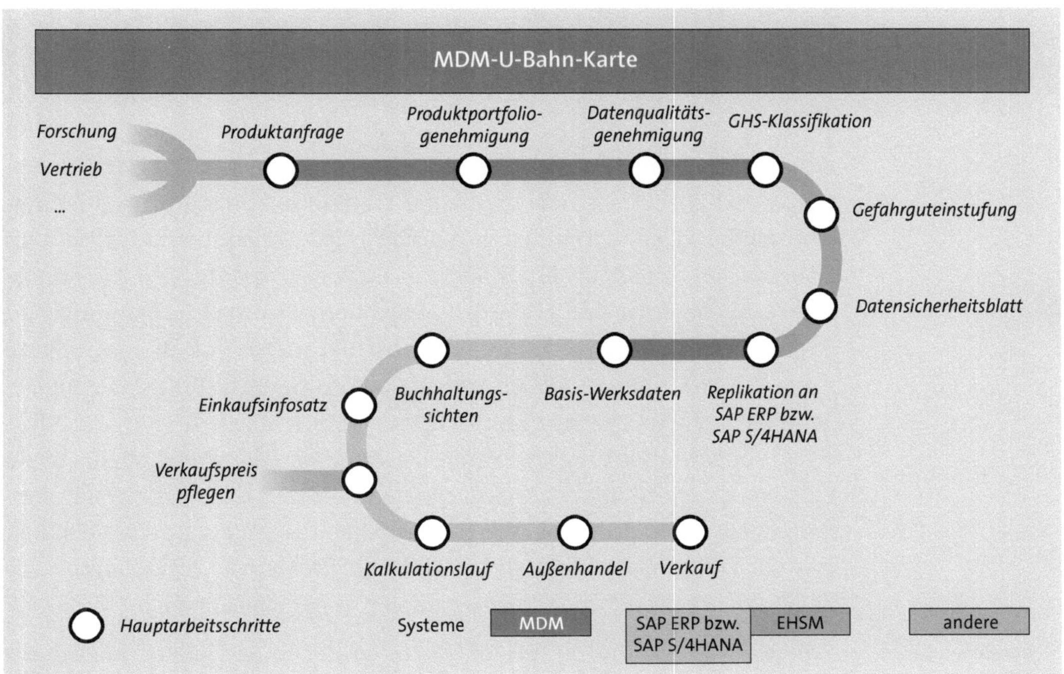

Abbildung 7.14 Wesentliche Schritte der Prozessdurchführung anhand einer U-Bahn-Karte

Portfoliostrategie und Verantwortungsbereiche

Bevor wir die Fallstudie abschließend zusammenfassen, sprechen wir zwei weitere für die Lösung des Problems essenzielle Punkte an, ohne die es nicht möglich ist, das bisher Gesagte umzusetzen: die fehlende Produktportfoliostrategie und die Schaffung klarer Verantwortungsbereiche.

Wenn wir über die *Portfoliostrategie* sprechen, werden zwei Dinge sehr deutlich. Zum einen ist offensichtlich, dass sie nur vom Geschäftsbereich verantwortet werden kann – wer sonst kann Verantwortung für die Steuerung des Produktportfolios übernehmen? Zum anderen wird deutlich, dass die MDM-Lösung ein wesentlicher Befähiger ist, um eine solche Strategie umzusetzen: Wenn alle Produkte über SAP MDG angelegt werden müssen, ist hier einer der zentralen Orte, um eine Portfoliostrategie umzusetzen und zu kontrollieren. Die Portfoliostrategie muss also vom Geschäftsbereich formuliert und an die in SAP MDG tätigen Produktmanager klar kommuniziert werden, damit sie ihrer Rolle als entscheidende Workflow-Teilnehmer gerecht werden können.

Darüber hinaus muss die Portfoliostrategie auch für die lokalen Geschäftsbereiche transparent gemacht werden. Geschieht dies nicht, kann es sein, dass zahlreiche lokale Anfragen mithilfe des MDG-Workflows abgelehnt werden. Was hier in erster Linie funktional und richtig erscheint, kann durchaus zu einer Herausforderung für das MDM-Programm werden. Wenn ein Produkterstellungs-Workflow abgelehnt wird und die Anwender sich heftig ärgern, kann sich ihre negative Haltung nicht nur gegen die zentrale Geschäftseinheit richten, die die Transaktion ausführt (also die Anfrage ablehnt), sondern auch gegen den MDG-Genehmigungsprozess im Ganzen. Dies kann dann dazu führen, dass die gewünschte hohe Adoptionsrate und Akzeptanz der MDG-Lösung nicht erreicht wird. Es kann sogar zu Bypass-Transaktionen kommen, die unstrukturierte und unkontrollierte Produkteinführungsverfahren verwenden. Im Ganzen führt das zum Gegenteil dessen, was wir erreichen wollen, nämlich ein effizientes und effektives Produkteinführungsverfahren. Sie sehen also, dass nicht nur die bloße Existenz einer Produktportfoliostrategie und deren relevanter Inhalt, sondern auch die Transparenz und Zugänglichkeit einen entscheidenden Beitrag dazu leisten, das eingangs beschriebene Problem zu adressieren, nämlich Produkte besser und schneller auf den Markt zu bringen.

Verantwortungsmatrix

Schauen wir uns nun den Teil der Lösung an, der einige Herausforderungen mit sich bringt: die *organisatorische Einstellung*. Zu Beginn der Fallstudie hatten wir erwähnt, dass die alte MDM-Lösung wenig Akzeptanz genoss, da die Pflege ineffektiv und ineffizient organisiert und außerdem organisatorisch intransparent war. Zudem war nicht klar, wer für den Inhalt der Daten verantwortlich ist. Um diesen Zustand grundlegend zu ändern, bedarf es eines ausgewogenen Blickes auf die bestehende und zukünftige Arbeitsweise der Mitarbeiter, die am Informationsfluss mittelbar und unmittelbar beteiligt sind. Hierzu nutzen wir eine RACI-Matrix, die die Hauptaufgabengebiete zwischen den Geschäftseinheiten und der Governance-Abteilung darstellt. Die wesentlich beteiligten Organisationen sind in dieser Fallstudie sowohl die Geschäftsbereiche als auch die Gruppenfunktionen sowie die IT- und Data-Governance-Einheit, die hier als gemeinsam aufgestellte Abteilung vorkommt.

Tabelle 7.2 zeigt die einzelnen Verantwortungsformen. Die verwendeten Kürzel haben die folgende Bedeutung:

- Responsible: zuständig für die Ausführung der Aufgabe. Mehrere Nennungen pro Zeile sind möglich.
- Accountable: verantwortlich; stellt auch sicher, dass die Aufgabe durchgeführt wird. Nur eine Nennung pro Zeile ist möglich.

- Consulted: trägt zur Aufgabe bei (Zwei-Wege-Kommunikation).
- Informed: informiert über die Aufgabe (Ein-Weg-Kommunikation).

Aufgabengebiete	Geschäftsbereiche	Gruppenfunktionen	IT und Data Governance
Enterprise Data Governance ■ Design, Implementierung und Pflege des Master Data Templates und der dazugehörigen Systeme und Prozesse ■ Sicherstellen von Best Practices, Benchmarks und Reifegradprüfungen ■ Pflege des Governance-Rahmenwerks	C	C	A/R
Geschäftsbereich Datenstrategie und Management ■ Definieren der Datenstrategie des Geschäftsbereichs ■ Basierend darauf Sammeln, Definieren, Konsolidieren und Priorisieren von geschäftsbereichsspezifischen System-, Prozess- und Datenmessanforderung ■ Finanzierung der Umsetzung neuer Anforderungen ■ Definition von geschäftsbereichsspezifischen KPIs und KPI-Qualitätszielen ■ Bereitschaft der Geschäftsorganisation sicherstellen, die neuen und angepassten Prozesse zu nutzen, inklusive Organisationsänderung, Motivation, Trainingsbereitschaft und Testverfügbarkeit	A/R	C	C
Gruppenfunktion, Datenstrategie und Management ■ Definieren der Datenstrategie der Gruppenfunktion ■ Basierend darauf Sammeln, Definieren, Konsolidieren und Priorisieren von geschäftsbereichsspezifischen System-, Prozess- und Datenmessanforderungen ■ Finanzierung der Umsetzung von neuen Anforderungen ■ Definition von gruppenfunktionsspezifischen KPIs und KPI-Qualitätszielen	C	A/R	C
■ Sicherstellen der Bereitschaft der Gruppenfunktionsorganisation, Nutzen der neuen und angepassten Prozesse, inklusive Organisationsänderung, Motivation, Trainingsbereitschaft und Testverfügbarkeit			

Tabelle 7.2 Aufgaben und Verantwortliche

Aufgabengebiete	Geschäfts-bereiche	Gruppen-funktionen	IT und Data Governance
Geschäftsbereichs- und gruppenfunktionsübergreifende Data Governance ■ Abstimmung ■ Leitung, aktive Partizipation und Entwicklung des Governance Boards	R	R	A/R
Datenverantwortung ■ Sicherstellen der Richtigkeit, Vollständigkeit und Aktualität des Dateninhalts auf Objekt- und Feldebene ■ Ultimative Verantwortung für den Dateninhalt	A/R	A/R	C
Datenqualität: Metriken und Überwachung ■ Bereitstellung von Daten- und Prozessqualitätsmessmethoden ■ Ermöglichen von Daten- und Prozessqualitätsmetriken, Überwachung und KPIs ■ Bereitstellen eines Rahmenwerks und entsprechender Werkzeuge für korrektive und präventive Maßnahmen	C	C	A/R
Datenqualität: Korrekturen ■ Ausführung der Datenkorrekturmaßnahmen, basierend auf den identifizierten Datenqualitätslücken und Datenqualitätszielen ■ Kann Massentransaktionen auf der IT-Seite einschließen	A/R	A/R	R
Datenpflege ■ Leiten und Ausführen der operativen Datenpflegeeinheiten auf lokaler, regionaler und globaler Ebene	A/R	A/R	R
SAP-ERP- bzw. SAP-S/4HANA- und MDG-Implementierungs- und Datenmigrationsprojekte ■ Bereitstellen von Werkzeugen zur effizienten und sicheren Massendatenmanipulation ■ Sicherstellen der Datenbereitschaft für Neuimplementierungen und Datenmigrationen	R	R	A/R
Systemlandschaft ■ Pflege der Systemlandschaft nach Geschäftsanforderungen und Architekturprinzipien	I	I	A/R

Tabelle 7.2 Aufgaben und Verantwortliche (Forts.)

Diese RACI-Matrix kann als Ankerpunkt für die tägliche Arbeit der Beteiligten herangezogen werden. Sie dient in der gezeigten Detailform als Orientierung und kann Stück für Stück weiter ausgebaut werden, sollte die Notwendigkeit dafür entstehen. Idealerweise wird die Matrix vom Governance Board bestätigt, routinemäßig geprüft und gegebenenfalls angepasst. Die zentralen Punkte der Verantwortungsbereiche werden im Folgenden nochmals ausdrücklich genannt:

- Die Verantwortung für die Dateninhalte liegt nicht in der Governance- oder IT-Abteilung. Verantwortlich sollte immer derjenige sein, der den größten Schaden bei Verlust, schlechter Qualität oder ähnlichen Missständen hat. Dies ist in den allermeisten Fällen das Geschäft oder auch die Gruppenfunktion, abhängig von der Stammdatendomäne. Wir wollen hier deutlich machen, dass die Daten als Aktivposten und Anlagegut betrachtet werden müssen, ähnlich wie der Maschinenpark der Produktionsfunktion.
- Die Pflege des Governance-Rahmenwerks liegt bei einer Organisation, die nicht das Geschäft oder eine Gruppenfunktion ist. Wir haben also eine dedizierte Funktion, die eine Form der Governance und des Informationsmanagements herstellen und pflegen muss, die der Organisation angemessen ist.

Gesamtlösung zur Produkteinführung

Als Fazit wollen wir die eingesetzten Maßnahmen zusammenfassen und ihre Auswirkungen auf die Bereiche *Prozess*, *System* und *Organisation* in tabellarischer Form beschreiben (siehe Tabelle 7.3). Hierbei wird nochmals deutlich, dass die getroffenen Entscheidungen prozesshafte, organisatorische und technologische Maßnahmen bedingen und dass viele verschiedene Werkzeuge eingesetzt werden. Nur gemeinsam im Verbund können diese Maßnahmen die genannte Problemstellung adressieren.

Eine rein technische Lösung ohne organisatorische Anpassung würde nicht den gewünschten Effekt erzielen, genauso wenig wie die bloße Erstellung von Datenqualitäts- und Prozessmetriken ohne die Vereinbarung von Daten- und Prozessqualitätszielen und ohne die die Bereitstellung eines Ende-zu-Ende-Prozesses zur korrektiven und präventiven Behebung der Datenqualitätsmissstände.

	Effekt der Maßnahme auf ...		
Maßnahme	**Prozess**	**System**	**Organisation**
SAP MDG zur Steuerung der zentralen Aktivitäten implementieren	Workflow-Design mit unterschiedlicher Komplexität, je nach Bedarf der Geschäftseinheit	▪ Hub Deployment von MDG-M ▪ Abbildung des MARA-Tabellen-Umfangs. B-Segmentdaten werden in SAP ERP bzw. in SAP S/4HANA mit dem SAP Business Workflow gepflegt.	▪ Etablierung der neuen Rolle für den Produktverantwortlichen ▪ Etablierung der neuen Rolle für den Datenqualitätsverantwortlichen
SAP BPM und SAP Business Workflow zur Steuerung der lokalen Aktivitäten implementieren	▪ Orchestrierung und Automatisierung der lokalen Prozessabläufe erzeugen Effektivität und Effizienz in der Datenpflege. ▪ Ein strukturierter Informationsbeschaffungsansatz ermöglicht die Steuerung in nachgelagerten Bereichen.	▪ Die lokale Datenpflege wird über den SAP-BPM-Workflow und den SAP Business Workflow abgebildet. ▪ Datenakquiseprozess durch den SAP-BPM-Workflow	▪ erhöhte Steuerungsmöglichkeit und Sichtbarkeit durch Portfolioverantwortung im Workflow ▪ Reduzierung des Koordinationsaufwandes durch Automatisierung des Arbeitsflusses ▪ Effektivitätssprung durch Orchestrierung ▪ Notwendigkeit der organisatorischen Anpassung auf den Einsammel-Workflow hin. Anpassung der Arbeitsweise in vorgelagerten Organisationen.
Prozesstransparenz und Informationsqualitätsmessungen	Schaffung eines Ende-zu-Ende-Daten- und Prozessqualitätsprozesses inklusive gemeinsam geteilter KPIs	Etablierung einer dedizierten Daten- und Prozessqualitätsarchitektur mit Akquisitions-, Transformations- und Repräsentations-Layer	Befähigung der Datenverantwortlichen zur aktiven Steuerung der Datenqualität

Tabelle 7.3 Auswirkungen der Maßnahmen auf die verschiedenen Bereiche

	Effekt der Maßnahme auf ...		
Maßnahme	**Prozess**	**System**	**Organisation**
Portfoliostrategie ausarbeiten zur Unterstützung des Produktmanagements	Die Portfoliostrategie kann mithilfe des neuen Produkteinführungsprozesses befähigt und damit effektiv werden.	▪ Konfiguration eines einfachen Workflow-Schritts bei allen Anfrage-Workflows ▪ Der wertebasierte Änderungs-Workflow stellt nur Änderungs-Workflows zu, sofern relevante Felder des Portfolioverantwortlichen betroffen sind.	▪ Transparenz der Portfoliostrategie stärkt die Rolle der Portfolioverantwortlichen. ▪ Die Portfoliostrategie wird ein Werkzeug der Kommunikation zwischen Zentrale und Peripherie.
Verantwortungsprofile mithilfe einer RACI definieren	▪ Ein Ende-zu-Ende-Datenqualitätsprozess erlaubt die Identifizierung von Lücken und präventive/korrektive Maßnahmen. ▪ Ein Schritt im Workflow ist Pflicht bei Neuanlagen und bei Änderung des Lebenszyklusstatus.	▪ Die Datenqualitätsarchitektur muss aufgebaut und zugänglich gemacht werden, um Datenverantwortung zu befähigen. ▪ Das Routing für Produktverantwortliche ist in SAP MDG zu hinterlegen. ▪ Die Benutzerfindung muss wertebasiert (nach Geschäftseinheit) arbeiten können.	Das Produktmanagement benennt pro Geschäftseinheit Repräsentanten, die aktiv im Workflow Produkteinführungen auf Einhaltung der Portfoliostrategie hin überprüfen und gegebenenfalls Workflows ablehnen.

Tabelle 7.3 Auswirkungen der Maßnahmen auf die verschiedenen Bereiche (Forts.)

7.2 Fallstudie: Integration und Stücklistensynchronisation

Im Vordergrund stehendendes Konzept

Wie binde ich eine Rezepturentwicklung mit einer Stücklistensynchronisation und einem Produktlebenszyklus in das MDG-Framework ein? Die hier dargestellte Fallstudie beschäftigt sich mit den Möglichkeiten, weitere Stammdatenobjekte sowie ein in sich schlüssiges Konzept für ein *Product Lifecycle Management* (PLM) in das MDG-Framework zu integrieren.

Wie Sie in den vorangehenden Kapiteln gesehen haben, deckt das Standard-MDG-Framework die Domänen *Material, Kunden* und *Lieferanten* sowie *Finanzobjekte* ab. Zusätzlich können Sie noch weitere kundenspezifische Objekte generieren. In vielen Unternehmen möchte man aber auch Objekte, die nicht mit SAP MDG gepflegt werden können, unter ein gewisses Governance-Level stellen. Betrachtet man nun solch ein Ende-zu-Ende-Szenario, stellt sich auch die Frage, wie dies in Einklang mit einem Produktlebenszyklus zu bringen ist.

Die Beispiele in diesem Abschnitt sollen Ihnen ein paar Anregungen geben, wie solch ein Szenario abgebildet werden kann. Gleichzeitig werden hier im Gegensatz zu den anderen Fallstudien keine konkreten Implementierungsanleitungen auf technischer Ebene gegeben, da es sich hier um rein kundenspezifische Anforderungen und Lösungen handelt, die nicht generisch abgebildet werden können. Wichtig ist hier jedoch, dass Sie die Ansätze verstehen, um sie auf Fragestellungen in Ihrem Unternehmen übertragen zu können.

7.2.1 Ausgangslage

Schauen wir uns nun aber zuerst einmal die Ausgangslage und das betroffene Unternehmen in dieser Fallstudie an. Hierbei handelt es sich um ein international tätiges Unternehmen im Bereich der Lebensmittelindustrie, das innerhalb eines großen Programms sowohl das SAP-ERP- bzw. SAP-S/4HANA-System als auch die Stammdatenlandschaft neu ausgerichtet hat. Gleichzeitig wurden auch die bestehenden Lösungen für die Produktentwicklung abgelöst. Im Vordergrund stand hierbei eine komplette Integration aller Prozesse und aller Schritte, von der ersten Produktidee bis hin zum Abschluss des Produktlebenszyklus, damit diese durch das entsprechende System unterstützt werden können. Die Entwicklung neuer Produkte läuft in verschiedenen Phasen ab, die sich von den ersten Versuchen im Labor bis hin zur finalen Massenproduktion erstrecken. Gleichzeitig gibt es viele saisonale Produkte oder spezielle Editionen, die nur für einen beschränkten Zeitraum auf dem Markt verfügbar sind. Aus Sicht der Unternehmensführung stellt sich also die folgende Frage:

> *»Wie können wir im Rahmen unseres Projekts sicherstellen, dass wir zukünftig einen integrierten Ende-zu-Ende-Prozess haben, in dem die Entwicklung neuer Produkte effizienter gestaltet werden kann? Der Produktmanager soll immer auf einen Klick sehen können, wie weit die Entwicklung des Fertigprodukts ist, ohne sich mit den einzelnen Komponenten beschäftigen zu müssen. Gleichzeitig möchten wir immer die*

Übersicht behalten, welche Produkte nicht mehr auf dem Markt angeboten werden. Der gesamte Prozess soll den neuen Governance-Richtlinien folgen und zu einer Kosteneinsparung durch eine erhöhte Effizienz während der Go-to-Market-Phase führen.«

Anforderungen spezifizieren

In einem ersten Schritt geht es nun also darum, diese Anforderungen des Managements auf eine etwas detailliertere Stufe aus Sicht des Stammdatenmanagements herunterzubrechen. Wenn wir dieses Statement genauer ansehen, müssen wir die Objekte aus Tabelle 7.4 betrachten.

Objekt	Anforderung
Spezifikationen, Rezepturen, Stücklisten	Bereits der Entwicklungsprozess soll den neuen Governance-Richtlinien folgen. Alle Informationen – von der ersten Idee über die ersten Großversuche bis hin zur Massenproduktion – sollen in einem Tool abgebildet werden.
Materialstamm	Im Materialstamm müssen die benötigten Komponenten für die neuen Stücklisten angelegt werden. Außerdem soll ein Konzept zur kompletten Abbildung des Produktlebenszyklus etabliert werden. Des Weiteren soll der Produktmanager auf einen Blick den Fortschritt des Materialanlageprozesses für das Fertigprodukt überblicken können, ohne jede involvierte Komponente einzeln betrachten zu müssen.
abhängige Objekte, z. B. Einkaufsinfosätze, Konditionen oder sonstige benötigte Objekte für ein verkaufsfähiges Fertigprodukt	Um die Go-to-Market-Phase effizienter zu gestalten, muss sichergestellt werden, dass alle benötigen Informationen rund um die Materialien gepflegt wurden und dass somit auch die Prozesse im Einkauf, in der Produktion und im Verkauf reibungslos ablaufen können.

Tabelle 7.4 Betroffene Stammdatenobjekte

SAP RD verwenden

Nachdem wir nun aus Sicht der Stammdaten die Objekte identifiziert haben, stellt sich die Frage, welche Tools dafür eingesetzt werden müssen. SAP MDG kann Spezifikationen, Rezepturen nicht und Stücklisten nur mit zusätzlichem Aufwand abbilden. Aus diesem Grund hat man sich in diesem Fall für *SAP Recipe Development* (SAP RD) entschieden, das Teil des SAP-PLM-Frameworks ist. Bevor wir weitergehen, geben wir Ihnen einen kurzen Überblick über die Funktionalitäten von SAP RD:

- einfache Verwaltung und Pflege von Spezifikationen und Rezepturen
- schnelle Erstellung von Rezepturen und Rezeptalternativen unter der Berücksichtigung von Inhaltsstoffen
- flexible Berechnungen zur Ermittlung von Nährwerten oder Kosten einer Produktzusammensetzung
- zentrale Rezepturdatenbank
- Verwendung von Konstruktionsmappen als virtuelle Aktenordner
- Laufwege- und Workflow-Unterstützung
- geführte Struktursynchronisierung von Rezeptur zur Stückliste

7.2.2 Architektur entwickeln

Sie sehen in diesen Funktionen schon einige interessante Möglichkeiten, auf die wir im Design des gesamten Prozesses zurückgreifen können. Bevor wir uns in die Einzelheiten jeder einzelnen Anforderung vertiefen, schauen wir uns einmal Abbildung 7.15 an. Hier sehen wir die Gesamtarchitektur der angestrebten Lösung. Im Vordergrund steht hierbei die Absicht, einen komplett durchgängigen Prozess – von der Entwicklungsphase bis hin zum Ende des Lebenszyklus des Produkts – im System abbilden und unter Governance stellen zu können.

Prozessschritte

Involviert in die Lösung sind SAP RD, MDG-M für die Materialpflege sowie das SAP-ERP- bzw. SAP-S/4HANA-System zur Pflege der weiteren Objekte und Stücklisten. Bevor wir erklären, wie die einzelnen Schritte im System umgesetzt werden, bleiben wir noch auf der Prozessebene. Auf ihr gliedern sich die einzelnen Schritte wie folgt:

- **Schritt 1: Konstruktionsmappe und Spezifikation in SAP RD**
  Zuerst wird in SAP RD die *Konstruktionsmappe* angelegt. Hierbei handelt es sich um eine virtuelle Aktenmappe, in der alle Informationen gesammelt werden. Das heißt, dass hier, beginnend mit der ersten Idee für ein neues Produkt, alle Versuche und Schritte dokumentiert und abgelegt werden. Die Konstruktionsmappe ist der erste Sammelcontainer und bietet eine systemgestützte Arbeitsweise, solange der Produktentwicklungsprozess noch nicht auf realen Materialnummern basiert. Gleichzeitig werden in den Spezifikationen alle Informationen rund um das Produkt hinterlegt. Dies beinhaltet z. B. die Information der Stoffnatur und die genaue Zusammensetzung. Gleichzeitig werden von den Produktentwicklern die Daten rund um Nährwertinformation, Allergene und bis zu mehreren Hundert weiteren Attributen auf den Inhaltsstoffen und damit den späteren Materialstammdaten gepflegt.

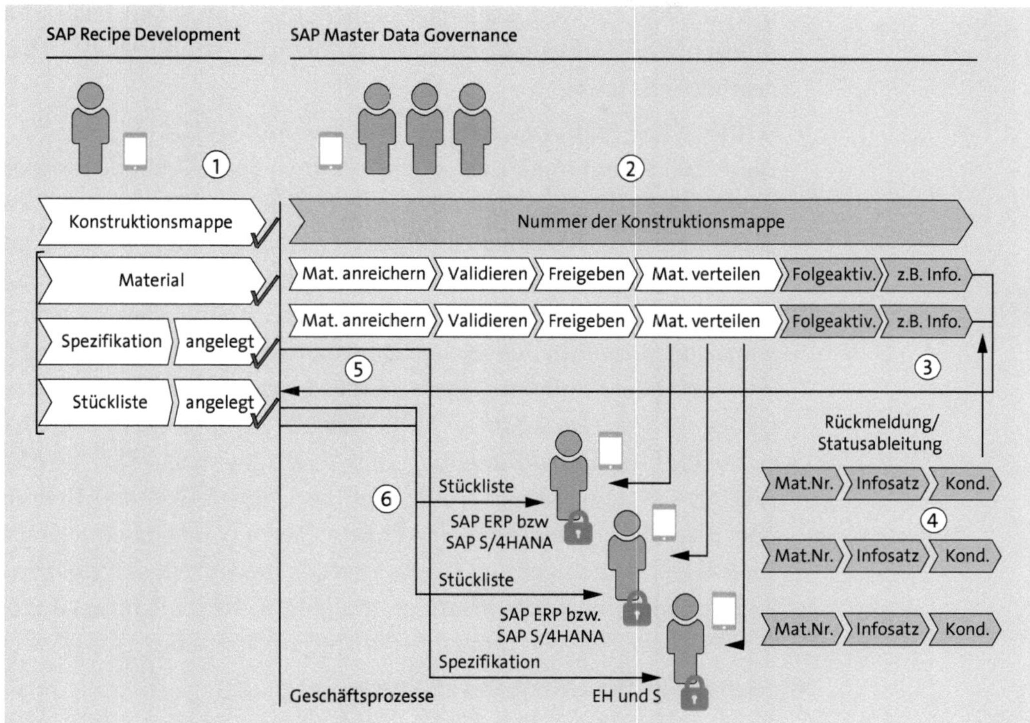

Abbildung 7.15 Prozessablauf für das Zusammenspiel von SAP RD und SAP MDG

- **Schritt 2: Konstruktionsmappe und Datenpflege in SAP MDG**
  Wir wechseln nun zu MDG-M und beginnen mit dem Anlegen und Anreichern der in der Spezifikation definierten Rohstoffe, die zur Herstellung des späteren Fertigprodukts benötigt werden. Zum Einsatz kommt nun der Materialanlage-Workflow mit all seinen Schritten zur Pflege und Genehmigung der Daten. Gleichzeitig nutzen wir auch hier wieder die Informationen der Konstruktionsmappe aus SAP RD. So soll der Produktmanager einen schnellen Überblick bekommen. Aus der Sicht von MDG-M haben wir nun einige einzelne Materialanlage-Änderungsanträge, die zunächst nicht miteinander in Verbindung stehen. Der entscheidende Punkt ist jedoch, dass für den Produktmanager der Gesamtfortschritt für sein neu einzuführendes Fertigprodukt entscheidend ist. Er möchte nicht bei jedem einzeln spezifizierten Rohstoff überprüfen müssen, ob der Anlageprozess komplett durchlaufen wurde und der Workflow final freigegeben ist. Aus diesem Grund wurde die Information der Konstruktionsmappe als eine Art Klammerfunktion über alle an SAP MDG übergebenen Änderungsanträge implementiert, die zu diesem Produkt gehö-

ren. So behält der Produktmanager den Überblick und kann, falls sich das Anlegen von einzelnen Komponenten verzögert, beim jeweiligen Sachbearbeiter nachfragen.

- **Schritt 3: Folgeaktivitäten in SAP ERP bzw. SAP S/4HANA**
  Dieser Schritt unterteilt sich systemtechnisch in MDG-M und das klassische SAP-ERP- bzw. SAP-S/4HANA-System. Um am Ende ein wirklich verkaufsfähiges Fertigprodukt im System zu haben und vor allem auch aus Prozesssicht komplett zu sein, benötigt das SAP-ERP- bzw. SAP-S/4HANA-System neben den Materialien noch eine Vielzahl weiterer Stammdateninformationen, z. B. Einkaufsinfosätze für den Einkauf der Rohstoffe oder Konditionstabellen für den späteren Verkauf. Außerdem gibt es noch weitere Schritte, z. B. die Kalkulation des Produkts durch die Controlling- und Finanzabteilung. Obwohl all dies im SAP-ERP- bzw. SAP-S/4HANA-System passiert, sollte man auch in MDG-M den Überblick über diese Aktivitäten behalten können. Hierzu wurde das Tracking der *Folgeaktivitäten* eingeführt. Hierbei werden die einzelnen Aufgaben als Benachrichtigungen (*Notifications*) in die MDG-Inbox (Universal Worklist, UWL) der jeweils verantwortlichen Mitarbeiter gelegt.
- **Schritt 4: Rückmeldung in SAP MDG**
  Nachdem die Mitarbeiter die Benachrichtigung gesehen haben, erledigen sie die Aufgabe in SAP ERP bzw. SAP S/4HANA und pflegen alle mit dem Material zusammenhängenden Folgeobjekte, für die sie verantwortlich sind. Ist dies erledigt, müssen sie in MDG-M in einer speziell implementierten Eingabemaske die Fertigstellung rückmelden. Gleichzeitig wird in Abhängigkeit dieser Rückmeldung der Status des Materials verändert. Wie das Konzept des Materialstatus implementiert ist, sehen Sie später in diesem Fallbeispiel.
- **Schritt 5: Rückverteilung in SAP RD**
  Wurde der komplette Anlageprozess in MDG-M durchlaufen, und wurden alle relevanten Daten von den entsprechenden Fachabteilungen gepflegt, findet eine Rückverteilung der Informationen in die Materialdaten in der Spezifikation in SAP RD statt. Dies ist notwendig, um die Synchronizität der Daten in MDG-M und SAP RD sicherzustellen. Da es eine genau spezifizierte Aufteilung der Pflegehoheit der einzelnen Materialstammdatenfelder gibt, ist jedes Feld aus Sicht der Datenpflege genau einem System zugeordnet und kann von den jeweiligen Usern auch nur genau dort gepflegt werden. Dies bedeutet, dass es nicht zu Dateninkonsistenzen kommt.

- **Schritt 6: Synchronisation der Stücklisten**
  Nachdem alle für die Materialien relevanten Datenfelder in SAP RD oder MDG-M gepflegt worden sind, erfolgt im letzten Schritt das automatische Anlegen der Stücklisten in SAP ERP bzw. SAP S/4HANA nach der Rezeptur in SAP RD. Dies wurde in diesem Beispiel durch eine RFC-Verbindung umgesetzt. Mittlerweile gibt es für die Pflege von Stücklisten jedoch – wie bereits angedeutet –mit SAP MDG geeignetere Möglichkeiten. Am besten würde sich z. B. die Durchführung von Folgeaktivitäten nach dem Material-CR zur Stücklistenpflege anbieten. Dies wird in den SAP-Hinweisen 2765664 und 2742813 beschrieben.

Nach diesem ersten Überblick über den Gesamtprozess wollen wir uns nun einige der speziellen Entwicklungen für dieses Konzept genauer ansehen. Da es sich hier um komplett kundenspezifische Anforderungen und auch Lösungen handelt, ist diese Lösung nur ein exemplarisches Beispiel. Je nachdem, wie Ihre Anforderungen genau aussehen, können sie auch entsprechend angepasst werden. In Abbildung 7.16 sehen Sie die Umsetzung für den Übergang von Prozessschritt 1 nach Prozessschritt 2. Hierbei geht es um das automatisierte Anlegen eines Change Requests in MDG-M.

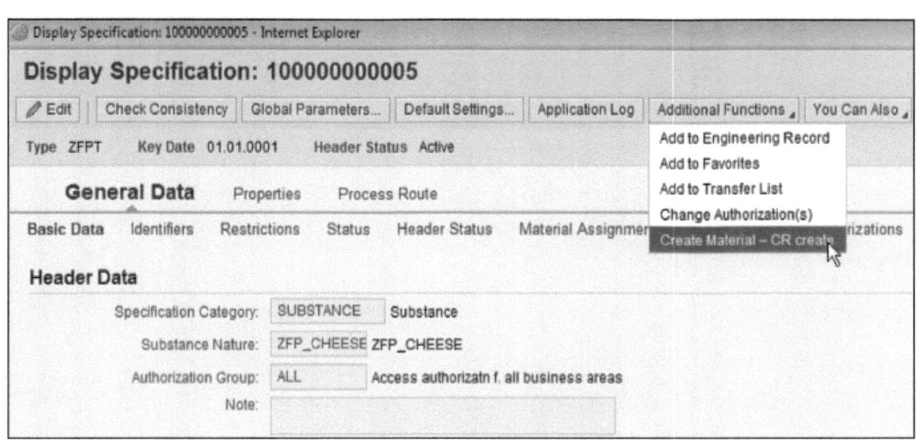

Abbildung 7.16 Materialanlage-Workflows aus der Spezifikation starten

Änderungsantrag in SAP RD starten

In der SAP-RD-Spezifikationspflege wurde die Auswahlliste der zusätzlichen Funktionen um den kundenspezifischen Eintrag **Create Material – CR create** erweitert. Ist die Produktentwicklung so weit fortgeschritten, dass nun in einer nächsten Phase ein erster Großversuch der Produktion gestartet werden soll (also ein erster Artikel in einer kleinen Massenfertigung produziert wird), kann der Produktentwickler den Anlageprozess direkt aus der

Spezifikation heraus starten. Hierbei wird der in MDG-M gestartete Änderungsantrag bereits mit den Daten vorbefüllt, die aus der Spezifikation vorhanden sind. Dies sind Informationen wie z. B. die Basismengeneinheit, Gewichte oder der Materialkurztext. Gleichzeitig wird in allen Änderungsanträgen, die aus Spezifikationen der gleichen Konstruktionsmappe kommen, die Nummer dieser Konstruktionsmappe in ein kundenspezifisches Feld in MDG-M abgespeichert. So bleibt die Information über die Zusammengehörigkeit dieser Materialien auch in SAP MDG erhalten. Gleichzeitig wird bei der Übergabe der Daten und der Anlage des Änderungsantrags auch der normale Materialanlage-Workflow gestartet, wie es auch bei einer manuellen Anlage direkt in MDG-M der Fall ist. Schauen Sie sich den Aufbau in Abbildung 7.17 genauer an.

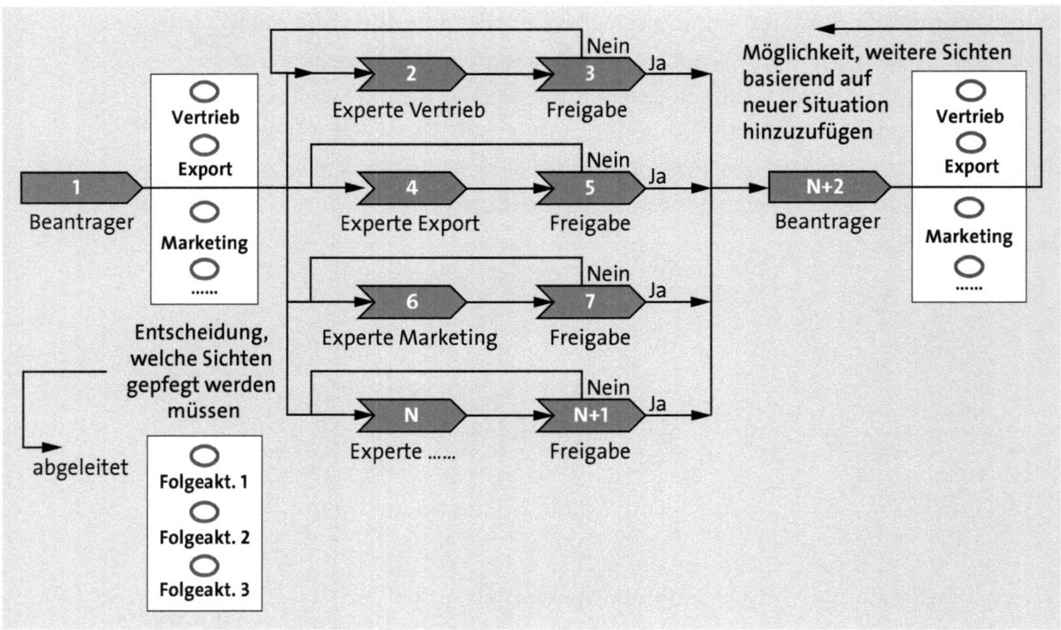

Abbildung 7.17 Workflow im integrierten Prozess

Hier ist der Beantrager der Produktentwickler in SAP RD, der den Workflow aus der Spezifikation heraus startet. Abhängig von der Materialart (die in unserem Fall schon aus der Stoffnatur in der Spezifikation abgeleitet wurde), gibt es eine Vorbelegung der Abteilungen und Folgeaktivitäten, die später bearbeitet werden müssen. Gleichzeitig hat der Produktverantwortliche in SAP MDG auch die Möglichkeit, weitere Abteilungen oder Folgeaktivitäten dynamisch in den Pflegeprozess einzubeziehen. Er kann jedoch nur weitere Bereiche hinzufügen, aber keine vom System vorbelegten Daten entfernen.

Paralleler Workflow

Eine Besonderheit ist hier auch die Parallelisierung der Workflow-Schritte. Normalerweise läuft der Standard-Workflow rein sequenziell ab. Das heißt, dass, nachdem die erste Abteilung die Daten für ihren Bereich gepflegt hat, der nächste Fachbereich darüber benachrichtigt wird, dass er die Daten ebenfalls pflegen muss. In diesem Beispiel wurde diese Information parallelisiert, und alle Abteilungen erhalten die Aufforderung zur gleichen Zeit. Die Pflege der Daten kann jedoch nicht komplett parallelisiert werden, denn in SAP ERP bzw. in SAP S/4HANA ist es nicht möglich, dass zwei Benutzer gleichzeitig die Daten eines Materialstamms bearbeiten.

Auch in SAP MDG gibt es hier eine Einschränkung. Sie ist jedoch nicht ganz so »schwarz-weiß« wie im SAP-ERP- bzw. SAP-S/4HANA-System. In SAP MDG können Benutzer in einem parallelisierten Workflow Daten gleichzeitig bearbeiten, solange sich die Daten auf unterschiedlichen Entitäten befinden und einen eigenen Workflow-Typ haben. Sie können z. B. einen Workflow-Typ zur Bearbeitung der Basisdaten in der Tabelle MARA definieren und einen weiteren zur Bearbeitung der Organisationseinheitendaten in der Tabelle MARC. Es ist dann jedoch nicht möglich, einen parallelen Workflow aus der gleichen Tabelle zu starten.

Jeder Fachbereich ist in diesem Beispiel in zwei Schritte unterteilt: in die Pflege der Daten und in die Freigabe dieser Daten durch den jeweiligen Fachbereichsverantwortlichen. Ist diese Freigabe für alle Fachbereiche erfolgt, wird der aufgeteilte Workflow wieder zusammengeführt und zur finalen Freigabe an einen Produktverantwortlichen geleitet. Während es in dem fachbereichsspezifischen Freigabeschritt um die Qualität der einzelnen Daten ging, steht hier nun eher die Prüfung der Vollständigkeit im Vordergrund.

Neben der finalen Freigabe oder der kompletten Ablehnung des Workflows besteht in diesem letzten Schritt auch nochmals die Möglichkeit, eine Abteilung, die bisher nicht involviert war, hinzuzufügen und den Workflow zur Bearbeitung an sie zu schicken. Diese Funktionalität ist sinnvoll, wenn der Anlageprozess länger dauert. Nehmen wir an, das Produkt war zu Beginn nur für den lokalen Markt konzipiert, und es bestand deshalb keine Notwendigkeit für die Exportabteilung, irgendwelche zollspezifischen Daten zu pflegen. Während die Materialien im Workflow durch die unterschiedlichen Abteilungen laufen, wurde jedoch entschieden, das Produkt doch auch auf dem internationalen Markt anzubieten. In diesem Fall kann der Produktmanager den letzten Schritt dazu nutzen, den Export nachträglich in den Workflow aufzunehmen. Wurden auch diese Daten im Nachgang gepflegt, erhält er den Workflow erneut zur Prüfung und Freigabe.

In Abbildung 7.18 sehen Sie die Auswahlmaske zum Starten des Workflows.

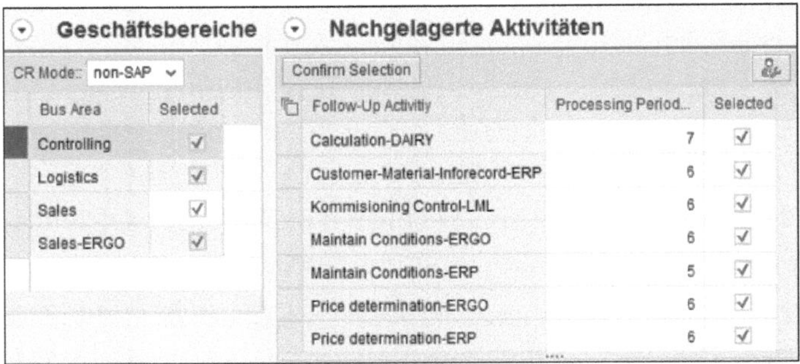

Abbildung 7.18 Folgeaktivitäten in SAP ERP bzw. SAP S/4HANA auswählen

Abgeleitete Vorbelegung

Im linken Teilbereich finden sich die Fachabteilungen wieder, die später in der Bearbeiterfindung beim Abarbeiten des Workflows genutzt werden. Das Ziel war es hier, einen höchstmöglichen Grad der Automatisierung zu erreichen und das Risiko durch Fehler von Anwendern so gering wie möglich zu halten. Aus diesem Grund sind die bereits vorbelegten Felder nicht abwählbar. Wählt der Verantwortliche weitere Abteilungen für die Datenpflege aus, können diese später im Workflow auch ihren Schritt einfach überspringen, falls sie fälschlicherweise ausgewählt wurden.

Im rechten Abschnitt befinden sich alle Folgeaktivitäten, die außerhalb des MDG-Systems erfolgen müssen. Dies können Schritte in einem SAP-ERP- bzw. SAP-S/4HANA-System sein, aber auch völlig vom System losgelöste Aktivitäten, die aus Sicht der gesamtheitlichen Prozessbetrachtung hier überwacht werden sollen. Auch hier gibt es eine Vorbelegung in Abhängigkeit der Materialart oder anderen Attributen, die in einer Selektionstabelle im Hintergrund hinterlegt sind. So müssen z. B. für Rohstoffe auf jeden Fall Einkaufsdaten (wie Einkaufsinfosätze) vorhanden sein, wohingegen ein selbst hergestelltes Fertigprodukt eine gültige Kalkulation und Verkaufskonditionen aufweisen sollte. Natürlich lassen sich auch andere Kriterien für die Vorbelegung in der Selektionstabelle abbilden.

Da es sich bei all diesen Aktivitäten um Aufgaben in anderen Systemen handelt, wird SAP MDG als Erinnerungs- und Tracking-Tool genutzt. Die Erinnerung kann auch als Benachrichtigung definiert werden, die in die jeweilige Inbox in SAP MDG gelegt wird. In Abbildung 7.19 sehen Sie einen Ausschnitt aus der klassischen UWL.

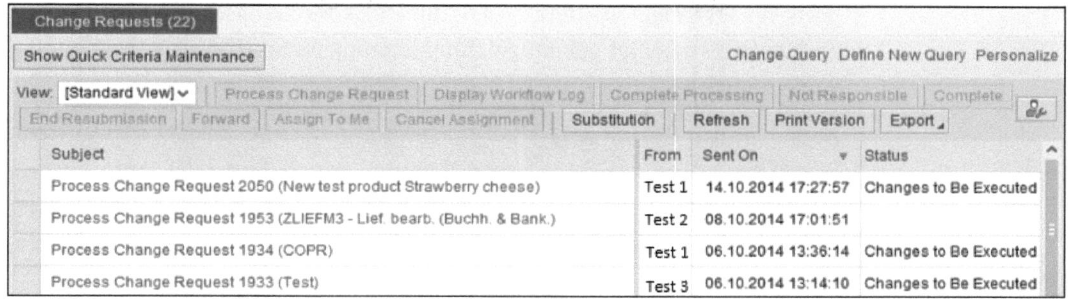

Abbildung 7.19 Change Request in SAP MDG aus der Spezifikation

Inbox des Benutzers

In dieser Inbox finden sich sowohl die standardmäßigen Benachrichtigungen zur Weiterbearbeitung des Workflows als auch alle sonstigen Benachrichtigungen. Der Unterschied ist hierbei, dass bei einem Workflow-Schritt durch einen Klick auf den Text direkt in das Work Item abgesprungen wird und mit der Bearbeitung begonnen werden kann. Bei den reinen Erinnerungen an eine Aufgabe ist dies nicht der Fall. Dies ist jedoch auch durchaus verständlich, da – wie bereits erwähnt – die meisten dieser Aktivitäten außerhalb des MDG-Systems stattfinden. Aus diesem Grund muss auch eine manuelle Brücke geschlagen werden, um den Systembruch zu überwinden. In Abbildung 7.20 sehen Sie eine Eingabemaske hierzu, die durch eine manuelle Aktivität die Verbindung zwischen den Systemen herstellt.

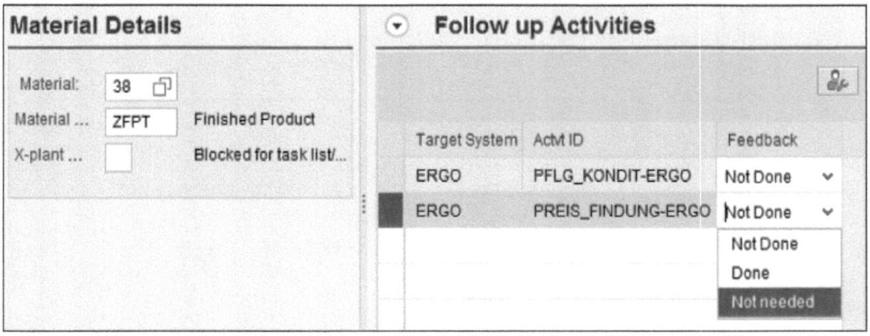

Abbildung 7.20 Rückmeldung zur Erledigung der Folgeaktivitäten

Folgeaktivitäten und Produktlebenszyklus

Nachdem der Benutzer seine Aufgaben in einem externen System erledigt hat, kann er in dieser Maske im linken Bereich das Material eingeben. Im rechten Bereich finden sich dann alle Aktivitäten wieder, die zu Beginn des Workflows als relevant für das Material definiert wurden. Hier kann nun pro Schritt die Auswahl getroffen werden, ob die Aktivität erledigt wurde oder aber nicht notwendig ist. Auch hier kann es ja vorkommen, dass bei der Auswahl zu viele Aktivitäten ausgewählt wurden. Auf jeden Fall ist eine aktive Auswahl notwendig. Gleichzeitig kann in einer Prüftabelle eine Reihenfolge festgelegt werden. Ist dies der Fall, können bestimmte Aktivitäten erst dann als erledigt gekennzeichnet werden, wenn eine als Vorgänger gekennzeichnete Aufgabe auch bereits erledigt gemeldet wurde.

Nachdem wir bisher das Hauptaugenmerk auf die benutzerspezifische Pflege der Daten gerichtet haben, schauen wir uns nun die Verknüpfung mit dem Produktlebenszyklus im System an. Abbildung 7.21 gibt einen Überblick über das Konzept und die in einer bestimmten Phase involvierten Systeme.

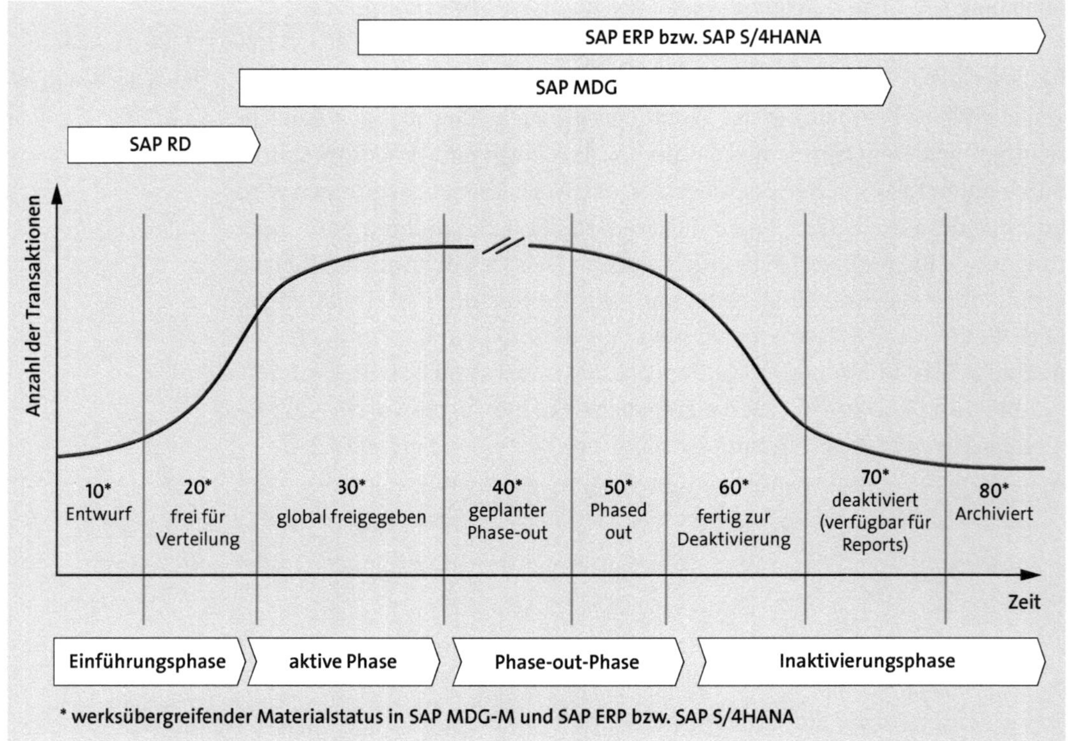

Abbildung 7.21 Phasen des Produktlebenszyklus

Phasen des Produktlebenszyklus

Die oberste Ebene der Unterteilung zeigt das System, in dem sich der Prozess zum jeweils aktuellen Zeitpunkt befindet. Auf der unteren Ebene sehen Sie die vier Phasen, die in diesem Beispiel für den Produktlebenszyklus definiert wurden:

- **Einführungsphase**
  Hier geht es darum, das Produkt sowohl im System als auch am Markt zu etablieren. Das heißt, dass alle Vorbereitungen zur späteren Verwen-

dung im System abgeschlossen werden, um danach die aktiven Geschäftsprozesse bedienen zu können. Wichtig ist es hier, alle Entscheidungen zu treffen, die Einfluss auf die Verfügbarkeit in allen benötigten Systemen haben.

- **Aktive Phase**
  Das Produkt wurde mit allen benötigten Informationen und anderen abhängigen Stammdatenobjekten im System angelegt und final freigegeben. Einkaufs-, Produktions- und Vertriebsprozesse können entsprechend bedient werden. In diesem Zeitraum werden die Erträge mit dem Produkt erwirtschaftet.
- **Phase-out-Phase**
  In dieser Phase wurde die Entscheidung getroffen, das Produkt bald vom Markt zu nehmen. Dies kann durch eine Änderung des Produktportfolios oder durch eine Ablösung durch ein Nachfolgeprodukt ausgelöst werden. Diese Entscheidung trifft meist der verantwortliche Produktmanager. In dieser Phase ist es wichtig, alle vorbereitenden Maßnahmen anzustoßen, damit auch aus Systemsicht ein sauberer Abschluss gewährleistet werden kann.
- **Inaktivierungsphase**
  Hier geht es darum, alle systemrelevanten Aktivitäten durchzuführen, um das Produkt ohne Datenrückstände aus dem System zu entfernen. Letztendlich ist es die Zielsetzung des Governance-Prozesses, immer einen aktuellen Stand der Informationen im System zu haben, der die Realität widerspiegelt.

Phasen zuordnen

Der letzte Teil ist die Zuordnung dieser Phasen zu einer Information, die eineindeutig im System verfügbar ist. In diesem Fall hat man sich für den werksübergreifenden Materialstatus entschieden (Datenfeld `MARA-MSTAE`). Diese Information gilt also für alle Organisationseinheiten in SAP ERP bzw. SAP S/4HANA. Wäre eine Unterscheidung auf Werksebene notwendig, würde sich noch der werksspezifische Materialstatus anbieten. Aus Stammdatensicht ist jedoch der werksübergreifende Status passender, da sich damit auch der komplette Lebenszyklus bis hin zur Archivierung abbilden lassen soll und dieser Vorgang auf oberster Ebene erfolgt. Natürlich spricht jedoch nichts dagegen, eine Kombination von beiden Status zu benutzen, wobei auch hier immer gilt, dass der werksübergreifende Status stärker ist und alle anderen Einstellungen überlagert. In Abbildung 7.22 sehen Sie die Zuordnung der Statuswerte zu den entsprechenden Phasen und deren Bedeutung.

Phase	Status		Beschreibung
Einführungsphase	10	Entwurf	CR für ein neues Material gestartet, keine Verteilung.
	20	frei für Verteilung	Verteilung des Materials an empfangende Systeme verfügbar, beschränkte Nutzung in Transaktionen.
aktive Phase	30	global freigegeben	Material freigegeben. Unbeschränkte Nutzung in Transaktionen.
Phase-out-Phase	40	geplanter Phase out	Entscheidung für Stopp der Materialverkäufe getroffen. Planung des Phase out hat begonnen.
	50	Phased out	Material-Phase-out-Prozess abgeschlossen.
Inaktivierungsphase	60	fertig zur Deaktivierung	Lokale Aktivitäten zur Deaktivierung gestartet, z.B. Ausverkauf oder Vernichtung der Bestände.
	70	deaktiviert (verfügbar für Reports)	Alle SAP-ERP- bzw. SAP-S/4HANA-Transaktionen sind blockiert. Material aber weiterhin für Reporting verfügbar.
	80	archiviert	Nach einer festgelegten Zeit Status auf 80 und Archivierung. Nicht mehr für Reporting verfügbar.

Das Materialstatuskonzept ist durch das »Werksübergreifende Materialstatus«-Feld gesteuert und wird an die angeschlossenen, empfangenden Systeme verteillt. In SAP ERP bzw. SAP S/4HANA existiert ein entsprechendes Customizing.

Abbildung 7.22 Materialstatus im Produktlebenszyklus

Materialstatuswerte

Die Werte des Materialstatus sind hierbei vollkommen frei wählbar. In diesem Fall wurden Zehnerschritte gewählt, um auch später noch weitere Statuswerte nachträglich einbauen zu können. Auch die Anzahl der Schritte kann von Fall zu Fall variieren. Neben dieser Basisdefinition der Werte existiert auch hier eine Prüftabelle im Hintergrund, in der festgelegt wird, welcher Arbeitsschritt zur Anhebung des Wertes im Materialstatus führt.

Das Feld selbst kann nicht aktiv gepflegt werden, sondern enthält immer einen abgeleiteten Wert. Nachdem Sie das Feld und dessen Verwendung kennengelernt haben, stellt sich als Nächstes die Frage, wie wir den Inhalt des Feldes so verwenden können, dass auch die Konsequenz eintritt, die wir beabsichtigen. Hierzu müssen wir zuerst wieder zwischen SAP MDG und SAP ERP bzw. SAP S/4HANA unterscheiden. SAP MDG ist das System, in dem der Wert nach oben gezählt wird. Dies passiert abhängig von dem Pflegefortschritt im Materialanlageprozess oder durch die Rückmeldung der Folgeaktivitäten aus den angebundenen Systemen.

Nehmen wir hierzu einmal den Wert 30 als Beispiel. Dieser bedeutet, dass das Material global freigegeben ist. Übersetzen wir dies nun in unseren Materialpflege-Workflow (siehe Abbildung 7.17), erreichen wir diesen Zustand durch die finale Genehmigung des Beantragers N+2. Gleichzeitig bedeutet dies nun die Verteilung der Materialstammdaten aus SAP MDG in alle angebundenen Systeme. Bei dieser Verteilung wird natürlich auch das Feld des Materialstatus selbst mit nach SAP ERP bzw. SAP S/4HANA übertragen.

Statuswerte für das Customizing in SAP ERP bzw. in SAP S/4HANA

Nun möchten wir auch sicherstellen, dass sich auch SAP ERP bzw. SAP S/4HANA während der Durchführung der Prozesse gemäß dem Materialstatus verhält. Hierzu sehen Sie in Abbildung 7.23 eine Matrix, die ein Customizing im SAP-ERP- bzw. SAP-S/4HANA-System darstellt und dort gepflegt werden muss.

Status	Statusname	werksübergreifender Materialstatus														
		Einkauf	Rezept/Stückliste	Produktion	Bestandsführung	Lagerverwaltung	KostenKalkulation	Bestellungen	Lieferungen	Musterlieferungen	Rückläufer	Kredit/Debit	Lieferplan	Vertrag	Produktvorschlag	Rechnung
10	Entwurf	–	–	–	–	–	–	–	–	–	–	–	–	–	–	–
20	frei für Verteilung	W	W	W	B	W		B	B	B	B	B	W	W		
30	global freigegeben	W	W	W												
40	geplanter Phase out							W					W	W		
50	Phased out	W	W	B	W			W			W		W	W		
60	fertig zur Deaktivierung	B	B	B	W	W	W	B	B	B	W	W	B	B	B	W
70	deaktiviert	B	B	B	B	B	B	B	B	B	B	B	B	B	B	B
80	archiviert	B	B	B	B	B	B	B	B	B	B	B	B	B	B	B

Abbildung 7.23 Customizing-Einstellung für den Materialstatus in SAP ERP bzw. SAP S/4HANA

In der Kopfzeile der Matrix sehen Sie die gängigsten Prozesse, die mit den Materialstammdaten bedient werden. Abhängig von dem Wert des Materialstatus sehen Sie vier unterschiedliche Werte, die in Tabelle 7.5 beschrieben werden.

Wert	Bedeutung
–	Hier gibt es kein Customizing; es passiert noch nichts in SAP ERP bzw. SAP S/4HANA.
[blank]	Alle Transaktionen sind ohne Einschränkung verfügbar und können von jedem Benutzer mit der entsprechenden Berechtigung aufgerufen und ausgeführt werden.

Tabelle 7.5 Werte des Status-Customizings

Wert	Bedeutung
W	Beim Aufruf der Transaktion erhält der Benutzer eine Warnung, dass dieses Material für den Phase-out vorgesehen ist. Der Benutzer kann diese Warnung jedoch überspringen und die Transaktion trotzdem aufrufen.
B	Beim Aufruf der Transaktion erhält der Benutzer eine Fehlermeldung. Diese kann nicht übersprungen werden, d. h, dass die Transaktion in diesem Fall blockiert ist und nicht mehr ausgeführt werden kann.

Tabelle 7.5 Werte des Status-Customizings (Forts.)

Sehen wir uns dies anhand von zwei Werten aus Abbildung 7.23 einmal etwas genauer an:

- **Materialstatus 50 – Phased out**
  In diesem Status soll das Material vom Markt genommen werden, und alle Vorbereitungen dazu sind bereits abgeschlossen. In der Matrix sehen Sie dann, dass alle Aktivitäten, die mit der Beschaffung zu tun haben, ein »W« für eine Warnung beinhalten und dass die Produktion ein »B« für einen kompletten Block beinhaltet. Das heißt, dass nicht mehr nachproduziert werden kann. Gleichzeitig sind alle Prozesse, die zur Reduzierung des Lagebestandes beitragen, uneingeschränkt verfügbar.
- **Materialstatus 60 – Fertig zur Deaktivierung**
  Da wir uns jetzt bereits kurz vor der Archivierung der Daten im System befinden, sind nun alle Prozesse und Transaktionen mit einer Warnung oder einem Block versehen. Auch hier ist alles, was zur Reduzierung von etwaigen Lagerbeständen beiträgt, durch Überspringen der Warnung noch verfügbar. Gleichzeitig kann der Benutzer keine Transaktion mehr ausführen, ohne über den bevorstehenden »Verlust« dieses Materials informiert zu werden.

Customizing-Transaktion in SAP ERP bzw. in SAP S/4HANA

Ist dann der Zeitpunkt der Archivierung gekommen, sollten im Vorfeld bereits alle notwendigen Prüfungen stattgefunden haben. So sollte das Material nicht mehr als Kopfmaterial oder als Komponenten in einer aktiven Stückliste vorkommen noch sollte es offene Dokumente oder Lagerbestände dafür geben. Diese Prüfung lässt sich entweder systemgestützt durchführen, oder der Produktmanager stellt dies durch einen organisatorischen Ablauf sicher. In den folgenden beiden Abbildungen sehen Sie, wo man solch ein Customizing, basierend auf dem Materialstatus in SAP ERP bzw. SAP S/4HANA, einrichten kann. Abbildung 7.24 zeigt hierbei den Einstieg in den SAP-Einführungsleitfaden (Transaktion SPRO). Folgen Sie hierzu dem Pfad **Logistik Allgemein • Materialstamm • Einstellung zentraler Felder • Materialstatus definieren**.

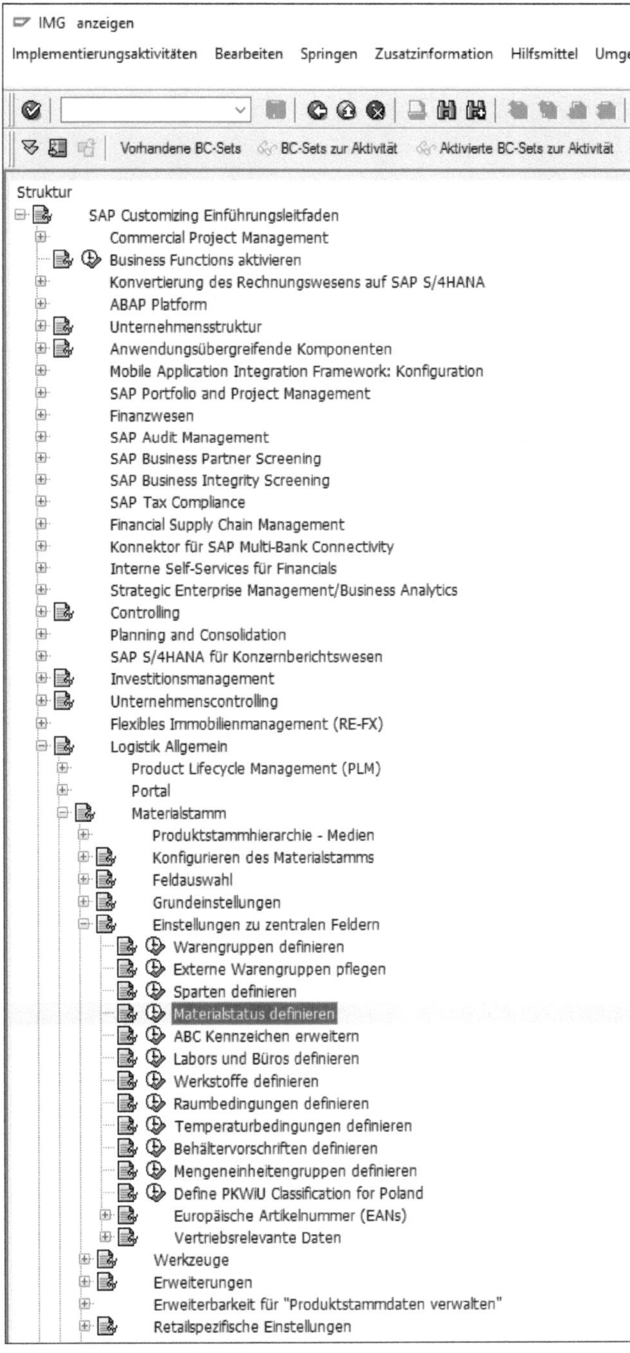

Abbildung 7.24 Materialstatus im Einführungsleitfaden von SAP ERP bzw. SAP S/4HANA

Definieren Sie nun Ihre Statuswerte (in unserem Beispiel 10–80), und setzen Sie dann, wie in Abbildung 7.25, die jeweiligen Aktionen für diesen Status. Auch hierbei bedeutet ein leeres Feld, dass es für diesen Bereich keine Einschränkung gibt. »W« steht für eine Warnung, die der Benutzer überspringen kann, und »B« steht für eine Blockade der Transaktion, die er nicht umgehen kann (siehe Tabelle 7.5).

Abbildung 7.25 Customizing-Details eines Statuswertes

Pflegeprozess überwachen

Um alle Anforderungen des Managements zu erfüllen, müssen wir noch einen Überblick für den Produktmanager entwickeln, in dem sich der Manager leicht über den Fortschritt seiner Produkteinführung informieren kann. Hierzu setzen wir auf ein spezielles kleines Reporting. In Abbildung 7.26 sehen Sie die Auswahlmaske, in der der Benutzer auswählen kann, ob er den Fortschritt im MDG-Workflow, in SAP RD oder in der Rückmeldung der Folgeaktivitäten sehen möchte oder ob ihm der Gesamtfortschritt präsentiert werden soll. Falls in der Prüftabelle auch noch durchschnittliche Laufzeiten hinterlegt wurden, bis wann solch eine Aufgabe abgeschlossen sein muss, kann er sich auch alle überfälligen Aktivitäten anzeigen lassen.

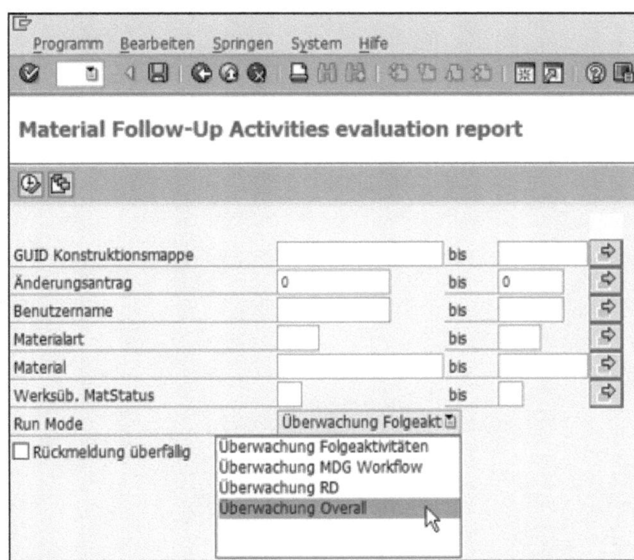

Abbildung 7.26 Auswahlmaske für den Statusreport

Projektstatus

Während der Produktentwicklung wurde die Konstruktionsmappe ja als Sammelbehälter in SAP RD verwendet. In Abbildung 7.27 sehen Sie das Ergebnis einer Anfrage des Produktmanagers über die Suchmaske aus Abbildung 7.26. Für den Produktmanager ist der Gesamtüberblick über alle mit seinem Fertigprodukt verbundenen Komponenten von entscheidender Bedeutung. Diese Information findet sich nun auch in dieser Tabelle. Sie sehen die Nummer der Konstruktionsmappe und alle damit verbundenen Spezifikationen in SAP RD. Gleichzeitig sehen Sie, ob es für die Spezifikation schon eine Materialnummer im System gibt und mit welcher Änderungsantragsnummer dieses Material entweder schon angelegt wurde oder noch in Bearbeitung ist. Des Weiteren wird angezeigt, wer der Änderungsantrags-Owner ist und ob der Änderungsantrag bereits in SAP MDG aktiviert wurde. So kann der Produktmanager den gesamten Fortschritt überwachen und auch bei den aktuellen Bearbeitern nachfragen, wenn der Anlageprozess irgendwo ins Stocken geraten sollte.

Bis hierhin haben wir Ihnen gezeigt, wie die ursprünglichen, recht allgemeinen Anforderungen der Geschäftsleitung konkret in einem Projekt umgesetzt wurden. In den folgenden beiden Tabellen (Tabelle 7.6 und Tabelle 7.7) finden sich die eingesetzten Werkzeuge und Maßnahmen nochmals als Zusammenfassung.

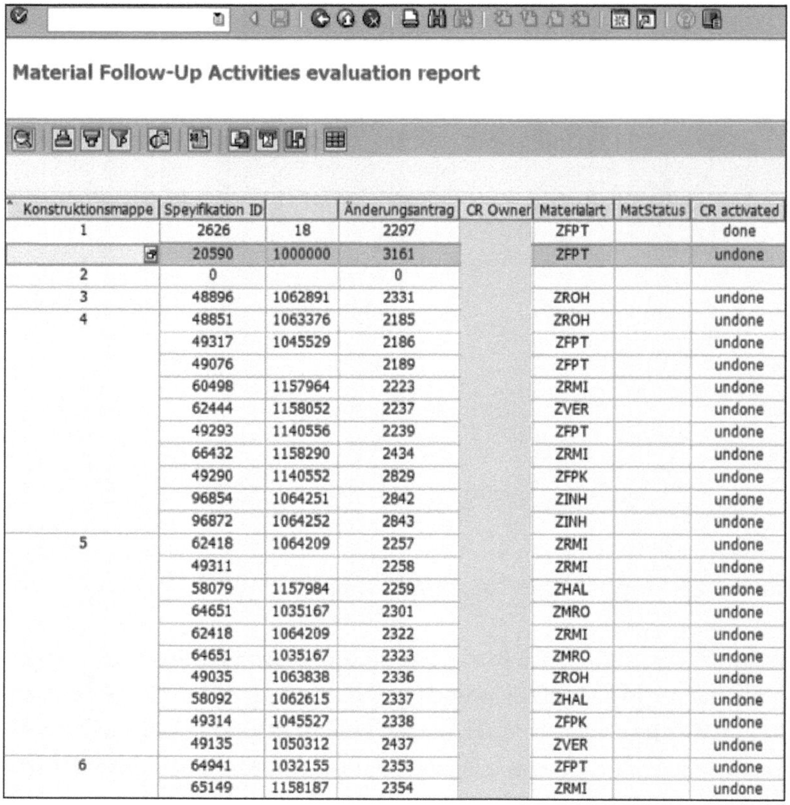

Material Follow-Up Activities evaluation report

Konstruktionsmappe	Speyifikation ID		Änderungsantrag	CR Owner	Materialart	MatStatus	CR activated
1	2626	18	2297		ZFPT		done
	20590	1000000	3161		ZFPT		undone
2	0		0				
3	48896	1062891	2331		ZROH		undone
4	48851	1063376	2185		ZROH		undone
	49317	1045529	2186		ZFPT		undone
	49076		2189		ZFPT		undone
	60498	1157964	2223		ZRMI		undone
	62444	1158052	2237		ZVER		undone
	49293	1140556	2239		ZFPT		undone
	66432	1158290	2434		ZRMI		undone
	49290	1140552	2829		ZFPK		undone
	96854	1064251	2842		ZINH		undone
	96872	1064252	2843		ZINH		undone
5	62418	1064209	2257		ZRMI		undone
	49311		2258		ZRMI		undone
	58079	1157984	2259		ZHAL		undone
	64651	1035167	2301		ZMRO		undone
	62418	1064209	2322		ZRMI		undone
	64651	1035167	2323		ZMRO		undone
	49035	1063838	2336		ZROH		undone
	58092	1062615	2337		ZHAL		undone
	49314	1045527	2338		ZFPK		undone
	49135	1050312	2437		ZVER		undone
6	64941	1032155	2353		ZFPT		undone
	65149	1158187	2354		ZRMI		undone

Abbildung 7.27 Statusreport

Alle dieses Tools und Maßnahmen wurden in den vorangehenden Kapiteln bereits ausführlich vorgestellt. In Ihrem Projekt bedienen Sie sich quasi wie aus einem »Einkaufswagen« aus all diesen Komponenten und bauen sie, je nach der Ihnen gestellten Aufgabe, entsprechend in Ihrem Projekt zusammen. Schauen wir uns also zuerst noch einmal die Werkzeuge und ihren Verwendungszweck in diesem Fallbeispiel an (siehe Tabelle 7.6).

Werkzeug	Kategorie	Zweck
SAP RD	Quellsystem	▪ Datensammler im System von der ersten Produktidee bis hin zur fertigen Rezeptur ▪ Datenquelle für alle Spezifikationen und Rezepturen ▪ Startpunkt der Materialanlage

Tabelle 7.6 Werkzeuge im Fallbeispiel und ihr Verwendungszweck

Werkzeug	Kategorie	Zweck
SAP MDG	Quellsystem	■ Referenzquelle für Materialstammdaten ■ Eigenes Hub-System ■ Pflegetool für Stammdatenanreicherung ■ Verwaltungstool des Materialstatus und Lebenszyklussteuerung
SAP ERP bzw. S/4HANA und Nicht-SAP-ERP-Systeme	Quellsystem	■ Prozessabwicklung ■ Pflege der Folgeaktivitäten ■ Customizing zur Steuerung des Produktlebenszyklus ■ Konsument der Daten aus SAP RD und SAP MDG
SAP Process Orchestration (SAP PO)	Verteillogik	■ Datenverteilung aus dem MDG-Hub an alle empfangenden Systeme per IDoc oder Webservice ■ Auslagerung von Zeitsteuerungslogiken ■ Filter für Stammdatenumfang pro System
BRFplus	Quellsystem	■ Regelwerk in SAP MDG zur Datenvalidierung während der Bearbeitung ■ Ableitung bestimmter Vorbelegungen gemäß Prüftabellen ■ Erhöhung des Materialstatus gemäß Regelwerk
Workflow	Datenpflege	■ Pflege der Daten in SAP MDG nach dem Start aus SAP RD ■ Steuerung der involvierten Bereiche und dazugehörige Bearbeiterfindung ■ Governance über den Pflegeprozess und Freigabe der gepflegten Daten durch den Verantwortlichen

Tabelle 7.6 Werkzeuge im Fallbeispiel und ihr Verwendungszweck (Forts.)

Nach den einzelnen Werkzeugen zeigt Tabelle 7.7 die eigentlichen Maßnahmen, die innerhalb des Projekts umgesetzt wurden, und welche Auswirkungen sie auf neu einzuführende Systeme oder die bestehende Organisation haben. Insbesondere im Bereich der Organisation spielen dann auch die Konzepte aus dem Bereich des Change Managements, die wir in Abschnitt 2.8, »Change und Stakeholder-Management im Projekt«, vorgestellt haben, eine entscheidende Rolle.

	Auswirkung der Maßnahme auf ...		
Maßnahme	**Prozess**	**System**	**Organisation**
SAP RD zur Steuerung der zentralen Aktivitäten implementieren	▪ Spezifikations- und Rezepturentwicklung ▪ Definition der Datenpflege und des Workflow-Designs (Laufweg)	▪ Hub Deployment von SAP RD auf dem gleichen System wie SAP MDG ▪ Datenquelle für Spezifikation und Rezepturen zur Synchronisation mit den Stücklisten in SAP ERP bzw. SAP S/4HANA	▪ Produkt- und Verpackungsentwicklung, arbeitet jetzt von Beginn an systemgestützt. ▪ Etablierung der neuen Rolle für die integrierte Datenpflege in der Entwicklungsabteilung
SAP MDG zur Steuerung der zentralen Aktivitäten implementieren	Workflow-Design mit unterschiedlicher Komplexität je nach Geschäftseinheit	▪ Hub Deployment von MDG-M ▪ Datenquelle der Materialstammdaten zur Verteilung durch SAP PO an alle empfangenden Systeme	▪ Etablierung der neuen Rolle für den Produktverantwortlichen ▪ Etablierung der neuen Rolle für den Datenqualitätsverantwortlichen ▪ Aufbau einer zentralen Governance-Abteilung
Konzept für den Produktlebenszyklus und Statussteuerung implementieren	Steuerung des Produktlebenszyklus von der ersten Idee bis hin zur Archivierung im System	▪ MDG Hub und SAP ERP bzw. SAP S/4HANA ▪ Ableitung des Status in MDG und Customizing in SAP ERP bzw. SAP S/4HANA	Neue Rolle des Produktmanagers als Verantwortlicher für den Produktlebenszyklus im System

Tabelle 7.7 Maßnahmen und ihre Auswirkungen zur Zielerreichung im Fallbeispiel

	Auswirkung der Maßnahme auf ...		
Maßnahme	**Prozess**	**System**	**Organisation**
neue Rollen für Stammdatenorganisation definieren	Pflege- und Freigabeschritt im Workflow ist Pflicht bei Neuanlagen und bei einer Änderung des Materials und des Lebenszyklusstatus	▪ Das Rollenprofil für die Stammdatenmanager muss hinterlegt werden. ▪ Die Bearbeiterfindung der einzelnen Workflow-Schritte muss wertebasiert (z. B. nach Geschäftseinheit) arbeiten können.	▪ Geschäftsbereich benennt Verantwortliche pro Rolle (Produktmanager, Datenpflege, Freigabe). ▪ Headcount wird eventuell aus der lokalen Organisation in eine neue zentrale Organisation verschoben.

Tabelle 7.7 Maßnahmen und ihre Auswirkungen zur Zielerreichung im Fallbeispiel (Forts.)

Integration als größte Herausforderung

Zum Ende dieses Fallbeispiels schauen wir uns noch mal die besonderen Herausforderungen in diesem Projekt an. Unser Ziel war es, einen integrierten systemgestützten Prozess von A bis Z zu implementieren. Dies bedingt, dass die verschiedenen Abteilungen (z. B. Entwicklung, Marketing und Vertrieb) sowie die Supply Chain an einem Strang ziehen müssen.

Normalerweise haben diese Bereiche sehr wenig miteinander zu tun und sprechen auch völlig unterschiedliche »Sprachen«, die auf der jeweiligen Abteilungssichtweise beruhen. Plötzlich müssen nun jedoch alle in einem integrierten System arbeiten, und die kleinste Veränderung der Entwicklung an einer Produktspezifikation oder des Marketings an einem Verpackungsdesign zieht sich durch alle Bereiche hindurch.

Neben der Nutzung der eigentlichen Werkzeuge bestand also die viel größere Herausforderung darin, ein gemeinsames Verständnis der neuen Situation zu schaffen und neue Verantwortlichkeiten so zu definieren und zu verteilen, dass die richtigen Personen aus der richtigen Abteilung zum richtigen Zeitpunkt im richtigen System ihre Arbeit erledigen können – und zwar so, dass am Ende auch alles aus der integrierten Sichtweise zusammenpasst.

Hier zeigt sich nun wieder, wie wichtig es ist, einen Integrationsmanager zu haben, der die vielen einzelnen Fäden im Projekt zu einem gemeinsamen Ganzen verknüpfen muss. Genau dies ist der typische Charakter einer

MDM-Initiative: in einer unter Governance stehenden Umgebung systemtechnisch, organisatorisch und auf der Prozessebene alle Bereiche zu verbinden und zu einem nachhaltigen Mehrwert für das Unternehmen zu führen.

7.3 Fallstudie: Kundenstammdaten

Wie kann ich meinen Kunden besser kennenlernen? Die Fallstudie dieses Kapitels befasst sich mit dem Thema Kundenstamm. Zweifellos ist dies wegen seiner organisatorischen und prozessorientierten Aspekte ein sehr komplexes Thema, da bei dieser Domäne selten zu wenige Stakeholder bereitstehen und die beteiligten Organisationen meist sehr empfindlich sind, wenn es um »ihre« Kunden und »ihre« Kundendaten geht. Dabei ist der Begriff dessen, was ein Kunde ist, durchaus ambivalent, wie Sie in Kapitel 1, »Warum ist Stammdatenmanagement wichtig für Ihre Organisation?«, gesehen haben.

7.3.1 Ausgangslage

Die hier vorgestellte Fallstudie befasst sich mit einem global agierenden Konzern, der durch eine zehnjährige Geschichte anorganischen Wachstums gegangen ist. Die zahlreichen zugekauften Unternehmen agieren weitgehend autark als selbstständige Marken in ihren eigenen Systemen, mit eigenen Prozessen und in weitgehend eigenverantwortlichen Organisationen. Dies entsprach der bisherigen Unternehmensstrategie und der gelebten Unternehmenskultur. Die unterschiedlichen Unternehmensteile weisen aus Sicht des Produkt- und Dienstleistungsportfolios nur sehr wenige Überlappungen auf. Allerdings verhalten sich die Produkte für eine Vielzahl der Kunden aus Gruppenperspektive komplementär, da sie an verschiedenen Stellen des kundeneigenen Produktionsprozesses eingesetzt werden können. Die Marktsituation der Unternehmensgruppe können wir als gemischt bezeichnen: In manchen Unternehmensbereichen ist unser Unternehmen Marktführer, in anderen Unternehmensbereichen hingegen ein Nischenspieler. Was keines der marktbegleitenden Unternehmen im Unterschied zu unserem Unternehmen aufweisen kann, ist allerdings die Kombination der Produkte und die Möglichkeit, logische Produkt- und Dienstleistungspakete anzubieten.

Zentrales Geschäftsproblem

Unser Unternehmen hat seine Lage analysiert und seine Unternehmensstrategie strukturell angepasst. Langfristig und Schritt für Schritt sollen nun Synergiepotenziale in der Unternehmensgruppe erschlossen werden, indem das Produktportfolio besser abgestimmt und paketiert wird und den Kunden umfassendere Lösungen für ihre Produktions- und Forschungsprozesse angeboten werden können. Diese umfassenden Lösungen schließen auch digitalisierte Produkte ein, die über die verkauften Rohstoffe, Halbfertigerzeugnisse sowie Fertig- und Handelsware hinausgehen und auch Advanced Analytics und Datendienste zu kundeneigenen Produktions- und Forschungsprozessen anbieten. Konkret lautet darum das zentrale Geschäftsproblem:

> *»Wie kann unser Organisationsnetzwerk kurzfristig in unseren einzelnen Unternehmensbestandteilen werttreibende Synergien identifizieren und realisieren und dabei gleichzeitig langfristig zu einem integrierten Unternehmen werden, das ein abgestimmtes Produktportfolio und digitale Dienstleistungen für alle unsere Kunden anbietet, um als* ***ein*** *Unternehmen und Marktführer auftreten zu können?«*

Wie in der Fallstudie zum Materialstamm wollen wir uns hier die einzelnen Bestandteile näher ansehen, bevor wir auf die abgeleitete zentrale Kundenstammfrage kommen. In der Fragestellung wird ganz klar, dass es sich um eine Kombination aus kurzfristigen und langfristigen Maßnahmen handeln soll, um die Position des Unternehmens neu auszurichten und als *ein* Unternehmen zu agieren und wahrgenommen zu werden. Beide Maßnahmenpakete müssen gleichzeitig erfolgen. Dabei müssen aber die Sachzwänge für die Organisation (Ressourcen und finanzielle Mittel) berücksichtigt werden, die sich durch die Maßnahmen ergeben.

Kurzfristig soll es darum gehen, mit taktischen Maßnahmen Wert zu generieren. Diese Maßnahmen sollen allerdings das langfristige strategische Ziel eines integrierten Unternehmens nicht nachhaltig behindern. Im besten Fall ergänzen sich die taktischen und strategischen Maßnahmen sogar und sind Teil des gesamten Transformationsprozesses. Wichtig ist, dass der Wandel nicht das laufende Geschäft ernsthaft stören darf.

Langfristige Planung

Die langfristige Planung schließt einen umfassenden One-ERP bzw. -SAP-S/4HANA-Ansatz ein, der sich konsequent auf den Ebenen Salesforce-CRM, SAP BW, Supply Chain, SAP SRM usw. fortsetzt. Die Zeitlinie der langfristigen Planung sieht zwar einen aggressiven Bau und ein anschließendes Ausrollprogramm vor, dennoch ist hier von einem mehrjährigen Programm auszugehen. Derzeit betreut jede Unternehmensmarke weitgehend autarke Instanzen der aufgezählten Systeme und dazugehörigen Prozesse. Das Ergebnis der Transformation ist eine homogene und integrierte Plattform, die die digitale Ausrichtung des Unternehmens unterstützen und befähigen sowie eine ganzheitliche Betrachtung der Kunden und Produkte ermöglichen soll. Der Klarheit halber und in Analogie zur Materialstammfallstudie sei an dieser Stelle darauf hingewiesen, dass die stammdatenbezogenen Aktivitäten allein keine umfassende Antwortung auf die Frage liefern können. Allerdings liefern Sie entscheidende Schlüssel, um die Frage sinnvoll und wertstiftend zu beantworten.

Zentrales Stammdatenproblem

Ein Teil der langfristigen Strategie ist es, SAP MDG für alle zentralen Stammdatendomänen (Kunde, Material, Lieferanten, Finanzen) einzuführen. Obwohl es sehr anspruchsvoll ist, SAP MDG als Teil eines unternehmensweiten Transformationsprogramms einzuführen, wollen wir uns jedoch an dieser Stelle nicht ausschließlich mit der langfristigen Greenfield-Lösung beschäftigen. Stattdessen befassen wir uns mit der aus unserer Sicht ebenso herausfordernden Aufgabe, SAP-Stammdatenmanagementwerkzeuge für den taktischen Einsatz zu nutzen, und wir sehen uns an, welchen Beitrag sie zur Überführung in den strategisch-langfristigen Bereich leisten.

Wir wollen also betrachten, wie SAP MDG aktiver Teil des Transformationsprozesses werden kann und eben nicht nur allein als Teil der langfristigen SAP-ERP- bzw. SAP-S/4HANA-Strategieumsetzungsprojekte bestehen kann. Da wir uns spezifisch mit dem Kundenstamm befassen wollen, werden andere Stammdatendomänen hier ausgeklammert. Die konkrete Fragestellung in Hinblick auf die Stammdaten lautet also:

> *»Wie schaffen wir es, dass wir den uneinheitlichen Kundenstamm so nutzen, dass wir kurzfristig zwischen den Unternehmensteilen Gelegenheiten für Synergien identifizieren und realisieren, ohne den laufenden Betrieb zu gefährden, ihn wenn möglich sogar zu verbessern? Wie schaffen wir es darüber hinaus, mit den kurzfristigen Maßnahmen die Grundlage für eine langfristige homogen-integrierte Plattform zu schaffen, um Advanced-Analytics-Lösungen nutzen zu können, damit wir unsere Kunden besser verstehen und bedienen können?«*

Handlungsbereiche

Im Folgenden unterteilen wir auch diese Fragestellung etwas weiter, um die konkreten Handlungsbereiche zu identifizieren. Wie das Geschäftsproblem ist auch die Stammdatenfrage in einen kurzfristigen und einen langfristigen Aspekt unterteilt. Für den kurzfristigen Teil gilt die Prämisse, mit dem Kundenstamm einen Wertbeitrag für die Organisation zu schaffen. Durch den Abgleich der Kundenstämme unter den verschiedenen Systemen sollen Synergien erzeugt werden, um damit Cross- und Upsell-Gelegenheiten zu realisieren. Damit soll auch der derzeitige operative Prozess verbessert werden. Auf keinen Fall soll durch den Transformationsprozess die operative Leistung der Organisation negativ beeinträchtigt werden. Der langfristige Aspekt zielt darauf ab, die Grundlagen aus den kurzfristigen Kundenabgleichs- und Verbesserungsmaßnahmen zu nutzen, um einen Ende-zu-Ende-integrierten Prozess zu befähigen. Dazu müssen wir die folgenden Themenbereiche behandeln:

- Abgleich der Kundenstammdaten und Transparentmachung der Ergebnisse auf laufender Basis
- dedizierte Verbesserung der laufenden Operation mithilfe des Abgleichs
- langfristig integriertes Design des Lead-to-Cash-Zyklus, um u. a. die Effektivität der Marketinginitiativen für die neuen Produktpakete zu messen

Roadmap

Die genannten Bereiche bauen aufeinander auf und sind so auch schon ein erster Nachweis für den hier dargestellten nachhaltigen Ansatz, der taktische und strategische Maßnahmen mit Blick auf das langfristige Ziel einer homogenen Prozess- und Systemlandschaft miteinander verbindet. Abbildung 7.28 macht den integrierten Ansatz nochmals deutlich und hat gleichzeitig Roadmap-Charakter. Diese Darstellung kann im Laufe des Programms immer wieder aktualisiert und weiterentwickelt werden. Mit ihrer Hilfe erzeugen wir eine kohärente und nachvollziehbare Geschichte und sorgen für Orientierung. Darüber hinaus kann, basierend auf dieser Abbildung, der Fortschritt in Zahlen berichtet werden, wie Sie später sehen werden.

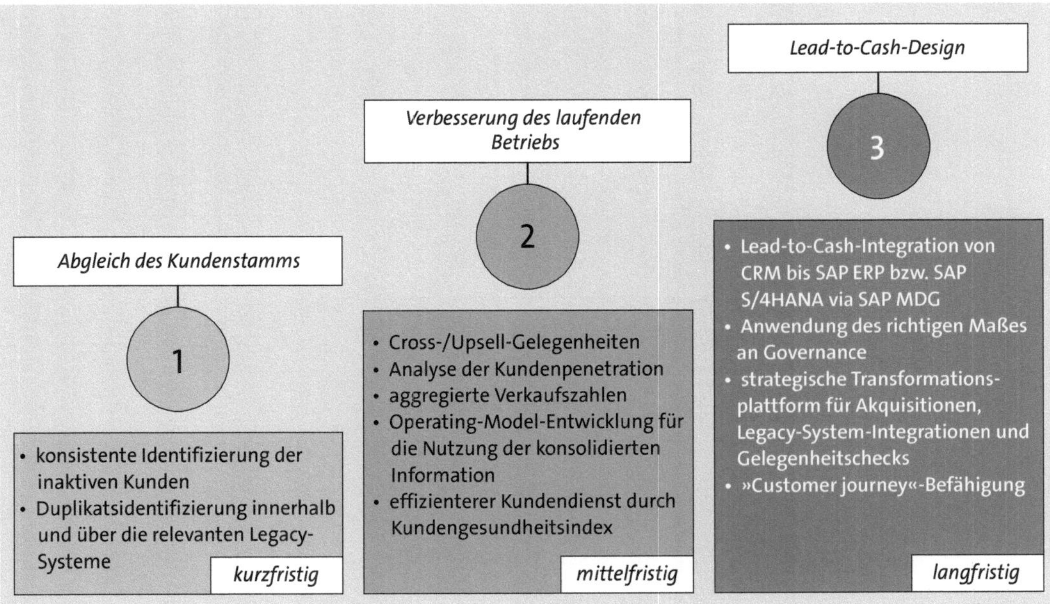

Abbildung 7.28 Kundenstamm-Roadmap mit kurz-, mittel- und langfristigen Zielen und Lieferergebnissen

Im Folgenden haben wir speziell darauf geachtet, dass die vorgeschlagenen Lösungen in engem Zusammenhang mit den bislang beschriebenen Problemen stehen; die Ergebnisse haben wir am Ende in einer Tabelle zusammengefasst. Dabei sehen Sie, dass der Ansatz die Prinzipien der Flexibilität und Governance in einem ausgewogenen Verhältnis hält.

7.3.2 Abgleich des Kundenstamms

Fangen wir nun mit dem ersten zentralen Thema an, dem Abgleich der Kundenstammdaten. Dies ist ein Thema, das immer wieder auf der Agenda von Business Excellence, Customer Service, Accounts Receivables und Data-Governance-Organisationen steht, sei es bei Datenmigrationsinitiativen, bei Akquisitionen oder bei sporadischen Aufräumaktionen. Viele Organisationen haben hier schon Versuche unternommen, um dieses Verfahren zu meistern. Allerdings ist dies auch ein Thema, bei dem schnell Frustration entstehen kann. Ein Hauptgrund dafür ist aus unserer Sicht, dass es hier bislang keinen robust etablierten und operativ umsetzbaren Prozess gibt. Dass aber genau dies mit der Konsolidierungskomponente von SAP MDG gelingen kann, zeigen wir hier.

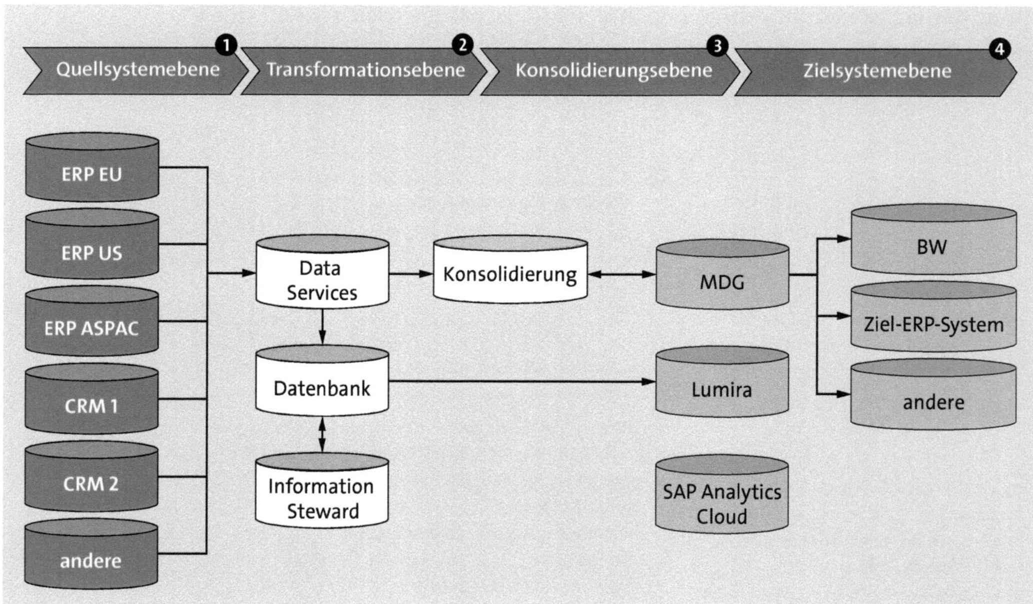

Abbildung 7.29 Architektur für das Management des Kundenstamms

Architektur Zunächst wollen wir die grundsätzliche Architektur klären. Abbildung 7.29 zeigt eine mehrgliedrige Landschaft, die sich in die folgenden Bereiche unterteilt:

❶ **Quellsystemebene**
Die Quellsystemebene bildet alle relevanten Quellsysteme ab, in denen die Kundenstamminformationen enthalten sind.

❷ **Transformationsebene**
Die Transformationsebene enthält Fähigkeiten, um Informationen zu transformieren, Regelprüfungen zu gestalten und Daten zu halten.

❸ **Konsolidierungsebene**
Die Konsolidierungsebene ermöglicht es, Kundenstammsätze in einem robusten und nutzerfreundlichen Prozess zu konsolidieren.

❹ **Zielsystemebene**
Die Zielsystemebene hält die Resultate der Konsolidierung und macht sie weiteren Ziel- und Analytiksystemen zugänglich.

Bei der Darstellung wird auch deutlich, dass die langfristige Systemarchitektur mit vorgedacht ist, da die Ergebnisse der Konsolidierung nicht nur den Analytiksystemen, sondern letztlich auch auf der Zielplattform zur Verfügung gestellt werden können.

Aktivitätsfilter

Bevor wir später auf die Zielsysteme eingehen, betrachten wir die Transformations- und Konsolidierungsebenen etwas genauer. Auf der Transformationsebene verbinden wir alle relevanten Quellsysteme mit den SAP Data Services. Für SAP-ERP- bzw. SAP-S/4HANA-Systeme sind hier schon Standardkonnektoren enthalten und können genutzt werden.

Im Anschluss nutzen wir die SAP Data Services, um den Grad der Aktivität zu bestimmen. Hier werden Regeln implementiert, die nach einer Abstimmung mit dem Geschäft beschreiben, ab welchem Zeitpunkt oder Transaktionsstand ein Kunde als inaktiv gilt. Genau wie beim Produktaktivitätsindex und dem Kundendatengesundheitsindex (siehe Kapitel 2, »Einsatz und Design von SAP Master Data Governance«) versuchen wir auch hier festzustellen, welche der betrachteten Kundenstammeinträge in den letzten 24 Monaten wirklich noch aktiv waren.

Dadurch, dass wir die inaktiven Kundenstammdaten, basierend auf offenen, geschlossenen und neuen Aufträgen, Angeboten, ausstehenden Zahlungen, Erstelldatum des Kundenstammsatzes selbst sowie auf Aktivitäten im Lead-to-Order-Bereich (wie dokumentierten Besuchen und Telefonaten usw.), identifizieren, können wir die relevanten Datenbestände herausfiltern. Dies erlaubt es uns wiederum, das Arbeitsvolumen für die darauf folgenden Bereinigungsschritte erheblich zu reduzieren. Wie in der Wasserfallgrafik (siehe Abbildung 2.5 in Abschnitt 2.6, »Bedeutung eines guten Datenqualitätsmanagements«) zu erkennen ist, kann dies je nach Quellsystem den Aufwand im Bereich zwischen 30 % und 50 % reduzieren. In unserem Unternehmen ist die Verteilung regional sehr unterschiedlich, macht aber dennoch die Bedeutung dieses Schritts deutlich (siehe Tabelle 7.8).

SAP-ERP- bzw. S/4HANA-System	Anzahl Kunden	Anzahl aktiver Kunden	Anzahl inaktiver Kunden	Prozentsatz inaktiver Kunden
ERP Nordamerika	146.879	95.045	51.834	35 %
ERP Europa	123.837	75.950	47.887	39 %
ERP Asien	139.983	61.344	78.639	56 %
ERP Lateinamerika	74.569	54.190	20.379	27 %
CRM 1	302.883	239.001	63.882	21 %
CRM 2	102.235	34.402	67.833	66 %
Summe	890.386	559.932	330.454	37 %

Tabelle 7.8 Auswertung zum Kundenstamm

Duplikate

Besonders offensichtlich wird es, wenn man dieses Resultat mit der Rate der identifizierten Duplikate in Verbindung bringt. Das Ergebnis der Konsolidierung vorwegnehmend, sehen wir hier einen Duplikatsbestand von durchschnittlich 15 %. Wenn nun dieselbe Rate für den gesamten Kundenbestand zutrifft, ergibt sich hier ein gutes Effizienzresultat, wie es aus Tabelle 7.9 ersichtlich ist. Neben der offensichtlichen Aufwandsersparnis ist sicherlich die besser zu verwendende Zeit (hier 35 Personentage) ein entscheidender Vorteil.

Typ	Ohne Aktivitätsfilter	Inaktive Kunden	Aktive Kunden
Gesamtzahl der Kunden	890.386	330.454	559.932
Duplikate	133.558	49.568	83.990
Duplikatsgruppen (durchschnittlich 2,5 Kundeneinträge pro Gruppe)	53.423	19.827	33.596
Bearbeitungszeit der Duplikatsgruppen in Minuten (bei durchschnittlich 30 Sekunden Aufwand pro Duplikatsgruppe)	26.712	9.914	16.798

Tabelle 7.9 Auswirkungen der Aktivitätenfilterung

Typ	Ohne Aktivitätsfilter	Inaktive Kunden	Aktive Kunden
Bearbeitungszeit der Duplikatsgruppen in Stunden	445	165	280
Bearbeitungszeit der Duplikatsgruppen in Tagen	56	21	35

Tabelle 7.9 Auswirkungen der Aktivitätenfilterung (Forts.)

7.3.3 Konsolidierungsprozess

Kommen wir aber nun zur zweiten Ebene der vorgestellten Architektur: der Konsolidierung. Wie bereits angedeutet, beruhen die Initiativen beim Abgleich des Kundenstamms in vielen Organisationen vielfach auf kundeneigenen Lösungen, die in den allermeisten Fällen die Betrachtung von Duplikaten in Microsoft Excel einschließt. Die Identifizierung der Duplikate erfolgt meist in Extract-Transform-Load-Werkzeugen (ETL), die eben jenes Excel-Dokument erzeugen. Da der Duplikats-Review meist durch mehrere Personen erledigt wird, wird daran anschließend diese Information meist gesammelt in weiteren Excel-Tabellen weiterkonsolidiert und schließlich in weitergehenden Manipulationen als Ladedatei einem Ladewerkzeug zur Verfügung gestellt.

Dies hat den Vorteil, dass die Nutzer, die die Entscheidung über Duplikate treffen, Microsoft Excel sehr gut beherrschen oder sehr schnell erlernen können. Allerdings hat dieser Ansatz einen entscheidenden Nachteil: Die Kette der manuellen Übergaben von Person zu Person – meist über E-Mail oder SharePoint-Lösungen – birgt ein sehr hohes Fehlerrisiko und bedarf einer sehr starken Kontrolle des Prozesses. Alles in allem ist dies zwar ein machbarer Prozess, der aber auch sehr krude ist, hohen Aufwand verursacht und außerdem Fehler produziert und schwer wiederholbar ist.

Konsolidierung in SAP MDG

Im Gegensatz dazu bietet die MDG-Konsolidierungslösung eine Reihe von Vorteilen. Abbildung 7.30 gibt Ihnen einen Eindruck davon, wie dieses Werkzeug funktioniert. Weitere Informationen zu den Funktionen zur Konsolidierung (und Massenpflege) finden Sie in Kapitel 4, »Konsolidierung und Massenverarbeitung mit SAP Master Data Governance«.

Hier sehen Sie die Darstellung eines Konsolidierungsprozesses vor dem Prozessstart in SAP MDG. In der Bildmitte sehen Sie einen vom Nutzer definierten Mehrschrittprozess, der mithilfe von kreisrunden Symbolen dargestellt wird. Die einzelnen Prozessschritte und ihr Funktionsumfang werden in Tabelle 7.10 beschrieben.

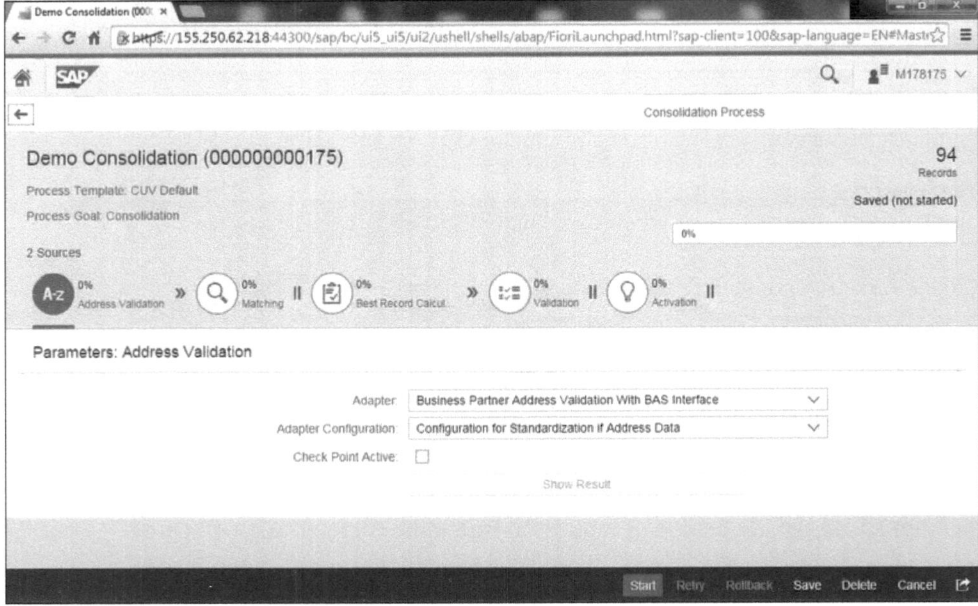

Abbildung 7.30 Konsolidierung in SAP MDG

Prozessschritt	Funktionsumfang
Address Validation	■ Kundenadressdaten werden normalisiert, um die Match-Ergebnisse zu verbessern. ■ Kundenadressdaten werden angereichert. Dazu werden Adressanreicherungsdienste in Anspruch genommen.
Matching	■ Abgleich der Kundendaten nach verschiedenen Mustern (Adaptern und Adapterkonfigurationen) ■ Matching-Resultatsprüfung mit dedizierter und einstellbarer Benutzeroberfläche ■ Genehmigung, Ablehnung und Splitten von Match-Gruppen ■ Bestimmung von Zielkundenstammeinträgen ■ Eine automatische Genehmigung der Matches kann für besonders gute Matches eingestellt werden.
Best Record Calculation	Auf vordefinierten und einstellbaren Regeln beruhende Berechnung des besten Kundendateneintrags aus den gematchten Quellen
Validation	Validierung der vorliegenden Kundendaten mit den Backend-Regeln von SAP MDG

Tabelle 7.10 Funktionen der verschiedenen Prozessschritte

Prozessschritt	Funktionsumfang
Activation	■ Aktivierung der validierten Kundendaten in SAP MDG ■ Die Aktivierung kann mit und ohne Change Request erfolgen.

Tabelle 7.10 Funktionen der verschiedenen Prozessschritte (Forts.)

Konfigurierbarer Prozess

Wir möchten hier darauf hinweisen, dass auch die einzelnen Prozessschritte noch vom Endnutzer konfiguriert werden können. Beispielsweise kann aus diversen vordefinierten und voreingestellten Matching-Adaptern ausgewählt werden. Dies ermöglicht es, beim Matching-Schritt unterschiedliche Schwerpunkte zu setzen, beispielsweise auf Identifikationsnummern und Adressen oder nur auf Adressen. So kann je nach Qualität des Quelldatenbestands ein passender Matching-Adapter gewählt werden. Darüber hinaus ist einstellbar, in welcher Sequenz die Schritte ablaufen sollen und welche Schritte innerhalb einer Konsolidierungsvariante ausgeführt werden sollen. Es muss also beispielsweise keine Validierung oder Aktivierung durchgeführt werden. Das heißt, dass auch nicht zwangsweise SAP MDG am Ende der Konsolidierung stehen muss. In einem Konsolidierungsprozess können mehrere beliebige Quellendaten genutzt werden.

Vorteile des Konsolidierungsprozesses

Aus dem bisher Beschriebenen wird deutlich, dass hier ein operativ robuster Prozess mit benutzerfreundlicher Oberfläche zur Verfügung steht, der gegenüber dem herkömmlichen Excel-basierten Ansatz entscheidende Vorteile bietet. Ein wesentlicher Punkt ist die Benutzeroberfläche beim Match-Review (siehe Abbildung 7.31).

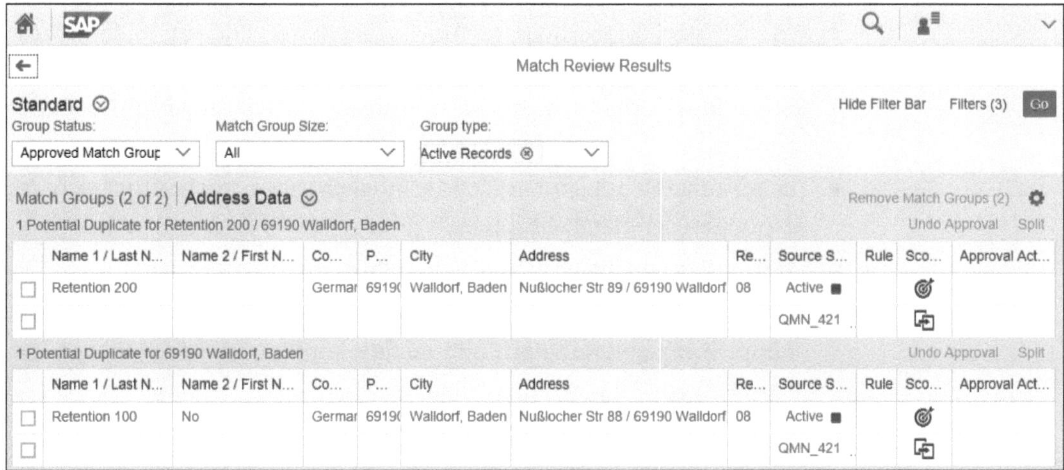

Abbildung 7.31 Review-Bildschirm bei einem MDG-Konsolidierungs-Match

Abbildung 7.32 zeigt die verfügbaren Metriken in *SAP MDG, Consolidation*.

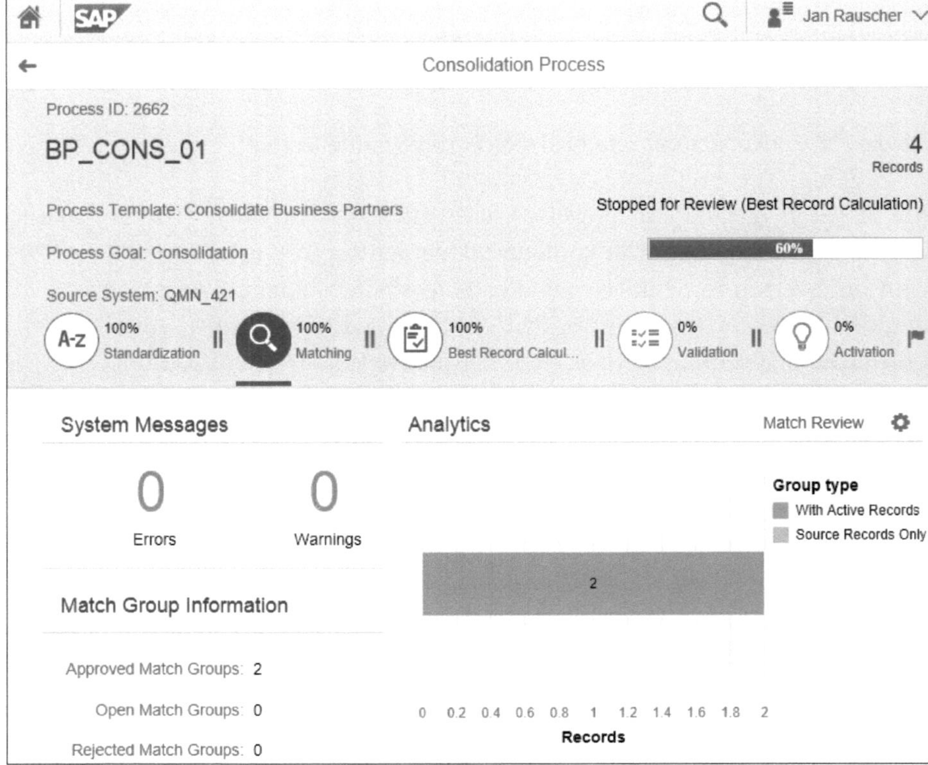

Abbildung 7.32 Abgleich der Metriken in SAP MDG, Consolidation

Folgende Fähigkeiten sind von entscheidendem Vorteil:

- Ein robuster, wiederholbarer und skalierbarer Ende-zu-Ende-Prozess ohne manuelle Übergaben und mehrschrittige Manipulation der Kundendaten außerhalb des Systems bis hin zur Aktivierung in SAP MDG ist möglich.
- Die intuitive Benutzeroberfläche ermöglicht ein schnelles und sicheres Abarbeiten der Match-Gruppen.
- Informative Metriken sind bei jedem Prozessschritt verfügbar.
- Der Nutzer kann den Matching-Prozess selbst steuern und mithilfe von endnutzerfähigen Adaptern und Adapterkonfigurationen iterieren, um das bestmögliche Ergebnis zu erzielen.
- Die Validierung der bereitstehenden Informationen erfolgt mit etablierten MDG-Geschäftsregeln.
- Es gibt eine standardisierte Adressvalidierung und Adressanreicherung, um bessere Match-Ergebnisse zu erzielen.

Resultat des Konsolidierungsprozesses

Was also können wir als Resultat der Konsolidierung erwarten? Nachdem die Konsolidierung durchgeführt und die potenziellen Duplikate geprüft und genehmigt oder abgelehnt worden sind, erhalten wir in SAP MDG eine eindeutige Liste aller aktiven Kunden der verbundenen Quellsysteme inklusive der Primärschlüssel aus den Quellsystemen. Das bedeutet, dass wir hiermit einen konsolidierten Kundenstamm unseres Unternehmens haben. Diese Information kann nun dem Business Warehouse zur Verfügung gestellt oder als »Gelbe Seiten« der Kundenstammdaten genutzt werden. Welchen Einfluss diese Information in unserem Unternehmen hat, sehen wir, wenn wir die Verbesserung des operativen Geschäfts betrachten.

Da wir sowohl laut der Stammdaten- und der gesamtunternehmerischen Frage nicht die strategische Langfristlösung behindern oder verzögern können, erfolgt in unserem Szenario kein Zurückschreiben konsolidierter Informationen in die Quellsysteme. Obwohl die MDG-Konsolidierungslösung erlaubt, dies zu tun, nehmen wir in unserem Unternehmen davon Abstand, da es strategisch nicht gewünscht ist, angesichts der unternehmerischen Mittel (Finanzen, Personaleinsatz, usw.), die für die Neuausrichtung von SAP ERP bzw. SAP S/4HANA benötigt werden, weiter in Legacy-Systeme zu investieren. Anpassungen an eingehenden Schnittstellen in den Legacy-Systemen und gegebenenfalls kundeneigene Felderweiterungen wären die Folge, hätte man sich hier für das Teilen der konsolidierten Informationen entschieden.

Umgang mit Änderungen

Eine berechtigte Frage Ihrerseits lautet vielleicht, wie wir damit umgehen, dass sich in den Quellsystemen die Kundenstammdaten ändern und wie dies in diesem Konsolidierungsszenario berücksichtigt wird. Zum einen können neue Kunden in den Legacy-Quellsystemen angelegt oder bereits identifizierte Duplikate einzeln geändert werden. Die neu hinzugekommenen Kunden können periodisch (z. B. täglich oder wöchentlich) darauf geprüft werden, ob sie schon existieren oder nicht. Wenn sie nicht existieren, werden sie als *Golden Record* – also als eindeutiger Kundenstammeintrag – in SAP MDG angelegt. Wenn sie doch existieren, wird der Quellsystemschlüssel zum bestehenden Golden Record ergänzt. Bei einer Änderung von bereits gematchten Kunden kann über auf der Attributebene einstellbare Settings der *Best Record Calculation* bestimmt werden, welche Werte auf den Golden Record propagiert werden, beispielsweise abhängig vom Vertrauen in die jeweiligen Quellsysteme. Abbildung 7.33 zeigt den Konfigurationsdialog zur Bestimmung der Priorität der Quellsysteme.

Letztlich kann der Fortschritt der Inaktivierung und Konsolidierung auch gut als Fortschrittsbericht der Initiative genutzt werden. So machen wir das Thema greifbarer und nachvollziehbarer. Da immer wieder neue Kunden angelegt werden, können Sie sich diesen Bericht auch als fortlaufenden Bericht vorstellen.

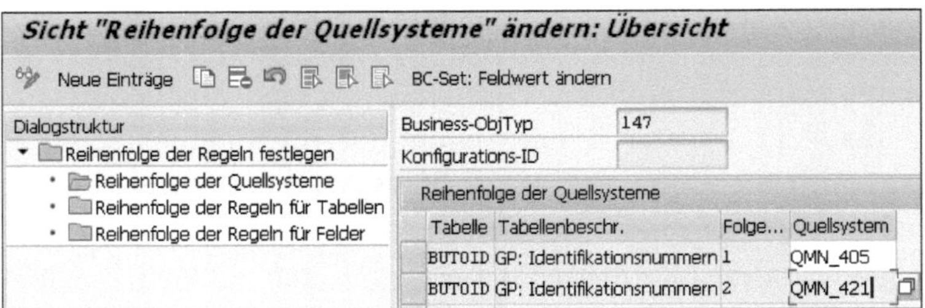

Abbildung 7.33 Best Record Calculation

Verbesserung des operativen Geschäfts

Nachdem wir nun in einem ersten Schritt die aktiven Kunden konsolidiert haben, wollen wir in einem zweiten Schritt beschreiben, wie wir damit den laufenden Betrieb verbessern können. Dies ist besonders wichtig, da wir hiermit schon *während* des Transformationsprozesses einen starken Wertbeitrag leisten können und nicht erst nach dessen Abschluss. Hier kommt der starke taktische Charakter dieser Maßnahmen zum Ausdruck. Es gibt zwei grundlegende Resultate aus dem Abgleich der Kundenstämme, die für die mögliche Verbesserung des Geschäfts relevant sind: Zum einen haben wir identifiziert, welche Kunden aktiv und welche inaktiv sind. Zum anderen haben wir eine periodisch aktualisierte eineindeutige Kundenliste mit relevanten Key Mappings erhalten. Diese beiden Produkte ermöglichen es uns, die Themenbereiche positiv zu beeinflussen, die wir im Anschluss kurz beschreiben, und gleichzeitig wertvolle Erfahrungen für die Gestaltung und letztliche Nutzung der Langfristlösung zu sammeln.

Vertriebs- und Marketingeffekte

Die Vertriebs- und Marketingorganisation kann die erzeugten konsolidierten Informationen nutzen, um Cross-Sell- und Up-Sell-Gelegenheiten zu identifizieren. Als Teil der gleichen Analyse können die Durchdringung und Potenziale für weitere Verkäufe an einzelne Kunden über die einzelnen Marken unseres Unternehmens hinweg bestimmt werden. Insgesamt können nun auch die Verkaufszahlen besser aggregiert werden. Während dieser Nutzen offensichtlich ist, ist es vielleicht noch wichtiger, dass basierend auf den konsolidierten Informationen bereits Best Practices für die langfristige strategische Plattform entwickelt werden können. Diese guten Praktiken schließen vor allem die Entwicklung eines Operating Models innerhalb der Geschäftsbereiche ein, denn nur die Plattform reicht nicht aus, um die erhofften Synergien zu erzielen. Das Geschäft muss auch verstehen, wie es die gewonnenen Einsichten in seinen Kundenbestand wertsteigernd einbringt. Dies erfordert auch die Bereitschaft, dass sich dedizierte Ressourcen um die Analysen, deren Interpretation und schließlich um deren operative Umsetzung kümmern.

Effizienterer Kundendienst

Die Verstetigung des Kundengesundheitsindex ermöglicht es, die Kunden, mit denen wir relevante und aktuelle Beziehungen pflegen, immer bestimmen zu können. Dies bedeutet, dass wir durch eine regelmäßige Prüfung der Aktivität die Kundenstammdaten ohne Aktivität z. B. in SAP ERP bzw. SAP S/4HANA auf **geblockt** setzen und sie so Schritt für Schritt aus dem relevanten Datensatz bereinigen können. Dies führt dazu, dass wir in der operativen Handhabung der Kundenstammdaten z. B. beim Kundendienst effizienter werden, da die Mitarbeiter dank einer kleinen Anpassung der SAP-Standardsuche innerhalb der Suchergebnisse keine inaktiven Kundenstammeinträge mehr sehen. Dies führt auch dazu, dass die Mitarbeiter produktiver werden und das Risiko geringer wird, mehrere Kundeneinträge parallel pflegen zu müssen, weil beide durch irrtümliche Transaktionen aktiv sind. Auch Konfusionen werden hierdurch vermieden. Ganz nebenbei etabliert man hier auch ein wichtiges Informationsmanagementprinzip, das *Information Lifecycle Management*. Dieses wird als Teil der langfristigen Lösungen einen wichtigen Platz einnehmen. Besonders das Ende des Lebenszyklus ist ein oft vernachlässigter Teil, obwohl es, wie wir es oben gezeigt haben, stark aufwandsvermeidend wirkt.

Compliance

Ein weiterer Vorteil ergibt sich im Bereich der Compliance. Auf der Basis der konsolidierten Kundeninformationen ist es nun möglich, das Gesamtkreditlimit eines Kunden zu bestimmen und entsprechend einzustellen. Das Geschäft wird hier mithilfe der konsolidierten Informationen in die Lage versetzt, Entscheidungen zu treffen. Lag beispielsweise das Kreditlimit eines Kunden bei 250.000 EUR, war der Kunde aber in den SAP-ERP- bzw. SAP-S/4HANA-Systemen mehrmals hinterlegt, dann konnte sein Kreditlimit leicht ein Vielfaches der ursprünglichen 250.000 EUR betragen.

Tabelle 7.11 zeigt, wie selbst das maximale Kreditlimit um mehr als das Doppelte überschritten werden kann. Diese Missstände unter Kontrolle zu bekommen, kann einen großen Unterschied bei der Risikoabsicherung Ihres Unternehmens machen.

Kunde 123 Technologies, Boston, MA	Kreditlimit in EUR
SAP ERP Nordamerika, Kundennummer 1000005778	250.000
SAP ERP Nordamerika, Kundennummer 1000086621	150.000

Tabelle 7.11 Kreditlinie für einen Kunden, der mehrfach in den SAP-ERP-Systemen gepflegt wurde

Kunde 123 Technologies, Boston, MA	Kreditlimit in EUR
SAP ERP Europa, Kundennummer 1100009854	145.000
SAP ERP Europa, Kundennummer 1100314268	125.000
Gesamtkreditlimit	670.000

Tabelle 7.11 Kreditlinie für einen Kunden, der mehrfach in den SAP-ERP-Systemen gepflegt wurde (Forts.)

Langfristiger Lead-to-Cash-Zyklus

Nachdem wir uns die Konsolidierung und deren Effekt auf das laufende Geschäft angesehen haben, wenden wir uns nun der langfristigen Lösung zu und beschreiben auch hier, wie die beiden ersten Komponenten der Roadmap ihren Beitrag leisten. Schwerpunkt der Betrachtung ist für uns das Thema der Prozessintegration des Lead-to-Cash-Zyklus. Die Herausforderung dabei ist aus unserer Sicht die enge Verzahnung der CRM-(Lead-to-Order-) und der SAP-ERP- bzw. SAP-S/4HANA-(Order-to-Cash-)Welt. Im Speziellen geht es nicht nur um die technischen Herausforderungen, sondern auch darum, anzuerkennen, dass es sich bei beiden Teilbereichen um Prozesse handelt, die verschiedene, eigene Wertbeiträge haben und auch sehr unterschiedlich operieren.

Der anvisierte Nutzen der Integration beider Prozessschritte ist, dass man hier direkte Kundenkontaktpunkte während der *Customer Journey* abbilden und auf ihre Effektivität hin überprüfen kann. Anders ausgedrückt, kann die Effektivität von Marketinginitiativen durch die Lead-to-Cash-Integration nachvollzogen und optimiert werden. Dies führt uns wieder direkt zur geänderten Geschäftsstrategie zurück, nach der das kombinierte Angebot und die Nutzung der Produkte für eine Vielzahl der Kunden einen Vorteil darstellt. Die Effektivität der Vermarktung dieser neu zugeschnittenen Produktpakete kann durch die Verknüpfung des Lead-to-Cash-Prozesses anhand der eindeutigen Linie eines Kunden vom CRM-System über SAP MDG nach SAP ERP bzw. SAP S/4HANA besser nachvollzogen werden.

Richtiges Maß an Governance

Im Folgenden greifen wir erneut darauf zurück, wie Sie das richtige Maß an Governance bestimmen (siehe Abschnitt 2.5, »Wie viel Master Data Governance braucht mein Unternehmen?«). Dieses Maß gut zu bestimmen, hilft uns dabei, die soeben genannten Besonderheiten beider Prozessbestandteile (Lead-to-Order und Order-to-Cash) zu erkennen. Schauen Sie sich zunächst Abbildung 7.34 an. Hier werden die wesentlichen Prozessschritte des Lead-to-Cash-Zyklus dargestellt.

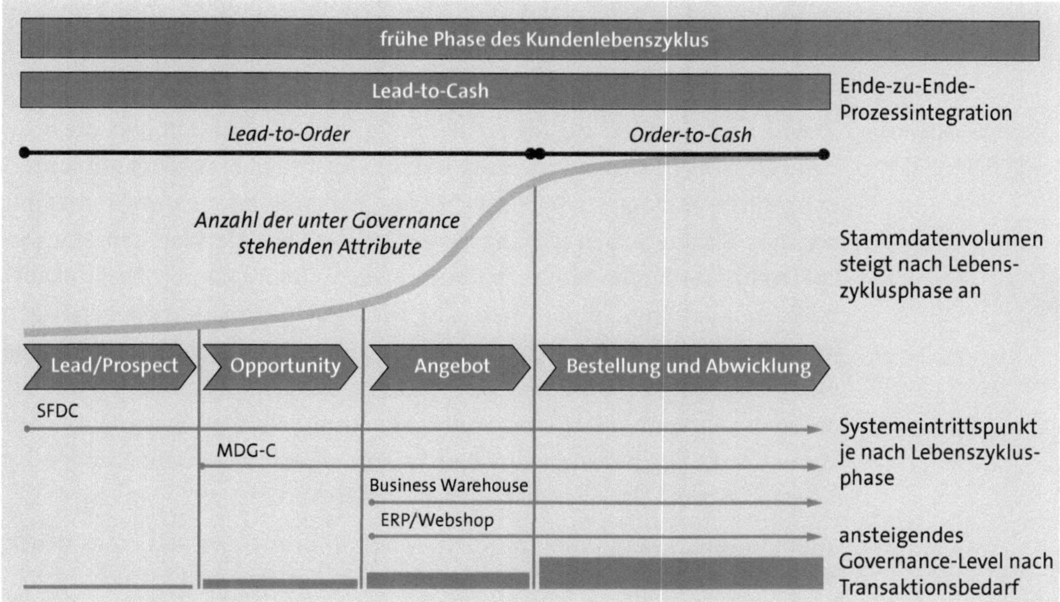

Abbildung 7.34 Frühe Phase des Kundenstammlebenszyklus

In der Darstellung sehen Sie, dass vor allem das Prinzip des richtigen Maßes an Governance berücksichtigt wird, zusammen mit den dafür verknüpften Systemen. Es wird deutlich, dass es verschiedene Eintrittspunkte geben kann, an denen wir einen Kundeneintrag erzeugen. Der Kunde mag sich selbst an den Kundendienst (SAP ERP bzw. SAP S/4HANA) wenden und dort gleich eine Bestellung abgeben oder sich im Webshop registrieren, oder eine Vertriebsmitarbeiterin nimmt auf einer Messe Kontakt mit dem Kunden auf. Bei jedem dieser Erstkontakte wird der Kunde in einem anderen System angelegt, sei es in SAP ERP bzw. in SAP S/4HANA, im Webshop oder in SAP CRM.

Außerdem können Sie sehen, dass wir ein stufenweises Ansteigen des Governance-Levels vorsehen (im unteren Bildbereich), abhängig davon, wo sich der Kunde im Lead-to-Cash-Zyklus befindet. Je weiter fortgeschritten sich ein Kunde im Prozess und je weiter rechts er sich im Bild befindet, desto größer wird das Level an Governance, das wir für seine Stammdaten aufbringen müssen, um die gewünschten Transaktionen (Angebot, Bestellung, Rechnung usw.) durchführen zu können. Das Level an Governance ist also direkt an die beabsichtigte Transaktion geknüpft. Einfach ausgedrückt: Um mit dem Kunden einen Pre-Sales-Termin zu machen, brauchen wir noch nicht seine Warenempfängerinformationen oder Bankverbindung. Diese Informationen benötigen wir erst zu einem späteren Zeitpunkt und auch nur dann, wenn der Kunde eine Bestellung aufgibt. Dies bedeutet, auch die Menge der Stammdateninformationen wächst, je weiter sich der Kunde im Prozess befindet.

Kundeninformationslebenszyklus

Doch es ist nicht nur die Menge der Stammdateninformationen, die während des Lead-to-Cash-Prozesses wächst. Auch der Fakt, dass wir unterschiedliche Kunden in beiden Prozessen haben können, muss anerkannt werden. Bislang haben wir angenommen, dass wir die Warenempfängerinformation oder die Bankverbindung erst zu einem späteren Zeitpunkt benötigen. Allerdings kann es sein, dass wir diese Information nie benötigen werden, nämlich dann, wenn der Kunde kein Angebot anfragt oder keine Bestellung aufgibt. Dies bedeutet, dass wir betrachten müssen, wann die Reise des Kunden unter Umständen endet und welchen Einfluss dies auf den Informationslebenszyklus hat. So können wir z. B. mehr Kunden im salesforce.com-CRM-System haben als in SAP MDG.

Abbildung 7.35 zeigt einen prototypischen Informationsfluss eines neuen Kunden, eingebettet in den Kundeninformationslebenszyklus.

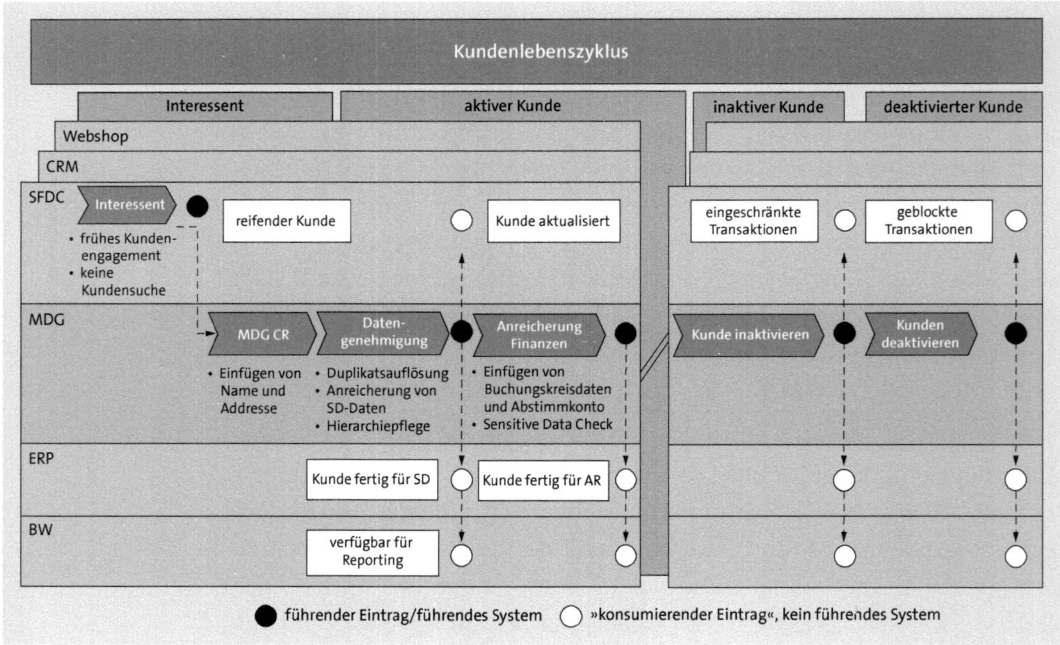

Abbildung 7.35 Prototypischer Kundenanlageprozess und -pflegeprozess

Wichtig ist es, in diesem Zusammenhang zu bestimmen, um welche Informationen es sich handelt. Konkret geht es hier um die Kopfdaten, die sicherstellen, dass wir weitere, nicht unter MDG-Governance stehende Informationen verknüpfen können. Die Informationen werden dann in BW-Systemen oder in anderen Applikationen verknüpft.

Abbildung 7.35 zeigt auch ein schlankes Lebenszykluskonzept mit nur vier Lebenszyklusphasen für den Kunden. Solange sich der Kunde ausschließlich in dem in SAP MDG vorgelagerten Prozessbereich befindet, wollen wir keinerlei unnötigen Aufwand generieren und die frühe Kundeninteraktion nicht durch Dateneinsammlungsabläufe stören, die nicht werttreibend sind. Sobald es aber sehr wahrscheinlich ist, dass die Kundenbeziehung immer reifer wird und wir eine Bestellung erwarten können, geht die Führerschaft über die Kopfdaten von SAP CRM auf SAP MDG über.

Diese Information zum Reifegrad des Kunden wird in salesforce.com persistiert und kann über Ableitungen gesetzt werden, die auf Interaktionsmustern und -resultaten basieren. Eine manuelle Pflege des Reifegrades ist ebenfalls möglich. Im Anschluss steht dieser Kundenstammsatz unter der Governance von SAP MDG, und Änderungen der Kopfdaten und der SAP-ERP- bzw. SAP-S/4HANA-relevanten Daten werden zentral in SAP MDG durchgeführt. Informationen in SAP CRM, im Webshop und gegebenenfalls in weiteren vor- oder nachgelagerten Systemen, die nicht unter Governance stehen, bleiben außerhalb von SAP MDG editierbar. In unserem Unternehmen sind vor allem Kundensegmentierungen von zentraler Bedeutung für die Vertriebsorganisation sowie die schnelle Anpassung dieser Informationen. Diese Segmentierungsinformationen werden daher weiterhin in SAP CRM verwaltet.

Tabelle 7.12 fasst nochmals die wichtigen Lebenszyklusphasen und ihre Merkmale zusammen. Dort wird auch die Verortung der Datenverantwortung benannt. Diese ist eng mit dem führenden System verbunden. Solange beispielsweise salesforce.com in der frühen Phase des Lebenszyklus das führende System ist, verbleibt die Datenverantwortung für den gesamten dort zur Verfügung stehenden Datenbestand in der Vertriebs- und Marketingorganisation. Wechselt aber die Systemführerschaft der Kopfdaten nach SAP MDG, wechselt auch die Datenverantwortung hierfür auf die Gruppe, die im Kundendienst für die Stammdatenpflege zuständig ist. Änderungen auf der Kopfdatenebene sind dann nur noch in SAP MDG möglich und werden von der Stammdatengruppe im Kundendienst geprüft und verantwortet. Dass wir hier einheitliche Standards zur Pflege dieser Informationen haben, dafür sorgt das *Operative Governance Board*, in dem u. a. Repräsentanten von Lead-to-Order und von Order-to-Cash vertreten sind.

Lebenszyklusstatus	Bedingungen des Status	Beschreibung	Datenverantwortung
Interessent	■ Der Kunde ist in salesforce.com angelegt. ■ Rumpfdaten sind vorhanden. ■ Initiale Kundeninteraktionen	■ Kundendaten existieren nur in salesforce.com ■ kein Transfer nach MDG-C ■ kein Transfer nach SAP BW	Vertrieb
aktiver Kunde	■ Reifegradeinschätzung in salesforce.com auf »hoch« gesetzt ■ Sample soll an den Kunden gesandt werden. ■ Angebot soll an den Kunden gesandt werden. ■ erste Bestellung via SAP ERP bzw. SAP S/4HANA Webshop	■ Daten werden von salesforce.com nach SAP MDG übertragen. ■ Kundeneintrag wurde in SAP MDG erstellt und nach SAP ERP bzw. SAP S/4HANA, SAP BW, salesforce.com verteilt. ■ SAP MDG ist das führende System. ■ MDG-Felder sind in salesforce.com geblockt. ■ Bestellungen für den Kundeneintrag können aufgenommen werden.	Kundenstammteam in der Kundendienstorganisation
inaktiver Kunde	Entscheidung, Geschäftsbeziehungen mit dem Kunden einzustellen	■ Offene Dokumente und Transaktionen werden geschlossen. ■ Der Liefer-, der Rechnungs- und der Orderblock werden über den Lebenszyklusstatus in SAP MDG gesetzt und verteilt. ■ Ein Status mit limitierender Wirkung wird an salesforce.com und Webshop verteilt. ■ Der Status wird an SAP BW zur Referenz verteilt.	Kundenstammteam in der Kundendienstorganisation

Tabelle 7.12 Beschreibung der Lebenszyklusphasen

Lebenszyklusstatus	Bedingungen des Status	Beschreibung	Datenverantwortung
deaktivierter Kunde	Alle Transaktionen in SAP ERP bzw. SAP S/4HANA sind geschlossen.	■ Der Lebenszyklusstatus ist auf **deaktiviert** gestellt. ■ keine Transaktion in SAP ERP bzw. SAP S/4HANA möglich ■ Ein Status mit stark limitierender Wirkung wird an *salesforce.com* und an den Webshop verteilt. ■ Der Status wird an SAP BW zur Referenz verteilt.	Kundenstammteam in der Kundendienstorganisation

Tabelle 7.12 Beschreibung der Lebenszyklusphasen (Forts.)

Antizipierte Kundenstammanlage

Die eingeführte Konsolidierungslösung kann auch im laufenden Betrieb für die Integration mit salesforce.com genutzt werden. Sobald ein Eintrag in salesforce.com einen bestimmten vordefinierten Reifegrad erreicht hat, der ausdrückt, dass es nun wahrscheinlich ist, dass dieser Kunde auch zu einem bestellenden Kunden wird, wird diese Information an die MDG-Konsolidierung gesendet. Dies kann periodisch passieren und in eine vordefinierte Konsolidierungsvariante einfließen. Dort können dann alle neuen »reifen« Kunden mit dem MDG-Kundenbestand gematcht werden. Nach der Prüfung auf potenzielle Duplikate, einer Adressanreicherung, Best Record Calculation und Validierung würden die neuen Kunden in einen Change Request in SAP MDG überführt, bevor sie für den Bestellprozess vom Kundendienst fertig bearbeitet werden. Dadurch erzielen wir den Effekt, dass das Anlegen des Kunden in SAP ERP bzw. SAP S/4HANA vorverlegt wird und nicht erst dann erledigt werden muss, wenn eine Bestellung eingeht. Der Kundenstamm ist dann schon vorhanden und trägt nicht zur Verzögerung im Bestellprozess bei. Dies hat wiederum positiven Effekt auf die Kundenzufriedenheit.

Langfristiger Nutzen

Die Konsolidierung kommt uns natürlich auch bei weiteren langfristigen Verbesserungen entgegen, wobei hier sowohl der strategische als auch der taktische Charakter der Lösung deutlich wird. Aus taktischer Perspektive wird sich das Transformationsprogramm über mehrere Jahre erstrecken und nach dem Bau des Templates Stück für Stück ausgerollt. In dieser Interimszeit wird die neue Plattform schon für Teile des Unternehmens verfügbar sein, während in anderen Teilen des Unternehmens noch die bisherigen Systeme und Prozesse genutzt werden. Die Konsolidierung erlaubt aber eine Koexistenz beider Welten bei gleichzeitiger Aufrechterhaltung des Musters, das wir in Schritt 1 etabliert haben (siehe Abbildung 7.28). So können weiterhin periodisch Kundenstammdaten aus den Legacy-Systemen übertragen und durch die Konsolidierung in SAP MDG nach der Duplikatsprüfung aktiviert werden. Wie in Schritt 1 beschrieben, würde dieser Vorgang nicht-invasiv vonstattengehen, also ohne dass die Legacy-Prozesse berührt würden. Selbst wenn aus Prozess- oder Systemzwängen heraus Duplikate im Legacy-System angelegt werden müssten, würde sich dies in SAP MDG lediglich mit einem weiteren Schlüssel in der Key-Mapping-Tabelle niederschlagen. Es werden also keine Duplikate in SAP MDG erzeugt. Die Kundenstammprozesse für das neue Ziel-Template würden dadurch unberührt bleiben.

Aus strategischer Sicht ist die Konsolidierungsarchitektur natürlich sehr wichtig für anstehende Unternehmensakquisitionen, um hier schnell eine Aussage zur Überlappung des Kundenstamms machen zu können. Lediglich die Bereitstellung der neuen Kundendaten – entweder über Direktanbindung oder über Dateien – ist notwendig, um hier gute Aussagen zu bekommen.

Auch gelegentliche Abgleiche mit Kundendaten der Distributoren unseres Unternehmens können hiermit leicht durchgeführt werden. Hierbei werden periodisch Kundendateien der Distributoren mit dem Kundenbestand unseres Unternehmens abgeglichen, um damit mögliche Überlappungen mit direkten Kunden festzustellen, wodurch wir möglicherweise das indirekte Geschäft der Distributoren in ein direktes Geschäft verwandeln können.

Darüber hinaus stellt sowohl das Konsolidierungsresultat als auch die Konsolidierungslösung selbst auch eine Gelegenheit dar, um Informationen Dritter besser zu verarbeiten, egal ob diese aus kommerziellen Angeboten oder aus Open-Source-Quellen stammen. Auch die Effektivität von Big-Data-Lösungen wird durch die Existenz eines konsolidierten Kundenstamms erheblich positiv beeinflusst.

Konsolidierungsszenarien

Die Vorzüge verschiedener Konsolidierungsszenarien haben wir in Tabelle 7.13 nochmals zusammengefasst.

Konsolidierungsszenario	Beschreibung und Beispiele
strategisch	■ Integration der frühen Lebenszyklusstadien ohne Änderungen der Agilität der vorgelagerten Vertriebs- und Marketingprozesse ■ Integration vorgelagerter Systeme: salesforce.com und Webshop
taktisch	■ Konsolidierungs- und Migrationsunterstützung durch endnutzerfreundliche Oberfläche und gelenkten Prozess ■ mittelfristige nicht invasive Legacy-Systemanbindung und dadurch Vorbereitung von Migrationsaktivitäten
ad hoc	■ kurzfristiger Abgleich von Kundendateninformationen, z. B. bei Akquisitionen ■ gelegentlicher Abgleich der Distributorenkundenlisten

Tabelle 7.13 Konsolidierungsszenarien

Fazit

Bevor wir abschließend die Maßnahmen in Tabellenform zusammenfassen, wollen wir noch einen wichtigen Punkt herausstellen, der nach den Schritten 1 und 2 einen wichtigen Einfluss auf den Erfolg in Schritt 3 hat: die Etablierung eines geschäftsseitigen Operating Models für die Nutzung der neuen Möglichkeiten. Damit ist gemeint, dass Prinzipien wie das Life Cycle Management mit seiner kontinuierlichen Prüfung des Kundenbestands auf Aktivität »eingeübt« werden müssen, um auch langfristig einen positiven Effekt zu haben. Ebenso müssen wir Routinen entwickeln, um aus dem nun konsolidierten Informationsbestand geschäftsseitig regelmäßig neue Werte für das Unternehmen zu generieren. Seinen Kundenbestand als aktiv und konsolidiert bezeichnen zu können, ist eine große Leistung. Wenn dies aber keinen weiteren Nutzen bringt, stellt es diesen Wert und Aufwand der Leistung infrage. Über die oben genannten Wertbeiträge hinaus sollte weiterer Nutzen identifiziert werden, der den Aufwand weiter rechtfertigt. Wenn auf diesem Bestand neuer Wert generiert wird, wird das Unternehmen erfolgreicher und dies ist auch ein Verdienst des guten Stammdatenmanagements.

In Tabelle 7.14 folgt nun abschließend die Zusammenfassung der beschriebenen Maßnahmen.

	Auswirkung der Maßnahme auf ...		
Maßnahme	**Prozess**	**System**	**Organisation**
Implementierung von *SAP Data Services* zur Aktivitätsbestimmung und Inaktivsetzung relevanter Kundenstämme	▪ Abstimmen der Migrationsstrategie und Einbettung des Aktivitätschecks in die Migrationsaktivitäten ▪ Aktivitätskriterienbestimmung je nach Geschäftsbereich	▪ Einrichten der Data-Services-Konnektoren zu den Quellsystemen ▪ Definition und Einstellung der relevanten Quelltabellen und Filterkriterien ▪ Zielsystemdefinition	▪ Ressourcenaufwand für Migrationstätigkeiten reduzieren ▪ Expertise zu Aktivitätskriterien identifizieren
Implementierung von SAP MDG, Consolidation zur Identifikation von Duplikaten	nachvollziehbarer und skalierbarer Konsolidierungsprozess	▪ Implementierung von SAP MDG, Consolidation ▪ Einrichten der Adress-, Matching-, Validierungs- und Best-Record-Adapter	▪ Duplikatsprüfung auf benutzerfreundlicher Oberfläche ▪ Die Analysefähigkeiten der Sales-und-Marketing-, Compliance- und Kundendienstorganisation erhöhen sich.
Anwendung der Resultate aus der Konsolidierung und Inaktivierung auf den laufenden Betrieb	▪ effizienterer Kundendienst durch Inaktivsetzung relevanter Kundendaten ▪ erhöhte Compliance durch Identifizierung von Kreditlimitüberschreitungen ▪ verbesserte Vertriebsanalysefähigkeit	Anbindung von SAP MDG (inklusive der konsolidierten Daten) an SAP BW und gegebenenfalls weitere Reporting-Systeme	Herausbildung eines Operating Models und Bereitstellung der Ressourcen für die Nutzung des konsolidierten Kundenstamms

Tabelle 7.14 Auswirkungen der verschiedenen Maßnahmen

	Auswirkung der Maßnahme auf ...		
Maßnahme	**Prozess**	**System**	**Organisation**
Integration der vorgelagerten Prozesse durch Anwendung des richtigen Maßes an Governance	▪ Prozess- und Datenautonomie in den frühen Phasen des Lead-to-Cash-Prozesses ▪ definiertes Lebenszykluskonzept ▪ angepasste Governance je nach Lebenszyklusphase des Kundenstamms	▪ salesforce.com-Integration ▪ Sperrung der unter Governance stehenden Felder nach der Änderung des führenden Systems pro Kundeneintrag ▪ Reifegradableitung in salesforce.com zur Bestimmung des Datentransferzeitpunkts nach SAP MDG ▪ mittelfristige Legacy-System-Integration	▪ Definition und Umsetzung der Datenverantwortung ▪ verbesserte Kundenerfahrung durch antizipierten Anlageprozess ▪ Entwicklung und Verstetigung des Operating Models zur Identifikation und Nutzung der neuen Gelegenheiten ▪ effektiveres Marketing durch Integration des Lead-to-Order-Prozesses

Tabelle 7.14 Auswirkungen der verschiedenen Maßnahmen (Forts.)

7.4 Fallstudie: Finanzobjekte

Wie schon erwähnt, erlaubt das MDG-Framework die effiziente Verwaltung von Finanzobjekten durch die Auslieferung einer speziell dafür vorbereiteten Domäne: MDG-F (auch: *MDG for Finance*). Diese Domäne verleiht dem MDG-Framework eine Reihe von Funktionalitäten, die wir in diesem Abschnitt anhand eines Fallbeispiels genauer betrachten möchten.

7.4.1 MDG-F-Arbeitsbereiche und -Rollen

Arbeitsbereiche und Objekte

Bevor wir jedoch in das Beispiel einsteigen, ist es wichtig, einige Besonderheiten von MDG-F zu beleuchten. In MDG-F ist die Behandlung von Finanzobjekten in drei Arbeitsbereiche unterteilt:

- Rechnungswesen bzw. Accounting
- Controlling
- Konsolidierung (Consolidation)

Im *Rechnungswesen* können mit MDG-F die folgenden Finanzobjekte bearbeitet werden:

- Sachkonto im Hauptbuch (G/L Account Centrally)
- Finanzberichtsstruktur (Financial Reporting Structure)
- Konzerngesellschaft (Company)

Der Arbeitsbereich *Controlling* erlaubt die Behandlung folgender Objekte:

- Kostenstelle (Cost Center), -gruppe und -hierarchie
- Profit-Center, -Gruppe und -Hierarchie
- Kostenart (Cost Element), -gruppe und -hierarchie

Der *Konsolidierungsarbeitsbereich* steht für die Bearbeitung folgender Entitäten zur Verfügung:

- Position (Item) und Positionshierarchie
- Konsolidierungsmerkmal, -gruppe, -hierarchie, und -einheit
- Kontierungstyp (Breakdown Category) und Kontierungstypsatz
- Meldeanlass (Cause for Submission)
- Bewegungsart (Transaction Type)

Rollen

Die Aufteilung in diese drei Bereiche erleichtert dem Endanwender das Arbeiten mit MDG-F, da jedes Sachgebiet ein eigenes, aufgeräumtes User Interface mit sich bringt. Zu jedem Arbeitsbereich gehört eine vorbereitete Rolle. Der Endanwender ist beim Einstieg in MDG-F aufgefordert, sich für eine passende Rolle und damit für einen dieser drei Arbeitsbereiche zu entscheiden. Er wird daraufhin auf das richtige User Interface geleitet.

Dementsprechend werden für MDG-F vorbereitete Standardrollen ausgeliefert, die den Benutzern bedarfsgerecht zugewiesen werden können. Diese Standardrollen (z. B. `SAP_MDGF_ACC_MENU_05`, `SAP_MDGF_CO_MENU_04` sowie `SAP_MDFG_CTR_MENU_04`) sind sehr gut als Kopiervorlage geeignet, um schnell benutzerspezifische Rollen zu erstellen.

- Financial Accounting Governance
- Financial Controlling Governance
- Financial Consolidation Governance

7.4.2 Editionsmanagement und Datenmanagement in MDG-F

Einfache Handhabung von Zeitabhängigkeiten

Das Arbeiten mit Finanzobjekten bringt vielfach die Anforderung mit sich, heute schon Änderungen vorzunehmen, die erst zu einem späteren Zeitpunkt aktiv werden sollen. Darüber hinaus sollen beispielsweise Änderungen oder die Anlage eines Objekts nur gleichzeitig mit der Änderung bzw. Anlage weiterer Objekte durchgeführt werden. Um solche Aufgaben besser abbilden zu können, arbeitet MDG-F mit *Editionen*. Editionen erlauben es, MDG-Änderungsanträge zusammenzufassen und sie einem einheitlichen Container, eben der Edition, zuzuweisen. Wird diese Edition freigegeben, werden alle Änderungen und Neuanlagen von Finanzobjekten innerhalb der MDG-Änderungsanträge einer Edition gleichzeitig aktiv und bei Bedarf repliziert.

[«]

Die Edition ist mit dem Postauto vergleichbar

Dazu ein Vergleich: Wenn man einen MDG-Änderungsantrag als einen Briefumschlag versteht, der Änderungen und/oder Neuanlagen von Stammdatenobjekten enthält (meist von Einzelobjekten), können mehrere Briefumschläge in ein Postauto gelegt werden. Das Postauto liefert alle Briefumschläge zu einem bestimmten Zeitpunkt beim Empfänger ab. Damit würden alle Neuanlagen und Änderungen erst zum Zeitpunkt der Editionsfreigabe (d. h. zum Zeitpunkt der Postauto-Ankunft) aktiv.

Handling

In MDG-F können beliebig viele Editionen angelegt werden. Editionen haben ein Gültig-ab-Datum, aber kein Ende-Datum. Finanzobjekte und damit Änderungsanträge können einer Edition zugewiesen werden, wenn diese noch aktiv, d. h. noch nicht freigegeben ist. Eine freigegebene Edition existiert zwar noch, kann aber nicht mehr zur Aufzeichnung von Änderungen und Neuanlagen verwendet werden.

In Abbildung 7.36 sehen Sie vier Editionen. Edition E_0 ist schon freigegeben und wurde in der Vergangenheit für das Management von Finanzstammdaten verwendet. Edition E_1 ist ab dem 1.1.2022 gültig und beinhaltet in diesem Beispiel drei Objekte aus dem Bereich Controlling: Kostenstelle G, Profit-Center H und I. Diese drei Objekte werden in eine Edition integriert, da eine Bearbeitung und gegebenenfalls Verteilung nur zusammen stattfinden soll.

Die Änderungen an Profit Center I wurden am 1.7.2022 abgeschlossen, und die anderen beiden Objekte G und H können weiterbearbeitet werden. Ähnliche Situationen sind bei den Editionen E_2 und E_3 gegeben, wobei E_2 Accounting-Objekte enthält, während E_3 eine weitere Edition für die Bearbeitung von Controllingobjekten darstellt.

MDG-F bietet intuitive User Interfaces zur Auflistung aller Änderungsanträge einer Edition, und auch umgekehrt zeigt MDG-F sowohl in der Änderungsantragsliste als auch auf dem Änderungsantragsdetailbild, zu welcher Edition der Antrag gehört.

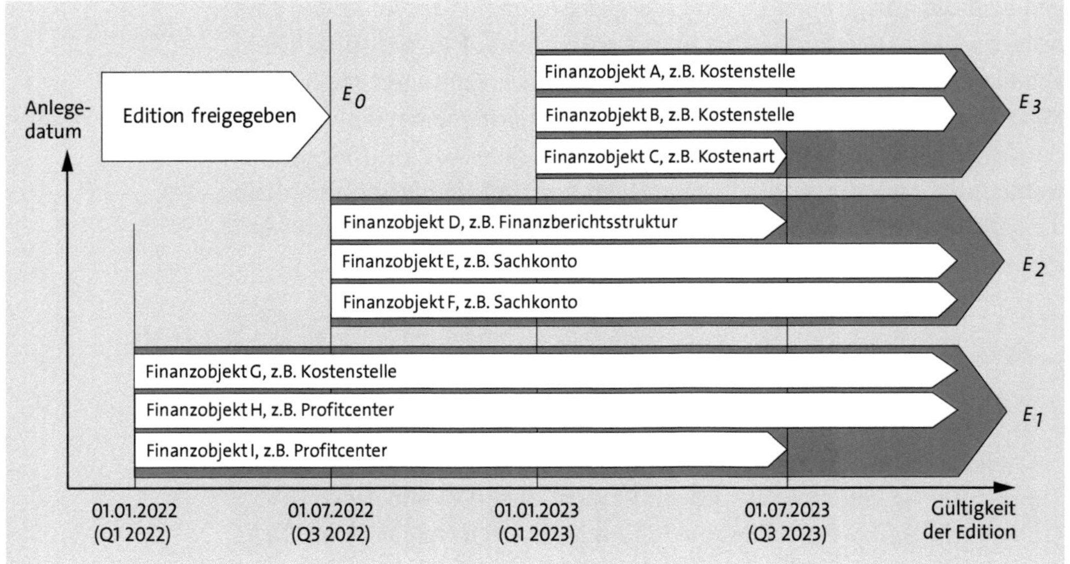

Abbildung 7.36 Übersicht über die MDG-F-Editionen

Editionstypen

Wenn Editionen angelegt werden, müssen sie mit einem Typ versehen werden. Damit legt der Endanwender die Eigenschaften und den Umfang einer Edition fest. MDG-F liefert schon eine Anzahl von Editionstypen mit, und im Normalfall reichen diese auch für den produktiven Einsatz aus. Selbstverständlich erlaubt MDG-F es, eigene Editionstypen zu erstellen. Bestehende, d. h. von MDG-F ausgelieferte Editionstypen sollten jedoch nicht geändert werden, da dies einer Modifikation gleichkäme. Wenn Sie einen Editionstyp anlegen, müssen Sie das MDG-Datenmodell und den oder die relevanten Entitätstypen angeben, die mit diesem Editionstyp bearbeitet werden können. Wird eine Edition neu erstellt, muss sie typisiert werden, damit das MDG-Framework erkennen kann, wie mit dieser Edition umzugehen ist, z. B., welche Finanzobjekte erlaubt sind. Das Feld **Editionstyp** ist bei der Neuanlage einer Edition daher als Muss-Feld ausgeprägt.

Des Weiteren kann mit dem Editionstyp festgelegt werden, ob eine Edition stichtagsgenau oder über mehrere Perioden gültig sein soll. Wenn ein Editionstyp nicht mehr verwendet werden soll, kann dieser abgeschaltet werden; eine Löschung ist nicht vorgesehen. Sie finden die Definition von Editionstypen im MDG-Customizing (Transaktion MDGIMG) über den Pfad **Allgemeine Einstellungen • Prozessmodellierung • Editionstyp** anlegen.

Beachten Sie, dass bei der Definition eines Editionstyps nur solche Datenmodelle und Entitäten angegeben werden können, die die Anwendung von

Editionen grundsätzlich erlauben. Bei der Definition eines MDG-Datenmodells gibt es eine Spalte auf der Entitätsebene, die das Ein- und Ausschalten von Editionen ermöglicht (siehe Abbildung 7.37).

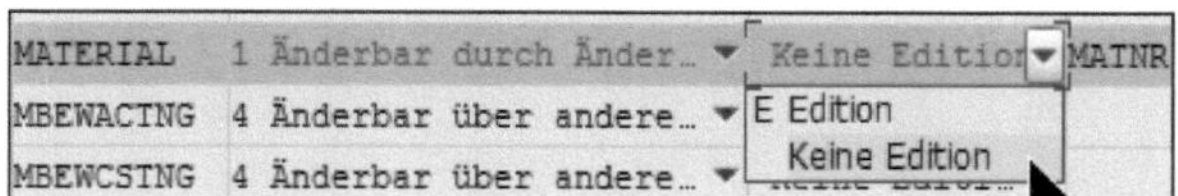

Abbildung 7.37 Edition im Datenmodell ein- bzw. ausschalten

[!]

Editionen in SAP MDG sind nur im Flex-Modus möglich

Bei der Definition eines Datenmodells erlaubt das MDG-System *grundsätzlich* das Einschalten des Parameters **Edition** auf der Entitätsebene (siehe Abbildung 7.37). (Mit Absicht wurde in dieser Abbildung ein Beispiel aus dem Datenmodell MM für das Material und nicht 0G für Finanzobjekte gewählt.) Dies wäre aber nur sinnvoll, wenn die Entität bzw. das gesamte Datenmodell dieser Entität den Flex-Modus verwendet. In der Regel ist dies für das Datenmodell MM nicht der Fall!

Im Übrigen darf das Umschalten nur für die Entitäten erfolgen, die im Rahmen des Projekts hinzugefügt wurden. Eine Änderung der von SAP ausgelieferten Entitäten innerhalb des Datenmodells wäre eine Modifikation, die beim nächsten Upgrade, Releasewechsel oder Support Package wieder überschrieben würde. Darüber hinaus ist es wichtig zu wissen, dass das Einschalten der Edition zur Folge hat, dass der Endanwender beim Anlegen eines Änderungsantrags eine Edition angeben muss. Dies mag von Fall zu Fall für diese oder jene Entität sinnvoll sein, aber SAP MDG stuft automatisch alle von SAP MDG abhängigen Entitäten als editionsgeführt ein und verlangt auch bei der Bearbeitung von abhängigen Entitäten die Angabe einer Edition. Das Einschalten der Edition im Datenmodell sollte also wohlüberlegt sein und nur dann durchgeführt werden, wenn es wirklich notwendig ist.

Replikationszeitpunkt festlegen

Die Edition bestimmt neben dem Umfang und anderen Parametern den Replikationszeitpunkt. Wie es in Abbildung 7.38 zu sehen ist, werden drei Option angeboten: manuell gestartet, bei Genehmigung des Change Requests oder individuell im Change Request ausgewählt. Auch diese Einstellung macht die Handhabung von Finanzstammdaten mit bzw. trotz Editionen sehr flexibel. (Diese Flexibilität war in SAP-MDG-Versionen kleiner 7.0 nicht in diesem Maße gegeben.)

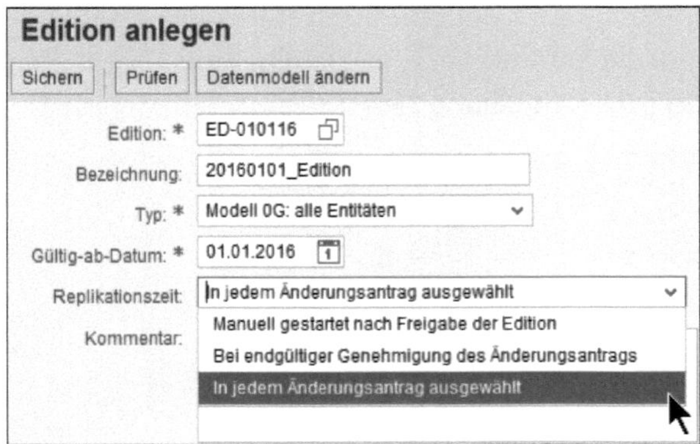

Abbildung 7.38 MDG-F-Edition anlegen

Es können beliebig viele Editionen angelegt werden. Die Zeiträume, in denen Editionen gültig sind, dürfen sich überschneiden, auch bei gleichem Editions- und Finanzobjekttyp. Editionen haben nur ein Startdatum; ein Enddatum ist nicht mehr vorgesehen. Hat man einer Edition Änderungsanträge zugewiesen, können diese Änderungsanträge auch noch – solange die Edition noch nicht freigegeben wurde – einer anderen, z. B. späteren Edition zugeordnet werden. Damit können z. B. Veränderungen in der Projektzeitschiene leichter im System abgebildet werden.

Offene Edition

Auch ist es möglich und in der Praxis durchaus üblich, im System immer eine offene Edition zur Verfügung zu haben. Mit solch einer offenen Edition können Sie Ad-hoc-Änderungen oder Neuanlagen von Finanzstammdaten sofort ohne Stichtags- oder Periodenbezug durchführen. Eine sofortige Replikation ist damit auch möglich.

Hierzu sehen wir uns ein einfaches Beispiel an: Sie verwalten die Sachkonten A, B, C und D mit MDG-F. Änderungen des Sachkontos A werden in der Edition E_1 aufgezeichnet. Ab dem 01.04.2023 werden jedoch Änderungen des Sachkontos A in der Edition E_2 aufgezeichnet. Damit entnimmt MDG-F das Sachkonto A (bzw. den Änderungsantrag, in dem sich das Konto A befindet) automatisch aus der Edition E_1, denn ein Änderungsantrag bzw. ein Finanzobjekt kann in SAP MDG zu einem Zeitpunkt nur einer Edition angehören. Das Sachkonto B verbleibt auf Wunsch des Endanwenders in der Edition E_1, z. B. weil es sich auf andere Objekte innerhalb von E_2 bezieht und im Gegensatz zu Konto A nicht zu E_2 gehören soll. Die Konten A und B haben schon vor dem 01.04.2016 Änderungen innerhalb der Edition E_1 erfahren (siehe Abbildung 7.39).

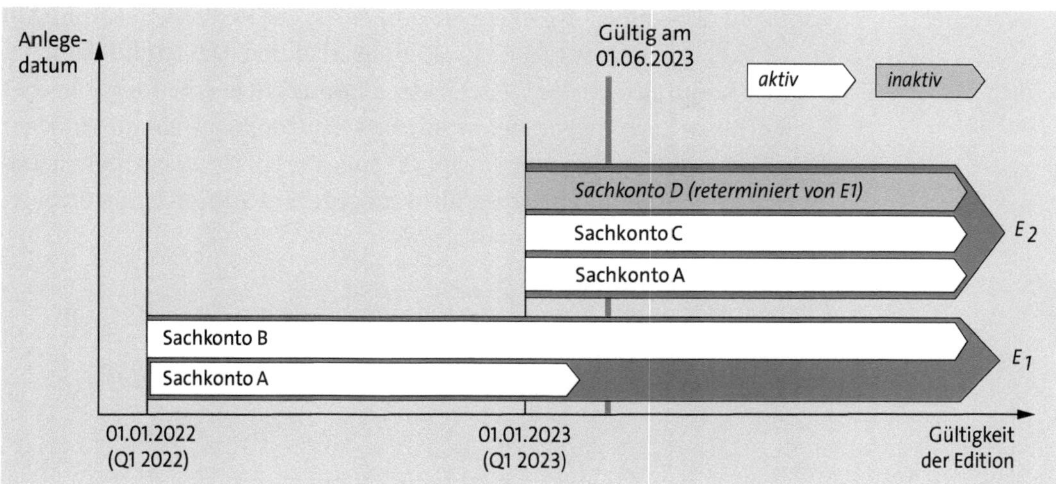

Abbildung 7.39 Sachkontenmanagement mit Editionen

Das Sachkonto C wurde erst nach dem 01.04.2023 angelegt bzw. geändert und vom Endanwender der Edition E_2 zugewiesen, da es Bezüge zu anderen, in dieser Edition enthaltenen Finanzobjekten hat.

Einfaches Beispiel für das Editions-Handling

Das Konto D war ursprünglich der Edition E_1 zugewiesen, wurde aber während dieses Zeitraums (01.04.2022 bis 01.04.2023) nicht geändert. Wegen einer Projekt- oder Terminverschiebung kann nun dieses Konto D problemlos in die Edition E_2 bewegt werden. Auch hier gibt es bis jetzt keine Änderungen am Sachkonto D; daher ist der Änderungsantrag nicht aktiv und hell markiert (statt dunkel). Beide Konten A und C wurden von der Edition E_1 zur E_3 bewegt. Der Unterschied ist, dass das Konto A innerhalb der Edition E_1 geändert wurde und diese Änderungen gegebenenfalls auch schon gesichert und an die Zielsysteme verteilt worden sind. Dies ist möglich, da je nach Konfiguration beim Anlegen einer Edition auch ein flexibler Zeitpunkt für die Verteilung der Änderungen angegeben werden kann.

Ein weiteres, etwas detaillierteres Beispiel soll nicht nur die Funktion der Editionen vertiefen, sondern auch den Übergang zum Editionen-Handling ebnen. Abbildung 7.40 zeigt sechs Editionen und zwei Sachkonten. Das Konto A (20000) und das Konto B (90000) sind in Bearbeitung. Die Ziffer nach der Kontobezeichnung, also z. B. A2, weist darauf hin, dass das Konto A nun der Edition E_2 zugewiesen ist. Im oberen Bereich der Abbildung sehen Sie die Zeiträume T1 bis T4, in denen die Sachkonten bearbeitet werden sollen.

Wie Sie in Abbildung 7.40 erkennen können, ist das Konto A gleichzeitig in der Edition E_2 als A2 und in E_6 als A6 in Bearbeitung. Der Grund dafür ist, dass das Konto ab dem 01.07.2022 in der Edition E_2 in Bearbeitung war, aber E_2 zwischenzeitlich freigegeben worden ist. Trotzdem besteht die Notwendigkeit, das Konto A heute, also nach der Freigabe von E_2, zu bearbeiten. Dafür musste eine neue aktive bzw. nicht freigegebene Edition E_6 erstellt werden, und diese beherbergt nun A als A6.

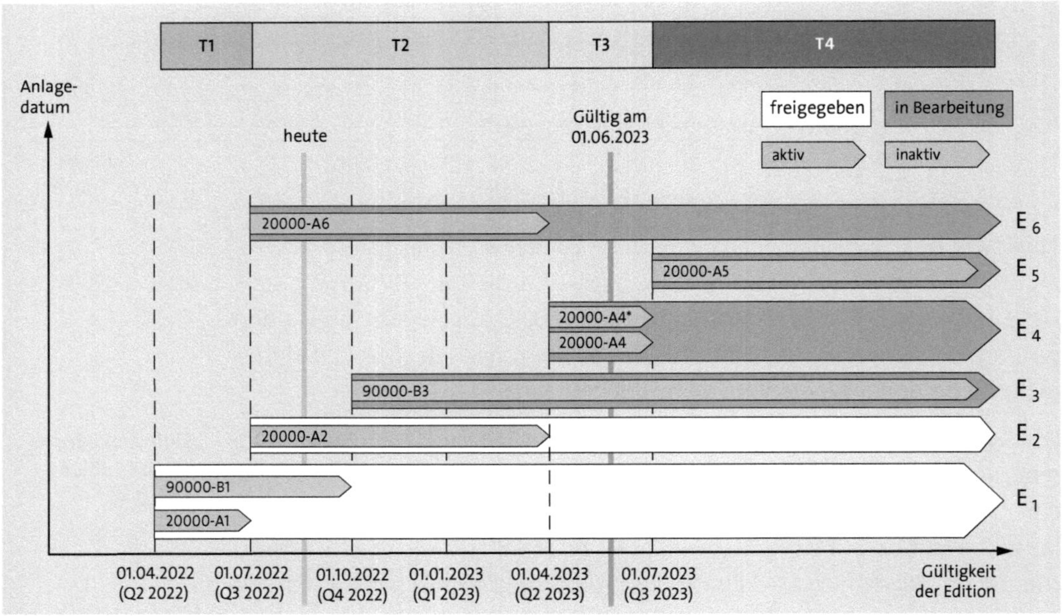

Abbildung 7.40 Beispiel: Sachkontenmanagement

Erweitertes Beispiel

Nun kommen wir zu den weiteren Ereignissen, die zu der in Abbildung 7.40 gezeigten Situation geführt haben:

- In der Edition E_1 wurden die Konten A und B zu Beginn des Zeitraums T1 neu angelegt, also A1 und B1. Zum Zeitpunkt der Erstellung waren beide von Q2 2023 bis Q4.9999 gültig.
- Zum Ende des Zeitraums T1 bzw. zu Beginn von T2 wurde in der Edition E_2 das Konto A geändert und freigegeben, also A2. Damit entstanden neue Zeitfenster: A1 war nur von Q2 2022 bis zur Änderung in Q3 2022 gültig.

Abbildung 7.40 geht ferner von folgenden weiteren Aktivitäten aus:

- Zum Q4 2022 wird das Konto B geändert und damit aus der freigegebenen Edition E_1 in die aktive Edition E_3 übernommen und damit aus B1 in das Konto B3 überführt.

- Das Konto A wird zum Q2 2022 von der Edition E_6 in die Edition E_4 übernommen, da es mit anderen Finanzobjekten aus der Edition E_4 synchronisiert werden soll. Damit wird aus A6 das Konto A4. Die aktive Version beherbergt einen abgeschlossenen Änderungsantrag mit diesem Konto A4. In der inaktiven Version ist ein noch offener Änderungsantrag untergebracht, der noch nicht genehmigt bzw. abgeschlossen ist.

MDG-F arbeitet immer im Flex-Modus

Bevor wir zu einem klassischen MDG-F-Szenario kommen, möchten wir Ihnen ins Gedächtnis rufen, dass das Datenmanagement in MDG-F für fast alle Entitäten im Flex-Modus arbeitet. Neben dem Flex-Modus gibt es noch den Re-Use-Modus (beide Modi wurden in Abschnitt 3.2, »Datenmanagement in SAP Master Data Governance«, und in den folgenden Abschnitten detailliert erläutert). Mit dem Flex-Modus ist es viel einfacher, die typische Anforderung aus dem Finanzbereich nach dem Management der Zeitabhängigkeiten abzudecken. Daher wird dieser Modus bei MDG-F verwendet.

Allerdings hat das zur Folge, dass – im Gegensatz zum Re-Use-Modus – die genehmigten und gesicherten Stammdaten nicht vollautomatisch in den SAP-ERP- bzw. SAP-S/4HANA-Datenbanktabellen vorhanden sind, auf die SAP MDG über die Access-Klasse zugreift.

[+]

Flex-Modus und Replikation

Wie muss man vorgehen, wenn man die Stammdaten, die SAP MDG im Flex-Modus verwaltet, nicht nur in den Zielsystemen von SAP MDG, sondern auch in dem SAP-ERP- bzw. SAP-S/4HANA-System von SAP MDG anlegen bzw. ändern möchte? In diesem Fall muss man eine Replikation vom MDG-System in das SAP-ERP- bzw. SAP-S/4HANA-System durchführen, in dem die MDG-Komponente aktiv ist.

Eine Replikation innerhalb des Stammdaten-Hubs ist also notwendig. Die IT-Systemarchitektur und die Folgen daraus haben wir schon zu Beginn des Kapitels dargelegt.

7.4.3 MDG-F-Szenario: Kostenstelle ad hoc anlegen

Typisches Controllingszenario

Zunächst betrachten wir ein Szenario, das in der Praxis sehr häufig vorkommt und auch den klassischen Fall bei der Verwaltung von Stammdatenobjekten im Bereich Finance darstellt. Im Controlling soll eine neue Kostenstelle angelegt, einer Hierarchie zugewiesen und schließlich an andere IT-Systeme innerhalb des Konzerns repliziert werden. Die neue Kostenstelle soll prozessorientiert angelegt werden, d. h., dass ein Workflow die beteiligten Mitarbeiter ermittelt und der Prozess erst nach der endgültigen Genehmigung angelegt und anschließend repliziert werden darf. Beim Anlegen der Kostenstelle sind wir flexibel. Es handelt sich hier nicht um eine geplante, erst zu einem determinierten Zeitpunkt wirksame Neuanlage, sondern um eine Kostenstellenanlage, die sofort nach der CR-Freigabe (CR = Change Request) erfolgen muss.

In Abbildung 7.41 sehen Sie diese drei Schritte:

1. Bill legt die neue Kostenstelle an und erzeugt damit einen Änderungsantrag.
2. Jessica ist die Fachexpertin und ergänzt die neue Kostenstelle um weitere Daten. Darüber hinaus ordnet sie die Kostenstelle einem Hierarchieknoten in der Kostenstellenhierarchie zu.
3. Schließlich prüft und genehmigt Deborah als Stammdatenverantwortliche den Antrag. Damit ist die Anlage freigegeben. Daraufhin aktiviert SAP MDG die Kostenstelle, d. h., sie wird als Neuanlage gesichert und damit zur operativen Verwendung zur Verfügung gestellt. Abschließend, d. h. nach dem Aktivieren, wird die Replikation durchgeführt, um auch in den Zielsystemen die neue Kostenstelle anzulegen. Damit sind Änderungsantrag und Prozess beendet.

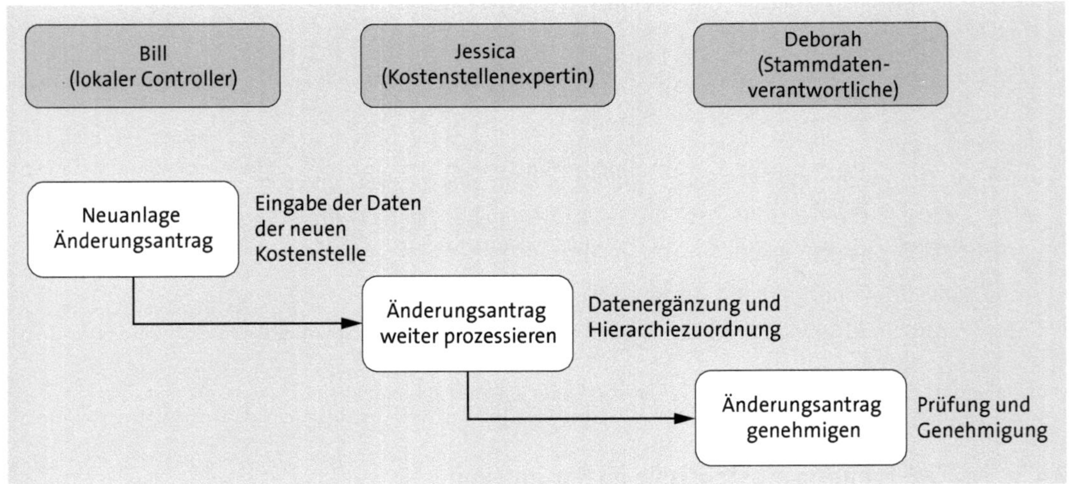

Abbildung 7.41 Kostenstelle anlegen

Kostenstelle anlegen

Bevor Bill eine neue Kostenstelle anlegt, sollte er im System zuerst nachsehen, ob es vielleicht schon eine passende Kostenstelle gibt, die wiederverwendet werden kann. Daher ist in SAP MDG bei fast allen Neuanlageprozessen die Suche nach schon vorhandenen Stammdaten vorgeschaltet. Dies dient zur Steigerung der Datenqualität, denn Dubletten senken das Datenqualitätsniveau und sollten vermieden werden. Diese Strategie wird im Normalfall bei allen Stammdaten angewendet, nicht nur im Finance-Bereich.

Ist keine passende Kostenstelle zu finden, bzw. wenn Bill sich ganz sicher ist, dass er ein neues Objekt anlegen möchte, wählt er einen geeigneten Änderungsantragstyp. Wie in anderen Domänen auch, offeriert MDG-F eine ganze Liste von Änderungsantragstypen, die von SAP direkt ausgeliefert werden. Diese Typen können als Kopiervorlage für das Anlegen kundenspezifischer Änderungsantragstypen dienen oder produktiv eingesetzt werden. In diesem Fall bietet sich der Änderungsantragstyp `CCT1P2` an. Er erlaubt das Anlegen einer Kostenstelle inklusive der Hierarchiezuordnung, gebündelt in einem Antrag.

Bill gibt nun die Daten der neuen Kostenstelle in das Startbild ein. Es wäre das Einfachste, das von SAP MDG schon ausgelieferte Startbild zum Anlegen von Kostenstellen zu verwenden. Sehr häufig muss jedoch Bill gar nicht alle Kostenstellenfelder pflegen, sondern nur einen kleinen Teil davon. In diesem Fall bietet es sich an, das ausgelieferte MDG-Standard-UI zu reduzieren und dem Endanwender nur die für ihn interessanten Felder zu zeigen. Nach der Eingabe der notwendigen Daten sendet Bill nun den Änderungsantrag mit einem Klick auf **Beantragen** (bzw. **Submit**) zum nächsten Bearbeiter. Die Bearbeiterermittlung wird von SAP MDG vorgenommen. Dafür ist eine entsprechende Konfiguration notwendig (weiter unten folgen weitere Informationen dazu).

Aktuelle Workflow Items

Der nächste Bearbeiter, in diesem Fall Jessica, erhält ein Work Item in ihrer UWL-Eingangsbox und kann dieses öffnen. Auch hier kann man das MDG-Standard-UI verwenden, aber es liegt nahe, Jessica nur die Felder im User Interface anzubieten, die sie auch wirklich sehen bzw. pflegen muss. Jessica ergänzt also die fehlenden Daten – hier könnte man durch die Konfiguration von Pflichtfeldern sicherstellen, dass Jessica auch wirklich alle notwendigen Werte einträgt. Schließlich sendet sie mit einem Klick auf **Submit** den Antrag zur Genehmigung an den Entscheider weiter. Auch hier ermittelt SAP MDG den nächsten Bearbeiter, in unserem Fall die Stammdatenverantwortliche Deborah.

In aller Regel ändert oder ergänzt der Entscheider die Daten nicht mehr, sondern erteilt »nur« noch die Genehmigung bzw. weist den Antrag zurück. Bei einer Genehmigung ist der Prozess beendet; bei einer Rückweisung geht der Prozess zurück zum Beantrager, also zu Bill. Es wäre jedoch problemlos möglich, den Antrag auch zu Jessica zurückzusenden; dies hängt davon ab, welche Geschäftsanforderung abzudecken ist. Der Workflow muss in SAP MDG entsprechend konfiguriert werden.

Szenario in SAP MDG implementieren

Wir bilden dieses Szenario nun in einem MDG-System ab. Natürlich liegt es auf der Hand, dass MDG-F mit dem Arbeitsbereich Controlling das geeignete Werkzeug ist, um diese Anforderung zu erfüllen. Eine ganze Reihe von geforderten Funktionalitäten wird damit schon abgedeckt, oder zumindest werden die Grundlagen dafür geschaffen, das Szenario schnell zu implementieren. Ganz ohne Konfigurationen und andere Adaptionen wird es aber nicht funktionieren. Daher sehen wir uns nun die Thematiken an, die einer Konfiguration bedürfen. Dies sind: Installation, Datenmodell, Workflow inklusive Mitarbeiterermittlung, User Interface und schließlich die Replikation.

MDG-F-Installation

Die Installation einer MDG-Domäne, in diesem Fall MDG-F, ist vergleichsweise einfach. SAP MDG wird grundsätzlich seit SAP ECC 6.0 EHP4 mit ausgeliefert (ECC – *Enterprise Core Component*). Zur Drucklegung dieses Buches war das Release ECC 6.0 EHP7 aktuell. Mit anderen Worten: In jeder SAP-ERP-Installation (in SAP S/4HANA ohnehin) mit EHP 4 oder höher ist SAP MDG schon installiert, aber im Initialzustand von SAP ECC nicht aktiv. Die Aktivierung und damit das Einschalten von SAP MDG wird mithilfe des Switch Frameworks durchgeführt. Sie starten das Switch Framework mit Transaktion SFW5. Mehr Informationen zur SAP-MDG-Installation finden Sie in Abschnitt 3.1, »SAP Master Data Governance als Kern der Stammdaten-Governance«.

Für MDG-F müssen die *Business Functions* `MDG_FINANCIALS_#` eingeschaltet werden. Die Nummerierung hängt vom Releasestand des Systems ab: Je höher das Release ist, desto höher ist die Nummer im Namen der Business Function. Eine exakte Nummerierung gibt es jedoch nicht (siehe Abbildung 7.42): Hier korrespondiert `MDG_FINANCIALS_12` mit SAP-MDG-Release 2022. Alle vorangegangenen Business Functions, also z. B. `MDG_FINANCIALS_10`, `MDG_FINANCIALS_9` usw. müssen Sie ebenfalls einschalten. Darüber hinaus müssen grundsätzlich auch die Business Functions `MDG_FOUNDATION_#` aktiviert bzw. eingeschaltet werden. Diese Voraussetzungen prüft jedoch das Switch Framework; Sie werden beim Einschalten entsprechend darauf hingewiesen. Die Business Functions für MDG-M und andere Komponenten müssen nur dann aktiviert werden, wenn auch MDG-M benötigt wird.

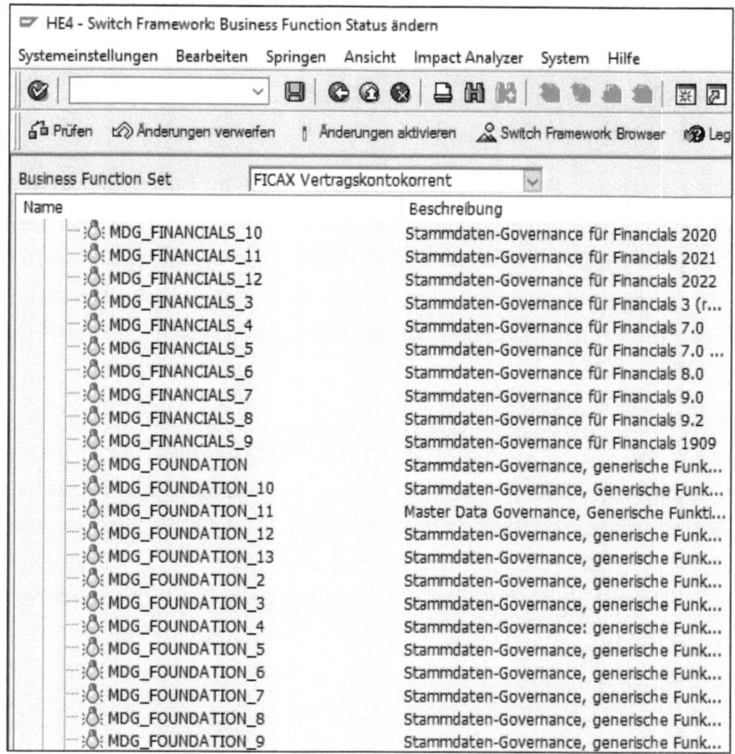

Abbildung 7.42 Switch Framework

Schnelle MDG-Installation

Das Einschalten ist nur ein Mausklick; anschließend arbeitet das System kurze Zeit (wenige Minuten) und dann steht MDG-F zur Verfügung. Beachten Sie hier, dass gegebenenfalls weitere Business Functions eingeschaltet werden müssen, falls z. B. in Ihrem System der *Business Context Viewer* (BCV) oder eine Replikation über Webservices eingesetzt werden soll. Wann welche Business Function aktiviert werden muss, ist sehr gut im SAP-Konfigurationsleitfaden beschrieben (siehe unten). Um die Installation zu vervollständigen, müssen noch einige *Business Configuration Sets* (BC-Sets) ausgeführt werden. Dies erfolgt mit Transaktion SCPR20.

[«]

Business Configuration Sets

Ein BC-Set ist nichts anderes als ein Skript, das aufgezeichnete Customizing-Einstellungen enthält. Ein solches Skript kann über Transaktion SCPR20 ausgeführt werden und führt die Konfiguration im gewünschten System durch. Die BC-Sets sind natürlich domänenabhängig, d. h. speziell auf MDG-F, -M oder andere Domänen ausgerichtet. Die SAP-Entwickler bereiten diese BC-Sets entsprechend vor, um die MDG-Installation zu vereinfachen und zu beschleunigen. Mit BC-Sets werden typische Customizing-Einstellungen durchgeführt, z. B. das Anlegen von Änderungsantragstypen oder das Konfigurieren von User Interfaces usw.

Wir verweisen an dieser Stelle auf den Konfigurationsleitfaden, der in der SAP-Online-Hilfe (*https://help.sap.com/docs/SAP_MASTER_DATA_GOVERNANCE*) verfügbar ist. In diesem Leitfaden sind sowohl die Business Functions und die BC-Sets als auch die Reihenfolge ihrer Aktivierung beschrieben. Insgesamt dauert die MDG-Installation nicht mehr als circa einen Tag.

Datenmodell

Die Datenbasis für alle MDG-Szenarien ist das *Datenmodell*. Hier müssen Sie prüfen, ob das von MDG-F ausgelieferte Datenmodell 0G alle im Szenario geforderten Attribute enthält. Es liegt nahe, das Modell direkt im System in einer lesbaren Ansicht zu analysieren, z. B. mit Transaktion MDG_DISPLAY_MODEL (siehe Abbildung 7.43). Die Abbildung zeigt aus Platzgründen nicht alle Attribute der Entität CCTR.

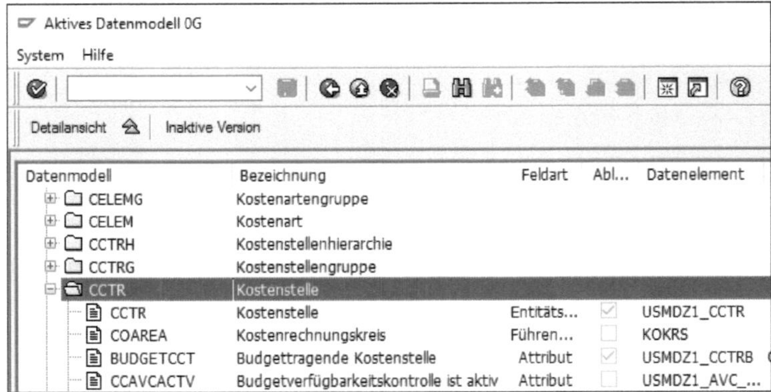

Abbildung 7.43 Ausschnitt des MDG-F-Datenmodells 0G

In der Modellübersicht lässt sich prüfen, ob alle vom Business geforderten Entitäten und Attribute vorhanden sind. In unserem Beispiel sind die entscheidenden Entitäten die Kostenstellengruppenhierarchie (CCTRH), die Kostenstellengruppe (CCTRG) und natürlich die Kostenstelle (CCTR).

Eine weitere Möglichkeit, um die Struktur, Entitäten und Attribute der MDG-Datenmodelle zu ermitteln, ist die Excel-Datei **Data Model Metadata**, die in der SAP Community auf der Seite »How-to Information for SAP Master Data Governance« (*https://community.sap.com/topics/master-data-governance/how-to*) zum Download zur Verfügung steht. Die Excel-Datei hat eine übersichtlichere Darstellung und ermöglicht es Ihnen, die Datenmodellstruktur offline zu prüfen.

MDG-Datenmodell 0G

Sollte das Datenmodell nicht alle benötigten Felder beinhalten, muss es erweitert werden. Dies ist eine Standardaufgabe von mittlerer Komplexität. Da es in der SAP Community schon einige sehr gute und ausführliche Tutorials dazu gibt, möchten wir an dieser Stelle auf diese verweisen. Denkbar ist auch, dass das Datenmodell Attribute oder Entitäten beinhaltet, die nicht unter Governance gestellt werden sollen. In diesem Fall können mit dem *Governance Scope* im SAP-MDG-Customizing Felder und/oder Entitäten eines Datenmodells ganz von der MDG-Pflege ausgeschlossen werden (Details dazu finden Sie in Abschnitt 3.2.4, »Datenmodelle anpassen«).

Workflow- bzw. Prozessdefinition sowie Bearbeiterfindung

Workflow Builder

In unserem Szenario besteht der Workflow aus drei Vordergrundschritten: Antragsstellung, Ergänzung der Daten durch die Fachabteilung und Genehmigung. Der Genehmiger kann auch ablehnen. Das heißt, dass hierzu eine Rückführung des Antrags und somit eine Schleife modelliert werden muss. Die Prozess-Engine von SAP MDG ist der klassische SAP Business Workflow. Mit SAP MDG werden schon einige Workflow-Templates für den SAP Business Workflow ausgeliefert. Diese können entweder sofort (unverändert) für den Produktivbetrieb eingesetzt werden oder als Kopiervorlage zur Erstellung eigener Workflow-Templates dienen – dies übrigens domänenübergreifend. Das bedeutet, dass es ist kein Problem darstellt, ein MDG-F-Template auch beispielsweise für Materialprozesse zu verwenden.

Die Workflow-Templates, die in SAP MDG zum Einsatz kommen, sind in der Tabelle der Änderungsantragstypen aufgelistet. Weiter oben hatten wir ja schon festgestellt, dass der Antragstyp `CCT1P2` für unser Szenario gut passt. Schauen Sie in das Customizing für die Antragstypen, stellen Sie fest, dass dieser Typ das Workflow-Template `WS75700040` verwendet. Die Details dieses Templates lassen sich am besten im Workflow Builder prüfen (Transaktion SWDD).

In Abbildung 7.44 sehen Sie einen Teil des Workflow Builders. Rechts im Bild ist die Struktur des gesamten Workflow-Templates und links ein Detailausschnitt dargestellt, in dem modelliert ist, dass der Genehmiger dem Antrag CR zustimmen oder ihn ablehnen kann.

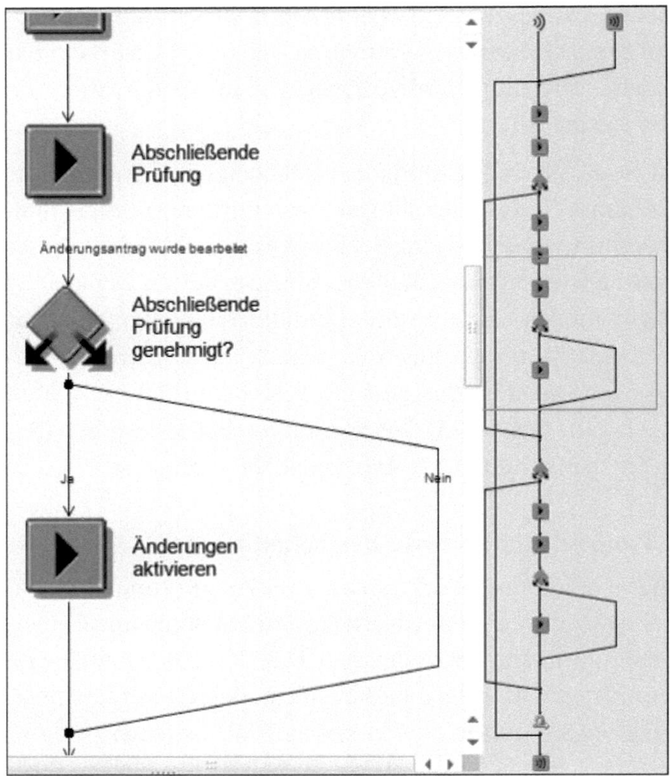

Abbildung 7.44 Workflow Builder

Workflow Builder

Deutlich zu erkennen ist, dass das Template aus mehr als drei Schritten besteht, da nicht nur die Vordergrundschritte, sondern alle – und damit auch die Hintergrundschritte – im Workflow-Template modelliert werden. Die Analyse des Workflow-Templates ergibt die gewünschten drei Vordergrundschritte und die geforderte Schleife zurück zum Antragsteller, wenn der Genehmiger den Antrag ablehnt. Das Workflow-Template `WS75700040` ist also für unser Szenario geeignet.

Wären Änderungen, z. B. das Hinzufügen von Schritten, notwendig gewesen, sollte man diese nicht direkt im ausgelieferten Template durchführen, sondern eine Kopie von `WS75700040` erstellen und diese dann ändern. Denn ansonsten ist die Gefahr groß, dass kundenspezifische Änderungen beim Einspielen des nächsten Support Packages oder Release überschrieben werden und damit verloren wären.

Neben dem Kopieren und Überarbeiten eines gegebenen Templates ist es in SAP MDG auch möglich, den regelbasierten Workflow einzusetzen. Dazu muss das Template `WS60800086` dem Änderungsantragstyp zugewiesen, und es muss eine BRFplus-Tabelle angelegt werden. Der Vorteil ist das leichtere Anpassen des Workflows, da nicht das Template selbst geändert werden muss, sondern nur die Regeltabelle. Dies geht viel schneller und einfacher, weil auch die Bearbeitung in Microsoft Excel möglich ist.

Bearbeiterfindung

Ein wichtiger Teil der Governance in einem Stammdatenprozess ist die Benutzerfindung zur Laufzeit. Diese Aufgabe gehört im weitesten Sinne zur Workflow-Modellierung und wird durch Customizing und Konfiguration bei der Konfiguration festgelegt. SAP MDG offeriert hier mehrere Optionen.

Am einfachsten und schnellsten ist es, im MDG-Customizing den Vordergrundschritten des Workflows eine Bearbeiter-ID, eine Stelle, eine Planstelle oder eine Organisationseinheit zuzuweisen. Dies geschieht in der Tabelle USMD_S_WF_AGENT_CUST, die Sie über Transaktion SM30 oder im MDG-Customizing über den Pfad **Allgemeine Einstellungen • Prozessmodellierung • Workflow • Sonstige MDG-Workflows** erreichen (siehe Abbildung 7.45). In der Laufzeit wird das Workflow Item dem oder den Benutzern in den UWL-Eingangskorb gelegt.

Zuordnung Bearbeiter zu Workflow-Schrittnummer

Typ des ÄndAntrags	Schritt	Bezeichnung (mittel)	OT	Bearbeiterid	Vollst.Name
CCT1P1	2		US	MDGCC1	MDGCC1
CCT1P1	2		US	MSHI	Shil
CCT1P1	2		US	REDDYZOLLU	Sreeniva
CCT1P1	3		O	50000075	MDG Organizational Unit for Financials
CCT1P1	3		US	C517	Var
CCT1P1	3		US	MDGCC1	MDGCC1
CCT1P1	3		US	MSHI	Shil
CCT1P1	3		US	REDD	Sreenivas

Abbildung 7.45 Customizing-Tabelle zur Bearbeiterermittlung

Sollten mehrere Benutzer als Bearbeiter ermittelt werden, wird allen Benutzern das Workflow Item zugewiesen, und derjenige, der es zuerst öffnet, wird zum aktiven Bearbeiter. Bei allen anderen Benutzern wird das Item wieder aus dem Eingangskorb herausgenommen. Das Eintragen einer Benutzer-ID ist möglich, aber nicht anzuraten, da SAP MDG das Workflow Item nur diesem einen Benutzer zur Laufzeit zuweist. Falls dieser Benutzer nicht verfügbar ist, kann das Workflow Item nur mit administrativen Maßnahmen (Transaktion SWI6) bewegt werden, wodurch der Workflow wieder bearbeitbar gemacht wird.

BAdI USMD_WF_AGENT

Ist eine komplexere Bearbeiterermittlung gefordert, kann das von SAP MDG vorbereitete BAdI USMD_WF_AGENT ausprogrammiert werden. Hier stehen alle notwendigen Parameter des Prozesses während der Laufzeit (also z. B. Schrittnummer, CR-Typ, Objektdaten) zur Verfügung, mit denen per

ABAP-Coding der nächste Bearbeiter bestimmt werden kann. Dieses BAdI kann auch mit parallelen Workflow-Schritten umgehen; eine entsprechende Methode ist vorgesehen. Selbstverständlich können damit beliebig komplexe Algorithmen implementiert werden. Allerdings ist es mehr als anzuraten, nicht nur an die Erstellung des Algorithmus zur Benutzerfindung zu denken, sondern auch Änderungen im späteren Betrieb einfach und schnell zu ermöglichen. Das BAdI `USMD_WF_AGENT` ermöglicht es, BRFplus zur Bearbeiterermittlung einzubinden. BRFplus ist in den meisten Fällen viel besser als ABAP-Coding geeignet, um Geschäftsregeln (wie eben Algorithmen zur Benutzerfindung) zu verwalten. Gründe dafür sind z. B. die einfachere Bedien-, Pfleg- und Änderbarkeit oder die eingebaute Versionierung (siehe hierzu auch Abschnitt 3.3.3, »Stammdatenprozesssteuerung mit einem Workflow«).

Regelbasierter Workflow

Diese beiden Möglichkeiten der Bearbeiterermittlung sind nur für den einfachen, nicht regelbasierten Workflow vorgesehen. Hätten wir für unser Szenario statt des Workflow-Templates `WS75700040` das Template für den regelbasierten Workflow verwendet, würde die Bearbeiterermittlung in der BRFplus-Tabelle des regelbasierten Workflows erfolgen. Die Transaktion dazu heißt USMD_SSW_RULE. Mehr Details dazu finden Sie in Kapitel 3, »SAP Master Data Governance und seine Funktionsweise als Grundlage der Stammdatenstrategie«.

Ad-hoc-Zeitsteuerung

Edition anpassen

Es ist gewünscht, dass die Kostenstellenneuanlage sofort wirksam werden und keine stichtags- oder periodengenaue Aktivierung und Verteilung erfolgen soll. Diese Einstellung kann mit der Edition durchgeführt werden. Eine Edition ist beim Arbeiten mit den meisten Entitäten von MDG-F ohnehin notwendig, und in dem Fall, dass ein Ad-hoc-Handling gefordert ist, ist die Edition bei ihrer Anlage entsprechend zu konfigurieren (siehe Abbildung 7.46).

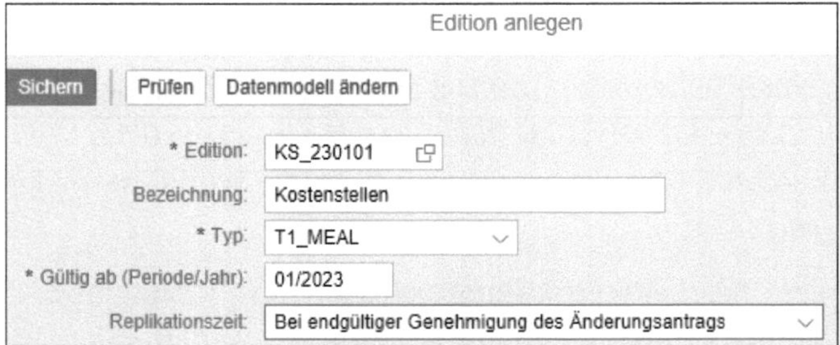

Abbildung 7.46 Edition für die Kostenstelle anlegen

Endbenutzerschnittstelle (User Interface)

User Interfaces anpassen

Das Beispielszenario zum Anlegen einer Kostenstelle hat drei Vordergrundschritte und benötigt daher auch mindestens drei User Interfaces. Wie bei den anderen Komponenten liefert auch hier MDG-F schon eine sehr umfangreiche Liste von User Interfaces für Finanzobjekte mit. Diese können sofort produktiv eingesetzt werden. Bei Änderungen, z. B. beim Ergänzen oder Entfernen von UI-Feldern oder anderen Elementen, können die mitgelieferten User Interfaces modifikationsfrei angepasst werden: Entweder legen Sie eine kundenspezifische UI-Konfiguration auf der Grundlage einer vom MDG-Standard ausgelieferten Konfiguration an und bearbeiten diese, oder Sie ändern die ausgelieferte UI-Konfiguration per Customizing oder über eine Personalisierung.

WDA

Dazu ist jedoch etwas Know-how über die Technologie *Web Dynpro ABAP* (WDA) von Vorteil, die SAP MDG hier verwendet. Die Konzepte rund um WDA haben wir in Grundzügen in Kapitel 3, »SAP Master Data Governance und seine Funktionsweise als Grundlage der Stammdatenstrategie«, erläutert.

Die beiden Kernelemente eines Web-Dynpro-ABAP-UI sind die *Web Dynpro Component* (WDC) und eine passende UI-Konfiguration. Diese beiden Objekte können bzw. müssen in SAP MDG einer betriebswirtschaftlichen Entität bzw. dem CR-Typ zugeordnet werden, damit dem MDG-Framework bekannt ist, welches User Interface während der Laufzeit angezeigt werden soll.

SAP liefert in den Tabellen V_USMD180C (siehe Abbildung 7.47) und V_USMD167C (siehe Abbildung 7.48) schon entsprechende Zuordnungen aus. Diese Zuordnungen sollten unverändert bleiben, da eine Änderung einer Modifikation gleichkäme.

Sicht "Pflege Navigation" ändern: Übersicht

Neue Einträge

Pflege Navigation

BO-Typ	Log. Aktion	Aktueller UI-Anwendungsna...	Aktuelle UI-Konfiguration	Ziel-UI-Anwendung...	Ziel-UI-Konfiguration	Bwl. Akt.
158	*	*	*	MDGF_OVP_GEN	MDGF_0G_OVP_CCTR	
158	CREATE	*	*	MDGF_OVP_GEN	MDGF_0G_OVP_CCTR	CCT1
158	DISPLAY	*	*	MDGF_OVP_GEN	MDGF_0G_OVP_CCTR	CCT3

Abbildung 7.47 UI-Konfiguration des SAP-Standards in der Tabelle V_USMD180C

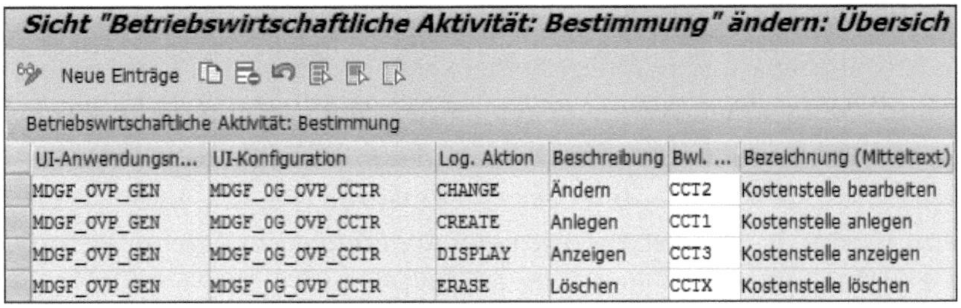

Sicht "Betriebswirtschaftliche Aktivität: Bestimmung" ändern: Übersich

Neue Einträge

Betriebswirtschaftliche Aktivität: Bestimmung

UI-Anwendungsn...	UI-Konfiguration	Log. Aktion	Beschreibung	Bwl. ...	Bezeichnung (Mitteltext)
MDGF_OVP_GEN	MDGF_0G_OVP_CCTR	CHANGE	Ändern	CCT2	Kostenstelle bearbeiten
MDGF_OVP_GEN	MDGF_0G_OVP_CCTR	CREATE	Anlegen	CCT1	Kostenstelle anlegen
MDGF_OVP_GEN	MDGF_0G_OVP_CCTR	DISPLAY	Anzeigen	CCT3	Kostenstelle anzeigen
MDGF_OVP_GEN	MDGF_0G_OVP_CCTR	ERASE	Löschen	CCTX	Kostenstelle löschen

Abbildung 7.48 UI-Konfiguration des SAP-Standards in der Tabelle V_USMD167C

Für unser Szenario wären neue Einträge in den Tabellen `V_USMD167C_C` und `V_USMD180C_C` nur dann notwendig, wenn wir eigene, kundenspezifische User Interfaces verwenden würden – z. B. weil weniger oder mehr Felder auf dem User Interface angezeigt werden sollen.

Die Eintragungen in Abbildung 7.49 bzw. Abbildung 7.50 sind nur Beispiele, die sich *nicht* auf unser Szenario beziehen. Für das hier diskutierte Szenario sind keine Eintragungen in den kundenspezifischen Tabellen erforderlich. Der BO-Typ 892 ist eine Position; eine Kostenstelle wäre der BO-Typ 158. Die Tabellen können über Transaktion SM30 oder über das MDG-Customizing im Menüpfad **Allgemeine Einstellungen • Prozessmodellierung • Betriebswirtschaftliche Aktivitäten** gepflegt werden.

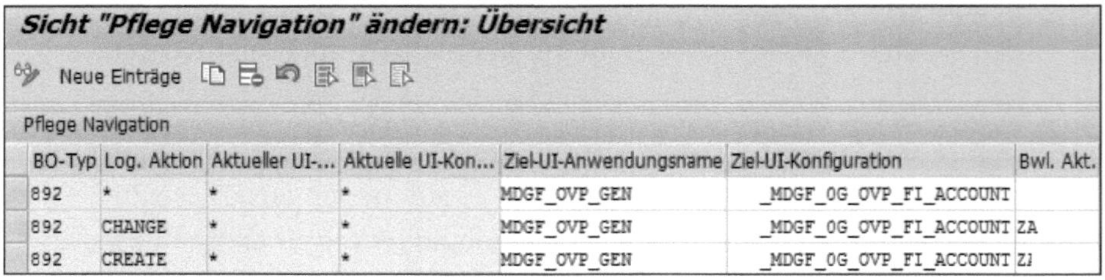

Sicht "Pflege Navigation" ändern: Übersicht

Neue Einträge

Pflege Navigation

BO-Typ	Log. Aktion	Aktueller UI-...	Aktuelle UI-Kon...	Ziel-UI-Anwendungsname	Ziel-UI-Konfiguration	Bwl. Akt.
892	*	*	*	MDGF_OVP_GEN	_MDGF_0G_OVP_FI_ACCOUNT	
892	CHANGE	*	*	MDGF_OVP_GEN	_MDGF_0G_OVP_FI_ACCOUNT	ZA
892	CREATE	*	*	MDGF_OVP_GEN	_MDGF_0G_OVP_FI_ACCOUNT	Z/

Abbildung 7.49 UI-Konfigurationen in der Tabelle V_USMD180C kundenspezifisch pflegen

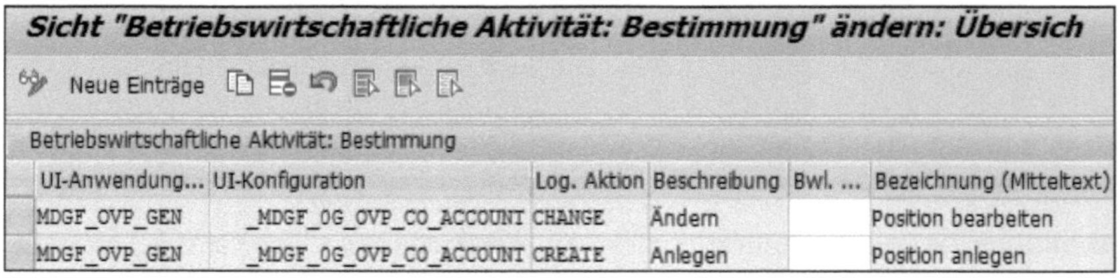

Sicht "Betriebswirtschaftliche Aktivität: Bestimmung" ändern: Übersich

Neue Einträge

Betriebswirtschaftliche Aktivität: Bestimmung

UI-Anwendung...	UI-Konfiguration	Log. Aktion	Beschreibung	Bwl. ...	Bezeichnung (Mitteltext)
MDGF_OVP_GEN	_MDGF_0G_OVP_CO_ACCOUNT	CHANGE	Ändern		Position bearbeiten
MDGF_OVP_GEN	_MDGF_0G_OVP_CO_ACCOUNT	CREATE	Anlegen		Position anlegen

Abbildung 7.50 UI-Konfigurationen in der Tabelle V_USMD167C kundenspezifisch pflegen

Wie es unschwer zu erkennen ist, spielt die *betriebswirtschaftliche Aktivität* (Business Activity) neben dem CR-Typ eine wichtige Rolle bei den Customizing-Einstellungen rund um das User Interface in SAP MDG. Man könnte hier bei Bedarf eine kundenspezifische betriebswirtschaftliche Aktivität anlegen. Für unser Szenario benötigen wir dies jedoch nicht, da wir nur mit den mitgelieferten, unveränderten User Interfaces arbeiten. Die von SAP gelieferte Aktivität CCT1 ist ausreichend und kann wiederverwendet werden.

Szenario arbeitet mit Standard-UIs

Für Details zu den betriebswirtschaftlichen Aktivitäten möchten wir hier wieder auf Kapitel 3, »SAP Master Data Governance und seine Funktionsweise als Grundlage der Stammdatenstrategie«, verweisen. Obwohl es in diesem einfachen Standardszenario zum Anlegen von Kostenstellen nicht notwendig ist, möchten wir im Rahmen der UI-Konfiguration in Erinnerung rufen, dass es SAP MDG natürlich erlaubt, je nach Prozess- bzw. Workflow-Schritt verschiedene User Interfaces zu verwenden. Auch hier verweisen wir auf Abschnitt 3.6.3, »UI-Konfigurationen und der Floorplan Manager«, und auf Abbildung 3.68.

Replikation

DRF nutzen

Nach der Genehmigung des Änderungsantrags soll die neue Kostenstelle an ein oder mehrere Zielsysteme repliziert werden. Unabhängig davon, ob eine Middleware-Komponente in die Systemlandschaft eingebettet ist, sind Konfigurationen im *Data Replication Framework* (DRF) erforderlich.

Kostenstellen können per ALE (über IDoc) oder per Webservice (SOA) verteilt werden. Die erforderlichen Konfigurationen befinden sich im DRF-Customizing, das Sie am schnellsten mit Transaktion DRFIMG erreichen.

Zunächst muss dem DRF mitgeteilt werden, welche Systeme generell als Ziel infrage kommen. Dies erfolgt in der Customizing-Tabelle MDGV_BUS_TECH, die Sie über Transaktion SM30 bzw. über den folgenden Pfad aufrufen: **Benutzerdefinierte Einstellung für die Datenreplikation definieren • Technische Einstellungen festlegen • Technische Einstellungen für Business-Systeme definieren**. In dieser Tabelle können nur Systeme deklariert werden, die bereits über ein *System Landscape Directory* (SLD) definiert wurden. Ist dies nicht der Fall, kann über das BAdI MDG_IDM_GET_LCL_SYSTEM eine Deklaration des gewünschten Zielsystems bzw. der gewünschten Zielsysteme zur Verfügung gestellt werden.

Zielsystemdeklaration im DRF erforderlich

Für unser Szenario nehmen wir an, dass wir ein Zielsystem beliefern, dass wir ALE-Technologie einsetzen wollen und dass ein SLD zur Verfügung steht. Dann müssen wir den Systemnamen deklarieren, hier also z. B.

QM8CLNT410, mit Bezug zum entsprechenden logischen System (aus dem SLD). Des Weiteren müssen wir das Business Object, hier also die Kostenstelle 158, angeben sowie schließlich den Kommunikationskanal festlegen, in unserem Fall also die Option **Replikation über IDoc** auswählen (siehe Abbildung 7.51).

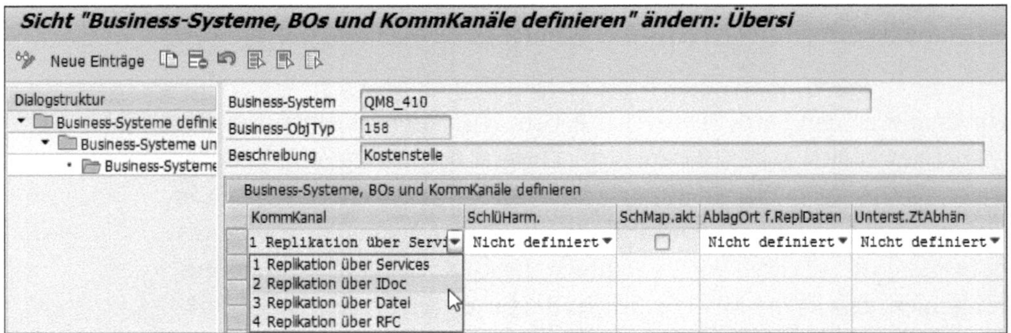

Abbildung 7.51 Business-System für die Replikation deklarieren

Damit sind die Voraussetzungen für das Anlegen des DRF-Replikationsmodells geschaffen. Das Replikationsmodell ist der Anker für die Verteilung durch das DRF und ist immer notwendig. Es legt die Details (Datenmodell, verschiedene Ausgangsparameter und anderes) und insbesondere die Outbound-Implementierung (bzw. -Implementierungen) fest, die bei der Replikation ausgeführt wird. Eine Outbound-Implementierung ist immer notwendig und erlaubt die Ausführung beliebiger Algorithmen, z. B. das Ausfiltern von Daten vor der Replikation. SAP liefert für alle Standard-Business-Objects vorbereitete Outbound-Implementierungen. Für die Kostenstelle wäre dies die Implementierung mit der ID 1102. Wir wollen in diesem Szenario keine besonderen Filter oder andere Algorithmen bei der Replikation anwenden; daher können wir diese Implementierung inklusive der von SAP ausgelieferten Standardklasse `CL_USMD_RQ_CC_OUT` unverändert einsetzen.

Einstellungen in ALE oder SOA zusätzlich relevant

Beachten Sie, dass neben den Konfigurationen im DRF weitere Einstellungen in der Komponente notwendig sind, die das DRF für die Replikation nutzt. In unserem Fall wären das Einstellungen für das ALE, also für das Verteilen von IDocs. Dies erfolgt über Transaktion SALE mit RFC-Konfiguration, Verteilungsmodell und allen weiteren Schritten, die für eine ALE-Kommunikation erforderlich sind. Hätten wir uns für die Verteilung per SOA entschieden, wäre die Einrichtung einer Webservice-Schnittstelle unerlässlich gewesen.

Modell aktivieren

Zuletzt muss das Replikationsmodell noch aktiviert werden; dann ist das Customizing für die Replikation vollständig. Eine Verteilung der Kostenstelle ist nun manuell sofort möglich, z. B. mit Transaktion DRFOUT oder über die Funktion **Replikation** in MDG-UI. Für die automatische Verteilung bei der Aktivierung des Änderungsantrags sind bei der Verwendung des Workflow-Templates `WS75700040` keine weiteren Schritte erforderlich. Dieses Template verteilt bei der CR-Aktivierung die Stammdatenobjekte, z. B. die Kostenstellen, vollautomatisch. Beachten Sie, dass dies nicht immer so ist: Beim regelbasierten Workflow müssen Sie einen Prozessschritt einfügen, der die Replikation triggert.

Fast beliebig erweiterbares SAP MDG

Damit haben wir die wichtigsten Bereiche eines Grund-Customizings für das eingangs diskutierte Szenario zum Anlegen einer Kostenstelle besprochen. Ausgehend davon könnte man für kundenspezifische Erweiterungen z. B. weitere Schritte im Workflow einfügen, ein anderes User Interface konfigurieren oder die Replikation wunschgemäß aufsetzen, gegebenenfalls für weitere Zielsysteme, mit anderen Technologien, mit dem Ergänzen von Filtern oder anderen individuellen Algorithmen.

Einige Themen haben wir nicht in Betracht gezogen, z. B. das Einfügen von weiteren Validierungen oder Ableitungen. Schon im Standard prüft SAP MDG die eingegebenen Stammdaten auf Konsistenz hin, z. B., ob die Währung korrekt ist, ob Pflichtfelder wie der Buchungskreis gepflegt wurden usw. Am effizientesten ist der Einsatz von BRFplus, aber auch das Ausprogrammieren von vorbereiteten BAdIs ist möglich. Ebenso könnte die Standardsuche leistungsfähiger ausgestaltet werden, z. B. für eine effiziente Dublettenerkennung. Hier bietet SAP HANA ausgereifte Funktionalitäten, um das Suchen schnell und sehr zielgenau durchzuführen.

SAP HANA ist auch das Werkzeug der Wahl, falls man MDG-Prozesse auswerten möchte, also Prozessparameter (wie Dauer, SLAs, Anzahl in Abhängigkeit des CR-Typs und vieles andere mehr) protokollieren und intuitiv per MDG-Fiori-Applikation darstellen möchte. Diese und viele weitere Funktionen sind in einem produktiven kundenspezifischen Szenario von SAP MDG und in Applikationen realisierbar, die in den MDG-Stammdatenprozess integriert sind (BRFplus). Für unser Standardszenario haben wir uns auf die wichtigsten und notwendigen MDG-Komponenten beschränkt.

7.4.4 MDG-F-Szenario: Sachkonto anlegen

Geplante Sachkontenanlage

Ein weiteres klassisches Szenario von MDG-F ist das Anlegen und Pflegen von Sachkonten. In diesem Abschnitt diskutieren wir ein Szenario, das eine geplante Änderung abbildet. »Geplant« bedeutet, dass das Sachkonto zwar heute bearbeitet wird, aber erst später, z. B. zusammen mit weiteren Sachkonten oder auch anderen Finanzstammdatenobjekten, aktiviert werden soll. Der Einfachheit halber gehen wir von einem Drei-Schritt-Prozess aus, also Beantragung, Ergänzung durch die Fachabteilung und Genehmigung durch den Verantwortlichen (siehe Abbildung 7.52). Damit sind der Workflow und die Benutzerfindung genau gleich.

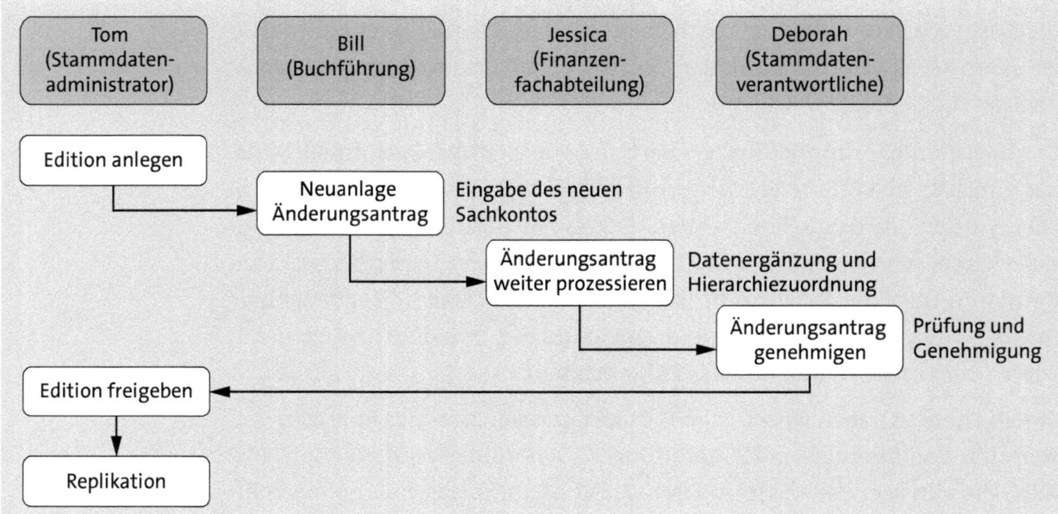

Abbildung 7.52 MDG-F-Szenario: Sachkonto anlegen (geplant)

Datenmodell und Typ

Wir arbeiten auch hier mit dem Datenmodell *OG*, denn in diesem finden sich alle MDG-F-Entitäten. Für das Sachkonto sind dies die Entität ACCOUNT auf Kontenplanebene und die Entität ACCCCDET auf der Buchungskreisebene. Wie es zu erwarten war, hat das Sachkonto einen anderen Objekttyp (nämlich 892 statt 158 wie bei der Kostenstelle). Der CR-Typ ist ACC1P1 und die betriebswirtschaftliche Aktivität ACC1. Die Einstiegsrolle und damit das Startbild ist die Rolle SAP_MDGF_ACC_MENU_04 statt wie im vorangehenden Beispiel SAP_MDGF_CTR_MENU_04 (für Controlling und damit für eine Kostenstelle). Die UI-Konfiguration ist MDGF_OG_OVP_FI_ACCOUNT statt wie bei der Kostenstelle MDGF_OG_OVP_CCTR. Die WD-Applikation ändert sich nicht und ist damit in beiden Fällen MDGF_OVP_GEN.

Trotz dieser Unterschiede ändert sich das Grundprinzip nicht. Das heißt, dass auch beim Sachkonto die betriebswirtschaftliche Aktivität die UI-Navigation steuert. Das detaillierte Vorgehen ist beim Aufbau des Szenarios für das Sachkonto fast das gleiche wie bei der Kostenstelle. Nur *fast* gleich ist es deswegen, weil wir ja beim Sachkonto eine geplante Änderung statt einer

Ad-hoc-Änderung abbilden wollen. Dies können wir mit der Edition einstellen, wenn wir sie zur Vorbereitung des Sachkontenprozesses anlegen (siehe Abbildung 7.53).

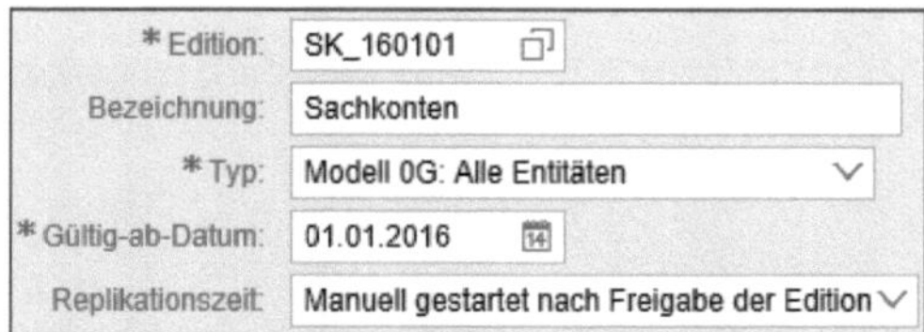

Abbildung 7.53 Edition für die Sachkontenpflege anlegen

Die Edition wird erst zum gewünschten Zeitpunkt freigegeben, und erst dann wird die Replikation der beinhalteten Objekte (also hier die Replikation eines oder mehrerer Sachkonten) gestartet. Weitere Einstellungen sind dazu nicht erforderlich. Dies zeigt, dass das Editionskonzept sehr geeignet ist, um mit Zeitabhängigkeiten umzugehen und um eine effiziente Replikationssteuerung zu gewährleisten.

Kapitel 8
Stammdaten als Resilienz- und Ermöglichungspraxis

In diesem Kapitel werfen wir einen umfangreichen Blick auf die Bedeutung von Stammdatenpraktiken in Gegenwart und Zukunft, unter der Berücksichtigung der unternehmensexternen und unternehmensinternen Veränderungen der letzten Jahre. Wir schließen mit pointierten Handlungsempfehlungen.

Nach einem kurzen Blick auf die fast zwanzigjährige operative Geschichte des Themas und dem Versuch einer spontanen Historisierung werfen wir in diesem Kapitel zunächst einen Blick auf die aktuellen Trends. Im Anschluss daran teilen wir noch eine Reihe Anregungen mit Ihnen, von denen wir glauben, dass ihre Berücksichtigung für Unternehmen in den nächsten fünf Jahren einen Unterschied machen können.

8.1 Der Blick zurück

Reifegradstufen der letzten 20 Jahre

Das *Stammdatenmanagement* ist in den letzten 20 Jahren in den Unternehmen angekommen. Häufig wird es als Reaktion auf einen Missstand eingesetzt, um bestehende Fehler zu beheben. Die dafür zuständigen Teams sind dann oft Teil eines ERP-Programms und sollen sicherstellen, dass Migrationsprozesse reibungsloser laufen. Selten sollen diese Teams das Thema Stammdatenmanagement jedoch über das jeweilige Projekt hinaus betreuen. Dieses Vorgehen ändert sich erst, wenn ein Unternehmen die nächste Reifegradstufe erreicht hat, in der das Stammdatenmanagement als wesentlicher Bestandteil der Optimierung von Ende-zu-Ende-Geschäftsprozessen wahrgenommen und eingesetzt wird. In solchen Unternehmen wird beispielsweise die Bedeutung des Kunden- und Materialstamms über die bloße Befüllung der ERP-Tabellen hinaus anerkannt. Im nächsten Schritt der Entwicklung des Stammdatenmanagements genießen die Stammdaten einen einzigartigen Wert. Ihre Bedeutung liegt demnach nicht nur in der Optimierung von Geschäftsprozessen, sondern auch darin, die Analyse von Daten (engl. *Data Analytics*) aussagefähiger zu machen. Hier wurde viel stärker als bisher die Rolle von guten Praktiken anerkannt und der Grundstein für eine breitere Relevanz gelegt (siehe hierzu auch Abschnitt 8.2, »Beobachtungen der Gegenwart«, und Abschnitt 8.3, »Ausblick und Aufruf«). Die bisher höchste Evolutionsstufe des Stammdatenmanagements zeigt sich, wenn es als Teil der kritischen Infrastruktur eines Unternehmens angesehen wird. In Tabelle 8.1 sehen Sie die einzelnen Evolutionsstufen des Stammdatenmanagements noch einmal im Überblick.

Evolutionsstufen	Beschreibung
Stufe 1	Failure Response Unit als Teil von großen ERP-Projekten
Stufe 2	Stufe 1 + Unterstützung zur Geschäftsprozessoptimierung
Stufe 3	Stufe 2 + signifikanter Werttreiber für Data Analytics
Stufe 4	Stufe 3 + expandierende Kritikalität und expansiver Erwartungsumfang

Tabelle 8.1 Grobe Stammdatenevolutionsstufen

In diesem Kapitel zeigen wir Ihnen, warum das Stammdatenmanagement eine stetig wachsende Bedeutung für die Unternehmen einnimmt.

8.2 Beobachtungen der Gegenwart

Stammdaten: langfristig wie Kathedralen

Der Aufbau einer Stammdatenmanagementinitiative lässt sich mit dem Bau einer Kathedrale vergleichen. Es braucht Können, Hände für den Bau und Köpfe für die Planung. Es ist anstrengend, man kann von Weitem sehen, wie das Werk Gestalt annimmt, und der Betrieb gleicht einer ewig andauernden kleinen Baustelle. Vor allem aber braucht es Zeit. Es ist daher eher verwunderlich, wenn man in der Praxis Projektbeschreibungen sieht, in denen das Projekt mit einer Laufzeit von drei bis sechs Monaten geplant ist, in der nicht nur der Umfang der Stammdatenmanagementinitiative bestimmt werden muss, sondern auch die Prozesse definiert und implementiert, die Datenbereinigung durchgeführt und schließlich ein Return of Investment (RoI) erwirtschaftet werden soll. Zugegebenermaßen handelt es sich hierbei eher um Ausnahmen, die aber hin und wieder vorkommen.

Viele der Stammdatenmanagement-Kathedralen sind mittlerweile seit einigen Jahren im Bau oder im Betrieb. Die Mitglieder der mit dem Bau beschäftigen Teams erweisen sich meistens als langfristig denkende und handelnde Mitarbeiter. Sie sind sich dessen bewusst, dass die Fundamente, die sie legen, sehr wahrscheinlich ihre eigene Rolle und Zeit im jeweiligen Stammdatenmanagementteam überdauern werden. Auch wir haben schon mehrere Organisationen beim Bau der Fundamente unterstützt und uns im Anschluss immer wieder in anderen Rollen und in anderen Organisationen wiedergefunden. Es gilt hier festzuhalten: Die Nutzung der erschaffenen Strukturen zum einen und den aus ihnen generierten Stammdaten zum anderen werden möglicherweise mehreren Mitarbeitergenerationen in der Organisation dienen.

Bei solch langfristigen Vorhaben ist es erfahrungsgemäß sinnvoll, gelegentlich einen Schritt zur Seite zu treten. Dabei ergibt sich zum einen die Gelegenheit, den Bau zu bestaunen und auf das Geleistete mit Stolz zurückzublicken. Zum anderen, und das ist wichtiger für uns, ergibt sich die Möglichkeit, zu sehen, ob Bau und Betrieb gegenwärtig optimal laufen. Um in unserem Bild zu bleiben: Hat sich gegebenenfalls eine schiefe Bauweise ergeben, die wir im Tagesbetrieb nicht sehen? Besteht vielleicht die Notwendigkeit, die Bauweise und den Bau selbst anzupassen, da sich neue Anforderungen ergeben? Muss der Bau vielleicht erweitert oder beschleunigt werden?

Diesen halben Schritt zur Seite, der Observation wegen, wollen wir nun wagen und eine Reihe von externen und internen Treibern betrachten, die in der rezenten Vergangenheit und Gegenwart die Rolle und Bedeutung von gutem Stammdatenmanagement aus unserer Sicht bereits stark bestimmen und auch noch weiter prägen werden. Wir werfen zunächst einen Blick auf die externen Treiber, die uns ein besseres Bild davon vermitteln, wie wir die Praktiken im Stammdatenmanagement am besten betrachten sollten.

Relevanz externer Ereignisse

In der jüngsten Vergangenheit gab es signifikante Änderungen in der externen Umgebung von Unternehmen und Organisationen, die zum einen die Bedeutung von Daten im Allgemeinen und der Stammdaten im Besonderen hervorheben und zum anderen neue Anforderungen an ein gutes Stammdatenmanagement stellen. In der Tat werden Unternehmen wohl in Zukunft nicht ohne eine vernünftige Datenstrategie auskommen, weshalb es sinnvoll ist, diese externen Faktoren im Einzelnen zu betrachten und anhand von Beispielen zu beschreiben.

8.2.1 Externe Faktoren

In den letzten Jahren gab es einige Themen und Ereignisse, die die Gesellschaft und Unternehmen unterschiedlicher Branchen stark beeinflusst haben. Wenn solche außergewöhnlichen externen Ereignisse wie z. B. eine Pandemie, geschehen, gilt es u. a., zwei grundsätzliche Reaktionen zu organisieren:

- Wie stellen Sie sicher, dass Ihre Mitarbeiter weiterarbeiten können, um kritische Güter (Medikamente, Rohmaterialien zur Medikamentenherstellung usw.) weiterhin herstellen und liefern zu können?
- Wie kann sichergestellt werden, dass zum einen Rohmaterialien in passender Güte, Zeit, Preis und Menge beschafft werden können? Zum anderen stellt sich die Frage, welche Kunden unter den Bedingungen der Knappheit beliefert werden können und sollten, gegebenenfalls unter der Berücksichtigung von staatlichen Erwartungshaltungen.

Pandemiereaktion ohne gute Stammdaten: undenkbar

Beide Fragestellungen hängen direkt mit der Fähigkeit zusammen, einen souveränen Umgang mit den Stammdaten Ihrer Organisation zu pflegen. Zur Beantwortung der ersten Frage ist es erforderlich, die folgenden Datenquellen und Fähigkeiten zu beherrschen:

- Die Mitarbeiterstammdaten in Verbindung zu den Standortstammdaten bezüglich der einzelnen Werke und Gebäude sowie der Wohnorte der Mitarbeiter stehen zur Verfügung.
- Die öffentlichen Corona-Daten werden in Relation zu den jeweiligen Unternehmensstandorten verwendet.
- Die internen standortbezogenen Fallzahlen werden erhoben und die Fähigkeit, Impfverifizierungsprozesse datenseitig und technisch zu etablieren und Datenlieferketten an den Standorten und zwischen den Standorten aufzubauen, ist vorhanden.
- Die Fähigkeit ist vorhanden, den Behörden auditsichere Mitarbeiterdaten zur Verfügung zu stellen.

Die zweite Fragestellung setzt voraus, die folgenden Daten und Abläufe gut zu beherrschen:

- Daten zu Demand- und Supply-Plänen sind in ausreichender Güte vorhanden.
- Ein gutes Verständnis bezüglich der Kunden des Unternehmens und an welchen Produkten sie arbeiten ist vorhanden. Zudem bedarf es der Fähigkeit, eine Meinung zu entwickeln, wie die Dringlichkeit jener Produkte gegeneinander zu bewerten ist – beides unter der Berücksichtigung jeweiliger staatlicher und gesetzlicher Erwartungshaltungen.
- Es gibt vertikale und horizontale Verbindungen der Stammdaten in Bezug auf Produkte, Stücklisten und Kunden sowie auf die jeweiligen Gesetzgebungen.

Stammdaten unterstützen neue Deutungsmuster

In den hier nur sehr knapp angerissenen Punkten wird deutlich, dass es neben der Bereitstellung von Stammdaten auch darum geht, neue interne und externe Datenlieferketten aufzubauen und zu unterhalten. Dies kann nur unter der Hinzunahme von starken Datenpraktikern gelingen, die die Datenerfassung und -weiterleitung über Jahre hinweg eingeübt haben. Dies schließt eindeutig Stammdatenmanagementteams mit ein. Insgesamt trägt der erfolgreiche Aufbau einer auf die Aufrechterhaltung und Entwicklung des Geschäfts ausgerichteten Dateninfrastruktur dazu bei, die Bedeutung einer guten Stammdatenpraxis im engeren Sinne und einer guten Datenpraxis im Allgemeinen deutlich zu erhöhen. Dies gilt umso mehr, weil unter besonderen Bedingungen, wie etwa bei der Corona-Pandemie, keines der bisher genutzten Deutungsmuster der Geschäftsentwicklung griff. Daher mussten Aussagen zur Geschäftsentwicklung unter großer Unsicherheit getroffen werden. Die gängigen Muster werden in Extremsituationen durch neue Verhaltensmuster buchstäblich auf den Kopf gestellt – z. B. durch antizipative Überbestellungen von Produkten oder Panikkäufe. Dies kann einen enormen Druck auf die Lieferketten und Kapazitätsplanungen auslösen. Die Entscheidungsträger können sich nicht auf etablierte Deutungsmuster verlassen und sind gezwungen, neue Deutungsmuster zu entwickeln, indem sie sich auf die einzige vertrauensvolle Quelle stützen: auf die Stammdaten im engeren Sinne und auf die Daten im weiteren Sinne, die von ihrer Organisation strukturiert zur Verfügung gestellt werden. Ohne eine gute Datenpraxis gibt es daher keine Möglichkeit, um angemessen auf externe Ereignisse, wie in jüngster Vergangenheit auf eine Pandemie, zu reagieren.

Demografischer Druck

Die Nachwirkungen der Corona-Pandemie, die die Gesellschaft zwei bis drei Jahre beschäftigt hielt, sind noch lange danach spürbar. Daneben steht eine Entwicklung, die die Gesellschaften in Westeuropa, vor allem in Deutschland sowie in Ostasien, noch über die nächste Dekade hinaus beschäftigen wird. Die Rede ist vom *demografischen Druck*. Insbesondere in Deutschland wird dieser Druck zu erheblichen unternehmerischen Risiken führen, da das Erwerbspersonenpotenzial um durchschnittlich knapp 20 % sinken wird, wenn die geburtenstarken Jahrgänge ab 2023 in Rente gehen und nur erheblich weniger neue Erwerbspersonen aus den Schulen und Universitäten nachrücken (siehe umfassend dazu: Schulz, Stefan (2022): Die Altenrepublik. Wie der demografische Wandel unsere Zukunft gefährdet. Hoffmann und Campe). Aus Sicht der Unternehmen gilt es, genau diese Lücke der Erwerbspersonen in Relation zu kritischen Geschäftsbereichen zu verstehen. Fragen, die es sich in diesem Zusammenhang lohnt anzuschauen und die in einem engen Zusammenhang mit einem souveränem Stammdatenumgang stehen, sind:

- Kennen Sie die Daten zur Altersstruktur Ihrer Belegschaft relativ zu den erwarteten Renteneintrittsaltern? Welcher Teil der Belegschaft wird das Unternehmen in den nächsten zehn Jahren altersbedingt verlassen? Haben Sie Daten dazu, wie dies im Vergleich zu früheren Perioden in der Unternehmensgeschichte zu bewerten ist, in denen ebenfalls ein demografisch bedingter Personalabbau bewältigt werden musste?
- Wie viel Vorlaufzeit benötigen Sie, um neue Mitarbeiter für vom demografischen Druck besonders betroffenen Unternehmensbereichen zu rekrutieren, einzuarbeiten und einsatzfähig zu machen? Ist diese Vorlaufzeit als Referenzdatenstruktur vorhanden, oder muss sie erst noch angelegt werden? Wie verhält sich die Anzahl der zu besetzenden Stellen zu den im Markt verfügbaren Kandidatendaten? Ist die Vorlaufzeit für das Recruiting bezogen auf das erwartete Ausscheidungsdatum ausreichend, oder entsteht hier eine Abdeckungslücke? Mit welchen Kontinuitätsrisiken ist in diesem Fall zu rechnen (z. B. Produktionsausfall), und wie können diese Risiken minimiert werden?
- Wie weit sind die von der demografischen Lücke betroffenen Unternehmensbereiche bereits heute automatisiert? Bei positiver Einschätzung dürfte die Einarbeitung wahrscheinlich kürzer sein, und es besteht die Chance, diese Unternehmensbereiche durch automatisierungsgestützte Skaleneffekte längerfristig produktiv zu halten. Bei einer negativen Einschätzung müssten die genannten Faktoren für die Einarbeitungs- und Vorlaufzeit entsprechend erhöht werden. Die ausscheidenden Mitarbeiter müssten dann sprachbildlich doppelt berücksichtigt werden: Zum einen fehlt die Kapazität dieser Arbeitskräfte, und zum anderen fehlt die Kenntnis dieser Personen zu den nicht automatisierten Abläufen, was dann einer teuren Nachbearbeitung bedarf. Beides zusammen erhöht den demografischen Druck, da nun doppelte Kapazitäten benötigt werden, um die »Automatisierungsschulden« zurückzuzahlen und Kontinuität zu gewährleisten.

Demografie als zentrale Herausforderung

Auch wenn es aus betriebswirtschaftlicher Sicht Hoffnung gibt, diese Lücke zu schließen, z. B. durch attraktivere Arbeitsbedingungen, muss man aus gesamtvolkswirtschaftlicher Sicht konstatieren, dass es in jedem Fall zu Lücken kommen wird und nicht alle Unternehmen in der Lage sein werden, jene Lücken zu schließen. Daraus ergeben sich zweierlei Fragestellungen:

- Wie können mögliche Lücken minimiert werden? Kann Automatisierung eine Rolle spielen oder die Verlagerung von Arbeitsschritten an einen Standort mit mehr Arbeitskräften? Für Unternehmen, für die dies keine Option ist, stellt sich die Frage, wie unternehmerisches Handeln unter den Bedingungen des Personalmangels funktionieren kann. Können unter Umständen weniger Kunden bedient werden (wenn ja, welche)?

- Kennen Sie die Bedürfnisse Ihrer Mitarbeiter, und sind Sie bereit, diese über Ihr Kerngeschäft hinaus zu bedienen? Können Sie sich z. B. vorstellen, einen eigenen Betriebskindergarten zu gründen, da die öffentliche Struktur nicht ausreichend Plätze zur Verfügung stellt?

Anhand dieses Themas sehen wir, dass der gute Umgang mit Stammdaten (Personal, kritische Werke, Altersstruktur, Bedürfnisse) ein Türöffner für relevante Gespräche im Unternehmen sein kann. Nur mit der Vorhaltung guter Personalstammdaten, der Fähigkeit zur effizienten Erstellung und der Pflege relevanter Referenzstammdaten zu Risiko- und Wachstumsbereichen des Unternehmens, dem entsprechenden Abgleich mit extern verfügbaren Kandidatenpotenzialen sowie der datenbasierten Einschätzung der Bedarfssituation der Mitarbeiter kann eine strategische Personalplanung erfolgen. Eine robuste Personalbereitstellung und -planung wird in den nächsten Jahrzenten von elementarer Bedeutung sein, um kritische Infrastrukturen im Unternehmen aufrechterhalten und relevante Wachstumsfelder im Unternehmen etablieren zu können. Eine grundlegende Fitness des Unternehmens ist daher erforderlich und fließt in die zukünftige Leistungsbetrachtung der Unternehmung mit ein.

Lieferkettenengpässe

Neben der Pandemie und der demografischen Krise gibt es ein weiteres Phänomen der letzten Jahre: Die *Lieferkettenengpässe* der frühen 2020er Jahre stellten viele Unternehmen vor große Herausforderungen. Fehlende Logistikkapazitäten (Container), Rohstoffengpässe und steigende Preise für Rohstoff und Energie erfordern einen souveränen Umgang mit eigenen und fremden Stammdaten. Ohne diese ist das Unternehmen kaum in der Lage, zunächst einfache Lagebilder zu erstellen. Um der gestiegenen multivariablen Komplexität über die Erstellung von Lagebildern hinaus zu begegnen und eine Entscheidungsfähigkeit herzustellen, benötigen die zunehmend eingesetzten Advanced-Analytics-Modelle verlässliche Stammdaten (Produkte, Inventare, Stücklisten, Logistikdaten) und Transaktionsdaten. Ohne diese grundlegende Dateninfrastruktur besteht die Gefahr, dass die Reaktionsfähigkeit auf externe Lieferkettenschocks erheblich eingeschränkt wird. Welche Alternativen gibt es, wenn nicht auf der Grundlage von bereitgestellten Daten (wir reden noch nicht einmal von Handlungsempfehlungen auf der Basis von Advanced Analytics); worauf wollen Entscheider ihre Überlegungen und Entscheidungen basieren lassen?

Entscheidung unter Unsicherheiten

Doch schauen wir uns die Themen der Reihe nach an. Um in Krisensituationen handeln zu können, braucht man einen guten Überblick über die relevanten Problemlagen. Dieser Überblick wird zu einem guten Teil durch verfügbare Daten gewährleistet. Beispielsweise wird kein Senior Executive in der Lage sein, zu allen Produktionsstätten zu reisen, um sich persönlich ein Bild zu machen, noch dazu unter externen Bedingungen, die kaum beeinflussbar oder steuerbar sind und sich als sehr dynamisch darstellen. Stattdessen müssen sie auf die ihnen zur Verfügung stehenden Daten vertrauen, um Entscheidungen zu treffen. Der Grad des Vertrauens hängt zu einem großen Teil davon ab, inwieweit es schon etablierte Datenqualitätspraktiken gibt (siehe Abschnitt 2.6, »Bedeutung eines guten Datenqualitätsmanagements«).

Welche Entscheidungen müssen in solchen Situationen getroffen werden? Grundsätzlich sind Entscheidungen im Zusammenhang mit Versorgungsproblemen Entscheidungen, die durch Mangelsituationen gekennzeichnet sind:

- **Physischer Mangel**
  Mangel an Rohmaterialien, Produktions- und Logistikkapazität, Preisschocks, exzessiver Bedarf an Produkten durch Panikkäufe
- **Mangel an belastbarem Wissen**
  eingeschränkte Treffsicherheit von Vorhersagen, Mangel an relevanten Erfahrungen

Es sind also Entscheidungen, die unter erhöhter Unsicherheit erfolgen. Eine bislang etablierte Heuristik kann nur noch bedingt zum Einsatz kommen. In diesem Zusammenhang müssen Sie zunächst geltende Lagebilder erstellen:

- Welche Unternehmensbereiche sind in welchem Ausmaß betroffen?
- Welche Konsequenzen stellt dies für welche Kunden dar (z. B. in Bezug auf Lieferfähigkeit und Preise)?

Lagebild und Reaktion

Nach der Erstellung des Lagebildes rückt die Reaktion oder besser noch das überlegte Vorgehen in den Vordergrund. Auch hier stellen sich verschiedene Fragen, bei denen ein klarer Handlungsbezug ersichtlich ist:

- Welche Kunden und Produkte sind angesichts von Rohmaterialmangel und Kapazitätskonflikten zu priorisieren?
- Welches sind die Priorisierungsdimensionen und Gewichtungen, um Abwägungen für Mitarbeiter zu rationalisieren und wiederholbar zu machen?

- Neben internen Priorisierungsdimensionen müssen externe Priorisierungsvorgaben berücksichtigt werden, um z. B. staatliche Vorgaben zu erfüllen.
- Wie erkennen Sie relevante Folgen Ihrer Entscheidungen (neue Daten erfassen und verstehen), und sollen diese Ihre zukünftigen Entscheidungen beeinflussen, etwa als Ausbildung einer neuen Heuristik?
- Wie können Priorisierungsprozesse unter der Bedingung einer ständigen Veränderung gesteuert und verwaltet werden?

Auch beim Phänomen der Lieferkettenproblematik sehen wir erneut, dass eine grundsätzliche Fitness im Stammdatenbereich unerlässlich ist, um unter der Bedingung einer gesteigerten Unsicherheit agieren zu können. Dies betrifft alle Phasen der Engpässe, von der Erkennung bis hin zur Reaktion darauf. Ohne Stammdatenpraxis ist eine angemessene Reaktion auf solche Schocks kaum vorstellbar.

Geopolitische Spannungsfelder

In einem weiteren Bereich entsteht Handlungsdruck von außen: Hier sind *geopolitische Spannungsfelder* durch Kriege und handelspolitische Auseinandersetzungen zu nennen. In kritischen Industrien, wie z. B. der Halbleiterindustrie, wird durch industriepolitische Maßnahmen eine Zusammenarbeit zwischen den Unternehmen zumindest angeregt und eine stark sanktionierbare Regionalisierung von Lieferkettenkontrollen gefordert (siehe US Chips Act: *http://s-prs.de/v940901* und EU Chips Act: *http://s-prs.de/v940902*).

Standardisierung als Lösung

Die Chance einer verstärkten Zusammenarbeit innerhalb einer Industrie hat unmittelbar zur Folge, dass Standardisierungen vorangetrieben werden müssen. Die Standardisierung von Daten und Plattformen fördern die Produktivität und die Qualität der Unternehmen. Hier liegen Chancen für innovative und originelle Geschäftsmodellentwicklungen in verschiedenen Industrien, um Effektivität und Qualität zu gewährleisten. Außerdem wird die Zielerreichung industriepolitischer Maßnahmen entlang der Wertschöpfungskette innerhalb einer Industrie beschleunigen und regionale Industrien zeigen sich deutlich produktiver und widerstandsfähiger gegenüber externen Schocks.

Im Rahmen industriepolitischer Maßnahmen wird auch die Kontrolle der Lieferwege zur Einhaltung von Sanktionsregimen gefordert. Um dies sicherzustellen, müssen Unternehmen eindeutig ihre Bezugs- und Vertriebspartner identifizieren und auditsicher verwalten. Authentifizierungsdienste wie

Dun & Bradstreet und Data-Quality-as-a-Service-Dienste wie *CDQ* können hier einen wichtigen Beitrag leisten (siehe CDQ Data Sharing Community: *http://s-prs.de/v940903*). Gesteigert wird die Bedeutung hier wiederum durch breitere Gesetzeslagen wie dem *Lieferkettengesetz* in Deutschland und durch entsprechende Vorhaben in Europa (siehe hierzu die Informationen des Bundesministeriums für Arbeit und Soziales: *http://s-prs.de/v940904*). Hier werden zwar andere Facetten betont (u. a. faire Arbeitsbedingungen), allerdings ist die hierzu benötigte Dateninfrastruktur der sicheren Identitätsfeststellung und -vorhaltung entlang der Wertschöpfungskette identisch (siehe Deutsches Lieferkettengesetz unter *http://s-prs.de/v940905* sowie Erwartungen an ein Europäisches Lieferkettengesetz unter *https://lieferkettengesetz.de*). Diese Beispiele zeigen, dass politische Vorhaben unmittelbaren Einfluss auf die Notwendigkeit von Datenaustausch und dessen effektive Gestaltung haben können. Auch hier gilt wieder, dass es ohne gute Stammdatenpraxis nicht vorstellbar ist, angemessen auf mittelbaren geopolitischen Druck zu reagieren.

Regulationsdruck

Über den geopolitisch gezeichneten Regulationsdruck hinaus lässt sich auch in einem weitergefassten Zusammenhang durchaus von gewachsenem und stets wachsendem *Regulationsdruck* sprechen. Beispielsweise zu nennen, sind die Treiber der Effizienz und Sicherheit im Pharmabereich sowie Sicherung und Ausbau der Bürgerrechte im Datenschutzbereich. Die Bereitschaft, mit wachsendem Regulationsdruck umgehen zu können, hängt entschieden davon ab, inwieweit komplexe Geschäftsabläufe im Unternehmen standardisiert ablaufen können. Die EU-weite und ISO-standardisierte Einführung zur Identifizierung medizinischer Produkte (IDMP) kann hier als eines der herausragenden Beispiele genannt werden, in dem Pharmaforschungs- und Entwicklungs-, Herstellungs- und Post-Zulassungsprozesse äußerst eng miteinander abgestimmt werden müssen, um unternehmensinterne Datenlieferketten leistungsfähig mit unternehmensexternen Datenkonsumenten, hier die Europäische Arzneimittelagentur (European Medicines Agency, EMA), verbinden zu können (siehe hierzu EMA, Identification of Medicinal Product, *http://s-prs.de/v940906*).

Umfassende Regulation

Vor diesem Hintergrund sind in der Pharmaindustrie sehr umfassende Stammdatenmanagementinitiativen im Gange, die grundlegend transformativen Charakter haben. Ähnlich grundlegend waren die Datenschutzgesetze der letzten Jahre in wichtigen Geografien der Erde (siehe hierzu die verschiedenen Datenschutzverordnungen; GDPR: *https://gdpr.eu/*, CCPA: *https://oag.ca.gov/privacy/ccpa*, PIPL: *http://s-prs.de/v940907*). Hier werden interne Abläufe dahingehend optimiert, dass die Rechte der Bürger umfassend geschützt werden können. Ein souveräner Umgang mit internen Datenlieferketten ist hier unabdingbar, einschließlich eines guten Stammdatenmanagements in Bezug auf personenbezogene Daten. Ohne diese kritischen Fähigkeiten im Stammdatenmanagement wird Compliance in Zukunft kaum mehr herzustellen sein.

Klimawandelfolgen und Klimaschutzmaßnahmen

Abschließend zu den externen Treibern, die die Bedeutung von Stammdaten hervorheben, möchten wir kurz auf das Thema *Klimawandelfolgen und Klimaschutzmaßnahmen* eingehen. In diesem Zusammenhang wird ein ungemein transparenter Umgang mit erhobenen, benutzten und berichteten Daten sowie deren Verwendungsweisen erwartet. Um dem berechtigten öffentlichen Interesse an der Nachweisbarkeit der Effizienz und Effektivität der jeweiligen Klimamaßnahmen gerecht zu werden, müssen Unternehmen auch entlang der Datenlieferketten einen souveränen Umgang etablieren. Die Glaubwürdigkeit gegenüber der interessierten Öffentlichkeit, die Compliance-Fähigkeit gegenüber dem staatlichen Ordnungsrecht sowie die Bereitschaft und Fähigkeit, Gelegenheiten der wachsenden Industriepolitik (Subventionsregime für den Einsatz bestimmter Technologien, Stichwort: Green Steel) zu nutzen, stellen wichtige Anreize dar, Stammdaten im engeren und Daten im weiteren Sinne gut zu beherrschen.

Sich gegenseitig verstärkende Treiber

Bevor die externen Treiber abschließend überblicksartig in Tabelle 8.2 dargestellt werden, sei der Hinweis erlaubt, dass sich die hier benannten Treiber gegenseitig mischen und potenzieren und damit die Bedeutung guter Datenpraxis weiter erhöhen. Damit wird auch deutlich, was weiter unten im Text auch noch detailliert bemerkt werden wird, nämlich, dass die in den traditionellen Stammdatenobjekten (Kunde, Material, Lieferant) eingeübte Praxis deutlich erweitert werden kann und wird. Die zentralen Punkte der Praxis, u. a. Data Management, Data Governance, Data Quality, Data Ownership, um nur die wichtigsten Themenfelder erneut zu benennen (siehe u. a. Abschnitt 1.3.2, »Kernbereiche der Stammdaten-Governance«), werfen ein relevantes Schlaglicht auf ein breiteres Betätigungsfeld für die Stammdatenmanagementverantwortlichen in der Praxis.

Externe Treiber	Beispiele für eine geänderte Bedeutung und Anforderung für Stammdaten
extreme Ereignisse, wie eine Pandemie, und Reaktionen darauf	■ Bedarf an robusten Stammdaten in Bezug auf Personal (Lokation, Kreise), öffentliche Covid-Daten, persönliche Schutzausrüstung, Produkt- und Materialinventar, Kundendaten zur schnellen lokalen und globalen Lagebilderstellung und dem Bestimmen von Verteilungsfragen ■ Fehlender souveräner Umgang mit eigenen und öffentlichen Daten kann gesundheitsgefährdende Folgen haben.
demografischer Druck	■ Fehlender souveräner Umgang mit unternehmenseigenen Daten zur Altersstruktur (Personalstammdaten) im Verhältnis zu unternehmenskritischen Infrastrukturen (Referenzstammdaten) im Kontext schrumpfenden Erwerbspersonenpotenzials führt zu signifikanten unternehmerischen Risiken in den 2020er und 2030er Jahren. ■ Es wird ein grundlegendes demografisches Fitnesslevel seitens der Unternehmen benötigt. Die Fitness bestimmt über die zukünftige Leistungsfähigkeit der Unternehmen.
Lieferketten-disruptionen	■ Durch Lieferkettenengpässe kommt es zu Entscheidungen unter Bedingungen des Mangels (materieller Mangel wie z. B. durch Rohmaterial- und Containerkapazität und Mangel an Erfahrung und Wissen im Umgang mit Lieferkettenkrisen). ■ Beide Mangellagen brauchen als Referenzpunkt den souveränen Umgang mit eigenen Stammdaten, um eine Lagebilderstellung und die Reaktion auf Mangelschocks souverän zu meistern zu können.
geopolitischer Wandel	■ Geopolitische Spannungsfelder führen zu Regulationsdruck in kritischen Industrien (z. B. Halbleiter-, Energiegewinnung-, Pharmaindustrie), um Resilienz und Autonomie über Industriepolitik herzustellen. ■ Zudem entstehen Gelegenheiten, um einheitlichere Standards für den Datenaustausch zu entwickeln (z. B. in der Halbleiterindustrie in der Qualitätssicherung), um eine reibungslosere Interaktion innerhalb einer Industrie als Geschäftsmodell bereitzustellen.

Tabelle 8.2 Überblick über externe Treiber und deren Auswirkung auf das Stammdatenmanagement

Externe Treiber	Beispiele für eine geänderte Bedeutung und Anforderung für Stammdaten
regulatorischer Wandel	▪ Entwicklung von Richtlinien in diversen Bereichen (z. B. Pharma, Datenschutz) treiben Veränderungen in Unternehmen durch umfangreichere Regulation aktiv voran. ▪ Deren Fähigkeit, mit wachsendem Regulationsdruck umgehen zu können, hängt integral davon ab, komplexe Geschäftsabläufe, vor allem durch Stammdaten, im Unternehmen standardisiert ablaufen lassen zu können. ▪ Der souveräne Umgang mit Datenlieferketten innerhalb des Unternehmens und darüber hinaus ist essenziell, um Patienten-, Bürger- und Behördenanforderungen effizient und sicher erfüllen zu können.
Klimawandelfolgen und Klimaschutzmaßnahmen	▪ Um die Effektivität der eigenen Klimamaßnahmen sowie das Zusammenspiel dieser mit denen der Partner souverän zu steuern, ist ein robuster Umgang mit Stammdaten entlang der Datenlieferkette (Klimaparametermessung bis hin zur Maßnahmeneffektivität nach anerkannten Richtwerten) unabdingbar. ▪ Nur durch gutes Stammdatenmanagement besteht die Chance, Glaubwürdigkeit gegenüber der interessierten Öffentlichkeit, Compliance-Fähigkeit gegenüber dem Ordnungsrecht sowie die Bereitschaft und Fähigkeit, Gelegenheiten der wachsenden Industriepolitik (Subventionsregime) zu nutzen, zu zeigen.

Tabelle 8.2 Überblick über externe Treiber und deren Auswirkung auf das Stammdatenmanagement (Forts.)

8.2.2 Unternehmensinterne Faktoren

Nachdem wir externe Treiber anhand von Beispielen benannt haben, widmen wir uns den organisationsinternen Treibern, die die Bedeutung der Stammdatenpraxis hervorgehoben haben und auch noch weiter prägen werden. Wir beschränken uns auf zwei wesentliche Treiber und werden hierbei sehen, dass es zu Wechselwirkungen mit den externen Treibern kommt und sie sich gegenseitig verstärken.

Wandel und Erweiterungen von Geschäftsmodellen

Zunächst schauen wir auf den zunehmenden *Wandel* und die *Erweiterungen von Geschäftsmodellen* und bringen dies in Zusammenhang mit der Bedeutung von Stammdaten. Bedingt durch die technologischen Möglichkeiten (z. B. Biotechnologie, Datentechnologie), Erwartungen von Kunden, dem oben erwähntem Regulationsdruck, sowie weiteren Veränderungen, ergeben sich Möglichkeiten für Unternehmen dazu, die Intimität mit ihren Kunden zu stärken, um entweder erweiterte Dienste zu ihrem physischen Portfolio anzubieten oder direkt digitale Produkte und Services gut zu vermarkten. Kunden können an dieser Stelle im weiteren Sinne als B2B, B2C, Bürger und Patienten verstanden werden.

Bevor wir zu der erwähnten Intimität kommen, gilt es, in Bezug auf diejenigen Unternehmen, die sich von der physischen Produktwelt auf die Reise zu vermehrt digitalen Produkten bewegen, zu erwähnen, dass die auf physische Produkte ausgelegten und existierenden Stammdaten- und Geschäftsprozesse nicht ohne weiteres auf nicht physische Produkte anwendbar sind. Beispielsweise ist zu klären, wie digitale Produkte im Materialstamm angelegt und verwaltet werden, z. B., ob ein neuer Materialtyp oder Ähnliches erforderlich ist, um nachgeordnete Geschäftsprozesse, wie z. B. eine geänderte Logistik, zu regeln: Die Software oder ein Datenpaket werden heruntergeladen und nicht mehr über die Lagerlogistik als Paket verschifft. Dies mag trivial erscheinen, ist aber aus unserer Sicht ein kritischer Baustein, um neue Geschäftsmodelle neben etablierten physischen Modellen gut in den Gesamtablauf des Unternehmens integrieren zu können. Geschieht dies nicht oder in unzureichendem Umfang, besteht die Gefahr, dass Prozess- und Datenschulden gemacht werden, indem Datenlieferketten und Prozessabläufe außerhalb von etablierten Systemen und guter Governance verlaufen. Jene zu einem späteren Zeitpunkt wieder zu korrigieren, gleicht in Aufwand und Komplexität einem Migrationsprojekt. Dies bedeutet, dass sich selbst im engeren Sinne das Stammdatenmanagement als ermöglichende Funktion im Wandel der Geschäftsmodelle erweist.

Intimität mit den Kunden

Die Erweiterung der Geschäftsmodelle hat aber über die soeben beschriebenen traditionellen Stammdatenaspekten hinaus aus sich heraus originäre Anforderungen an ein gutes Datenmanagement im allgemeinen und an ein gutes Stammdatenmanagement im engeren Sinne. An dieser Stelle kommt die oben benannte Intimität mit den Kunden über den Austausch von Daten ins Spiel. Wie in den externen Trends schon beschrieben, können sich Zwänge und Gelegenheiten ergeben, eigene Daten mit Partnern auszutauschen, um eine etwa sehr anspruchsvolle Produktqualitätssicherung betreiben zu können. In solchen Fällen ist es unerlässlich, zum einen die eigenen Stammdaten souverän verwalten zu können. Denn ohne dies wird sich keine produktive Kundenbeziehung aufbauen lassen, da Verlässlichkeit und Effektivität kaum gewährleistet werden können. Zum anderen müssen Partner in der Lage sein, ihre eigenen Stammdaten mit denen des anbietenden Unternehmens in Beziehung zu setzen.

Standards als Geschäftsvorteil

In diesem Zusammenhang ist eine Auseinandersetzung mit unternehmensübergreifenden Stammdaten- und Prozessstandards wichtig. So müssen zumindest auf bilateraler Ebene gleiche Definitionen z. B. darüber bestehen, was ein Material oder eine Stückliste auf Attribut-/Wertebene definiert. Zumindest muss hier ein eindeutiges Mapping erstellt werden, das einer guten Governance, z. B. einem guten Änderungsmanagement, unterliegt. Das anbietende Unternehmen hat in diesem Zusammenhang einen großen Anreiz über rein bilaterale Standardisierungen hinauszugehen und einen multilateralen Standard zu etablieren, um Komplexitäts- und Aufwandstreiber für seine Dienste limitieren und kontrollieren zu können. Es ist daher von entscheidender Bedeutung, dass die Anbieter von erweiterten Diensten ebenso die Kontrolle über die internen Datenlieferketten und die an Kunden gehenden Datenlieferketten haben wie sie die physische Lieferkette unter Kontrolle haben. Geschieht dies nur in einem unzureichenden Ausmaß, ergeben sich direkte negative Konsequenzen für Anbieter und Kunden, da sich regulatorische und betriebswirtschaftliche Erwartungen nicht erfüllen lassen.

Reaktionen auf externe Treiber und Walled Garden Challenge

In engem Zusammenhang mit den zuvor beschriebenen externen Schocks (Pandemie, Regulationsdruck, Lieferkettendisruption), befassen sich Unternehmen zunehmend und umfassender als in der Vergangenheit mit der Herausforderung, die wir zugespitzt als *Walled Garden Challenge* beschreiben wollen. Der Begriff Walled Garden beschreibt eine geschlossene Plattform, die nur sehr eingeschränkte Rechte an ihre Nutzer gibt, um Applikation, Hardware oder die Plattform selbst mitzugestalten. Wir leihen uns diesen Begriff hier aus und wollen ihn für ein Phänomen benutzen, das wir bei der Durchführung von Stammdatenmanagementprogrammen im Speziellen, aber auch bei weiterführenden Dateninitiativen, insbesondere im Bereich Advanced Analytics, immer wieder beobachten konnten. Das Phänomen ist nicht neu und begegnete uns schon zu Beginn des Buches, in dem es um die Herausforderungen und Adoptionshürden in Stammdatenmanagementprogrammen geht. Es geht um die eingeschränkte und mangelnde Interoperabilität zwischen den Systemen, Geschäftsprozessen und Abteilungen, oder, um den eben eingeführten Begriff zu nutzen, die mangelnde tragfähige Verbindung zwischen den einzelnen Gärten (Walled Gardens). Konkret geht es hier darum, dass einzelne Unternehmensbereiche in sich sehr gut strukturiert und optimiert sind und ihre Aufgaben nach eigenen Maßstäben gut erfüllen. Dies ist an sich gut, denn so werden jene Bereiche incentiviert.

Walled Gardens verbinden

Die Herausforderung kommt, wenn wir unseren Blick weiten und sehen, dass einige relevante Teile des Unternehmens in sich zwar gut optimieren, aber die Verbindung zwischen diesen Teilen, zwischen den Walled Gardens, nur schwerlich leistungsfähig ist. Es handelt sich hier also nicht um eine neue Herausforderung. Es ist aber wichtig, darauf hinzuweisen, dass die Nachteile, die sich aus dieser Situation ergeben, nicht mehr nur unangenehm und gegebenenfalls absorbierbar sind, sondern signifikanter und schmerzhafter als bisher und gerade angesichts der Herausforderungen auf interner oder externer Ebene doppelt zu Buche schlagen: Das heißt, dass der Aufwand, um die Lücken nachhaltig zu schließen, gestiegen ist und die Opportunitätskosten des Aufwands unmittelbar limitierend wirken, um geschäftskritische Themen angemessen zu adressieren.

Externe Zwänge wie die Pandemie, der Regulationsdruck, die Lieferkettendisruption usw. erzeugen direkten Druck auf die Kontrolle der internen Datenlieferketten, die diese Walled Gardens miteinander verbinden sollen. Kurzfristige Schockreaktionen und mittelfristige strategische unternehmerische Antworten sind auf gute Stammdatenpraktiken unmittelbar angewiesen. Nur wenn diese erfolgreich ausgeführt werden, wird das Unternehmen schneller und besser handeln können als Marktbegleiter durch differenzierendes Handeln. Wir beobachten im Falle der Walled Garden Challenge eine gängige Reaktion bei externem Druck: die Erstellung einer Taskforce, um eine (!) Datenlieferkette aufzuspüren und zu verstehen. Ein Beispiel: Durch Preisschocks bei Rohmaterialien kann versucht werden, die Datenlieferkette vom Einkauf über die Produktion bis hin zu Vermarktung, Verkauf und Controlling in einem Ad-Hoc-Verfahren kurzfristig, spezifisch und nicht wiederholbar zu etablieren und relevante und spezifische Aussagen zu empfehlen. So sind z. B. Preiserhöhungen nur in manchen Fällen angebracht. Es steht außer Frage, dass solche Aussagen durchaus einen guten Wertbeitrag leisten können und in bestimmten Fällen dafür sorgen, dass Margen beschützt werden können. Wir möchten dem Standardmittel Taskforce nicht den möglichen Erfolg absprechen. Wir weisen lediglich darauf hin, dass dieses Mittel im Rahmen der Polykrise nicht skalierbar ist, da Umfang, Qualität und Wiederholbarkeit/Robustheit, Aufwand und Opportunitätskosten im laufenden Betrieb nicht darstellbar sind (siehe zur Mannigfaltigkeit der externen Treiber auch den hilfreichen Begriff *Polykrise* von Adam Tooze : Adam Tooze, Substack Chartbook #130: *http://s-prs.de/v940908*).

Exzellenz vs. Kohärenzdilemma

Bevor wir zu einer Beobachtung kommen, die einen Ausweg darstellen kann, möchten wir noch einmal das Dilemma benennen, in dem sich Unternehmen befinden. Auf der einen Seite gilt es, die spezifischen Stärken der Walled Gardens anzuerkennen. Diese werden absolut gebraucht und stellen das Expertenwissen dar, ohne das es keine Exzellenz in Produkt oder Service gibt. Diese Exzellenz kann also differenzierend wirken. Allerdings steht diese Exzellenz in Spannung zur Ambition, das Unternehmen über die Unternehmensbereiche hinweg zu optimieren, um insgesamt zu differenzieren. Innerhalb dieses Zielkonflikts müssen Sie behutsam abwägen.

Einen Weg, den wir für wirksam halten, ist die Einführung von *Geschäftsprozessautorität*. Die Autorität, Ende-zu-Ende-Geschäftsprozesse über die einzelnen Exzellenzen hinweg zu modellieren und zu optimieren, stellt eine sehr effektive Maßnahme dar, um solche Entscheidungen zu formalisieren und verantwortungsvoll zu treffen. Diese Art der Verantwortung ist es auch, die uns schon mehrfach in diesem Buch begegnet ist – allerdings in einem engeren Geltungsbereich, nämlich im Umfang der Stammdaten. An dieser Stelle sehen wir die hier definierte Form der Autorität dahingehend als wirksam, dass Datenprodukte mit einer starken Stammdatenkomponente die Stützen der Prozessoptimierung darstellen, da gemeinsame Datendefinitionen jenseits von Walled Gardens etabliert werden. Hier werden die angesprochenen behutsamen Abwägungen mittels guter Stammdaten und Daten praktisch operationalisiert und rationalisiert. Dies bedeutet, dass hier rationalisiert, also verständlicher gemacht werden kann, was unter den Bedingungen der Walled Gardens nicht erfolgen kann. Im Falle der nicht bestandenen Walled Garden Challenge verlieren Geschäfte im schlimmsten Fall die Fähigkeit, angemessen auf Schocks zu reagieren und bestenfalls die Geschwindigkeit, differenzierend zu reagieren. Bestehen sie hingegen die Walled Garden Challenge, haben sie die Möglichkeit, differenzierend zu reagieren; sie müssen also nicht mehr nur reagieren, sondern überlegt antworten. Eine überlegte Antwort erlaubt es, etwas intensiver nachzudenken, und verhindert reflexartige Handlungen. Neben einer besseren Dateninfrastruktur, die bessere cross-funktionale Prozessoptimierung erlaubt, bedeutet mehr Zeit zum Überlegen in Zeiten der Polykrise einen signifikanten Gewinn und die Gelegenheit, bessere Entscheidungen unter erhöhter Unsicherheit treffen zu können.

Abschließend sind die internen Treiber in Tabelle 8.3 noch einmal knapp zusammengefasst.

Interne Treiber	Beispiele für eine geänderte Bedeutung und Anforderung für Stammdaten
Wandel der Geschäftsmodelle	▪ Ein Zuwachs an Intimität mit den Kunden (B2B, B2C, Patienten, Bürgern) ermöglicht und erfordert die Kontrolle der gesamten Datenlieferkette zwischen Kunden und Unternehmung, insbesondere für Software, Plattform und Data Services. ▪ Fehlende Souveränität im Umgang mit der Datenlieferkette hat direkte negative Konsequenzen im regulatorischen und betriebswirtschaftlichen Bereich.
Reaktionen auf externe Treiber und Walled Garden Challenge	▪ Externe Zwänge (Pandemie, Regulationsdruck, Lieferkettendisruption usw.) erzeugen direkten Druck auf die Kontrolle der internen Datenlieferketten; eine unmittelbar starke Abhängigkeit von guten Stammdatenpraktiken. ▪ Eine schwache unternehmensinterne Interoperabilität begrenzt umgehend die Fähigkeit und Geschwindigkeit unmittelbarer Reaktion. ▪ Es handelt sich hier nicht um eine neue Herausforderung. Allerdings sind die Nachteile nun signifikant kritischer und nicht mehr absorbierbar.

Tabelle 8.3 Überblick über interne Treiber und deren Auswirkung auf das Stammdatenmanagement

Vom Unterstützer zum Ermöglicher

Es ist wichtig zu betonen, dass mit den hier genannten Anforderungen und Änderungen sowie der erweiterten Rolle der Stammdatenpraktiken der am Anfang des Kapitels nachgezeichneten Weg der Stammdaten zum integralen Bestandteil einer unternehmerischen Praxis vollzogen wurde. Zuvor standen vor allem Effizienzsteigerungen in Prozessen und die Stützung von größeren SAP-ERP-Initiativen im Vordergrund. Das Stammdatenmanagement trat hier bisher stark als Teil von Optimierungsoperationen in Erscheinung und konnte, wenn es gut gemacht war, differenzierend wirken. Nun steht neben dieser Bedeutung von Stammdatenpraktiken mindestens gleichberechtigt die grundsätzliche Ermöglichung (!) von unternehmerischer Effektivität unter der Bedingung von internen sowie externen Treibern. Aus unserer Sicht ist gutes betriebswirtschaftliches Handeln ohne eine Daten- und Stammdatenstrategie mittlerweile die absolute Ausnahme. Externe und interne Zwänge lassen hier kaum noch Spielraum, um effektiv und effizient zu agieren. Mit anderen Worten: Stammdatenmanagementstrategien und deren Operation sind essenziell und können nur unter erheblichen unternehmerischen Kosten ignoriert werden.

8.3 Ausblick und Aufruf

Dies bringt uns zum abschließenden Teil des Kapitels, in dem wir versuchen wollen, Pfade für Stammdatenverantwortliche aufzuzeigen, die aus unserer Sicht in den nächsten fünf Jahren relevant sein werden. Natürlich sind diese Aussagen angreifbar. Zum einen werden einige Organisationen schon Teile unserer Vorschläge oder mehr umgesetzt haben. Allerdings ist für den großen Teil der Organisationen der vorgelegte Inhalt handlungsleitend für eine gute Praxis. Die in diesem Abschnitt genannten gegenwärtigen und zukünftigen Richtungen sind für sie unmittelbar relevant für die Weichenstellung in naher Zukunft. Außerdem sind die Ausblicke angreifbar, da wir mit Blick auf die Zukunft keine Datenpunkte anbieten können. Beide Kritikpunkte sind berechtigt, und wir sind uns dessen bewusst, dass die getroffenen Aussagen mit einer gewissen Unsicherheit behaftet sind. Dennoch sind die hier getroffenen Aussagen nicht unbegründet und können aus unserer Sicht eine gute Plausibilität beanspruchen. Darüber hinaus möchten wir Diskussionen anregen, was die nächste Grenze in unserer Disziplin sein wird, oder besser ausgedrückt: Welche Grenze wird als nächstes überwindbar oder gar eingerissen?

Drei Thesen für die nächsten fünf Jahre

Im Folgenden beschreiben wir drei Thesen, die alle gemeinsam haben, dass sie Arbeitsbereiche umfassen, die wir heute wahrscheinlich als entweder neben oder außerhalb von Stammdatenmanagementpraktiken sehen würden. In allen drei Bereichen inspiriert das Gelingen guter Praxis andere Handlungsfelder zu besseren Ergebnissen. Jeder Bereich folgt derselben Struktur und erklärt zunächst die These und anschließend warum sie relevant ist und wie ihr begegnet werden kann.

8.3.1 These 1

Die erste These lautet: »Stammdatenmanagement inspiriert die stärkere Verbindung von kritischen Daten zum internen und externen Gebrauch. Netzwerke werden ihre Bedeutung behalten und ausweiten.«

Gute Stammdatenmanagementpraktiken meistern die vertikale Integrität ihrer Datendomäne. Beispielsweise sind Materialstammdaten in ihrer Tiefe oft gut verwaltet, vor allem in Herstellerunternehmen. Diese Praktiken stellen eine starke Autorität innerhalb der Organisation dar. Keine größere Initiative kommt ohne die Weisung dieser Praxis aus, um erfolgreich zu sein. Budgets und Personalausstattung werden nicht grundsätzlich infrage gestellt. Wir sehen aber eine stark wachsende Notwendigkeit, eine zunehmend horizontale Integrität herzustellen, hier z. B. die Verbindung von Materialstammdaten zu Stücklistenstammdaten oder die Verbindung der diversen Elemente der Kundenstammdaten von Kontakten mit dem Business Partner über den Lebenszyklus des Kunden hinweg, inklusive eine Verbindung mit externen Daten. Stammdatennetzwerke behalten oder weiten ihre Relevanz durch die Angliederung weiterer Dienste aus.

Semantische Integrität als Ziel

Die Gründe für die Ausweitung der Integrität von Stammdaten im engeren Sinne und von Daten im Allgemeineren sind vielfaltig. Sie umfassen unmittelbare Vorteile, aber auch interne und externe Herausforderungen. Die ausgeweitete Integrität von Stammdaten adressiert eine ganz Reihe von internen und externen Zwängen. Die in Abschnitt 8.2.2, »Unternehmensinterne Faktoren«, erwähnte Walled Garden Challenge kann viel besser angegangen werden, indem die identifizierten Exzellenzen berücksichtigt werden und gleichzeitig Brücken zwischen den Gärten gebaut werden. Durch vernetzte Gärten/Exzellenzen können auch externe Schocks besser absorbiert werden, da die zwar initial effektive aber letztlich nicht effiziente Methode der Taskforce nicht mehr in dem Maße notwendig sein wird, da die Daten bereits breiter integriert sind. Wir gehen davon aus, dass die Organisationen wesentlich schneller Lagebilder und Antworten generieren können. Um auf die Operationalisierung und den Nutzen einer verbreiterten Integrität von Daten hinzuleiten, möchten wir noch auf die Arbeit von Seth Early verweisen, der mit seinem Bonmot »There is no AI without IA« darauf hinweist, dass besser strukturierte Daten einen wesentlichen Beitrag zur Adoption von künstlicher Intelligenz leisten können (siehe Early, Seth (2020): The AI Powered Enterprise. Harness the Power of Ontologies to Make Your Business Smarter, Faster and More Profitable. Life Tree). Wir erwarten, dass Stammdatennetzwerke weiter an Bedeutung gewinnen werden, um den genannten Herausforderungen besser begegnen zu können. Gleichzeitig gehen wir davon aus, dass Anbieter solcher Netzwerke zusätzliche Dienstleistungen sowohl in der Tiefe (bessere Datenqualitätsprüfungen) als auch in der Breite des Angebots (Schnittstellenangebote zu Dritten oder multilaterale Brokerdienste) anbieten werden.

In diesem Zusammenhang gehen wir auch davon aus, dass die Herstellung von Integrität durch das aktive Vorantreiben von semantisch-orientierten Initiativen, deren Ziel es ist, ein besseres und applikationsunabhängigeres Bild der Realität im breiteren, über ein Objekt hinaus bezogenen Umfang hinaus zu zeigen, eine breitere Basis finden kann. Dieses Bild ergibt sich im Wesentlichen aus der disziplinierten Definition dessen, was modelliert werden soll und der konsequenten Modellierung dieser Definition. Genau diese Fähigkeiten sind also bereits bei grundlegenden Tätigkeiten des Stammdatenmanagements erforderlich. Auch hier muss z. B. die Sichtweise der Organisation auf das, was ein Kunde ist, definiert werden, um diese Definition innerhalb einer Stammdatenpraxis zu etablieren. Daher glauben wir, dass Stammdatenmanagementteams und deren Erfahrung von hervorgehobener kritischer Bedeutung sind, da sie einerseits über die notwendigen Fähigkeiten verfügen und anderseits die Notwendigkeit und die Dringlichkeit des Themas nicht abnehmen, sondern im Gegenteil zunehmen wird!

8.3.2 These 2

Die zweite These lautet: »Das Stammdatenmanagement inspiriert durch die Erfolge der Vergangenheit und Gegenwart die Ausdehnung seiner Praxis auf Transaktionsdaten und Geschäftsprozessautorität.«

Transferleistung auf Transaktionsdatenpraxis

Um eine Stammdatenmanagementinitiative erfolgreich zu nennen, muss sie das Zusammenspiel zwischen Prozess- und Datenautorität im Rahmen der jahrelangen Praxis von Bau und Betrieb souverän meistern. Dies schließt all die Themen ein, die wir in den vorangegangenen Kapiteln dargelegt haben. Eine gute Beschreibung und Exekution der Dienste und der Produkte, die man der Organisation zum Thema Stammdaten anbietet, inklusive der Benennung und Messung des Wertbeitrags aus den Augen der Nutzer sowie der nachhaltigen Verwaltung (Governance) der zuvor aufwandsstark etablierten Assets.

Diese Erfahrung ist allerdings nicht nur im Stammdatenumfeld relevant und kann transferiert werden. Transaktionsdaten bedürfen auch einer intensiven Betreuung, um wertvoll genutzt zu werden. Hier kann sehr viel von Stammdatenpraktiken gelernt werden. Zu nennen ist hier die intensive Auseinandersetzung mit der Definition von Geschäftsabläufen entlang der Datenlieferkette, beginnend bei den Erstellern, den Beitragenden bis hin zu den Konsumenten – sehr ähnlich der Vorgehensweise bei der Umsetzung von Stammdatenmanagement-Roadmaps. Allerdings ergeben sich hier auch zusätzliche Möglichkeiten im Bereich der Transaktionsdaten. So können z. B. Real-World-Beobachtungen im Bereich des Process Mining benutzt werden, um die Definitionsarbeit zu beschleunigen. Ein Geschäftsprozessdesign und eine gute operative Umsetzung von guten Prozess- und Datenpraktiken sind für den Erfolg von effektiven Geschäftsprozessen unerlässlich. Darüber hinaus muss die dedizierte Prozessautorität für den jeweiligen Bereich entschieden werden, sodass ein dediziertes Mandat analog zum Stammdatenmanagement auch für Geschäftsprozesse folgt. Ähnlich wie bei den Stammdatenmanagementthemen müssen Entscheidungen getroffen werden, die enge Besonderheiten nicht ohne Weiteres dem breiteren Nutzen von einheitlichen Geschäftsprozessen unterordnen. Die

Prozessautorität verhandelt diese Abwägungsprozesse zwischen den verschiedenen Stakeholdern. Die Erfahrungen aus dem bisherigen Stammdatenmanagement sowie die relativ einfache Transferleistung legitimiert aus unserer Sicht die Plausibilität unserer These.

Kompakter Start

Was die Umsetzung anbelangt, gehen wir davon aus, dass zunächst ein kompakter Umfang gewählt werden sollte, um diesen Transfer der guten Praxis zu operationalisieren. Hier wird eine Verantwortlichkeit geschaffen, die sowohl die Geschäftsprozess- als auch die Datenautorität vollumfänglich umfasst. Als erste Artefakte werden die Definition des bestimmten Geschäftsprozesses geliefert sowie die entsprechenden Datenbeitragenden entlang der Prozesskette identifiziert. Dies bildet die Grundlage für die Erstellung der nächsten Schritte anhand einer wertschöpfenden und risikominimierenden Roadmap.

8.3.3 These 3

Die dritte These lautet: »Stammdatenmanagementpraktiken, die es nicht schaffen, eine Strategie zum Gewinnen und Halten von Mitarbeitern zu etablieren, werden nicht länger in der Lage sein, relevante Gesprächspartner für ihre Geschäfte zu sein.«

Wir haben bereits im Abschnitt zum demografischen Druck auf das Unternehmensrisiko hingewiesen, das durch den demografischen Wandel und die daraus resultierende Mitarbeiterknappheit entstehen kann. Wir gehen davon aus, dass auch Teams im Bereich des Stammdatenmanagements davon betroffen sein werden. Bei einer zu erwarteten Lücke von knapp 20 % stellt dieses Thema eine signifikante Herausforderung dar, der sich diese Teams stellen müssen. Dies gilt im Übrigen nicht nur für betreibende Organisationen, sondern auch für die Beratungshäuser, die Stammdatenmanagementdienste anbieten. Die Automatisierung kann eine wichtige Rolle bei der Minimierung dieses Risikos spielen. Die Verlagerung in bevölkerungsreichere Regionen wird unserer Ansicht nach nur eine kleine Rolle spielen, da eine hohe Kontextabhängigkeit zum Arbeits- und Problembereich besteht. Wir gehen davon aus, dass es signifikante Risiken bei der Personalplanung geben wird.

Demografie als Aufgabenstellung

Es ist leicht einzusehen, warum die dritte These gerade für Teams im Stammdatenmanagement so kritisch sein wird. Zum einen haben wir festgestellt, dass das Stammdatenmanagement Teil der kritischen Infrastruktur im Unternehmen ist. Ohne eine gute Praxis kann ein Unternehmen nicht nachhaltig, effizient und effektiv operieren. Darüber hinaus gibt es die zuvor erwähnten neuen und wachsenden Anforderungen, um internen und externen Schocks zu begegnen. Wir blicken also auf eine hohe und wachsende Bedeutung eines Themas, das mit möglicherweise weniger Mitarbeitern auskommen muss, da erfahrene Mitarbeiter in den Ruhestand gehen, während nicht genug junge Kräfte nachkommen, weil es sie nicht gibt. Gleichzeit steigt das Risiko, erfahrene Mitarbeiter zu verlieren, da der Wettbewerbsdruck zwischen den Unternehmen steigt.

Wir gehen daher davon aus, dass sich Stammdatenmanagementteams nun zunehmend mit ihrem demokratischen Fitnesslevel befassen, um mögliche Lücken zu entdecken und diese nach Möglichkeit zu schließen. Stammdatenmanagementpraktiken müssen bestimmen, inwieweit sie bereit sind, auf die Herausforderung zu reagieren. Dies gilt umso mehr angesichts der anderen, in diesem Kapitel behandelten Themen, namentlich der wachsenden Kritikalität und dem steigenden Bedarf an guten Stammdatenmanagementpraktiken. Gelingt es nicht, die Personaldecke resilienter zu gestalten, besteht die Gefahr, dass die bisher erzielten Wertbeiträge und gesammelte Erfahrung in Zukunft immer weniger relevant sein werden, da die Teams aus Kapazitätsgründen einfach nicht in der Lage sein werden, die Erwartungen zu erfüllen. Daher hier die klare Botschaft an die Abteilungsleiter im Stammdatenmanagement: Bitte kümmern Sie sich um Ihre Teams!

Abschließend fassen wir die Handlungsempfehlungen in tabellarischer Form zusammen (siehe Tabelle 8.4).

Handlungsempfehlung	Beschreibung
Das Stammdatenmanagement inspiriert die Verbindung von Daten.	▪ Eine breitere Integration über Stammdatendomänen hinweg wird erwartet. ▪ Die Verbindung der Domänen wird über breitere Semantikinitiativen in der Organisation gesteuert.
Das Stammdatenmanagement inspiriert transaktionale Daten und Autorität in den Geschäftsprozessen.	▪ Die Stammdatenmanagementpraktiken meistern das Zusammenspiel zwischen Prozess- und Datenautorität. ▪ Das Autoritätskonzept, ein diszipliniertes Prozessdesign und eine gute operative Umsetzung entlang der Datenlieferketten können auf die Transaktionsdaten transferiert werden.
Da das Stammdatenmanagement vom demografischen Druck betroffen sein wird, müssen Strategien entwickelt werden.	Auch Stammdatenmanagementteams müssen Taktiken und Strategien entwickeln, wie sie Talente akquirieren und halten können.

Tabelle 8.4 Handlungsempfehlungen im Überblick

Die Autoren

Oliver Lauffer arbeitet seit 18 Jahren bei der SAP Schweiz AG, zuerst in der Entwicklung von Datenmigrationsprogrammen, danach in der konzeptionellen Architektur von Stammdatenlösungen. Seit 16 Jahren ist er als Projektmanager in großen, weltweiten Stammdatenprogrammen und -projekten tätig. Dabei erfüllt er teilweise zusätzlich die Rolle des *Solution Architect*.

Jan Rauscher arbeitet seit zwölf Jahren bei SAP in der Beratung für den Bereich Stammdaten. Als Architekt ist er hier hauptsächlich mit Aufgaben wie der Konzepterstellung, Projektplanung und Projektdurchführung betraut. Jan Rauscher ist seit 1995 in der IT tätig, seit 1998 bei SAP. Zuerst beschäftigte er sich mit der Entwicklung im Logistikumfeld, später war er im Produktmanagement für SAP NetWeaver tätig.

René Zimmermann ist seit knapp 20 Jahren Datenpraktiker in diversen Domänen, vom Stammdatenmanagement und der Stammdaten-Governance bis hin zur erfolgreichen Etablierung und Betrieb von Big-Data Offices. Er ist in verschiedenen Industrien tätig, vor allem aber im Pharma- und Chemiebereich sowie in der Öl- und Gas-Industrie. Derzeit leitet er das Center of Data Excellence der Entwicklungsabteilung bei BioNTech.

Index

E

F

L

M

N

O

Z